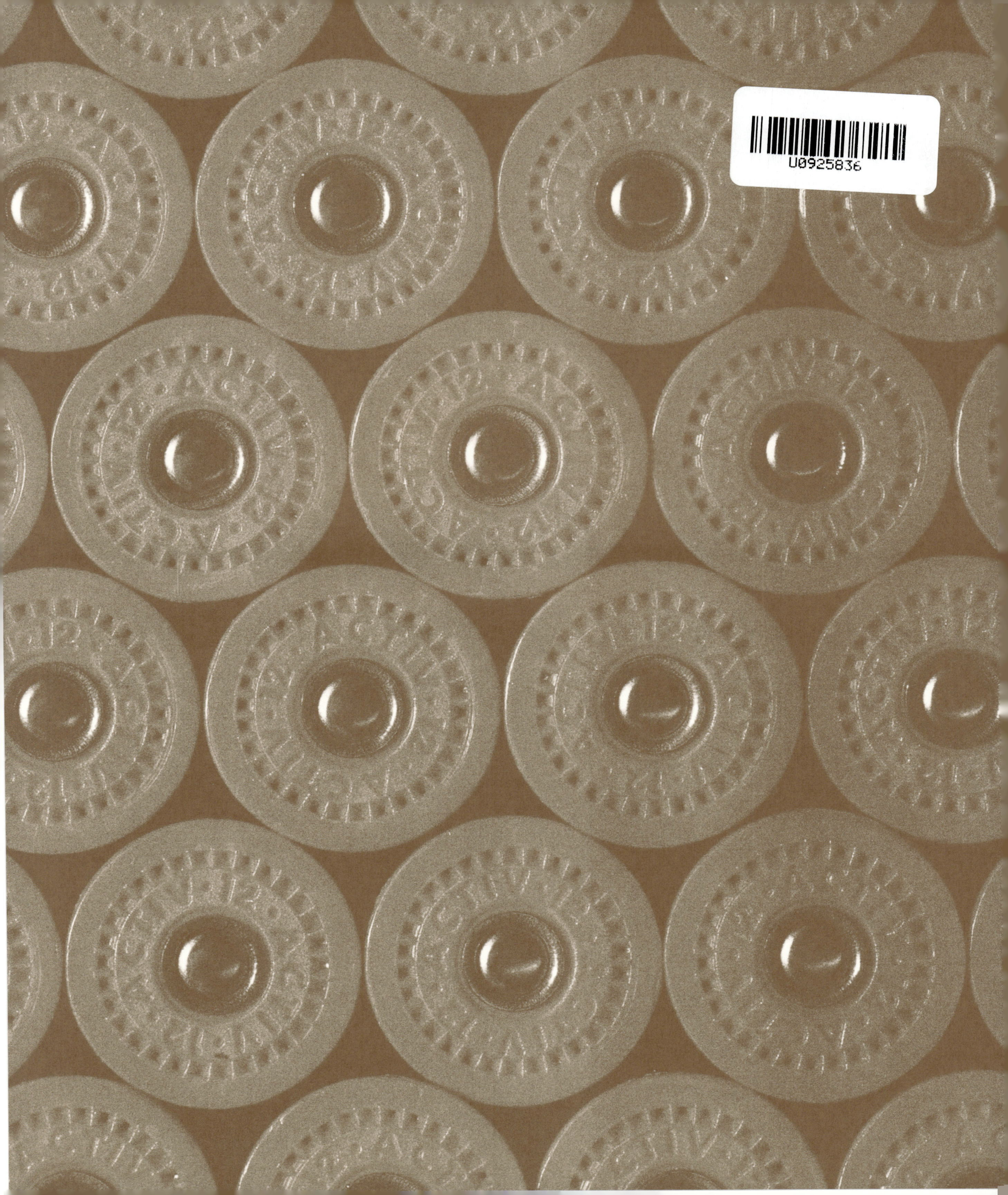

BOXALL & EDMISTON

DK

火器百科

译者　刘　婧
王智鑫

中国大百科全书出版社
Encyclopedia of China Publishing House

北京市版权登记号：图字 01-2018-4670

图书在版编目（C I P）数据

DK火器百科 / 英国DK公司编 ； 刘婧，王智鑫译. --
北京 ： 中国大百科全书出版社，2019. 3
书名原文：Firearms An Illustrated History
ISBN 978-7-5202-0413-2

Ⅰ. ①D… Ⅱ. ①英… ②刘… ③王… Ⅲ. ①火器—
历史—世界—通俗读物 Ⅳ. ①E92-091

中国版本图书馆CIP数据核字 (2018) 第292268号

译　　者：刘　婧　王智鑫

策 划 人：武　丹
责任编辑：杨　振　邹流昊
专业审定：马式曾
封面设计：邹流昊

DK火器百科
中国大百科全书出版社出版发行
（北京阜成门北大街17号　邮编：100037）
http://www.ecph.com.cn
新华书店经销
鹤山雅图仕印刷有限公司印制
开本：889毫米×1194毫米　1/8　印张：40
2019年3月第1版　2023年8月第4次印刷
ISBN 978-7-5202-0413-2
定价：328.00元

FOR THE CURIOUS
www.dk.com

目录

前言 8

燧发枪之前的发展史（1650年前）

早期火炮 12
野战炮和舰炮 14
舰炮 16
火绳枪 20
早期火绳机枪械 22
火绳机火枪 24
应时发火枪 26
运动长枪 28
欧洲猎枪 30
早期手枪和卡宾枪 32
组合武器 34

燧发枪时代（1650～1830年）

全面的枪支 38
早期燧发枪 40
燧发手枪（1650～1700年） 42
燧发手枪（1701～1775年） 44

燧发手枪（1776～1800年） 46
燧发手枪（1801～1830年） 48
火枪（1650～1769年） 52
火枪（1770～1830年） 54
燧发步枪、卡宾枪和霰弹枪（1650～1760年） 56
燧发步枪、卡宾枪和喇叭枪（1761～1830年） 58
贝克步枪 60
斯普林菲尔德兵工厂 62
欧洲猎枪 64
野战炮和攻城炮（1650～1780年） 66
野战炮和攻城炮（1781～1830年） 68
舰炮 70
亚洲枪械（1650～1780年） 72
亚洲枪械（1781～1830年） 74
奥斯曼帝国枪械 78
击发发火枪械 80
早期击发枪 82

变革的时代（1830～1880年）

撞击式火帽手枪 86
美国撞击式火帽转轮手枪 88
柯尔特海军转轮手枪 90
英国撞击式火帽转轮手枪 92
塞缪尔·柯尔特 94
火枪和步枪（1831～1852年） 96
实用的步枪 98
恩菲尔德线膛火枪 100
火枪和步枪（1853～1870年） 102
勒佩奇猎枪 104
德莱赛击针步枪 108
后装卡宾枪 110
定装枪弹 112
独子后装步枪 114
手动弹仓步枪 116
温彻斯特弹仓武器公司 118
后装霰弹枪 120
运动步枪 122
金属枪弹手枪（1853～1870年） 124
金属枪弹转轮手枪（1871～1879年） 126
史密斯-韦森公司 128
前装火炮 132
后装火炮 134
早期机枪 136
加特林机枪 138

陷入冲突的世界（1880～1945年）

无烟火药 142
手动弹仓步枪（1880～1888年） 144
手动弹仓步枪（1889～1893年） 146
手动弹仓步枪（1894～1895年） 148
李-恩菲尔德 150
手动弹仓步枪（1896～1905年） 152
手动弹仓步枪（1906～1916年） 154
手动弹仓步枪（1917～1945年） 156
特种用途步枪 160
中心发火转轮手枪 162
保罗·毛瑟 164
自动装填手枪（1893～1900年） 166
自动装填手枪（1901～1924年） 168
鲁格P.08长枪管型手枪 170
伯莱塔公司 172
自动装填手枪（1925～1945年） 174
自动装填步枪 176
柯尔特M1911手枪 178
约翰·勃朗宁 180
军用与警用霰弹枪 182
机枪 184
枪管后坐式机枪（1884～1895年） 186
枪管后坐式机枪（1896～1917年） 188
枪管后坐式机枪（1918～1945年） 192
导气式机枪 194
重机枪（1900～1910年） 196
重机枪（1911～1945年） 198
轻机枪（1902～1915年） 200
轻机枪（1916～1925年） 202
轻机枪（1926～1945年） 204
欧洲冲锋枪（1915～1938年） 206
欧洲冲锋枪（1939～1945年） 208
美国冲锋枪（1920～1945年） 210
汤普森M1928冲锋枪 212
半自动和全自动步枪 214
火炮（1885～1896年） 216
火炮（1897～1911年） 218
特种枪 220
间谍和秘密部队用枪支 222
运动枪和猎枪 224
火炮（1914～1936年） 228
火炮（1939～1945年） 230
反坦克炮 232

高射炮 234
单兵便携式反坦克武器（1930～1939年） 236
单兵便携式反坦克武器（1940～1942年） 238

现代（1945年至今）

自动装填步枪 242
突击步枪 244
突击步枪（1947～1975年） 246
AK47 248
突击步枪（1976年至今） 250
狙击步枪（栓动） 252
精确射手步枪 254
赫克勒-科赫公司 256
轻机枪（1945～1965年） 258
轻机枪（1966年至今） 260
现代转轮手枪 262
自动装填手枪（1946～1980年） 264
自动装填手枪（1981～1990年） 266
自动装填手枪（1991年至今） 270
冲锋枪（1946～1965年） 272
冲锋枪（1966年至今） 274
MAC M-10冲锋枪 276
狩猎步枪（栓动） 278
狩猎步枪（其他类型） 280
双管霰弹枪 282
霰弹枪（弹仓霰弹枪和自动装填霰弹枪） 284
简易武器 288
斯太尔-曼利夏公司 290
特种和多用途武器 292
榴弹发射器 294
无后坐力反坦克武器 296
现代火炮（1946年至今） 298
改头换面的枪 300

枪炮工作原理（19世纪前） 302
枪械工作原理（19世纪起） 304
枪弹（1900年前） 306
枪弹（1900年后） 308

词汇表 310
索引 312
致谢 318

前言

纵观整个火器发展史，火器对人类活动产生了深远的影响。最早，火器是为了战争而创造的，不久便成为狩猎和保护生命财产的工具。此外，火器还以另一种形式延续了弓箭打靶的射击传统。

火器起源于中国的宋朝时期，当时中国人已开始用黑火药制造炸药。他们发现，将部分火药和弹丸装入竹筒内，随后点燃火药，由此产生的巨大压力可以推动弹丸向前运动，管型的火器由此诞生。尽管早期火器的形式是火炮，但便携的手持枪械紧随其后出现，继而改写了单兵武器的发展史。

数个世纪以来，枪炮主要保留了以下特点：简单的金属管，前装，发射球形铅弹或石弹，利用火药燃烧推进弹丸。最初，枪炮通过手持阴燃火绳进行射击，之后使用发火机构这样的机械装置点燃火药，从而将双手解放出来，使射手能专注于瞄准。随着火绳机、簧轮擦火机和燧发机的相继出现，枪械的射速越来越快，发射过程越来越简单。

19世纪是整个火器发展史中火器研发和生产取得巨大进步的时期，主要表现为：滑膛枪炮发展成线膛枪炮；黑火药被无烟火药取代；前装式替换成后装式。随着雷酸汞这种一撞击便可起爆的化合物的出现，火器首次实现在雨中进行可靠的射击。雷酸汞最终被装入可以从弹仓快速装填的定装金属壳枪炮弹中。

塞缪尔·柯尔特等一些武器设计师开创了利用精密制造的可更换部件来大规模生产枪炮的技术，从而构建了新的火器制造蓝图。进入20世纪，弹仓枪、自动装填手枪和机枪得到普遍应用。随着火器技术的发展，军事战术也在不断改变。

火器的发展不断地暴露出已有制造技术的缺陷，但同时也刺激了新材料的开发。现代军火商已使用塑料和轧制钢等材料，通过计算机来控制生产工艺，制造枪炮。

当今的枪炮设计仍归功于早先时代的发展成果。许多现代转轮手枪、手枪和步枪仍源于19世纪设计者的智慧。本书向大家展示了一场火器从最初形式发展至今的视觉盛宴，并对著名火器设计师的设计灵感以及制造精良运动枪械所必备的传统工匠技艺表达了崇高的敬意。

顾问　格雷姆·里梅尔

柯尔特M1911手枪
（拆解陈列）

德国簧轮擦火步枪

燧发枪之前的发展史

1650年前

发火机构用于点燃发射药（黑火药），推动弹丸从枪炮身管中射出。最初的枪炮没有安装专门用于点燃发射药的机构，仅使用一种阴燃麻绳来点燃火药。后来，随着火绳机、簧轮擦火机、燧发机的发展，枪炮更易于发射且射速更高。

早期火炮

枪炮技术起源于中国的宋朝时期。随着火药的发明，当时的工匠尝试制造一种足以承受火药爆炸的坚固的身管。14 世纪初，中国和欧洲地区的工匠相继使用青铜铸造身管，火炮由此诞生。不久以后，铁匠开始用熟铁条制造火炮。他们先将一些熟铁条或熟铁板沿长边并排连接制成内管，再把加热的铁箍套在内管上。铁箍冷却后收缩，将这些熟铁条箍紧，从而形成炮管，这与“用木条和铁箍制作木桶”有异曲同工之处。早期火炮配用的火药和石弹丸大多从炮口装填，通常可以使用阴燃火绳从炮管的火门点燃火药。

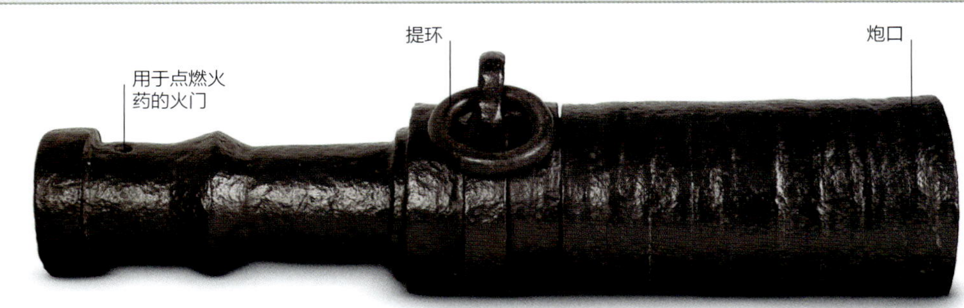

▲ 佛兰德斯射石炮

时间	15世纪初
产地	佛兰德斯
全炮长	不详
口径	不详

15 世纪，大型攻城炮被称作射石炮。其装填顺序是先放入火药装药，再从炮口装入射石炮所投射的石弹。射石炮在佛兰德斯制造，佛兰德斯的枪炮制造业历史悠久，尤其是在“勇敢者”查尔斯统治期间（1433 ~ 1477 年）取得了辉煌成就。

▶ 博克斯泰德射石炮

时间	约1450年
产地	英格兰
全炮长	2.4米
口径	230毫米

正如大多数类型的早期火炮一样，射石炮配有狭窄的药室和更大的炮膛，有助于集中火药爆炸力，并使其集中在石弹中央后部。

牵引环

▲巨型土耳其射石炮

时间	1464年
产地	土耳其
炮管长	3.5米
口径	635毫米

这门惊人的射石炮用青铜铸造而成，用于守卫达达尼尔海峡。达达尼尔海峡是一条连接马尔马拉海和爱琴海的狭窄海峡。该炮实际是被分成两部分铸造的（本图展示的是炮管部分），可能是为了便于火炮移动，抑或是为了将火药装药装入炮管尾部，使之成为巨大的早期后装炮。这门射石炮连同炮尾部分总长已超过5米。

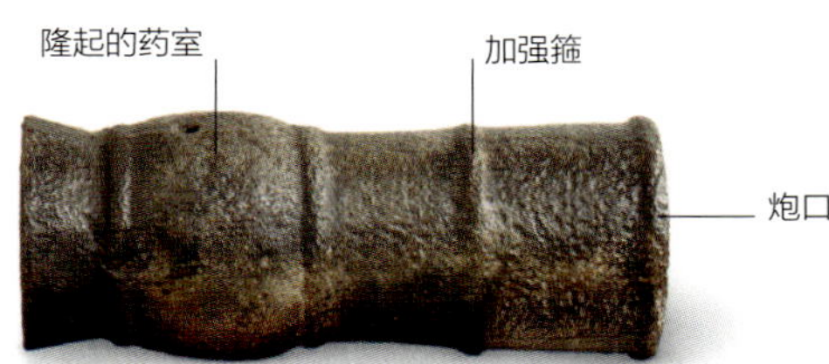

▲中国铁炮

时间	约1500年
产地	中国
全炮长	0.47米
口径	100毫米

这种小型炮主要从类似于条凳的支架上发射。该炮装填大量小型弹丸而非发射单发弹丸。铁炮后部球根状的药室设计有助于承压。

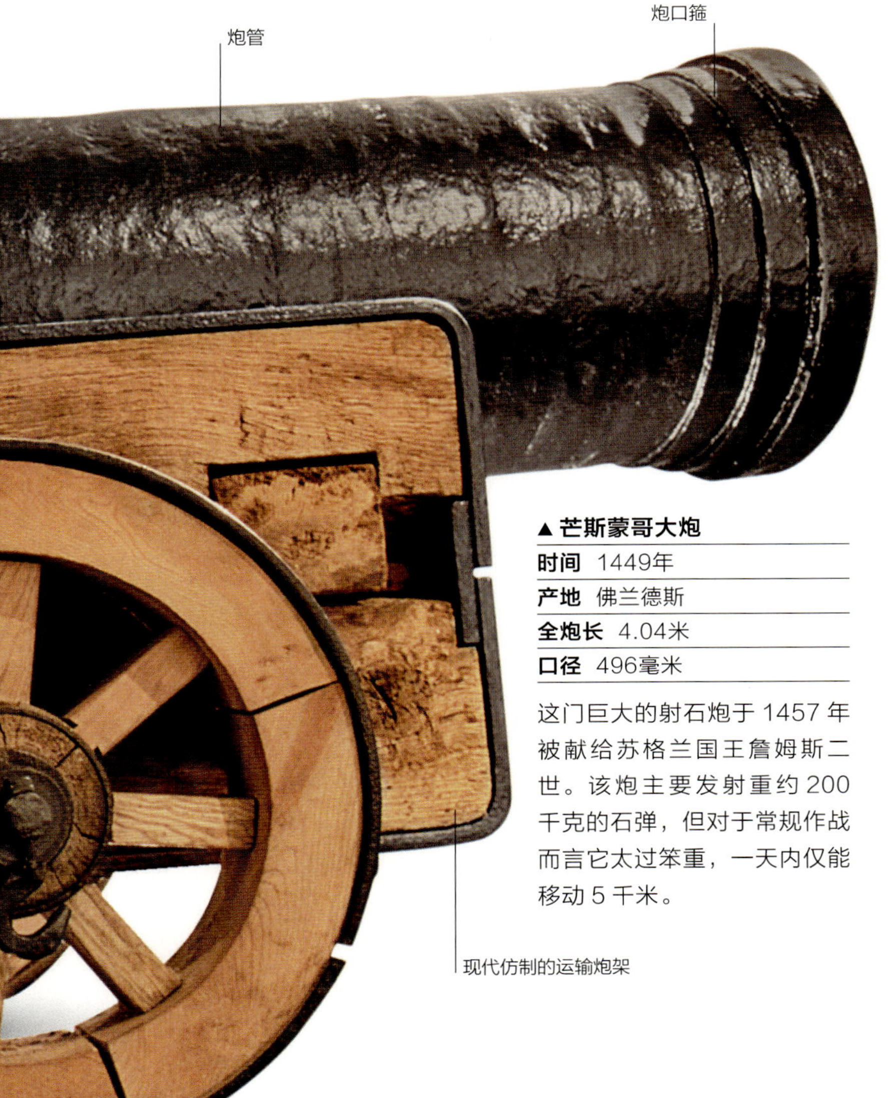

▲芒斯蒙哥大炮

时间	1449年
产地	佛兰德斯
全炮长	4.04米
口径	496毫米

这门巨大的射石炮于1457年被献给苏格兰国王詹姆斯二世。该炮主要发射重约200千克的石弹，但对于常规作战而言它太过笨重，一天内仅能移动5千米。

▲早期臼炮

时间	15~16世纪
产地	英格兰
全炮长	1.2米
口径	360毫米

臼炮是一种采用炮口装填的攻城炮，能以高射角发射石弹或燃烧弹等弹丸，使其越过防御工事墙体。该臼炮布设在英格兰博迪亚姆城堡的护城河附近。本图中的臼炮处于低射角姿态。

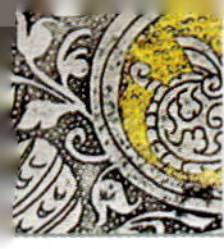

野战炮和舰炮

火炮指的是口径大、重量大，具有以装药发射弹丸的身管的火器，但其范畴不仅包括加农炮（重型炮），也包括更小型的炮，如回旋炮。无论是陆基还是舰载，早期火炮的设计基本相似，但将火炮安装在舰船上确实带来了一些问题，如射击过程中的风险和可用空间有限等。为提高火炮的操控能力，人们研制出采用枢轴安装的火炮，即回旋炮。轻型回旋炮用于舰载，可安装在舰船两侧的托座上，这样既有助于实现稳定射击又可减小后坐力。尽管大多数舰炮均采用前装，但从炮尾而非炮口装入发射药的后膛装填更方便。因为使用装填口从舰船侧面向外伸出的炮口装弹机进行再装填是不现实的。野战炮和舰炮逐渐开始使用铁弹和铅弹取代石弹进行射击。

▶ 瑞典回旋炮

时间	约1500年
产地	瑞典
材料	铁
弹种	球形弹或葡萄弹

回旋炮在14世纪晚期首次出现。固定火炮仅能朝一个方向射击，回旋炮则不同，具有一定的方向射界。该型回旋炮可能安装在舰船或建筑物上使用，通常装填葡萄弹，即小型铁弹和铅弹。

因烧蚀而受损的炮口
铁制锻造炮管

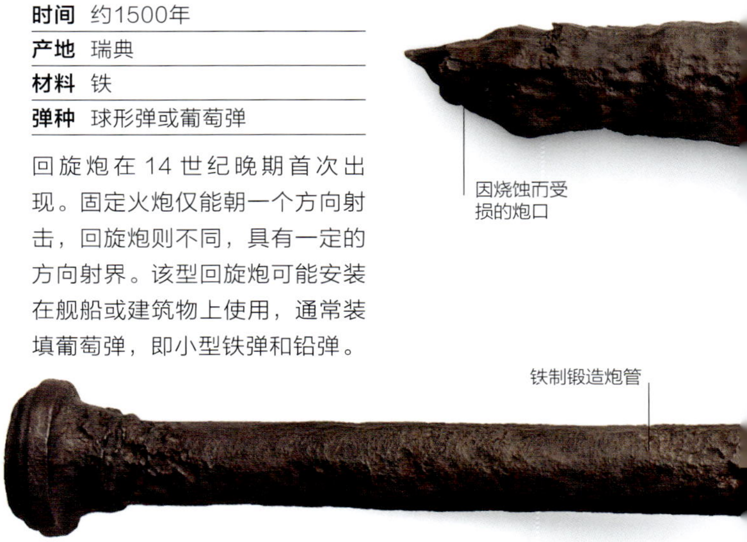

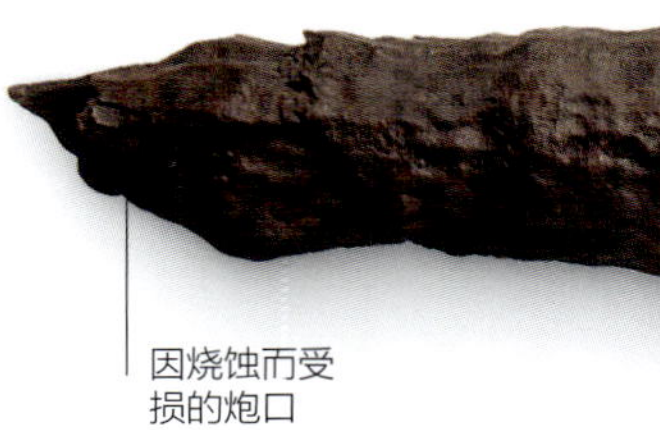

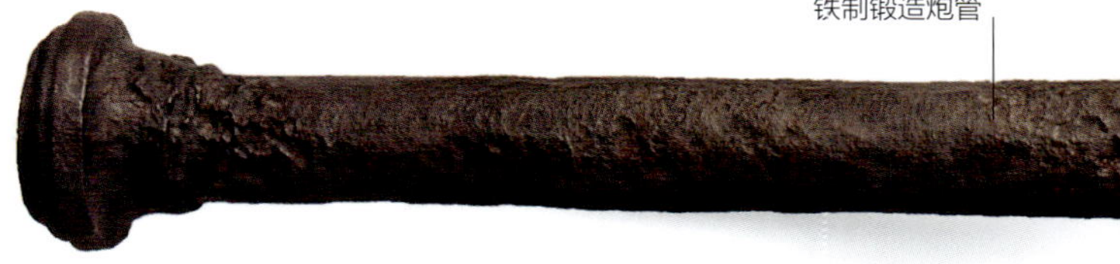

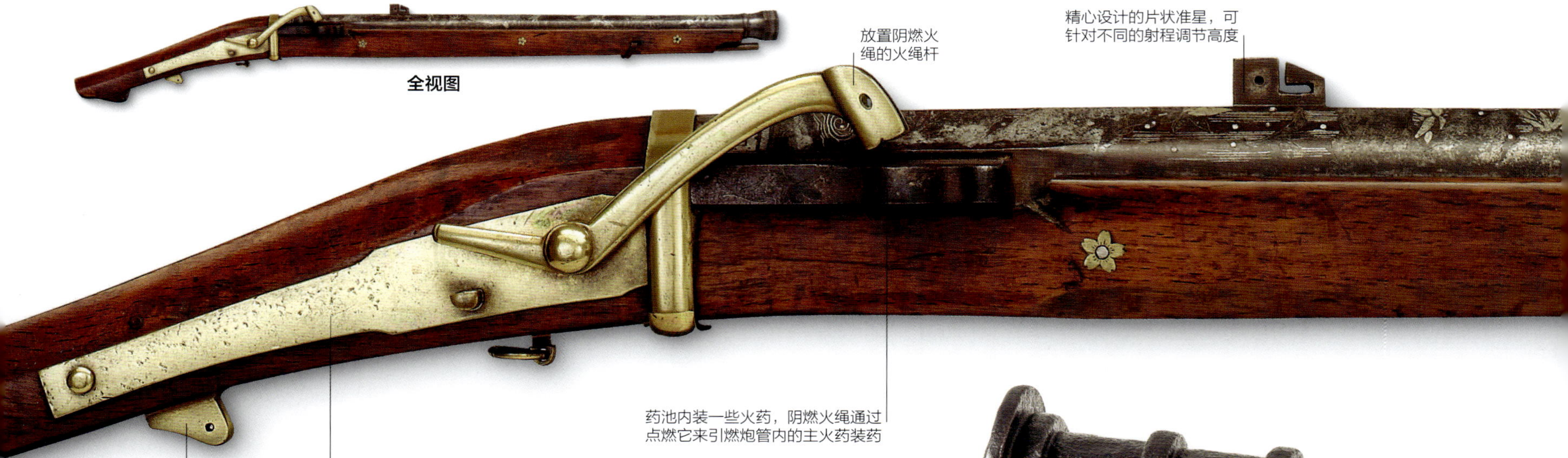

全视图
放置阴燃火绳的火绳杆
精心设计的片状准星，可针对不同的射程调节高度
药池内装一些火药，阴燃火绳通过点燃它来引燃炮管内的主火药装药
扳机
发火机构和金属件用耐烧蚀的黄铜制成

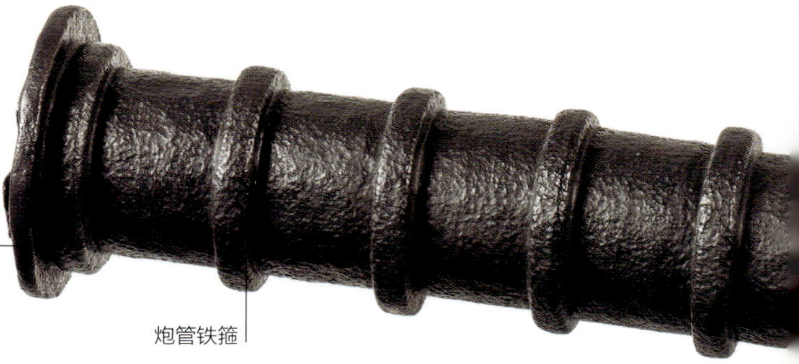

炮口箍
炮管铁箍

▼ 英格兰手炮

时间	1480年
产地	英格兰
炮管长	不详
口径	不详

手炮（火门枪）实际上是加农炮的缩小版，并以与其相同的方式部署使用，但又不同于真正的火炮，手炮小到可由一人携带并发射。手炮的前装炮管与木头制成的控制手柄连接。小型手炮主要用于海上和地面战争，但很难进行瞄准。使用者必须手持火器，看向目标，用控制手柄调整，随后将燃烧的火绳放入火门（位于炮管后端的小孔）周围的少量火药中。点火后，引燃药将点燃炮管尾部的主火药装药（发射药）。

捆绑绳
火门
熟铁炮管
木头制成的控制手柄用于武器的瞄准，图中所示为现代重制
木托

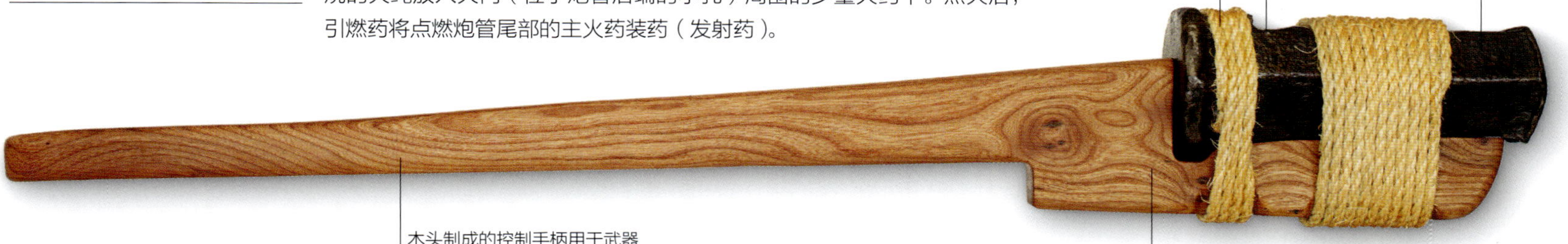

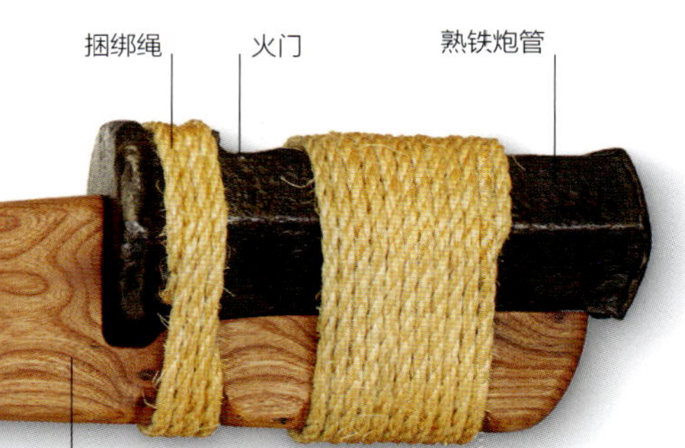

▼ 瑞典回旋炮

时间	约1500年
产地	瑞典
材料	铁
弹种	球形弹或葡萄弹

这是一款典型的舰载回旋炮。铅弹被装在炮尾分体的药室（中国古代称之为“子铳”，此图中未见）口部。药室通常用铁制成，形状类似于大啤酒杯，放置在炮尾凹槽内。

▲ 日本铁炮

时间	17～19世纪
产地	日本
炮管长	0.67米
口径	18.7毫米

铁炮实际上是一种重型枪械，但可以作为手持的轻型炮使用，其中一些口径可达到20毫米，能够在战场上提供额外的火力，或者用于攻破日本防御工事中的木门。这些铁炮非常重，需要以腰部或支架为支撑开火射击。铁炮的发火机构均为火绳机（见22页）。图中铁炮的火绳机使用内螺旋弹簧操控火绳杆。

▲ 英格兰回旋炮

时间	15世纪末
产地	英格兰
全炮长	1.36米
口径	51毫米

回旋炮常用作舰载武器。该回旋炮安装在舰船的舷缘（侧面上缘）上，由此形成较大的方向射界，能够有效对敌方舰船进行扫射。与大多数回旋炮一样，该型回旋炮采用后膛装填。如图所示，发射时楔式炮门顶住药室，防止其脱出。一直到17世纪末，几乎所有的后膛装填武器都是如此。

舰炮

直到 19 世纪，海上使用的炮管与地面上使用的炮管基本没有什么不同，但舰载炮架的结构通常更加紧凑。在 16 世纪晚期铸铁技术发展完善之前，舰炮一直采用青铜铸造，或者以多块熟铁锻造而成（见 12 页）。与铁的不同之处在于，青铜虽然是一种昂贵的材料，但相当持久耐用，而且抗烧蚀。青铜铸造工艺易于添加装饰性元素，许多青铜炮都拥有华丽的装饰。而熟铁是一种难以添加装饰的材料，所以它所制成的炮相对朴素。

▲ 配十边形炮管的青铜小鹰炮

时间 约1520年
产地 英格兰或佛兰德斯
全炮长 2.78米
口径 66毫米

手艺高超的佛兰德斯火炮铸造师曾为英格兰国王亨利八世铸造了 28 门火炮，这门小鹰炮是其中的一门。它发射重 1 千克的铅弹。

▲ 青铜小鹰炮

时间 约1520年
产地 佛兰德斯或法国
全炮长 2.5米
口径 63毫米

小鹰炮是 16 世纪早期典型的一类轻型炮。该炮可能是英格兰国王亨利八世从佛兰德斯订购的，因为英格兰当时没有火炮制造行业。

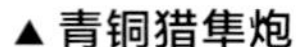

▲ 青铜猎隼炮

时间 1529年
产地 英格兰
全炮长 2.23米
口径 95毫米

许多早期火炮炮型都以猛禽命名，该型青铜炮被归为猎隼炮，采购于著名的意大利工匠之手，作为亨利八世发起的“为英格兰军队提供最高质量火炮”运动的一部分。

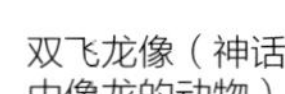

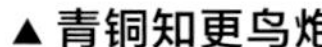

▲ 青铜知更鸟炮

时间 1535年
产地 法国
全炮长 2.39米
口径 43毫米

这门装饰十分华丽的轻型炮被归为知更鸟炮。该炮口径小，炮管略重于 181 千克，产于法国梅斯。1815 年第七次反法同盟（普鲁士、俄国、奥地利和英国）在巴黎与拿破仑部队的战斗中，成功夺取了该炮。

▲ 青铜米宁炮

时间 约1550年
产地 意大利
全炮长 2.5米
口径 76毫米

米宁炮是一类轻型炮，特别适合海上作战，曾在英格兰与西班牙无敌舰队交战（1588 年）中，安装在多艘英格兰舰船上使用。

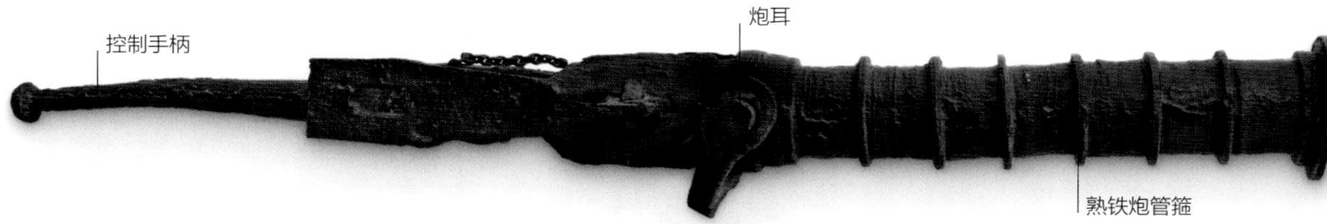

▲ 铁制后装式回旋炮

时间 16世纪
产地 欧洲
全炮长 1.63米
口径 76毫米

借助枢轴，能使火炮获得较大的方向射界，从而将固定身管的炮转换成回旋炮（见 14 页），以适于安装在舰船上打击移动目标。该型火炮发射石弹，主要用于消灭敌人有生力量。

▼ 青铜半蛇炮

时间	1636年
产地	法国
全炮长	2.92米
口径	110毫米

半蛇炮是一类长管中型炮。该炮为舰载型，是为法国国王路易十三的首相黎塞留铸造的。他重新组建了法国舰队，并在勒阿弗尔市创建了一家铸造厂。

▲ 青铜半加农炮

时间	1643年
产地	佛兰德斯
全炮长	3.12米
口径	152毫米

这款半加农炮是用于舰载的重型炮，由佛兰德斯设在梅赫伦的著名火炮铸造厂铸造而成。该炮可发射重型炮弹，能够在近距离造成毁灭性的破坏。

▼ 马来西亚青铜猎隼炮

时间	约1650年
产地	马来西亚
全炮长	2.29米
口径	89毫米

猎隼炮是一类用于远程攻击的轻型炮。这门装饰华丽的炮是由马来西亚马六甲当地的工匠，以荷兰火炮为原型翻制而成的。

攻城战

这是艺术家描绘的 1529 年奥斯曼帝国使用重型火炮炮轰维也纳城墙的场景。这样的攻城炮发射重 8 ～ 11 千克的炮弹，射程约为 1.6 千米。但实际上，奥斯曼帝国在攻城战中不得不放弃使用重型火炮，转而使用轻型火炮，最后以失败而告终。

火绳枪

16 世纪，简易的手炮仍在使用。它们演变成了一种被称为“卡翅枪”（hook gun, 采用前装，枪管下安装反后坐力的卡翅，能够放置在墙上或便携的支撑物上，以达到稳定瞄准的目的）的火绳枪 (harquebus)。对它们进行的一项关键改进是增加了木肩托，这让使用者能够用肩部顶住火绳枪，而该特征推动了现代枪托的发展。早期火绳枪使用手持火绳发射铅弹。通过改进加装火绳机（见 22 页）的火绳枪促使了火枪（musket，一种前装滑膛长枪）的出现。

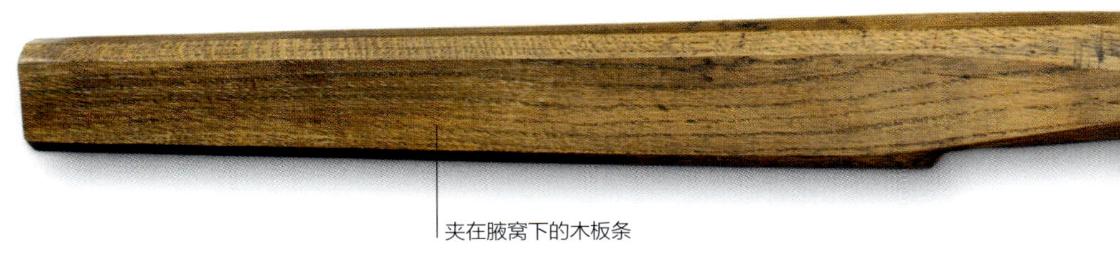

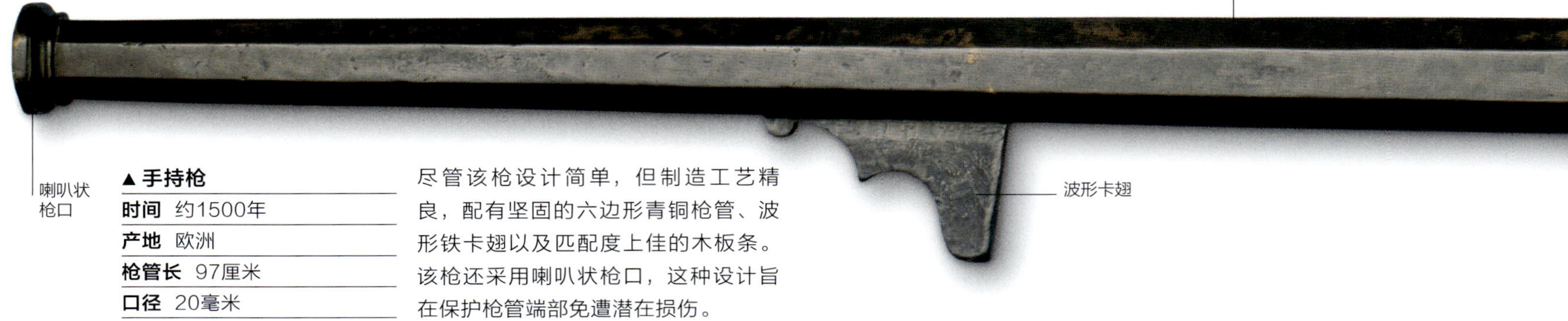

▲ 手持枪

时间	约1500年
产地	欧洲
枪管长	97厘米
口径	20毫米

尽管该枪设计简单，但制造工艺精良，配有坚固的六边形青铜枪管、波形铁卡翅以及匹配度上佳的木板条。该枪还采用喇叭状枪口，这种设计旨在保护枪管端部免遭潜在损伤。

卡翅

照门

枪托

放火绳机的凹槽

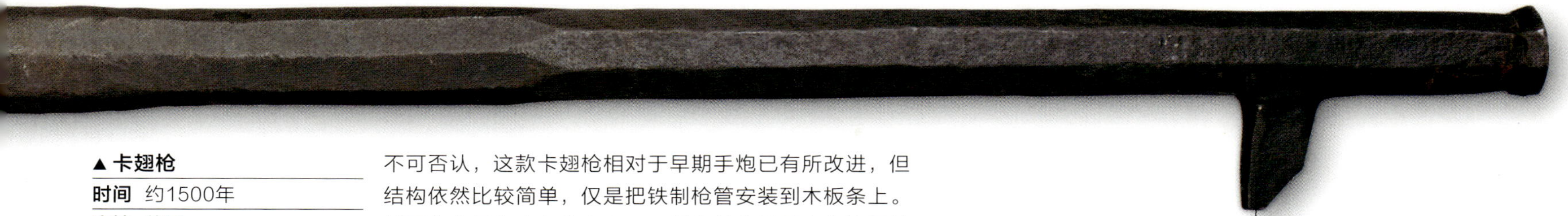

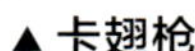

▲ 卡翅枪

时间 约1500年

产地 德国

枪管长 99厘米

口径 23毫米

不可否认，这款卡翅枪相对于早期手炮已有所改进，但结构依然比较简单，仅是把铁制枪管安装到木板条上。射手将木板条夹在腋窝下，可以在射击过程中使枪保持稳定。木板条后来逐步演化成枪托。枪管下的前卡翅可以通过钩住稳定物体来提高射击精度。

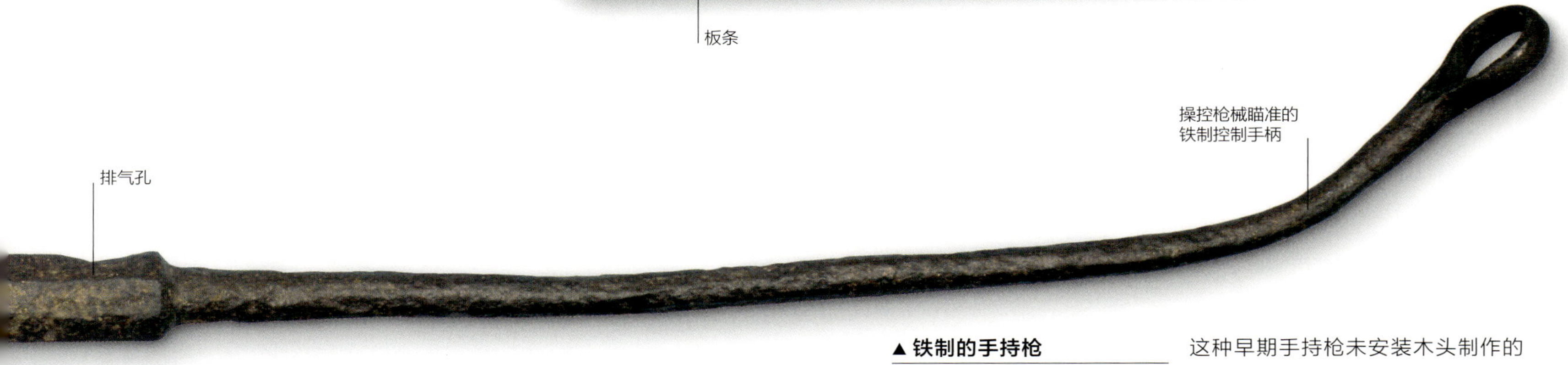

▲ 铁制的手持枪

时间 约1500年

产地 荷兰

枪管长 71厘米

口径 23毫米

这种早期手持枪未安装木头制作的枪托，但配有从枪管后端延伸出去的细长铁制的控制手柄。该款武器较为笨重，外形粗拙，使其在没有前支座的情况下不易操控。

▲ 早期装配火绳机的火绳枪

时间 约1560年

产地 德国

枪管长 75厘米

口径 15毫米

这种使用火绳发射的火绳枪类似于更现代化的枪械，其枪托覆盖了大部分枪身。后来的火枪及其他枪械延续了这种特点。该枪还使用准星和照门，提高了预期射击精度，尽管相对于该枪的尺寸，其重量（22.7 千克）肯定会影响射击精度。

全视图

早期火绳机枪械

火绳机是手持式枪械的一种早期发火机构，采用夹持一条阴燃火绳的蛇形杆（火绳杆）。一旦扣动扳机，蛇形杆便将火绳送入放置引燃药的药池内。引燃药燃烧产生火焰，通过枪管侧面的火门点燃主火药装药。由于通过扣动扳机或向上拉动杠杆式扳机开火射击，所以射手能够紧盯枪管，专注于瞄准目标。早期火绳机枪械全部采用前装，同时需要使用木头制成的推弹杆将火药装药和弹丸推入后膛。

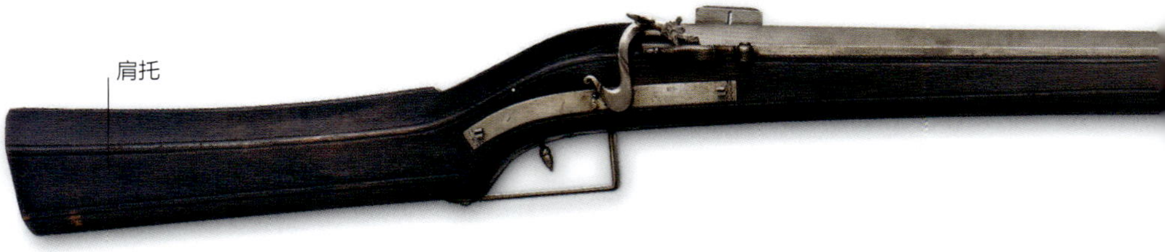

肩托

▲速燃火绳枪

时间	约1540年
产地	意大利
枪管长	105厘米
口径	12毫米

1544年，英格兰国王亨利八世从威尼斯共和国订购了1500支速燃火绳枪。一年后亨利八世的旗舰“玛丽玫瑰”号沉没，恰有一部分速燃火绳枪在这艘船上。试验结果表明，这些火绳枪配用的弹药可在距离27米处穿透厚度为6毫米的钢板。

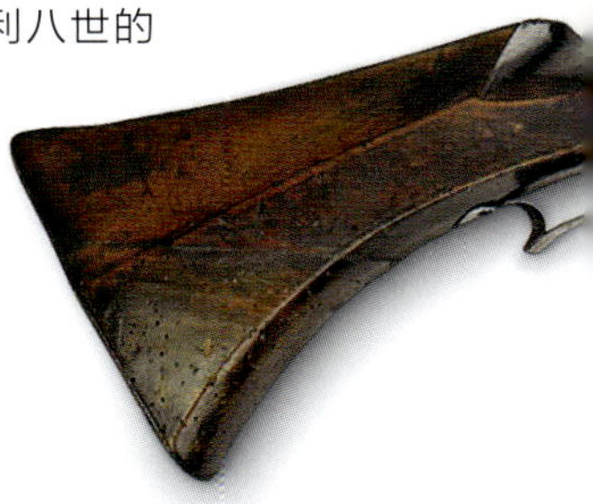

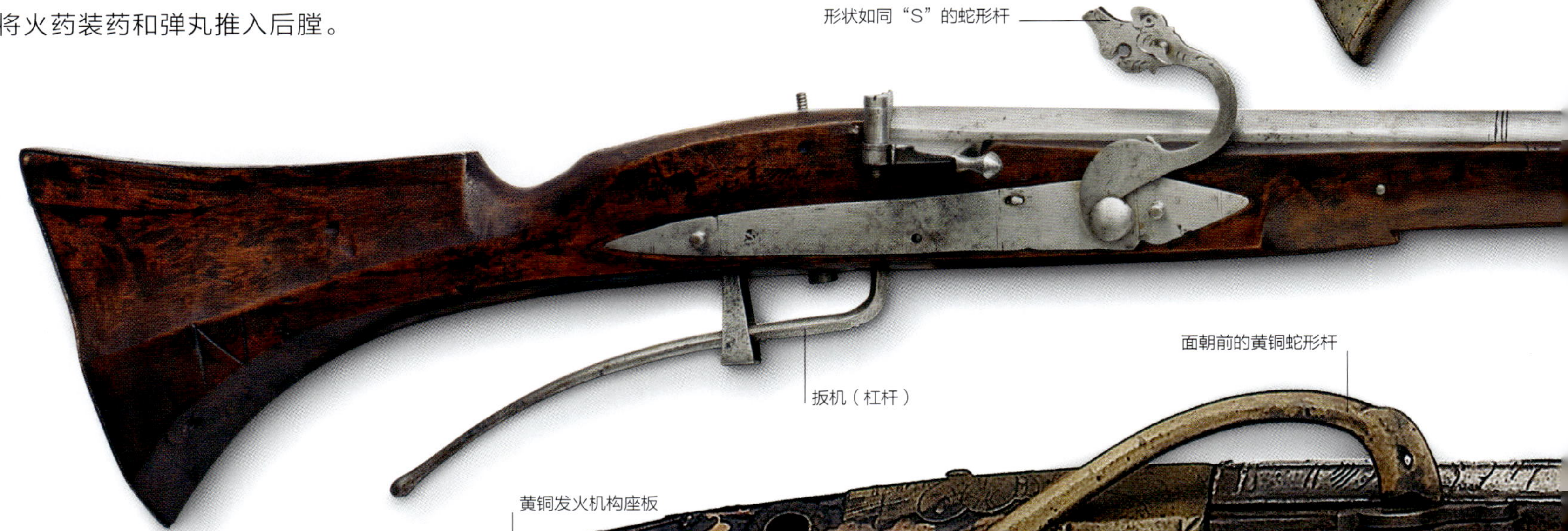

形状如同“S”的蛇形杆

扳机（杠杆）

面朝前的黄铜蛇形杆

黄铜发火机构座板

嵌铜装饰

黄铜蛇形杆弹簧

扳机护圈

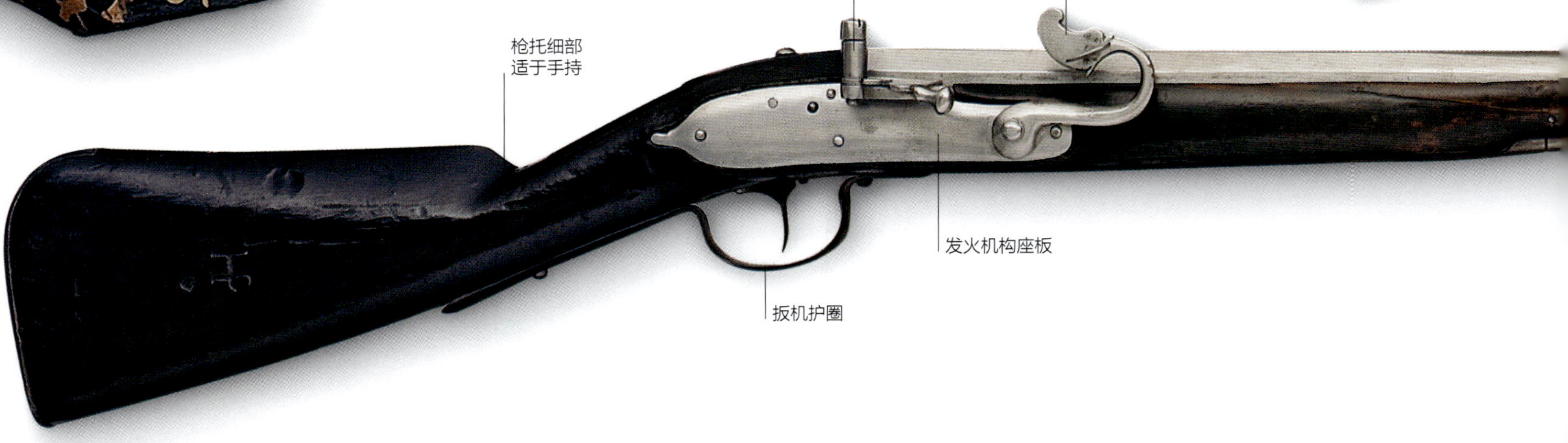

药池盖

蛇形杆

枪托细部适于手持

发火机构座板

扳机护圈

▼**德国火绳机火枪**

时间	约1580年
产地	德国
枪管长	116.8厘米
口径	不详

许多火绳机采用诸如早期弩上的简易杠杆，通过挤压使夹持阴燃火绳的蛇形杆移动到药池内。这是16世纪晚期德国陆军使用的军用火枪的样枪之一。

▲**英格兰火绳机火枪**

时间	约1640年
产地	英格兰
枪管长	115厘米
口径	18.7毫米

此类火枪在英国内战中表现出色。1642年英国内战在埃奇山爆发，交战双方为保皇派和议会派。1651年战争在伍斯特结束。采用火绳机的枪支需要很长时间才能装填完毕，因此火枪兵在装填时很容易受到攻击，尤其是骑兵，还要由长矛兵保护。

▼**日本火绳枪**

时间	16～19世纪
产地	日本
枪管长	93.7厘米
口径	15毫米

日本火绳枪是葡萄牙人1543年从其驻印度基地引入日本的。制造中心在25年间为武装步兵生产了数千支火绳枪，而火绳机枪械已成为当时战争中的决定性武器。

▲**荷兰组合长枪**

时间	17世纪
产地	荷兰
枪管长	117厘米
口径	23毫米

这种不寻常的火枪同时配有燧发机（见38～39页）和火绳机。火镰顶部的一部分作为火绳机的药池。火绳机利用扳机护圈操控，而燧发机通过扳机操控。

▲**英国火绳机长枪**

时间	17世纪
产地	英格兰
枪管长	117.2厘米
口径	18毫米

在火绳机还占据优势地位的末期，最好的火绳机枪械已具备一定的精密性，至少在表面处理方面如此。而且它们变得更轻，更易于操控。类似这种高质量的火绳机枪械如果不是作为收藏品，就会成为使用独立自动药池盖燧发机（见38页）或标准燧发机（见38~39页）枪械的主要竞争枪型。

精品展示

火绳机火枪

16 世纪末，火绳枪（见 20 页）发展出一种火绳机火枪，并广泛应用于西欧国家。与不久后发明的簧轮擦火机枪械（见 27 页）相比，火绳机火枪虽然更加笨重且可靠性不高，但因为结构简单，直到 17 世纪末，仍广受欢迎。

火绳机火枪	
时间	约17世纪中叶
产地	英国
枪管长	126厘米
口径	19毫米

枪托脊部有助于射手肩部抵住后坐轴

扳机

扳机护圈

▲火绳机火枪

尽管火绳机火枪相对手炮而言是重大改进，但它仍是一种十分笨重的武器。即使在干燥的天气条件下，火绳也很容易熄灭，而且点燃的火绳头在夜间很容易暴露。然而，最佳的火绳机火枪射击精度非常高，能够有效杀伤 100 米或更远距离的敌人。

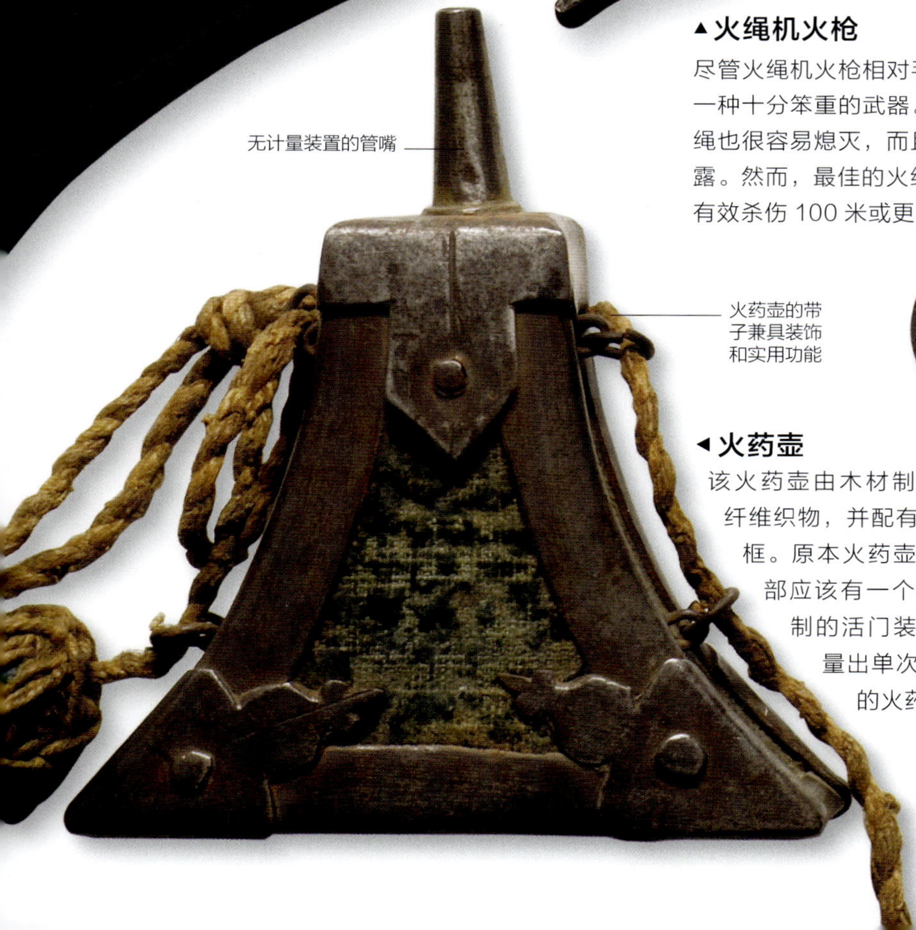

无计量装置的管嘴

火药壶的带子兼具装饰和实用功能

◀火药壶

该火药壶由木材制成，包覆纤维织物，并配有铁制外边框。原本火药壶的管嘴底部应该有一个由拇指控制的活门装置，用于量出单次射击所需的火药装药量。

支架的曲臂

▼火枪支架

最初的军用火枪非常重，需要使用支架。当然，支架本身必须采用坚固的设计，但这会增加射手的负重。大约到 1650 年，枪械的重量已经变得非常轻，不再需要支架支撑。

木杆座

全视图

全视图

药池内放引燃药（用于点燃枪管后膛装填的主火药装药的少量火药）

药池盖

蛇形杆顶部的形状类似狗头

八边形枪管

发火机构座板

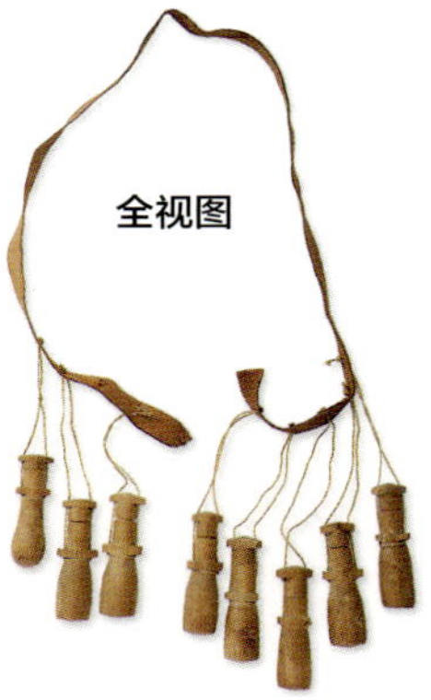

全视图

▶ **弹药背带**

除了携带火药壶之外，火枪手还应携带可悬挂小火药瓶的弹药背带，其中每个火药瓶内装有定量的火药装药。

皮革弹药背带

火药瓶用木头刻制而成

转折点

应时发火枪

公元1500年前，所有枪械开火均需使用一条阴燃火绳。火绳机（夹住火绳的装置）容易受到风和雨的影响，火绳也有可能烧伤射手。簧轮擦火机是首个利用内置系统为枪械点火的机构，使枪械能够携带已装填好的弹药，可随时开火。簧轮擦火机推动了一种全新武器——手枪的问世，同时使骑兵使用枪械的方式发生了革命性的变化。

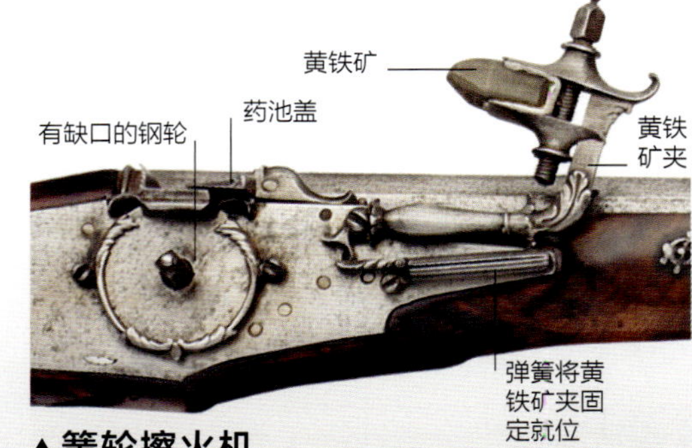

▲**簧轮擦火机**

弹簧装载的钢轮位于药池下方。带有弹簧臂的黄铁矿夹因其形状类似狗头，而在英文中被称为“dog”。黄铁矿夹的钳口夹住一块黄铁矿，发射前，将其置于药池盖上。扣动扳机会使钢轮旋转，药池盖随之开启，黄铁矿与转轮接触。

枪械自14世纪在欧洲首次出现以来，必须依靠直接的热源才能完成点火和发射。唯一实用的热源是浸渍硝酸钠或硝酸钾的麻绳（火绳），一旦点火便会燃烧。早期的手持枪械还需通过手持火绳点燃发射，这就导致枪械难以握持和瞄准。随后设计出的火绳机，可以帮助射手将点燃的火绳送入药池中。然而，燃烧的火绳会给射手带来一定的风险，并且在恶劣天气条件下会熄灭。

之前

火绳机枪械的火绳和引燃药在风雨的天气条件下会变得潮湿且无法使用。阴燃火绳对于射手而言也存在危险。

• 大量的火绳必须提供给军队。因为士兵必须使火绳一直保持燃烧，尽管此时无须开火。

火绳机火枪

• 火绳对士兵具有一定危险性，因为士兵随时有可能用火绳机枪械射击，他必须保持火绳阴燃。火绳有可能烧伤士兵或引爆火药。

• 使用火绳机武器的士兵无法隐藏，在夜间，阴燃火绳很容易暴露他们的位置。

• 对于骑兵而言，在马背上装填和发射火绳机枪械是难以控制的，根本不切实际，因此骑兵（而非龙骑兵——骑马步兵）并不配装枪械。

“……**单兵便携**的**枪械**……利用自身机构发射……它们**尺寸小**……无人**可见**……”

节选自公爵法令，布雷西亚，意大利北部（1532年）

簧轮擦火机

第一种能够克服这些问题的发火机构是基于点火器（即用于点火的简易装置）而设计的。制造这种“簧轮擦火机”要求生产者具备高超的技能。簧轮擦火机有一个钢轮，通过其旋转，与一块天然的黄铁矿摩擦来产生火花。发火机构中的V形主弹簧一端与链条相接。射手用一个单独的扳手套在轮轴上，让钢轮转动，使铰链绕在轮轴上，从而拉紧弹簧，直至钢轮卡住就位，此时钢轮不会旋转。钢轮上缘穿过药池开槽部位，处于药池内。然后射手将火药倒入药池，并合上药池盖。准备开火时，需手动把黄铁矿夹（发火机构中夹住黄铁矿的部件）扳到药池盖上。扣动扳机后，钢轮被释放，药池盖自动开启。黄铁矿向下碰撞到旋转的钢轮，产生火花点燃引燃药。火焰穿过枪管一侧的火门点燃枪管内的主火药装药。

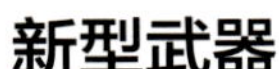

新型武器

簧轮擦火机使制造一种可提前装入引燃药，并随时处于待发状态的枪械成为现实。因为不需要持续燃着的火绳，所以枪械能够隐藏携带。在簧轮擦火机的推动下，16世纪20年代出现了全新的小型枪械——手枪，这使单手操控枪械成为可能。研制“能够藏在衣服下面的小型枪械”的想法震惊了欧洲当局，他们认为这是对公共秩序的威胁。16世纪初，许多欧洲国家都制定了抵制这些新型便携式枪械的法规。

由于簧轮擦火机的便携性，骑兵终于拥有了无须下马便可在马背上有效使用的枪械。诸如手枪和卡宾枪（见32页）等簧轮擦火机武器，可以收好并且能随时使用。因为每件武器在交战过程中仅发射一次，所以骑兵会配发成对手枪，有时也配发成对卡宾枪，进而为骑兵带来了从鞍座位置实施两次或三次射击的优势，使骑兵拥有了前所未有的火力。在此之前，这都是不可能实现的。

◄马背上的射击

在三十年战争期间的吕岑会战（始于1632年11月16日）中，新教徒瑞典国王古斯塔夫·阿道夫亲自率领骑兵部队对抗神圣罗马帝国的军队，遭到装备簧轮擦火手枪的帝国骑兵的攻击，古斯塔夫因受伤而丧命。

关键人物

列奥纳多·达·芬奇（1452～1519年）

类似于簧轮擦火机装置的最早图片，出现在列奥纳多·达·芬奇大约在1495年撰写的《大西洋手稿》的笔记中。达·芬奇似乎是受到了点火器的启发，才绘制出了可与枪管侧面连接的打火装置。

之后 »

尽管簧轮擦火机的发明推动了便携式可隐藏放置的，且能供骑兵在马背上使用的新型手持武器的研制，但该装置仍存在一定的缺陷。簧轮擦火机价格昂贵，容易损坏且不易维修，这是作战和狩猎时都会面临的问题，因此仍需研制更简易、更可靠的发火机构。

- 制造簧轮擦火手枪需要高超的专业技术，这导致簧轮擦火手枪价格昂贵。
- 独立自动药池盖燧发机（见38页）是标准燧发机的前身，出现于16世纪60年代。

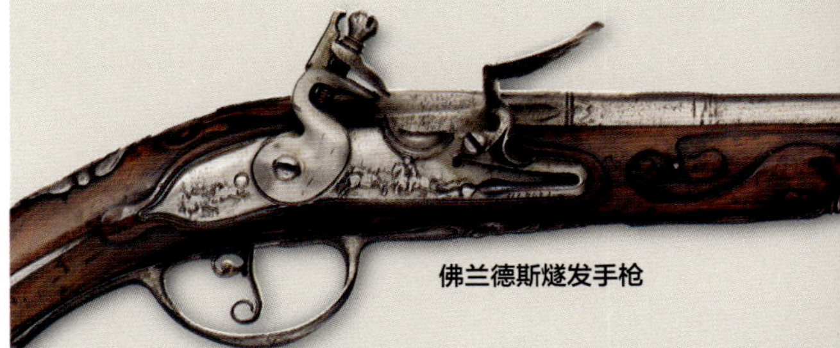

佛兰德斯燧发手枪

- 标准燧发机（见38～39页）在16世纪70年代出现。与簧轮擦火机或火绳机相比，燧发机价格更便宜，结构更简单，使用更可靠。

运动长枪

16 世纪中叶，部分运动枪械使用了“线膛枪管”，即平行的螺旋形膛线沿内膛切入的枪管。发射时，这些膛线能够使实心铅弹旋转，与从滑膛（无膛线）枪管射出的弹丸相比，铅弹的飞行弹道更直。而滑膛运动枪械可发射硬铅弹，或发射一定量的小铅弹打击飞鸟。早期火枪和线膛枪几乎均采用前装，使用多种点火系统点燃主装药。这里展示的枪械配有火绳机（见 22 页）、簧轮擦火机（见 26 ～ 27 页）和燧发机（见 38 ～ 39 页）。这些枪械配有长枪管，使火药装药能够完全燃烧，从而具备最大的威力和更高的射击精度。

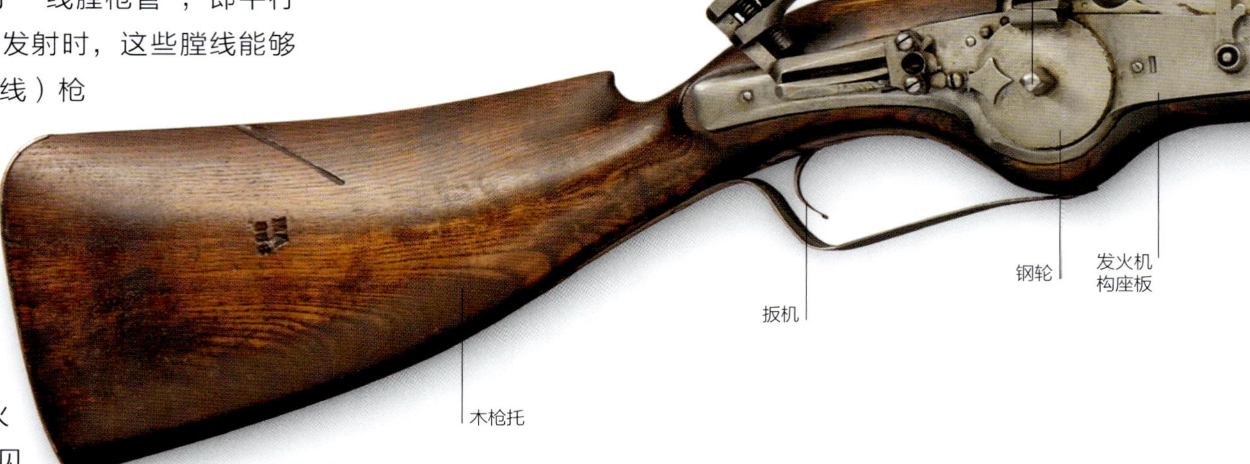

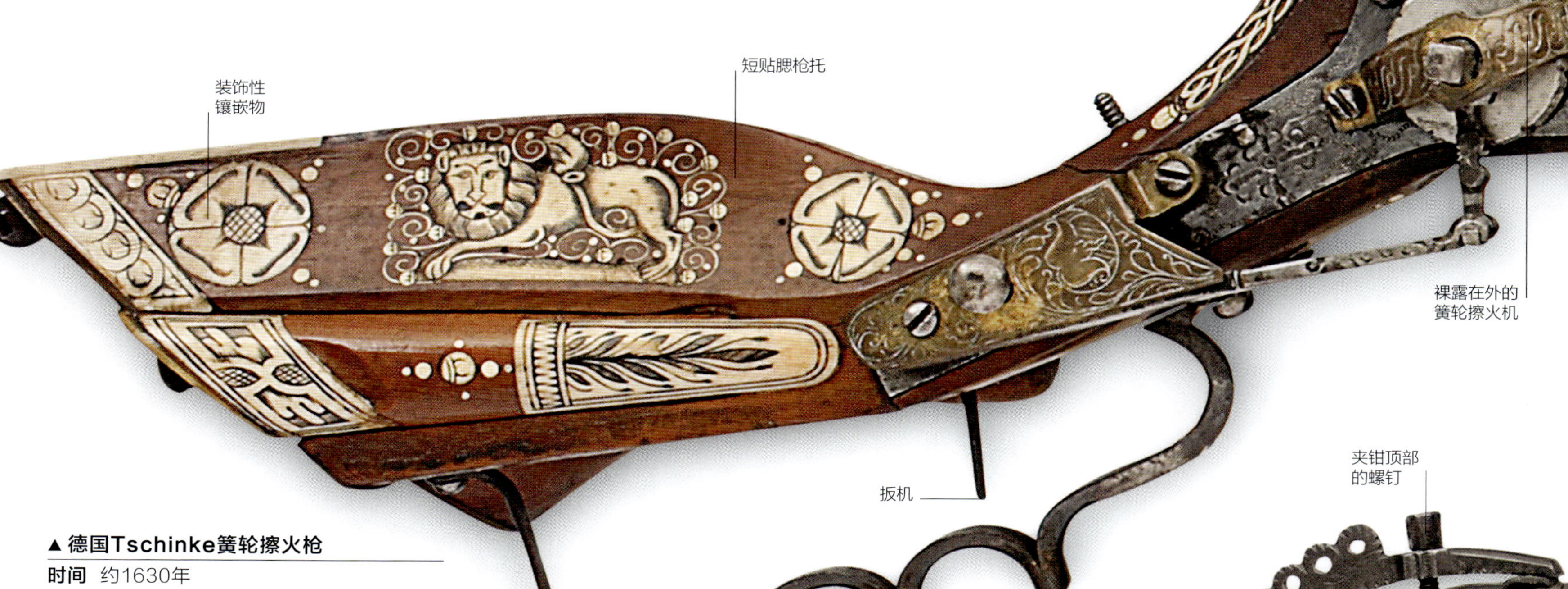

▲德国Tschinke簧轮擦火枪

时间	约1630年
产地	德国
枪管长	94厘米
口径	8.3毫米

簧轮擦火枪有三种基本形式：全封闭；转轮裸露，但发火机构的其余部分封闭；全部机构裸露。最后一种名为 Tschinke，它是一种德国簧轮擦火枪，容易损坏，但易于清洁和维护。图中展示的簧轮擦火枪在西里西亚（在今德国、波兰和捷克境内）制造，其枪托镶嵌牛角和珍珠母。该枪配备的短枪托作为贴腮枪托，发射时紧贴射手脸部而非肩部。该枪配有重型枪管，射击时有助于减小后坐力。

照门

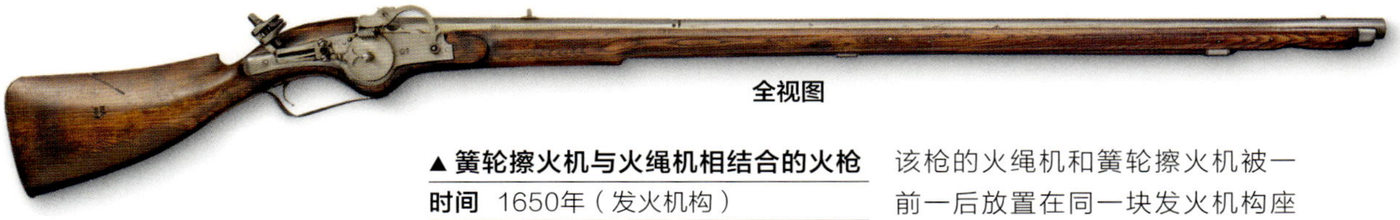

全视图

▲ 簧轮擦火机与火绳机相结合的火枪

时间	1650年（发火机构）
产地	德国
枪管长	118厘米
口径	17.7毫米

该枪的火绳机和簧轮擦火机被一前一后放置在同一块发火机构座板上。簧轮擦火机和枪托制作于1650年左右，具有典型的荷兰和另一地区（现在属于比利时和德国领土的一部分）的产品风格。

黄铁矿夹

环形照门

将枪管固定到枪托上的销

黄铁矿夹弹簧

全视图

▼ 瑞典Baltic燧发枪

时间	约1650年
产地	瑞典
枪管长	98厘米
口径	10毫米

这种早期燧发步枪配有典型的来自瑞典南部的"Baltic"发火机构，以及来自早期武器的独特的"Goinge"型短枪托。与后期枪械相比，该枪的发火机构设计略显简单，且制作粗糙，但仍然装有其他燧发机（见38～39页）均配备的火镰。

火镰（带有可转动钢制药池盖）

照门

火镰簧

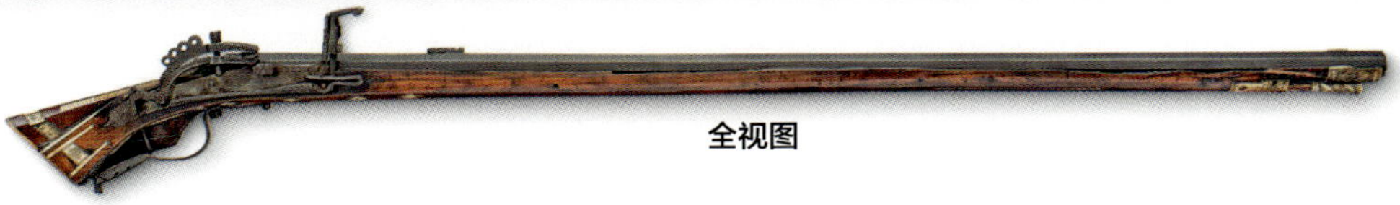

全视图

欧洲猎枪

猎枪通常按照当时十分流行的地域风格制造。各地都有自己相对偏爱的发火机构类型。例如，苏格兰喜欢使用独立自动药池盖燧发机（见38页），而德国和意大利则喜欢使用簧轮擦火机（见26～27页）。猎枪通常装饰有雕刻和凿制的金属配件，其枪托也会使用镶嵌工艺，从而彰显拥有者的品位和财富。在以猎杀大型动物为主的部分欧洲地区，与滑膛霰弹枪相比，猎人更喜欢线膛步枪。线膛步枪的火力更强，射击精度更高，更适合猎杀大型动物。

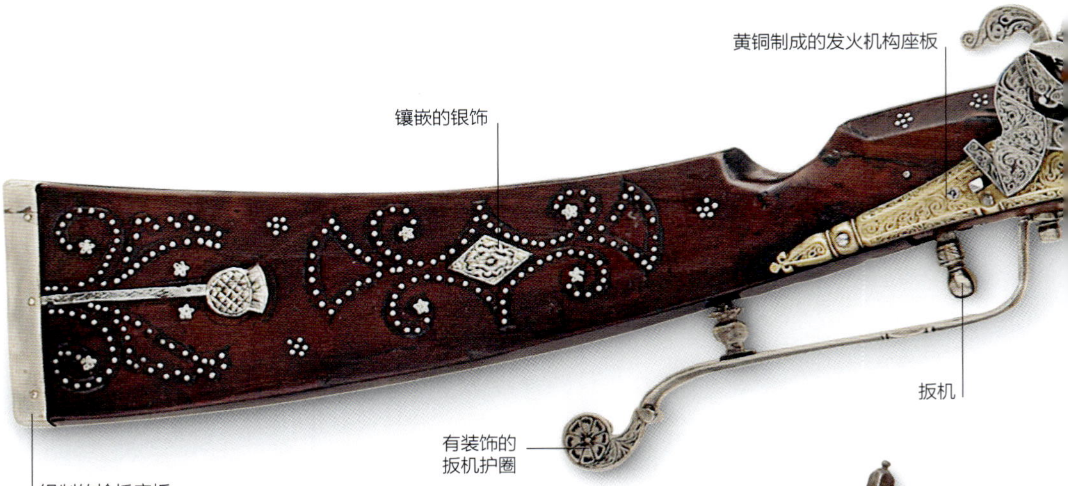

黄铜制成的发火机构座板
镶嵌的银饰
扳机
有装饰的扳机护圈
银制的枪托底板

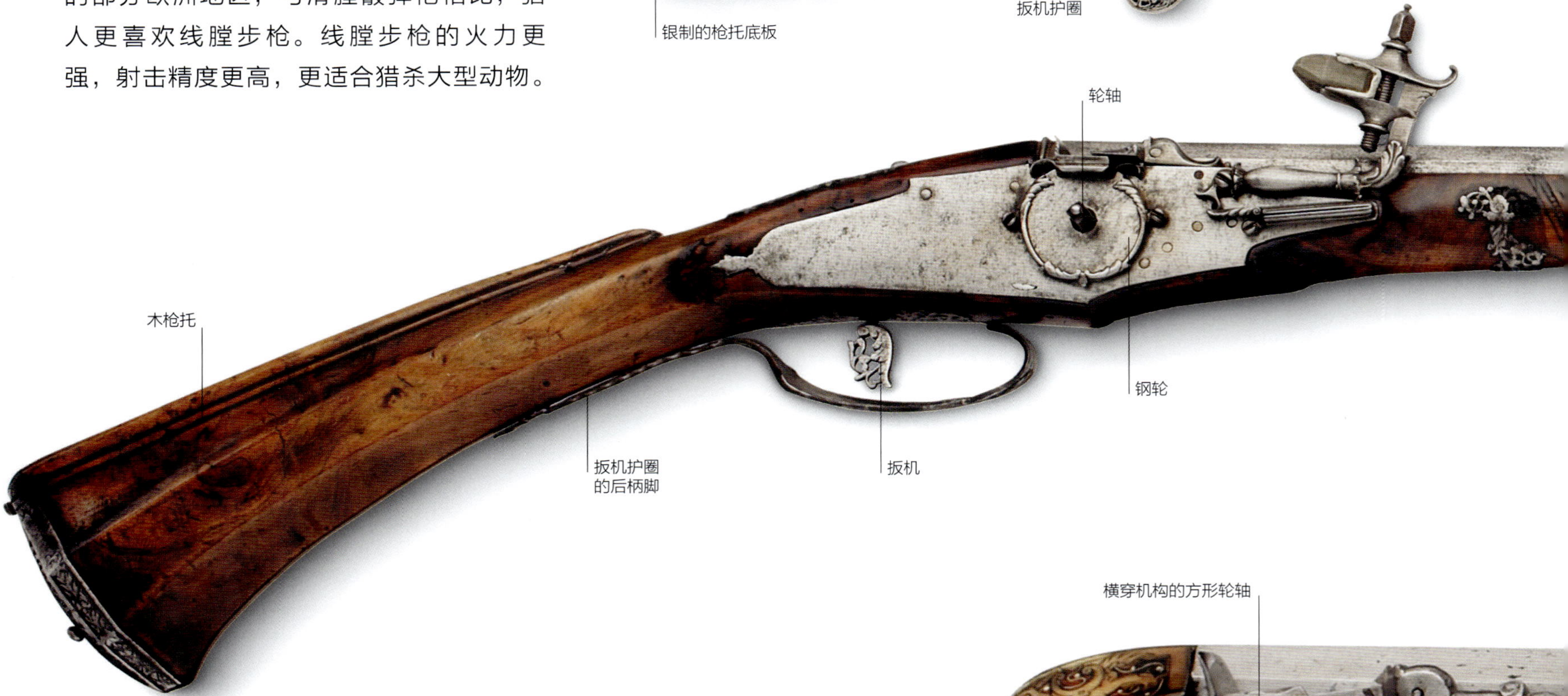

轮轴
木枪托
钢轮
扳机护圈的后柄脚
扳机

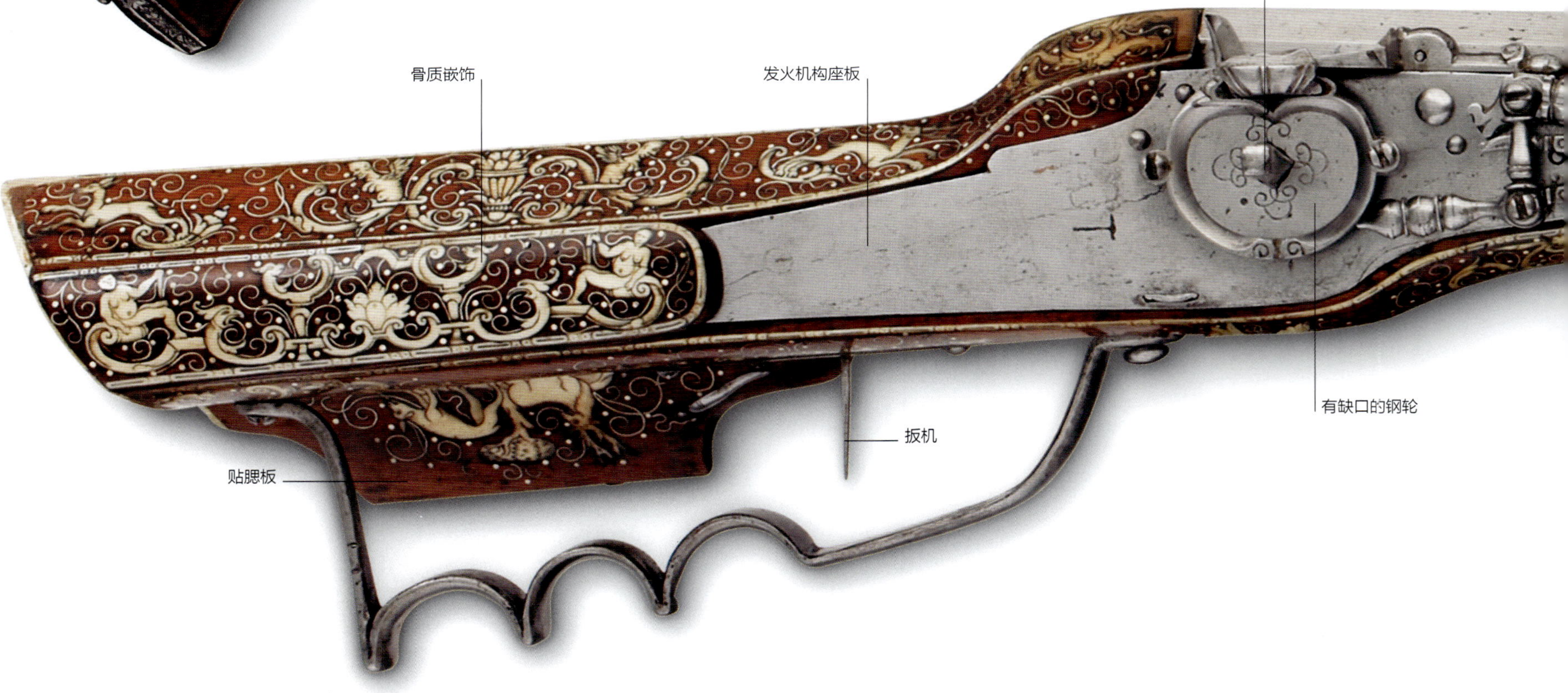

横穿机构的方形轮轴
骨质嵌饰
发火机构座板
有缺口的钢轮
扳机
贴腮板

钢制回转臂

钢制弹簧

推弹杆凹槽

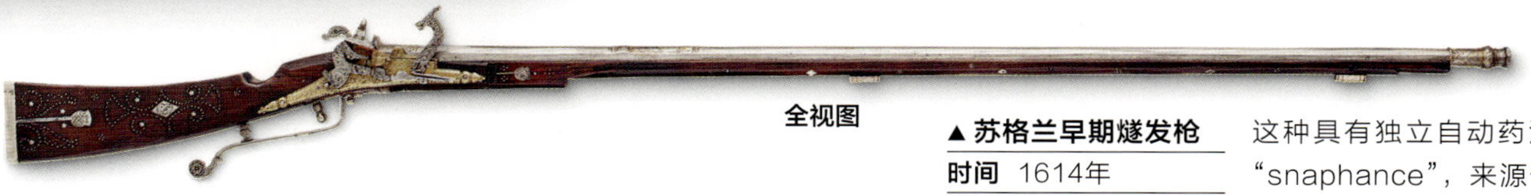

全视图

▲苏格兰早期燧发枪

时间	1614年
产地	苏格兰
枪管长	96.5厘米
口径	11.5毫米

这种具有独立自动药池盖的早期燧发机英文拼写为“snaphance”，来源于荷兰语 schnapp-hahn，意即“啄食的母鸡”，发火机构与之相似。其是对用黄铁矿打火的簧轮擦火机进行简化的首次尝试。图中展示的枪支由苏格兰邓迪的枪匠艾利森所制，它是苏格兰国王詹姆斯六世（最终成为英格兰国王）赠予法国国王路易十三的礼物。

枪管固定销

推弹杆

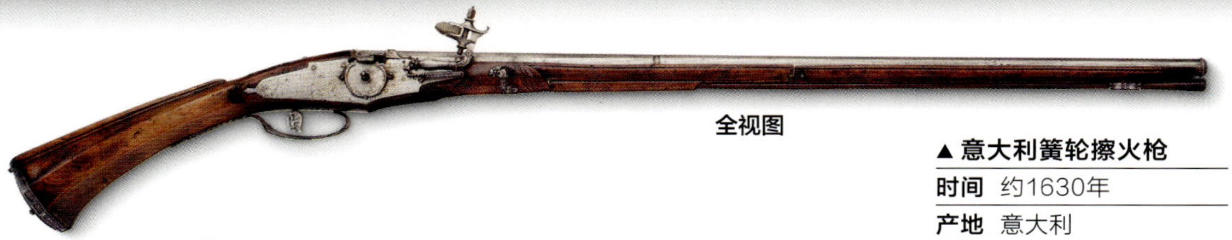

全视图

▲意大利簧轮擦火枪

时间	约1630年
产地	意大利
枪管长	80厘米
口径	11.5毫米

直到 17 世纪，意大利的北方城市布雷西亚和博洛尼亚，都是意大利簧轮擦火枪长久以来的制造中心。该图所示样枪由布雷西亚的拉扎里诺 · 科米纳佐制作，实际上他所造的手枪相对更为出名。

黄铁矿

待击拉环可以方便射手扳动黄铁矿夹

骨质嵌饰

发射时弹簧将黄铁矿夹牢牢固定在钢轮上

推弹杆

全视图

▲德国簧轮擦火枪

时间	约1640年
产地	德国
枪管长	86.4厘米
口径	16.5毫米

在 1500 年左右，簧轮擦火机出现于意大利和德国。不久，采用这一革命性新型点火系统的枪械诞生，并被欧洲大多数国家普遍采用。图中样枪的设计，是将有缺口的钢轮外置，使其更容易清洁，但发火机构的其余部分隐藏在枪托中，位于发火机构座板之下。

早期手枪和卡宾枪

簧轮擦火机（见26 ~ 27页）的出现，意味着不仅能够省去燃着的火绳，还可使火器尺寸缩小，便于单手操控射击，进而让待发状态下的枪支得以随身携带。这种发火机构使新型枪械更加实用。手枪和卡宾枪随之出现，与笨重的火枪相比，它们更轻，也更易于操控。卡宾枪比火枪短，但比手枪长，可为骑兵部队提供强大的火力支援。

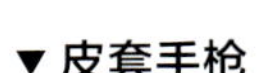

▼ **皮套手枪**

时间	约1580年
产地	德国
枪管长	30.5厘米
口径	14.7毫米

这种皮套手枪采用弯度较大的手枪结构，在射手骑马过程中可存放在皮套内。该枪各部位的装饰都十分华丽，包括握把底部的大圆头。

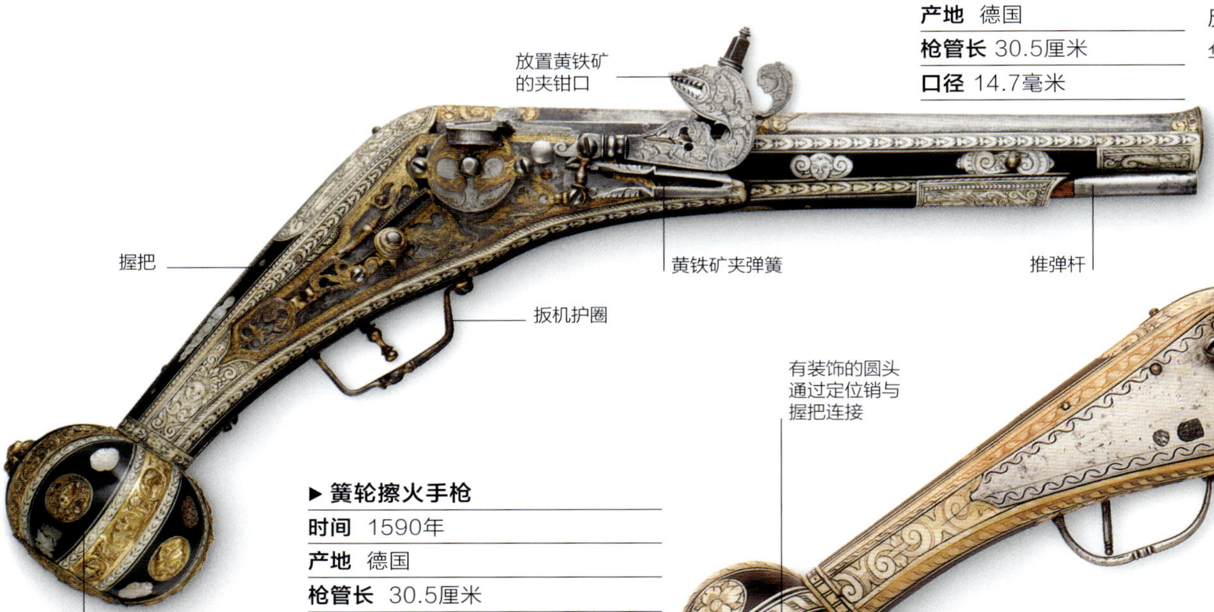

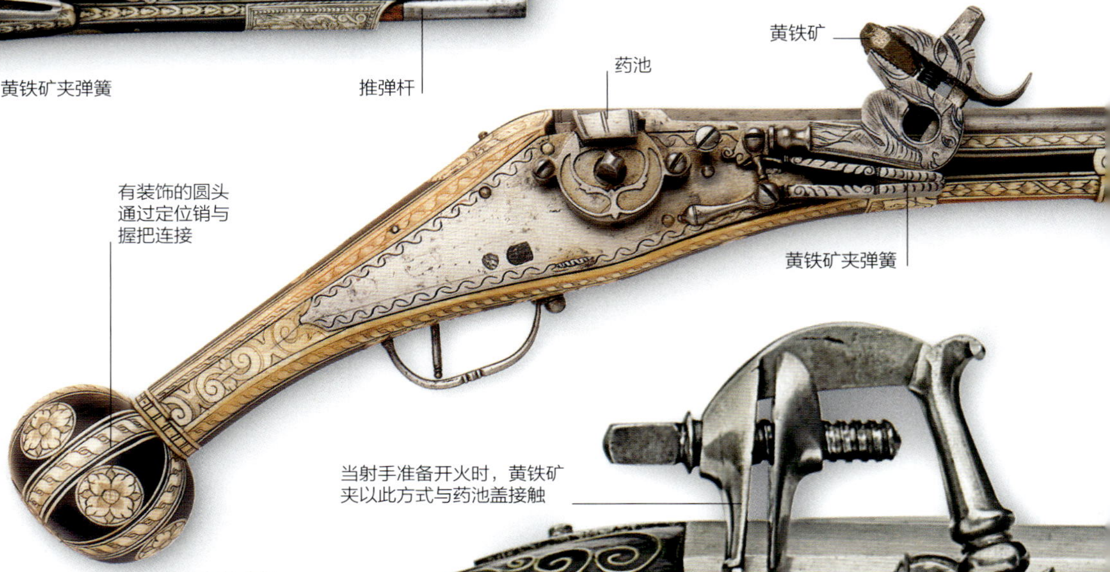

▶ **簧轮擦火手枪**

时间	1590年
产地	德国
枪管长	30.5厘米
口径	12.7毫米

在北欧地区，直到16世纪末手枪都一直被称作达格（这一名字的起源不详）。握把底部的圆头是达格的共同特征，其设计的首要目的是使手枪更容易从口袋或包内拿出，并不是充当“大头棒”。

◀ **簧轮擦火卡宾枪**

时间 1650年

产地 德国

枪管长 52厘米

口径 12.7毫米

该簧轮擦火卡宾枪由德国枪匠汉斯·鲁尔研制，配有短而平的枪托。钢制枪托底板钻孔形成空腔，该设计可能是为了放置枪弹或火药量器。枪托镶嵌有钢丝制成的涡形纹饰，中间还有小天使的形象。

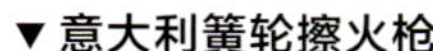

▲ **簧轮擦火手枪**

时间 17世纪

产地 德国

枪管长 50.8厘米

口径 12.7毫米

军用簧轮擦火手枪价格昂贵（见 27 页），仅供骑兵使用。这些手枪被成对放置在鞍座前部的皮套中。图中展示的样枪比大多数手枪装饰得更为华丽，握把镶嵌有珍珠母。

▼ **意大利簧轮擦火枪**

时间 1635年

产地 意大利

枪管长 26厘米

口径 13.3毫米

该簧轮擦火枪由意大利布雷西亚的著名枪匠乔凡尼·巴蒂斯塔·弗朗西诺生产。他制作的手枪因高质量的表面处理、极佳的平衡性和优越的发火机构而备受赞誉。弗朗西诺还常为富裕阶层制造成对的手枪。

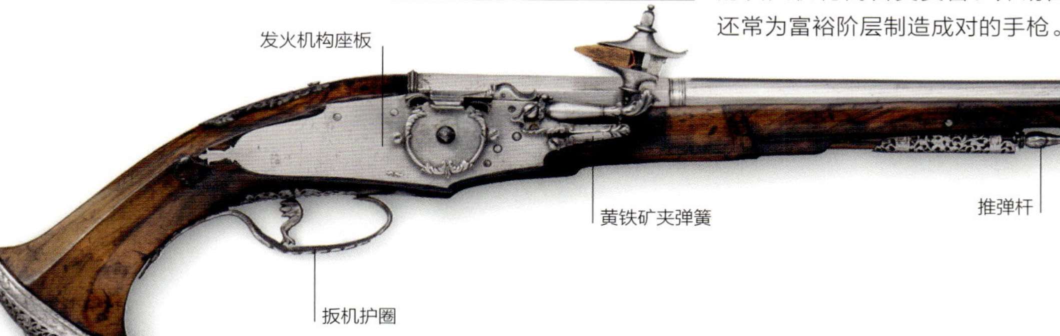

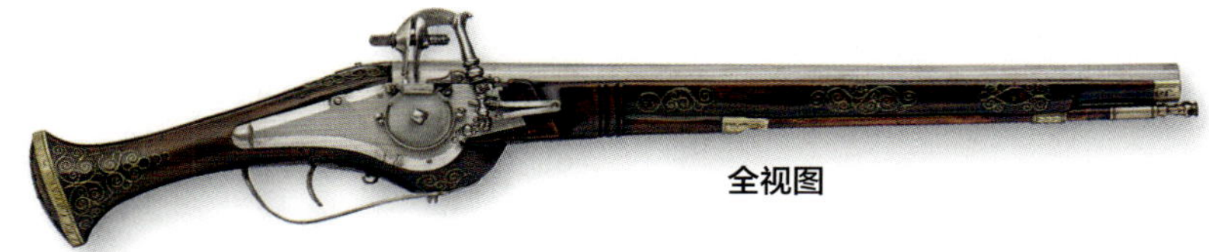
全视图

▲ **德国簧轮擦火枪**

时间 1620年

产地 德国

枪管长 43厘米

口径 14.5毫米

这把枪由洛仑兹·哈罗德研制。据史料记载，他从 1572 年开始在卢森堡工作，直到 1622 年去世。然而，该簧轮擦火枪印有奥格斯堡管控的标记。因此，哈罗德或者是在两个地区工作过，或者是购买了奥格斯堡制造的枪管。

组合武器

纵观历史，武器制造者一直试图将不同武器的优势结合于一体。他们制造的这些组合武器，有的是出于生产实用军用武器的尝试，但通常是为了满足他们的兴趣和在技术方面的好奇心。将两种武器结合在一起通常会影响它们各自的使用效果，但即使它们不好用，也会被加以华丽的装饰。轻武器通常会加装到其他类型武器上，这种设计理念是通过加装棍棒武器、防盾或刀剑来实现其附加效能的。

▼带两个簧轮擦火机的长戟

时间	约1590年
产地	德国
枪长	69.1厘米
口径	8.3毫米

这是一种配装双管簧轮擦火手枪的礼仪用长戟。手枪枪管是八边形的，叶片形戟刃两侧各有一根枪管。长戟全身蚀刻而成，部分采用镀金带条和涡形纹饰，月牙斧和锚钩均嵌有附加的纪念性标志。

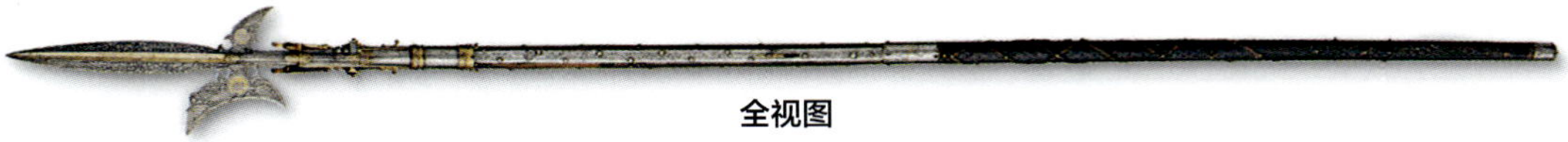

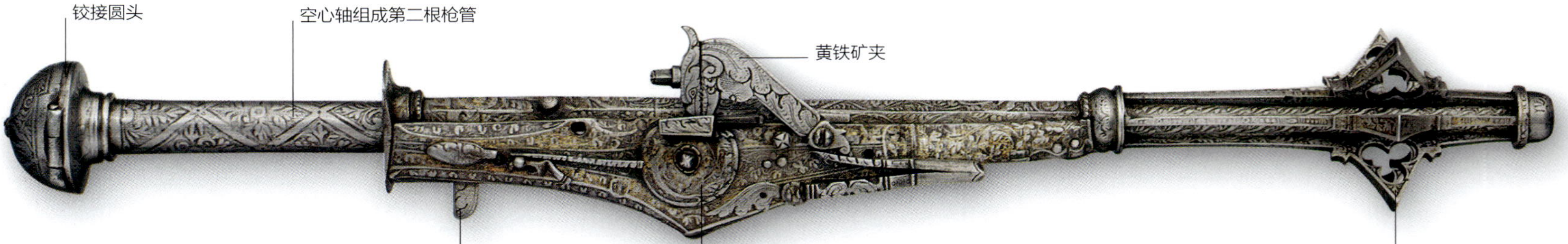

▲权杖簧轮擦火手枪

时间	约1560年
产地	德国
全长	58.5厘米
口径	7.8毫米

这种簧轮擦火手枪的前端配有6个尖凸缘，每个尖凸缘中部为镂空的三叶草形状。发火机构包含一个与黄铁矿夹啮合的简易保险按钮，扣动扳机后，该机构的部分组件会释放黄铁矿夹。手枪后端的空心轴实际是另一根枪管，它配有的隔室打开铰接圆头便可使用。

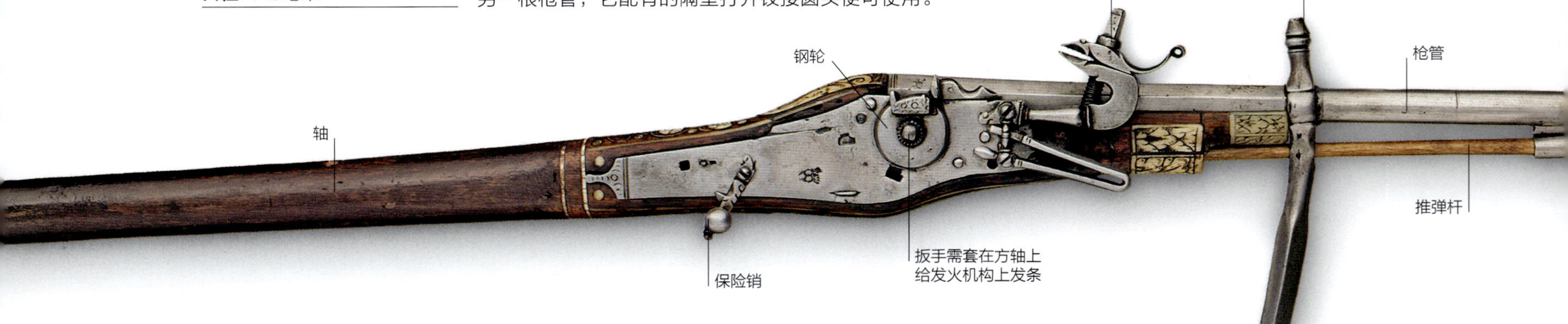

黄铁矿夹侧视图

▲带簧轮擦火手枪的军叉

时间	约1590年
产地	德国
枪长	61.6厘米
口径	8.9毫米

这种结合了簧轮擦火手枪的长柄军叉还应该装有一个作战击锤。该武器配备了枪炮制造商的“标准”手枪发火机构和枪管，生产目的似乎是用于实战而非礼仪。

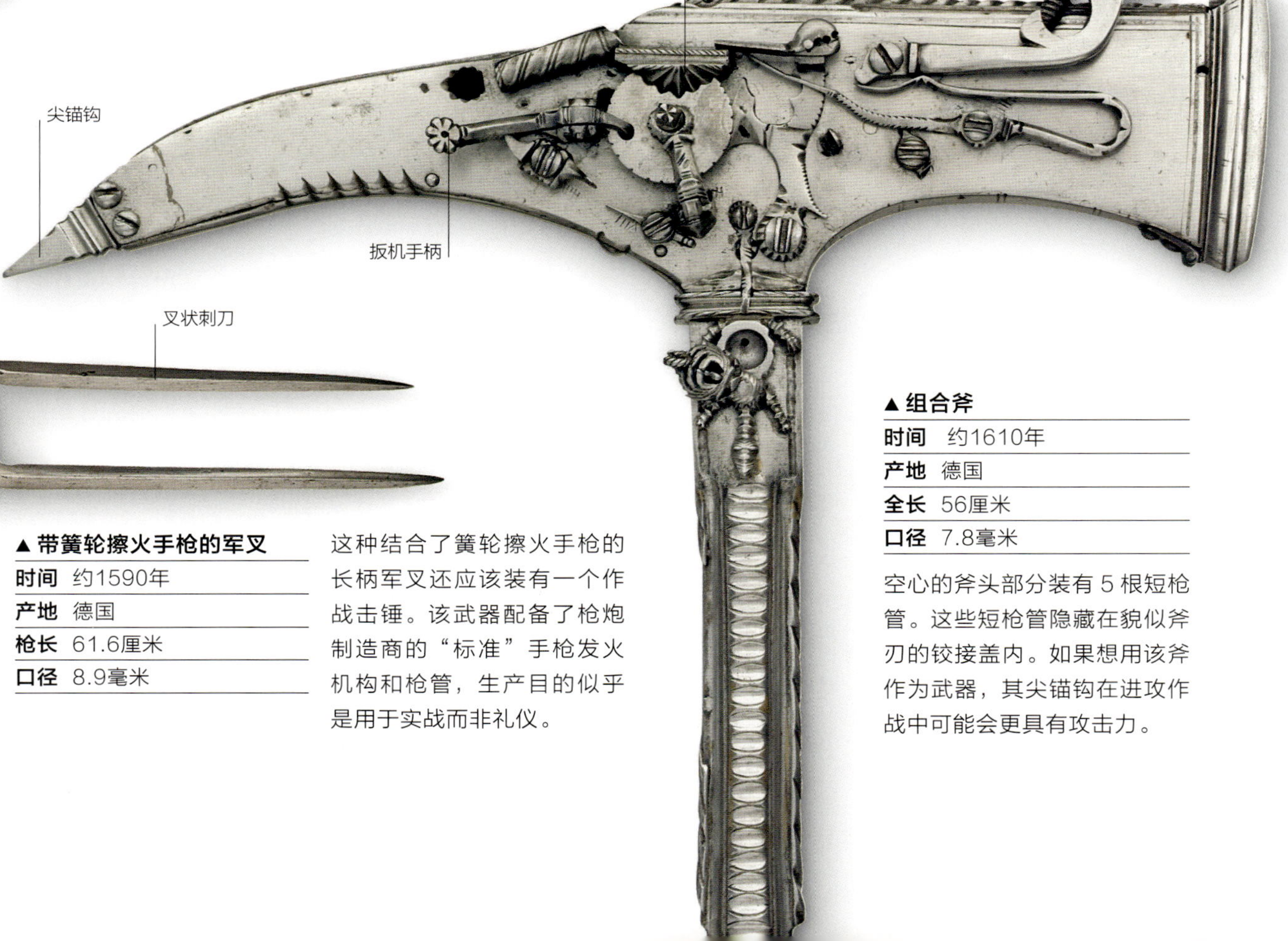

枪管局部图

全视图

▲组合斧

时间	约1610年
产地	德国
全长	56厘米
口径	7.8毫米

空心的斧头部分装有 5 根短枪管。这些短枪管隐藏在貌似斧刃的铰接盖内。如果想用该斧作为武器，其尖锚钩在进攻作战中可能会更具有攻击力。

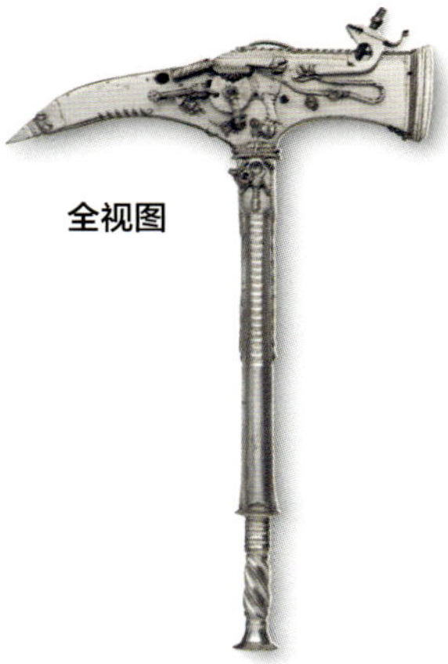

德国燧发运动枪

燧发枪时代

（1650～1830年）

标准形态的燧发机出现于16世纪末，它比簧轮擦火机结构更简单、价格更低廉，其通过燧石撞击钢片而产生火花。1650年左右，尽管火绳机枪械和簧轮擦火枪仍在使用，但燧发枪已广泛应用于欧洲和北美洲地区。燧发机作为从手枪到火炮等各种火器的主要发火机构，一直沿用了200多年。

转折点

全面的枪支

虽然簧轮擦火机（见26～27页）的出现使枪械的尺寸变得更小、更便于携带，但其结构复杂、价格昂贵。16世纪末，人们努力探索，希望研制出一种既可靠又简单，而且价格低廉的发火机构。燧发机使用一块天然燧石撞击钢片，产生火花，点燃引燃药，由于其结构简单、零件坚固，所以使燧发枪它比早期的其他枪械更便宜、更可靠，在之后的两个世纪里成为运动和军事领域的主要武器。

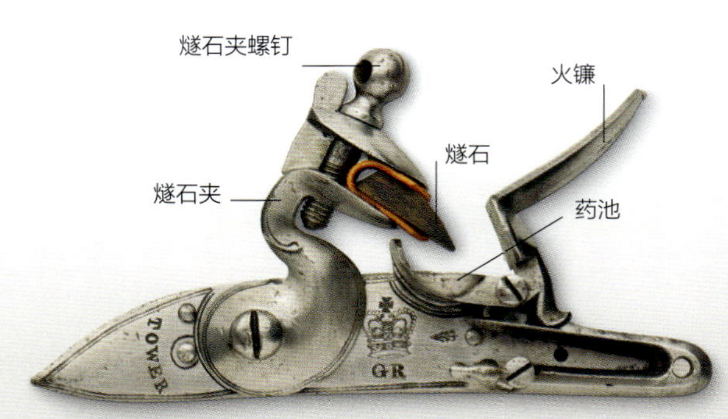

▲**标准燧发机**

装有弹簧的击锤的钳口装有一块燧石，药池盖和一个撞击钢片整合为火镰，药池盖旁边的传火孔（火门）与枪管后膛相连。

众所周知，火绳机武器（见26页）在使用时遇到刮风和下雨，火绳会熄灭，暴露在外的引燃药会被吹走。因此，火绳机在恶劣天气很容易瞎火，并且阴燃火绳既不安全也不方便使用。簧轮擦火枪是在火绳机枪械的基础上改进而来的，它配有一个用于点燃引燃药的内部系统。除了生产成本很高，簧轮在运作时，还随时可能卡住，在战场上也难以维修保养。簧轮擦火枪使用的黄铁矿质地柔软，磨损很快。不久后，人们对簧轮擦火机进行了改进，研制出了能满足需求且成本更低的发火机构。16世纪60年代，新的发火机构出现，其工作原理是通过燧石与坚硬的钢件碰撞产生火花。

燧发机

一种使用了独立自动药池盖的早期燧发机（snaphance）是标准燧发机的先驱之一，它比簧轮擦火机结构简单，燧石夹上有一块燧石，扣动扳机使燧石夹落下，通过机构内部联动的组件打开药池。同时，燧石与旋转臂上的钢片撞击产生火花，火花掉进药池点

之前

尽管簧轮擦火枪点火系统的优点很明显，但火绳机枪械还是和簧轮擦火枪共存了很长一段时间。火绳机枪械因价格低廉且坚固耐用，一直服役到17世纪后期。

• 火绳机枪械不能单手使用，因此不适合骑兵在马上使用。

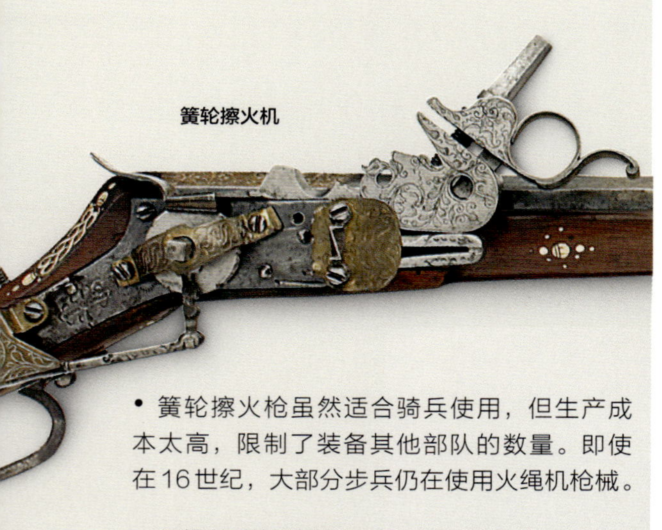

簧轮擦火机

• 簧轮擦火枪虽然适合骑兵使用，但生产成本太高，限制了装备其他部队的数量。即使在16世纪，大部分步兵仍在使用火绳机枪械。

• 便携的手持枪械在16世纪早期出现。簧轮擦火枪可以随身携带，且处于待发状态，随时都能开火。簧轮擦火枪可装在袋子里，而且不再需要现点火，这促进了手枪的发展。

“……使用**更容易、更快、更便捷**……而且价格**更便宜**……”

选自1613年11月6日威尼斯总督和参议院给驻英格兰大使的有关早期燧发枪的信件

燃引燃药。传火孔（火门）将燃烧的火花引到枪管后膛，点燃主装药（发射药）。

这种使用独立自动药池盖的早期燧发机在欧洲一些国家一直流行到 19 世纪，但地域风格对其影响很大，而最主要的影响来自法国。17 世纪晚期，一些法国枪械制造商出版的设计书描绘了枪械组件及其装饰的流行式样，并被西欧的许多枪械制造商所采用。

通过对这种早期燧发机的简化，把药池盖和撞击钢片合为一个部件，变成火镰（它被燧石击打后敞开，见 303 页），进而发展出真正标准的燧发机。这种“一个部件兼具两种功能”的简化使燧发机的生产成本更低，性能更加可靠，并使其机构部件比簧轮擦火机少得多。17 世纪后期，燧发机有 16 个零部件，而簧轮擦火机则有 40 个。如此简单的设计，使得燧发枪的生产周期更短。

▼ 战争中的燧发枪

18 世纪，燧发枪是欧洲和北美步兵的主要武器，在美国独立战争中发挥了巨大作用。在 1777 年的布兰迪万河战役中，美国军队进行了顽强抵抗，最终被英国军队打败。图中的美国士兵正在使用燧发火枪进行齐射。

燧发枪的使用

整个 17 世纪，火绳机、簧轮擦火机和燧发机都在使用，但燧发机的优点很明显。18 世纪初，燧发枪被广泛应用。由于燧发枪的生产成本较低，能够大量生产和装备，所以逐渐成为陆军的标准武器。枪匠可以为所有枪械安装燧发机，包括骑兵手枪，甚至是火炮。即使是平民百姓也买得起燧发枪。对于旅行者，燧发枪可用来自卫；对于狩猎者，它既高效又时尚；对于决斗者，它非常可靠。

对燧发枪技术的改进持续到 19 世纪，但燧发枪仍有缺陷。例如，燧发武器射击时产生的烟雾会提醒猎物附近有猎人；燧石需要精确加工成合适的形状并安装在合适的位置；传火孔内要保持干净没有残渣。而且，燧发机的发火过程暴露在外，易受恶劣天气的影响，枪匠们曾尝试在药池周围加装凸筋来达到防水效果，但根本不起作用。后来，通过采用击发机构和装有化学物质雷酸汞（见 80 页）的火帽可以解决这些问题。化学点火系统的出现使枪械的发展进入了新时代。

之后 »

燧发机一直使用到 19 世纪 50 年代，并逐渐被更可靠的发射机构，即撞击式火帽（见 80 ~ 81 页）装置所取代。

- 燧发火枪于 17 世纪末开始生产并装备欧洲国家的军队。到 18 世纪初，它开始大批量生产并成为陆军的标准武器。
- 18 世纪，燧发手枪开始作为自卫武器和决斗武器被广泛使用和大量生产，并一直持续到 19 世纪。
- 19 世纪 30 年代，欧洲开始用撞击式火帽装置替换燧发机构。燧发武器逐渐升级成击发武器。

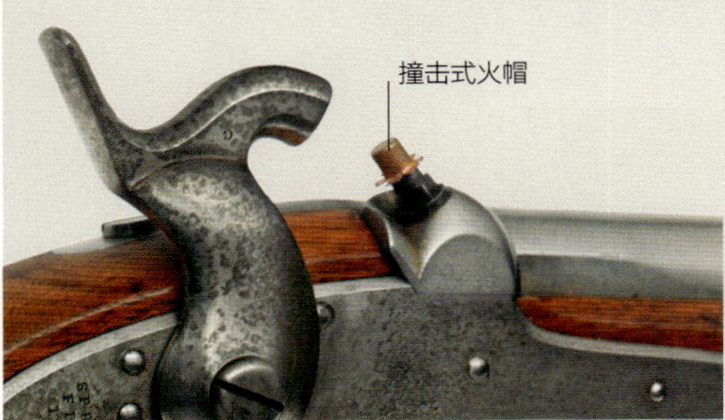

撞击式火帽装置

早期燧发枪

16世纪60年代左右，一种新的发火机构类型诞生，解决了簧轮擦火枪固有的缺陷（见38页）。它减少了零部件数量，通过燧石撞击坚硬的钢制部件产生火花来点燃引燃药。这种新型发火机构先以“独立自动药池盖”的形式出现，机构前端的旋转臂尾部有块钢片，独立的药池盖随着燧石夹被释放联动打开，露出药池。随后，一种更为有效的发火机构问世，即标准燧发机。它将药池盖和钢片结合到一起，形成火镰，使结构更加简单。早期燧发武器的外形和尺寸各不相同，可谓五花八门。

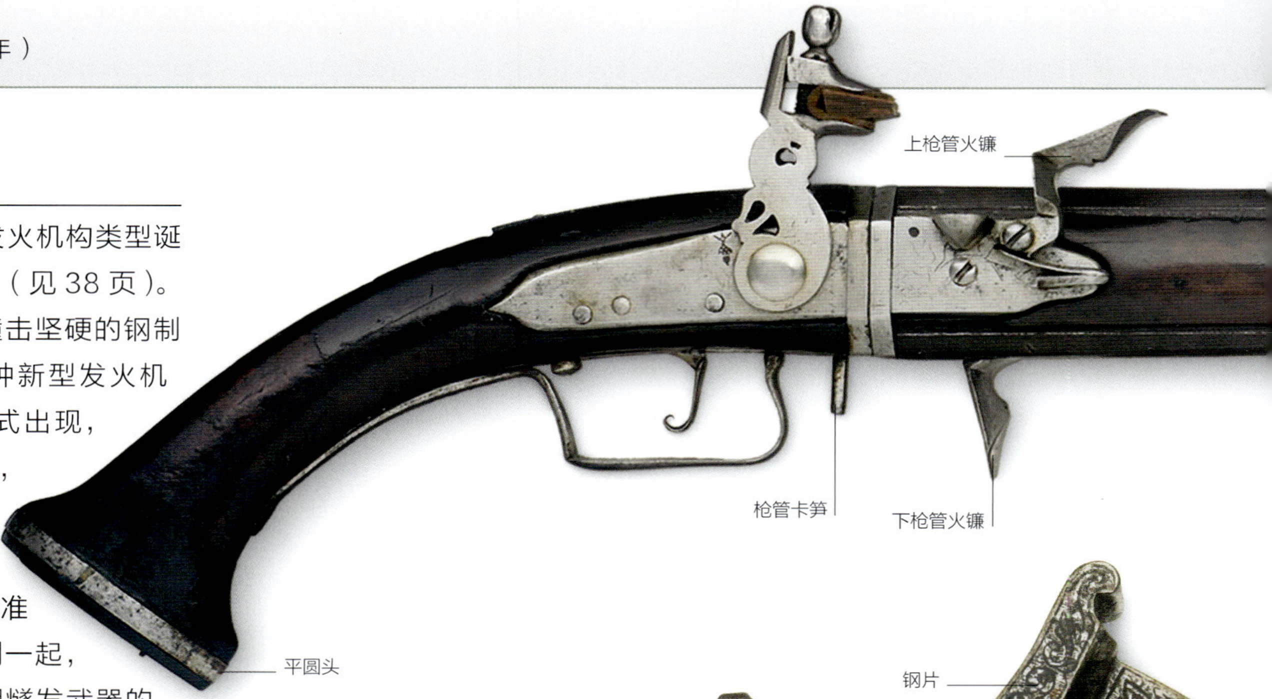

上枪管火镰

枪管卡笋

下枪管火镰

平圆头

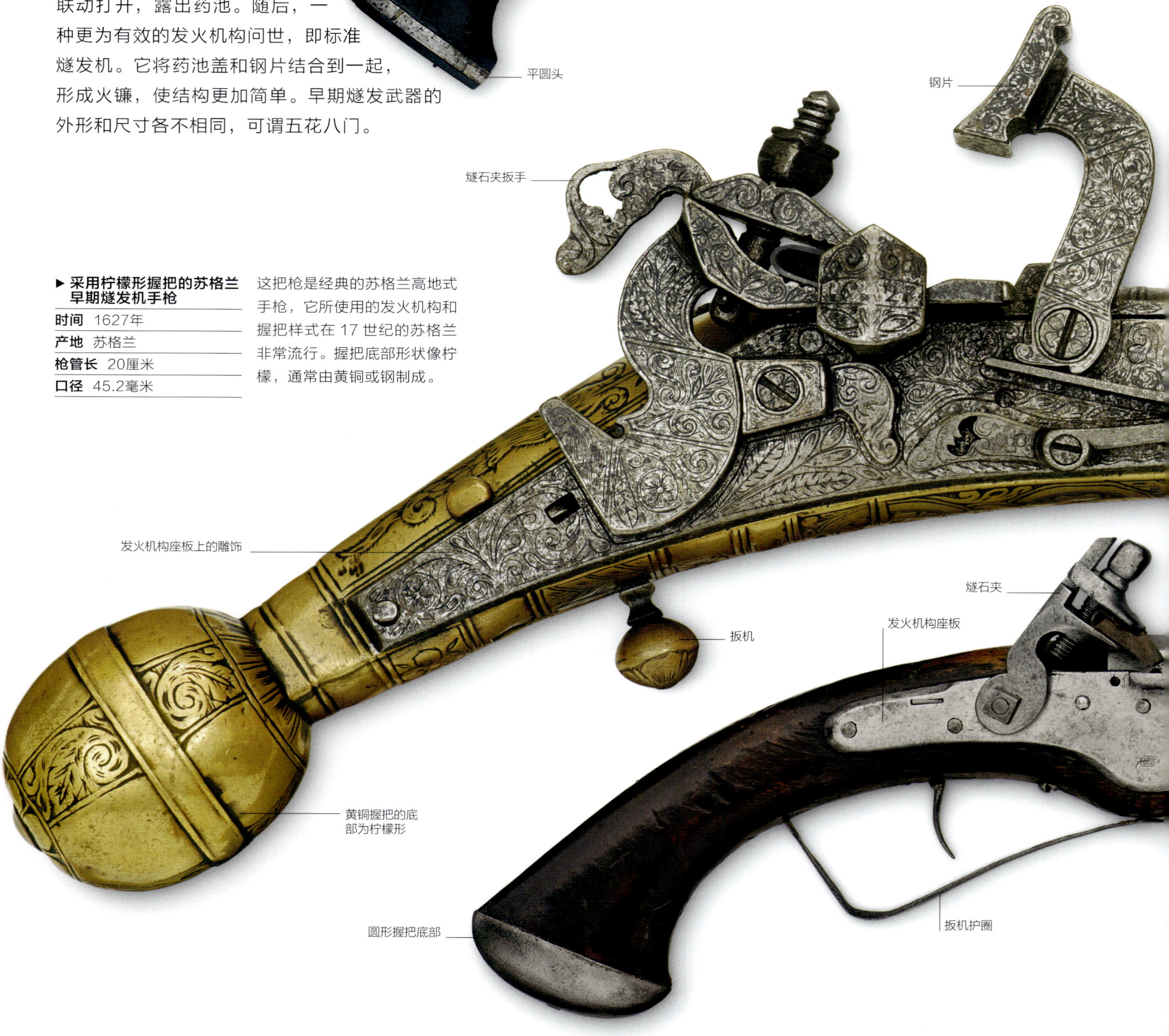

钢片

燧石夹扳手

▶ 采用柠檬形握把的苏格兰早期燧发机手枪

时间	1627年
产地	苏格兰
枪管长	20厘米
口径	45.2毫米

这把枪是经典的苏格兰高地式手枪，它所使用的发火机构和握把样式在17世纪的苏格兰非常流行。握把底部形状像柠檬，通常由黄铜或钢制成。

发火机构座板上的雕饰

燧石夹

发火机构座板

扳机

黄铜握把的底部为柠檬形

圆形握把底部

扳机护圈

▲ 荷兰双管燧发枪

时间	约1650年
产地	荷兰
枪管长	50.3厘米
口径	13毫米

遇袭时，多管手枪可使旅行者具有额外的火力优势。这把手枪的枪管可以手动旋转，该结构被称为文德尔系统。上枪管发射后，向后扳动枪管卡笋即可将未发射过的下枪管旋转到上面，每根枪管都有独立的药池和火镰。

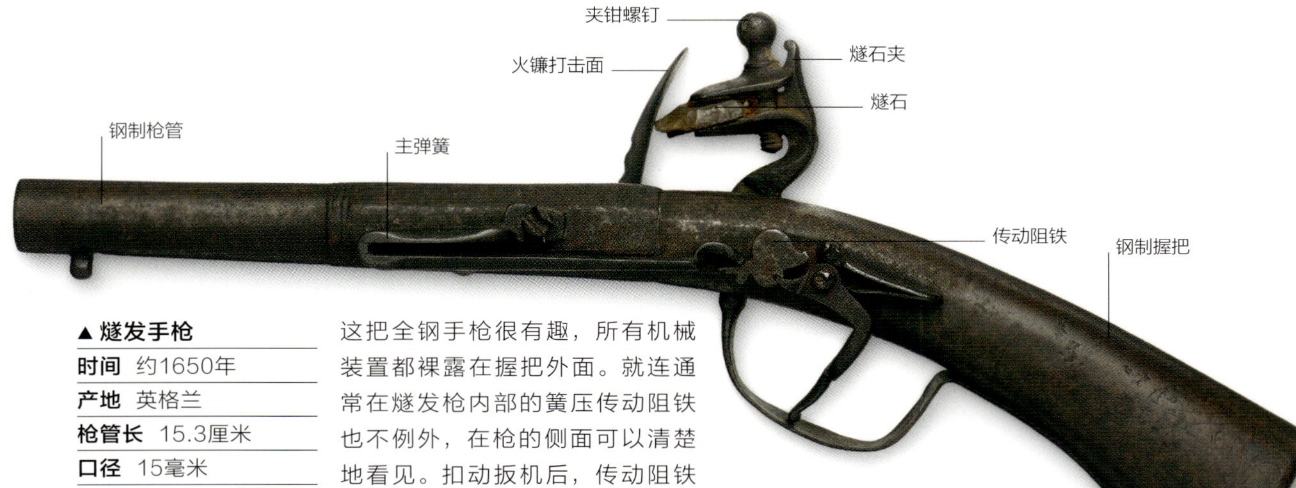

▲ 燧发手枪

时间	约1650年
产地	英格兰
枪管长	15.3厘米
口径	15毫米

这把全钢手枪很有趣，所有机械装置都裸露在握把外面。就连通常在燧发枪内部的簧压传动阻铁也不例外，在枪的侧面可以清楚地看见。扣动扳机后，传动阻铁依靠簧力带动燧石夹进行击打。

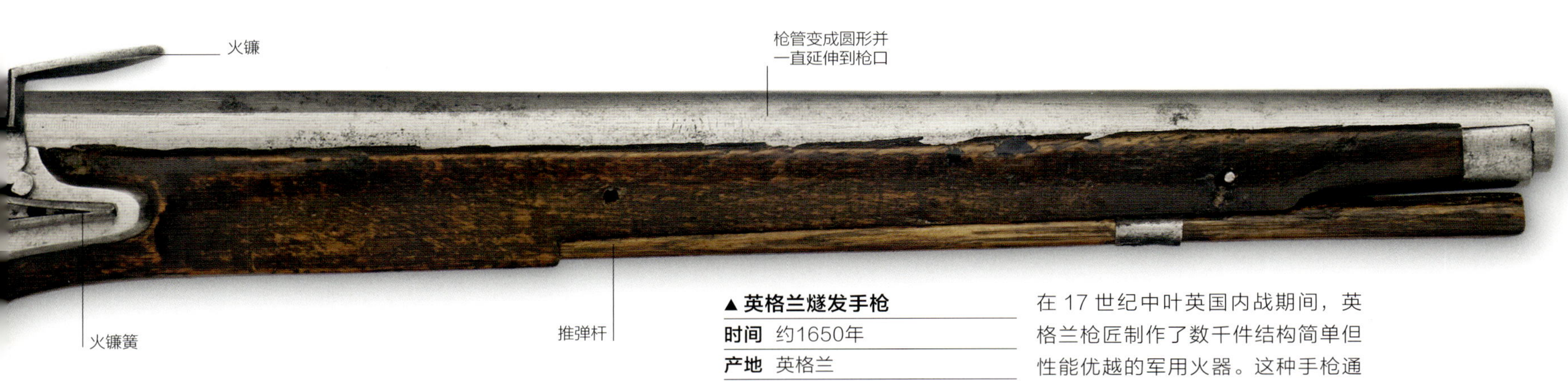

▲ 英格兰燧发手枪

时间	约1650年
产地	英格兰
枪管长	34.2厘米
口径	14.5毫米

在 17 世纪中叶英国内战期间，英格兰枪匠制作了数千件结构简单但性能优越的军用火器。这种手枪通常给骑兵部队每人配备两把，且都装在枪套内并挂于马鞍前。其发火机构座板和握把形状与簧轮擦火枪的类似，当时非常流行。

燧发手枪（1650～1700年）

17 世纪下半叶，燧发枪械在欧洲，得到进一步发展，且其改进后的形态一直沿用到 19 世纪。17 世纪中叶，多种燧发机构并存，但到 1700 年时，具有“法国式”设计风格的发火机构已在整个欧洲占据主导，它最明显的特征是阻铁或燧石夹释放机构（位于发火机构座板之下）的样式。而在外形和装饰方面，法式风格也对手枪和其他枪械产生了重要影响。但同时，具有奥地利和西里西亚（在今波兰、德国和捷克境内）等地域风格的枪械也在继续流行。

▲奥地利皮套手枪

时间	约1690年
产地	奥地利
枪管长	35.5厘米
口径	16.2毫米

由于采用长枪管和金属握把底板，皮套手枪比较笨重。该枪产自维也纳，由拉马尔制造。这把有着华丽装饰的皮套手枪虽然不具有典型性，但代表了 17 世纪的后几十年里枪匠的艺术造诣。

▲西里西亚皮套手枪

时间	约1680年
产地	西里西亚
枪管长	35.5厘米
口径	13.7毫米

这把精致的皮套手枪产自泰申公国（在今捷克和波兰境内），受德国的影响，采用弧形、边缘斜切的发火机构座板。握把上的鹿角嵌饰也源自德国，这种装饰表明该枪是作为馈赠礼品而生产的。

圆形枪管
推弹杆

夹钳螺钉
燧石夹
握把
推弹杆箍
握把底板

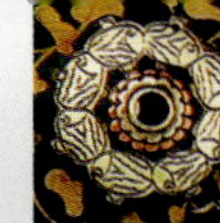

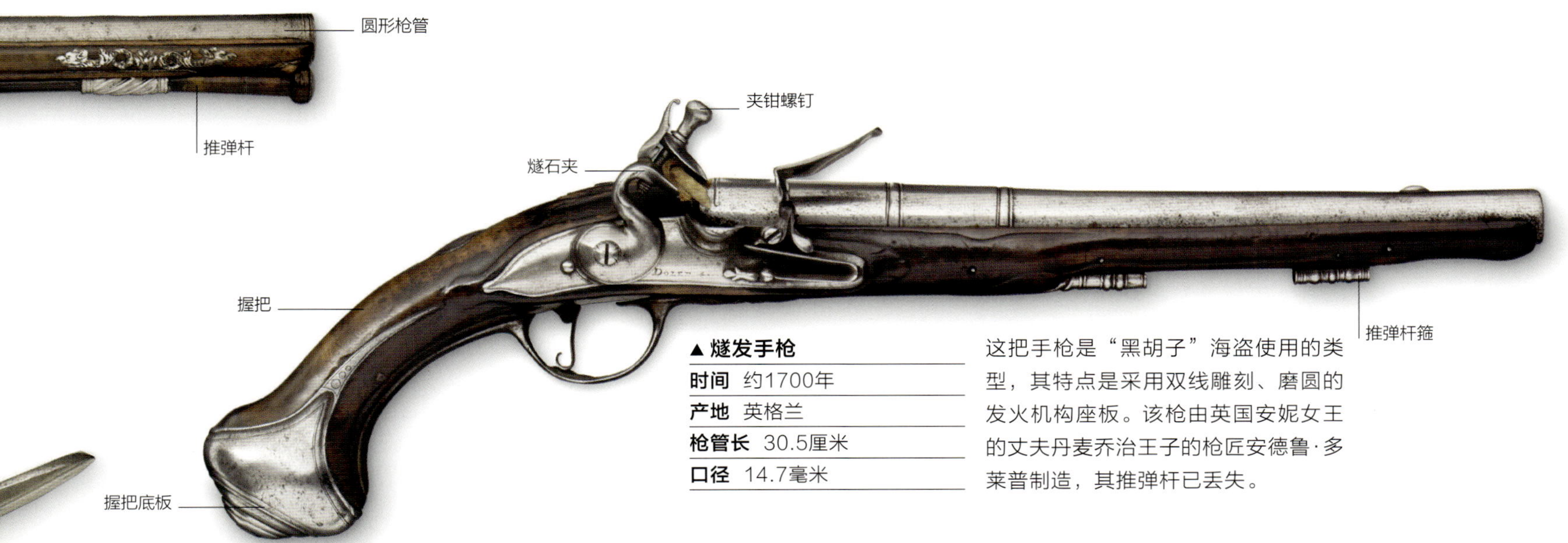

▲燧发手枪

时间	约1700年
产地	英格兰
枪管长	30.5厘米
口径	14.7毫米

这把手枪是“黑胡子”海盗使用的类型，其特点是采用双线雕刻、磨圆的发火机构座板。该枪由英国安妮女王的丈夫丹麦乔治王子的枪匠安德鲁·多莱普制造，其推弹杆已丢失。

圆形枪管
推弹杆

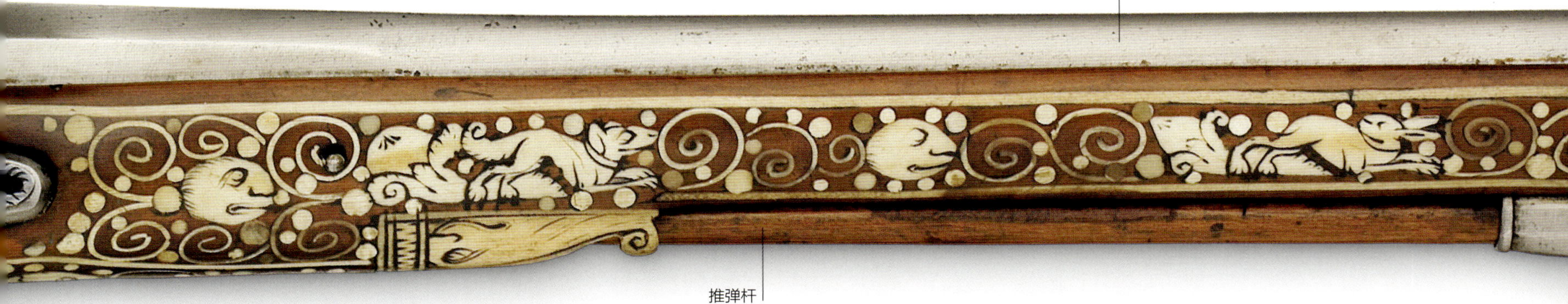

▼双管手枪

时间	1700年
产地	英格兰
枪管长	33厘米
口径	12.7毫米

这是一对制造精良的英格兰上下双管手枪中的一把，由侨居的荷兰枪匠安德鲁·多莱普于 17 世纪和 18 世纪之交在伦敦制造。右侧的发火机构和前扳机，用于控制上枪管射击。

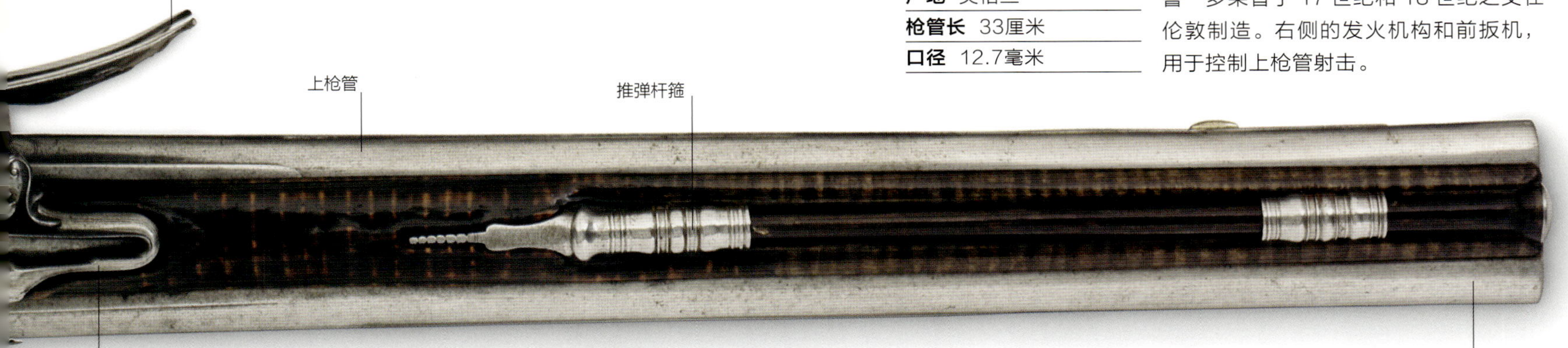

双火镰
上枪管
推弹杆箍
火镰簧
下枪管

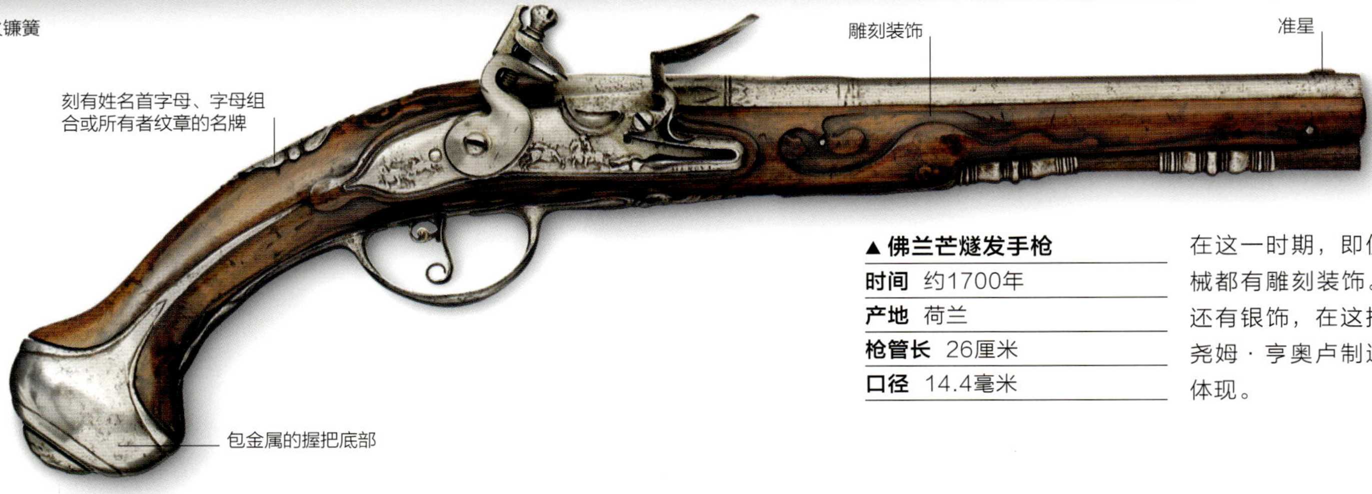

雕刻装饰
准星
刻有姓名首字母、字母组合或所有者纹章的名牌
包金属的握把底部

▲佛兰芒燧发手枪

时间	约1700年
产地	荷兰
枪管长	26厘米
口径	14.4毫米

在这一时期，即使是日常使用的枪械都有雕刻装饰。有些枪械上甚至还有银饰，在这把由佛兰芒枪匠纪尧姆·亨奥卢制造的手枪上就有所体现。

燧发手枪（1701～1775年）

这一时期，在私人手枪上镶嵌银饰和少量镶嵌金属丝已变得比较寻常，而军用手枪虽然也很美观，但相对朴素。虽然当时几乎所有的枪械都是从枪口装填的，但也有些手枪是将枪管后部拧开从后膛装填的，这样会更加快捷、容易地装填弹药。

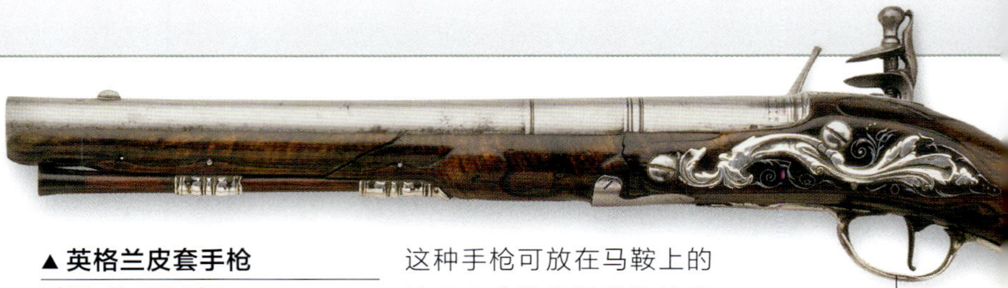

扳机护圈

▲英格兰皮套手枪

时间	约1720年
产地	英格兰
枪管长	25.4厘米
口径	16.2毫米

这种手枪可放在马鞍上的枪套中（随身佩戴的枪套在之后才被发明出来）。开枪后，皮套手枪通常充当“大头棒”使用。

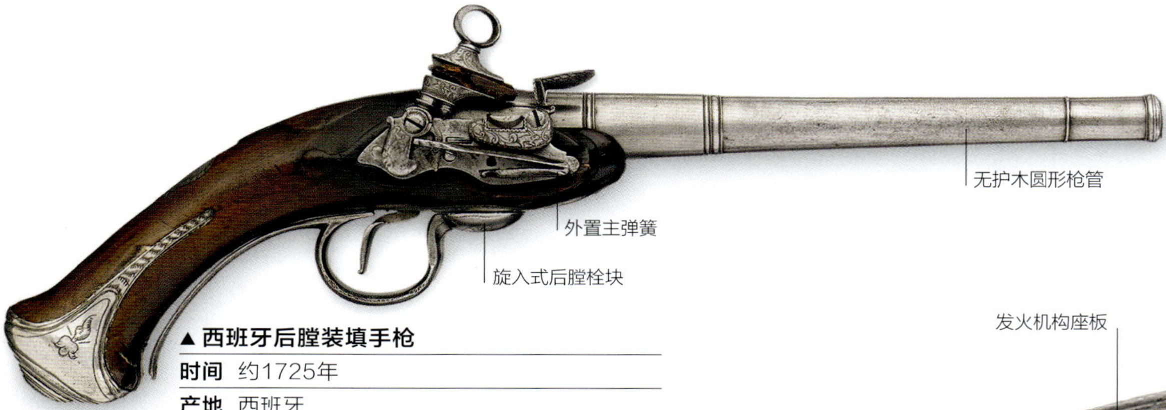

无护木圆形枪管

外置主弹簧

旋入式后膛栓块

▲西班牙后膛装填手枪

时间	约1725年
产地	西班牙
枪管长	25.4厘米
口径	13.9毫米

米克莱燧发机（miquelet）和标准燧发机类似，钢片和药池盖也是连为一体的。它的外置主弹簧为燧石夹提供簧力，而标准燧发机的簧力来自枪内部。这种米克莱燧发手枪通常有一个可旋出的后膛栓块，它与圆形扳机护圈相连，将其旋出后才能将弹丸和火药装填进去。

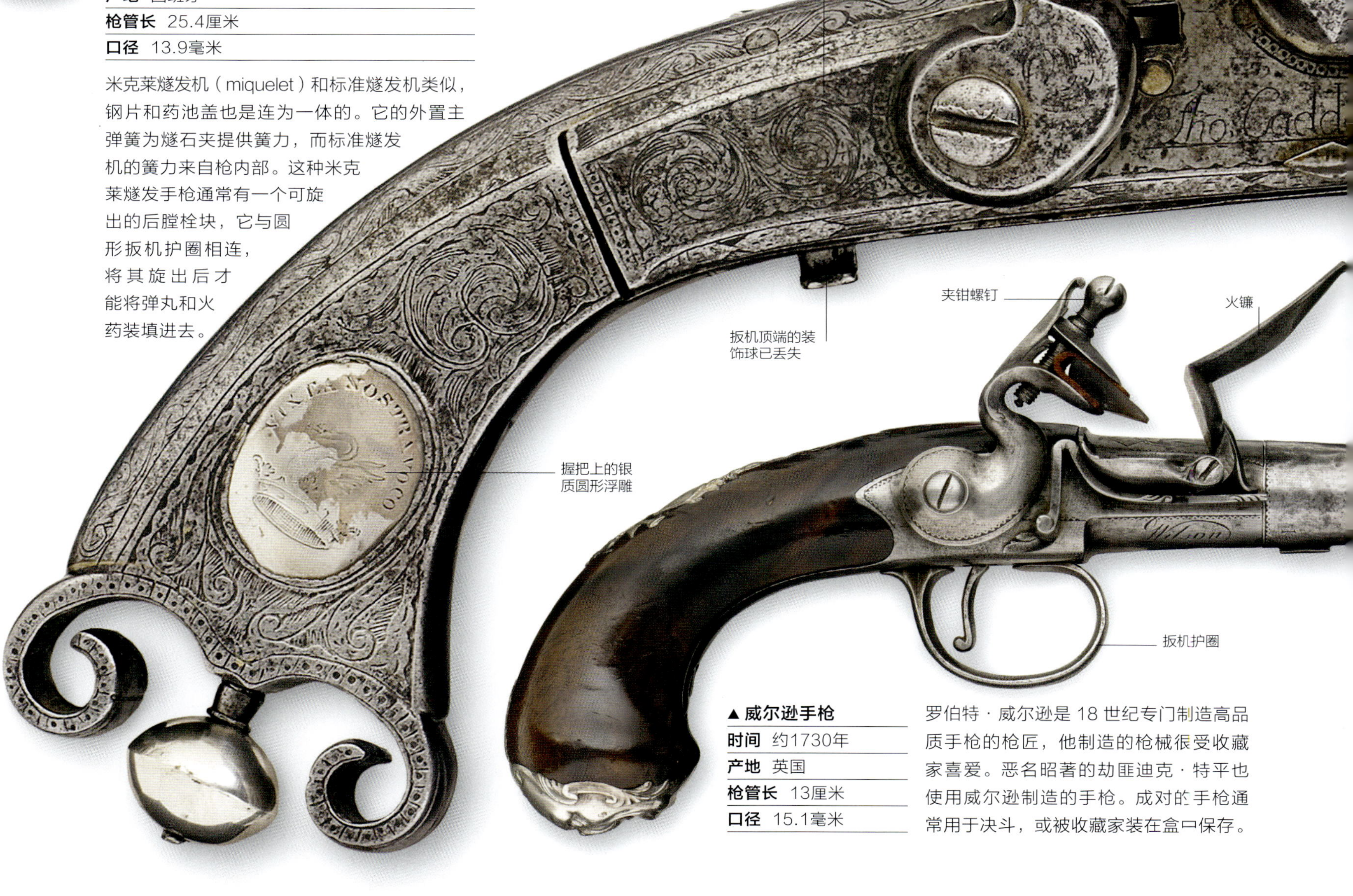

燧石夹

发火机构座板

扳机顶端的装饰球已丢失

握把上的银质圆形浮雕

夹钳螺钉

火镰

扳机护圈

▲威尔逊手枪

时间	约1730年
产地	英国
枪管长	13厘米
口径	15.1毫米

罗伯特·威尔逊是18世纪专门制造高品质手枪的枪匠，他制造的枪械很受收藏家喜爱。恶名昭著的劫匪迪克·特平也使用威尔逊制造的手枪。成对的手枪通常用于决斗，或被收藏家装在盒中保存。

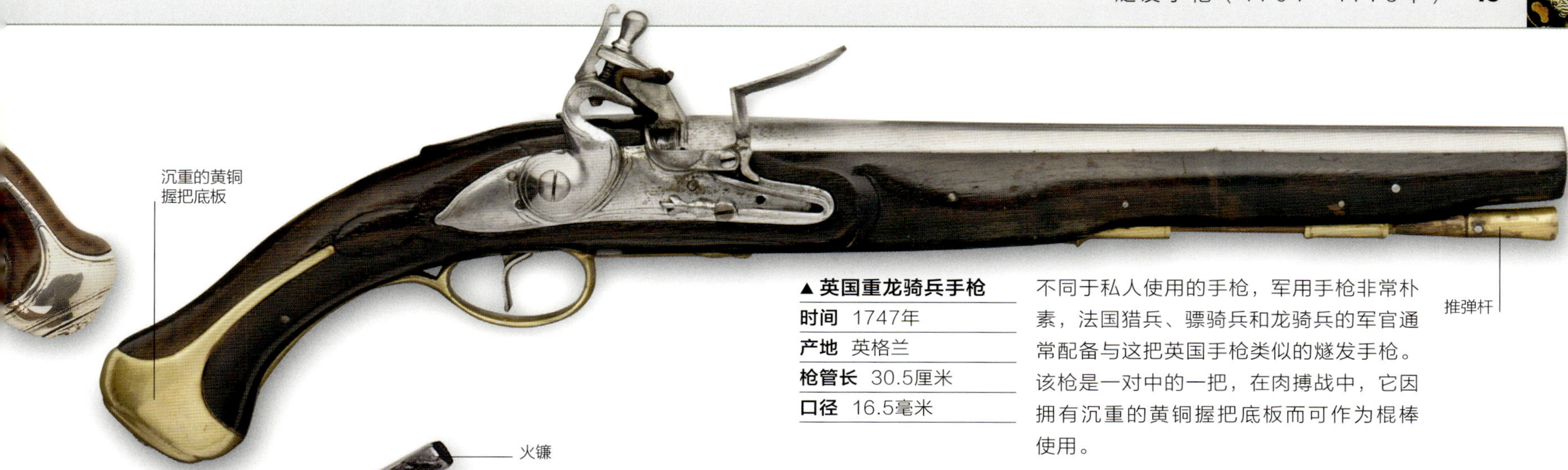

▲英国重龙骑兵手枪

时间	1747年
产地	英格兰
枪管长	30.5厘米
口径	16.5毫米

不同于私人使用的手枪，军用手枪非常朴素，法国猎兵、骠骑兵和龙骑兵的军官通常配备与这把英国手枪类似的燧发手枪。该枪是一对中的一把，在肉搏战中，它因拥有沉重的黄铜握把底板而可作为棍棒使用。

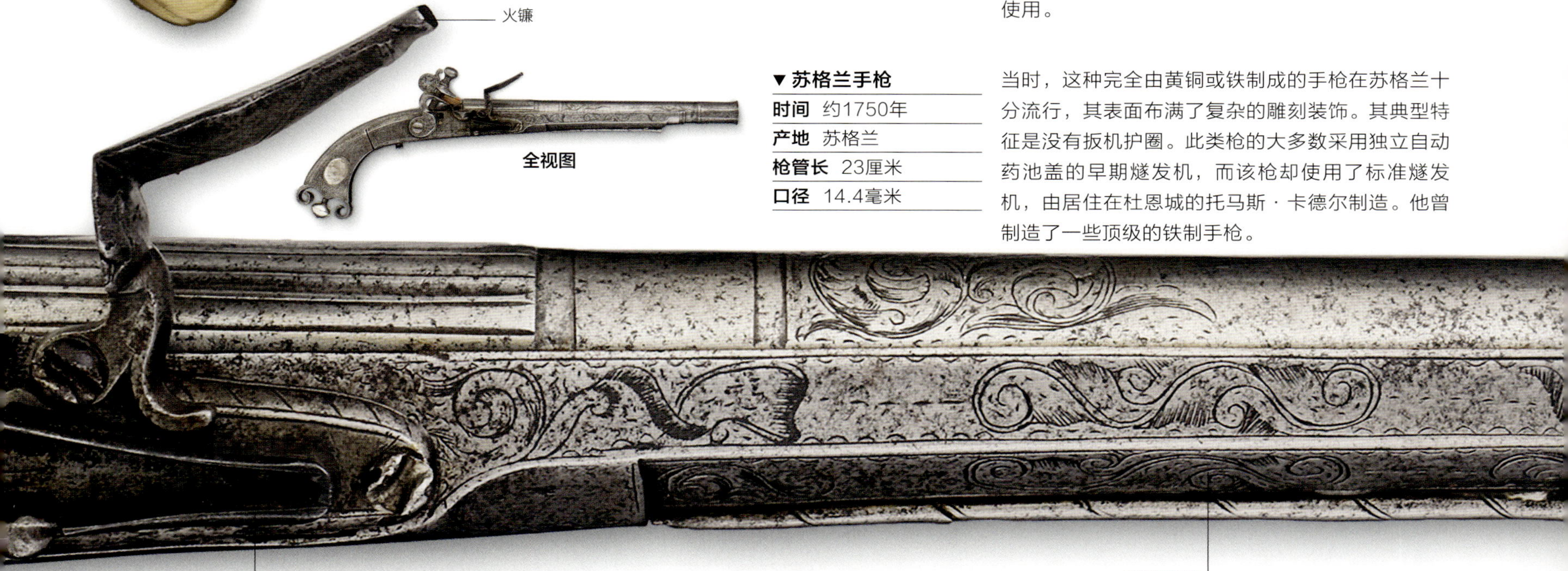

▼苏格兰手枪

时间	约1750年
产地	苏格兰
枪管长	23厘米
口径	14.4毫米

当时，这种完全由黄铜或铁制成的手枪在苏格兰十分流行，其表面布满了复杂的雕刻装饰。其典型特征是没有扳机护圈。此类枪的大多数采用独立自动药池盖的早期燧发机，而该枪却使用了标准燧发机，由居住在杜恩城的托马斯·卡德尔制造。他曾制造了一些顶级的铁制手枪。

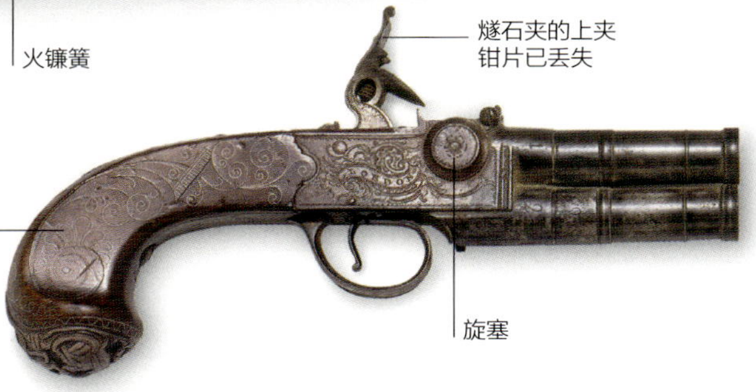

◀双管旋塞手枪

时间	1763年
产地	英国
枪管长	5.1厘米
口径	5.6毫米

该枪燧石夹下方有一个杆形件——旋塞，它可通过操作手枪左侧的旋塞手柄而旋转。旋塞上有一道浅槽作为该枪的另一个药池。上枪管所用的药池里面有火门与枪管连接。当上枪管发射后，旋塞旋转即可露出另一个药池。该药池也有一个火门，并且与下枪管相连。这样该枪就可快速射击两次。

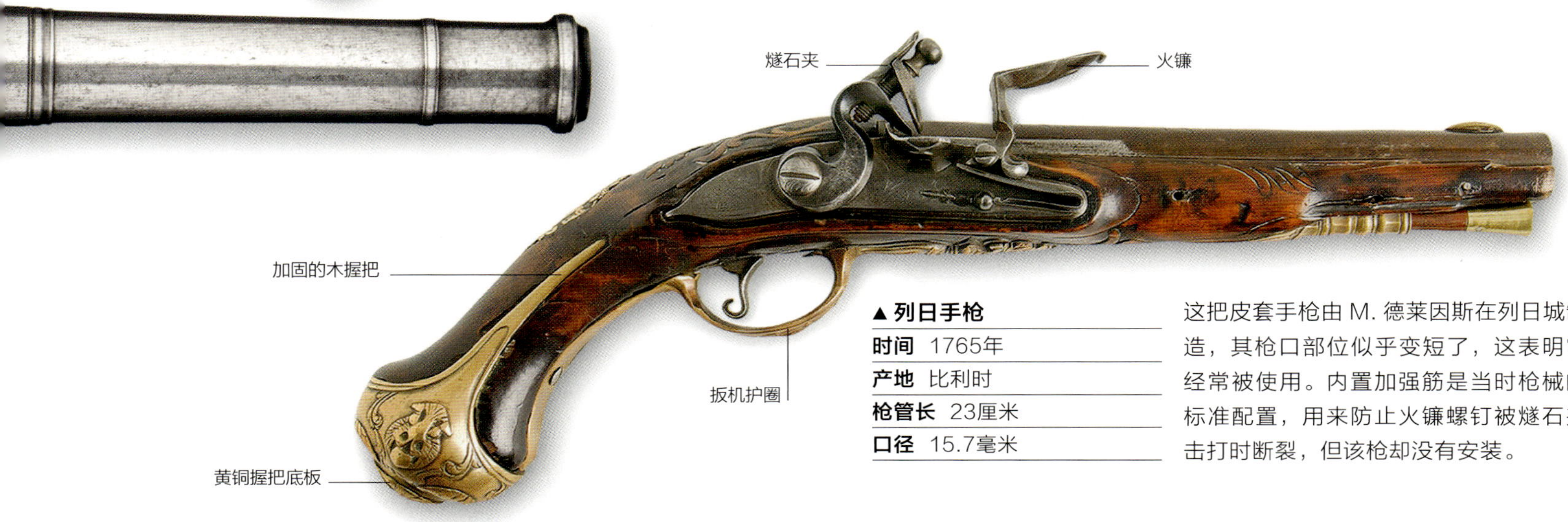

▲列日手枪

时间	1765年
产地	比利时
枪管长	23厘米
口径	15.7毫米

这把皮套手枪由M. 德莱因斯在列日城制造，其枪口部位似乎变短了，这表明它经常被使用。内置加强筋是当时枪械的标准配置，用来防止火镰螺钉被燧石夹击打时断裂，但该枪却没有安装。

燧发手枪（1776～1800年）

18 世纪晚期，燧发枪技术已经成熟，并一直使用，直到 19 世纪才让位给击发枪械。这一时期，某些样式开始流行，如英国安妮女王手枪，其特征是采用“加农”枪管。该枪在燧发原理方面改进相对较少，但枪上有一种名为盒式发火机构的装置，其燧石夹位于手枪的中轴上，使之更便于携带。

锥形枪管

双扳机，两个发火机构各有一个扳机

▲ 安妮女王手枪

时间	1775年
产地	英国
枪管长	11.7厘米
口径	11.7毫米

安妮女王手枪的这种独特样式，在 1714 年安妮女王去世后的很长一段时间里还在使用。逐渐变细的“加农”枪管可拧入固定式后膛，发火机构座板、扳机座板和枪底把被锻造为一体。这把双管手枪由格里芬和托制作。

火镰

火镰簧

扳机护圈

黄铜圆头

▲ 拉帕汉诺克手枪

时间	1776年
产地	美国
枪管长	23厘米
口径	17.5毫米

在弗吉尼亚州朴次茅斯附近的拉帕汉诺克铁匠铺，苏格兰移民詹姆斯 · 亨特制造了美国第一把军用手枪。该枪是英国轻龙骑兵手枪的仿制品，用于装备大陆军轻龙骑兵。

▶ 四管突击旋塞手枪

时间	1780年
产地	英国
枪管长	6.35厘米
口径	9.6毫米

转轮枪是一种有多个弹巢，每个弹巢都装有一发枪弹的枪械。相对于转轮枪的另一设计理念就是采用多根枪管。每根枪管都有独立发火机构的双管手枪很常见，四管甚至六管因旋塞（见 45 页）的发明而变得可行。旋塞的每侧对应上下排列的两根枪管，旋塞转动后，两根下枪管才能点火。

旋塞

包有皮革的燧石

推弹杆

锥形枪管

木握把

▲ 法国1777型手枪

时间	1782年
产地	法国
枪管长	21.5厘米
口径	17.5毫米

法国军用枪械的结构设计精巧。这把骑兵手枪的发火机构配用了黄铜座板。该枪没有下护木，推弹杆穿过机构内部，插入木握把内。

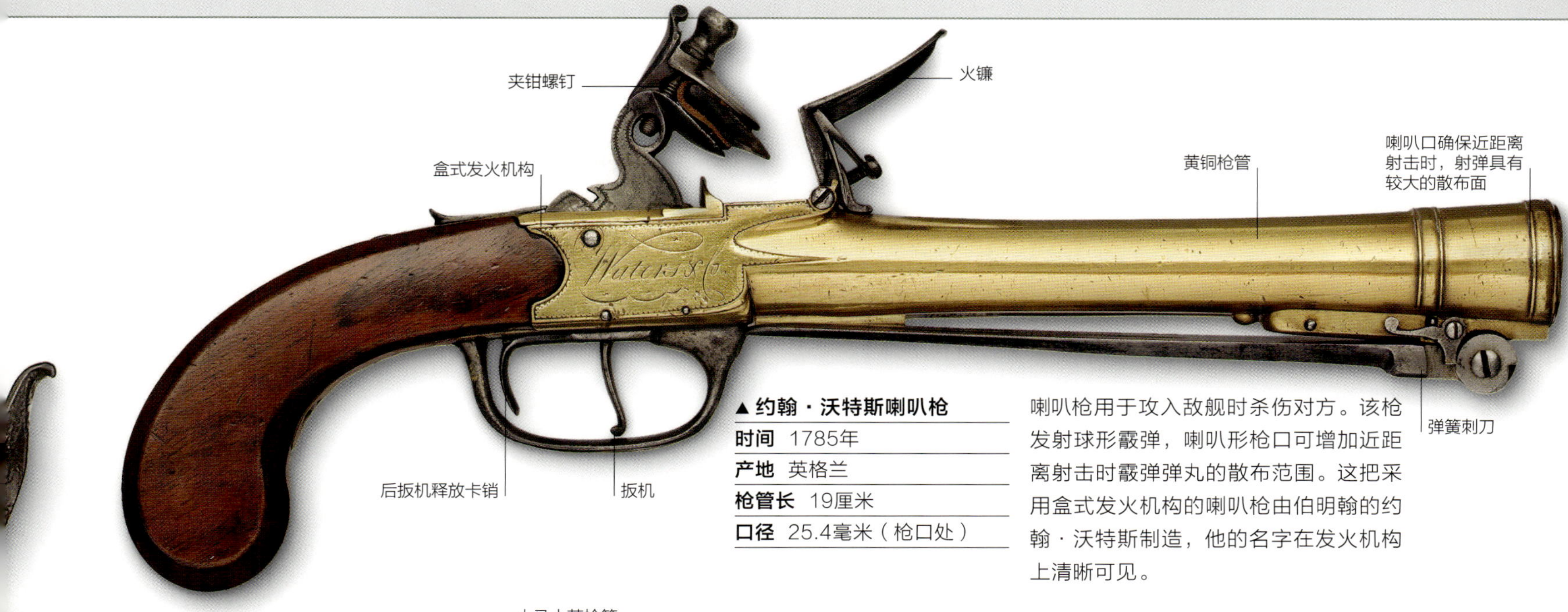

▲约翰·沃特斯喇叭枪

时间	1785年
产地	英格兰
枪管长	19厘米
口径	25.4毫米（枪口处）

喇叭枪用于攻入敌舰时杀伤对方。该枪发射球形霰弹，喇叭形枪口可增加近距离射击时霰弹弹丸的散布范围。这把采用盒式发火机构的喇叭枪由伯明翰的约翰·沃特斯制造，他的名字在发火机构上清晰可见。

▲旁遮普燧发手枪

时间	1800年
产地	拉合尔（今属巴基斯坦）
枪管长	21.5厘米
口径	14毫米

这是在拉合尔生产的装饰华丽的一对手枪中的一把。19世纪早期，虽然信奉锡克教的枪匠能够制造燧发枪部件，但他们大都致力于制造一种名为“jazails”的火枪。这把手枪采用由特制的铁条焊接而成的大马士革枪管。

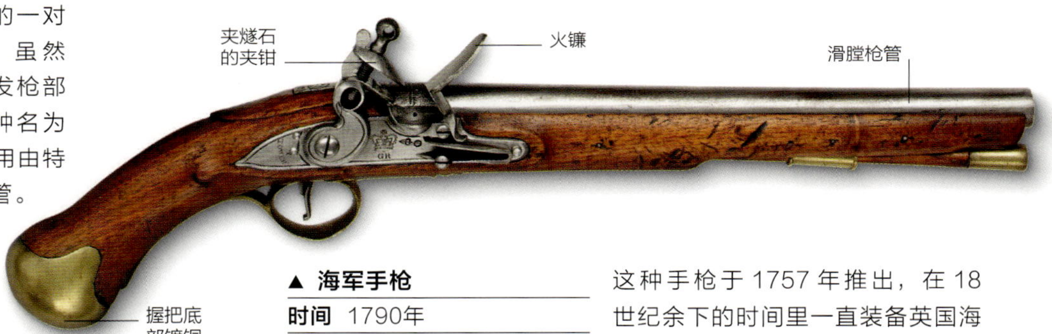

▲ 海军手枪

时间	1790年
产地	英格兰
枪管长	30厘米
口径	14.2毫米

这种手枪于1757年推出，在18世纪余下的时间里一直装备英国海军。该枪配备给水兵，通常只会开一次枪，即仅用于最初的攻击或作为最后的手段。该枪的握把底部镀铜，可作为棍棒使用。

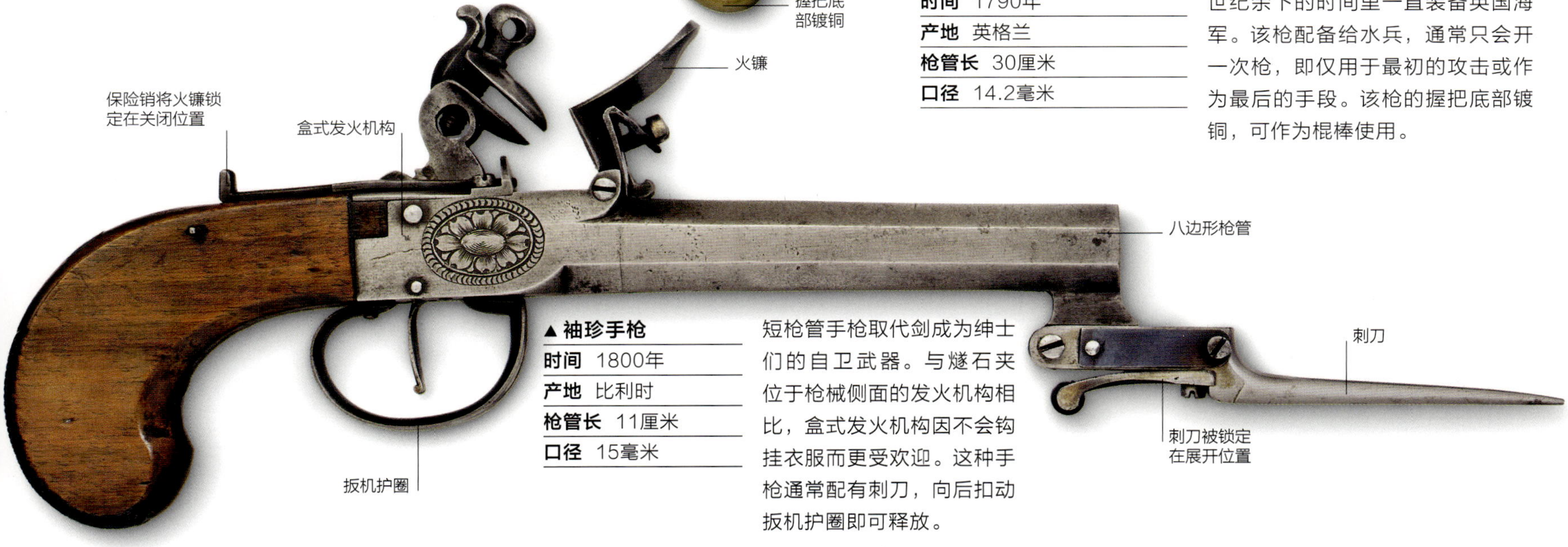

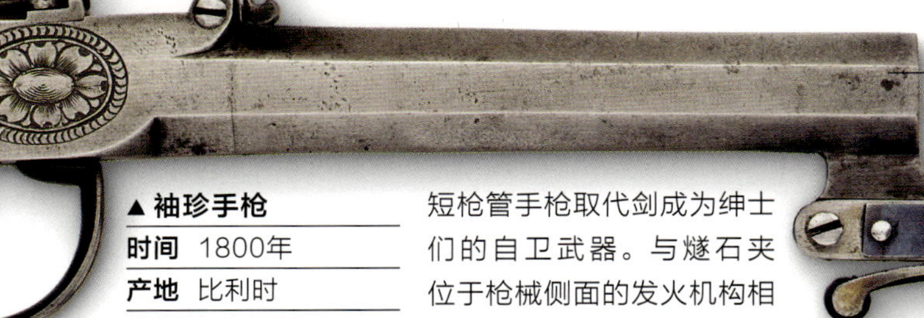

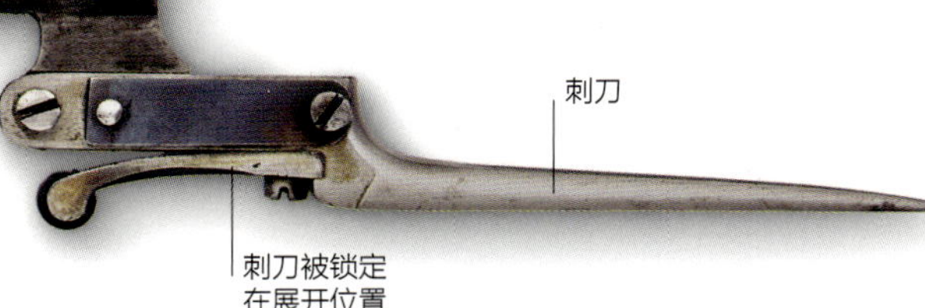

▲袖珍手枪

时间	1800年
产地	比利时
枪管长	11厘米
口径	15毫米

短枪管手枪取代剑成为绅士们的自卫武器。与燧石夹位于枪械侧面的发火机构相比，盒式发火机构因不会钩挂衣服而更受欢迎。这种手枪通常配有刺刀，向后扣动扳机护圈即可释放。

燧发手枪（1801～1830年）

到19世纪初，燧发机已使用了200多年，但它仍是枪械的主要点火系统。燧发机适合为私人武器所配用，例如本页介绍的决斗手枪。这种手枪通常进行了一些改进以便瞄准，其中包括增加了握脊，并在扳机护圈上安装了擎柄，但是基本的燧发原理没变。到了19世纪30年代，欧洲和北美洲国家的陆军和海军仍在使用燧发手枪。

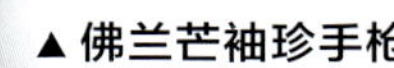

▲佛兰芒袖珍手枪

时间	1805年
产地	荷兰
枪管长	10.9厘米
口径	13.2毫米

这把采用盒式发火机构的袖珍手枪配有弹簧刺刀，扣动扳机护圈后部即可弹出。保险销可防止燧石夹意外落下，从16世纪中叶起，一些手枪就配有这种保险销。该枪的发火机构座板上刻有雕刻装饰，握把上刻有制作者的名字，即著名的佛兰芒枪匠朱利亚德。

▲哈珀斯费里1805型手枪

时间	1805年
产地	美国
枪管长	25.4厘米
口径	13.7毫米

1805型手枪是在哈珀斯费里（今属美国西弗吉尼亚州）新成立的联邦兵工厂生产的第一款手枪。该枪结构坚固，如果需要可作为棍棒使用。

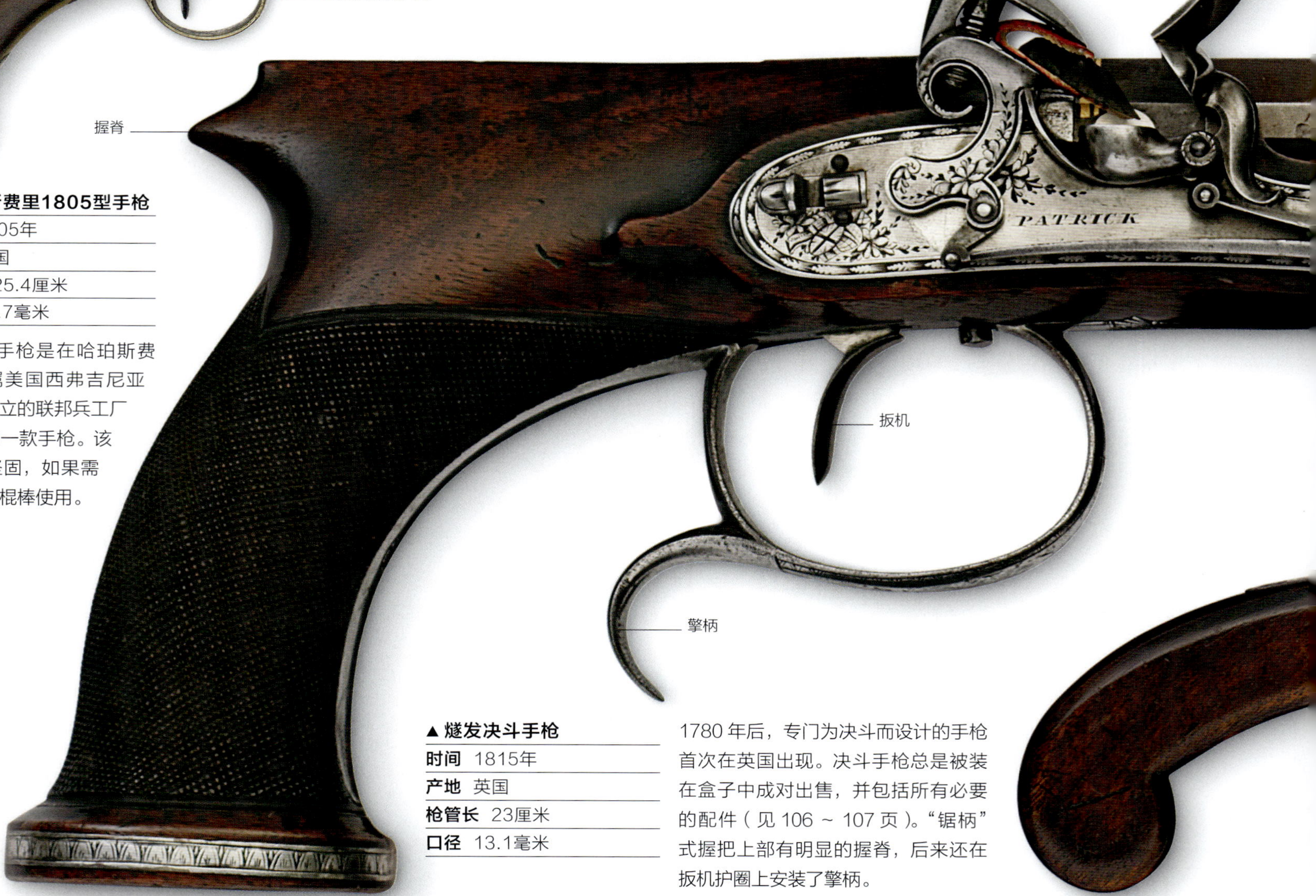

▲燧发决斗手枪

时间	1815年
产地	英国
枪管长	23厘米
口径	13.1毫米

1780年后，专门为决斗而设计的手枪首次在英国出现。决斗手枪总是被装在盒子中成对出售，并包括所有必要的配件（见106～107页）。“锯柄”式握把上部有明显的握脊，后来还在扳机护圈上安装了擎柄。

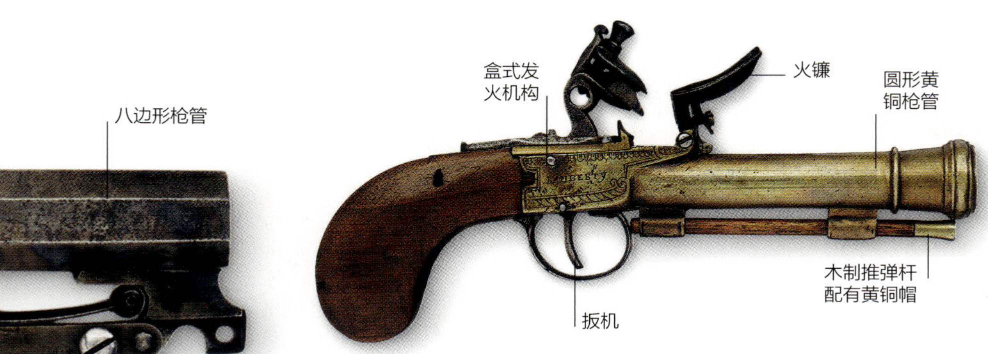

◀意大利袖珍手枪

时间	1810年
产地	意大利
枪管长	12.3厘米
口径	21.3毫米

文艺复兴时期，枪械制造业在意大利很发达，英文pistol（手枪）很可能源自意大利语Pistoia（皮斯托亚）。皮斯托亚是意大利以制造枪械而闻名的城市。虽然19世纪意大利工业开始衰落，但由于拥有像兰贝蒂这样的著名工匠，枪械制造业仍在蓬勃发展。这把手枪就出自兰贝蒂之手。

▲法国皮套手枪

时间	约1810年
产地	法国
枪管长	不详
口径	不详

军用手枪向来制造精良、结构坚固，这把手枪也不例外。由于它们采用滑膛枪管，精度相对较差，射程也比较近，因此大都用于极近距离作战。骑兵的主要武器通常是刀剑，使用手枪是最后的手段。

▲新型陆战手枪

时间	1810年
产地	英格兰
枪管长	23厘米
口径	16.5毫米

英国陆军的新型陆战手枪于1802年推出。这是一款性能出众、结构坚固的手枪，它一直服役到击发机构（见80～81页）取代燧发机构的19世纪40年代。

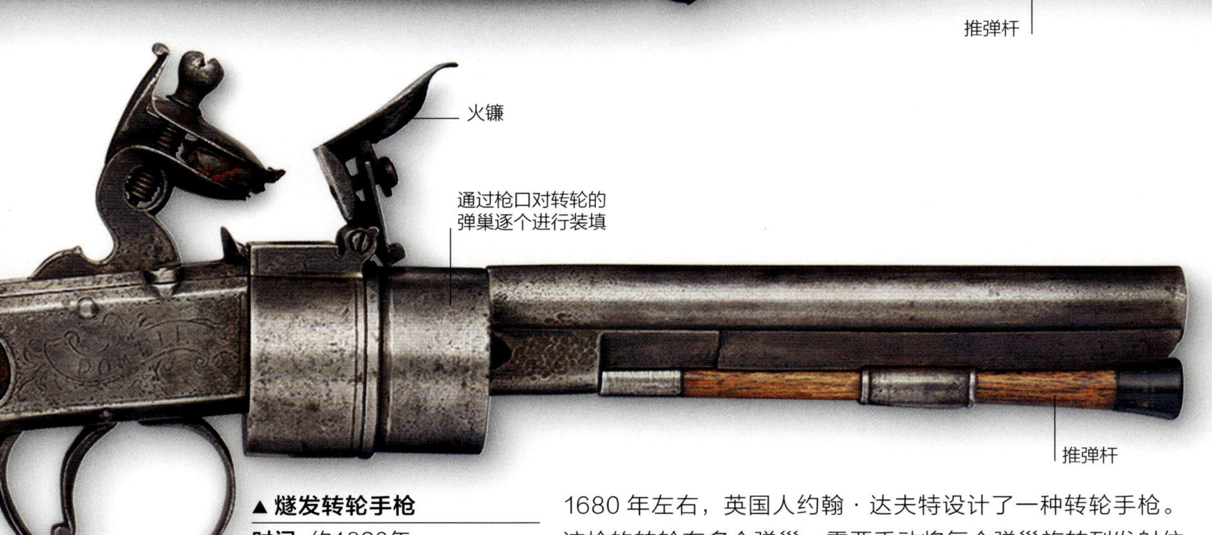

▲燧发转轮手枪

时间	约1820年
产地	英国
枪管长	12.4厘米
口径	11.4毫米

1680年左右，英国人约翰·达夫特设计了一种转轮手枪。该枪的转轮有多个弹巢，需要手动将每个弹巢旋转到发射位置。1814年，美国人以利沙·科利尔对其进行了改进，并获得了英国专利；1819年，英国人约翰·埃文斯开始将其投产。这把细长的手枪比科利尔的设计体积更小，是19世纪初欧洲枪匠制作的众多燧发转轮手枪中的一把。

▲拆卸式袖珍手枪

时间	1810年
产地	法国
枪管长	4厘米
口径	13.2毫米

拆卸式手枪配有可旋出的枪管，以便从后膛进行装填。螺口式枪管使其能装填与内膛贴合更紧的弹丸，从而使弹道更直，威力更大。拆卸式手枪装填速度慢，但因其尺寸小，仍被广泛用于自卫。

法国七月革命

19 世纪 30 年代，法国军队仍装备前装燧发枪。从这幅描绘 1830 年法国七月革命时期罗昂街战斗的画面，我们可以看到射击时火药燃烧所产生的白色浓烟。画中央，一名头戴礼帽的革命军士兵正在为他的燧发枪装填引燃药。

火枪（1650～1769年）

17 世纪，欧洲军队采购的主要是完整的火枪，而非从不同的公司采购零件再进行组装。这些火枪由枪械制造商根据政府合同进行生产，因为在尺寸、外形和重量上并没有严格的限制，导致对其维护保养成为后勤的主要问题。如果枪的口径不统一，弹药供给就非常困难。18 世纪初，一些欧洲国家通过采购官方认可的标准火枪，更严格地控制枪械的制造规格，来解决这些问题，同类型的武器规格也因此而相同。

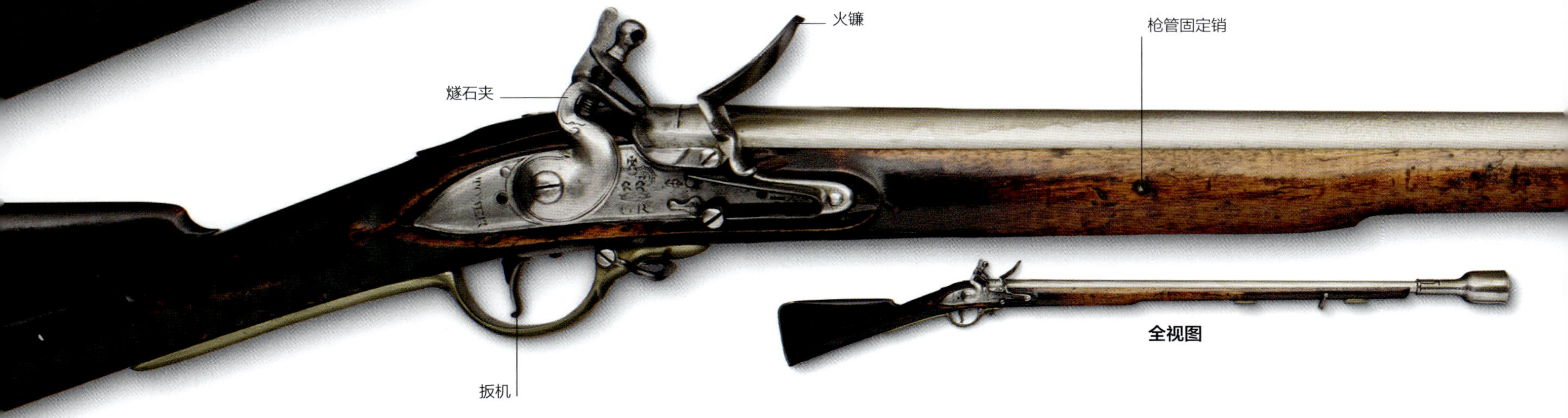

全视图

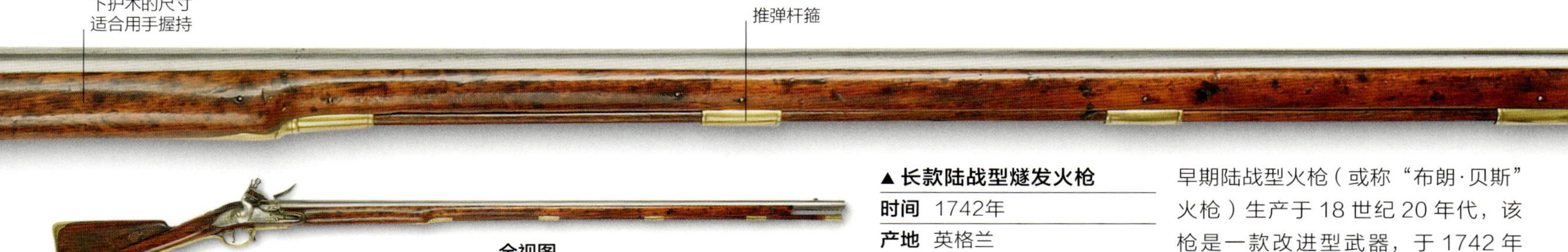

全视图

▲长款陆战型燧发火枪

时间	1742年
产地	英格兰
枪管长	116.8厘米
口径	19.3毫米

早期陆战型火枪（或称“布朗·贝斯”火枪）生产于18世纪20年代，该枪是一款改进型武器，于1742年列装，采用了新型扳机护圈、更明显的枪托脊部，卡箍延伸至药池，以支撑火镰的枢轴螺钉。该枪由伯明翰枪匠沃尔特·提宾制造，是“标准型”，这意味着它被保存在伦敦塔军械库，作为其他枪匠生产该型火枪的样板。

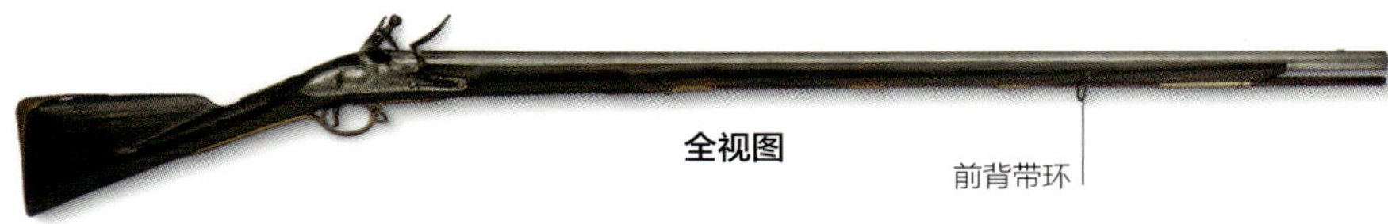

全视图

▲英国火枪

时间	1750年
产地	英国
枪管长	111.7厘米
口径	20.3毫米

该火枪和陆战型火枪基本相同，如采用相同的枪托底板、扳机护圈和推弹杆箍。这款枪结构更简单，因此更适合海军使用。

铁制枪管

前背带环

可拆卸式枪榴弹发射具

▲海军型火枪

时间	18世纪中叶
产地	英格兰
枪管长	94厘米
口径	19毫米

海军型燧发枪于18世纪中叶研制，枪口可安装枪榴弹发射具，用于发射铸铁榴弹，在近距离攻入敌船的行动中是非常理想的武器。

火枪（1770～1830年）

18 世纪后期，燧发火枪的外形、尺寸和口径更加统一，军用火枪的标准样式已逐步形成。多数欧洲国家都选择结构坚固、外形优美的火枪，并使其逐渐成为步兵的主要武器。一些国家，例如英国，钟爱通过铁销将枪管和下护木固定在一起的火枪，而多数国家使用的是枪管箍，其优点是便于拆卸和安装枪管。

▶ 美国火枪

时间	1770年
产地	美国
枪管	114.3厘米
口径	20.3毫米

美国独立战争（1775 ～ 1783 年）中的步枪往往被视为典型的美国枪支。但美国军队使用最多的还是滑膛火枪，其中有许多都与英国军队使用的相似，比如这一支。

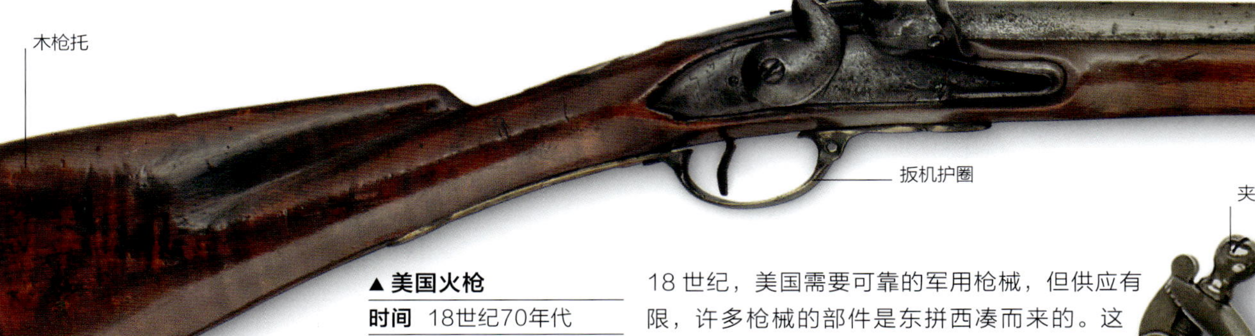

▲ 美国火枪

时间	18世纪70年代
产地	美国
枪管长	116.84厘米
口径	20.3毫米

18 世纪，美国需要可靠的军用枪械，但供应有限，许多枪械的部件是东拼西凑而来的。这支火枪的枪托很像 18 世纪 20 年代的产品，发火机构则是 1750 年前后由英国生产的。

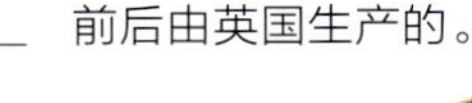

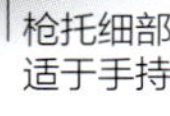

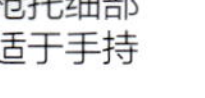

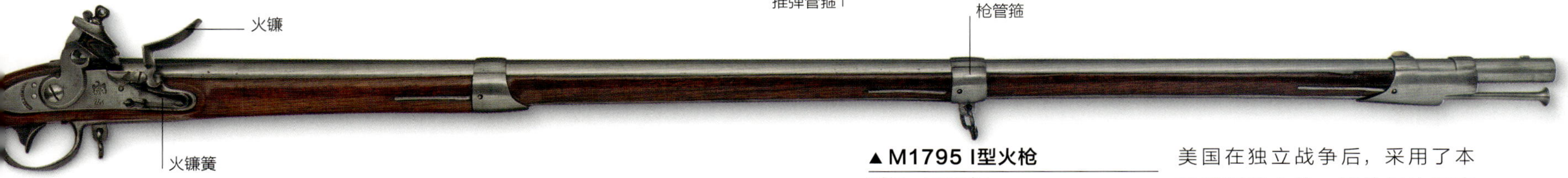

枪口

推弹杆

推弹管箍

火镰

枪管箍

火镰簧

▲ **M1795 I型火枪**

时间	1795年
产地	美国
枪管长	124.5厘米
口径	17.5毫米

美国在独立战争后，采用了本国研制的火枪。该枪与法国查尔维尔1763/66型火枪非常相似，是斯普林菲尔德兵工厂（见62～63页）生产的首款新型美国火枪。该型火枪在服役期间，进行了几次内部机构改进。

组合式枪管箍
和下护木帽

▲ **M1795 II型火枪**

时间	1799年
产地	美国
枪管长	119厘米
口径	17.5毫米

该枪是I型火枪的改进型。1804～1806年，刘易斯与克拉克探险队配备的就是I型和II型这两种火枪；1812年的美英战争中，美国军队也配备了这两种火枪。这两种火枪最初由位于马萨诸塞州的斯普林菲尔德兵工厂生产，之后由位于哈珀斯费里（今属西弗吉尼亚州）的兵工厂制造。

准星

推弹杆

推弹管箍

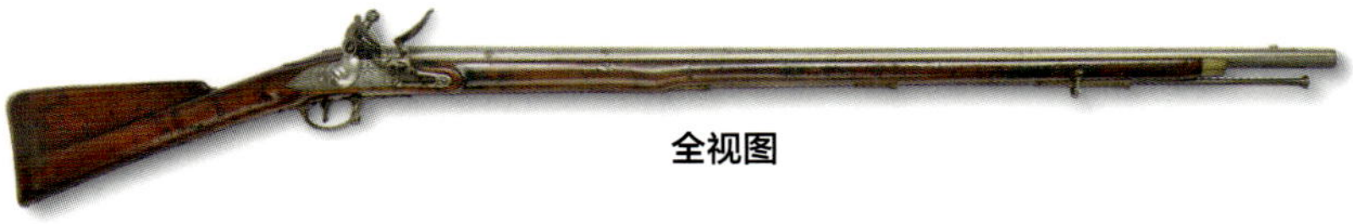

▼ **印度型火枪**

时间	1797年前
产地	英国
枪管长	99厘米
口径	19毫米

在1793年与法国爆发战争前，英国已经研制了新型火枪，但没有生产。为了解决武器短缺的问题，英国采取紧急措施，向东印度公司购买了一批火枪。拿破仑战争期间（1803~1815年），英军一直在使用这些火枪。

全视图

枪管固定销

前背带环

组合式枪管箍和下护木帽有一个喇叭状管子，便于使用者将推弹杆放入下护木内

推弹杆

▲ **奥地利1798式火枪**

时间	1798年
产地	奥地利
枪管长	114.3厘米
口径	16.5毫米

1791年，当奥地利皇帝利奥波德和普鲁士国王腓特烈·威廉公开宣布他们将恢复路易十六的法国王位时，奥地利发现自己的武器已被法国武器所超越，于是开始仿制法国1777型火枪并进行了一些改进，最显著的特点是可以很方便地将推弹杆放入下护木内。

刺刀插座

固定槽

三棱刺刀

前背带环

组合式枪管箍
和下护木帽

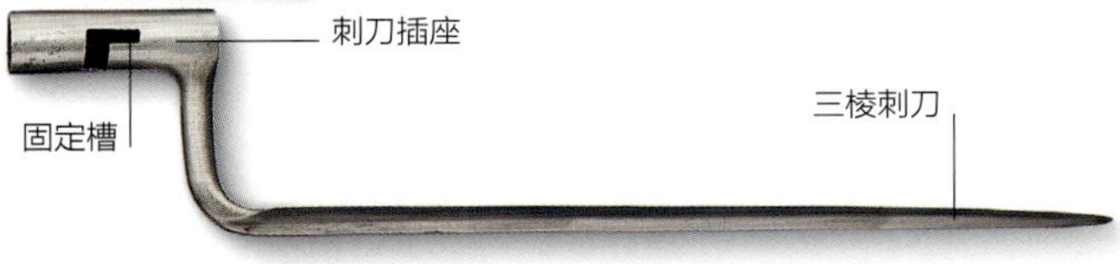

◀ **西班牙火枪**

时间	1800年
产地	西班牙
枪管长	110.5厘米
口径	18.3毫米

该火枪和法国的类似，但西班牙火枪是当时为数不多的配备枪焰护片的火枪，防护装置是一个金属盘（图中使用的是黄铜），安装在药池的后面。士兵射击时，发射药燃烧产生的热气从侧面的火门喷出，枪焰护片的功能是将这股热气改为向上喷射，避免灼伤旁边战友的面部。

燧发步枪、卡宾枪和霰弹枪（1650～1760年）

线膛武器比滑膛武器的射击精度更高，所以被广泛应用于狩猎中。在军队里，线膛武器通常装备给精确射手或神枪手，用于攻击特定目标。卡宾枪是军用火枪和之后出现的步枪的轻量化枪型，通常口径较小，枪管较短。有些卡宾枪是专门为骑兵或其他需要携行轻便武器的部队而研制的。

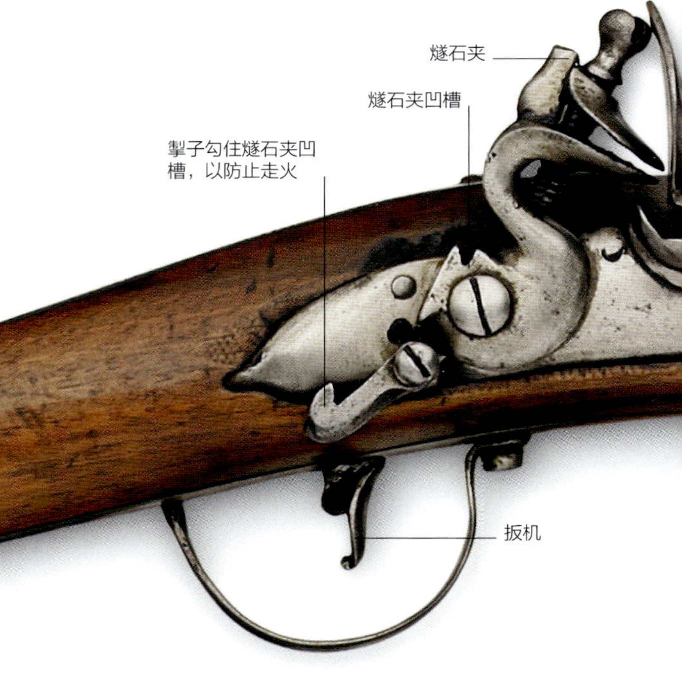

▲ 燧发转膛运动枪

时间	1670年
产地	法国
枪管长	79.5厘米
口径	15.1毫米

17 世纪，法国枪匠生产了一些性能出众的运动枪。这款线膛枪有 3 个旋转弹膛，每个弹膛都配有独立的发火机构和弹簧。对转轮枪和多管枪而言，枪口装填（前装）都有引起连锁反应的风险，一个弹膛点火时可能会引起所有弹膛一起点火。

▼ 普鲁士线膛燧发卡宾枪

时间	1722年
产地	普鲁士
枪管长	94厘米
口径	16.7毫米

该卡宾枪由位于波茨坦的（今属德国）普鲁士国家兵工厂生产，一直生产到 1774 年，兵工厂名字刻在发火机构座板上。

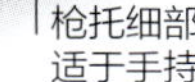

火镰簧

平衡锚钩

该枪从枪口装填

◀ 斧头卡宾枪

时间	1720年
产地	丹麦
全长	82.5厘米
口径	14.7毫米

该卡宾枪是一种组合武器（见34～35页），配有一个斧头。斧头类似刀的弯曲部分可作为刺刀使用，平衡锚钩可作为战锤使用。卡宾枪头部有弹簧销，可轻易将斧头去掉，枪托后部可以直接用手握住。

全视图

枪口

斧头可作为刺刀使用

▼ 轻龙骑兵燧发卡宾枪

时间	1756年
产地	英格兰
枪管长	91.4厘米
口径	16.7厘米

七年战争（1756～1763年）期间，英国龙骑兵配备了这种卡宾枪。该枪是长款陆战型火枪的缩小版，枪管更短，口径更小。

准星

推弹杆

◀ 宾夕法尼亚步枪

时间	1760年
产地	北美十三州
枪管长	114厘米
口径	11.4毫米

该款燧发步枪是后来美国拓荒者使用的非常著名的肯塔基长步枪（见97页）的前身。训练有素的士兵使用该枪可击中365米远的目标。线膛的长枪管使其精度远超当时欧洲陆军的火枪。

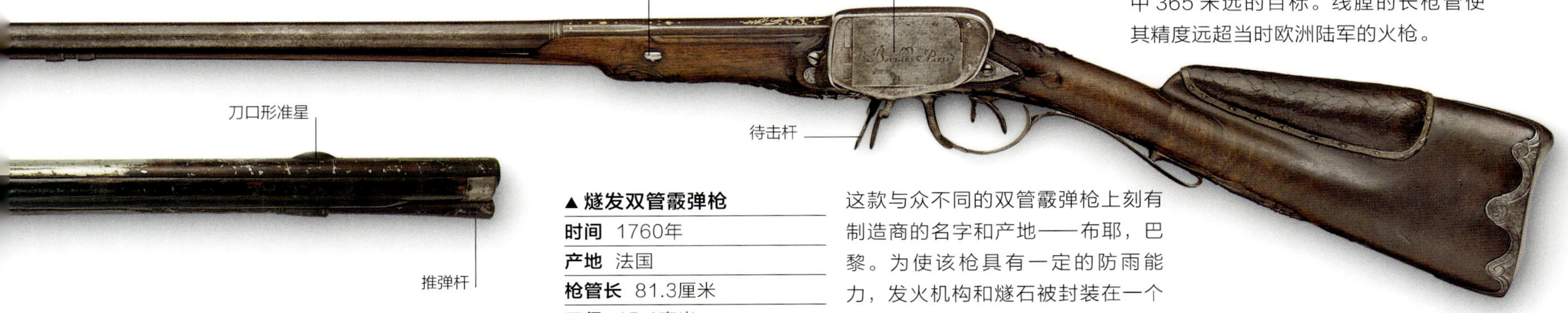

制造商的名字

枪管固定销

刀口形准星

待击杆

推弹杆

▲ 燧发双管霰弹枪

时间	1760年
产地	法国
枪管长	81.3厘米
口径	15.1毫米

这款与众不同的双管霰弹枪上刻有制造商的名字和产地——布耶，巴黎。为使该枪具有一定的防雨能力，发火机构和燧石被封装在一个盒子里。扳机护圈前面的两个竖起的待击杆表明该枪可以立刻发射。

燧发步枪、卡宾枪和喇叭枪（1761～1830年）

线膛武器首次应用于战场是在18世纪。军用步枪不仅精度高，而且射程远。然而，滑膛的火枪和卡宾枪仍是当时大多数军队的主要武器，只有神枪手才可配备步枪。喇叭枪发射的铅霰弹散布面很大，适合近距离作战，是很不错的自卫武器。在欧洲，邮件马车的警卫通常配备这种枪。

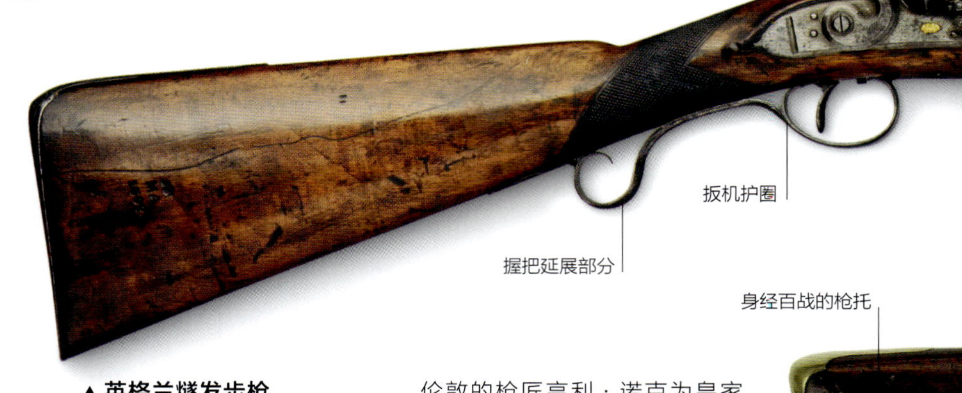

▲英格兰燧发步枪

时间	1791年
产地	英格兰
枪管长	81厘米
口径	17.3毫米

伦敦的枪匠亨利·诺克为皇家海军制造了一些排放枪（见83页）。诺克设计的这支燧发步枪有9条膛线，可能由某位军官私人购置。

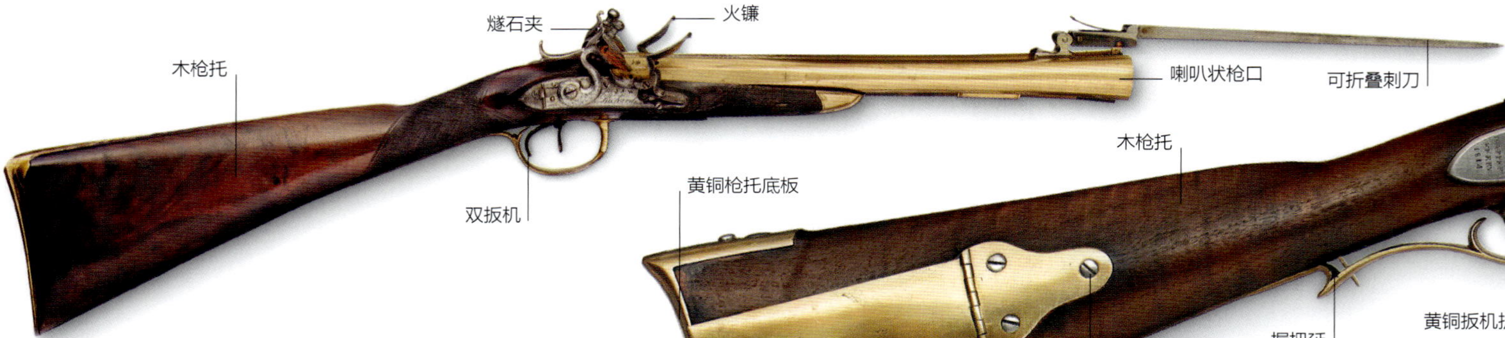

身经百战的枪托

燧石夹
火镰
木枪托
喇叭状枪口
可折叠刺刀
双扳机

▲双管喇叭枪

时间	1800年
产地	英国
枪管长	35厘米
口径	22.9毫米

这种双管喇叭枪（见47页）的枪口呈喇叭状，配有可折叠刺刀。由于它既可作为近距离武器使用，又可用于近身格斗，因此受到水手们的欢迎。

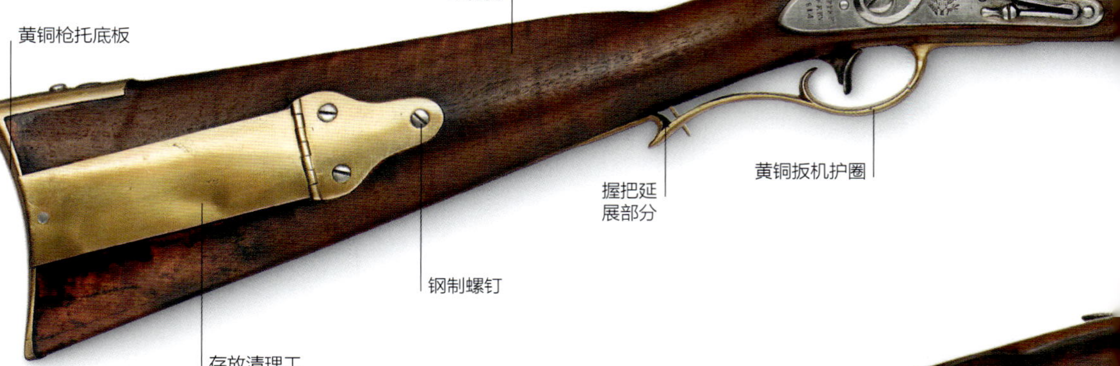

木枪托
黄铜枪托底板
握把延展部分
黄铜扳机护圈
钢制螺钉
存放清理工具的附件盒

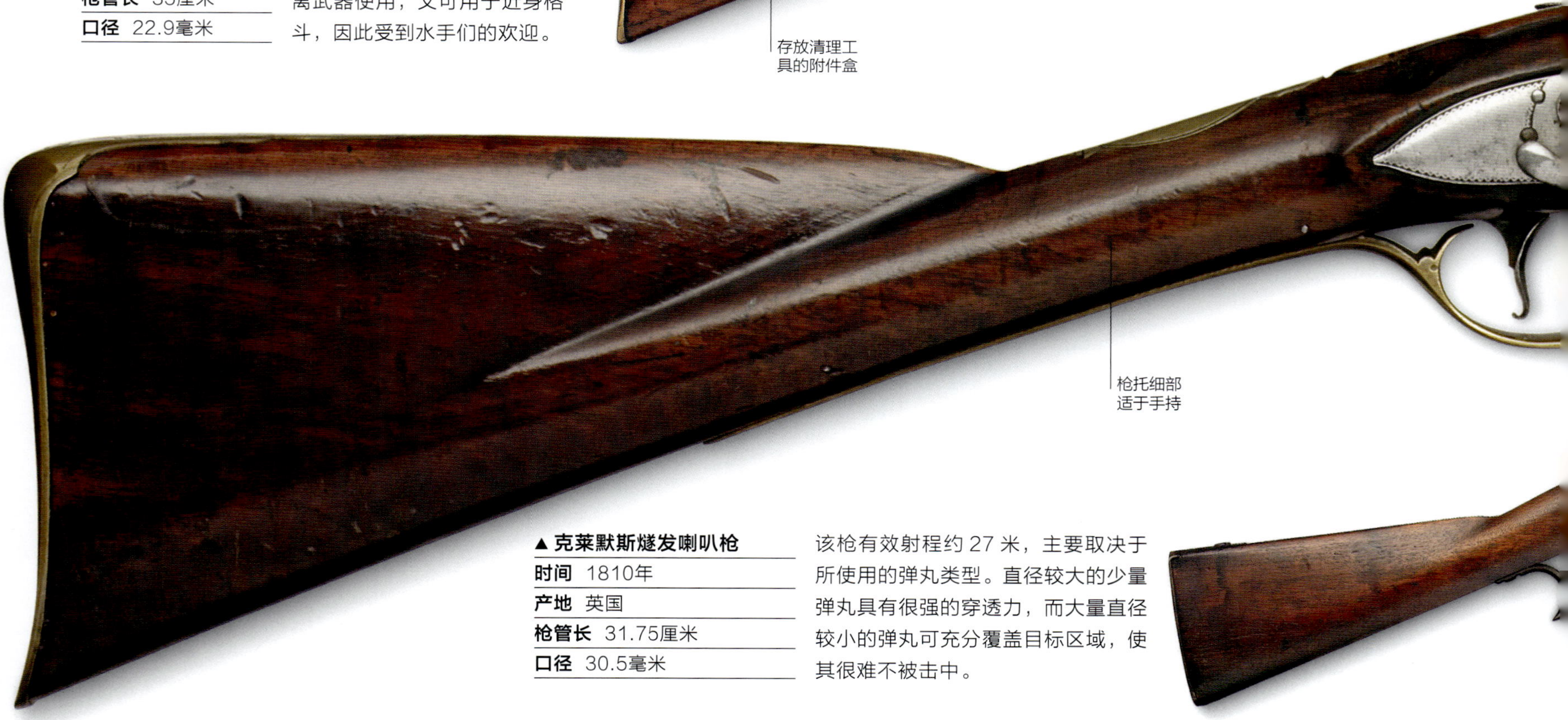

枪托细部适于手持

▲克莱默斯燧发喇叭枪

时间	1810年
产地	英国
枪管长	31.75厘米
口径	30.5毫米

该枪有效射程约27米，主要取决于所使用的弹丸类型。直径较大的少量弹丸具有很强的穿透力，而大量直径较小的弹丸可充分覆盖目标区域，使其很难不被击中。

▲1796型重龙骑兵卡宾枪

时间	1805年
产地	英国
枪管长	66厘米
口径	19毫米

拿破仑时代的卡宾枪（例如该枪）枪管比早期型号短。龙骑兵是骑马步兵，在马背上时，每个龙骑兵都会把卡宾枪夹在腰带上，悬于大腿外侧。

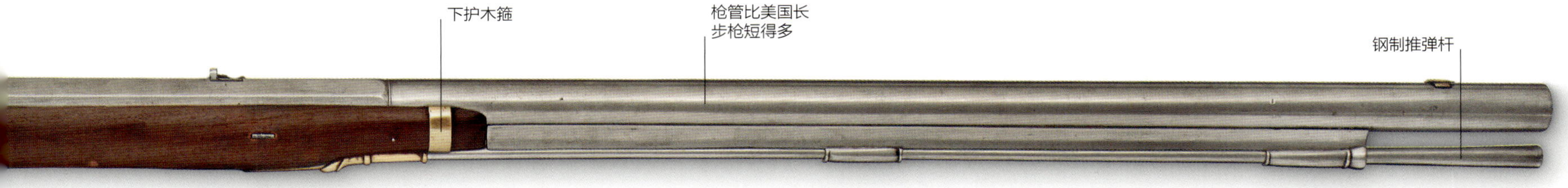

▲哈珀斯费里步枪

时间	1814年
产地	美国
枪管长	90厘米
口径	13.7毫米

令人感到奇怪的是，尽管美国步枪兵在独立战争（1775～1783年）中获得了成功，但美国军队的首支官方步枪却参照了欧洲设计，而非传统的长步枪（见96～97页）。这款步枪于1803年推出，在美国哈珀斯费里（今属西弗吉尼亚州）的兵工厂制造。

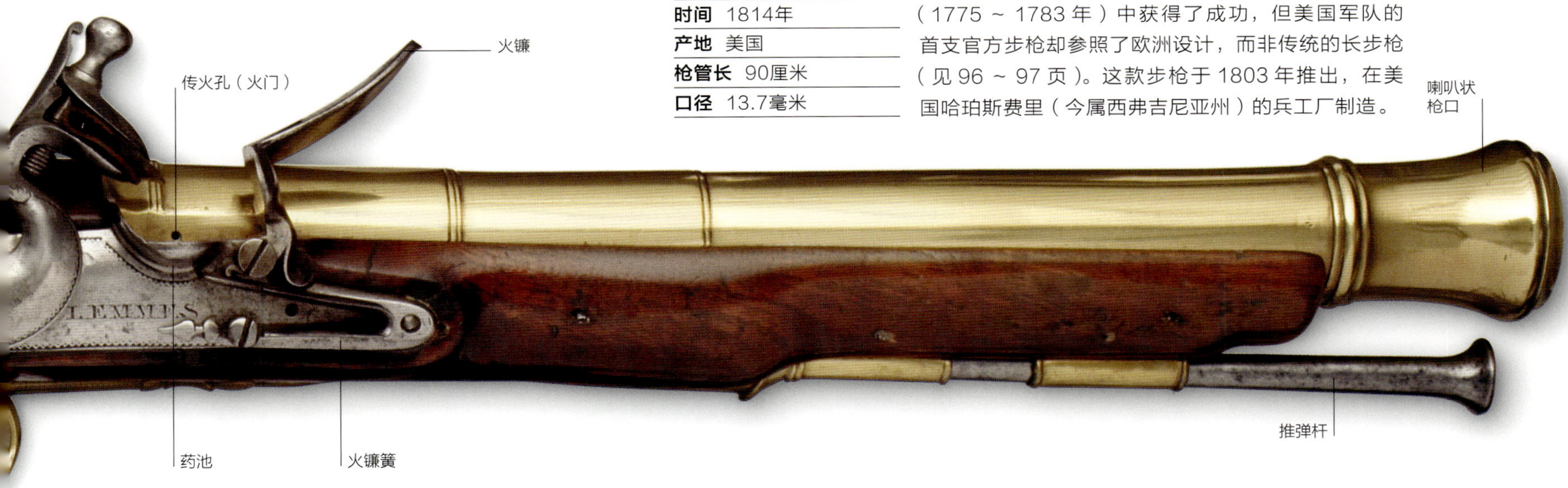

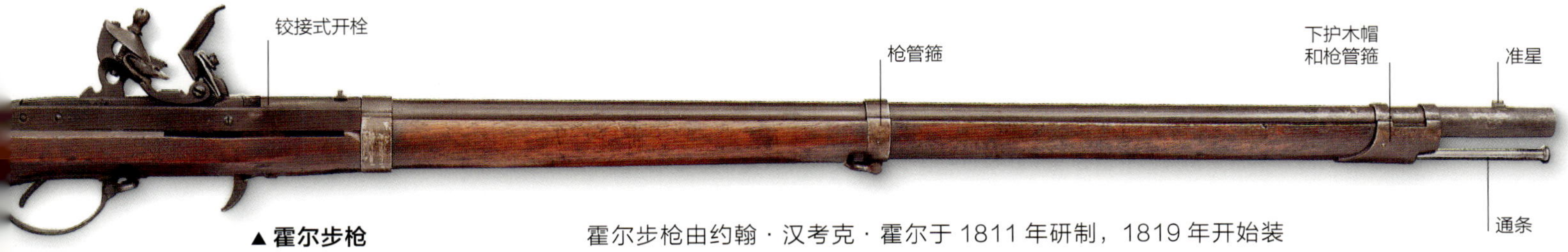

▲霍尔步枪

时间	1819年
产地	美国
枪管长	82.5厘米
口径	13.7毫米

霍尔步枪由约翰·汉考克·霍尔于1811年研制，1819年开始装备部队。该枪是美国首支标准的后膛装填步枪，后膛有铰链，装弹时需倾斜30°。霍尔步枪和卡宾枪最终都采用击锤击打火帽的方式击发。该枪的整个后膛组件可拆下来作为手枪使用。在燧发机时代，许多后膛装填的枪械用通条替换了前装枪所用的推弹杆。

精品展示

贝克步枪

1800年2月，贝克步枪在英国陆军军械局举办的一场竞赛中一举夺魁，成为英国陆军首支正式列装的步枪。贝克步枪最与众不同的是它的枪管。枪管里的膛线很“缓”，其沿着枪管仅旋转1/4周。这种设计使枪管更洁净，使用时间更长。该枪最初只配发给经过选拔的士兵，它的服役期长达35年以上。

贝克步枪	
时间	1802～1837年
产地	英格兰
枪管长	76厘米
口径	15.8毫米

火镰保护罩

刺刀卡笋

推弹杆

全视图

燧石

存放清理工具的附件盒

背带也可用于稳定瞄准

兵工厂标志

刻有部队番号的黄铜标牌

枪托细部适于手持

扳机

黄铜扳机护圈

包有牛皮的槌头

山毛榉槌柄

▲贝克步枪

该枪由伊齐基尔·贝克设计，坚固耐用，即使在恶劣环境下也可使用。由于枪管较短（用76厘米枪管取代了当时普遍使用的99厘米枪管）而精度不是很高，但它与传统滑膛火枪相比，仍具有重大的进步。

◂木槌

最初，贝克步枪使用一种小木槌敲击推弹杆进行装弹，但很快发现根本没有这个必要，因为手的挤压力度就足够了。

▲ 刺刀

贝克步枪配备的刺刀，既可单独使用也可安装在枪上使用。刺刀长61厘米，虽然笨重，但因贝克步枪比其他同类武器短，所以需要用它来弥补这一缺陷。

▲ 推弹杆

钢棒用于为枪管装填发射药和弹丸。

▲ 纸包枪弹

每个纸包都装有火药装药和弹丸。射手用牙撕开纸包后，暂时将弹丸含在口中。再把少量火药倒入药池中，其余火药由枪口倒入枪管内。然后将包火药的纸揉成一团塞入枪口，之后装填裹有被甲布条的弹丸，再用推弹杆将其捅入弹膛。

著名轻武器制造商

斯普林菲尔德兵工厂

斯普林菲尔德（旧译为“春田”）兵工厂是 1794 ～ 1968 年美国最重要的军用枪械制造商。斯普林菲尔德兵工厂始建于 1777 年，是美国独立战争期间的主要武器库，它开创的大规模生产技术使精密加工产品得以大批量生产，由此闻名于世。该兵工厂在 1815 ～ 1833 年期间由罗斯威尔·李管理，工厂的机械化生产技术对枪械业务乃至整个美国工业产生了巨大的影响。

罗斯威尔·李

▼布兰查德的“车床”

该车床由托马斯·布兰查德发明，是枪炮制造史上的重大发明。19世纪20年代初，该车床安装在斯普林菲尔德兵工厂，可以复制形状不规则的木枪托。尽管本图中的车床不再使用，但这项技术仍应用于世界的部分地区。

乔治·华盛顿亲自推荐将马萨诸塞州斯普林菲尔德作为创建兵工厂的地点。他看中了康涅狄格河附近较高的、易防御的地理位置，以及临近河流和公路的便利运输条件。1777 年，斯普林菲尔德兵工厂成立，主要用于储存大量弹药和武器装备。18 世纪 90 年代，斯普林菲尔德兵工厂开始制造武器，并分别向南部和西部靠近水的低洼地扩建，以水为动力源。铸造厂和车间的建立，开创了斯普林菲尔德地区枪械制造的传统。

工业先锋

1794 年，斯普林菲尔德兵工厂开始制造枪械，最初制造的是火枪。作为最大的武器装备生产商，斯普林菲尔德兵工厂分别为 1812 年战争中的美国部队、美国内战（1861 ～ 1865 年）中的联邦军队和美西战争（1898 年）中的美国部队生产武器。随着工程师和工匠探索出制造更优质武器和提高生产效率的方法，斯普林菲尔德兵工厂发展成一个创新中心。其中一些成果颇具开创性，并将斯普林菲尔德兵工厂推向了工业革命的最前端。例如，1819 年，发明家托马斯·布兰查德发明了一种机器，可供工匠生产步枪枪托。布兰查德的机器通常被称为车床，严格来说是一种牛头刨床，其工作原理与现代先进机器相似，可以通过加工坯料对原型进行复制，从而首次使枪托得以大规模生产。斯普林菲尔德兵工厂还开创了使用可互换的零部件来生产枪械的方法（塞缪尔·柯尔特和其他人员也涉猎这一领域），从而使枪械能够快速组装并易于维修。这种生产方法不仅依赖于新型机器，而且取决于生产分工（各车间分别负责生产流程的不同阶段），部件的精密测量和计量，以及良好的质量控制。内战期间，斯普林菲尔德兵工厂使用先进的铣床、车床、磨床和牛头刨床，其中一部分用水力驱动，其他使用新安装的蒸汽机驱动。除这些技术进步外，1815 年成为斯普林菲尔德兵工厂负责人的陆军上校罗斯威尔·李还引进了先进的管理和会计方法。

批量生产

斯普林菲尔德兵工厂的设备适用于生产多种前装武器。19 世纪 40 年代，斯普林菲尔德兵工厂实现了生产可互换零部件枪械的目标，从而能够在 19 世纪的多次冲突期间大批量生产枪械。斯普林菲尔德兵工厂的产量从 1795 ～ 1815 年制造约 8.5 万支滑膛“查尔维尔”型火枪（未配装可互换零部件），提升到美国内战期间生产 80 万支斯普林菲尔德 M1861 线膛火枪（配装可互换零部件）。斯普林菲尔德兵工厂 19 世纪开发的大规模生产技术，使其正好能够大批量生产 20 世纪重大军事冲突所需的枪械。而电力技术发展等科技进步也为兵工厂的规模化生产提供了帮助。

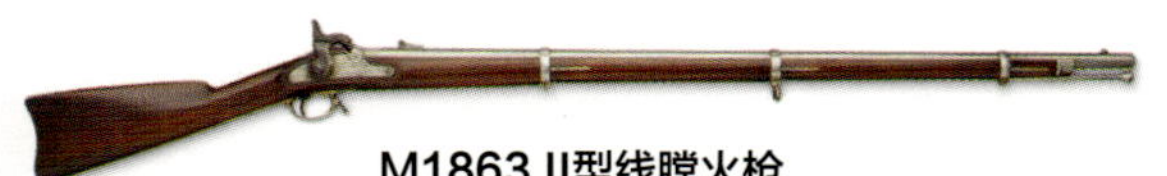

M1863 II型线膛火枪

M1873“活门”式步枪

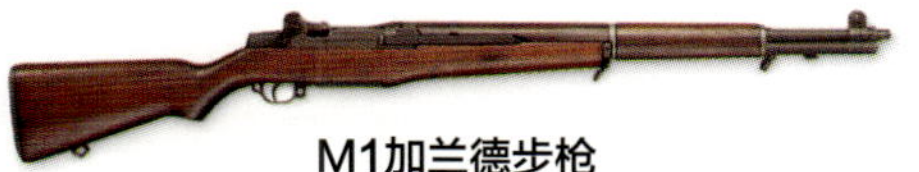

M1加兰德步枪

1777年 斯普林菲尔德兵工厂成立。作为武器和弹药库，斯普林菲尔德兵工厂在美国独立战争期间扮演了重要角色。

1787年 丹尼尔·谢伊斯和一群叛乱分子试图占领兵工厂，以反抗马萨诸塞州政府的不公平征税和债务追收，而后被州军队镇压。

1795年 兵工厂推出斯普林菲尔德“查尔维尔”型火枪，标志着武器生产的开始。

1815年 罗斯威尔·李成为斯普林菲尔德兵工厂的负责人，并致力于实现机械化生产和改善管理模式。

1863年 M1863 II型线膛火枪是斯普林菲尔德兵工厂生产的最后一种前装式长枪。

1873年 美国陆军选用了后装M1873“活门”式步枪。

1936年 M1加兰德半自动步枪推出后成为第一种美军列装的制式自动装填步枪。

1968年 兵工厂关闭；其建筑被保存，成为斯普林菲尔德兵工厂国家历史遗址。

旋转后拉式弹仓步枪在20世纪初出现，如挪威设计的克拉格步枪和斯普林菲尔德兵工厂设计的M1903步枪。为生产这些新型武器所需的设备更新和改造是一项重大挑战，但多亏了机械升级和车间重组，这些新型武器成功投产，证明了斯普林菲尔德兵工厂能够大批量生产设计精良的枪械。兵工厂的M1903步枪先后在两次世界大战中使用。随后推出的新一代半自动枪械，包括著名的1936年的加兰德步枪，使得美国步兵的装备水平超过了装备栓动步枪的其他国家。这些产品使斯普林菲尔德兵工厂顺利度过了20世纪中叶，直到1968年，工厂被关闭—美国政府决定仅依赖于私营武器制造商。

> “长期以来**斯普林菲尔德兵工厂**一直被认为得到了一项**特权**。”
>
> **G.塔尔科特，火炮中校，在美国参议院的演讲，1842年**

▼修磨切割机

大约1943年，在斯普林菲尔德兵工厂，一名女子正在修理铣床的铣刀。铣刀不仅用于制造步枪零部件，而且还用于生产制造这些零部件所需的工具。

欧洲猎枪

18 世纪初，欧洲大部分地区的枪匠开始基于法国设计，制作具有流行风格的运动枪械。燧发枪在欧洲大多数国家成为主流。更加简约、素雅的风格已经出现，而被保留下来的装饰则更加精细。枪匠在制作时尽量减少镶嵌，更重视木材自然的纹理。这些枪械的燧发机已变得非常成熟，使运动爱好者不仅能够射击静止目标，而且能够射击空中的鸟类。这一领域取得的突破性创新是后膛装填的连珠（弹仓）燧发枪。

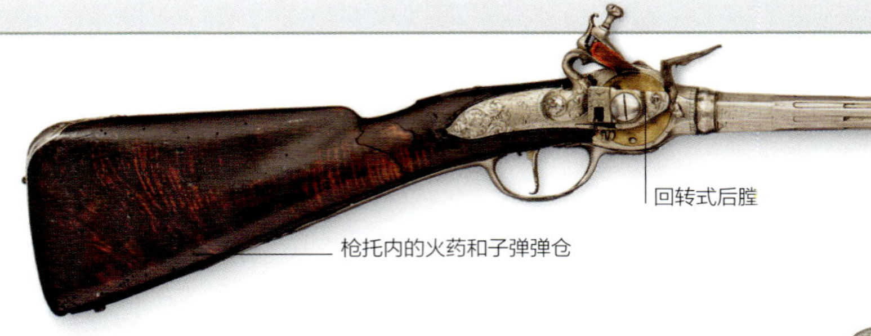

▲意大利弹仓燧发枪

时间	约1690年
产地	意大利
枪管长	89厘米
口径	13.5毫米

意大利枪匠米凯莱·劳伦欧尼于1683 ~ 1733 年居住在佛罗伦萨，其间他发明了一种早期形态的后装式弹仓燧发枪。分别装火药和弹丸的两个仓室均置于枪托内，后膛锁块旋转，通过燧发枪左侧的杠杆装填。

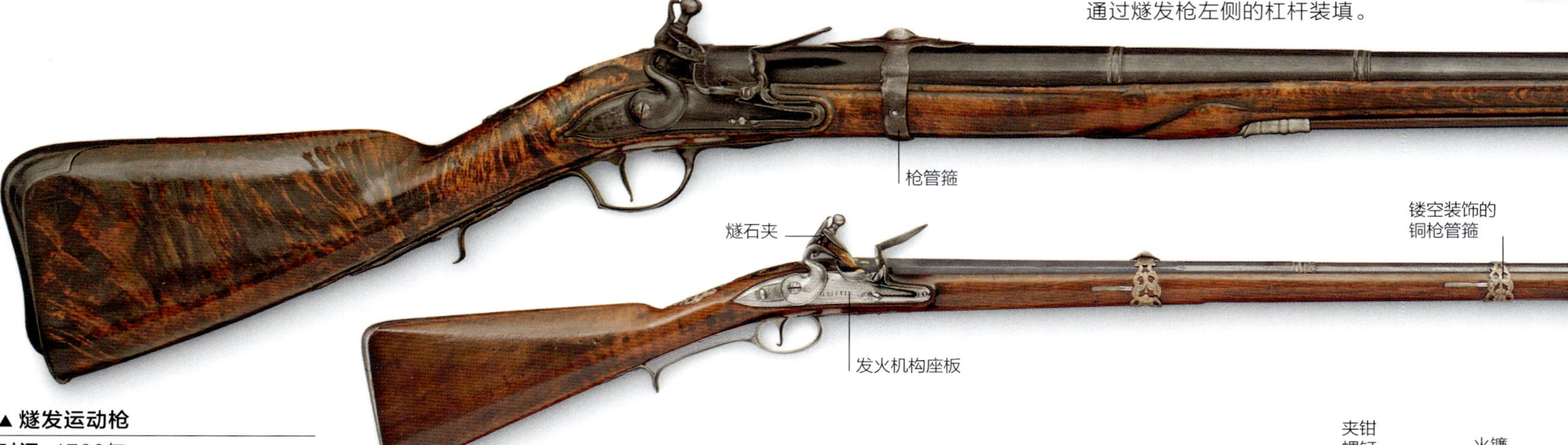

▲燧发运动枪

时间	1700年
产地	英格兰
枪管长	139.5厘米
口径	19毫米

该枪由约翰·肖制作。虽然它与当时的军用枪械极为相似，但是枪匠所倾注的心血和华美的木料让这支枪非常与众不同。

▲英格兰运动枪

时间	1760年
产地	英格兰
枪管长	91.4厘米
口径	17.3毫米

1735 ~ 1770 年，枪匠本杰明·格里芬在伦敦时尚的邦德街工作，1750 年他的儿子约瑟夫·格里芬加入其中。他们父子俩因设计出优秀的手枪和长枪而赫赫有名。他们设计的许多枪支如图中所示，都具有雕刻华丽的金属零部件以及装饰性的铜制品和银丝镶嵌。

全视图

▲英格兰燧发运动枪

时间	1690年
产地	英格兰
枪管长	96.5厘米
口径	19毫米

安德鲁·都莱普是居住在伦敦的荷兰枪匠，在查令十字附近设立了作坊。他在职业生涯的末期制造出这支华丽的燧发枪，其胡桃木枪托镶有大量银丝。都莱普因设计出与该枪相似的“布朗·贝斯”火枪（见 53 页）而闻名于世。

枪口
枪管末配装下护木
燧石夹
火镰
准星
枪托细部
适于手持

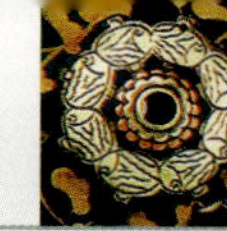

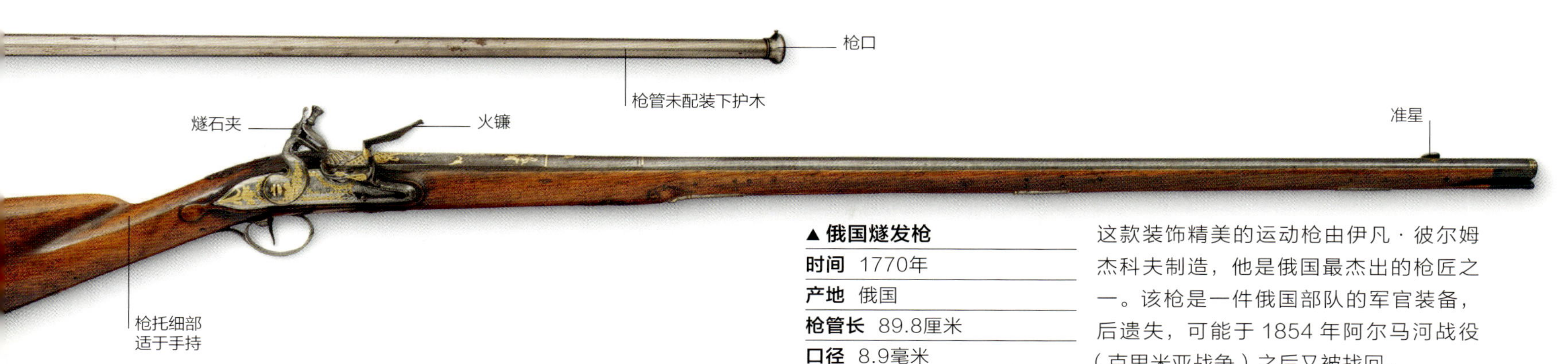

▲ 俄国燧发枪

时间 1770年

产地 俄国

枪管长 89.8厘米

口径 8.9毫米

这款装饰精美的运动枪由伊凡·彼尔姆杰科夫制造，他是俄国最杰出的枪匠之一。该枪是一件俄国部队的军官装备，后遗失，可能于1854年阿尔马河战役（克里米亚战争）之后又被找回。

推弹杆箍
推弹杆
夹钳螺钉
镀金药池
镶银的下护木帽
推弹杆
银质扳机护圈
小型下护木
发射左枪管的扳机
发射右枪管的扳机

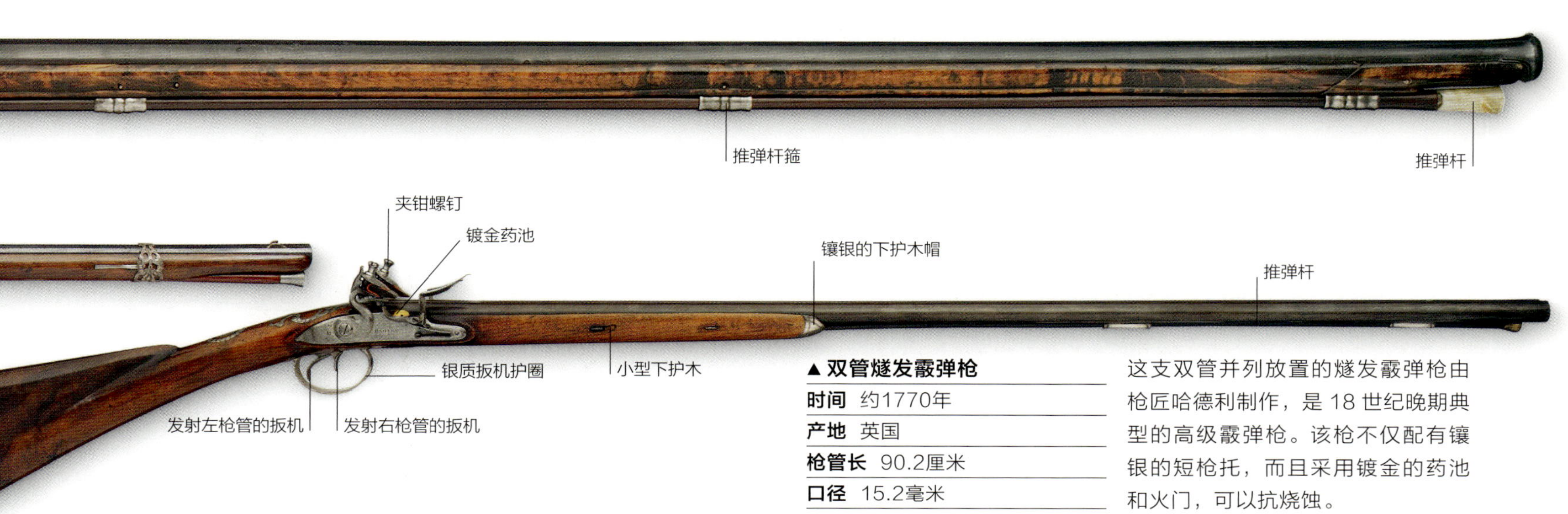

▲ 双管燧发霰弹枪

时间 约1770年

产地 英国

枪管长 90.2厘米

口径 15.2毫米

这支双管并列放置的燧发霰弹枪由枪匠哈德利制作，是18世纪晚期典型的高级霰弹枪。该枪不仅配有镶银的短枪托，而且采用镀金的药池和火门，可以抗烧蚀。

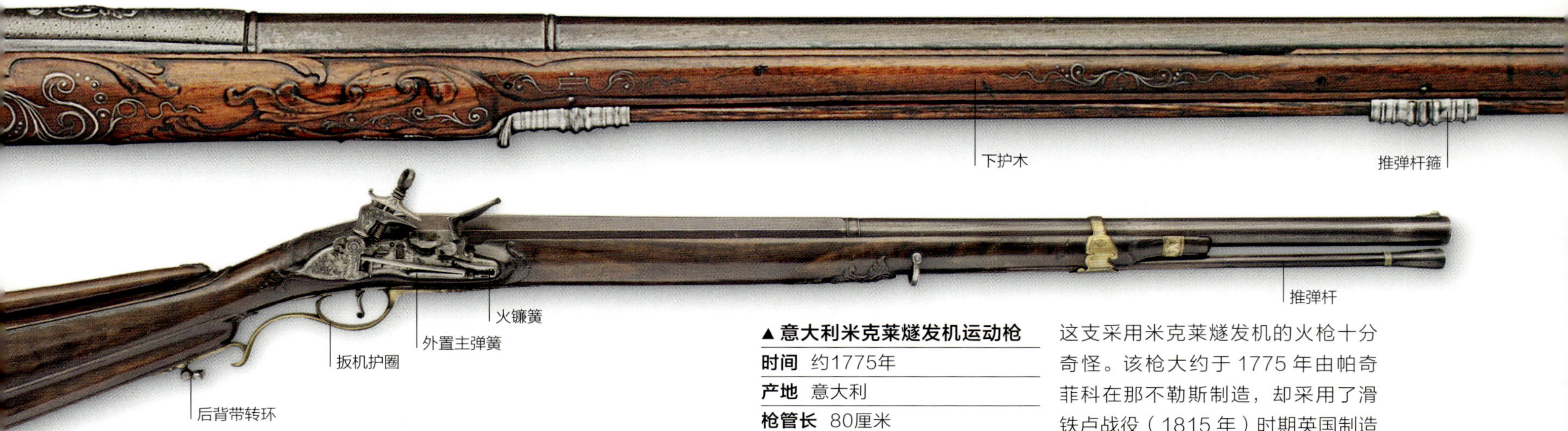

下护木
推弹杆箍
推弹杆
火镰簧
外置主弹簧
扳机护圈
后背带转环

▲ 意大利米克莱燧发机运动枪

时间 约1775年

产地 意大利

枪管长 80厘米

口径 19毫米

这支采用米克莱燧发机的火枪十分奇怪。该枪大约于1775年由帕奇菲科在那不勒斯制造，却采用了滑铁卢战役（1815年）时期英国制造的枪管。

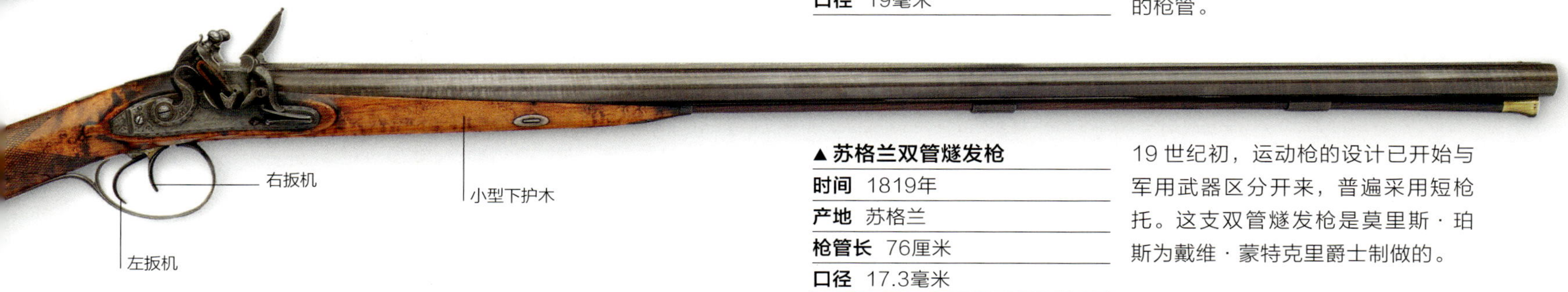

右扳机
小型下护木
左扳机

▲ 苏格兰双管燧发枪

时间 1819年

产地 苏格兰

枪管长 76厘米

口径 17.3毫米

19世纪初，运动枪的设计已开始与军用武器区分开来，普遍采用短枪托。这支双管燧发枪是莫里斯·珀斯为戴维·蒙特克里爵士制做的。

野战炮和攻城炮（1650～1780年）

17 世纪中叶已涌现出不同类型的火炮。野战炮易于移动，可以牵引的方式投入战场，协同步兵和骑兵使用。这些炮通常称为 6 磅、9 磅和 12 磅炮，磅数指的是这些炮发射的铁弹的重量。攻城炮主要用于摧毁防御工事，一般为 18 磅到 24 磅，炮弹甚至更重。同时还出现了臼炮。这是一种短管炮，在攻城过程中能够以高仰角进行炮击。大多数大型加农炮采用炮口装填（前装）。加农炮很少采用熟铁锻造，因为当时的铸铁技术日臻完善，铸铁火炮的制造比以前更快且成本更低。

▲印度6磅炮

时间	1693～1743年
产地	印度
全炮长	3.86米
口径	95毫米

与当时的许多火炮一样，该炮的名称来自其配用弹药铁弹的重量，即 6 磅（2.72 千克）。这类武器的口径基于其发射的弹药的弹径。6 磅炮的铸造青铜炮管内膛配有铁条内衬，使其更加耐用。

▲僧伽罗青铜炮

时间	1699年
产地	锡兰（今斯里兰卡）
全炮长	1.19米
口径	53.3毫米

这种小型野战炮采用程式化的植物装饰带，并刻有荷兰东印度公司的标记。炮尾周围刻有加法纳帕特纳姆（锡兰北部城镇）字样。

▲三管青铜炮

时间	1704年
产地	法国
全炮长	1.62米
口径	115毫米

三管联装炮管被铸造成一个整体，其中第三根炮管叠加在另两根炮管顶部，既可单管发射又可三管同时发射。这种有意思的设计并不实用，因为不容易再装填，而且重量过大还会影响机动能力。

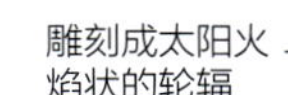

◄科霍恩臼炮

时间	约1720年
产地	英格兰
全炮长	0.32米
口径	114.3毫米

科霍恩臼炮是一种用于发射榴弹的小型便携式臼炮。安德鲁·沙尔科铸造了该炮。他出生于瑞士，是皇家黄铜铸造厂（设立于英格兰的伍尔维奇）最早的铸炮师。该炮被安装在 30 厘米宽、51 厘米长的原装木基座上。

带植物装饰的炮口

圈带（装饰线条）

炮管处于设定好的射角姿态

木基座

炮耳

▶13英寸舰载青铜臼炮

时间 1726年

产地 英国

全炮长 1.6米

口径 330毫米（13英寸）

臼炮发射后，炮弹能越过防御工事的墙体，造成大规模破坏，也可打击敌军编队，瞬间杀伤大量士兵。舰载臼炮则主要用于轰击岸上的防御工事。

用于吊起重型臼炮弹并装入炮口的吊杆式起重机

▶英国臼炮模型

时间 1760年

产地 英格兰

全炮长 （模型）0.7米

口径 330毫米

这种精细的臼炮模型主要用于军队培训院校指导炮手正确使用臼炮。该模型展示了这种炮的炮管如何处于高仰角（通常45°）姿态。这种铸铁臼炮弹的装填方式是使用小型吊杆式起重机（一种提升装置）吊起臼炮弹并将其装入炮口。

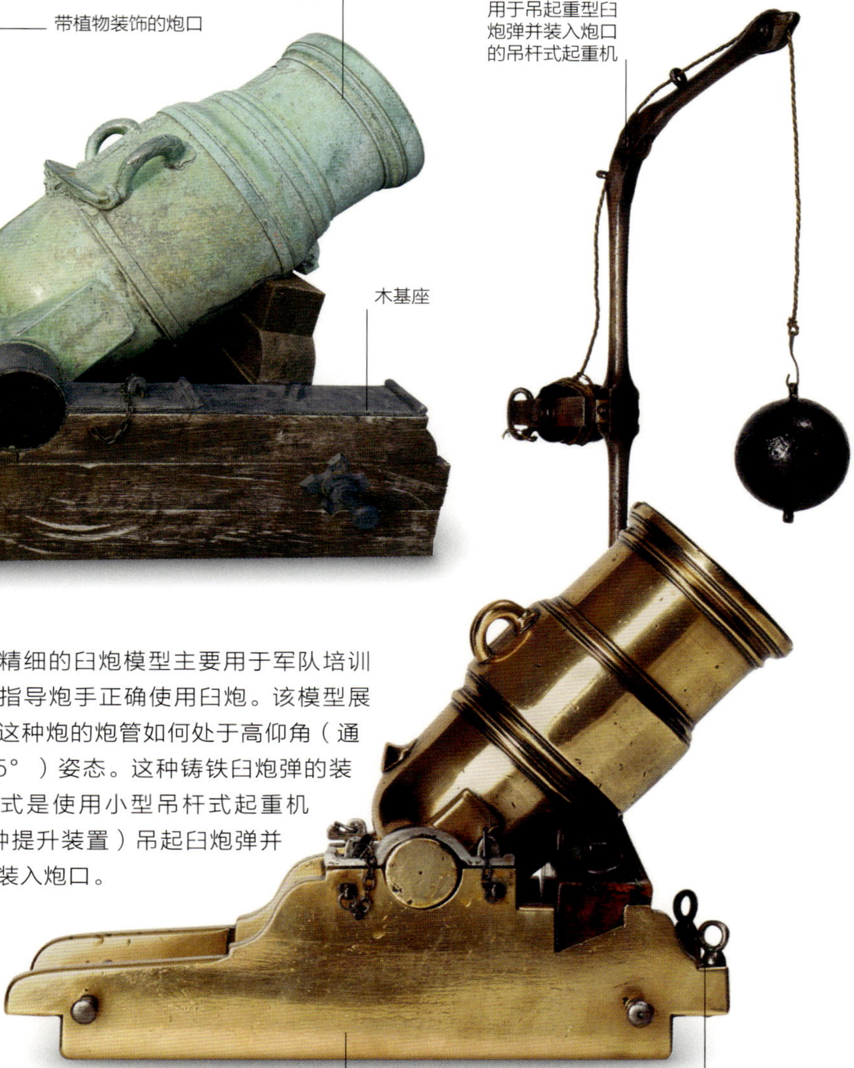

臼炮模型的铜基座（原炮采用铁制或木制基座）

吊环

放置在地面上保持平衡的架腿

▲青铜加农炮(猎隼炮)及炮架

时间 1773年

产地 罗马

全炮长 不详

口径 不详

这门非常精美的野战炮和装饰华丽的炮架是为耶路撒冷获圣·约翰骑士勋章的骑士团团长弗朗西斯科·西门兹·德泰克斯卡多制造的。炮管是由罗马的菲利波·拉塔莱利按照早前制炮名匠奥拉奇奥·安东尼奥·阿尔贝盖提的作品仿制而成的。

野战炮和攻城炮（1781～1830年）

17 世纪，随着火药的改进，能够承受发射时产生的膛压的后膛装填火炮更加难以制造，所以欧洲多家枪炮制造商选择制造前装而非后膛装填的火炮。那些部署在战场的野战火炮主要发射实心弹、爆破弹（开花弹）或榴霰弹（由小弹丸组成）。攻城炮则主要用于连续轰击防御工事，并从准备好的火炮阵地发射更大型的炮弹。

▲ 青铜皇家臼炮

时间 1800年

产地 英格兰

全炮长 0.39米

口径 144.8毫米

射程 0.73千米

这是英国野战使用的一种制式臼炮，由位于伍尔维奇的皇家黄铜铸造厂制造。该臼炮可以高射角发射一种球形铸铁爆破弹。它在行军时由手推车运送，作战时放置在地面实施射击。

▲ 俄国独角兽炮

时间 1793年

产地 俄国

全炮长 2.8米

口径 205毫米

射程 1.6千米

这门炮可水平发射或以仰角发射炮弹，曾在克里米亚战争（1853 ～ 1856 年）中使用。该炮将火药放置在圆锥形药室中，可发射球形爆破弹和实心加农炮弹。

炮管上的复杂图案

▶ 印度青铜野战炮

时间 1800年

产地 印度

全炮长 1.8米

口径 99毫米

射程 1.4千米

这种装饰精美的炮管是在 18 世纪末期铸造的，随后安装到设计美观的炮架上。该炮是在 1845 ～ 1846 年爆发的第一次英国－锡克战争期间，由英国部队从旁遮普（位于今巴基斯坦和印度境内）的马哈拉加·兰吉特 · 辛格缴获的。

▶ 法国12磅野战炮

时间 1794年

产地 法国

全炮长 2.1米

口径 122毫米

射程 1.8千米

这种 12 磅野战炮名为“伏尔泰”，是以法国启蒙运动哲学家弗朗索瓦－马利 · 阿鲁埃（1694 ～ 1778 年）的笔名命名的，其名字雕刻在炮管的前部。炮管上保留了可能是在滑铁卢战役（1815 年）中由英国火炮造成的战斗损伤。

▲ 法国6磅野战炮

时间	1813年
产地	法国
全炮长	1.68米
口径	96毫米
射程	1.4千米

这种野战炮的射速为2发/分。其载车上有“取自滑铁卢”的标记。该炮发射重2.72千克（6磅）的铁弹。

▼ 中国铜炮

时间	约1825年
产地	中国
全炮长	0.83米
口径	63.5毫米
射程	0.18千米

该炮由铜质身管和缠绕其上的铁丝组成，并配有绳带便于携行。其从形态看，可能来源于由绳索缠绕竹子而制成的早期火器——突火枪（竹火炮）。在绘画中曾见士兵伏于地上，发射类似的火器。

▲ 中国18磅炮（红衣炮）

时间	1830年
产地	中国
全炮长	3.2米
口径	133.4毫米
射程	1.8千米

这门18磅炮的炮尾顶部有铭文。该炮安装在1853年俄国锻铸的铁制炮架上。

载车轮

架尾

舰炮

18 世纪，尽管大多数火炮采用炮口装填(前装)，但部分舰炮仍采用炮尾装填（后装）。在海战中，不同类型的火炮可应用于不同的情况之下，因此多种专用火炮相继出现。远距离作战时可使用安装在带木轮的载车上的常规加农炮，而近距离攻击时，一种名为卡伦炮的短管型火炮则非常有效。卡伦炮有时称为“粉碎机”，它有不同的尺寸，可发射实心弹或爆破弹，尽管射程不远但火力强大。臼炮也可用于攻击舰船，但更常用于攻击防御工事或岸上的部队。

▲青铜后装回旋炮

时间	约1670年
产地	荷兰
全炮长	1.22米
口径	74毫米

该回旋炮由荷兰东印度公司研制，最有可能用作杀伤性武器。

►4磅回旋炮

时间	1778年
产地	苏格兰
全炮长	0.32米
口径	84毫米

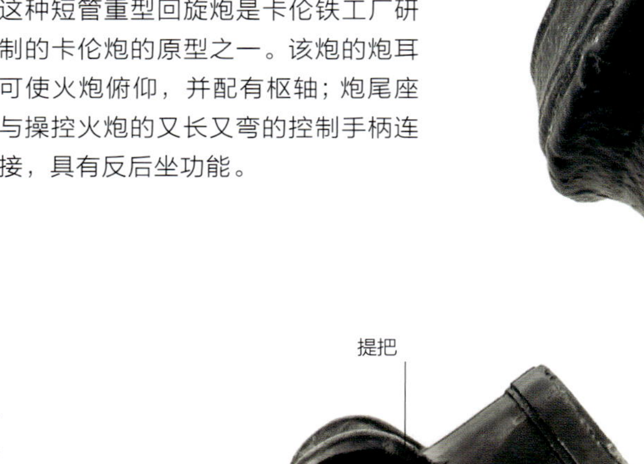

这种短管重型回旋炮是卡伦铁工厂研制的卡伦炮的原型之一。该炮的炮耳可使火炮俯仰，并配有枢轴；炮尾座与操控火炮的又长又弯的控制手柄连接，具有反后坐功能。

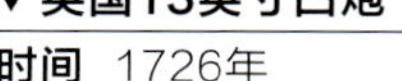

▼英国13英寸臼炮

时间	1726年
产地	英格兰
全炮长	1.6米
口径	330毫米（13英寸）

这门舰载臼炮配用的加强箍表明，它曾是英国国王乔治二世的皇家装备。该臼炮很可能是为“雷电”号军舰而研制的，曾在1727年的直布罗陀保卫战中使用。

保护装弹室的楔形插槽

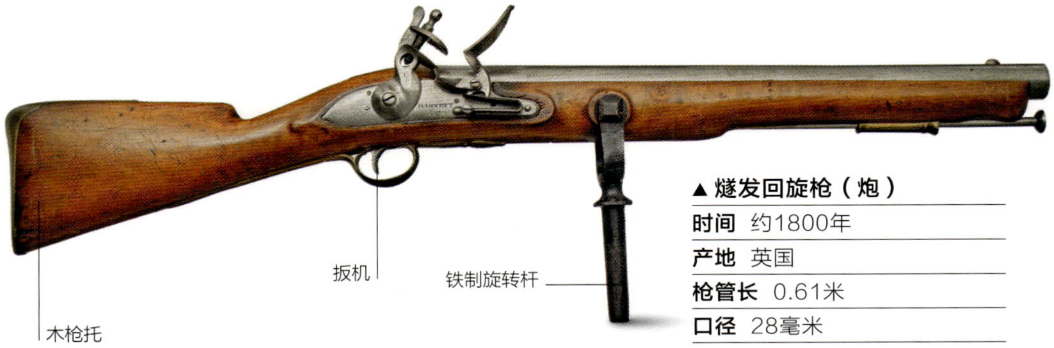

木枪托

扳机

铁制旋转杆

▲ 燧发回旋枪（炮）

时间	约1800年
产地	英国
枪管长	0.61米
口径	28毫米

相对于回旋枪（炮），燧发机在火枪或手枪更为常见。此款回旋枪（炮）可在登上敌舰前向其开火。由于它能左右转动，从而具有较大的方向射界。

炮口箍凹进部

升高的瞄准镜

加强箍

炮口

铁制火炮

平台架

载车轮

有凹槽的尾座

用于将火炮在旋转架上旋转至恰当射击位置的控制手柄

▲ 铸铁卡伦炮

时间	1808年
产地	苏格兰
全炮长	1.1米
口径	145毫米

该 24 磅卡伦炮的加强箍内配有升高的瞄准镜，炮口箍的凹进部可配装可拆卸式瞄准镜。炮口处向内缩进的设计，易于装填。

亚洲枪械（1650～1780年）

枪械于 1543 年随驻印度的葡萄牙商队传入日本。日本人最初抵触使用火药武器，更愿意使用传统的弓和刀剑，但最终还是认识到作战中协同使用火绳机火枪所带来的优势，尤其在 1600 年的关原之战中。直到 19 世纪末，日本火枪仍保留了葡萄牙速燃火绳机设计，这种机构的原理是蛇形杆被销子勾住，当射手扣动扳机时，蛇形杆在弹簧的压力下向前落下。亚洲其他地区火绳机火枪的风格各有不同，但使用的都是挤压式火绳机（见 74 页）。在印度，火绳机枪械早在 1531 年便已出现，当时奥斯曼帝国在第乌之围中使用它们对抗葡萄牙。

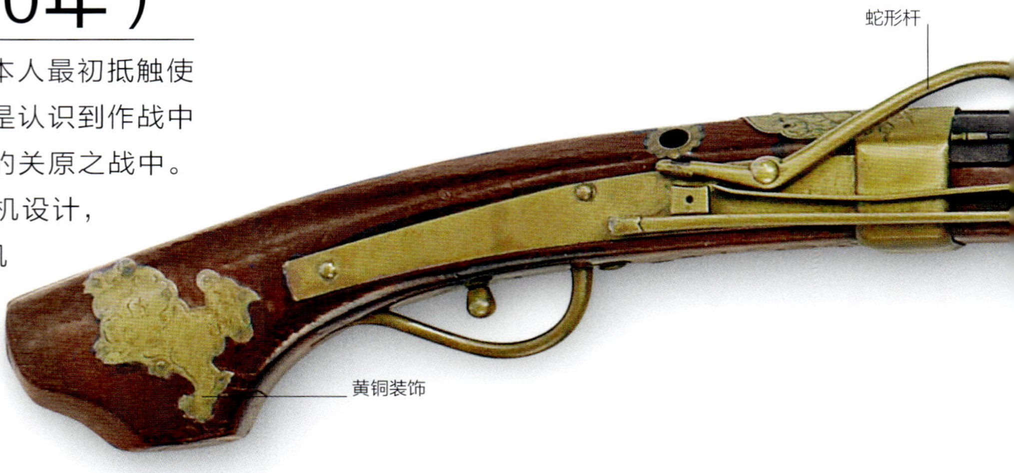

蛇形杆

黄铜装饰

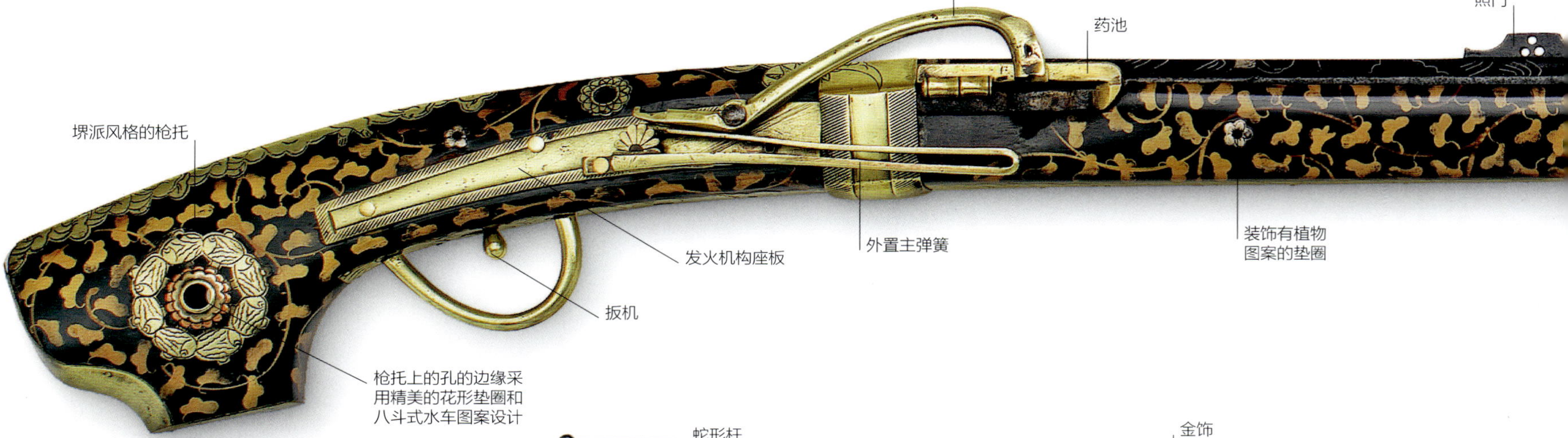

蛇形杆

药池

照门

堺派风格的枪托

发火机构座板

外置主弹簧

装饰有植物图案的垫圈

扳机

枪托上的孔的边缘采用精美的花形垫圈和八斗式水车图案设计

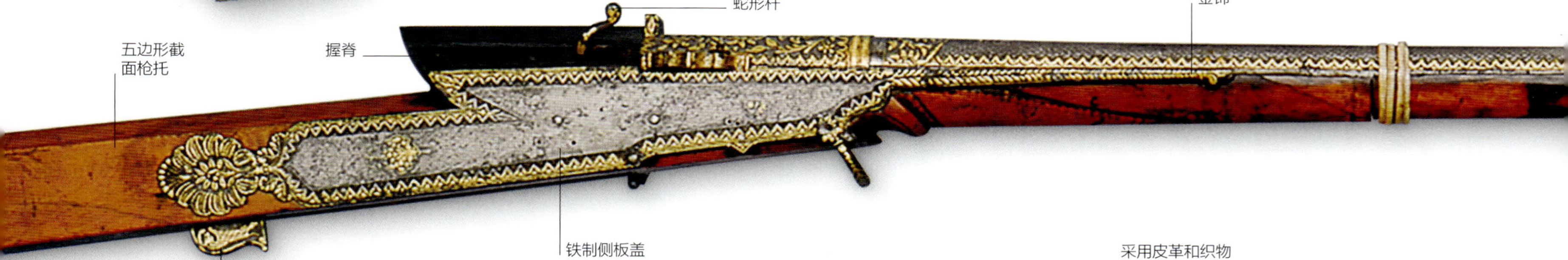

蛇形杆

金饰

五边形截面枪托

握脊

铁制侧板盖住发火机构

扳机

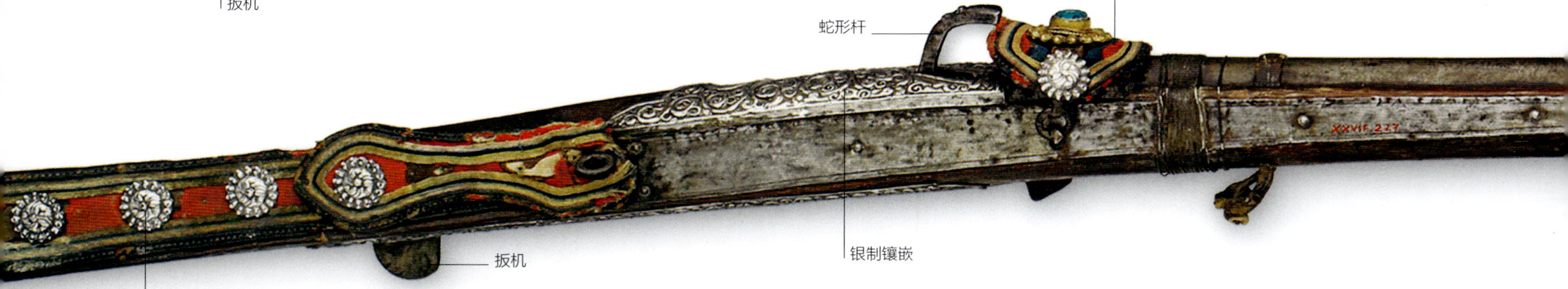

采用皮革和织物装饰的药池盖

蛇形杆

扳机

银制镶嵌

枪托表面覆有以浮雕银钉固定的红色织物

枪叉尾部是分叉的羚羊角

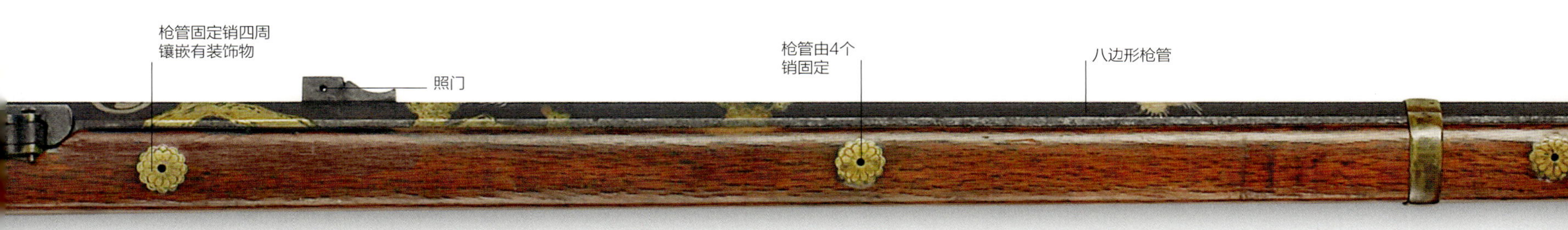

▲日本火绳枪

时间 18世纪初

产地 日本

枪管长 103厘米

口径 13.3毫米

日本火绳枪的射速为3发/分，可在50米距离上，穿透典型日本武士的盔甲。该火绳枪由位于日本西部尾身的国友藤平重保研制。其红橡木枪托明显受到堺派风格（下图）的影响，但装饰程度有限。

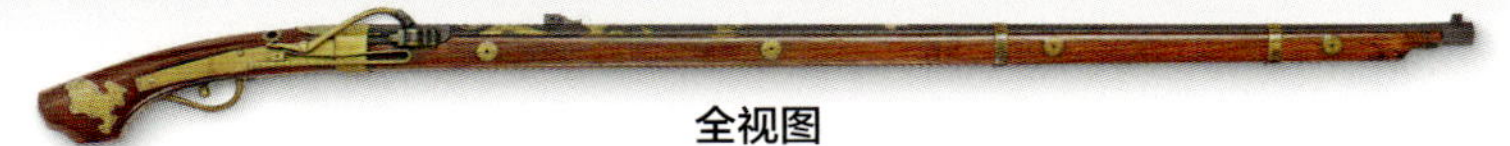
全视图

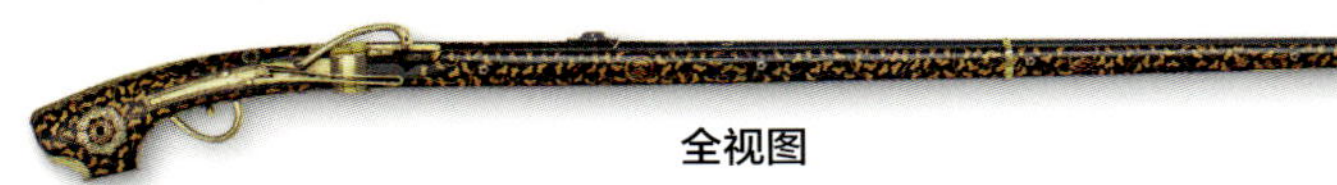
全视图

▲日本火绳枪

时间 约1700年

产地 日本

枪管长 100厘米

口径 11.4毫米

这种18世纪早期的火绳枪是位于堺的江波家族的作品，他们被认为是前工业化时代日本最好的枪匠。该枪的枪托采用红橡木制成，上面的装饰很可能是之后添加的。

▲印度卡尔纳迪克托拉达火绳枪

时间 18世纪

产地 印度

枪管长 113厘米

口径 16毫米

这种简单的直柄火绳机火枪被称为“托拉达”（toradar）。它的枪管有精美的花和枝叶雕饰，且全部镀金。该枪在印度南部的迈索尔制造，用铁制成的侧板带有雕刻，扳机上镶有纯金纹饰（该工艺名为“koftgari”，一种在钢或铁上镶嵌黄金的方法）的老虎图案。

全视图

全视图

▲中国西藏火绳叉子枪

时间 约1780年

产地 中国

枪管长 111厘米

口径 17毫米

从这支中国西藏火绳叉子枪上能看出，它在形式和装饰方面都深受汉地影响。与下护木连接的是独特的枪叉（展开可起到支架的作用），而推弹杆是在现代更换的。

亚洲枪械（1781～1830年）

在亚洲，500多年来，枪械技术一直处于比较简单的状态。亚洲使用的火绳机与欧洲类似，一直沿用至19世纪末。日本使用的是速燃火绳机（见72页），而在印度和亚洲其他地区，枪匠普遍使用挤压式火绳机。这种火绳机几乎全部内置于枪托里。蛇形杆与扳机连杆相接，射手扣动扳机后，扳机连杆可以释放蛇形杆。在印度，各地枪械在枪托形式以及雕刻和镀金装饰方面均有所不同。另外，装配火绳机的手枪仅在亚洲制造，欧洲人则使用燧发机和簧轮擦火机技术的手枪，这些机构直到后来才传到亚洲的部分地区，而在其余地区从未被使用过。

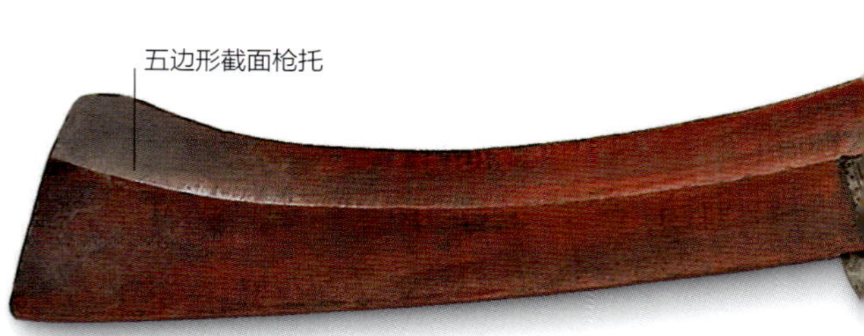

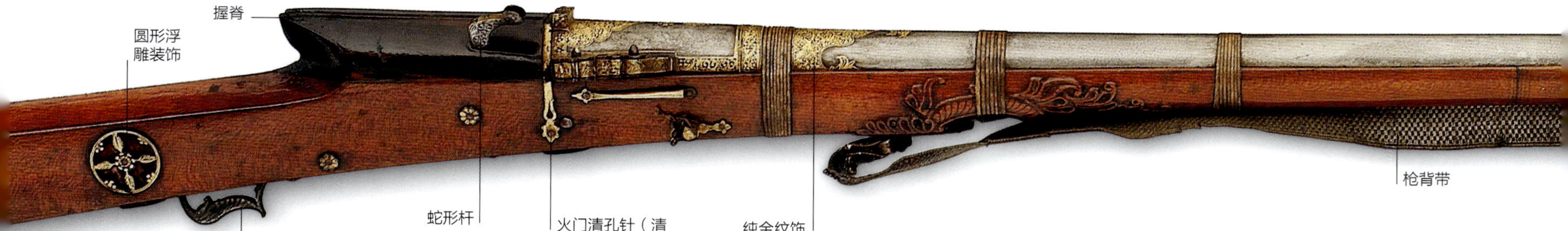

握脊
圆形浮雕装饰
蛇形杆
火门清孔针（清洁器）放置在镀金管内
纯金纹饰（镶金）
枪背带
扳机护圈

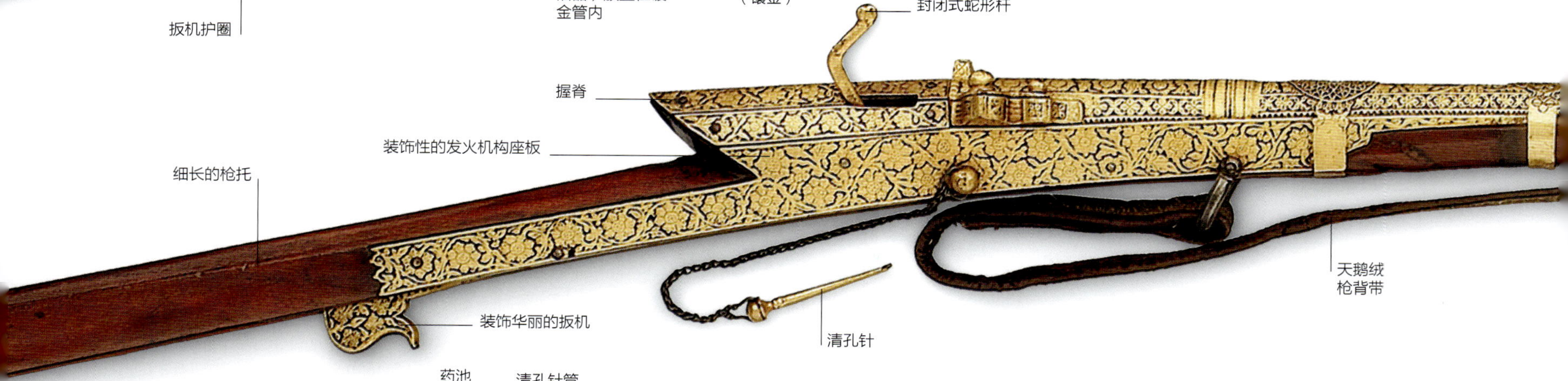

封闭式蛇形杆
握脊
装饰性的发火机构座板
细长的枪托
天鹅绒枪背带
装饰华丽的扳机
清孔针

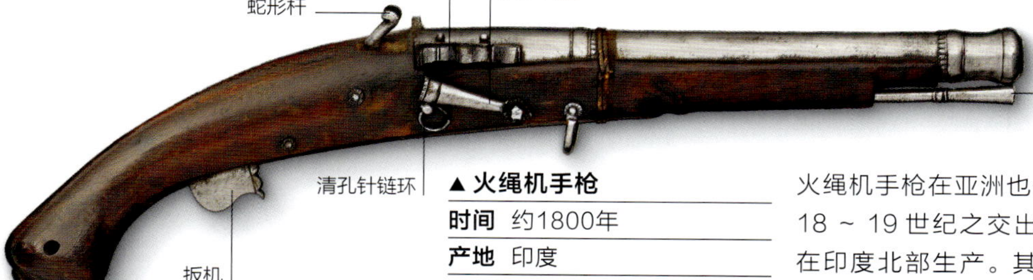

药池
蛇形杆
清孔针管
推弹杆
清孔针链环
扳机

▲ 火绳机手枪	
时间	约1800年
产地	印度
枪管长	24.5厘米
口径	16毫米

火绳机手枪在亚洲也仅有少量生产。18～19世纪之交出现的这种样枪在印度北部生产。其药池下面是清孔针管和清孔针链环。

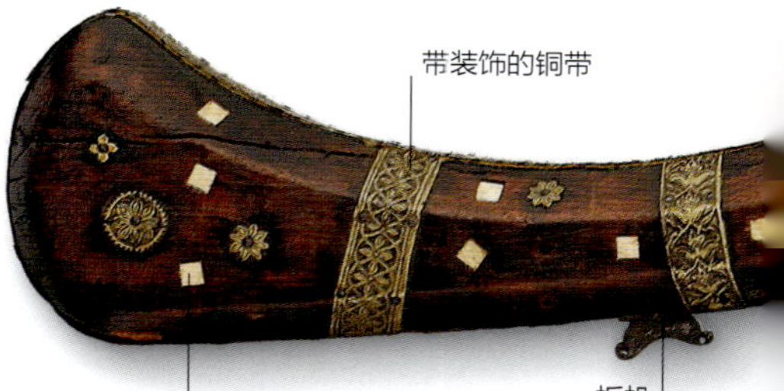

带装饰的铜带
骨质镶嵌物
扳机

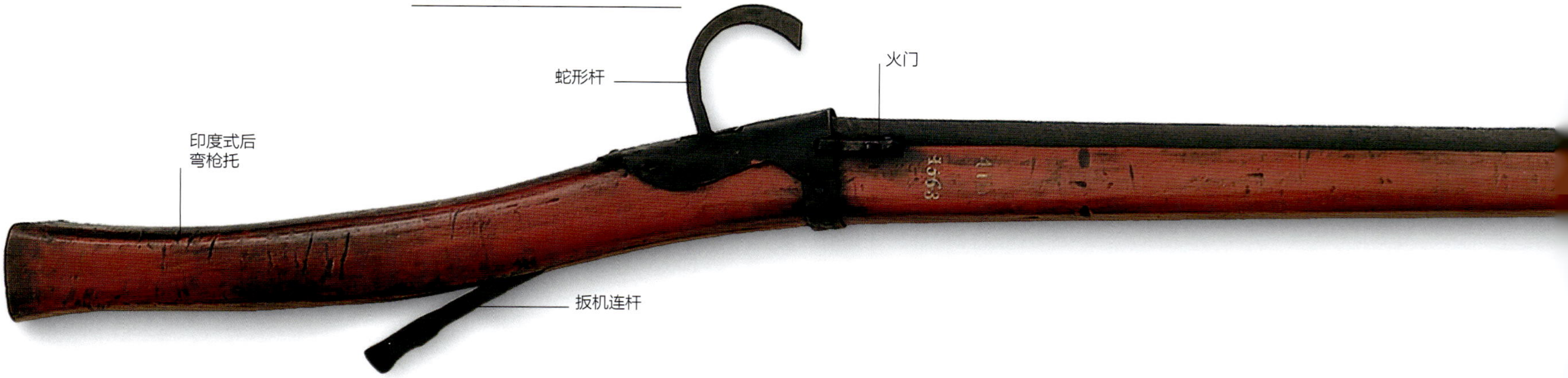

蛇形杆
火门
印度式后弯枪托
扳机连杆

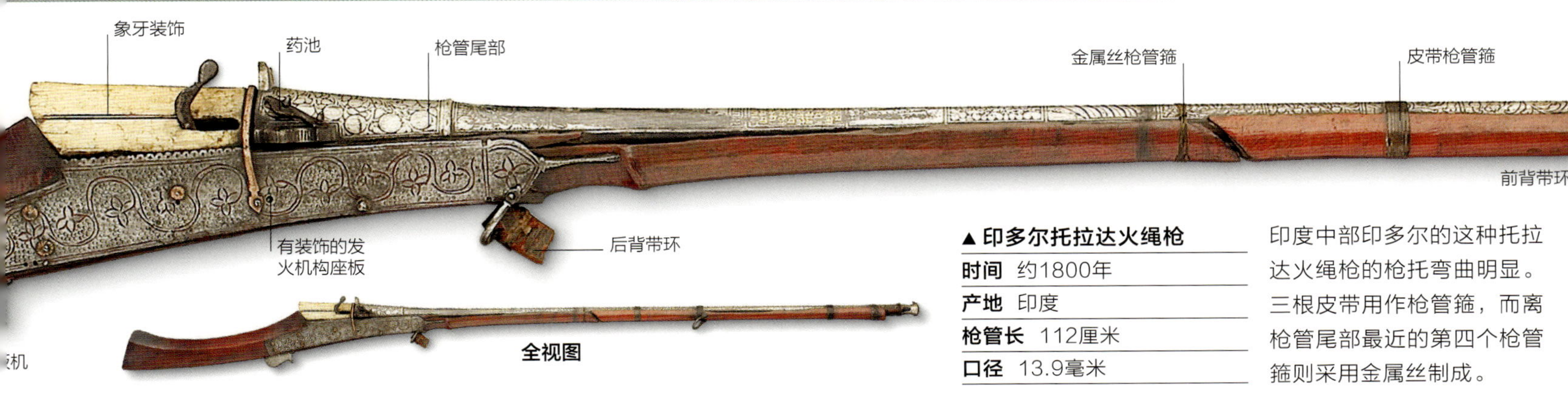

▲ **印多尔托拉达火绳枪**

时间 约1800年
产地 印度
枪管长 112厘米
口径 13.9毫米

印度中部印多尔的这种托拉达火绳枪的枪托弯曲明显。三根皮带用作枪管箍，而离枪管尾部最近的第四个枪管箍则采用金属丝制成。

虎头样式的枪口

皮带枪管箍

▲ **印度托拉达火绳枪**

时间 19世纪
产地 印度
枪管长 126厘米
口径 14毫米

该火绳枪采用抛光红木枪托，枪托尾部两侧各镶有一个圆形镂空浮雕饰件，同时在红丝绒颜色的枪托上还镶有镀金和纯金纹饰。枪管尾部由精美的阿拉伯风格的纯金纹饰装饰，枪口则做成虎头形状。

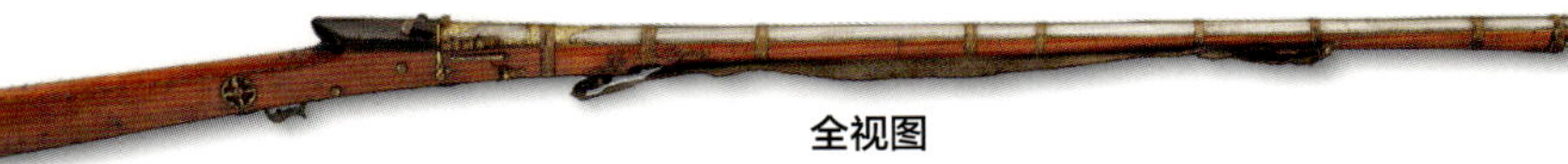

镀金枪管箍

装饰华丽的枪管

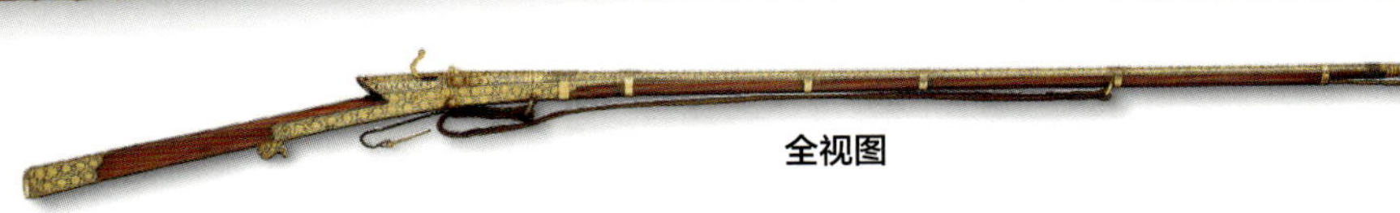

▲ **布杜克托拉达火绳枪**

时间 约1800年
产地 印度
枪管长 115厘米
口径 13.9毫米

这种装饰非常华丽的火绳机火枪很可能是在印度中部的瓜廖尔制造的。与所有的火绳机相同，此枪的火绳机也配有火门清孔针，但因其镀金，所以应该不是纯功能性的。配装这种细长枪托的枪械通常被夹在胳膊下面而非抵住肩膀。

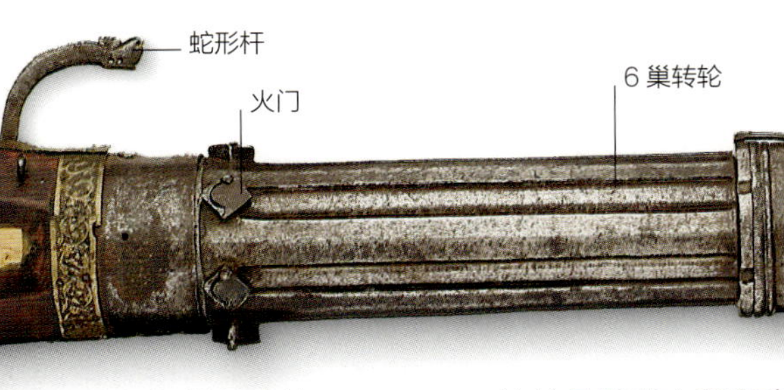

6巢转轮

药室排气孔

推弹杆

▲ **火绳机转轮火枪**

时间 约1800年
产地 印度
枪管长 62厘米
口径 15.2毫米

该枪是印度中部印多尔研制的少见的火绳机转轮火枪，它所采用的复杂机械机构，有时能在欧洲的燧发枪上看到，即通过转轮形成一种装有多发弹丸的武器（见49页）。这种枪的弹巢通过手动旋转到位。

▼ **中国抬枪**

时间 约1830年
产地 中国
枪管长 160厘米
口径 不详

抬枪需要借助枪架发射，其枪管过长且难以通过其他方式使用。该样枪的设计和使用方法非常简单，而且没有任何装饰。

吉尔吉斯狩猎聚会

吉尔吉斯斯坦的贵族使用火绳机枪械狩猎。直到 20 世纪，这些枪械还广泛应用于亚洲中部。部分枪械在枪口下面配有枪叉以辅助瞄准，例如在这张绘于 1830 年的画中，最右边的枪械。

奥斯曼帝国枪械

奥斯曼帝国的军队很重视滑膛枪在战争中的作用。17世纪末，奥斯曼帝国占领了欧洲西南部的大部分地区，西方军事技术随之涌入。18世纪，奥斯曼帝国制造了一些高品质的采用独立自动药池盖的燧发枪、米克莱燧发枪和燧发手枪。这些枪械深受伊斯兰和印度的影响，其中大多数都以装饰华丽而著称，枪上镶嵌有贵金属和宝石，并雕刻有华美的花卉和几何图案。

▲ **燧发喇叭枪**

时间	18世纪早期
产地	土耳其
枪管长	34.3厘米
口径	30.5毫米（枪口处）

尽管该枪配有镶银并雕刻图案的枪托，但这款喇叭枪实际上是一把大型骑兵手枪。该枪由德尔维希·萨利赫制作。根据枪上的铭文可知，它是供骑兵使用的，枪上配有挂杆和吊环，可悬挂在鞍座上。

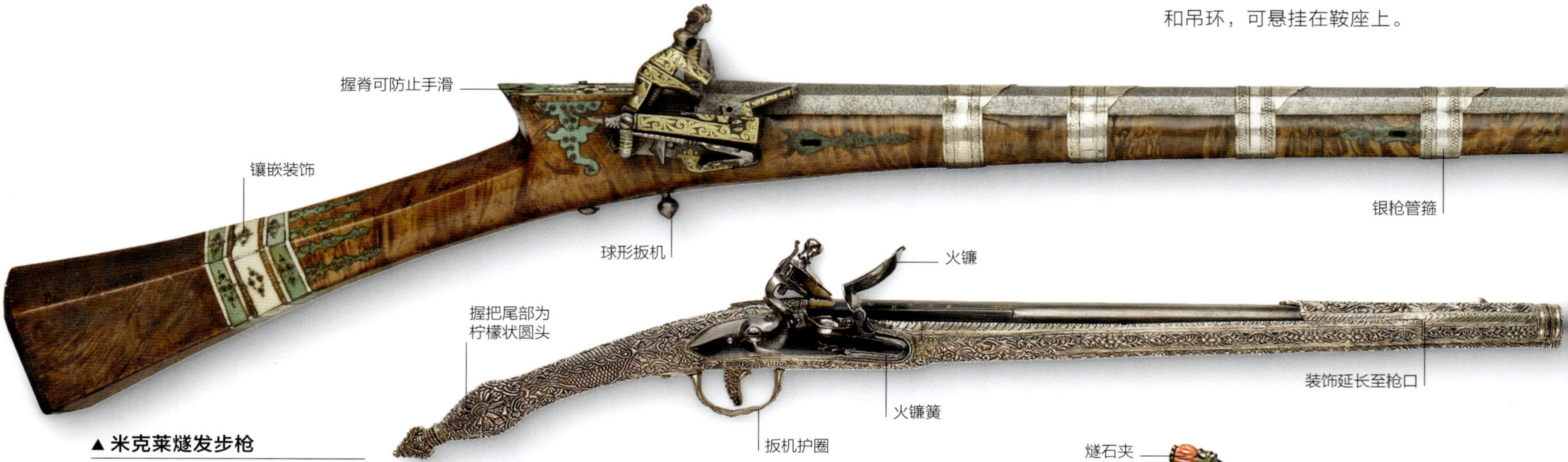

握脊可防止手滑
镶嵌装饰
球形扳机
银枪管箍

▲ **米克莱燧发步枪**

时间	18世纪
产地	土耳其
枪管长	78.5厘米
口径	16毫米

17世纪时，奥斯曼帝国军队的枪械就已经采用了地中海米克莱燧发机。其中大多数枪械质量上乘，配有线膛枪管和使用镶嵌工艺装饰的枪托。该枪的发火机构镶金，枪管箍则用银制成。

火镰
握把尾部为柠檬状圆头
装饰延长至枪口
火镰簧
扳机护圈

▲ **燧发手枪**

时间	18世纪
产地	土耳其
枪管长	35.5厘米
口径	16.5毫米

缓缓向下倾斜的握把和它细长的柠檬状尾部，很容易让人回忆起一个世纪或更早以前的欧洲枪械。该枪还展现了奥斯曼帝国枪械普遍的设计特征——枪口环绕镀金装饰。

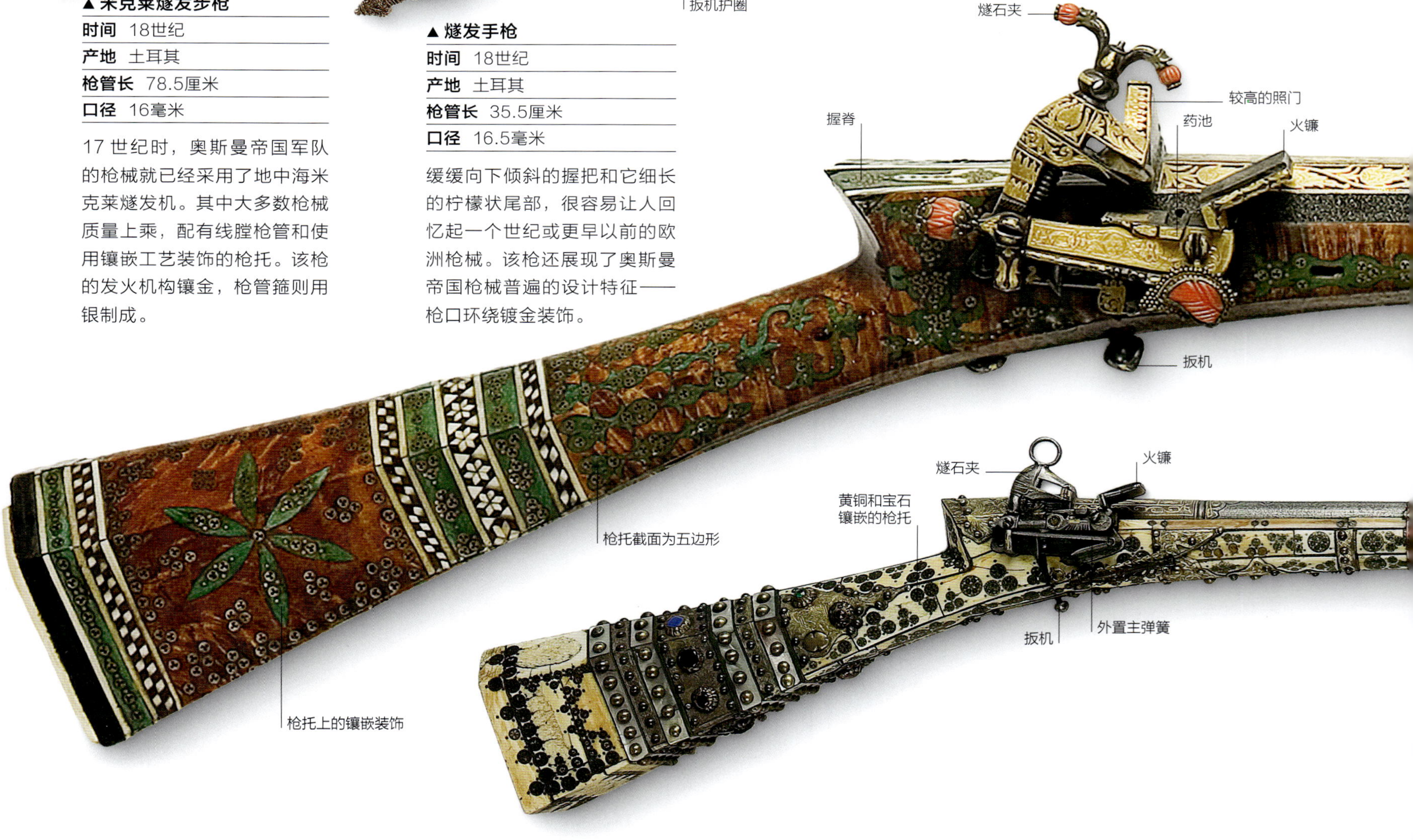

燧石夹
较高的照门
握脊
药池
火镰
扳机
枪托截面为五边形
枪托上的镶嵌装饰

燧石夹
火镰
黄铜和宝石镶嵌的枪托
扳机
外置主弹簧

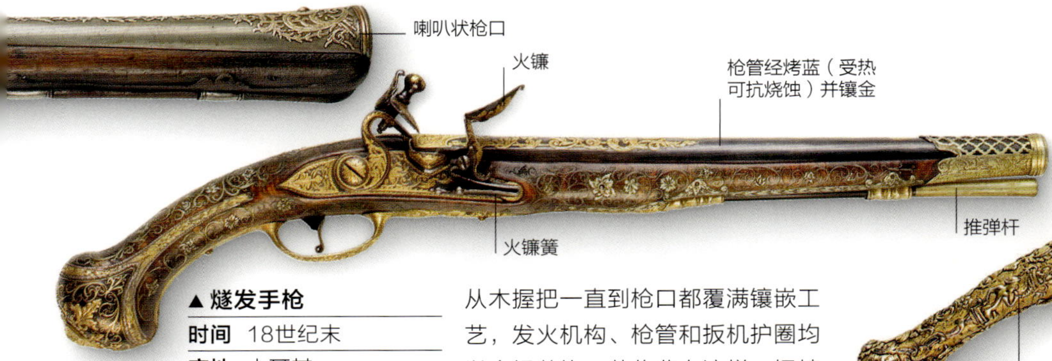

喇叭状枪口

火镰

枪管经烤蓝（受热可抗烧蚀）并镶金

推弹杆

火镰簧

▲ **燧发手枪**

时间	18世纪末
产地	土耳其
枪管长	31.75厘米
口径	15.7毫米

从木握把一直到枪口都覆满镶嵌工艺，发火机构、枪管和扳机护圈均以金银装饰。若收藏有这样一把精美的手枪，会令许多奥斯曼帝国的武器陈列柜增色不少。该枪的燧发机似乎原产于欧洲。

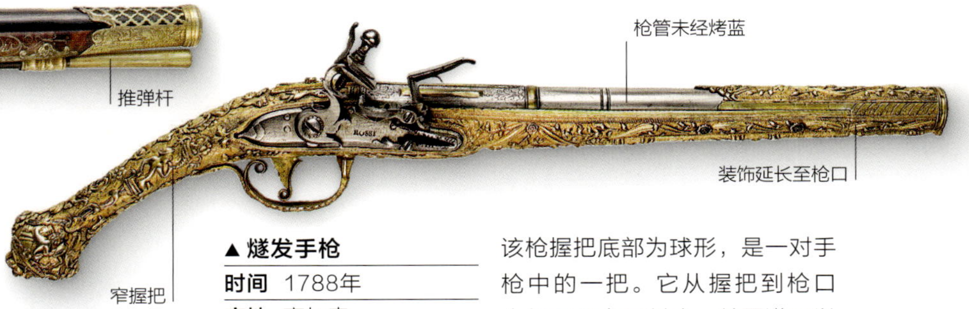

枪管未经烤蓝

装饰延长至枪口

窄握把

▲ **燧发手枪**

时间	1788年
产地	高加索
枪管长	30.5厘米
口径	15.2毫米

该枪握把底部为球形，是一对手枪中的一把。它从握把到枪口全部采用金属制成，并覆满了以铸造和雕刻工艺制成的银质镀金装饰。发火机构座板上有制造者“罗西”的名字，这说明至少发火机构是从意大利进口的。

八边形枪管

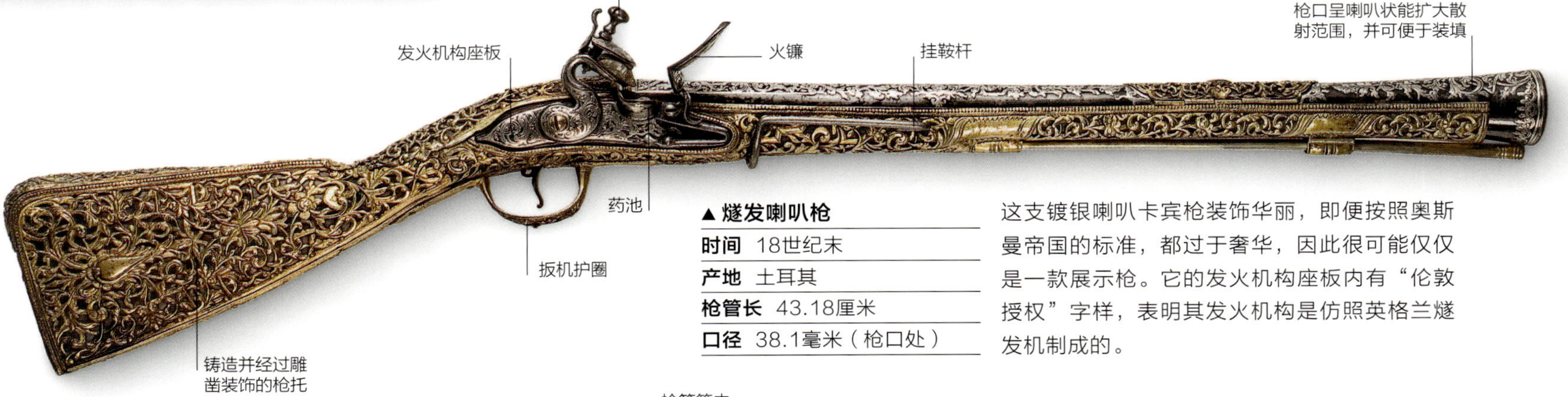

燧石夹

发火机构座板

火镰

挂鞍杆

枪口呈喇叭状能扩大散射范围，并可便于装填

药池

扳机护圈

铸造并经过雕凿装饰的枪托

▲ **燧发喇叭枪**

时间	18世纪末
产地	土耳其
枪管长	43.18厘米
口径	38.1毫米（枪口处）

这支镀银喇叭卡宾枪装饰华丽，即便按照奥斯曼帝国的标准，都过于奢华，因此很可能仅仅是一款展示枪。它的发火机构座板内有“伦敦授权”字样，表明其发火机构是仿照英格兰燧发机制成的。

枪管箍由麻绳制成

八边形枪管

全视图

▲ **米克莱燧发步枪**

时间	18世纪末
产地	土耳其
枪管长	81.3厘米
口径	15.2毫米

该步枪是经典的土耳其枪型，采用了具有代表性的五边形截面枪托，并配有镶嵌金属线以及染色的和天然的象牙饰板。线膛大马士革枪管（见47页）有明显的纹理，并配有较高的觇孔式照门。发火机构以黄金和珊瑚嵌板装饰。

推弹杆

整个枪托的表面覆有经雕刻和装饰的象牙

▲ **巴尔干半岛米克莱燧发枪**

时间	19世纪早期
产地	土耳其
枪管长	91.4厘米
口径	13.9毫米

该枪会让人联想到印度火枪。整个枪托表面以象牙覆盖，并用宝石和黄铜材料镶嵌。米克莱燧发机在西班牙和意大利被普遍使用，它可能是经由非洲传至奥斯曼帝国的。

转折点

击发发火枪械

火绳枪、簧轮擦火枪和燧发枪均使用少量的黑火药来引燃发射药（主火药装药）。1807年，英国牧师亚历山大·福赛斯发明的一种点燃发射药的新方法获得了专利，具体方法是使用一种与以往不同的物质——能够在撞击时起爆的敏感化学击发药，来点燃发射药。后来，约书亚·肖进一步发明了撞击式火帽。从此，枪械开始使用化学点火的方式。与之前外露的火药点火过程不同，这项重大的技术进步使枪械能够瞬间并可靠地发射，此外它还推动了转轮手枪和金属壳定装枪弹的发展，目前几乎所有的现代化枪械都使用这种枪弹。

▲**撞击式火帽**
撞击式火帽是内装微量雷酸汞的小型铜杯或铜盂，放置在与后膛连接的空心塞或火嘴内。

19世纪早期，亚历山大·福赛斯作为一名痴迷的猎鸭人，对燧发枪的缺陷深感不满。燧发枪尽管可靠，但偶尔会遇到枪械瞎火的情况——药池内引燃药被点燃，发出火光却打不出子弹。随着火光连同燧石击擦火镰产生的噪声和烟，潜在猎物很快便消失了。

»之前

19世纪初，大多数枪械采用燧发机，利用一块燧石撞击钢片产生的火花，点燃紧挨着枪管的小型药池内的引燃药，由此产生的火焰通过枪管内的火门点燃发射药。

- 药池内放置的少量散火药有效性一般，它可能会被风吹走或被雨淋湿，也可能点燃后无法引燃发射药。

- 由于扣动扳机后发射滞后，引燃药点燃所产生的火焰和烟雾会使受到惊吓的鸟或其他动物有时间逃离。

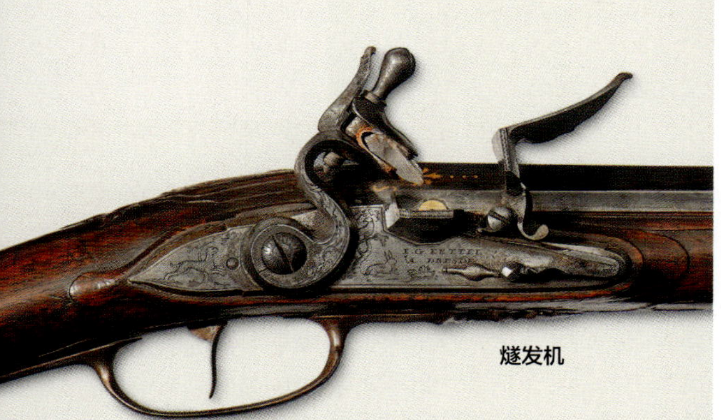

燧发机

- 大约15次射击后燧石需要更换，且燧石的质量也不一样。火镰的硬钢表面会出现磨损，产生火花的能力也随之降低。

“香水瓶”式击发装置

亚历山大·福赛斯开始设计一种更简单、更快速和更有效的点火方式。他发明出一种可以安装在所有枪械上的机构，能够用名为雷酸汞的击发药点燃发射药。雷酸汞装在形状类似香水瓶的金属罐内，因此这种击发装置被命名为“香水瓶”。击发装置安装在空心圆柱形轮轴上，并旋入燧发枪中已专门扩大的火门内。

亚历山大·福赛斯的发明体现了化学点火的基本原理，其后的火炮和弹药的发展都基于这种化学点火方式。

击发式转轮手枪

尽管“香水瓶”击发机构采用创新设计，但安全性不高，它携带的大量击发药可能会意外爆炸并伤及枪手。许多人都尝试去改进亚历山大·福赛斯的发明，设计只使用微量击发药（仅供一次点火）且更加安全的击发系

▼**红色警戒线**
英国第93高地步兵团主要装备1851型击发步枪，他们在1854年的巴拉克拉瓦战役中形成一道坚固的防线，英勇抵御俄国骑兵部队。由于身穿红色衣服，从远处看就像是一条“红色警戒线”。

关键人物

亚历山大·约翰·福赛斯（1768～1843年）

亚历山大·福赛斯1786年毕业于阿伯丁的国王学院，1791年获准成为阿伯丁郡贝尔海牧师。他既是一名竞技射手，也是一名业余的化学师兼机械师。他不满于燧发枪的缺陷，决定设计一种更好的点火系统。

统。枪匠乔·曼顿设计的“点火管”是将雷酸汞放入细铜管内，细铜管插入枪管一侧的火门内，并利用击锤击打。其他系统还包括“爆丸机构”和爱德华·梅纳德的条带火帽。条带火帽是将雷酸汞放在长条带上的一组火帽内，它在美国流行过一段时间，现在仍是玩具手枪的“弹药”。

“……**极具独创性**之一的……现代最有用的**发明**之一……”

节选自约书亚·肖向专利申请委员会提交的专利申请书（1846年2月）

撞击式火帽

1822年英国艺术家约书亚·肖取得了突破。他将雷酸汞放置在新设计的小型铜杯内，铜杯表面涂一层清漆。约书亚·肖将杯状的火帽放置在空心塞或火嘴上，旋入枪尾，以备击锤击打。击锤击打火帽后，击发药被点燃，产生的火焰穿过枪管的火门并引燃发射药。

随着击发系统的发展，撞击式火帽最终出现，枪械通过采用可靠且易于使用的点火方式而发生了改变。这些枪械的再装填时间急剧降低。在克里米亚战争(1853～1856年)期间，步枪已普遍采用撞击式火帽。巴拉克拉瓦战役是此次战争中的一场重要战役。当时少量英国部队装备击发枪坚守自己的阵地，抵御俄国骑兵部队的袭击，向山谷中敌方大规模部队实施齐射。击发枪的射击精度和可靠性高，并可快速再装填，从而使英国部队击退俄国骑兵部队。击发武器还在美国内战（1861～1865年）期间广泛使用。联邦军队士兵使用的1861型斯普林菲尔德线膛火枪能够产生毁灭性效果。该枪射速为3发/分，训练有素的精确射手使用时可连续打击距离为457米以内的目标。

之后 »

撞击式火帽的出现，宣告了所有其他点火系统已经过时。撞击式火帽简化了装填和发射过程，使转轮手枪的出现水到渠成。此外还为金属壳定装枪弹和后膛装填枪械的发展奠定了基础。

- 梅纳德的条带火帽是少数几个获得过一段时间成功的击发系统之一，但它与铜火帽相比显得更易损坏。

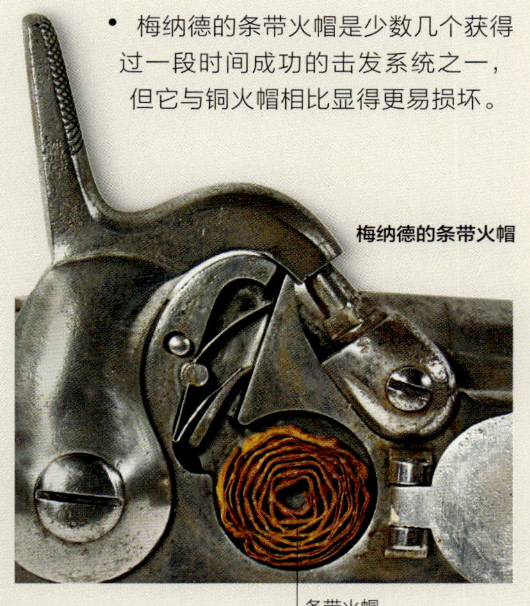

梅纳德的条带火帽

- 转轮手枪的构想终成现实。早期转轮手枪需要一种可以盖住药池的装置，以防止引燃药在转轮旋转时掉落。这种盖子还需在转轮的每个弹巢处于发射位置时移开。撞击式火帽解决了这些问题，使得转轮手枪得以量产。
- 后装枪械如德莱赛击针步枪（见108～109页）等被研制成功。这些步枪采用了可燃弹壳和独立的撞击式火帽点火方式。
- 金属壳定装枪弹使用撞击式火帽，并逐步发展。枪械的再装填过程也有可能仅需打开后膛，装填枪弹，关闭后膛，处于待发状态。

早期金属枪弹

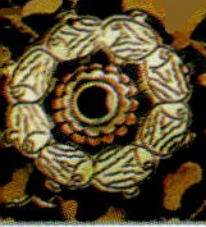

早期击发枪

19世纪，通过撞击少量化学物质击发的枪械问世。这种“撞击”系统由英国牧师亚历山大·福赛斯发明，他研制了一种外形类似香水瓶，采用雷酸汞作为击发药的击发机构。虽然该机构比燧发机更有优势，但散装的雷酸汞极不稳定，使用时存在危险，因此，改进装置应运而生。这些装置使用仅供一次开火的定量雷酸汞，而撞击式火帽（见80～81页）则成为其中之翘楚。19世纪初，枪械的击发机构尚多种多样，但到了19世纪30年代，撞击式火帽已几乎成为大家普遍的选择。

早期的V型
福赛斯击锤
木枪托
药仓轴，或
称“滚轴”
外形类似香水瓶的击发药仓
握把延展部分

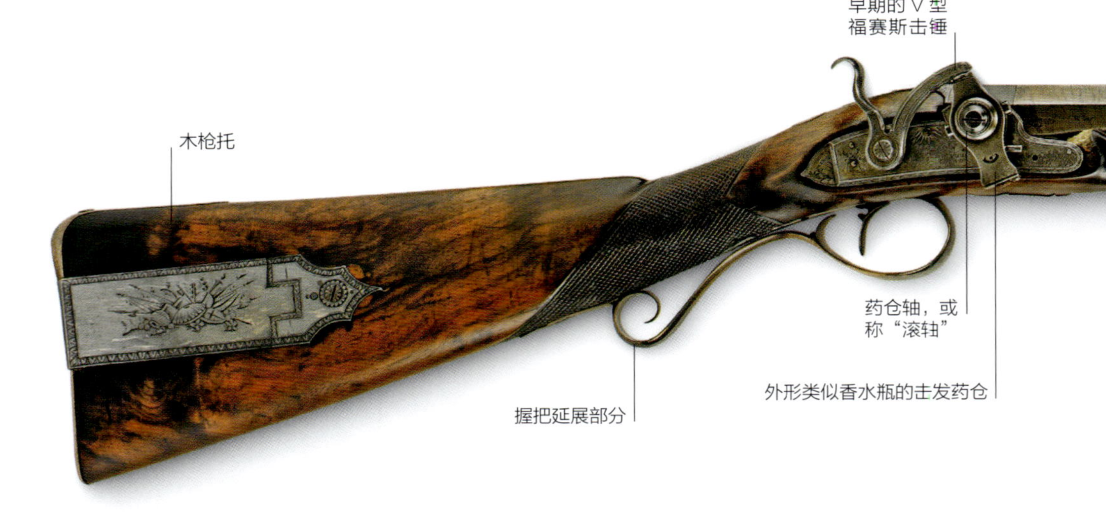

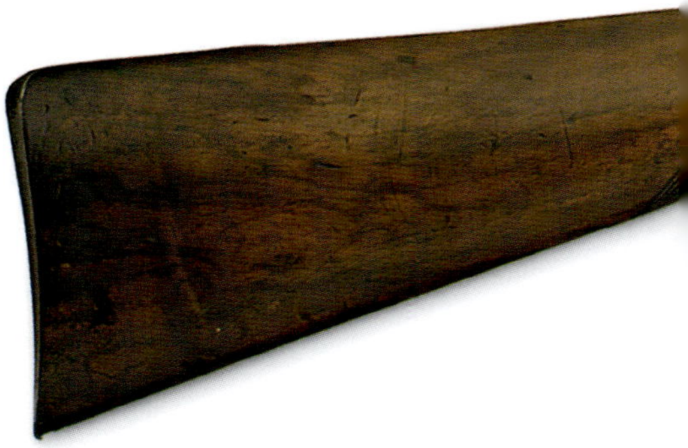

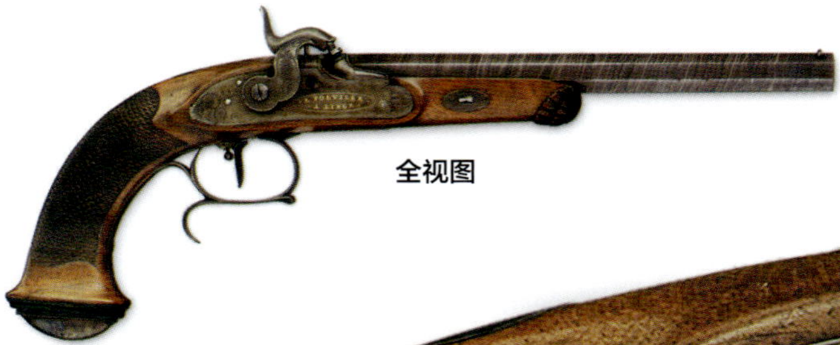
全视图

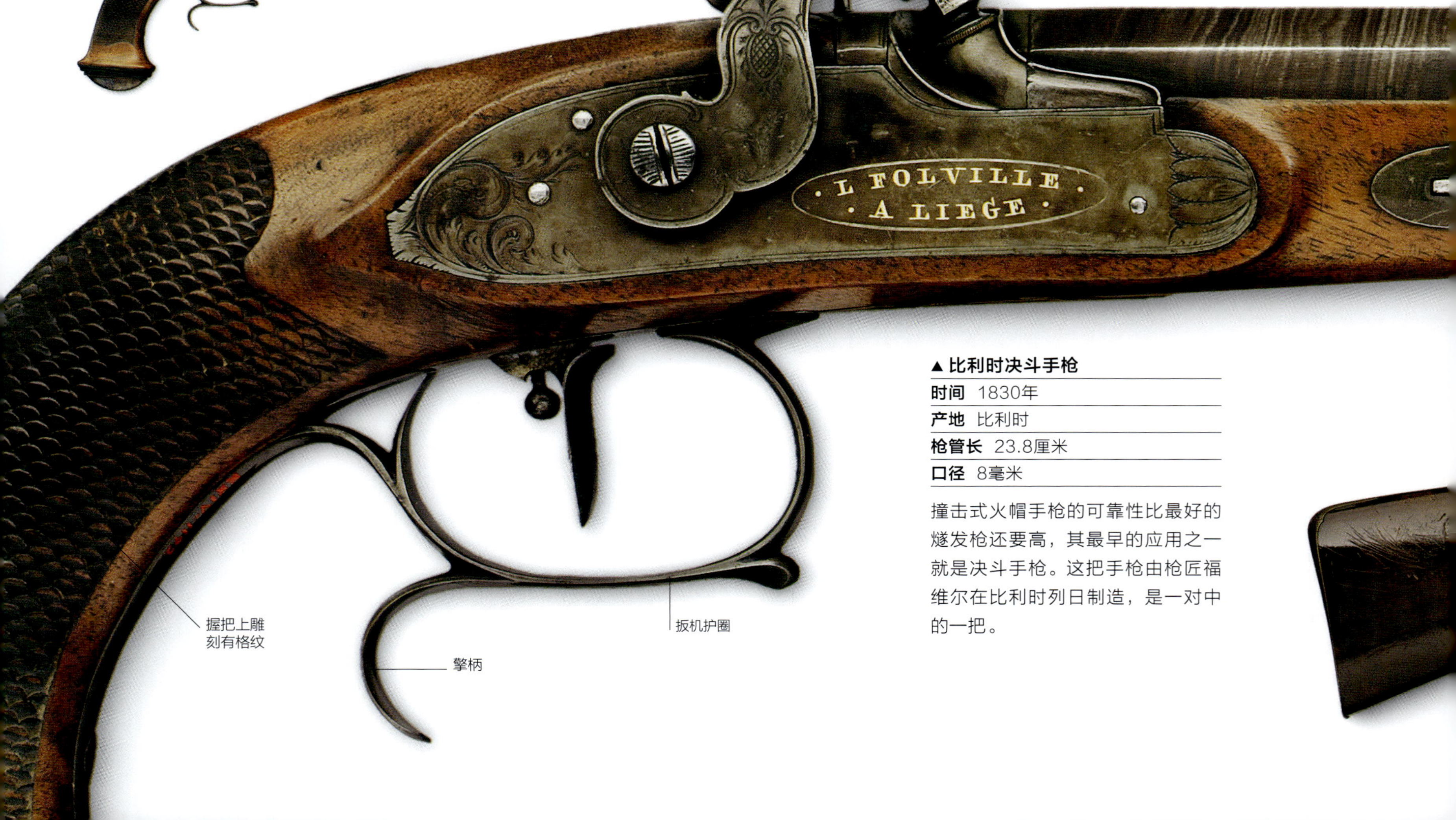
击锤
撞击式火帽
套在火嘴上
L FOLVILLE
A LIEGE
握把上雕
刻有格纹
扳机护圈
擎柄

▲比利时决斗手枪

时间	1830年
产地	比利时
枪管长	23.8厘米
口径	8毫米

撞击式火帽手枪的可靠性比最好的燧发枪还要高，其最早的应用之一就是决斗手枪。这把手枪由枪匠福维尔在比利时列日制造，是一对中的一把。

枪管固定销

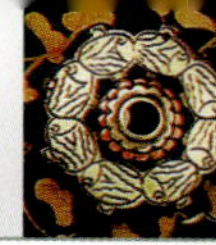

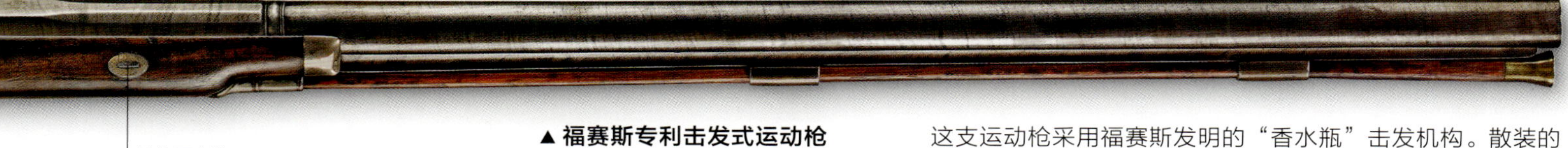

▲ 福赛斯专利击发式运动枪

时间	约1808年
产地	英格兰
枪管长	82.2厘米
口径	18.5毫米

这支运动枪采用福赛斯发明的“香水瓶”击发机构。散装的雷酸汞（化学击发药）被存放在可旋转的击发药仓内。该机构配有一个击锤，发射前，使用者将击锤向后拉到待击发位置，之后向后旋转容器将少量雷酸汞倒进“滚轴”上的一个小孔中。扣动扳机释放击锤，击打容器引爆击发药。

爆丸布放器
击锤
火嘴
下护木帽
推弹杆箍
推弹杆
扳机
护圈
枪管固定销
握把延
展部分

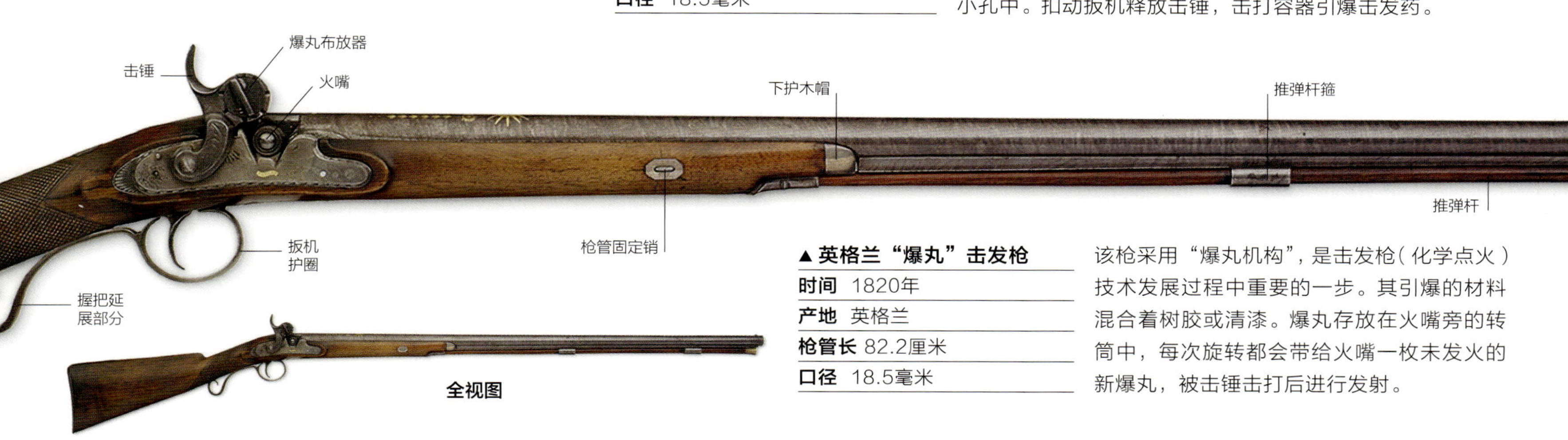

全视图

▲ 英格兰“爆丸”击发枪

时间	1820年
产地	英格兰
枪管长	82.2厘米
口径	18.5毫米

该枪采用“爆丸机构”，是击发枪（化学点火）技术发展过程中重要的一步。其引爆的材料混合着树胶或清漆。爆丸存放在火嘴旁的转筒中，每次旋转都会带给火嘴一枚未发火的新爆丸，被击锤击打后进行发射。

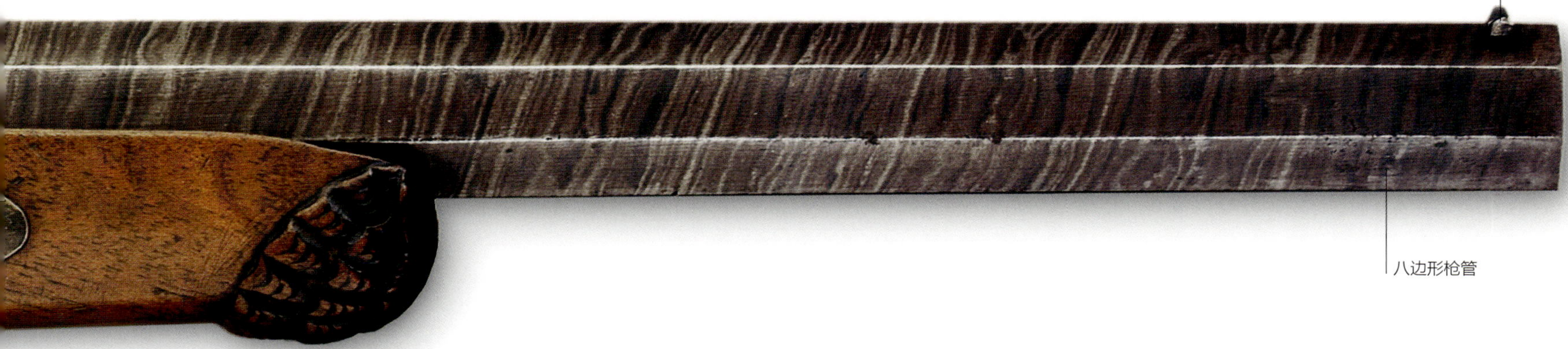

准星
八边形枪管

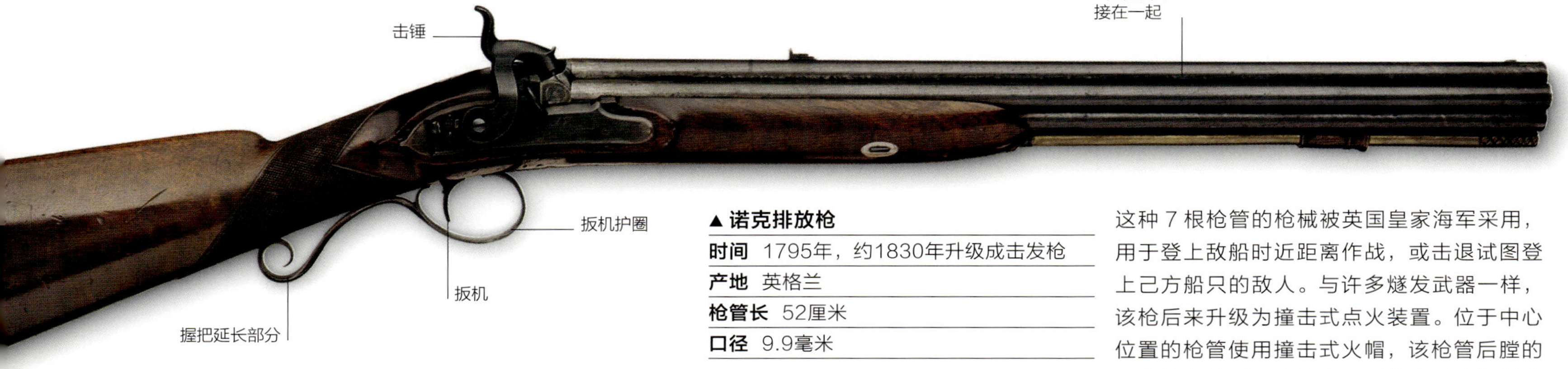

7根枪管焊
接在一起
击锤
扳机护圈
扳机
握把延长部分

▲ 诺克排放枪

时间	1795年，约1830年升级成击发枪
产地	英格兰
枪管长	52厘米
口径	9.9毫米

这种 7 根枪管的枪械被英国皇家海军采用，用于登上敌船时近距离作战，或击退试图登上己方船只的敌人。与许多燧发武器一样，该枪后来升级为撞击式点火装置。位于中心位置的枪管使用撞击式火帽，该枪管后膛的火药被点燃后，火焰会穿过传火孔（辐射分布于枪管并与其余枪管相连），点燃另外 6 根枪管的火药，进而以排放枪的方式进行齐射。

美国击发式火枪

变革的时代

（1830～1880年）

在19世纪，火器技术呈跳跃式发展。1830年前后，燧发机枪械仍普遍装备军队，但是在其后的50年里，击发装置、后装机构、金属壳定装枪弹、实用的弹仓枪械甚至还有机枪，先后被发明和应用。许多在这一时期出现的枪炮机构，至今仍在使用。

撞击式火帽手枪

撞击式火帽（见80～81页）简单说就是一个装有击发药的小杯子，它是一种革命性设计，可用于所有手持枪械。燧发手枪普遍比较笨重，撞击式火帽的出现使手枪的设计更时尚，并且还减少了枪械机构零件的数量。它还使枪口装填（前装）的手枪更加可靠，最终刺激了更高效的后膛装填手枪的研发。在手枪中，采用内有多个弹巢的转轮的转轮手枪，通过使用撞击式火帽技术，让手枪的性能得到质的飞跃。

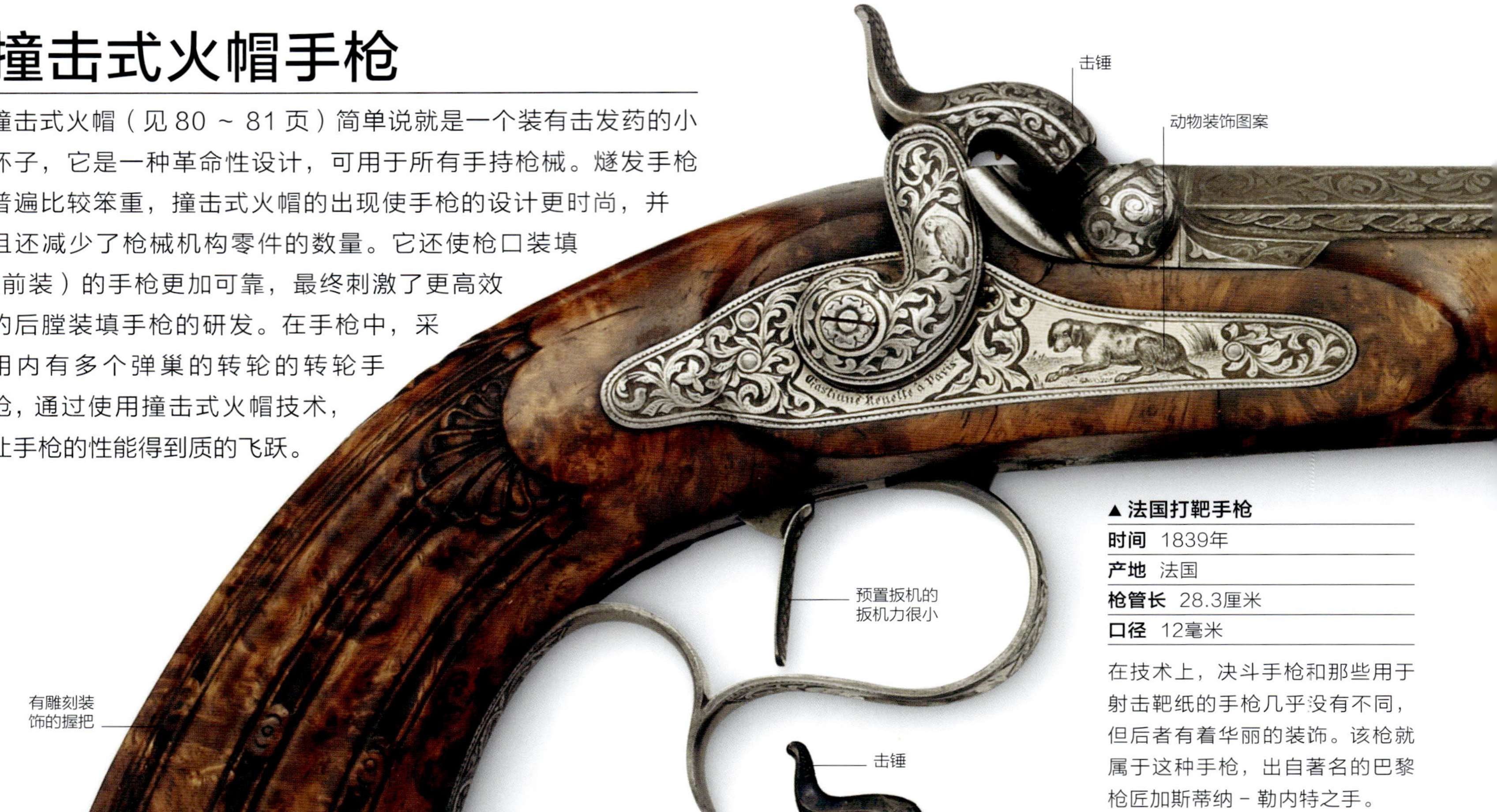

击锤

动物装饰图案

预置扳机的扳机力很小

有雕刻装饰的握把

▲法国打靶手枪

时间	1839年
产地	法国
枪管长	28.3厘米
口径	12毫米

在技术上，决斗手枪和那些用于射击靶纸的手枪几乎没有不同，但后者有着华丽的装饰。该枪就属于这种手枪，出自著名的巴黎枪匠加斯蒂纳－勒内特之手。

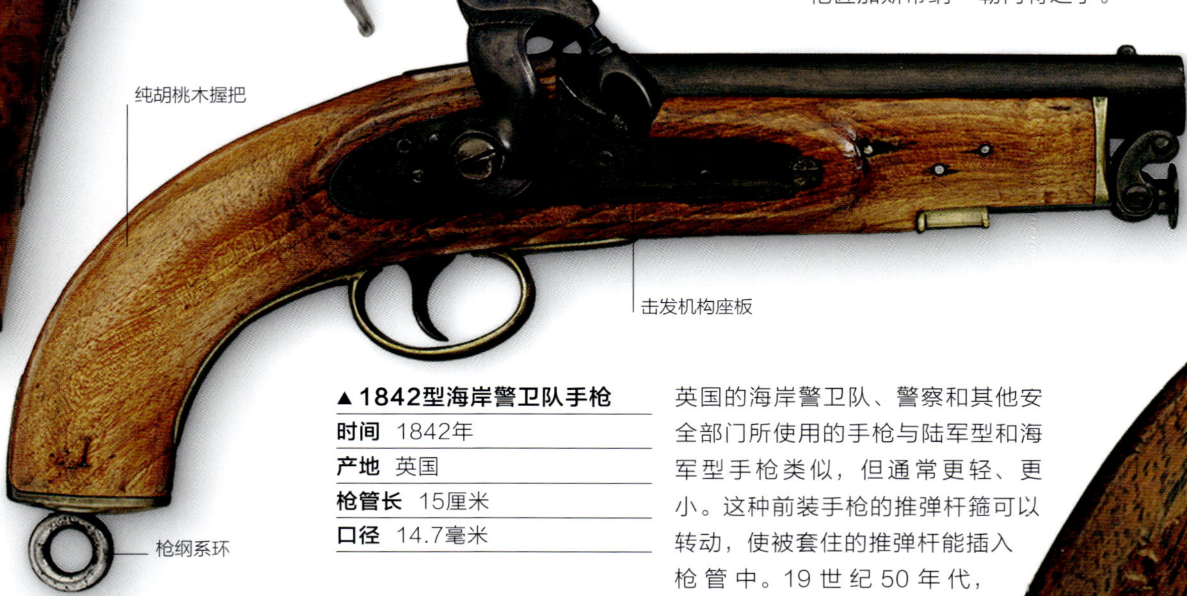

击锤

纯胡桃木握把

击发机构座板

枪纲系环

▲1842型海岸警卫队手枪

时间	1842年
产地	英国
枪管长	15厘米
口径	14.7毫米

英国的海岸警卫队、警察和其他安全部门所使用的手枪与陆军型和海军型手枪类似，但通常更轻、更小。这种前装手枪的推弹杆箍可以转动，使被套住的推弹杆能插入枪管中。19世纪50年代，1842型手枪被转轮手枪取代。

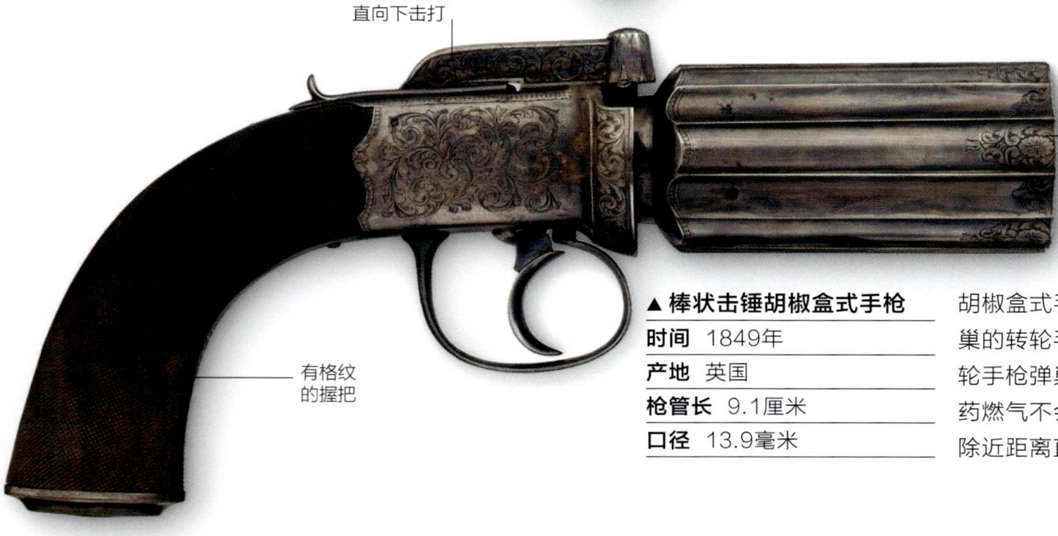

棒状击锤竖直向下击打

枪管凭借销轴转动

有格纹的握把

▲棒状击锤胡椒盒式手枪

时间	1849年
产地	英国
枪管长	9.1厘米
口径	13.9毫米

胡椒盒式手枪有多根枪管，与有多个弹巢的转轮手枪相比，其优势是它没有转轮手枪弹巢与枪管之间的空隙，所以火药燃气不会泄露。不幸的是，这类手枪除近距离直射外，通常都打不准。

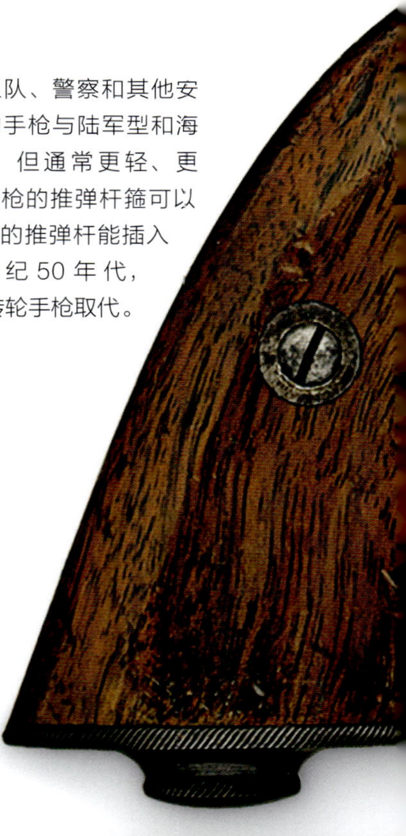

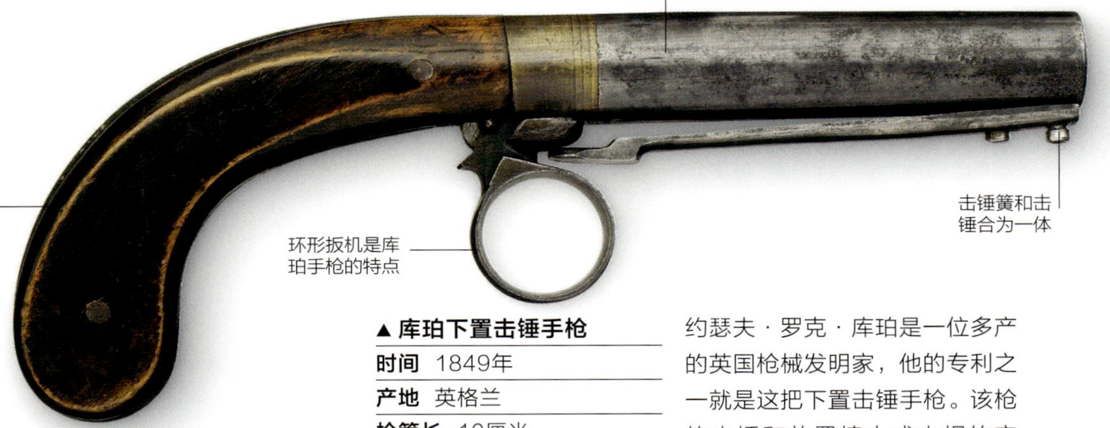

▲ 库珀下置击锤手枪

时间	1849年
产地	英格兰
枪管长	10厘米
口径	11.4毫米

约瑟夫 · 罗克 · 库珀是一位多产的英国枪械发明家，他的专利之一就是这把下置击锤手枪。该枪的击锤和放置撞击式火帽的空心塞（火嘴）都位于枪管下方。

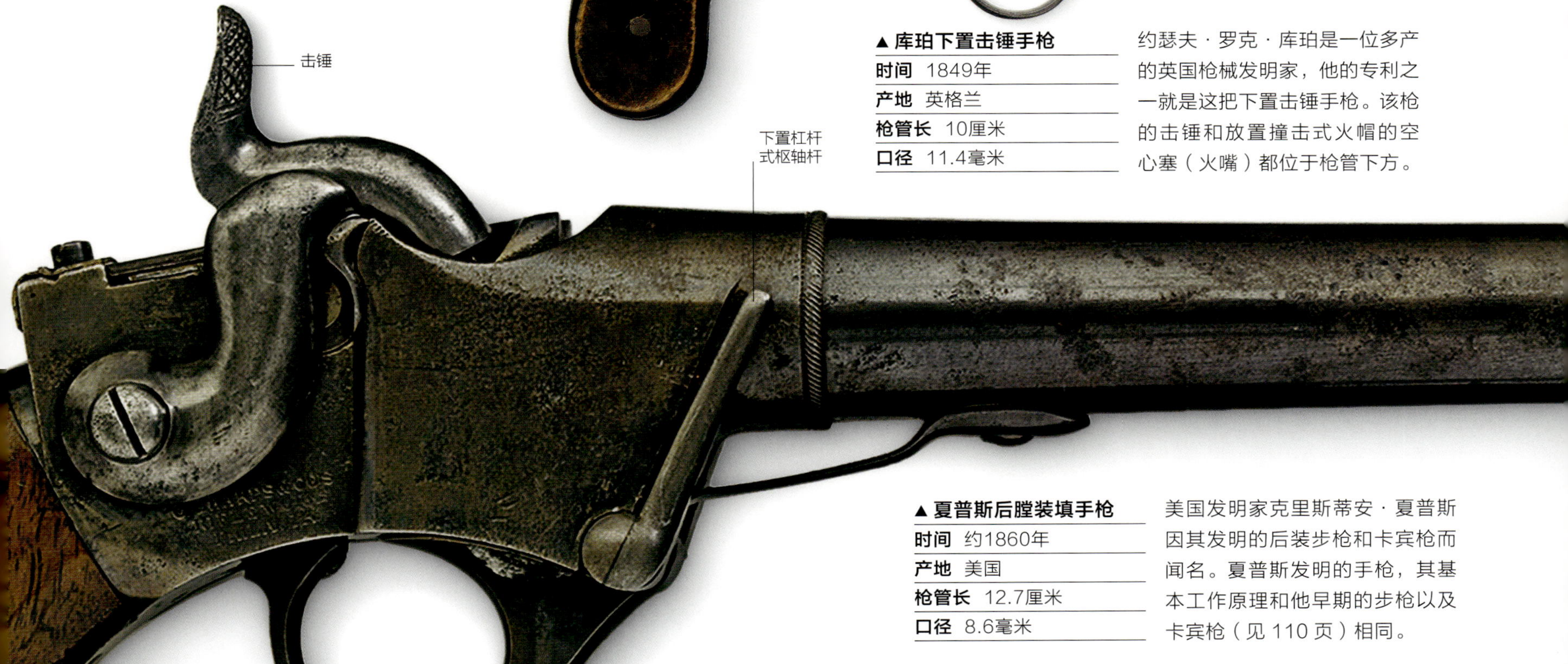

▲ 夏普斯后膛装填手枪

时间	约1860年
产地	美国
枪管长	12.7厘米
口径	8.6毫米

美国发明家克里斯蒂安 · 夏普斯因其发明的后装步枪和卡宾枪而闻名。夏普斯发明的手枪，其基本工作原理和他早期的步枪以及卡宾枪（见 110 页）相同。

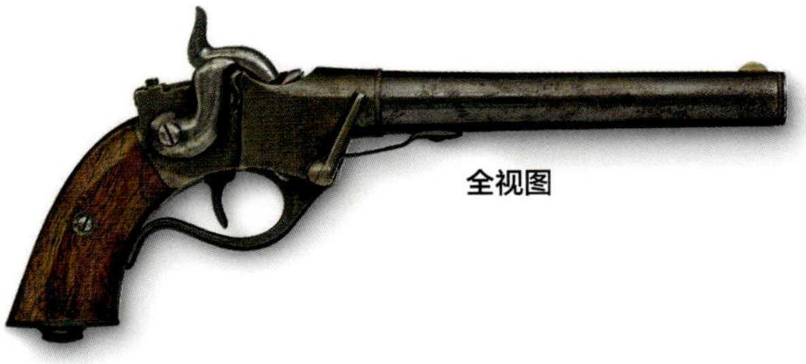

美国撞击式火帽转轮手枪

转轮手枪因采用撞击式火帽（见 80 ～ 81 页）而减少了许多麻烦，提升了单动转轮手枪（需要手动操作击锤，使枪械处于待击状态）的性能。这些转轮手枪通过使用杠杆装填器从弹巢的膛口为每个弹巢装填火药和弹丸（子弹或球形弹丸）。塞缪尔 · 柯尔特发明的转轮手枪于 1835 年和 1836 年分别在英国和美国获得了专利。他设计的转轮手枪，以及后来的一些仿制品，主要采用敞开式转轮座，而其他枪匠则更钟爱转轮上方有金属顶框的一体式转轮座。

▸ 柯尔特1849型袖珍转轮手枪

时间	1849年
产地	美国
枪管长	10.2厘米
口径	7.87毫米

该枪是柯尔特 1848 型的衍生型号——缩小版的龙骑兵转轮手枪。它采用标准的杠杆装填器，可选择 3 巢、5 巢或 6 巢转轮。

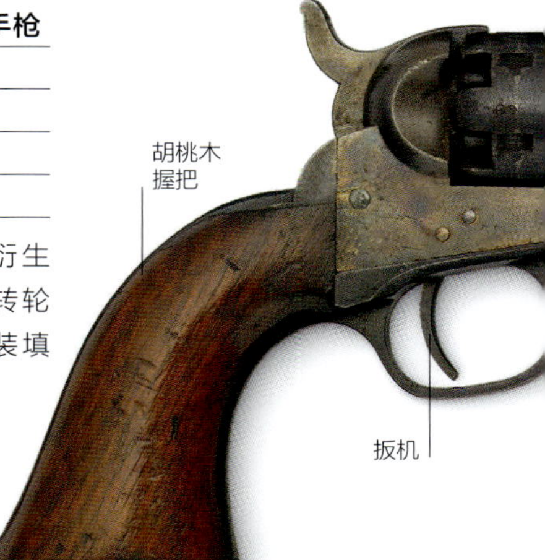

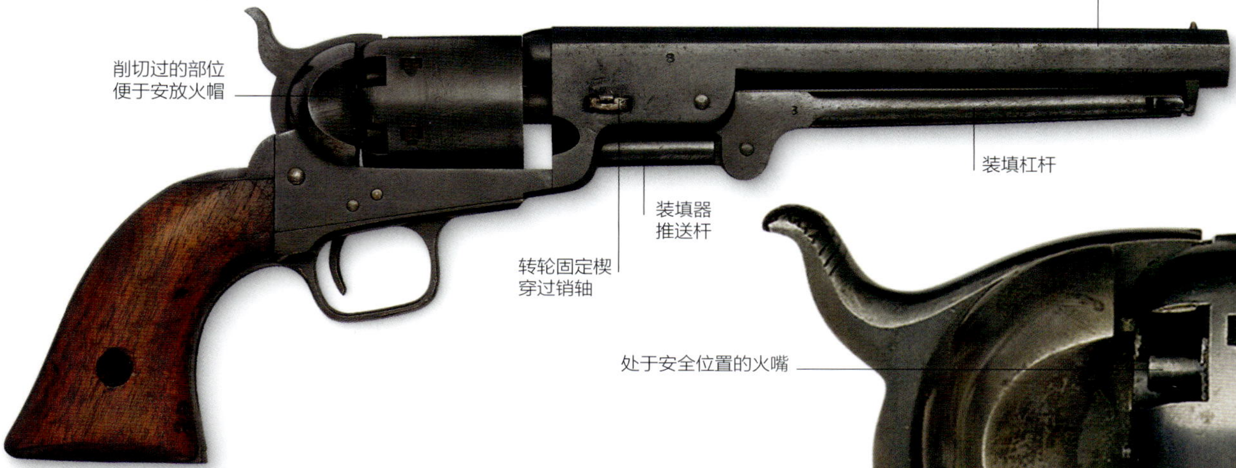

▴ 柯尔特1851型海军转轮手枪

时间	1851年
产地	英格兰
枪管长	19厘米
口径	9.14毫米

在 1851 年伦敦的万国工业博览会上，塞缪尔 · 柯尔特展出了海军转轮手枪。该枪是一种单动转轮手枪，采用敞开式转轮座，口径为 9.14 毫米而不是 11.17 毫米。展会结束后，他获得了英国政府的订单。该款手枪是柯尔特公司位于伦敦的工厂生产的枪型之一。

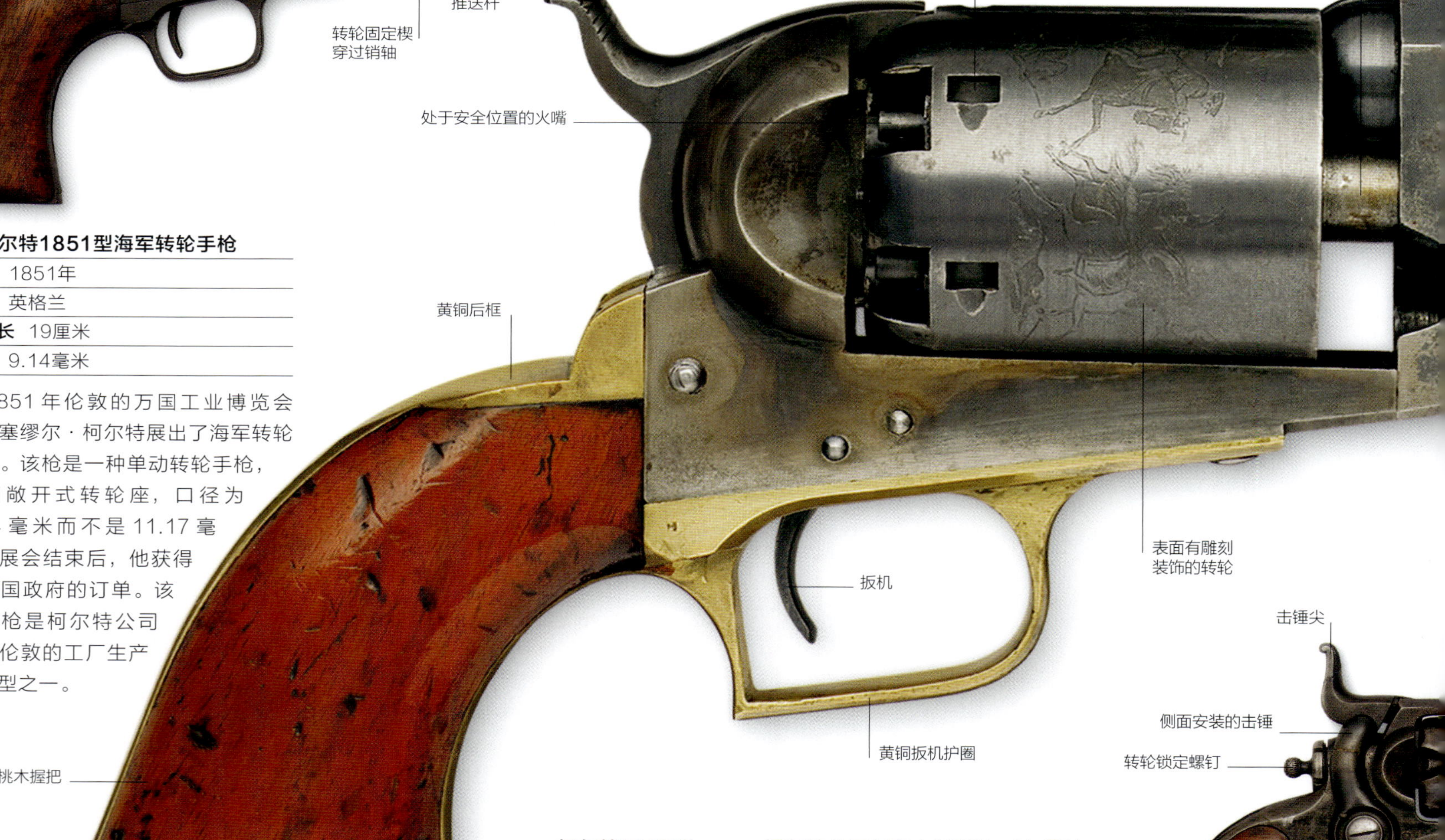

▸ 柯尔特1855型袖珍转轮手枪

时间	1855年
产地	美国
枪管长	8.9厘米
口径	7.1毫米

柯尔特公司负责人以利沙 · K. 罗特设计了 1855 型袖珍转轮手枪。该枪为单动转轮手枪，采用一体式转轮座。转轮被顶框和底框组成的矩形框架框住，枪膛末端和转轮座的一部分构成了枪管后部。

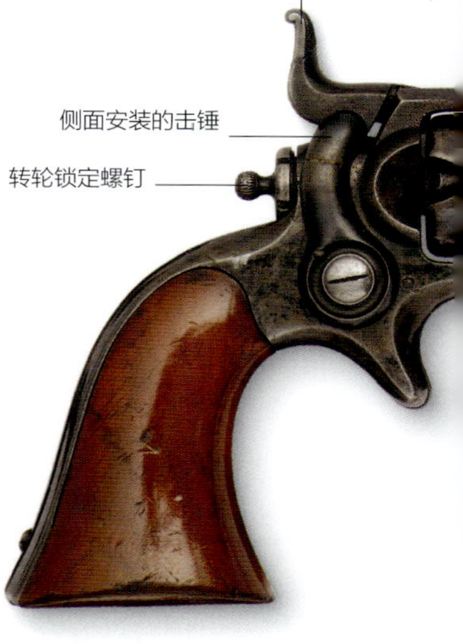

八边形枪管
装填杠杆
装填器
推送杆

击锤头可调（用于
击发不同的枪管）
线膛枪管和转轮
拧在滑膛枪管上
滑膛枪管是
转轮的销轴
格纹胡桃木握把

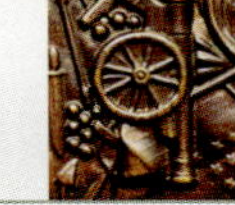

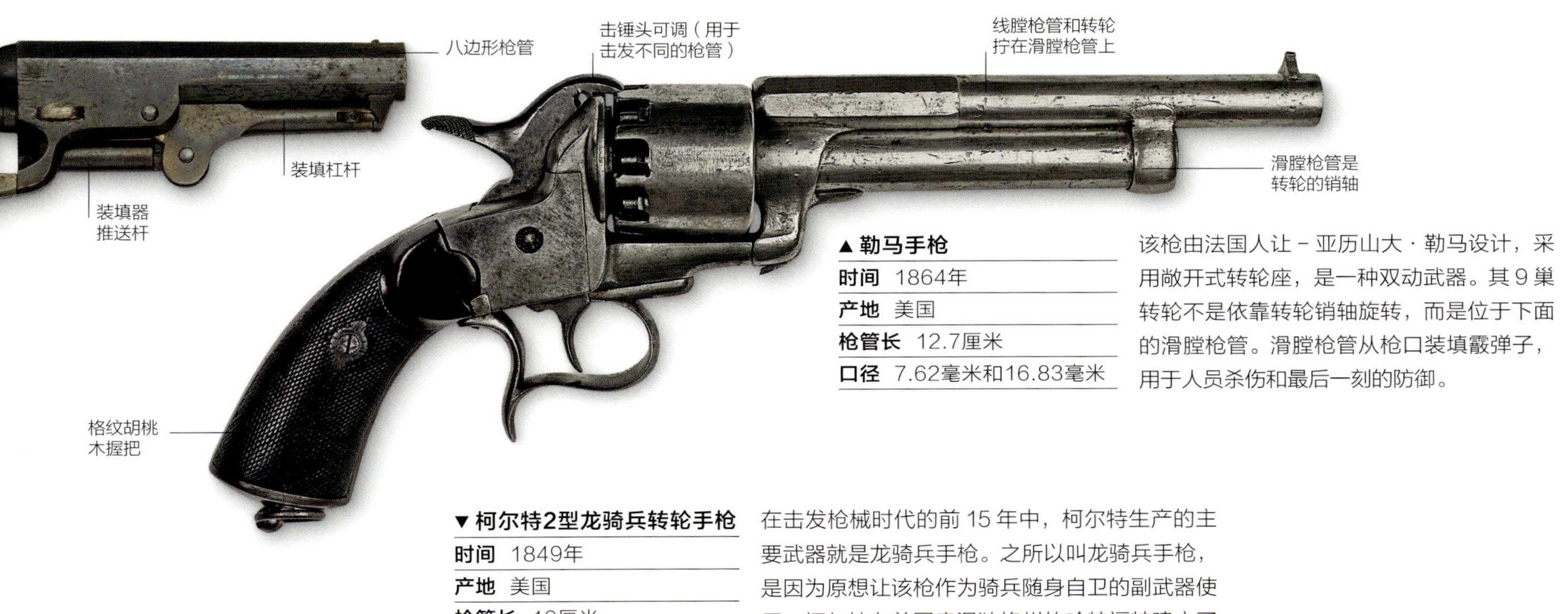

▲ **勒马手枪**

时间 1864年

产地 美国

枪管长 12.7厘米

口径 7.62毫米和16.83毫米

该枪由法国人让－亚历山大 · 勒马设计，采用敞开式转轮座，是一种双动武器。其 9 巢转轮不是依靠转轮销轴旋转，而是位于下面的滑膛枪管。滑膛枪管从枪口装填霰弹子，用于人员杀伤和最后一刻的防御。

▼ **柯尔特2型龙骑兵转轮手枪**

时间 1849年

产地 美国

枪管长 19厘米

口径 11.17毫米

在击发枪械时代的前 15 年中，柯尔特生产的主要武器就是龙骑兵手枪。之所以叫龙骑兵手枪，是因为原想让该枪作为骑兵随身自卫的副武器使用。柯尔特在美国康涅狄格州的哈特福特建立了新的工厂为陆军生产这种单动转轮手枪。

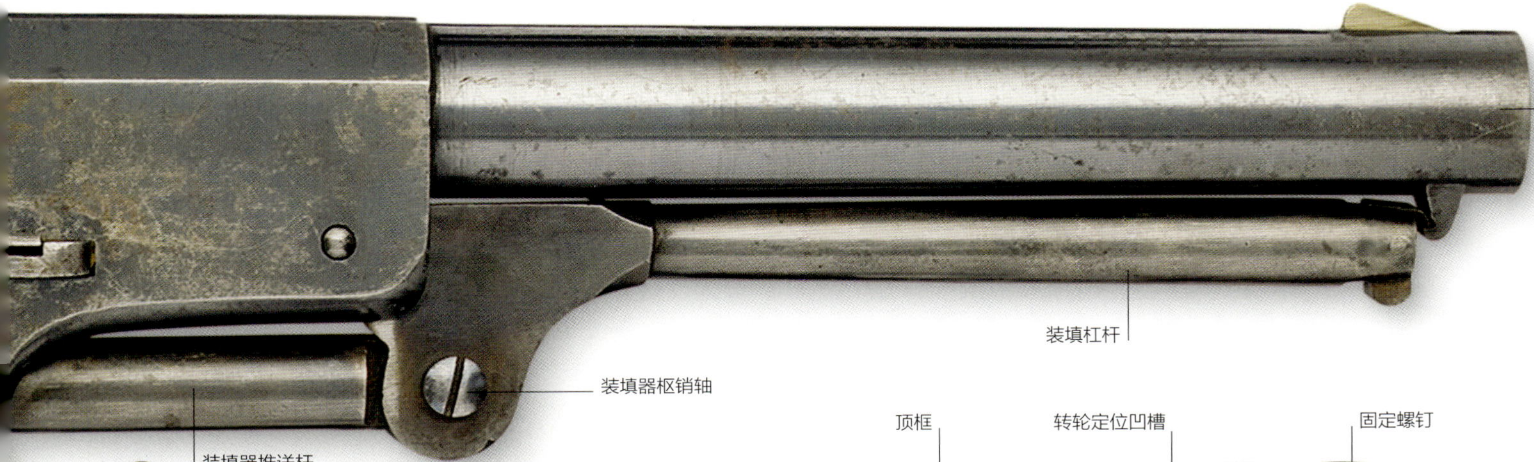

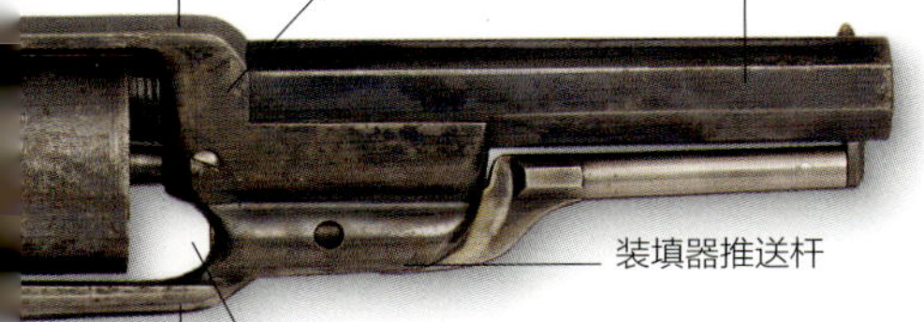

圆形枪管
装填杠杆
装填器枢销轴
装填器推送杆

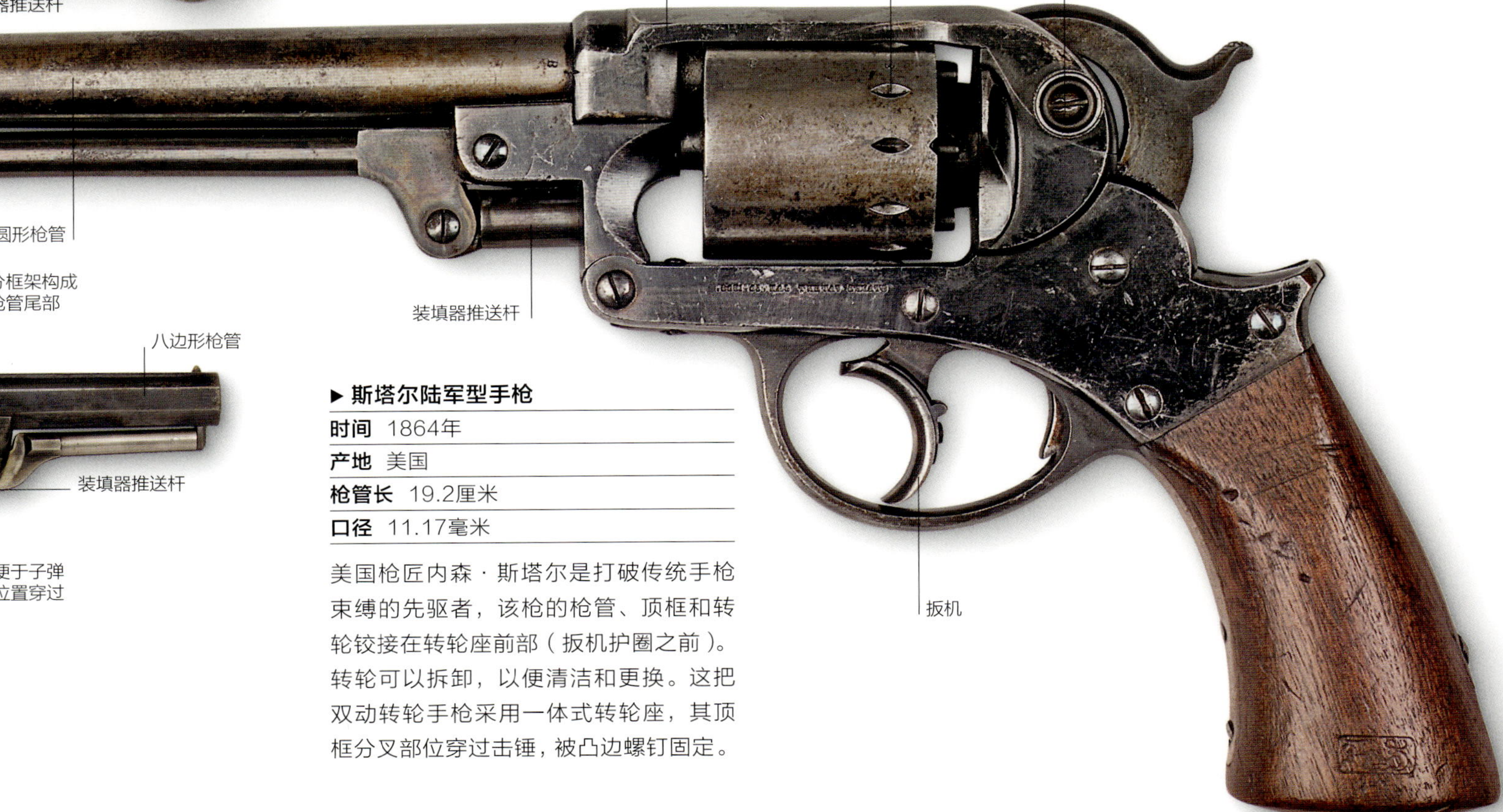

顶框
转轮定位凹槽
固定螺钉
圆形枪管
装填器推送杆
扳机

顶框
部分框架构成
了枪管尾部
八边形枪管
装填器推送杆
掏空设计便于子弹
从推送杆位置穿过
底框

▶ **斯塔尔陆军型手枪**

时间 1864年

产地 美国

枪管长 19.2厘米

口径 11.17毫米

美国枪匠内森 · 斯塔尔是打破传统手枪束缚的先驱者，该枪的枪管、顶框和转轮铰接在转轮座前部（扳机护圈之前）。转轮可以拆卸，以便清洁和更换。这把双动转轮手枪采用一体式转轮座，其顶框分叉部位穿过击锤，被凸边螺钉固定。

精品展示

柯尔特海军转轮手枪

19 世纪 40 年代末，塞缪尔·柯尔特制造了多种采用撞击式火帽的单动转轮手枪。这些转轮手枪都是在敞开式转轮座设计的基础上加以变化和调整的。这种设计的转轮可拆卸，便于清洁或换装已装填好弹药的转轮。柯尔特最为成功的击发式转轮手枪是 1851 型海军转轮手枪，其销售量巨大。下面图中这把转轮手枪是它的改进型—— 1861 型海军转轮手枪。

柯尔特海军转轮手枪	
时间	1861年
产地	美国
枪管长	19.1厘米
口径	9.14毫米

▸柯尔特1861型海军转轮手枪

柯尔特是标准化制造的坚定拥护者，他设计的手枪之所以很受欢迎，很重要的一点是因为其零件可以互换，这意味着使用者可以从货架上买到新的零部件去替换已损坏的，而且安装很简单。截至 1873 年停产，1861 型海军转轮手枪总共生产了 38843 把。

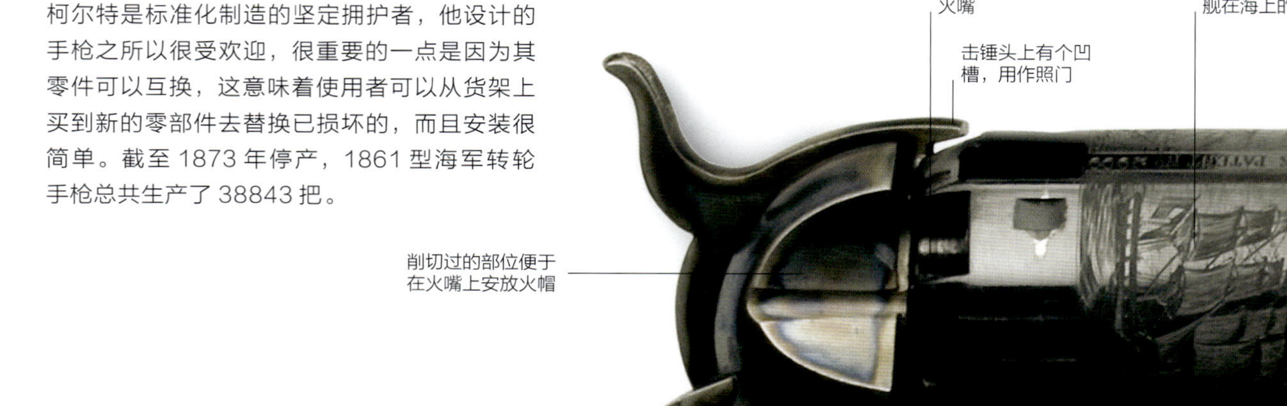

▸撞击式火帽

撞击式火帽因外形很像帽子而得名。火帽由两层铜箔制成，中间装有少量雷酸汞和助燃剂。这种火帽于 1822 年推出。

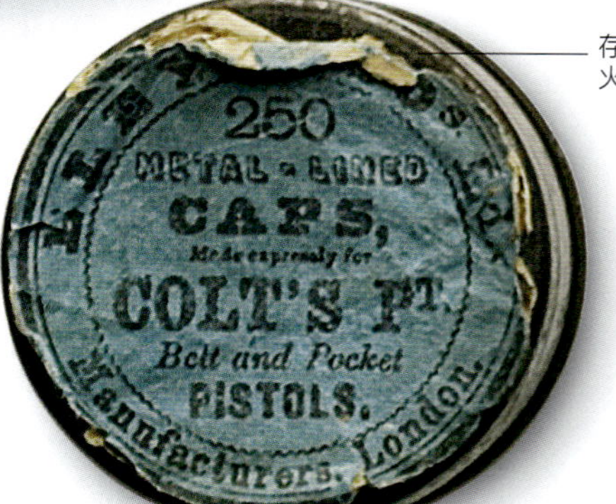

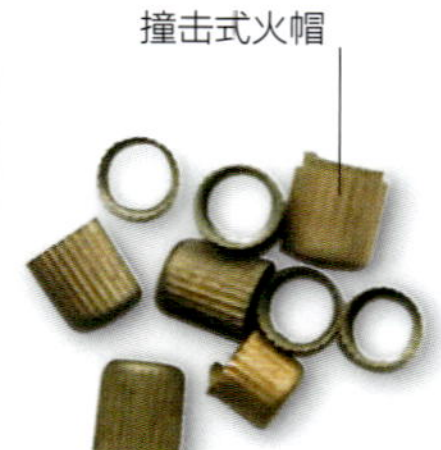

喷漆的铜制瓶体

分配器管嘴

拦截阀门杆

▲火药瓶

19 世纪 60 年代，传统牛角火药筒被火药瓶取代，火药瓶上有一个分配器，用于在管嘴处量取定量的火药。大部分火药瓶上都以狩猎或战争场景为装饰。

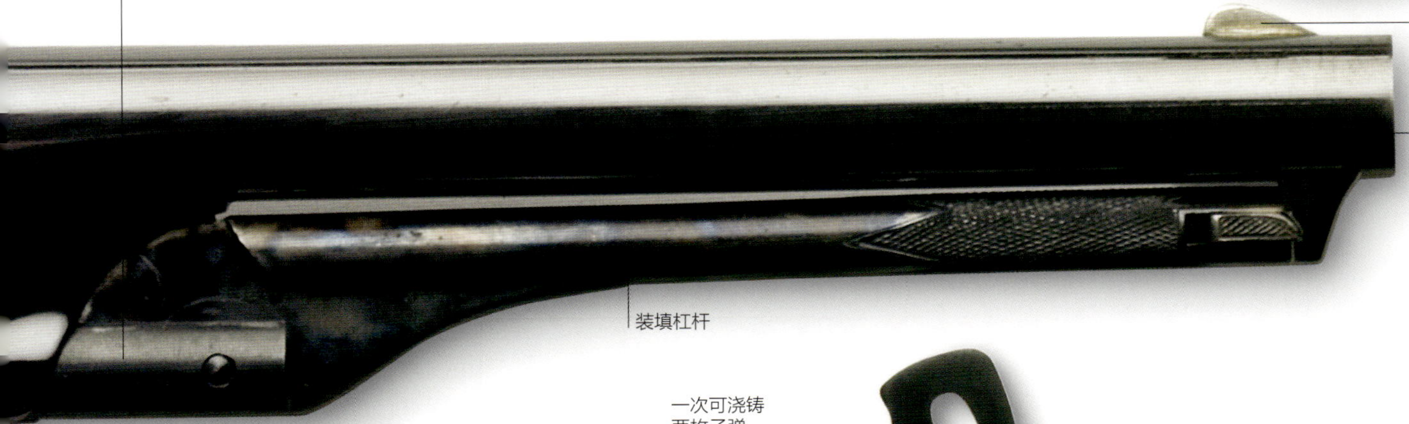

装填器推送杆将子弹推进弹膛

准星

枪口

装填杠杆

一次可浇铸两枚子弹

子弹模具握把

子弹凝固的时候用刃部除去过量的铅

▼弹药

在所有击发式转轮手枪中，火药和射弹（子弹或弹丸）都是从弹巢的膛口逐个装填的，然后将撞击式火帽套在每个弹巢后部的外置火嘴上。另一种替代选择是简易的可燃弹壳枪弹——由定量的火药和射弹制成，用动物薄膜、硝化纸或其他织物制成可燃弹壳。使用者从转轮弹巢口装填，用枪上的装填器将枪弹推入弹巢，此时弹壳被压破。

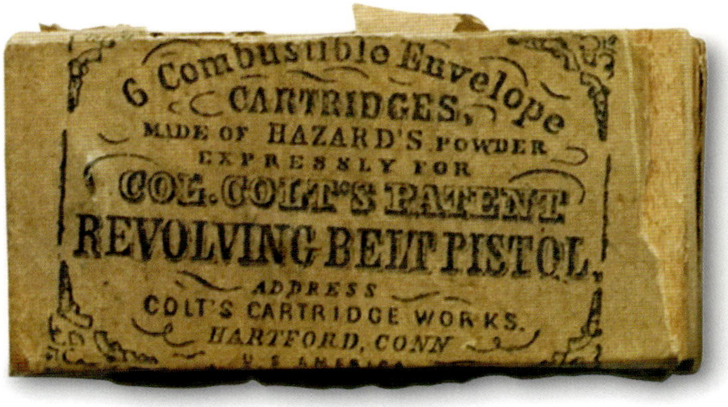

6 Combustible Envelope
CARTRIDGES,
MADE OF HAZARD'S POWDER
EXPRESSLY FOR
COL. COLT'S PATENT
REVOLVING BELT PISTOL,
ADDRESS
COLT'S CARTRIDGE WORKS.
HARTFORD, CONN

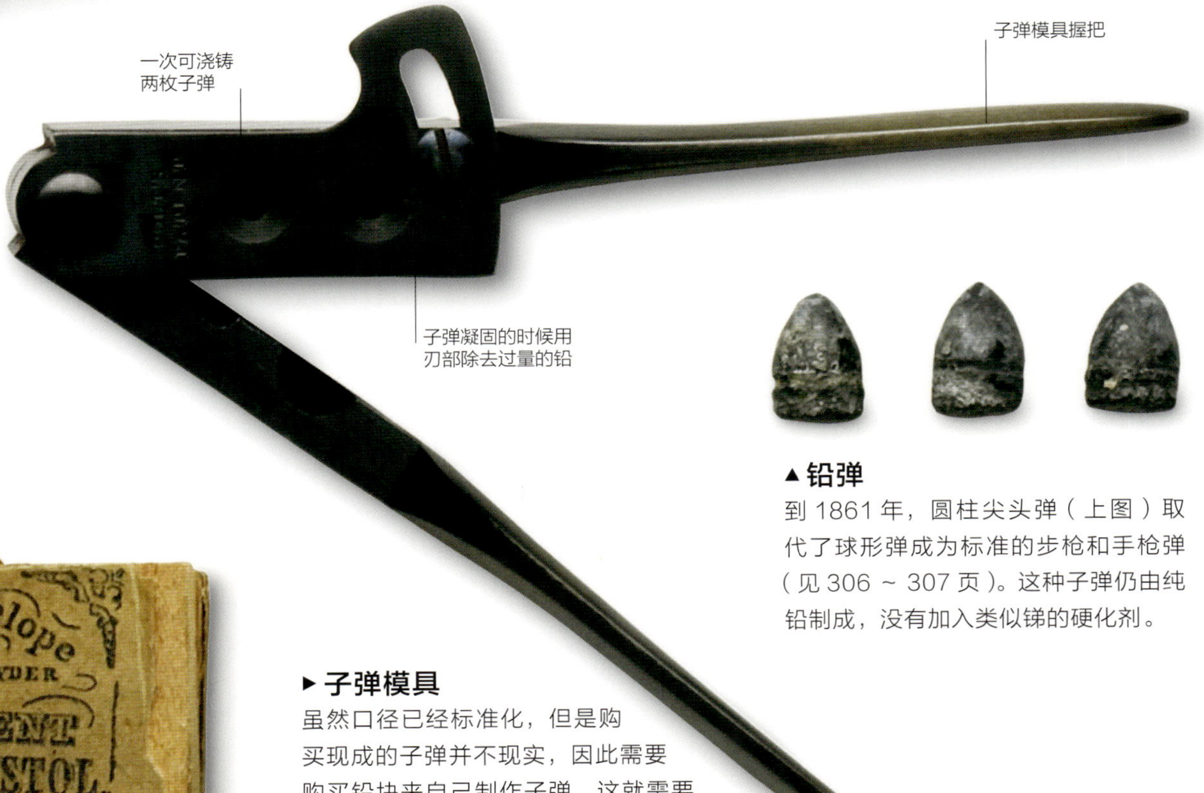

▲铅弹

到 1861 年，圆柱尖头弹（上图）取代了球形弹成为标准的步枪和手枪弹（见 306 ~ 307 页）。这种子弹仍由纯铅制成，没有加入类似锑的硬化剂。

▶子弹模具

虽然口径已经标准化，但是购买现成的子弹并不现实，因此需要购买铅块来自己制作子弹，这就需要用到子弹模具。

英国撞击式火帽转轮手枪

美国转轮手枪的制造以机械加工为主，塞缪尔·柯尔特就是最好的例子，因此可以大量生产，而且很多零部件可以互换。相比之下，英国枪械同行更喜欢采用传统工艺制造转轮手枪。19世纪中叶，英国公司生产了各种各样性能优良的转轮手枪，这些转轮手枪有很多都是在早期胡椒盒式（多管）设计（见86页）的基础上发展而来的，击发结构比较复杂，其中既有单动击发的，又有双动击发的。

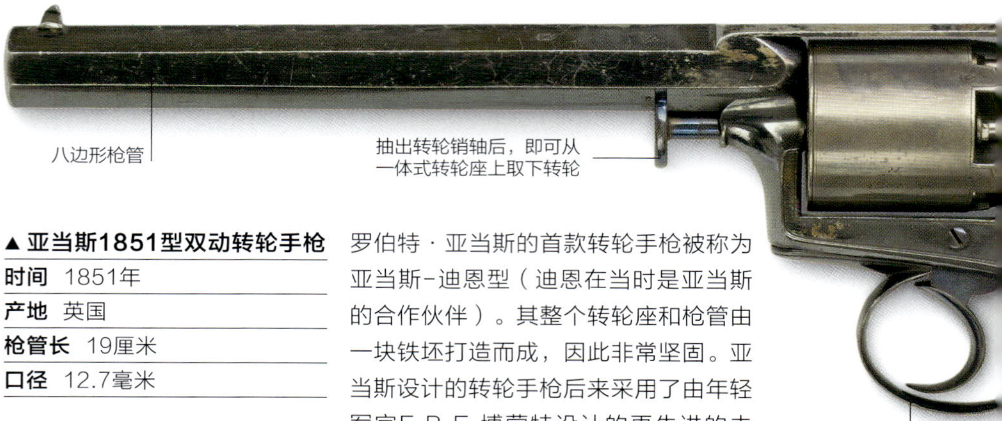

▲ 亚当斯1851型双动转轮手枪

时间	1851年
产地	英国
枪管长	19厘米
口径	12.7毫米

罗伯特·亚当斯的首款转轮手枪被称为亚当斯-迪恩型（迪恩在当时是亚当斯的合作伙伴）。其整个转轮座和枪管由一块铁坯打造而成，因此非常坚固。亚当斯设计的转轮手枪后来采用了由年轻军官F.B.E.博蒙特设计的更先进的击发机构，英国陆军于1855年装备博蒙特-亚当斯转轮手枪。

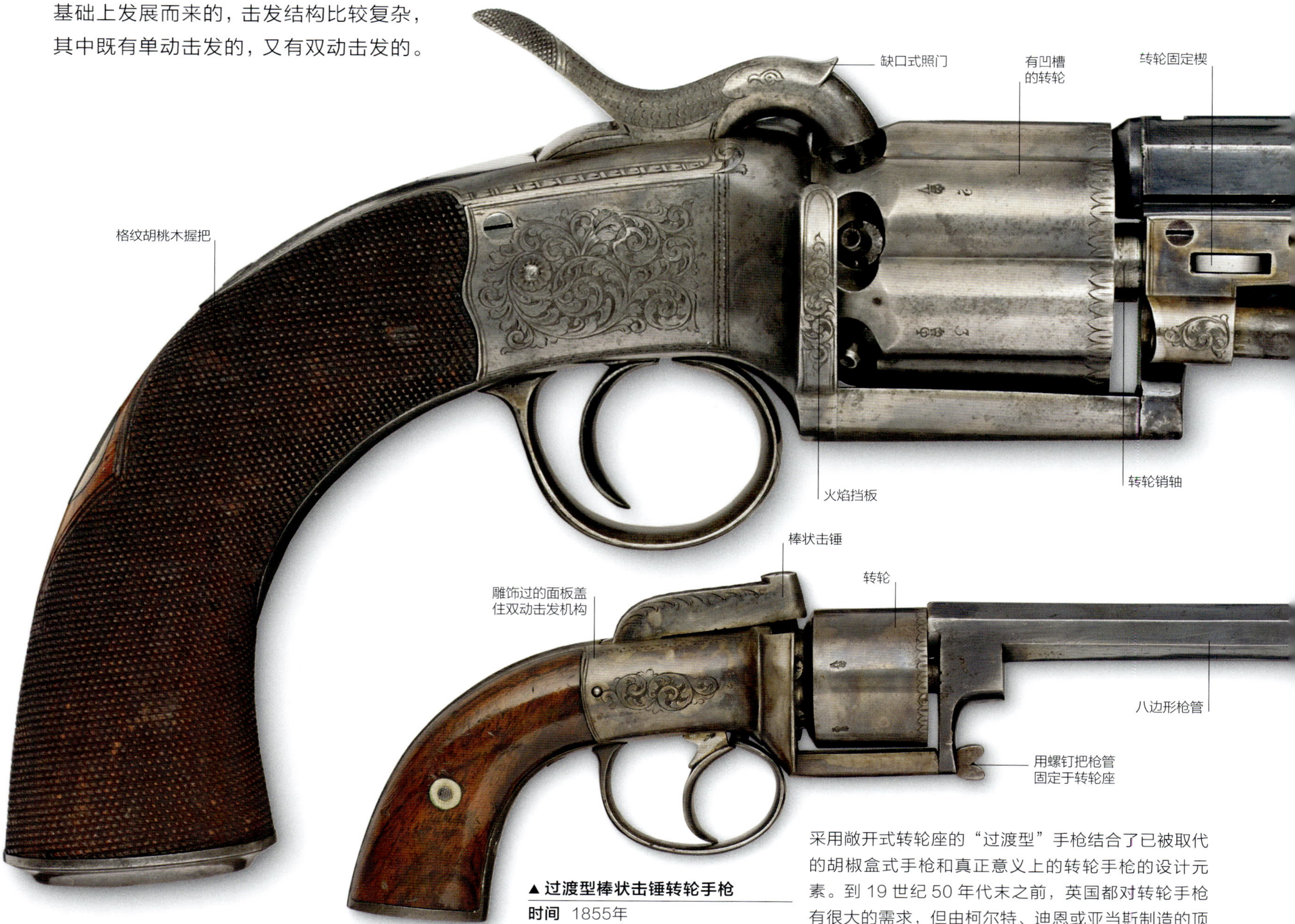

▲ 过渡型棒状击锤转轮手枪

时间	1855年
产地	英国
枪管长	13.5厘米
口径	10.16毫米

采用敞开式转轮座的“过渡型”手枪结合了已被取代的胡椒盒式手枪和真正意义上的转轮手枪的设计元素。到19世纪50年代末之前，英国都对转轮手枪有很大的需求，但由柯尔特、迪恩或亚当斯制造的顶级转轮手枪过于昂贵。这种采用敞开式转轮座和棒状击锤的转轮手枪相对廉价，但由于相邻火嘴缺少分隔，两个弹巢可能会同时发射，所以不尽人意。

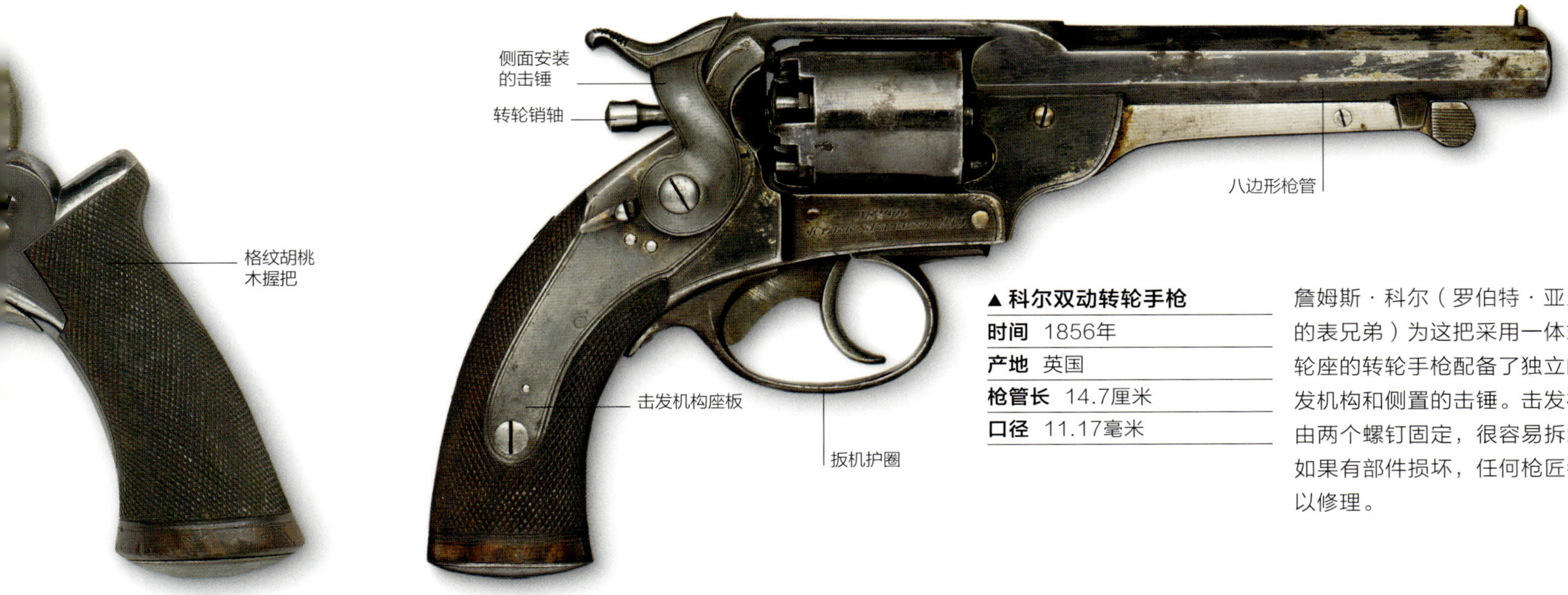

▲ **科尔双动转轮手枪**

时间	1856年
产地	英国
枪管长	14.7厘米
口径	11.17毫米

詹姆斯·科尔（罗伯特·亚当斯的表兄弟）为这把采用一体式转轮座的转轮手枪配备了独立的击发机构和侧置的击锤。击发机构由两个螺钉固定，很容易拆卸，如果有部件损坏，任何枪匠都可以修理。

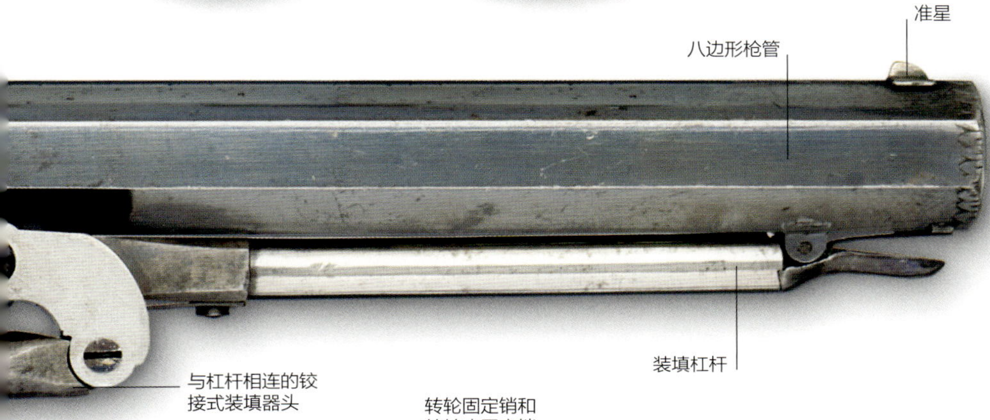

◀ **约瑟夫·兰过渡型转轮手枪**

时间	1855年
产地	英国
枪管长	15.2厘米
口径	11.17毫米

过渡型手枪一直在生产，主要是在欧洲，甚至在更复杂的设计出现之后。这种采用敞开式转轮座的单动转轮手枪由伦敦的约瑟夫·兰制造，他成功地解决了火药燃气在弹巢和枪管间的泄漏问题。他设计的手枪，当转轮旋转，每个弹巢对准枪管后端时，弹巢口会顶住枪管后端与之啮合，使两者达到物理上的封闭状态。

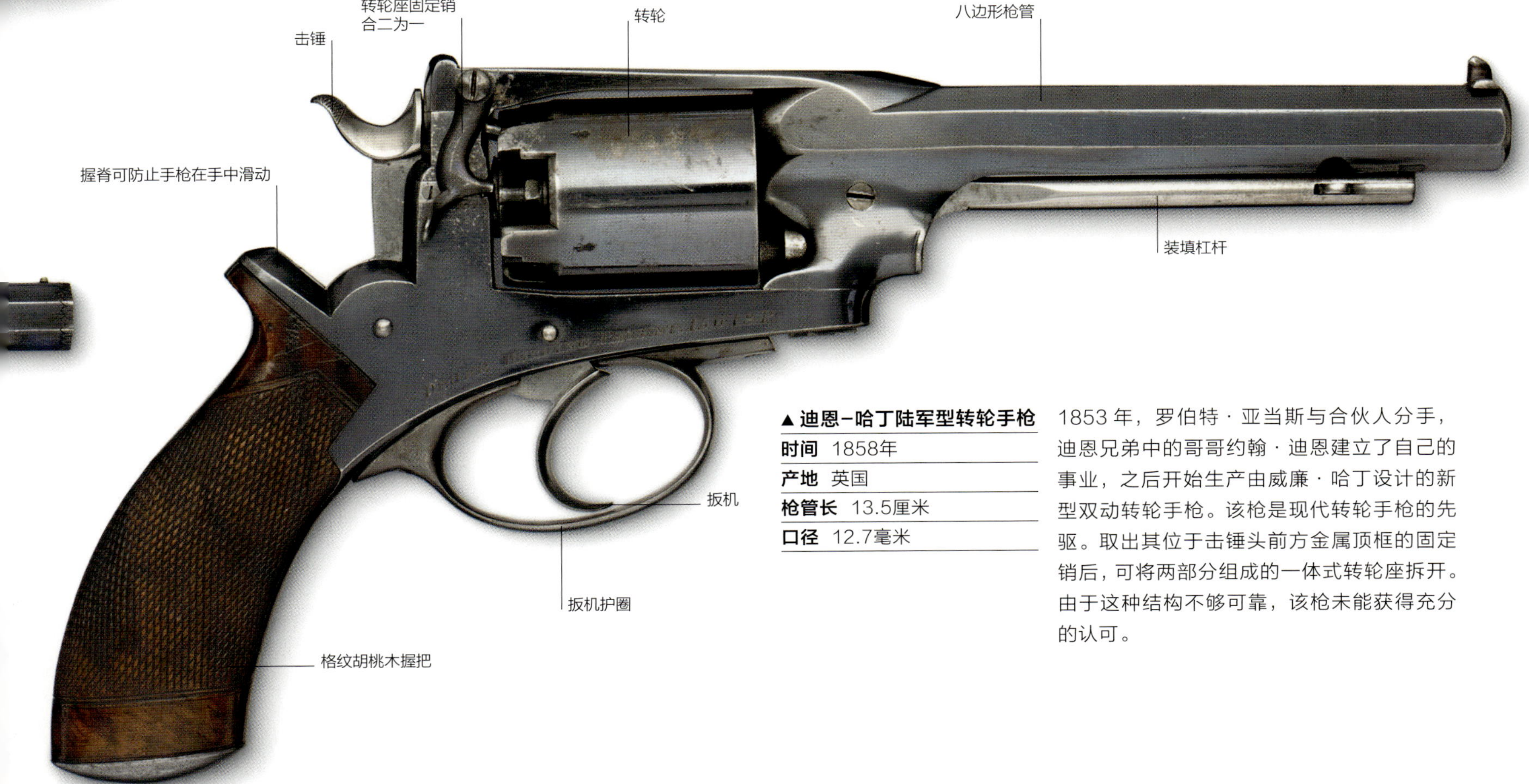

▲ **迪恩-哈丁陆军型转轮手枪**

时间	1858年
产地	英国
枪管长	13.5厘米
口径	12.7毫米

1853 年，罗伯特·亚当斯与合伙人分手，迪恩兄弟中的哥哥约翰·迪恩建立了自己的事业，之后开始生产由威廉·哈丁设计的新型双动转轮手枪。该枪是现代转轮手枪的先驱。取出其位于击锤头前方金属顶框的固定销后，可将两部分组成的一体式转轮座拆开。由于这种结构不够可靠，该枪未能获得充分的认可。

塞缪尔·柯尔特

枪械大师

塞缪尔·柯尔特

美国武器设计师塞缪尔·柯尔特（1814~1862 年）于 1831 年制造了他的第一把转轮手枪，当时年仅 16 岁。他经过多年不断完善自己的设计之后，最终建立了柯尔特专利武器制造公司。他的设计在美国枪械发展史中扮演着重要角色，引领了从独子手枪到转轮手枪的转变。作为首个可进行大规模商业化生产的公司，柯尔特开创了改变全球工业的制造模式。

19 世纪上半叶，美国发明家试图研制转轮上有多个弹膛的转轮手枪。发明家以利沙·科利尔被转轮手枪无须再次装填即可持续发射多发子弹的能力所吸引。大约在 1814 年，他设计了燧发转轮手枪（见 49 页），并开始广泛流行，尤其是在英国，但它的最大缺陷是枪械机构不够可靠。塞缪尔·柯尔特是首位在转轮手枪上使用更可靠的撞击式火帽的人。19 世纪 30 年代和 40 年代初，柯尔特尝试制造了多种转轮手枪，并在 1835 年获得专利。但他制造的转轮手枪的质量参差不齐，其实当时制造转轮手枪的企业没有一家是成功的。

> **“林肯**让人们获得了自由，**塞缪尔·柯尔特**使他们平等”
>
> 美国后内战时期的口号

批量生产

1847年，柯尔特开始了新的尝试，1855年，他在康涅狄格河边租了一栋房子，建立了专门的工厂。在这里他开始大批量生产枪械的可互换零件，并在装配线上进行组装。这种生产方式已被其他美国企业家率先使用，特别是别的枪械制造商和康涅狄格州的钟表匠，但柯尔特是第一个将其大规模应用的人。他的流水线生产方式使他的工厂能完成来自美国和欧洲的大量订单，并在克里米亚战争（1853~1856 年）期间销售量急剧增加。

使用可互换零部件的柯尔特转轮手枪促使了机械向专业化和最先进技术水平发展。柯尔特雇佣熟练技工和设计人员，以利沙·K. 罗特监督生产过程和设计所需的机械。很快，罗特就制造出大量机械化工具，如铣床、钻床和专用车床。一位观察家的统计结果显示，柯尔特的工厂在第一年里，就有不少于 400 种不同的机床，大部分用于生产那些以前需要手工生产的零件。这种高度机械化生产的可互换零件对各领域的工业制造都影响巨大，包括农用机械、缝纫机械、自行车、蒸汽机、铁路机车和汽车。制造商们发现采用这种生产方式不但可以降低成本，还使他们的产品更可靠、更容易维修。柯尔特开创的大规模生产技术不但改变了枪支生产行业，还促使其他行业发生重大转变。

赢得了西方

柯尔特批量生产的转轮手枪备受欢迎，不但装备军队，还供应执法部门，甚至个人也用

◀ **防止犯罪会议**

柯尔特公司的重要性一直持续到 20 世纪，牛顿·贝克（左一）参加了在芝加哥举办的防止犯罪委员会会议，对该城市持枪者和走私犯使用的武器进行了审查。

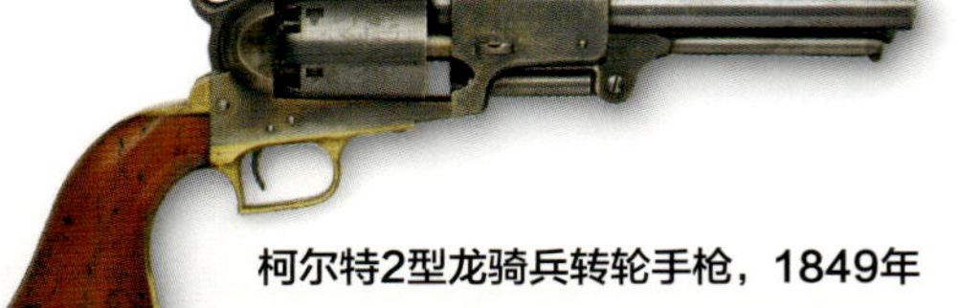

柯尔特2型龙骑兵转轮手枪，1849年

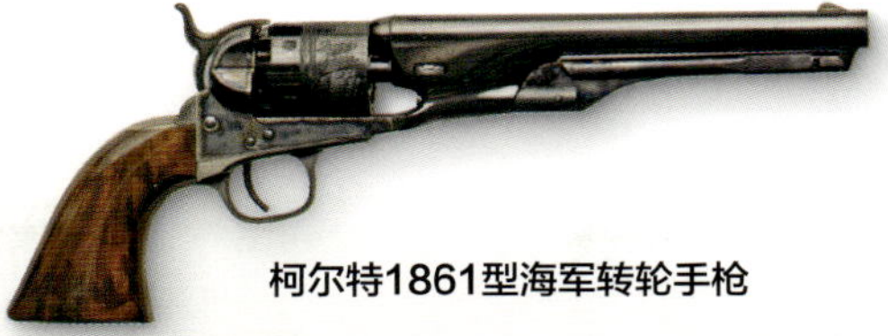

柯尔特1861型海军转轮手枪

柯尔特M1911A1

1836年 柯尔特建立了他的第一家枪械制造公司。

1847年 柯尔特和塞缪尔 · 希尔顿 · 沃克生产了沃克-柯尔特转轮手枪。

1848年 柯尔特推出龙骑兵转轮手枪，最初作为美国陆军的骑兵武器使用。

1851年 柯尔特在英格兰开办工厂，加大进入国际市场的力度。

1855年 柯尔特在康涅狄格州新建立的工厂的基础上组建了柯尔特专利武器制造公司。

1861年 柯尔特推出海军型转轮手枪，很快在美国内战中装备。

1873年 柯尔特推出单动陆军型转轮手枪，长枪管型于1876年投产，成为著名的“邦特莱特色”转轮手枪，之后，作家奈德 · 邦特莱将其推荐给执法人员，其中包括怀亚特 · 厄普。

1900年 柯尔特公司成为美国首个自动手枪制造商。

1911年 勃朗宁设计的柯尔特M1911手枪被美国陆军采用，1924年，推出其升级型，即M1911A1型。

1994年 在经历包括濒临破产在内的艰难时期后，柯尔特公司被新的投资者购买，开始复苏。

▼ **《黄金三镖客》**

克林特 · 伊斯特伍德在电影《黄金三镖客》中饰演布兰迪，他使用的就是柯尔特单动陆军型转轮手枪。柯尔特转轮手枪广泛出现在流行文化中，尤其在美国西部电影中更是常见。

其作为自卫武器。美国西部移民非常喜欢柯尔特转轮手枪，其中最受欢迎的是柯尔特单动陆军型。单动陆军型转轮手枪于1873 年推出，它制造精良且可靠性高。无论是农场主、执法者、调解人还是歹徒，都非常喜欢这种转轮手枪。加入了淘金热潮的得克萨斯牛仔和在穿越在西部之路上的移民，也是众多选择持有柯尔特转轮手枪的美国人中的一员。

拓荒的象征

19 世纪，美国进入西部拓荒时代。后来许多演员也使用柯尔特转轮手枪，这种武器成为西部开发的象征，也是牛仔和枪手最钟爱的武器，因此在西部影视作品中经常能看到他们配备柯尔特转轮手枪的场景。克莱顿·摩尔扮演的独行侠使用的就是米黄色握把的单动陆军型转轮手枪。包括克林特 · 伊斯特伍德和蒂姆 · 霍尔特在内的其他电影演员扮演的角色同样使用的是这款著名的转轮手枪，而这也进一步巩固了其“征服西部之枪”的地位。进入 20 世纪，盛名之下的柯尔特公司继续进行枪械生产，并在战争时期得以扩张；而在和平时期市场需求下降时，公司则努力尝试产品多样化，尽管有些产品并不成功。时至今日，柯尔特公司仍在继续经营。

火枪和步枪（1831~1852年）

进入19世纪，许多燧发枪仍在使用，肯塔基长步枪就是其中的标志性产品，它是众多民用武器中的一种。该枪采用燧发机构，后来逐渐改为使用撞击式火帽击发机构。这一时期，欧洲国家开始为部队大量装备步枪。前装仍是个需要解决的问题，步枪要么采用经过修形的弹丸来机械地适应膛线，要么将弹丸使劲推到后膛，让弹丸变形从而嵌入膛线。

附件盒

击发机构座板

▲ **布伦瑞克步枪**

时间	1837年
产地	英国
枪管长	82.5厘米
口径	18.03毫米

英国军队于1830年开始装备这种采用撞击式火帽的步枪。该枪有两条较深的膛线，发射的铅弹有环绕一圈的弹带。这种弹带可使子弹嵌入膛线，使子弹在发射后旋转（见98页）。

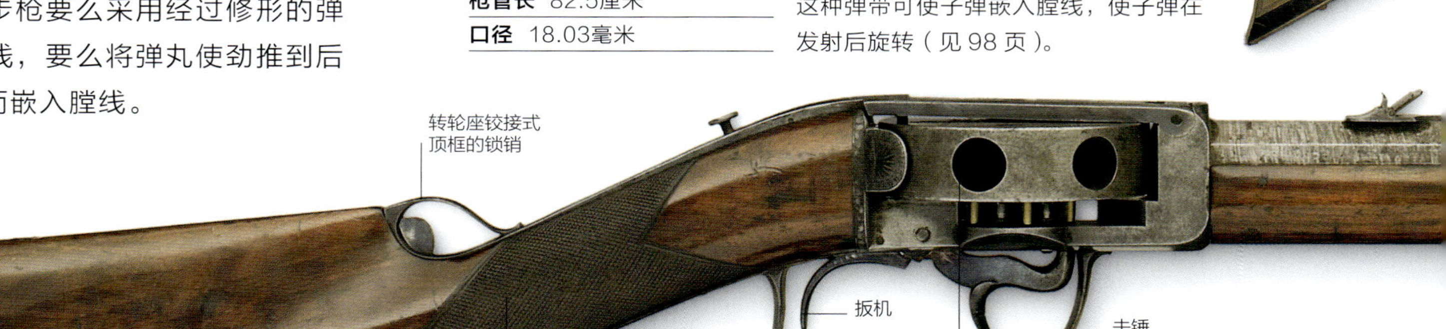

▲ **下击锤塔楼步枪**

时间	1839年
产地	英国
枪管长	73.7厘米
口径	17.6毫米

该枪于19世纪30年代推出，之所以被称为“塔楼”步枪，是为了不侵犯柯尔特的转轮手枪专利。该枪采用钢制垂直转轮，很显然，如果火花引燃其他弹巢的弹药，后果会非常严重，可能伤到周围的人，甚至可能伤害到射手自己。

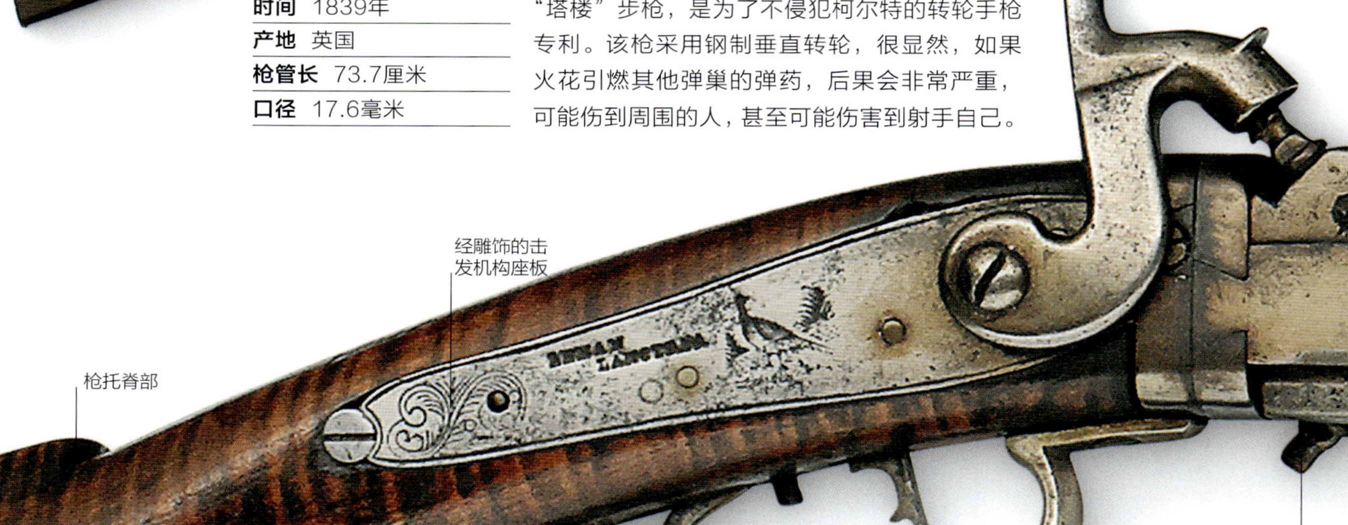

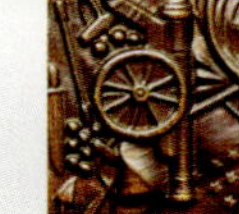

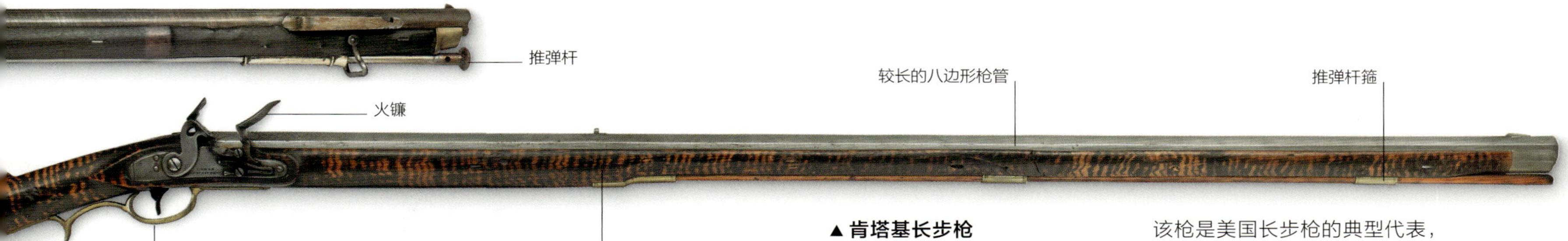

推弹杆
火镰
较长的八边形枪管
推弹杆箍
扳机护圈
枫木枪托

▲ 肯塔基长步枪

时间 1840年

产地 美国

枪管长 113厘米

口径 11.68毫米

该枪是美国长步枪的典型代表，枪托和扳机护圈的设计灵感，来自德国移民枪匠设计的18世纪运动步枪的形状，但长枪管是美国独有的特征。

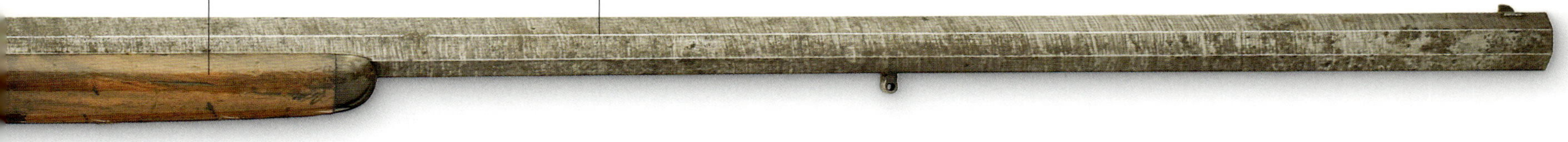

短小的下护木
八边形枪管

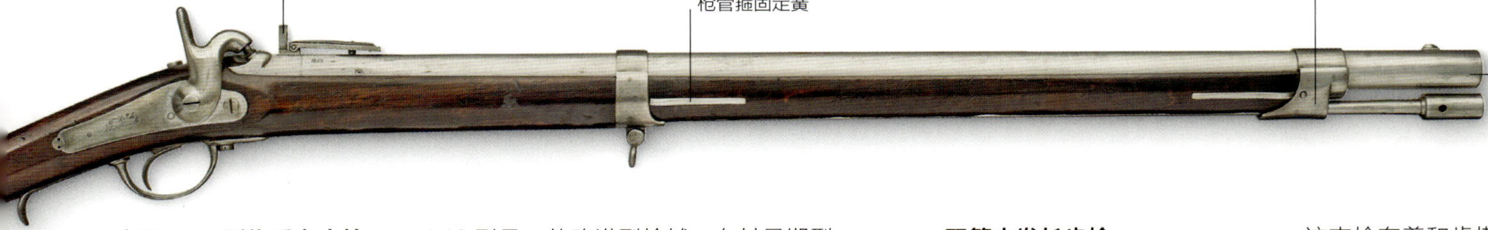

照门
枪管箍固定簧
组合式枪管箍
和下护木盖
枪口

▲ 法国1842型炮兵卡宾枪

时间 1842年

产地 法国

枪管长 86厘米

口径 18毫米

1842型是一款改进型枪械，在其早期型号装备法国陆军20年后，转而采用撞击点火方式，改进了膛线，重新设计了击锤和火嘴。该枪有多种衍生型号，其中炮兵型的枪管长86厘米，有两个枪管箍。

▼ 双管击发长步枪

时间 1845年

产地 美国

枪管长 83.8厘米

口径 10.16毫米

这支枪有着和肯塔基步枪一样优美的线条，但有两根枪管。该枪采用文德尔系统，枪管可手动旋转，上枪管发射后可将下枪管旋转到上面再次发射。

推弹杆

全视图

击锤
前背带环
组合式枪管箍
和下护木盖
推弹杆

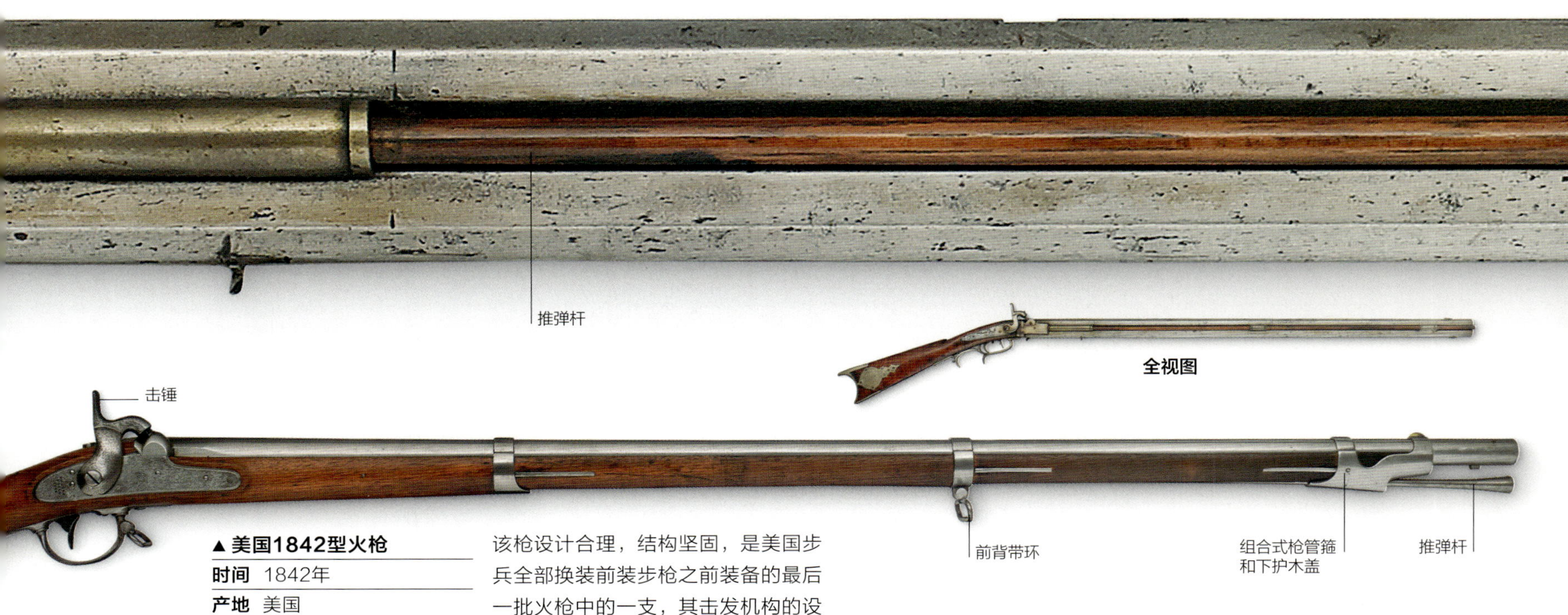

▲ 美国1842型火枪

时间 1842年

产地 美国

枪管长 111.7厘米

口径 17.52毫米

该枪设计合理，结构坚固，是美国步兵全部换装前装步枪之前装备的最后一批火枪中的一支，其击发机构的设计和结实的枪管箍是新式美国军用步枪的基础。

转折点

实用的步枪

1844年，法国军官克劳德·艾蒂安·米涅上尉研制成一种革命性的枪弹，它使线膛步枪的装填与普通滑膛火枪一样简单，且火力大增。很快各个国家士兵配备的步枪在威力、射程和精度方面都得到极大的提高。在克里米亚战争（1853~1856年）中，步枪首次被大量使用，现代狙击手随之出现。几年后，步枪的使用规模进一步扩大，美国内战(1861~1865年)中也大量使用步枪。在很短的时间里，"米涅弹"就改变了战争形态。

▲**米涅弹**

其特点是弹底部有一个带铁帽的空腔。最初的米涅弹是平滑的锥体，之后的型号（如图所示）有柱状部分和凹槽，槽内有润滑剂来润滑枪管，便于清洁枪管。图中的这种子弹是美国版的"米涅弹"。

前装步枪的主要问题是如何让从枪口装填的弹丸紧密嵌入膛线（见28页）。滑膛火枪的铅制弹丸与枪膛的贴合相对松一些。线膛步枪的弹丸，在包裹涂油的纸张或薄亚麻布后，就可以嵌入膛线。但发射后，膛线内的火药残留会导致装填过程更加困难。拿破仑战争中，英国的步枪兵在多次射击后，就不得不用木槌进行弹药装填。

》之前

滑膛火枪发射铅制弹丸，装填松散，因此射程只有46米，士兵站成一排进行齐射效果较好。但在270米之外，敌人就会认为自己非常安全，尤其是在移动中。

- 球形火枪弹（如右图）用铅制成，它与枪膛之间略有空隙。发射时，铅弹会与膛壁碰撞，其最终飞行方向取决于与膛壁的最后接触点。

铅制火枪弹

- 亚麻布或纸质背甲弹丸的性能得到了提高，弹丸可嵌入膛线，使其旋转，飞行精度更高，但装填比较困难。

- 布伦瑞克弹克服了原有问题，弹丸与膛线匹配，可滑入枪膛。弹丸上有弹带（带状凸起），用来对应布伦瑞克步枪的两条较深的膛线，但如果将弹丸集中放置在小袋里，会因为互相碰撞导致弹丸变形或损坏，因此在交战中需要整齐排列，这也造成装填困难。

布伦瑞克弹

早期步枪的解决方案

解决上述问题的一种选择是采用后膛装填系统，其中的一些相对成功，弗格森步枪是它们中的典型代表。弗格森步枪虽然性能出众，但价格昂贵，仅生产了100支。其他解决方式还有使用匹配膛线的预成型弹，但装填仍比较困难。通常，士兵需要用很大的力气把弹丸捅入弹膛，这就导致随后射击时士兵的手难以继续保持稳定，进而影响射击精度。

英国军官约翰·雅各布的步枪有4条较深的膛线，子弹与膛线匹配。英国工程师约瑟夫·惠特沃思爵士的步枪采用螺旋六边形内膛，并发射与其相配的子弹。这两种步枪都很精准，惠特沃思的步枪在美国内战中只配备给神枪手。但是，与传统步枪相比，这两种步枪结构太复杂。

米涅的解决方案

米涅设计的一种简单的子弹使这些问题迎刃而解。米涅对同为法军上尉的亨利·古斯塔夫·德尔维涅在几年前发明的子弹加以改进，进而制成"米涅弹"。这种新型子弹适用于任何传统步枪，它可轻易滑至枪膛底部，发射的瞬间，弹底的铁帽被打入内部空腔，让子弹的外缘胀大，使其嵌入膛线。

前装步枪演变成为更有效的武器并在战争中被广泛使用。以前的步枪射程仅有

▶**米涅弹的使用**

1862年美国内战期间，在弗吉尼亚州弗雷德里克斯堡，北方联邦军和南方同盟军（城外战壕）激战了几个星期，许多士兵的步枪都采用了米涅弹。

“……**圆锥形**弹丸……**可穿透两人**身体，最终停留在**第三个人**的体内……”

克里米亚战争中的外科医生乔治 · 麦克劳德

270 米，新型子弹的出现使步枪的射程增加到 914 米甚至更远。在美国，斯普林菲尔德 M1855 采用了米涅弹；在英国，第一种采用新型子弹并大量列装的是恩菲尔德 1853 型线膛火枪（见 100~101 页）。在克里米亚战争中，英国人发现，步兵可以破天荒地压制炮兵，用这种线膛枪，能在安全距离射杀敌方的炮手。几年后，约 100 万支 1853 型装船运往美国，装备内战中的双方士兵。战争，从一次近距离齐射后用刺刀冲锋或骑兵突击，演变成在坚固的阵地进行远距离射击，阵地战中，骑兵突击无异于自杀。距离估算和瞄准设置成为步枪发展的重中之重。在训练有素的步兵手中，这种步枪成为新的战争之神。

关键人物

克劳德 · 艾蒂安 · 米涅
（1804~1879年）

克劳德 · 艾蒂安 · 米涅是驻北非的法国猎兵（轻步兵）上尉，火枪固有的缺陷曾使他的部队受挫。随后他发明了米涅弹，还被聘为文森军事基地的教官，酬劳是 2 万法郎。1858 年，他以上校军衔退役，之后成为埃及总督的军事教官，再后来担任美国雷明顿武器公司的经理。

之后 »

米涅弹带动了远程射击的发展，因此需要对训练制度进行更新。英国和美国的步枪协会鼓励将远程射击作为一种运动，军队神枪手演变为狙击手，看不见的远程杀手成为新的战场威胁，也是战场上最可怕的敌人。

- 军事战术不得不被改写，因为新型枪弹的出现，提高了近距离作战的士兵被远程射杀的概率。
- 神枪手和狙击手专门射杀特定目标，而不像其他士兵那样密集射击或站成一排齐射。
- 致命的狙击手小组和“观察员”逐渐成为标准组合，观察员使用望远镜确定目标并将射击诸元告知狙击手。
- 高速子弹的威力比早期子弹更大，对四肢的伤害往往是不可治愈的，因此截肢变得很普遍。
- 20 世纪的新型狙击步枪发射 0.50 英寸机枪弹，有效射程超过 1700 米，远远大于早期前装步枪的 900 米。

0.50英寸勃朗宁机枪弹，1910年

精品展示

恩菲尔德线膛火枪

在火枪的内膛增加膛线，或用线膛枪管替换滑膛枪管，可将火枪变成线膛武器或者步枪。随着子弹的不断完善（见98~99页），线膛枪的装填速度可以和滑膛火枪一样快，因此所有部队都可以装备线膛枪，而不仅限于神枪手。1853年英国陆军开始装备恩菲尔德 1853 型线膛火枪，并一直使用到 1867 年。

恩菲尔德线膛火枪	
时间	1853年
产地	英国
枪管长	99厘米
口径	14.65毫米

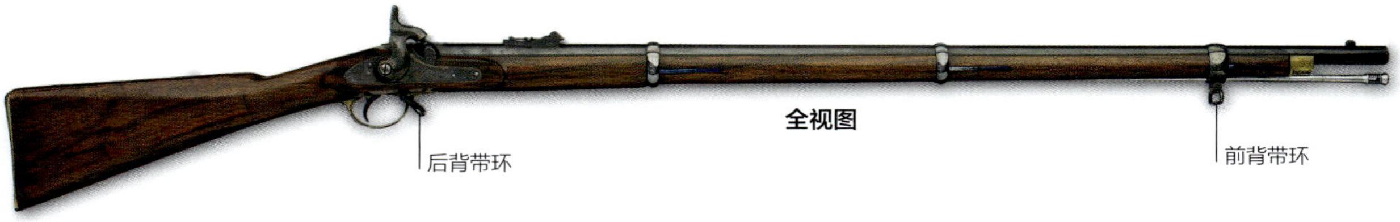

全视图

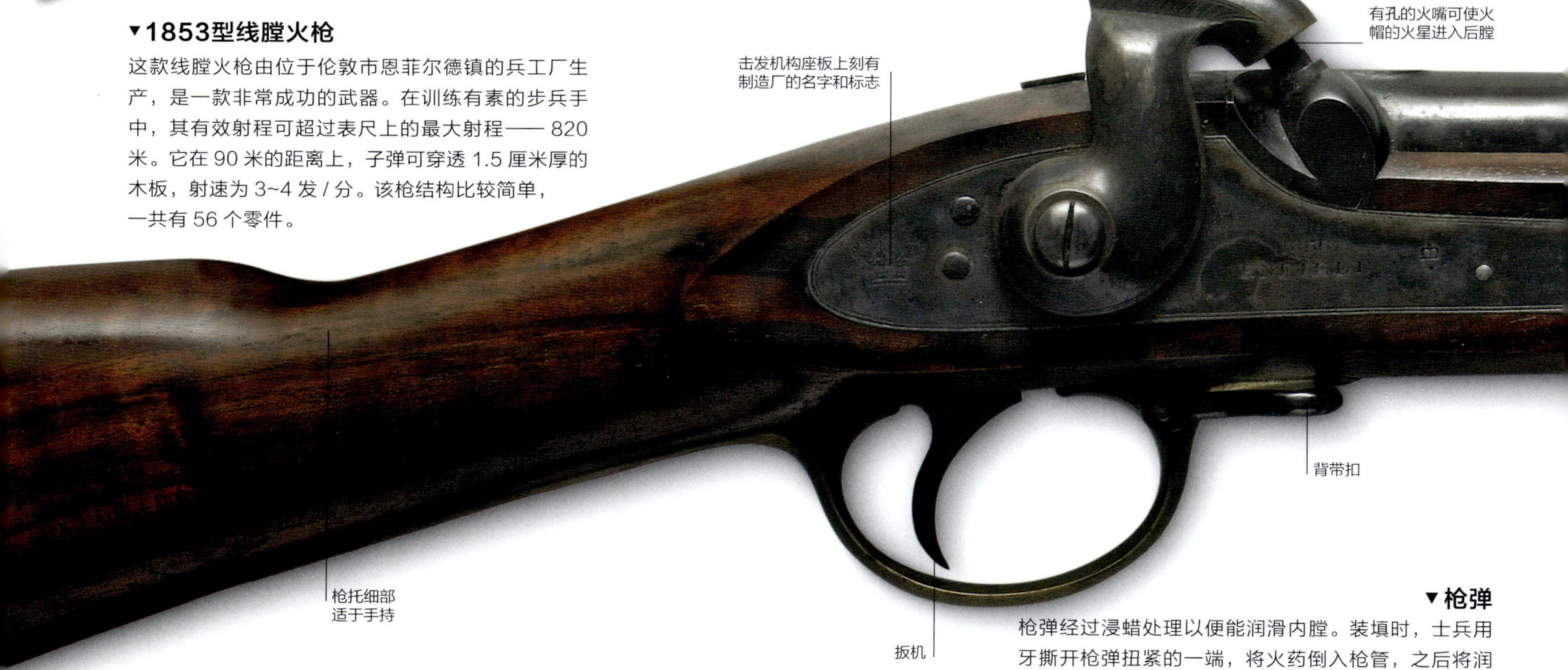

后背带环

前背带环

▼1853型线膛火枪

这款线膛火枪由位于伦敦市恩菲尔德镇的兵工厂生产，是一款非常成功的武器。在训练有素的步兵手中，其有效射程可超过表尺上的最大射程—— 820米。它在 90 米的距离上，子弹可穿透 1.5 厘米厚的木板，射速为 3~4 发 / 分。该枪结构比较简单，一共有 56 个零件。

击锤

有孔的火嘴可使火帽的火星进入后膛

击发机构座板上刻有制造厂的名字和标志

背带扣

枪托细部适于手持

扳机

▼枪弹

枪弹经过浸蜡处理以便能润滑内膛。装填时，士兵用牙撕开枪弹扭紧的一端，将火药倒入枪管，之后将润滑过的另一端连同弹丸一起用推弹杆从枪口推入。有传闻称蜡里会使用牛或猪的脂肪，由于印度士兵不吃牛肉而穆斯林士兵不吃猪肉，这便冒犯了他们。这种传闻导致了 1857 年印度兵变。

枪口插座

◀刺刀

刺刀座上装有截面为三角形的刺刀，超出枪口的部分长46厘米，需要44道工序制造。

刺刀截面为三角形

枪口塞

弹丸移除装置

蜗杆

螺纹弹丸移除装置

▲推弹杆附件

推弹杆附件包括枪口塞、蜗杆和球形拆卸装置。枪口塞用于阻止沙尘进入枪管；蜗杆和弹丸移除装置可安装在推弹杆上，用于清理未发射出去的弹丸或个别缺损的弹丸。

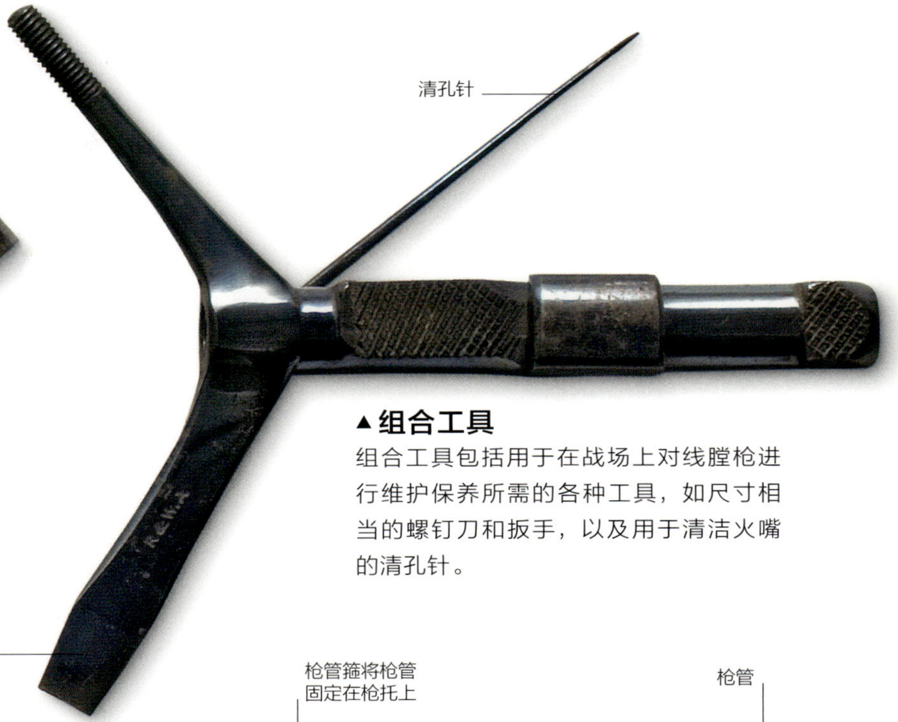

清孔针

螺钉刀

▲组合工具

组合工具包括用于在战场上对线膛枪进行维护保养所需的各种工具，如尺寸相当的螺钉刀和扳手，以及用于清洁火嘴的清孔针。

调到823米的表尺

枪管箍将枪管固定在枪托上

枪管

枪管箍固定簧

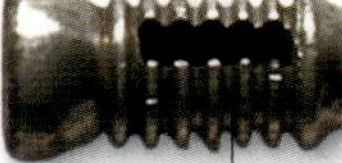

凹槽用于清洁枪膛

▲推弹杆

用于将子弹包装纸和弹丸推到枪管底部，也可作为通条使用，还可通过双螺旋蜗杆取出未发射出去的弹丸。

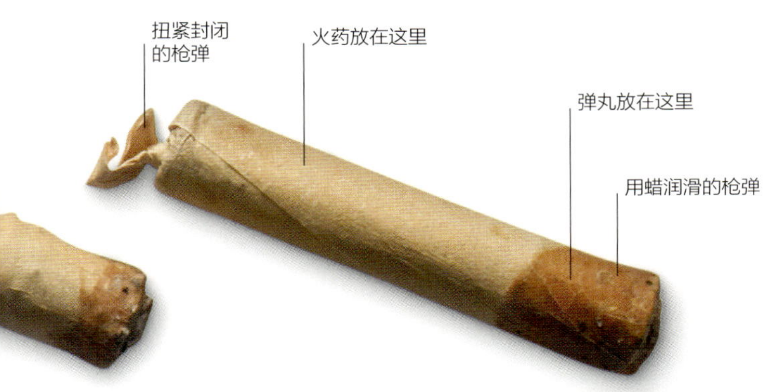

▶弹药

1853 型线膛火枪的口径为 14.42 毫米（0.56 英寸），装填 4.43 克火药和 34.35 克弹丸，由于有膛线，因此内膛最大直径为 14.65 毫米（0.577 英寸）。装药和弹丸装入子弹内，一个包装里有 10 发子弹和 12 个撞击式火帽。

10发弹药包

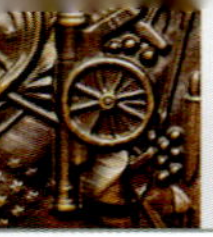

火枪和步枪（1853~1870年）

无论是使用火帽（见 80~81 页）还是使用其他装置，撞击点火的方式，都是对笨重的燧发枪的一项重大改进。击发机构不但易于使用和维护，而且不受天气的影响。另一个重大改进是大多数欧洲和美国的步兵用前装线膛步枪替换了滑膛火枪，使枪械的精确射击距离提升数倍。

▼1853型火枪

时间	1853年
产地	法国
枪管长	103厘米
口径	18毫米

这是法国人的最后一款滑膛火枪，其设计沿用了他们击发枪械的既有样式。该枪的钢制枪管后膛顶部有一个球形火嘴座，通过简单而强劲的“后动”击发机构来射击。它是撞击式火帽装置的改型，击发机构座板内的击锤簧位于击锤后而不是击锤前，这使击发机构显得更细长。1853 型可能是欧洲军队使用的最后一批新设计的滑膛火枪。

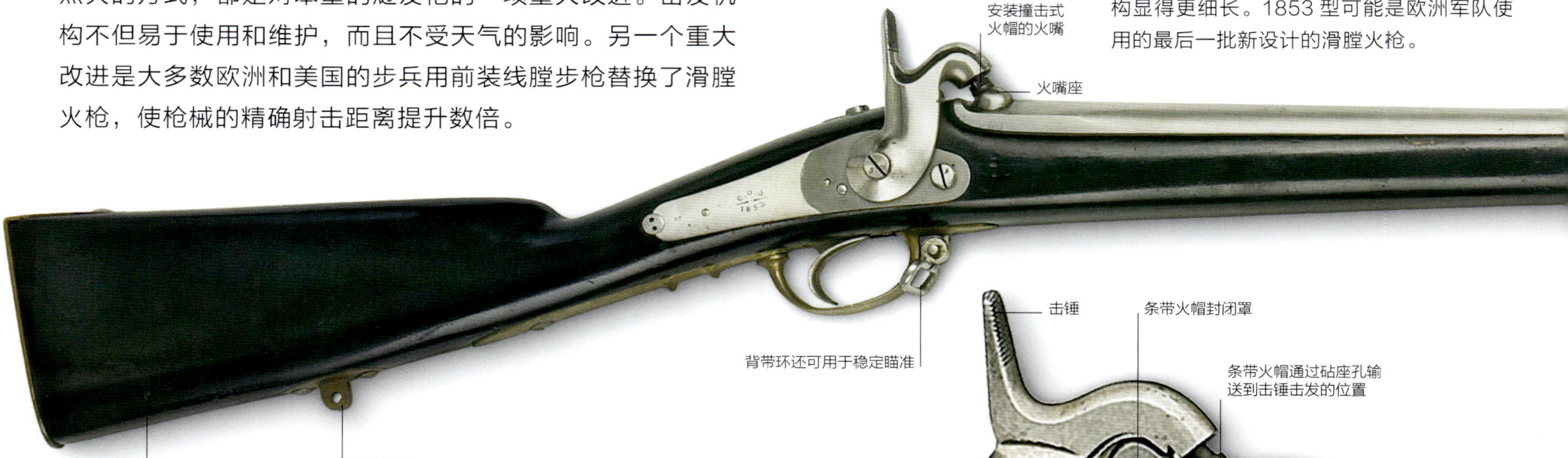
安装撞击式火帽的火嘴
火嘴座
背带环还可用于稳定瞄准
枪托
后背带环

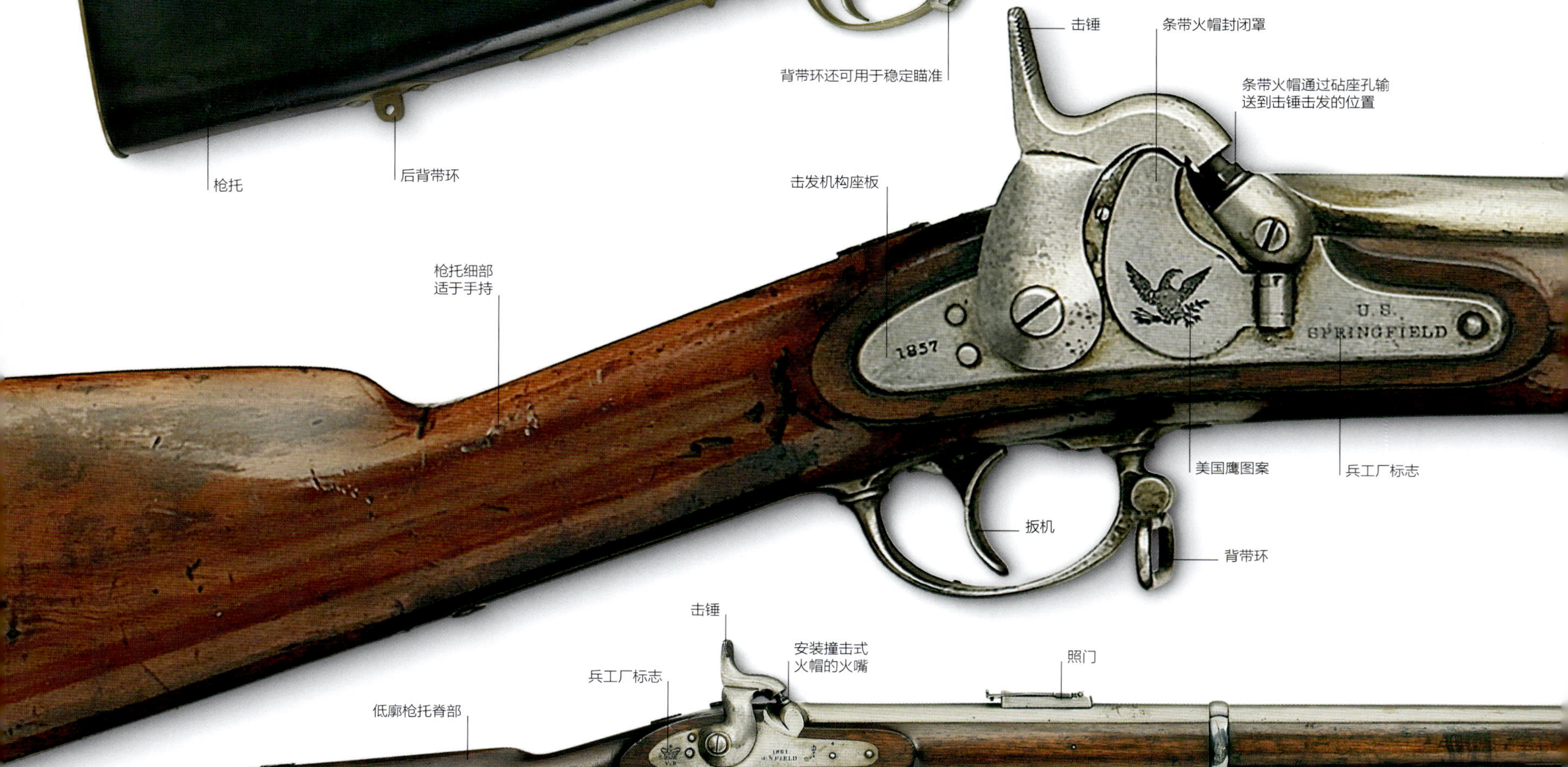
击锤
条带火帽封闭罩
条带火帽通过砧座孔输送到击锤击发的位置
击发机构座板
枪托细部适于手持
1857
U.S. SPRINGFIELD
美国鹰图案
兵工厂标志
扳机
背带环

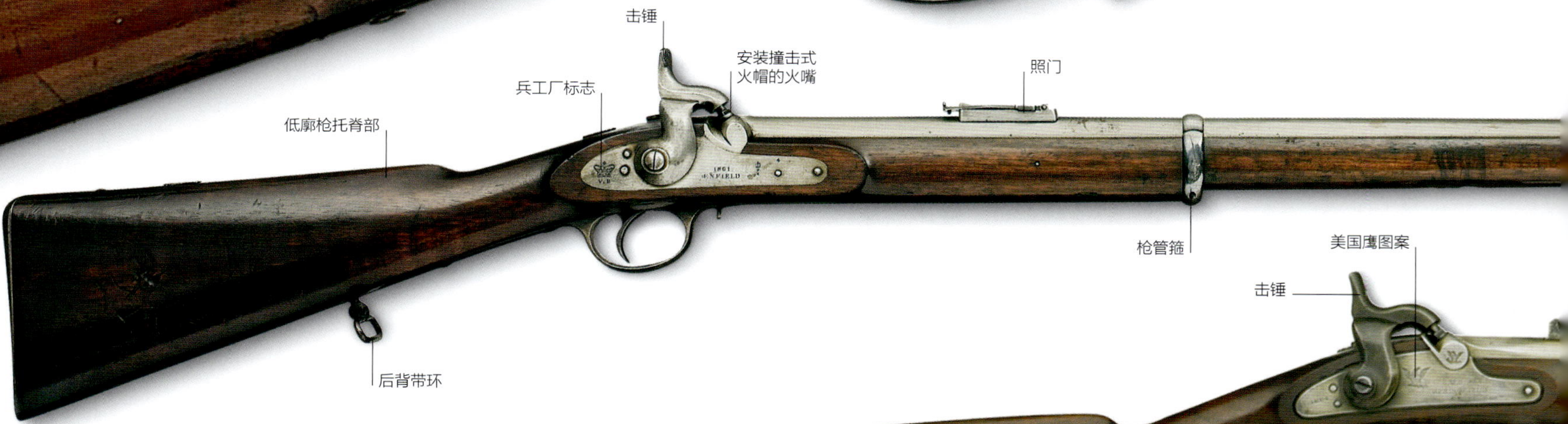
击锤
安装撞击式火帽的火嘴
兵工厂标志
低廓枪托脊部
照门
枪管箍
后背带环

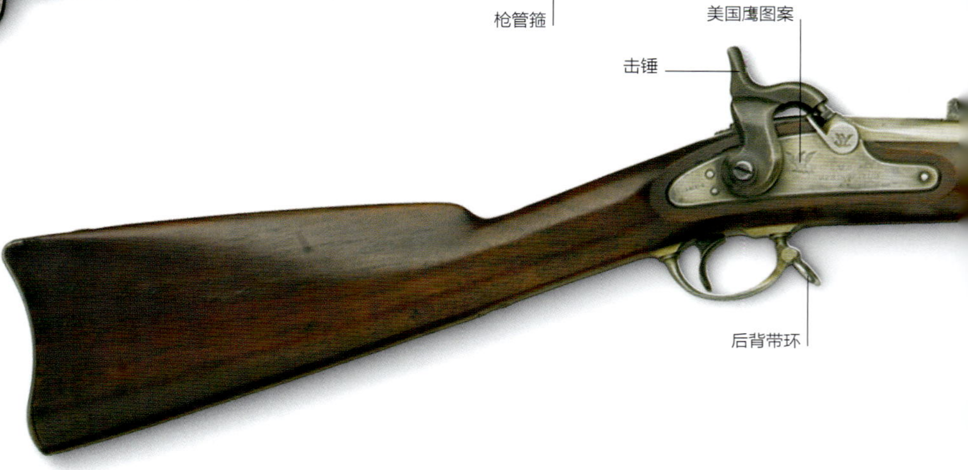
美国鹰图案
击锤
后背带环

▲惠特沃思步枪

时间	1856年
产地	英国
枪管长	91.45厘米
口径	14.3毫米

约瑟夫·惠特沃思爵士（见 98 页）为英国陆军设计的步枪采用实验性的六边形内膛，发射六边形子弹。它甚至能命中 1.4 千米之外的目标，但价格是恩菲尔德 1853 型（见 100~101 页）的 4 倍，因此未被陆军采购。

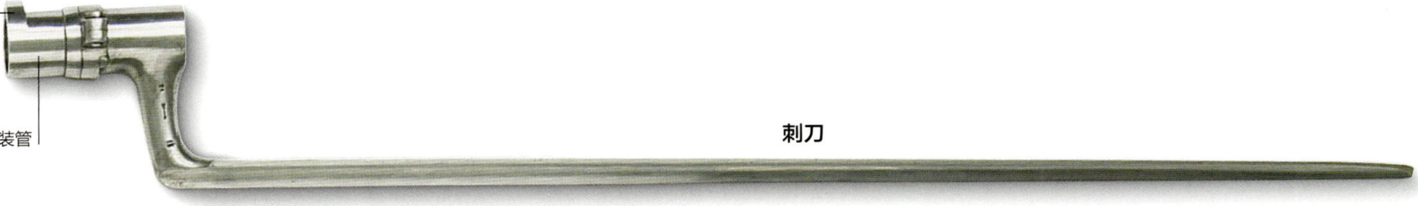

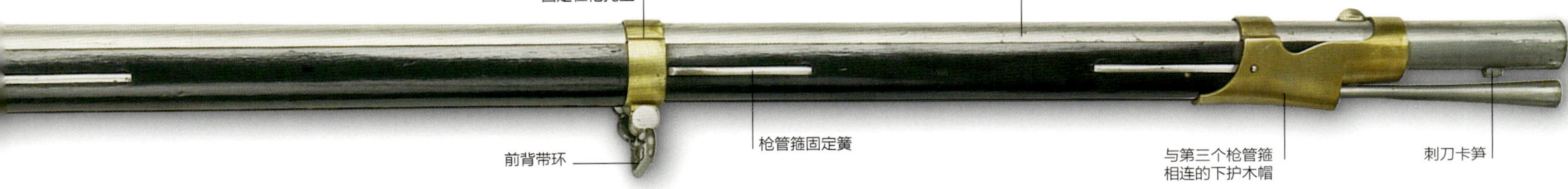

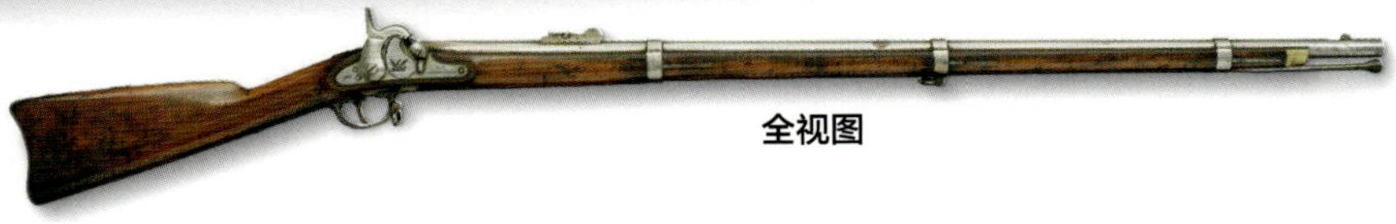

▲斯普林菲尔德M1855

时间	1855年
产地	美国
枪管长	101.5厘米
口径	14.7毫米

美国第一种标准击发步枪是M1841密西西比步枪，其枪管长83.8厘米。之后该枪采用更长的枪管并进行了调整，以使用爱德华·梅纳德设计的条带火帽（见81页），并被命名为M1855。条带火帽被卷成卷放在击发机构内（取代单独放置在火嘴上的铜火帽）。

▼斯普林菲尔德M1863 II型

时间	1863年
产地	美国
枪管长	101.5厘米
口径	14.7毫米

斯普林菲尔德M1855（上图）采用的是条带火帽，但效果并不理想，后来被M1861取代。该枪还有一些缺点，尤其是击锤和火嘴。之后的M1863解决了这些问题，并进行了其他优化，M1863 II型是美国陆军使用的最后一款前装长枪。

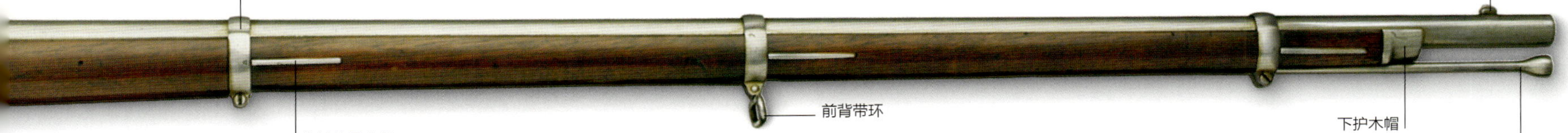

精品展示

勒佩奇猎枪

早在1716年，皮埃尔·勒佩奇还是名火绳枪兵时就在巴黎开启了他的枪械制造事业，后来他成为国王御用枪匠。1782年，他的侄子让·勒佩奇继承了他的事业。按照拿破仑皇帝的要求，让·勒佩奇对皇家军械库的武器进行翻新，以供拿破仑自己使用。1822年，让的儿子亨利接管了公司，此时拿破仑已在流放中死去。这支勒佩奇猎枪是为纪念拿破仑骨灰于1840年送回法国而制造的。

勒佩奇猎枪	
时间	1840年
产地	法国
枪管长	80厘米
口径	0.84英寸

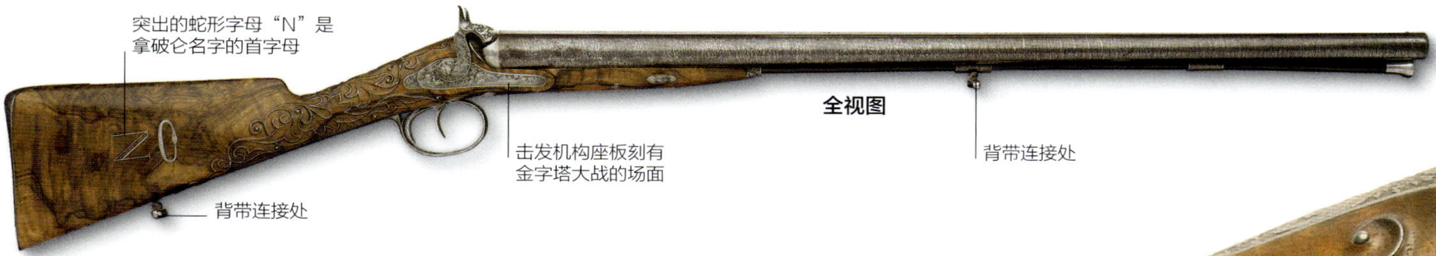

突出的蛇形字母“N”是拿破仑名字的首字母

击发机构座板刻有金字塔大战的场面

全视图

背带连接处

背带连接处

▼勒佩奇猎枪

虽然该枪的制造水平非常出色，但最吸引人的仍是它的装饰。枪托变细的部位有蔓叶花形装饰，钢丝的嵌入，让涡卷纹显得更加突出。金属的部件上刻有拿破仑的生平和一些重大战役的名称。

雕饰的击锤

嵌入枪托的钢丝制成的叶蔓装饰

固定式后膛

前扳机用于发射右枪管

后扳机用于发射左枪管

扳机护圈上刻有拿破仑骨灰回归的时间

用于消除铸造子弹溢边的刀具

▼附件盒

这是一个车削的红木盒，它用于存放一些小附件，如蜗杆和备用火嘴。盖子和盒体的连接处被隐藏在装饰环的凹槽中。

◀子弹模具

击发式猎枪不仅可以装填小弹丸以便射猎飞鸟和野鸡，也可装填较大的弹丸用于狩猎大型动物。这种模具就是用于制造大弹丸的。

▶塞压冲

装填火药后需要将填塞物（通常是纸）捅进枪管内，之后再装入弹丸，该装置的用途就是将填充物捅入枪管。由于装填时需要将填充物准确置于枪管内，所以该装置非常重要。

▲推弹杆

该枪的推弹杆还可作为通条使用，上面可安装蜗杆（见 101 页），以便取出未射出的弹丸。

枪管俯视图

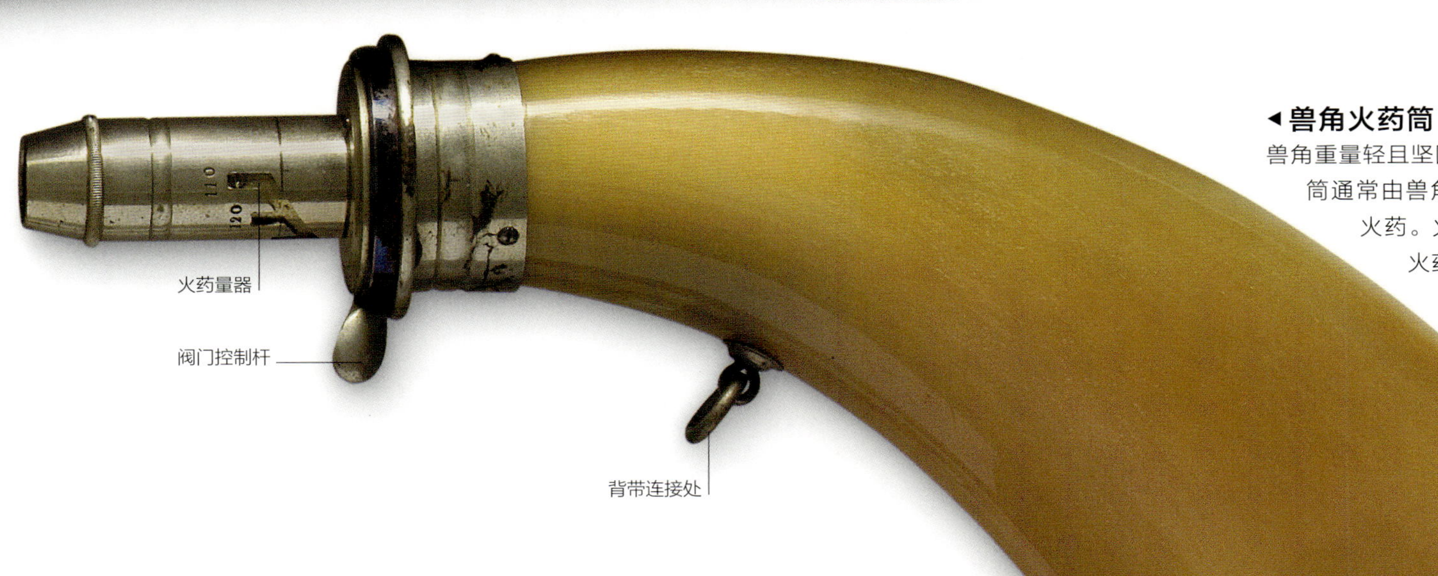

◄兽角火药筒

兽角重量轻且坚固耐用，因此火药筒通常由兽角制成，用于存放火药。火药筒的口部配有火药量器。

◄撞击式火帽分配器

该装置用于在火嘴上直接放置撞击式火帽。锡纸制成的松散式火帽，可以作为替代品，不过费时费力，并不实用。

一对手枪

在 18 世纪和 19 世纪初，绅士们通常佩带两把手枪，主要用于打靶射击或决斗。每个包装盒内装有两把手枪以及各种装填和清洁工具。

视觉盛宴

德莱赛击针步枪

德国枪匠约翰·尼古拉斯·冯·德莱赛发明了第一支采用旋转后拉式栓动枪机（见304页）的后装步枪。其密闭的枪膛比之前的后膛装填步枪更安全，并且能确保燃气膨胀的能量推动弹头向前运动。该枪的创新之处还在于使用细长击针刺破“自燃烧”纸制弹壳枪弹，这两点均来自德莱赛的老板让·塞缪尔·保利的设计理念。

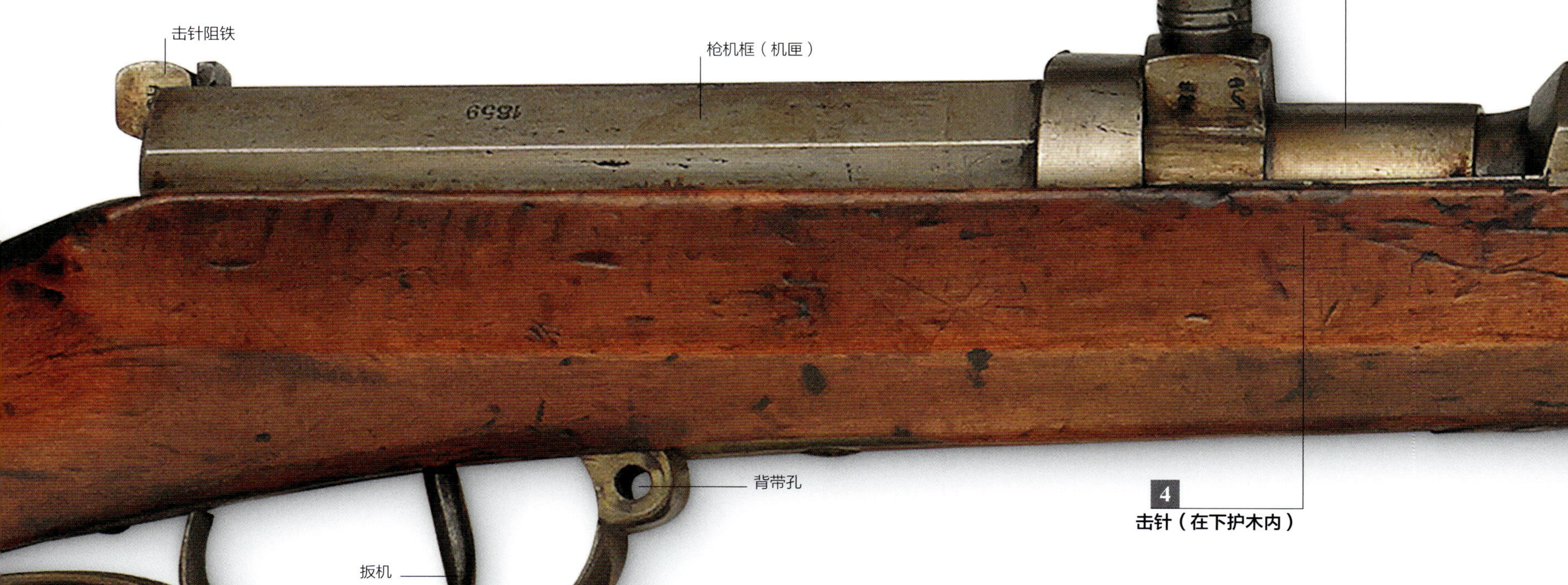

▸枪机位于后部（枪膛打开）

旋转后拉式栓动枪机给步枪提供了一个有效的打开枪膛的机构。枪机体（枪栓）与击针（右页）相连。枪机解锁前，击针缩回并被枪机尾部的击针阻铁固定；旋转拉机柄并向后拉动枪机即可打开枪膛，然后便能向枪膛内装填枪弹。

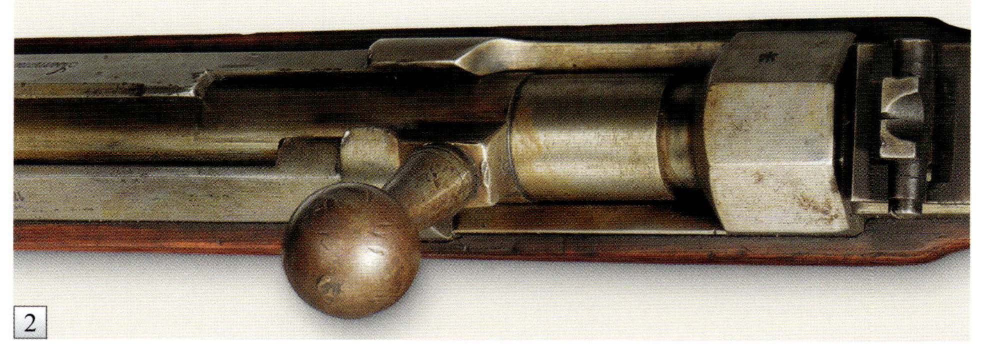

▸枪机位于前部（枪膛关闭）

先向前推动拉机柄，再旋转即可闭合枪机。此时枪膛密闭，步枪处于待发射状态。这种步枪发射纸壳“自燃烧”定装枪弹。这种枪弹包含底火、发射药和弹头。弹壳可以完全燃烧，因此不需要抛壳或排出残渣，便于再次装填。

德莱赛击针步枪

时间	1841年
产地	德国
枪管长	86.5厘米
口径	15.2毫米

这种针形撞针被命名为“击针”后，这种革命性步枪被称为旋转后拉式栓动枪机后膛装填步枪。旋转后拉式栓动步枪的出现促进了弹仓枪和多数自动武器的研制，德莱赛步枪使普鲁士的军事优势领先邻国20多年。它可在卧姿或跪姿下进行装填，而前装枪只能以站姿装填。旋转后拉式栓动枪机使德莱赛步枪的射速比前装枪更高。

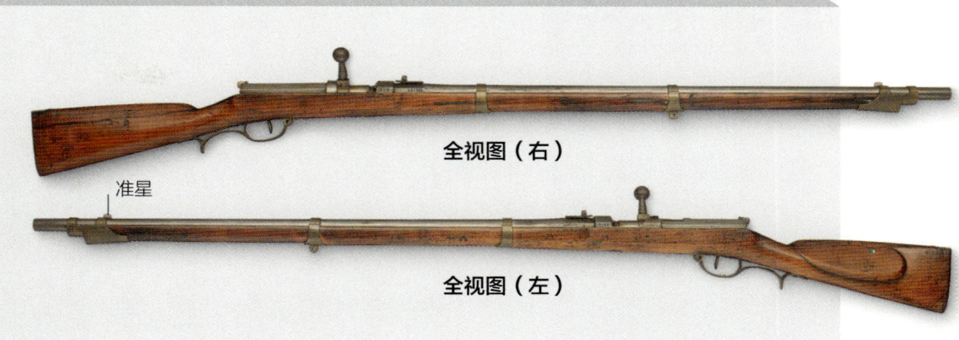

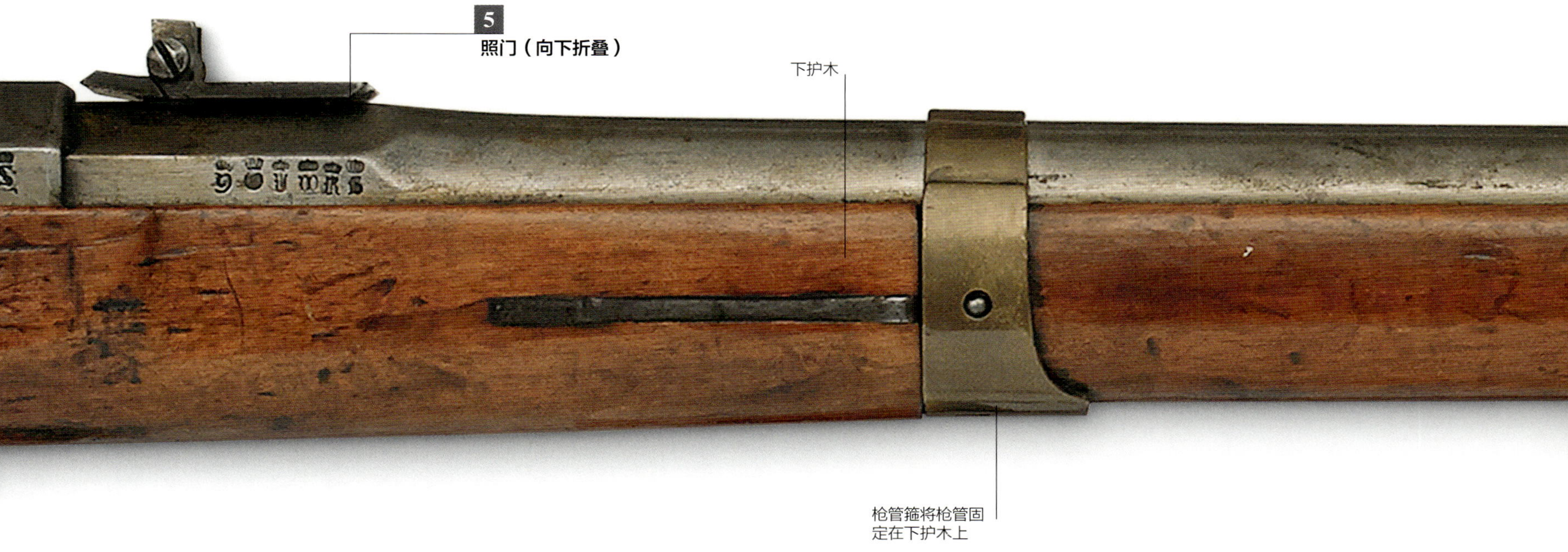

▲**拉机柄**

拉机柄可用来旋转和移动枪机，以及装弹时打开和关闭枪膛。它位于步枪右侧，这种结构在大多数旋转后拉式栓动步枪中很常见。

▲**击针**

这种长击针隐藏在枪机框内，扣动扳机，击针刺破纸壳枪弹的弹底，进而撞击位于弹底的火帽，引燃发射药，将弹头发射出去，之后弹壳残渣燃烧殆尽。

▲**照门**

该枪的枪机框前部配有V形照门，瞄准时与准星配合使用。

后装卡宾枪

在骑马行进时装填前装卡宾枪是完全不切实际的，对于前装步枪同样如此。步兵却可以使用这些相对便宜的武器。许多军方的权威人士意识到后装卡宾枪的潜在优势，因此卡宾枪成为最先被改为后膛装填的武器。19 世纪 50 年代和 60 年代，多种不同类型的后装机构被研发出来。击发技术实用性的不断提高和生产方式的改进，促进了卡宾枪的快速转变。这些枪械在弹药的配备上，采用了装有发射药和弹头并且可完全燃烧的纸壳枪弹。

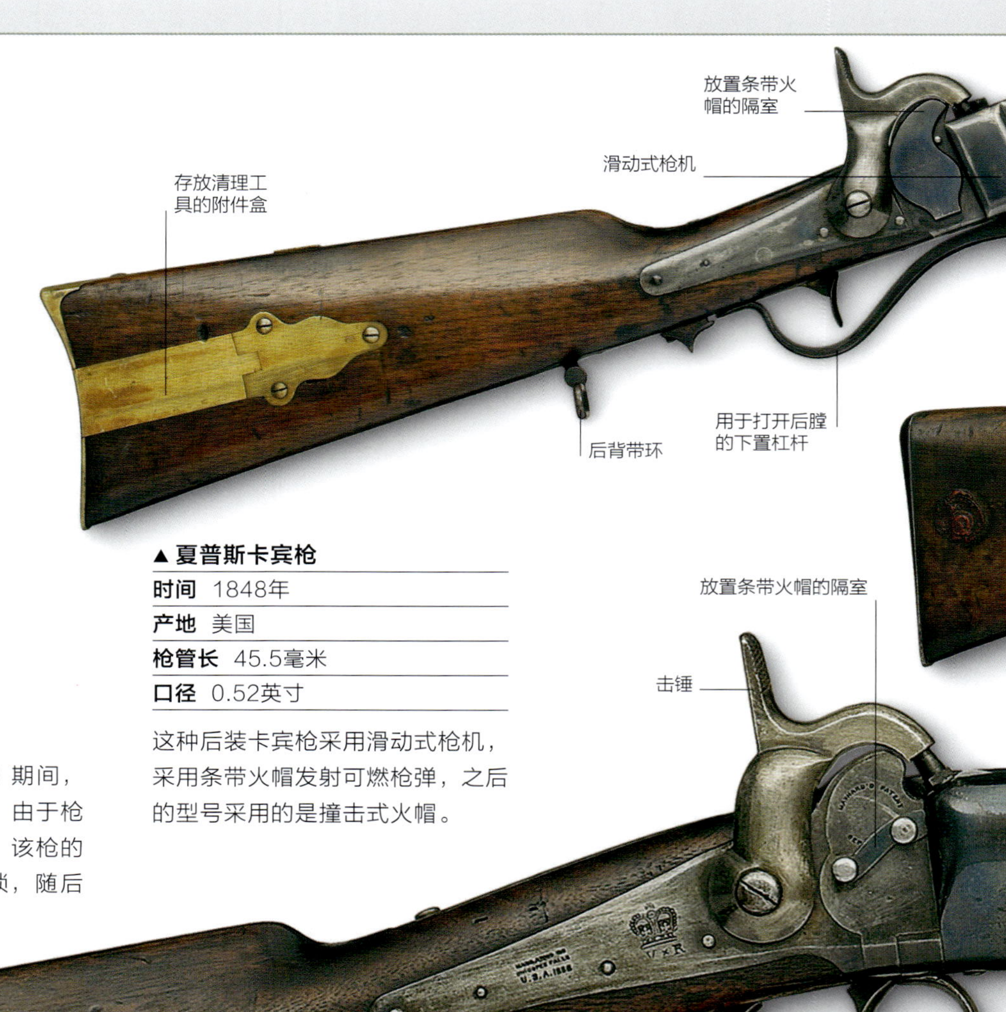

▲ 夏普斯卡宾枪

时间	1848年
产地	美国
枪管长	45.5毫米
口径	0.52英寸

这种后装卡宾枪采用滑动式枪机，采用条带火帽发射可燃枪弹，之后的型号采用的是撞击式火帽。

▼ 格林卡宾枪

时间	1855年
产地	美国
枪管长	56厘米
口径	0.54英寸

克里米亚战争（1853~1856 年）期间，英国陆军装备了少量格林卡宾枪，由于枪械机构烦琐，它输给了竞争对手。该枪的枪管需旋转 90° 才能给枪膛解锁，随后将枪膛外摆才能装填弹药。

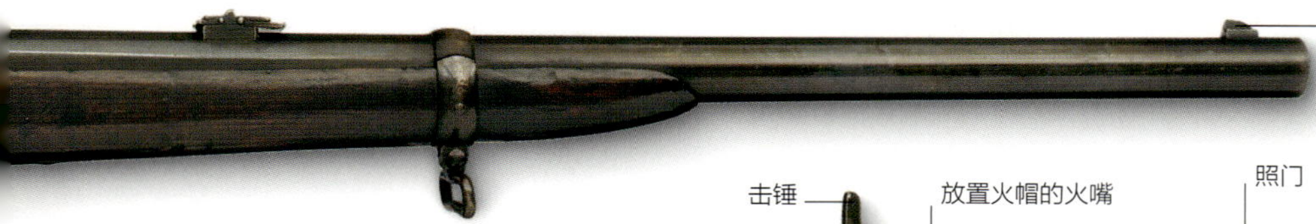

准星
击锤
放置火帽的火嘴
照门
枪管箍
枪机
击发机构座板
扳机

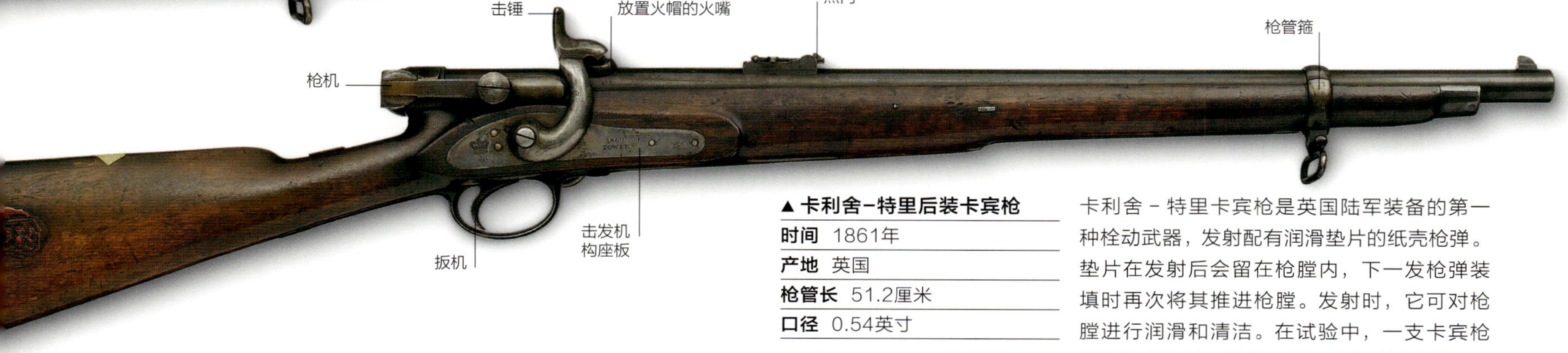

▲卡利舍-特里后装卡宾枪

时间	1861年
产地	英国
枪管长	51.2厘米
口径	0.54英寸

卡利舍－特里卡宾枪是英国陆军装备的第一种栓动武器，发射配有润滑垫片的纸壳枪弹。垫片在发射后会留在枪膛内，下一发枪弹装填时再次将其推进枪膛。发射时，它可对枪膛进行润滑和清洁。在试验中，一支卡宾枪可以射击1800发而无须额外的清洁保养。

照门
枪机
准星
击锤
枪管箍
“猴尾”式装填拉柄
击发机构座板

▲韦斯特利·理查兹“猴尾”卡宾枪

时间	1866年
产地	英国
枪管长	45.5厘米
口径	0.45英寸

伯明翰的枪匠韦斯特利·理查兹为英国陆军制造了两种卡宾枪，这是其中之一。该枪后膛斜面上配有一个前铰接式长曲杆，因此被称为“猴尾”卡宾枪。

枪管箍
枪管箍固定簧

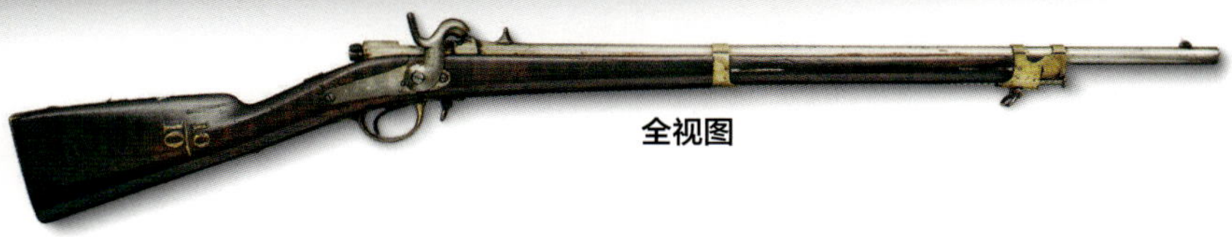

全视图

▲夏赛波卡宾枪

时间	1858年
产地	法国
枪管长	72厘米
口径	13.5毫米

19世纪中叶，法国皇家兵工厂的枪匠们开始尝试设计采用撞击式火帽的后装栓动武器。阿方斯·夏赛波的设计采用橡胶垫圈来密封枪膛，后来用击针替换了击锤，并被法国陆军采用，命名为1866型。

转折点

定装枪弹

19世纪初，化学击发药的出现和击发点火装置的发明，促进了枪弹的飞速发展，出现了将击发药、发射药和弹头装在一起的定装枪弹。经过一段时间的试验后，在19世纪70年代逐渐演变为整体拉制、中心发火的金属壳定装枪弹，开创了枪械技术的新纪元。之后，人们在此基础上研制出弹仓步枪、自动装填手枪、机枪乃至我们当下所看到的各种枪械。时至今日，这些枪械仍在广泛使用定装枪弹。

▲金属枪弹
所有金属枪弹的金属弹壳内都装有化学击发药（底火）、发射药（火药）和弹丸（弹头）。例如这颗0.44英寸-40温彻斯特枪弹。

虽然含有化学击发药的火帽（见80~81页）使前装枪更可靠，但是这种将火药和弹丸分别从枪口装入枪管内，之后再放置火帽的装填方式费时费力。19世纪中叶，人们尝试将后膛装填系统与火帽点火装置结合在一起，使一些新式后装枪得以诞生。后装枪所使用的亚麻布或纸壳枪弹的气密性不好，因此这种枪最大的问题是后膛会出现火药燃气泄露。但19世纪初发明的定装枪弹，为后装枪械打开了成功的大门。

定装枪弹

1812年，法国枪匠让·塞缪尔·保利获得了专利，他发明了首个采用金属弹壳底、纸制弹壳的定装枪弹。虽然做工精细但不够坚固，因此不适合军队使用。之后几年，该枪弹以多种方式进行改进，以提升强度、气密性以及装填和点火的便利性。保利的前雇员卡西米尔·勒福舍于1836年发明了用硬纸板和黄铜制成的横针枪弹，它通过横置的撞针撞击枪弹内部的化学击发药来发射。

1841年，保利的另一位前雇员尼古拉斯·冯·德莱赛发明了采用可燃纸制弹壳的枪弹。这两种枪弹虽然都取得了一定的成功，但依然有太多的缺陷，因此没有被广泛使用。1846年，巴黎枪匠本杰明·霍利尔迈出了重要一步，他发明了用铜片或黄铜片制成的一种全金属弹壳，解决了枪膛气密性问题。1860年，美国人本杰明·泰勒·亨利通过使用相同的结构，但增加了一个用于放置引燃药的中空底缘，发明了首个边缘发火枪弹。

早期中心发火枪弹

边缘发火枪弹使用时可能会走火，底缘甚至会爆炸，因此必须小心使用。中心发火枪弹的主要突破是将装有化学击发药的火帽，安装在弹壳底部中心位置。这种设计由英国人博克瑟上校发明。和横针枪弹一样，这种枪弹在装填时不需要对齐，比边缘发火枪弹更容易装填，但是弹壳结构相对复杂一些。美国发明家海勒姆·伯丹研制了一种单片黄铜弹壳，成为未来大部分枪弹的标准弹壳。19世纪70年代末，中心发火金属枪弹与现代枪弹已非常相似，成为主流枪弹。

之前

定装枪弹出现前，枪械的装填需要使用者先将发射药倒入枪管，之后是弹丸，然后放入一些填充物（如弹药的包装纸）对发射药和弹丸加以固定，装填顺序一定不能出错。由于枪管内没有引燃药，因此最后还需要外部的装置点火。

- 独子武器是当时的标准武器。

早期纸包枪弹

- 纸包枪弹包含火药和弹丸，装填前需要撕开包装纸。
- 错误的装填顺序会导致无法发射，除非能清空枪管后再按正确顺序装填。
- 弹丸没有用推弹杆夯实或者重复装填都会导致炸膛。
- 早期后装枪使用的是纸壳或其他可燃材料制成的枪弹，气体泄漏是其主要问题，会降低膛压。

早期后装纸壳枪弹

“在我看来，中心发火**枪弹**的发明具有**重大价值**和意义……”

奥黑上尉，《艺术社会》（1867年）

金属壳定装枪弹的出现改变了19世纪晚期的战争形态，它在美国内战（1861~1865年）期间的塔拉霍马战役中起到了关键作用。北方联邦军面对在坚固防御阵地防守的数量众多的南方同盟军，借道胡佛隘口，出其不意地出现在分散的同盟军面前。在随后的战斗中，同盟军迅速重整队伍向联邦军发起反击。尽管面对联邦军的齐射，同盟军士兵仍继续前进，根本没想到联邦军步枪重装枪弹的速度之快。而且，联邦军士兵装备的是发射0.56英寸的边缘发火枪弹的新型斯潘塞连珠步枪，射速可超过14发/分，刹那间同盟军的伤亡数量就几乎达到四分之一。

1879年的祖鲁战争中，英国士兵装备了少量的新型步枪，即发射博克瑟枪弹的马提尼－亨利步枪，因其射速高，英军击退了人数众多的祖鲁军队。20世纪，由于欧洲列强装备了先进的枪械和弹药，因此纷纷前往非洲抢夺那里的领土和资源。

这些冲突是先进金属枪弹的典型战例，没有金属枪弹也就没有现代的自动枪械。

关键人物

海勒姆·伯丹
（1824~1893年）

工程师兼发明家海勒姆·伯丹是美国内战时志愿神枪手团的上校，也是一位很受欢迎的武器设计师，曾受俄国陆军委托对他们的步兵枪械进行升级改进。他发明的伯丹枪弹成为当今的标准金属枪弹。

之后 »

定装枪弹的理念已站稳脚跟，但与之匹配的枪械的发展则经历了很长时间，最终人们发明了连珠步枪（见116页）和弹仓供弹系统。

- 早期中心发火枪弹如0.450英寸马提尼·亨利·博克瑟枪弹采用的是复合结构。其弹壳较薄，易变形，最终被整体拉制的金属枪弹取代。
- 金属枪弹的出现使前装枪开始向后装枪演变，后装系统的不断改进使后装枪的效能不断提高，最终出现了自动枪械。
- 整体拉制的金属枪弹坚固耐用，可从弹仓内为枪械供弹。弹仓供弹武器充分吸收了这一优点，得到快速发展。金属壳定装枪弹引领了现代枪械的研制。

0.450英寸马提尼·亨利·博克瑟枪弹

◂罗克渡口保卫战

在祖鲁战争的罗克渡口保卫战（1879年）中，不到150名英军士兵抵御了4000名祖鲁士兵的进攻。英军士兵配备的是马提尼步枪和采用黄铜弹壳的枪弹，由于射速快，使他们在战斗中避免了被全歼的厄运。画中可看到一些士兵在装填弹药。

独子后装步枪

多年来，整个西方的军事当局对后装枪青睐有加。前装火枪和步枪的装填费时费力，卧姿射击时该缺点尤为突出。此外，它的装填速度也比精心设计的后装枪慢很多。后装机构不断进化，许多步枪开始使用旋转后拉式栓动枪机（见304页）装填弹药，这对未来枪械的发展产生了深远影响。19世纪，一些后装枪械装备欧洲和北美军队，有许多是在已有前装步枪上直接改造的，并且服役了很长时间。

▼ 巴拉德步枪

时间	1862~1866年
产地	美国
枪管长	72.4厘米
口径	0.54英寸

巴拉德步枪使用的后装机构被称为杠杆式枪机，下置杠杆用于打开后膛。该枪的卷形下置杠杆可操控枪机体在枢轴上转动。

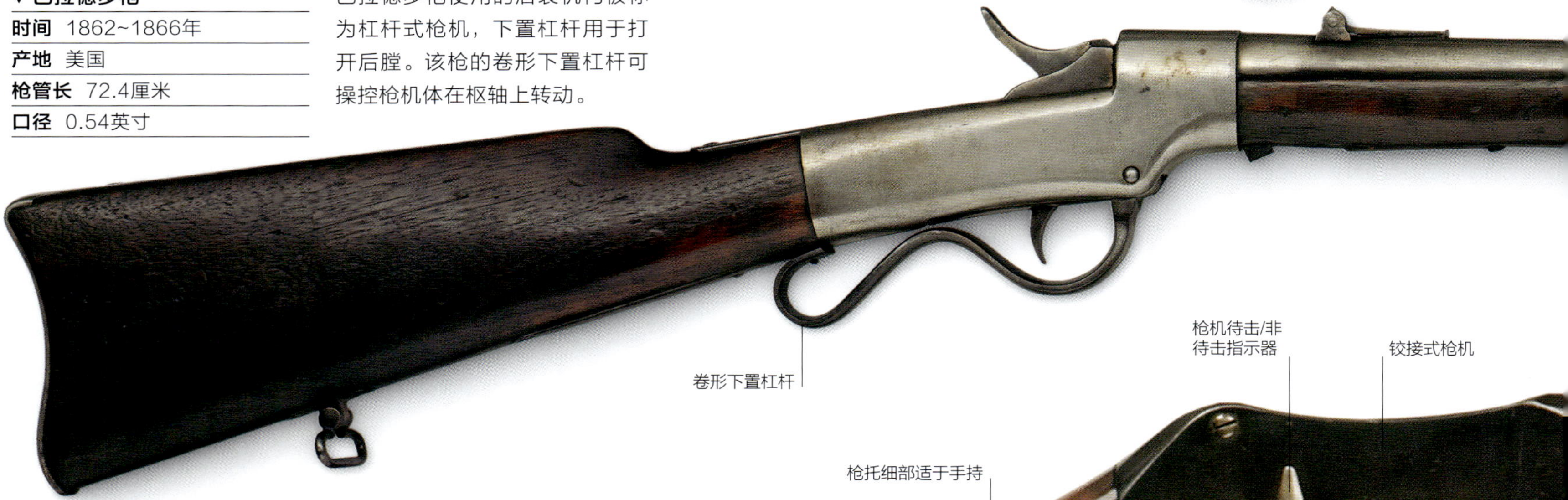

卷形下置杠杆

枪机待击/非待击指示器

铰接式枪机

枪托细部适于手持

下置杠杆

后背带环

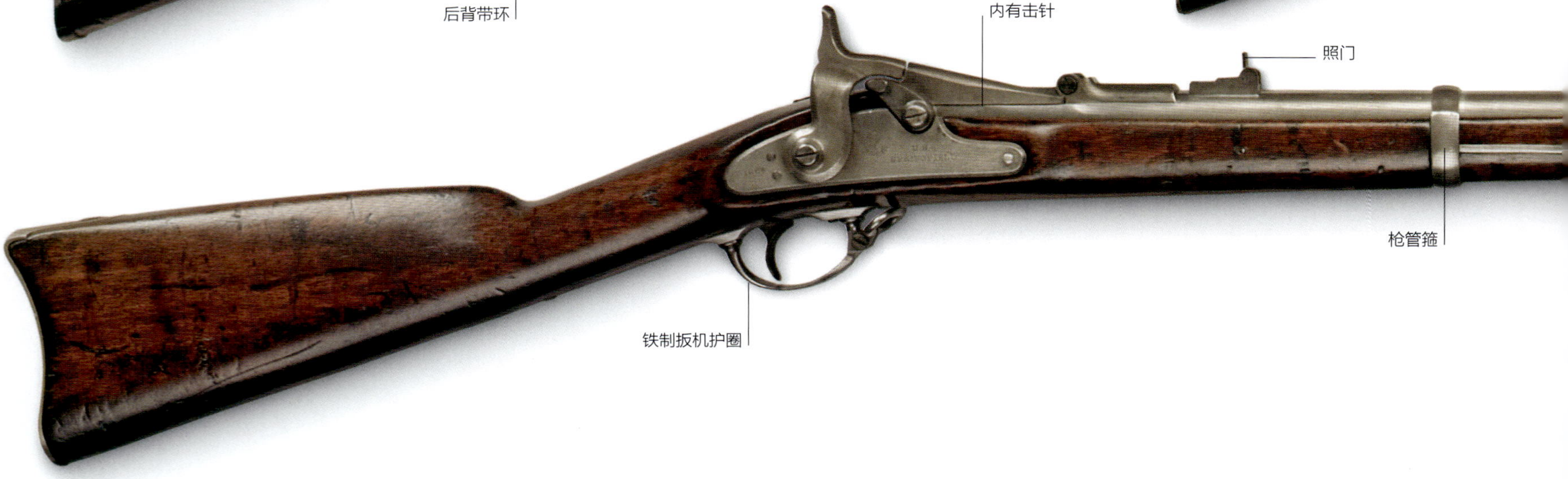

活门式枪机内有击针

照门

枪管箍

铁制扳机护圈

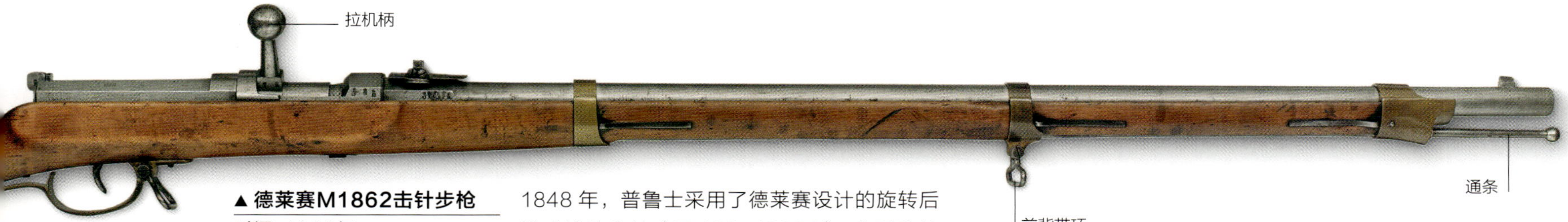

▲ **德莱赛M1862击针步枪**

时间	1868年
产地	德国
枪管长	81.2厘米
口径	15.43毫米

1848 年，普鲁士采用了德莱赛设计的旋转后拉式栓动步枪（见 108~109 页），之后陆续生产了多种型号，分别装备不同的部队，如步兵和骑兵。M1862 是步兵型号，从 1862 年开始生产，图中这支步枪生产于 1868 年。

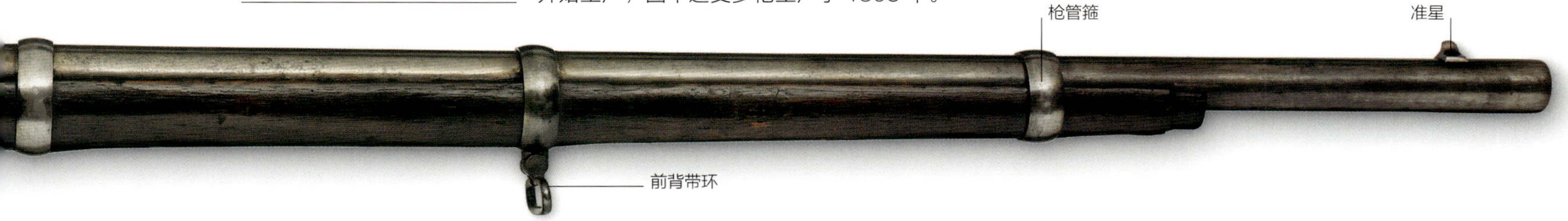

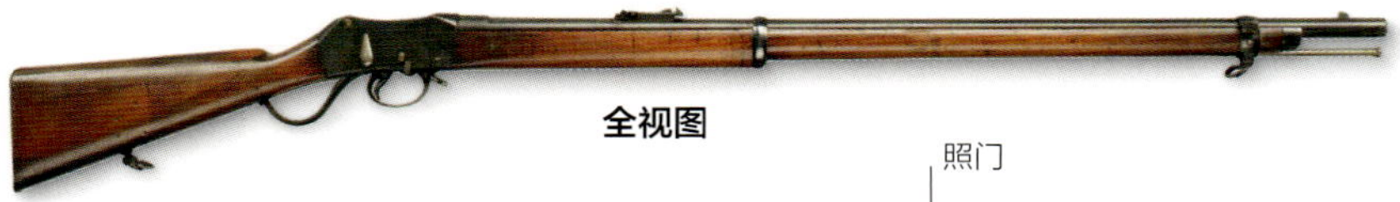

▼ **皮博迪–马提尼步枪**

时间	约1870年
产地	美国
枪管长	76厘米
口径	0.45英寸

亨利 · 皮博迪设计了这支杠杆式军用步枪，它由位于美国罗得岛的普罗维登斯工具公司生产。该枪配有保险销。土耳其采购了很多此款步枪，将其用于俄土战争（1877~1878 年）。

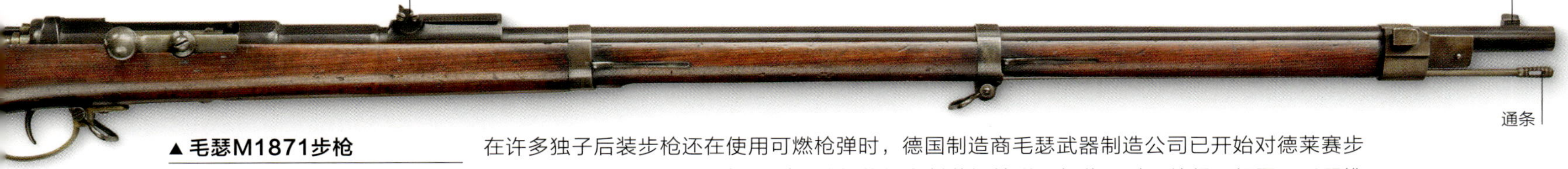

▲ **毛瑟M1871步枪**

时间	1872年前
产地	德国
枪管长	83厘米
口径	11 × 60毫米

在许多独子后装步枪还在使用可燃枪弹时，德国制造商毛瑟武器制造公司已开始对德莱赛步枪加以改进，如 M1862（本页），使其能够发射黄铜枪弹。与此同时，彼得 · 保罗 · 毛瑟推出了一款全新设计的步枪，它的旋转后拉式栓动枪机比德莱赛步枪的更为坚固。该枪发射金属枪弹（见 112~113 页）而非可燃纸壳枪弹，因此可发射装药量更多的大威力枪弹，有效射程可达 800 米。这款 M1871 步枪奠定了毛瑟公司在军用步枪领域突出的地位。

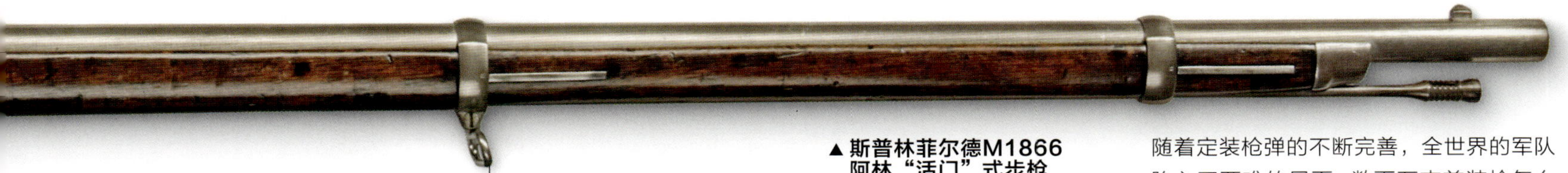

▲ **斯普林菲尔德M1866 阿林“活门”式步枪**

时间	1874年
产地	美国
枪管长	83厘米
口径	0.45英寸

随着定装枪弹的不断完善，全世界的军队陷入了两难的局面：数百万支前装枪怎么处理？美国陆军对已淘汰的线膛火枪加以改进，在枪管顶部铣出用于装填枪弹的弹膛，安装一个前部铰接的后膛盖——“活门”，并加装了击针。

手动弹仓步枪

早在16世纪，人们就尝试研制“连珠枪”或容纳多发弹丸的线膛枪和滑膛火枪。虽然柯尔特和其他枪匠成功研制了转轮手枪（见88~93页），但直到19世纪中叶，装有底火、发射药和弹头的定装枪弹（见112~113页）出现后，人们才对弹仓步枪的性能比较满意。弹仓步枪从后膛装填，弹仓中可容纳多发枪弹，使用者的每一次操作动作，都会使枪械完成清空枪膛（抛出空弹壳）、推弹上膛和枪机待击的过程，随时可以进行下一次击发。

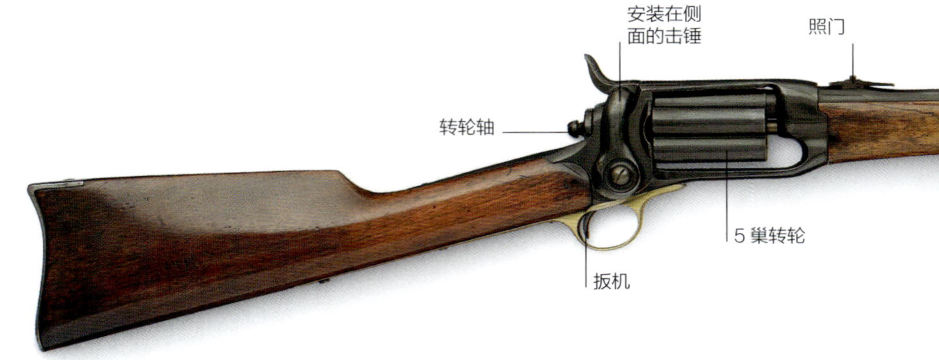

▲ **柯尔特转轮步枪**

时间	1855年
产地	美国
枪管长	68.2厘米
口径	0.56英寸

与柯尔特初期研制的转轮步枪(见122~123页)相比，该枪虽然装填机构复杂，但影响巨大。装填时，要先移开转轮，将火药装入弹巢，再把射弹塞入弹巢，最后用蜡密封弹巢膛口，以避免所有弹巢同时发射。

▼ **亨利M1860**

时间	1860年
产地	美国
枪管长	51厘米
口径	0.44英寸边缘发火

奥利弗·温彻斯特创建了纽黑文武器公司，聘请本杰明·泰勒·亨利来运营。亨利的第一个任务是设计一种采用下置杠杆且可抛壳的杠杆式连珠步枪（管形弹仓步枪）。该枪采用新式枪膛和可容纳15发枪弹的弹仓。弹仓有多种形状，最普遍的是枪弹水平放置的管形弹仓。

全视图

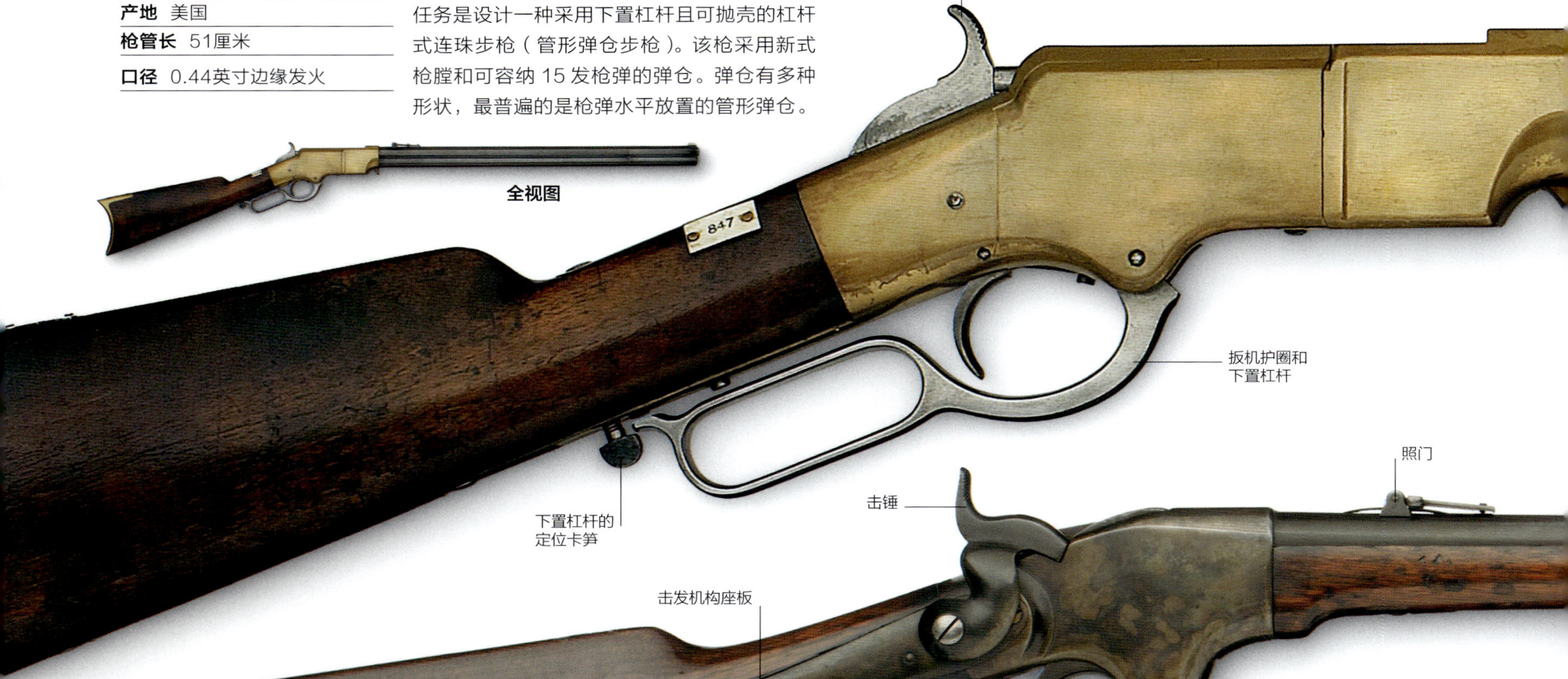

击锤

扳机护圈和下置杠杆

下置杠杆的定位卡笋

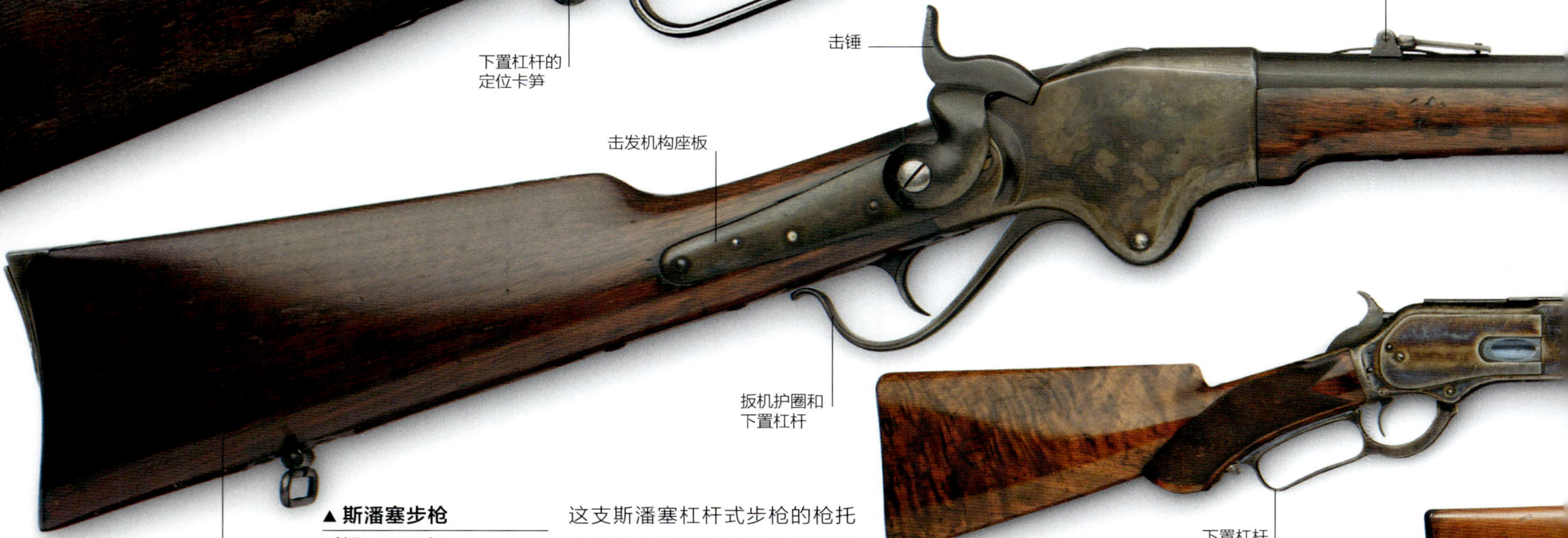

照门

击锤

击发机构座板

扳机护圈和下置杠杆

下置杠杆

枪托底部有可容纳7发枪弹的管形弹仓

▲ **斯潘塞步枪**

时间	1863年
产地	美国
枪管长	72厘米
口径	0.52英寸

这支斯潘塞杠杆式步枪的枪托内有可容纳7发枪弹的管形弹仓。它是世界上第一种用于实战的连珠步枪，在美国内战期间装备北方联邦军。

准星

枪托含有
管形弹仓
击发机构座板

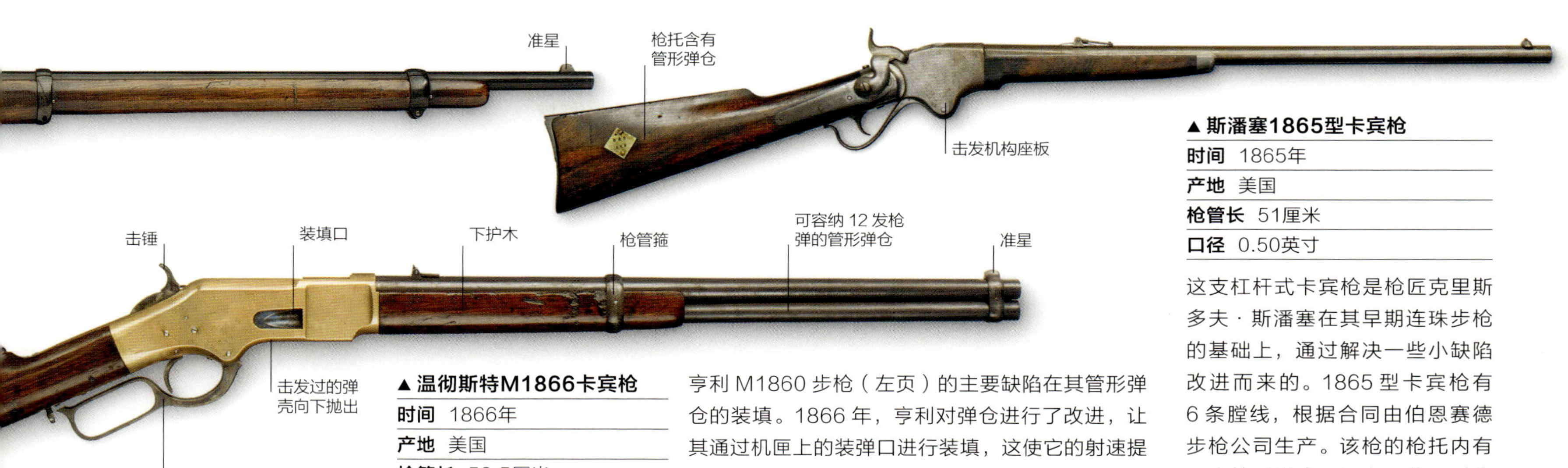

▲斯潘塞1865型卡宾枪

时间	1865年
产地	美国
枪管长	51厘米
口径	0.50英寸

这支杠杆式卡宾枪是枪匠克里斯多夫·斯潘塞在其早期连珠步枪的基础上，通过解决一些小缺陷改进而来的。1865 型卡宾枪有 6 条膛线，根据合同由伯恩赛德步枪公司生产。该枪的枪托内有一个管形弹仓。还有一些同时代的其他枪械，配备的是另一种比较普遍的盒式弹仓，枪弹叠放在里面。

击锤
装填口
下护木
枪管箍
可容纳 12 发枪
弹的管形弹仓
准星
击发过的弹
壳向下抛出
扳机护圈和
下置杠杆

▲温彻斯特M1866卡宾枪

时间	1866年
产地	美国
枪管长	58.5厘米
口径	0.44英寸边缘发火

亨利 M1860 步枪（左页）的主要缺陷在其管形弹仓的装填。1866 年，亨利对弹仓进行了改进，让其通过机匣上的装弹口进行装填，这使它的射速提升了一倍，达到 30 发 / 分。该枪使用和 M1860 相同的边缘发火枪弹，弹头和发射药在弹壳内，击发药位于弹壳底部边缘内（见 112 页）。

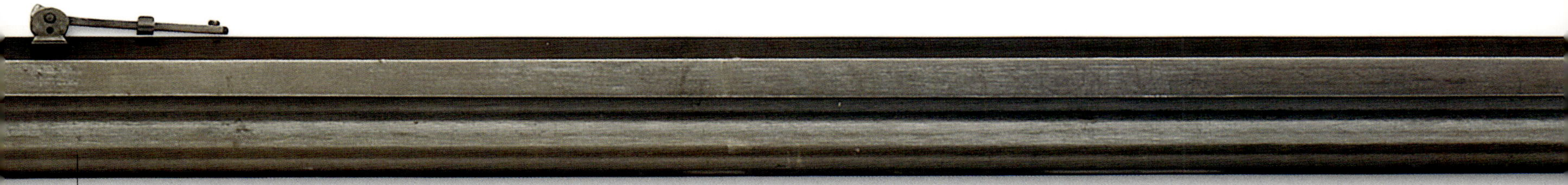

可容纳 15 发枪
弹的管形弹仓

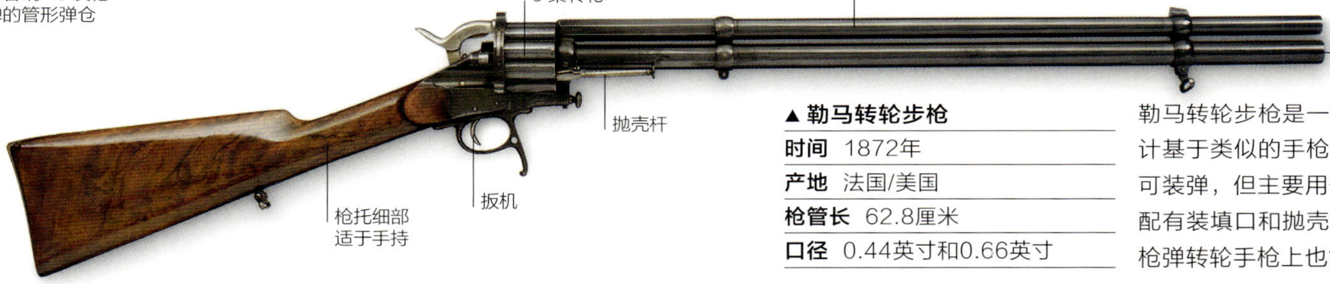

9 巢转轮
0.44 英寸口径枪管发射球形弹丸
0.66 英寸口
径滑膛枪管
抛壳杆
扳机
枪托细部
适于手持

▲勒马转轮步枪

时间	1872年
产地	法国/美国
枪管长	62.8厘米
口径	0.44英寸和0.66英寸

勒马转轮步枪是一种外形古怪的步枪，其设计基于类似的手枪。它有两根枪管，下枪管可装弹，但主要用作 9 巢转轮的转轴。该枪配有装填口和抛壳杆，在柯尔特早期的黄铜枪弹转轮手枪上也能见到类似的设计。

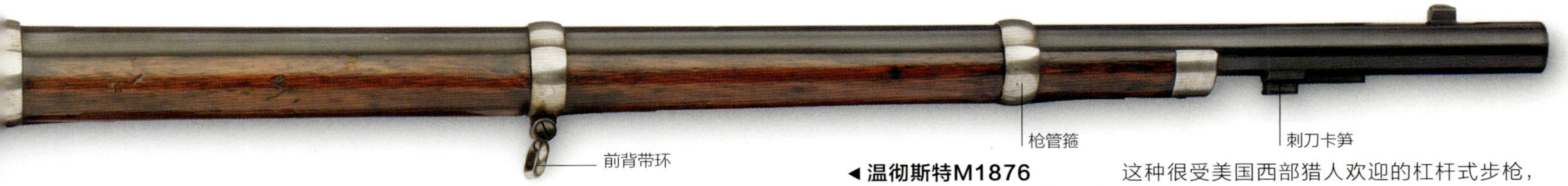

枪管箍
刺刀卡笋
前背带环

◀温彻斯特M1876

时间	1876年
产地	美国
枪管长	71厘米
口径	0.45英寸

这种很受美国西部猎人欢迎的杠杆式步枪，设计使用威力强大的 0.45 英寸 -75 枪弹。该枪可发射 4 种大威力枪弹，包括 0.50 英寸 -95 枪弹。生产商们用精确的口径尺寸标明他们的枪弹，如 0.50 英寸指口径，95 指的是发射药的重量，计量单位是格令。

准星

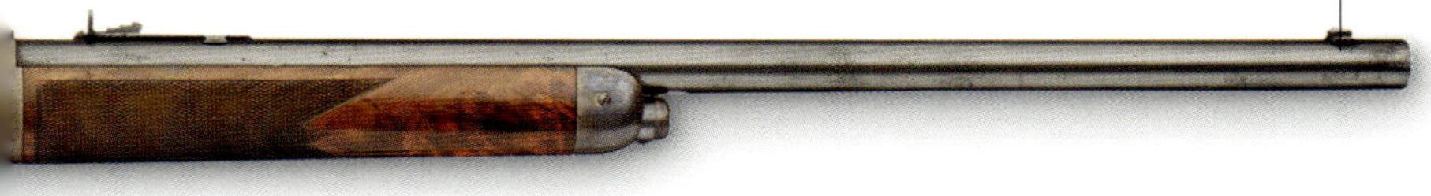

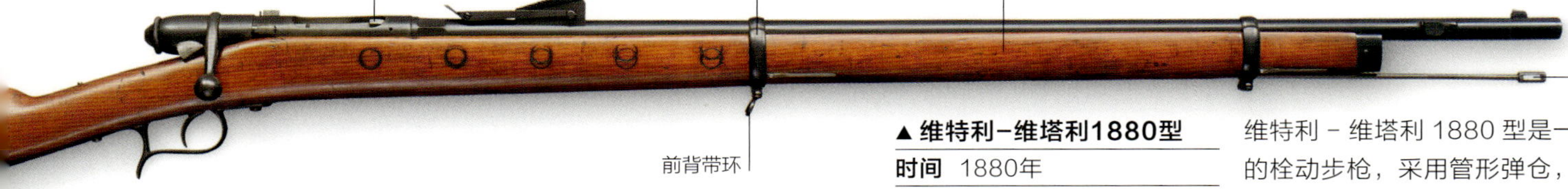

枪机
枪管箍
下护木内有管形弹仓
通条
前背带环

▲维特利-维塔利1880型

时间	1880年
产地	意大利
枪管长	86厘米
口径	10毫米

维特利 - 维塔利 1880 型是一款试验性的栓动步枪，采用管形弹仓，是意大利早期独子步枪的改进型。维特利 - 维塔利公司以其 1886 年推出的盒式弹仓系统而逐渐闻名。

奥利弗·温彻斯特

著名轻武器制造商

温彻斯特弹仓武器公司

弹仓步枪由美国人发明，最初是由瓦尔特·亨特和刘易斯·詹宁斯于19世纪40年代研制的。奥利弗·温彻斯特的温彻斯特弹仓武器公司将这种新型步枪投入生产，并向美国的拓荒者和猎人以及世界各国的军队出售。温彻斯特弹仓武器公司以生产高质量枪械而闻名，并获得巨大成功，尤其是在美国内战之后到第一次世界大战爆发之前。

1857年，企业家奥利弗·温彻斯特发现随着其他投资者的退出，自己成为火山武器公司的实际控制者。与独子武器相比，公司所生产的弹仓武器虽然更引人注目，但由于枪弹的威力不足，并未获得成功。温彻斯特为了改进产品，雇佣本杰明·泰勒·亨利，让他研制新型弹仓步枪。这款新型弹仓步枪是首支实用的杠杆式步枪（见116页），于美国内战爆发前的1860年获得了专利，内战爆发一年后投放市场，并以温彻斯特的名字命名。

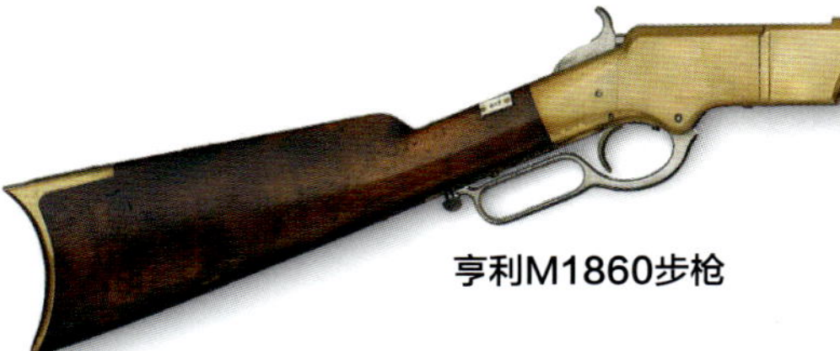
亨利M1860步枪

战争中的温彻斯特

内战期间，美国联邦政府采购了2000支温彻斯特生产的步枪，这些枪支以设计师的名字命名——亨利步枪。士兵们意识到弹仓步枪所带来的火力提升，可使他们在作战中获得更多的机会，因此，个人购买越来越多。不久，美国西部拓荒者们也开始使用亨利步枪，但温彻斯特发现武器仍有改进的空间，随后推出了M1866卡宾枪（见117页）。该枪采用更先进的装填系统，并配有下护木，以防止士兵被发热的枪管烫伤。这些改进过的步枪使温彻斯特名声远播，尤其在1877~1878年爆发的俄土战争中，奥斯曼土耳其部队大量装备温彻斯特步枪。这次冲

> “自从他们周日配备了该死的**扬基步枪**，就没完没了打了一个星期……”
>
> 引自南方同盟军士兵的描述

▼**俄土战争**

1877年7月在保加利亚旧扎戈拉的战斗中，俄国步枪兵（右侧）正在向举着刀剑的奥斯曼土耳其士兵开火。俄国军队配备的是独子步枪，但土耳其军队配备了温彻斯特弹仓步枪，最终土耳其军队打败了俄国军队。

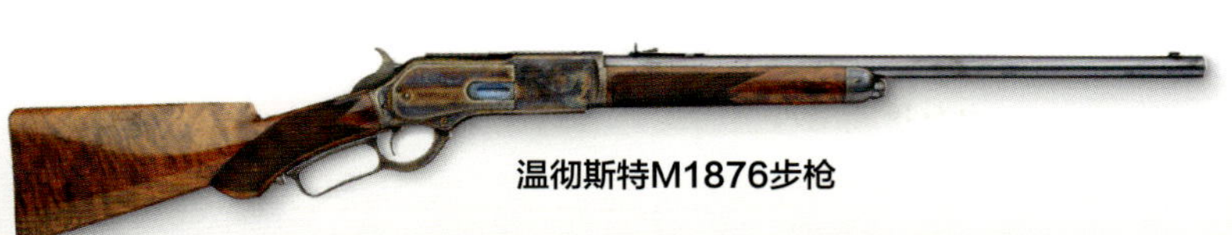

温彻斯特M1876步枪

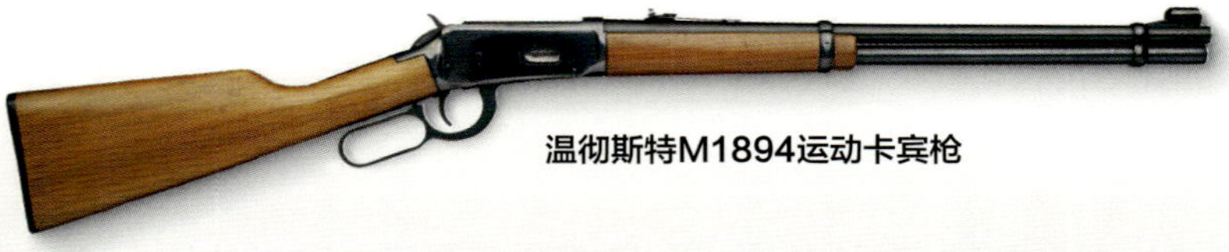

温彻斯特M1894运动卡宾枪

1860年 本杰明·泰勒·亨利设计的亨利步枪开始在纽黑文武器公司生产，该公司由奥利弗·温彻斯特和约翰·戴维斯共同经营。

1866年 重组后公司更名为温彻斯特弹仓武器公司，开始生产温彻斯特M1866卡宾枪。

1873年 温彻斯特的首个中心发火枪弹成功应用于M1873步枪。

1876年 为庆祝美国建国100周年，温彻斯特推出采用全威力中心发火枪弹的M1876步枪。

1883年 温彻斯特开始与枪械设计师约翰·勃朗宁合作。

1894年 M1894被推出，最终成为最畅销的猎枪。

1903年 公司开始生产系列化自动装填步枪。

1914年 温彻斯特开始为第一次世界大战中的英国军队生产枪械，包括恩菲尔德1914型步枪。

1931年 第一次世界大战后公司的销量进入低谷，同时受经济大萧条的影响，最终破产。

突中，弹仓步枪在土耳其军队围攻普列文城的战斗中发挥了巨大作用，虽然他们的人数只有俄军的四分之一，但温彻斯特步枪具有的火力优势，给俄军造成了巨大伤亡。此后的几年里，许多欧洲军队都装备了弹仓步枪。

千分之一

温彻斯特又做出进一步技术改革，为温彻斯特 M1873 和 M1876（见 117 页）等型号专门研制了全威力中心发火枪弹，使其具有更强的阻滞力。温彻斯特 M1873 步枪在美国西部特别流行，既可用于狩猎也可用于自卫。猎人们发现，它可以打死 180 米远的水牛，如此强大的武器也可在危难中保护自己和家人。M1873 步枪成为高质量产品的代表，具有很强的市场竞争力。从 1875 年开始，温彻斯特开始对公司生产的步枪枪管进行测试，挑选出精度最高的枪管并配备了扳机，还刻上“千分之一”的铭文。这种步枪因其精度高，而在当时定价高达 100 美元。时至今日，收藏家们珍藏的这种步枪仍有很高的价值。

为了进一步强化“温彻斯特的产品”与“美国西部”的关联性，温彻斯特公司在 1919 年推出了宣传标语“温彻斯特：征服西部的枪”。许多拓荒者都配备了温彻斯特步枪，这句话无疑加强了温彻斯特和美国历史之间的联系。20 世纪初，公司继续生产步枪、霰弹枪和其他枪械，但不幸于 1931 年破产。

▶ **《无敌连环枪》**

在电影《无敌连环枪》中，詹姆斯·斯图尔特使用的就是温彻斯特步枪。这部电影讲述了一支有“千分之一”步枪之称的温彻斯特 1873 型步枪不断易手的故事。

后装霰弹枪

1836年，法国发明家卡西米尔·勒福舍利用其横针枪弹（见112页）的专利设计出一款开膛式（为了从后膛装填，枪管从下部铰接）运动枪。尽管枪匠们发明了多种不同的后膛闭锁机构，但在运动枪上应用最为普遍的还是铰接式枪管。最终，横针枪弹被中心发火枪弹（见112~113页）取代。发射横针枪弹的枪械，最大的特点就是击锤很长，需要击打每个枪弹的击针。而匹配中心发火枪弹的枪械，其击锤则小得多。枪匠们发现打开后膛可使枪械处于待发状态，19世纪末之前，出现了无击锤霰弹枪。霰弹枪射击时只需将枪口指向目标既可，基本不需要瞄准。

伯尔胡桃木枪托

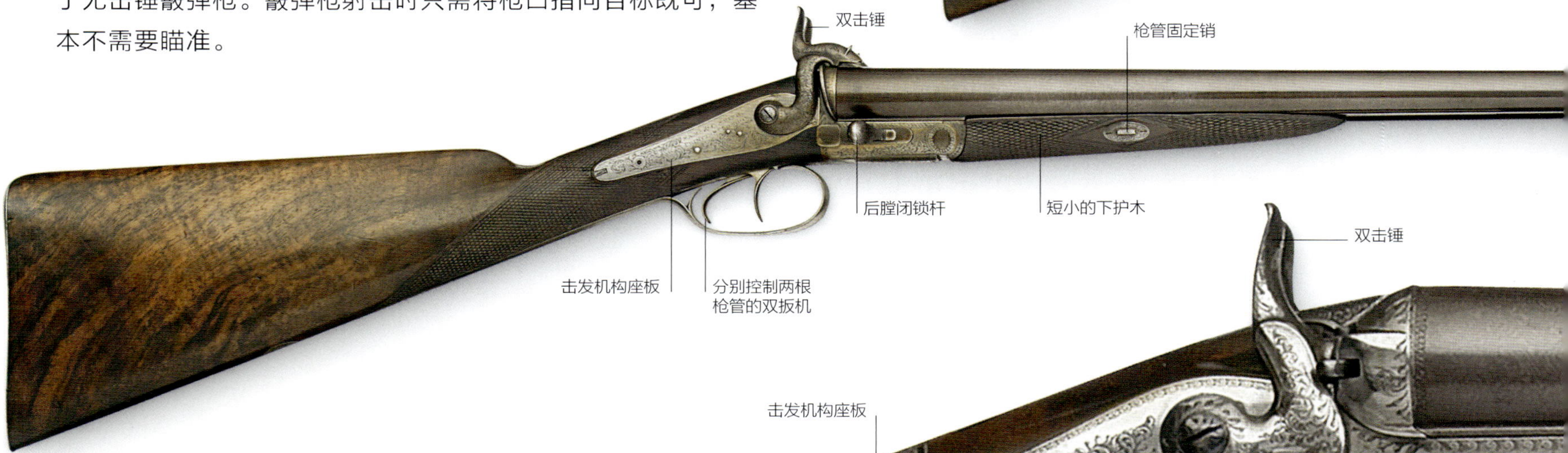

双击锤

枪管固定销

后膛闭锁杆

短小的下护木

击发机构座板

分别控制两根枪管的双扳机

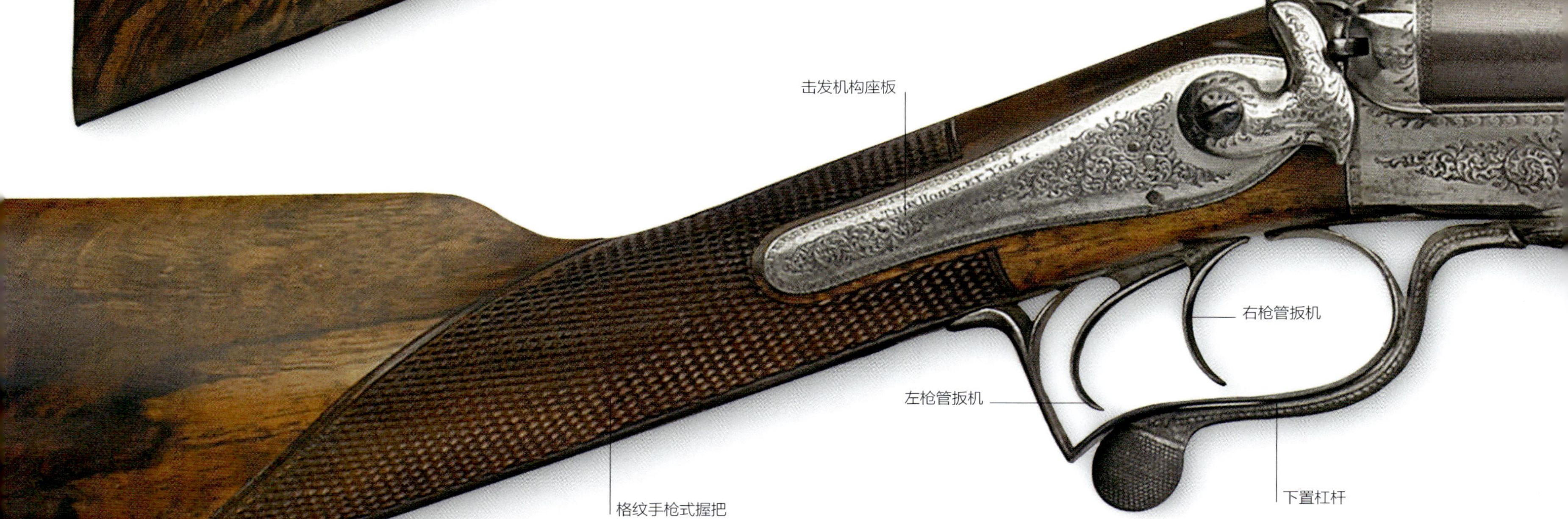

双击锤

击发机构座板

右枪管扳机

左枪管扳机

下置杠杆

格纹手枪式握把

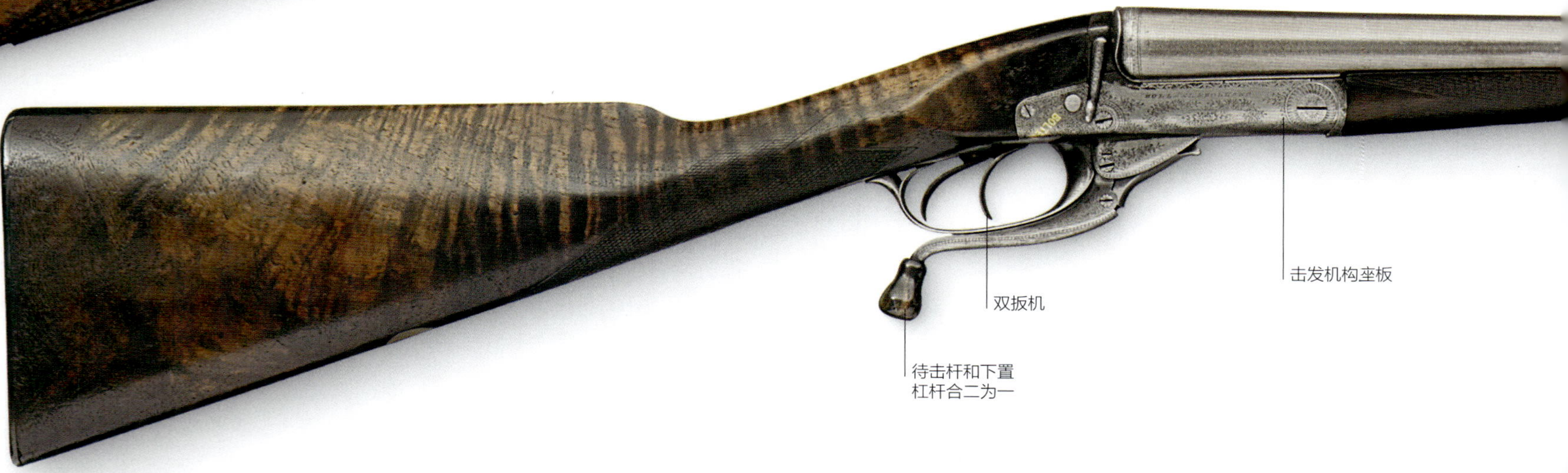

击发机构座板

双扳机

待击杆和下置杠杆合二为一

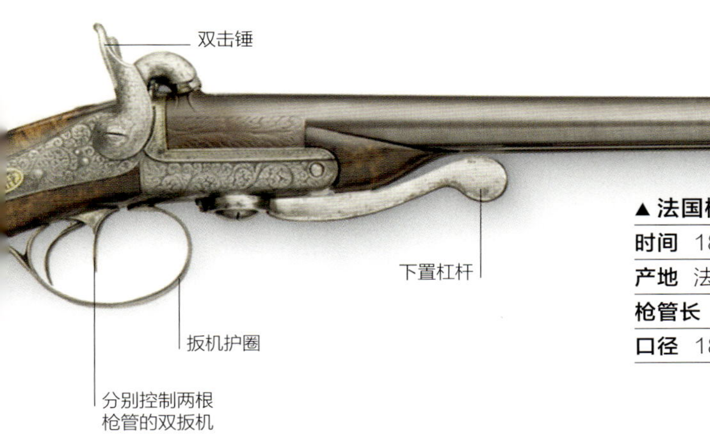

▲ 法国横针运动枪

时间	1836年
产地	法国
枪管长	64.7厘米
口径	18号（16毫米）

这是由卡西米尔·勒福舍发明的后装枪，采用开膛式设计，通过扳机护圈前的旋转杠杆来闭锁。该枪发射勒福舍发明的横针枪弹，这种枪弹的弹壳底部有一个由金属制成的横向突出的击针，用于击打、引爆枪弹中雷酸汞击发药。

两根滑膛枪管中的一根

◀ 英国横针霰弹枪

时间	约1860年
产地	英国
枪管长	76.2厘米
口径	12号（18.54毫米）

卡西米尔·勒福舍的横针系统很受装备霰弹枪的猎人们的喜爱（尤其在英国和法国），甚至在中心发火枪弹出现后仍未过时。这支枪由塞缪尔–查尔斯·史密斯伦敦公司制造，虽然装饰较少，但制造精湛，采用后动击发机构，侧面安装有后膛闭锁杆。

全视图

▲ 英国霰弹枪

时间	19世纪80年代
产地	英格兰
枪管长	76.2厘米
口径	不详

这支霰弹枪是约克郡枪匠托马斯·霍斯利制造的，它是最早使用中心发火枪弹的运动枪之一。与上面图示的横针运动枪相似，该枪由外置击锤击发，双扳机可快速选择用哪根枪管发射，开膛下置杠杆位于扳机护圈下方。外置击锤需要手动拉回，扣动扳机后击锤撞击击针外露部分，使击针击打位于后膛内的中心发火枪弹。

短小的下护木

两根滑膛枪管中的一根

▲ 霍兰–霍兰霰弹枪

时间	1878年
产地	英格兰
枪管长	76.2厘米
口径	12号（18.54毫米）

霍兰–霍兰公司以制造高质量猎鸟霰弹枪而闻名。这支配有下置杠杆的无击锤霰弹枪配以非手枪式握把的经典英式枪托。该枪使用了与众不同的后装机构，其下置杠杆不仅能用来打开和关闭枪膛，还可以将盒式闭锁枪机扳到待击位置。

运动步枪

运动步枪受到多种因素的影响，产生了各种样式。这些因素包括流行的地域风格、新技术，以及狩猎比赛中猎物（从鸟和兔子到鹿和大象）的体形和习性。用户的品位和预算也对这些步枪的设计有所影响。运动步枪的制作通常比同时代的军用枪械更精致，因为它们不必承受战场条件下的恶劣环境和过度的使用。

▲柯尔特“帕特森”转轮步枪

时间	1837年
产地	美国
枪管长	81.3厘米
口径	0.36英寸

塞缪尔·柯尔特的第一家工厂坐落在美国新泽西州帕特森市，主要生产转轮步枪和手枪，但设备有限，最终破产。在帕特森生产的柯尔特步枪非常稀少，如这支采用隐蔽式击锤的 8 巢转轮步枪，采用撞击式火帽，前装。

▼下置击锤击发步枪

时间	1835年
产地	美国
枪管长	75厘米
口径	0.44英寸

这支下置击锤步枪由美国佛蒙特州枪匠尼卡诺尔·肯德尔制造，是采用撞击式火帽的前装步枪。枪托可能用美国樱桃木制成，前装枪金属件（如扳机护圈和枪托底板）由高强度镍铜合金浇铸而成，上面有雕刻装饰。八边形枪管配有 4 节推弹杆箍、1 个叶形照门和 1 个刀口形准星。

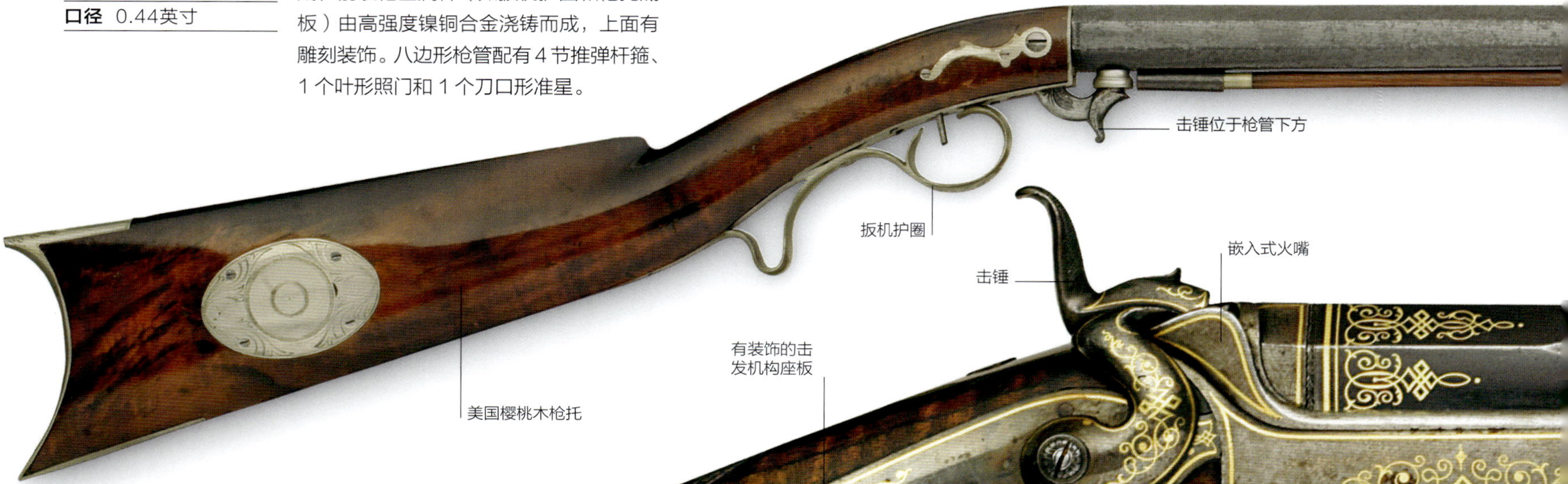

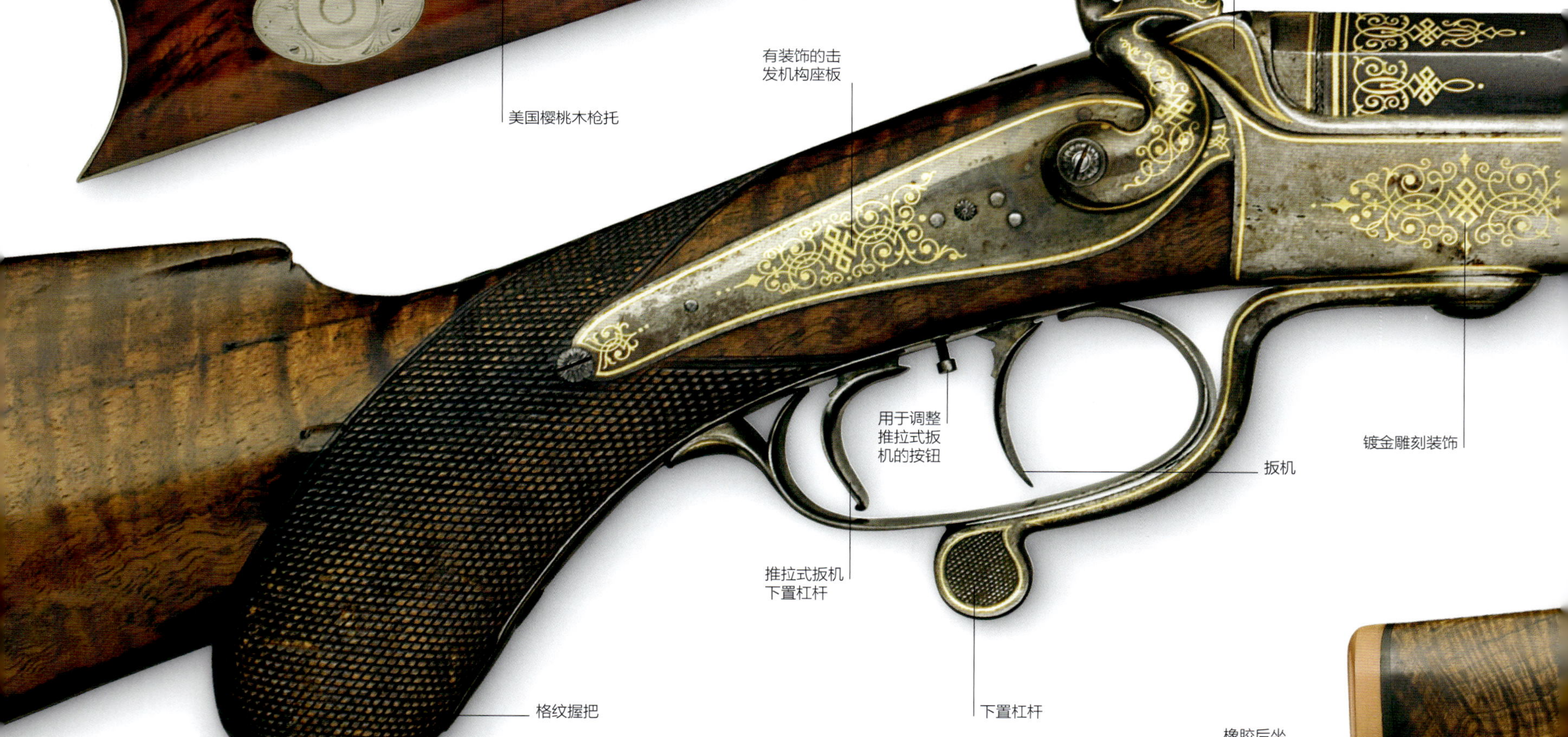

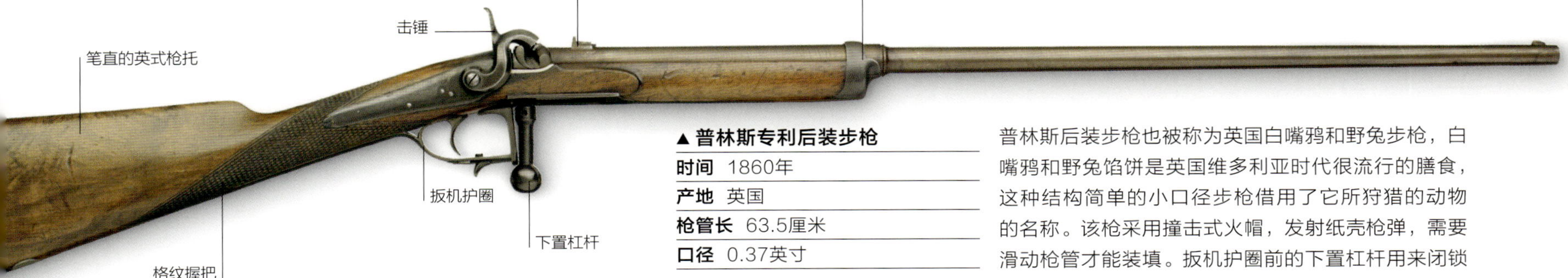

▲ 普林斯专利后装步枪

时间	1860年
产地	英国
枪管长	63.5厘米
口径	0.37英寸

普林斯后装步枪也被称为英国白嘴鸦和野兔步枪，白嘴鸦和野兔馅饼是英国维多利亚时代很流行的膳食，这种结构简单的小口径步枪借用了它所狩猎的动物的名称。该枪采用撞击式火帽，发射纸壳枪弹，需要滑动枪管才能装填。扳机护圈前的下置杠杆用来闭锁枪膛，这种结构由伦敦枪匠弗雷德里克·普林斯发明，于1855年获得了专利。

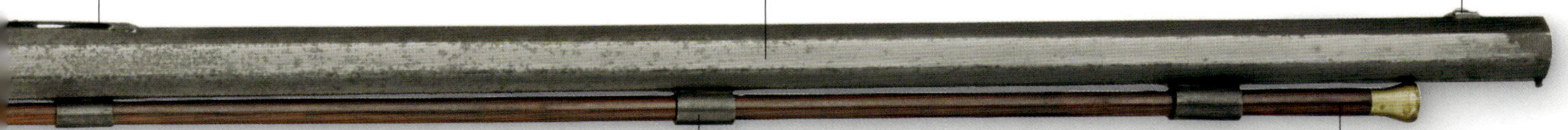

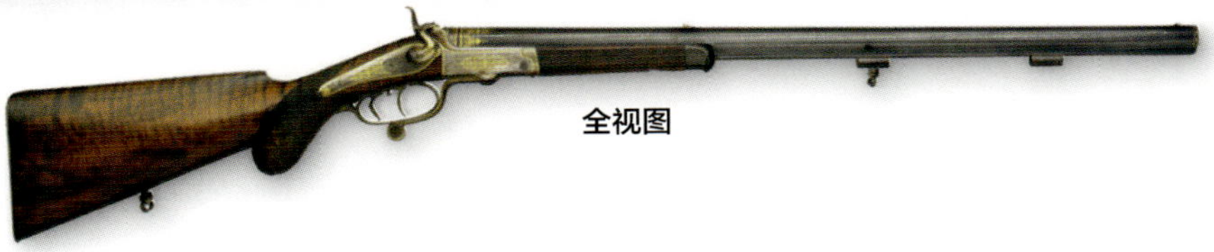

▲ 德国下置杠杆式步枪

时间	1880年
产地	德国
枪管长	63.5厘米
口径	0.45英寸

即使在性能出众的栓动弹仓步枪出现以后，还是有一些人拒绝接受新技术。猎人——尤其是那些乐于狩猎大型动物的猎人们更青睐简单的开膛式设计，例如这支中心发火步枪。

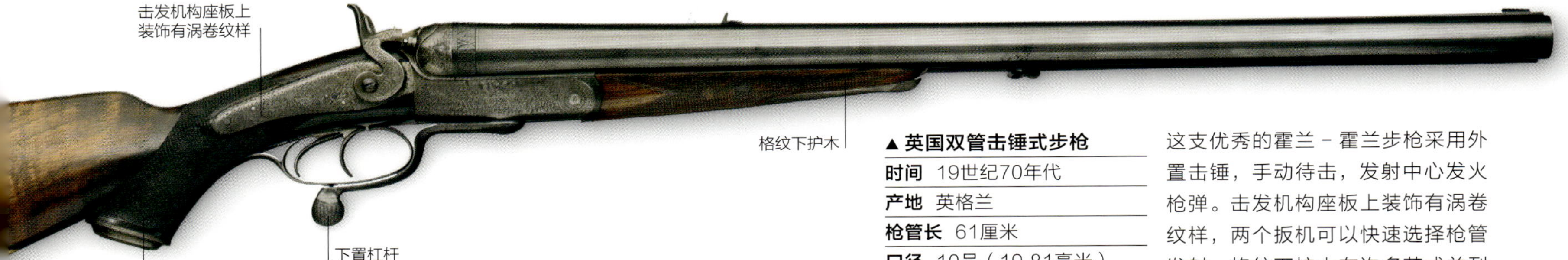

▲ 英国双管击锤式步枪

时间	19世纪70年代
产地	英格兰
枪管长	61厘米
口径	10号（19.81毫米）

这支优秀的霍兰－霍兰步枪采用外置击锤，手动待击，发射中心发火枪弹。击发机构座板上装饰有涡卷纹样，两个扳机可以快速选择枪管发射，格纹下护木在许多英式并列双管猎枪中很常见。

金属枪弹手枪（1853~1870年）

卡西米尔·勒福舍的横针设计（见112页）使手枪弹采用金属弹壳变得切实可行。1860年，史密斯－韦森对其边缘发火枪弹（见128~129页）进行了改进，并在19世纪70年代，设计了中心发火枪弹。在美国，由于1855年罗林·怀特获得了专利，所以未经授权，就不能生产发射这种枪弹的转轮枪，之后史密斯－韦森收购了这项专利，以防止别人生产贯通式弹巢转轮。枪弹能从这种采用前后贯通的弹巢的转轮后部装填，弹巢后膛口被弹壳所密闭。1869年这项专利一到期，击发式转轮手枪就纷纷被改造，以适用金属壳定装枪弹，而新型手枪也被设计成能够发射这种枪弹。

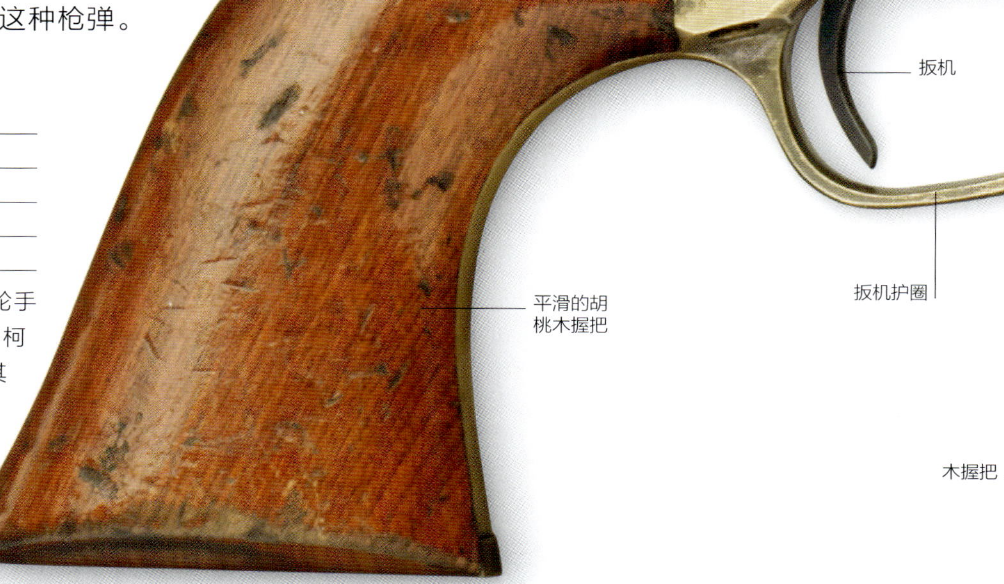

▶ 柯尔特海军型转轮手枪

时间	1861年
产地	美国
枪管长	19厘米
口径	0.36英寸

在棱角分明的1851海军型转轮手枪（见88页）推出10年后，柯尔特用新的流线型转轮手枪将其替换。该枪在单动陆军型转轮手枪（见95页）风靡之后，被改为使用黄铜枪弹，许多击发式转轮手枪也开始向这一方向转变。

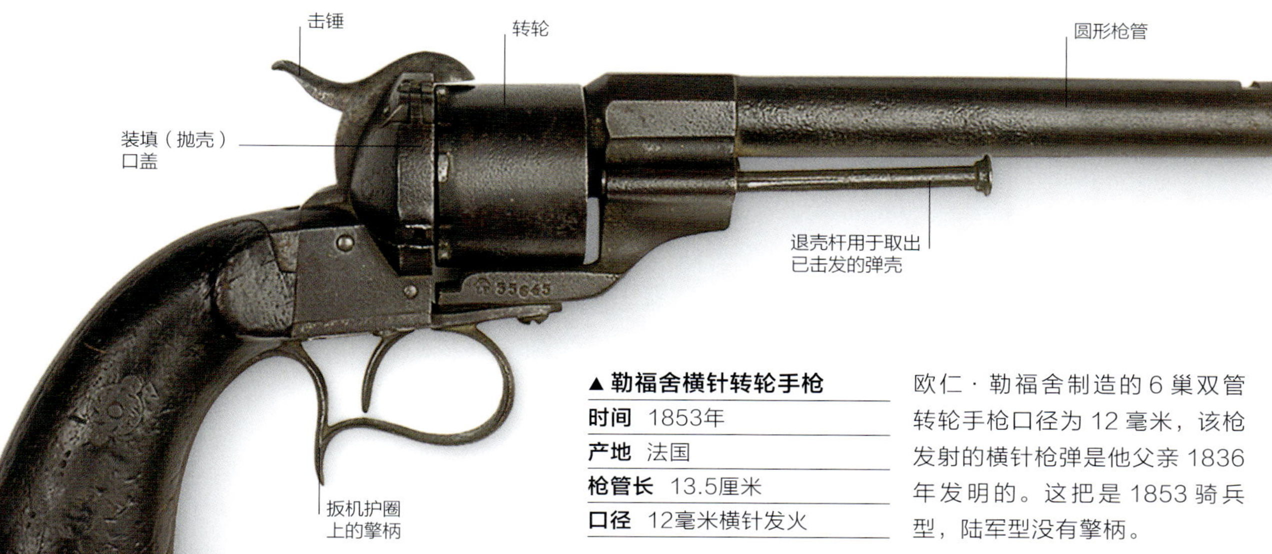

▲ 勒福舍横针转轮手枪

时间	1853年
产地	法国
枪管长	13.5厘米
口径	12毫米横针发火

欧仁·勒福舍制造的6巢双管转轮手枪口径为12毫米，该枪发射的横针枪弹是他父亲1836年发明的。这把是1853骑兵型，陆军型没有擎柄。

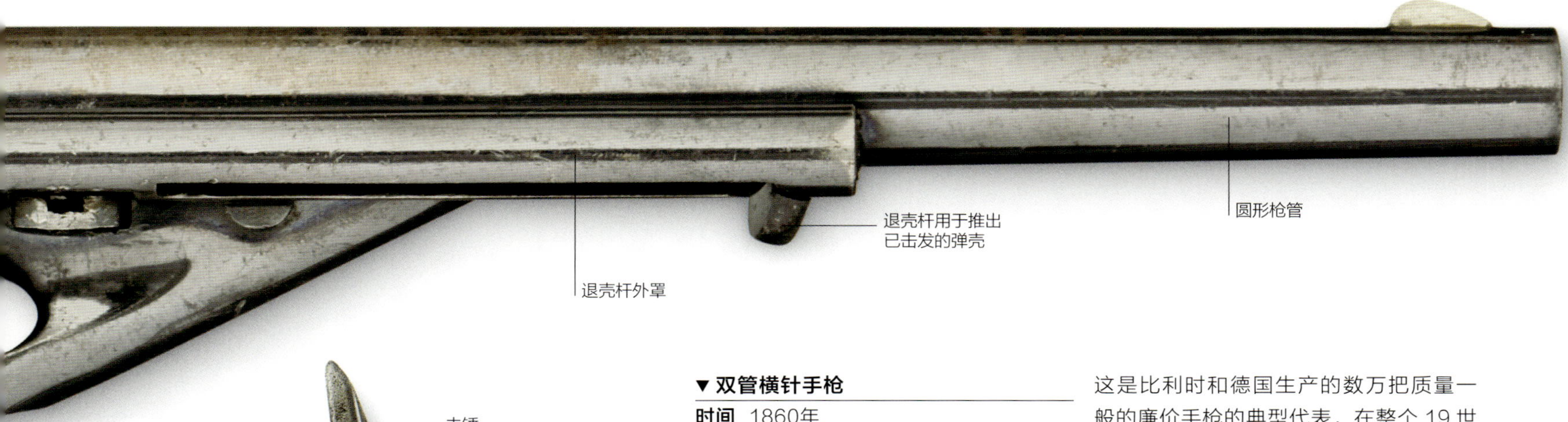

▼ 双管横针手枪

时间	1860年
产地	比利时
枪管长	19厘米
口径	0.44英寸横针发火

这是比利时和德国生产的数万把质量一般的廉价手枪的典型代表，在整个19世纪，它都随处可见。该枪装填时的打开方式和猎枪相似，配有可折叠式扳机，当击锤处于待击状态时扳机会向下弹出。

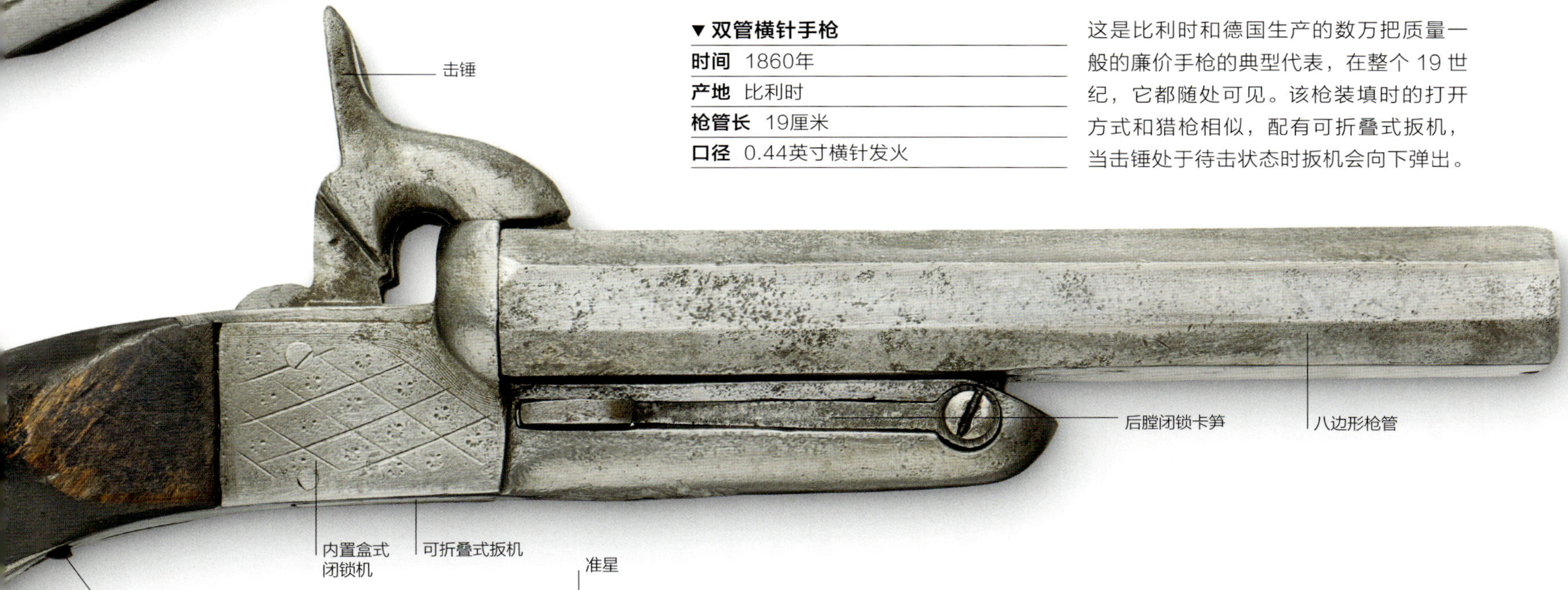

▼ 雷明顿边缘发火式双管德林杰手枪

时间	1865年
产地	美国
枪管长	7.6厘米
口径	0.41英寸边缘发火

亨利·德林杰是美国费城的枪匠，专于制作袖珍手枪。这种类型的武器名称源自他的名字，只不过在中间神秘地多了一个“r”。他设计的手枪中最著名的就是这把雷明顿边缘发火式双管大口径短筒手枪，枪的顶部有铰链，装弹时可将上下排列的两根枪管向上翘起。该枪一直生产到1935年。

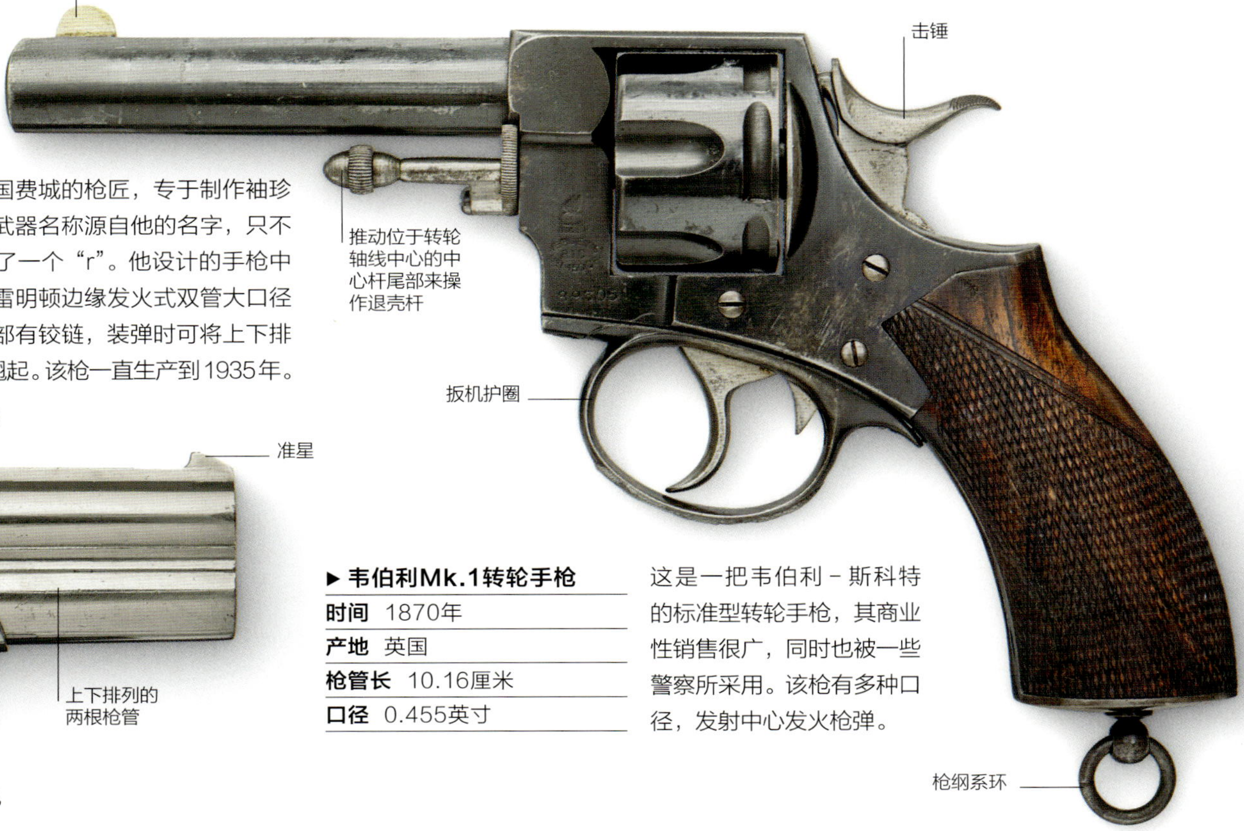

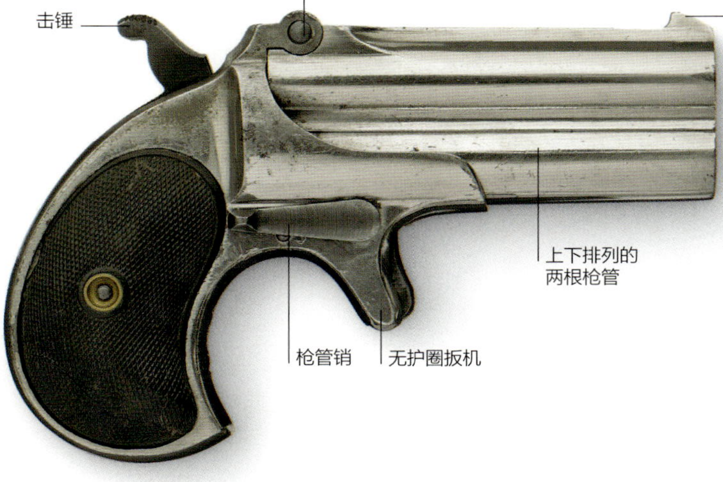

▶ 韦伯利Mk.1转轮手枪

时间	1870年
产地	英国
枪管长	10.16厘米
口径	0.455英寸

这是一把韦伯利－斯科特的标准型转轮手枪，其商业性销售很广，同时也被一些警察所采用。该枪有多种口径，发射中心发火枪弹。

金属枪弹转轮手枪（1871~1879年）

随着坚固可靠的金属枪弹的生产，枪械制造商们可以研制和改进各种手枪及其他枪支，以提升枪械的效能。转轮手枪仍不断改进，种类也越来越多。有些公司的转轮手枪，如柯尔特和雷明顿的转轮手枪配备了可通过“后门”直接装弹的固定式转轮，其他公司的转轮手枪则采用可向一侧外摆的转轮，而史密斯和韦森研制的转轮手枪配有铰链，可以直接将转轮座敞开。

连接在枪身上的握把护木

枪身铰链

击柄

◀ **史密斯-韦森No.3俄国型转轮手枪**

时间 1871年

产地 美国

枪管长 20.3厘米

口径 0.44英寸史密斯-韦森俄式枪弹

史密斯－韦森公司获得了俄国陆军2万把No.3转轮手枪的订购合同，该枪发射特种枪弹，是当时精度最高的转轮手枪。

6巢转轮

硬橡胶握把

扳机

▲ **柯尔特1873型单动陆军转轮手枪**

时间 1873年

产地 美国

枪管长 19厘米

口径 0.45英寸

柯尔特单动陆军型（“和事佬”，见95页）结合了老式骑兵型单动发射机构和贯通式弹巢转轮。枪管以螺钉固定于一体式转轮座上。

准星

八边形枪管

▲ **荷兰M1873陆军转轮手枪**

时间 1873年

产地 荷兰

枪管长 16厘米

口径 9.4×21毫米边缘发火

荷兰陆军装备了两种型号的M1873转轮手枪，早期型号采用八边形枪管，后期型号则采用圆形枪管。

握把固定螺钉

枪纲系环

6巢转轮

枪管下与众不同的“蹼”

木握把

▲ **雷明顿1875型陆军转轮手枪**

时间 1875年

产地 美国

枪管长 19厘米

口径 0.45英寸

该枪与柯尔特1873单动陆军型很相似，枪管下有“蹼”，便于将其装入枪套。它也可发射0.40英寸和0.44英寸枪弹。

击锤

5巢转轮

柯尔特商标

▲ **柯尔特“闪电”双动转轮手枪**

时间 1877年

产地 美国

枪管长 14厘米

口径 0.38英寸

“闪电”是柯尔特的第一把双动手枪，弹巢容纳0.38英寸枪弹，因此转轮座较小。柯尔特公司为了迎合那些喜欢大威力的用户，还生产了该款枪的0.44英寸口径型号——“雷鸣”。虽然“闪电”有一些质量问题，但销量可观，一共生产了16.6万把。

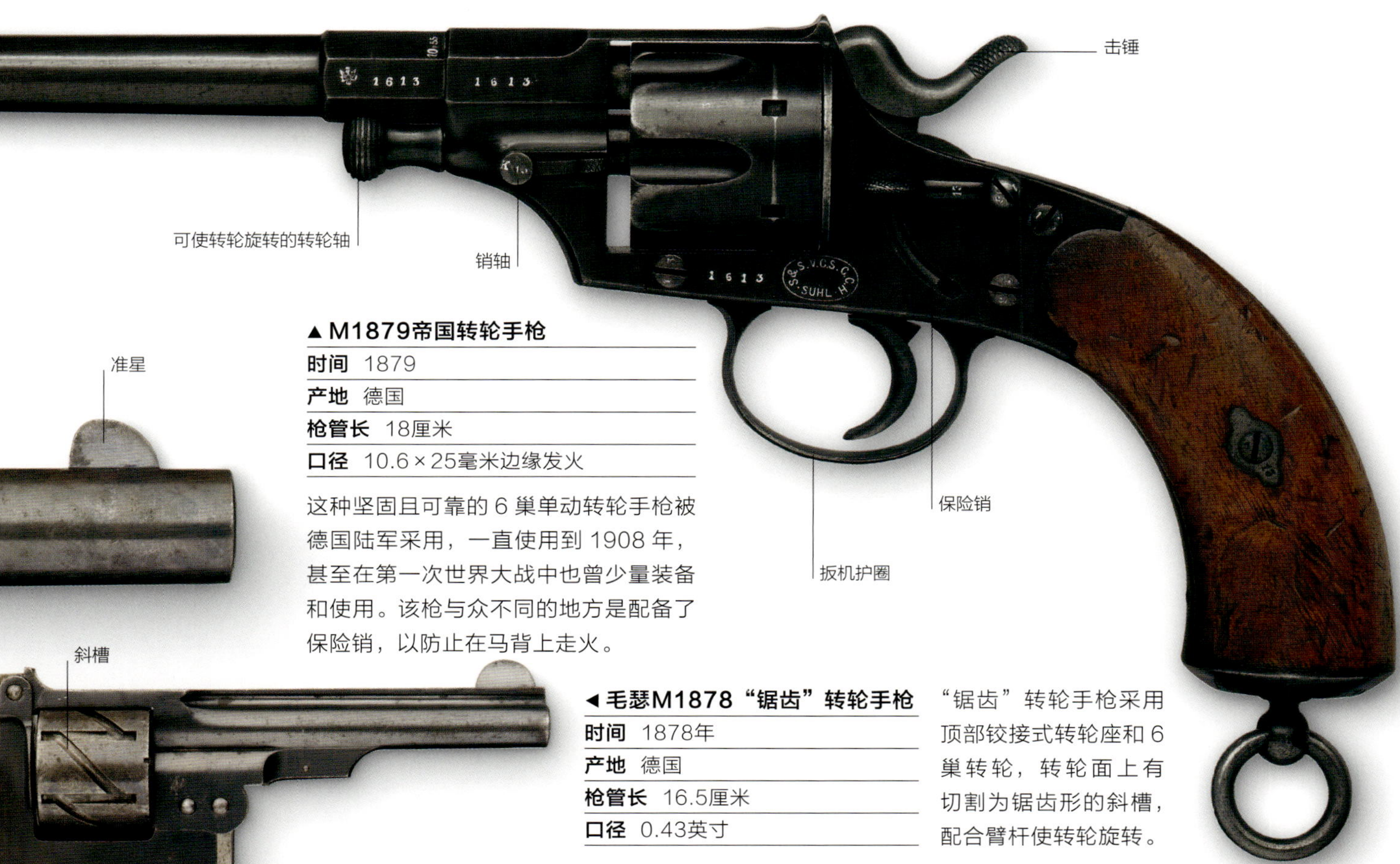

击锤
枪管
可使转轮旋转的转轮轴
销轴
保险销
扳机护圈

▲M1879帝国转轮手枪

时间 1879

产地 德国

枪管长 18厘米

口径 10.6×25毫米边缘发火

这种坚固且可靠的6巢单动转轮手枪被德国陆军采用，一直使用到1908年，甚至在第一次世界大战中也曾少量装备和使用。该枪与众不同的地方是配备了保险销，以防止在马背上走火。

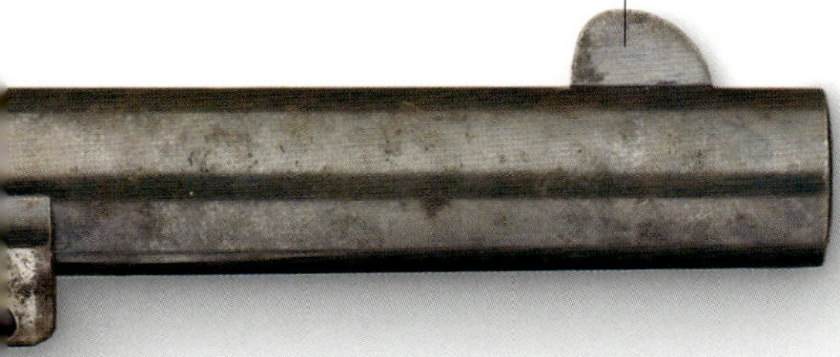

准星

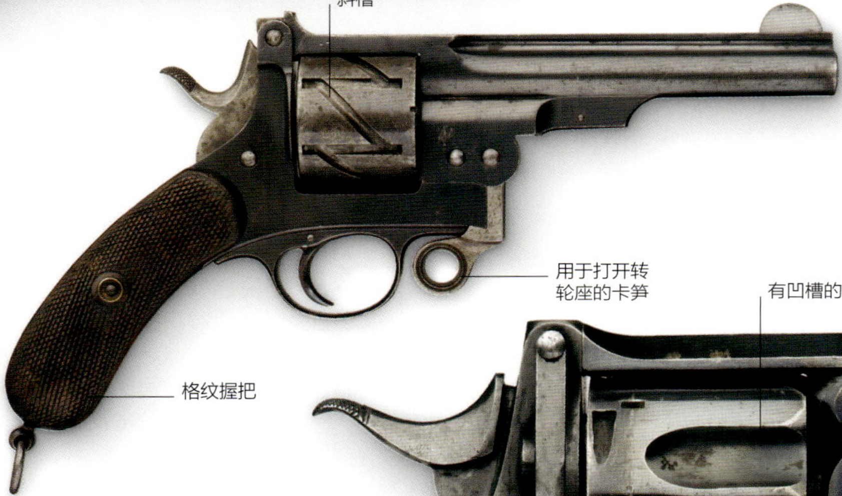

斜槽
用于打开转轮座的卡笋
格纹握把

◀毛瑟M1878“锯齿”转轮手枪

时间 1878年

产地 德国

枪管长 16.5厘米

口径 0.43英寸

“锯齿”转轮手枪采用顶部铰接式转轮座和6巢转轮，转轮面上有切割为锯齿形的斜槽，配合臂杆使转轮旋转。

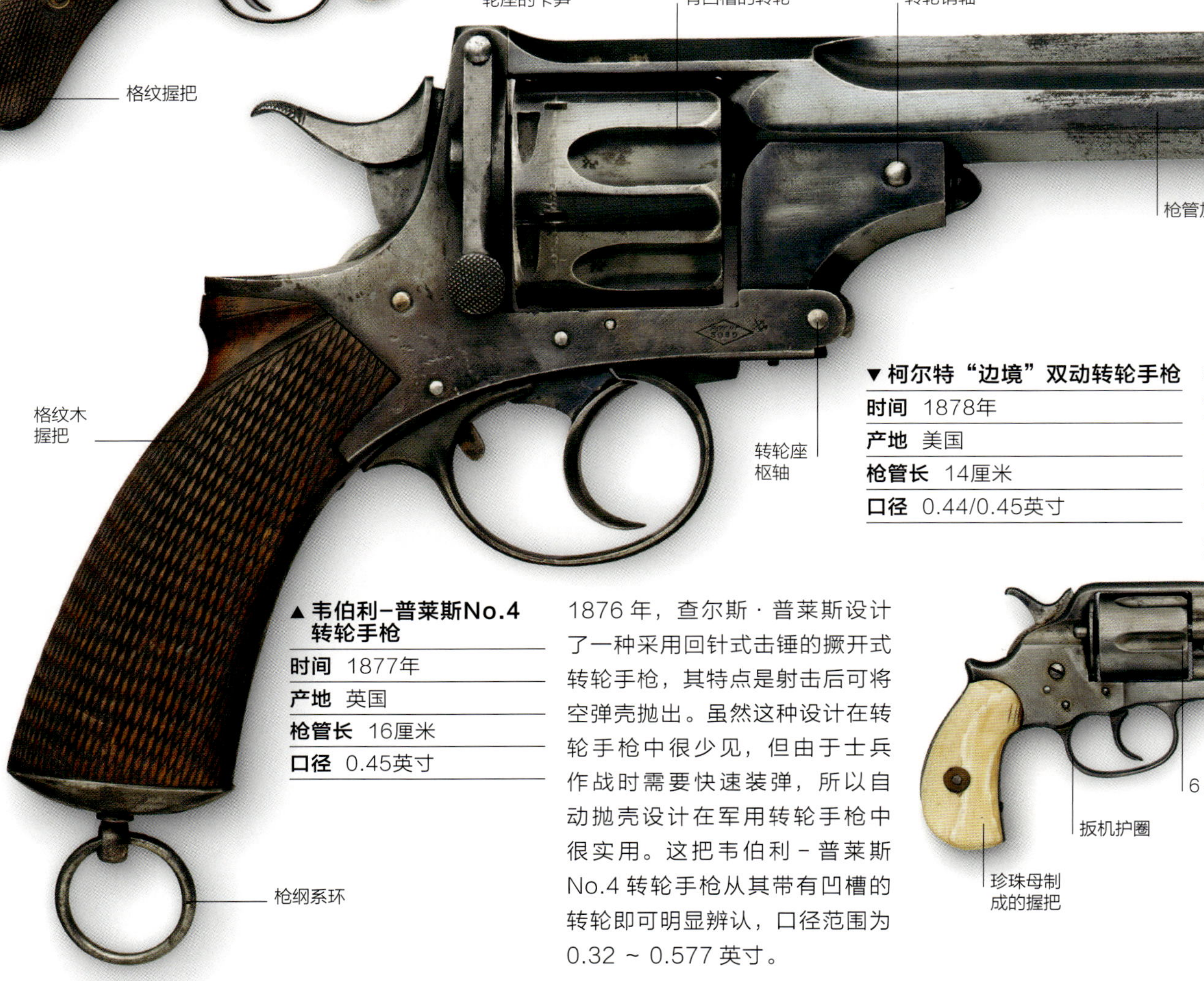

有凹槽的转轮
转轮销轴
枪管加强筋
格纹木握把
转轮座枢轴
枪纲系环

▼柯尔特“边境”双动转轮手枪

时间 1878年

产地 美国

枪管长 14厘米

口径 0.44/0.45英寸

柯尔特继1877年推出“闪电”（左页）双动转轮手枪之后，又推出了“和事佬”单动转轮手枪（左页）的双动型——口径分别为0.44英寸和0.45英寸的柯尔特“边境”双动转轮手枪。

▲韦伯利–普莱斯No.4转轮手枪

时间 1877年

产地 英国

枪管长 16厘米

口径 0.45英寸

1876年，查尔斯·普莱斯设计了一种采用回针式击锤的撅开式转轮手枪，其特点是射击后可将空弹壳抛出。虽然这种设计在转轮手枪中很少见，但由于士兵作战时需要快速装弹，所以自动抛壳设计在军用转轮手枪中很实用。这把韦伯利–普莱斯No.4转轮手枪从其带有凹槽的转轮即可明显辨认，口径范围为0.32～0.577英寸。

退壳杆外罩
6巢转轮
扳机护圈
珍珠母制成的握把

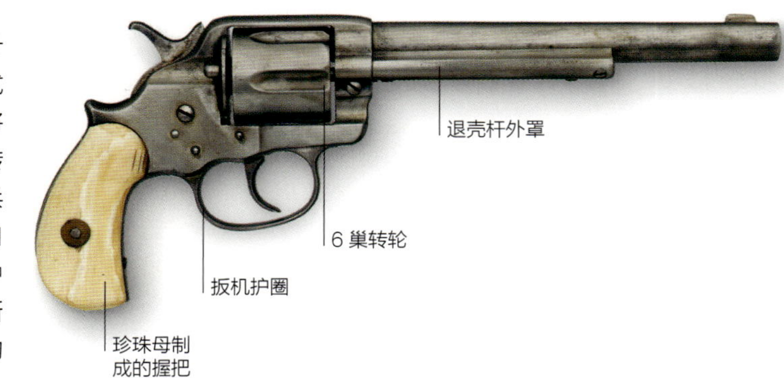

丹尼尔·贝尔德·韦森

著名轻武器制造商

史密斯–韦森公司

贺拉斯·史密斯和丹尼尔·贝尔德·韦森是历史上极具影响力的两位枪匠。他们的第一个成就是M1转轮手枪。该枪不再使用单独的火药、弹丸和撞击式火帽，装填时，使用者只需将金属壳定装枪弹（见112~113页）装入转轮弹巢即可，易于使用。这款卓越的转轮手枪和口径更大的M2转轮手枪使史密斯–韦森成为美国最有名的枪械制造商。

枪匠贺拉斯·史密斯和丹尼尔·贝尔德·韦森在19世纪50年代初首次合作，一同在瓦尔特·亨特和刘易斯·詹宁斯早期设计的基础上研制杠杆式弹仓手枪。该枪火力强大，赢得了“火山”的美名，但可靠性不佳，枪弹有时会卡在枪管中，偶尔还会出现一次发射多发枪弹的情况。韦森为其设计了一种经过改进的金属壳定装枪弹，但该枪仍旧缺少一种简单的退壳方法，因此销量并没有提升。当大部分投资者退出时，公司被奥利弗·温彻斯特收购并开始研制弹仓步枪，史密斯离开了公司，最后韦森也离开了。

结合创新

1856年，塞缪尔·柯尔特于1835年申请的转轮手枪专利到期，韦森计划设计发射金属壳定装枪弹的转轮手枪。贺拉斯·史密斯对韦森的计划很感兴趣，随即与他再次合作。金属枪弹需要从贯通式弹巢转轮的后部装填，而这种转轮已经被罗林·怀特申请了专利。史密斯和韦森选择与他进行交易，以每出售一把该类手枪就向怀特支付一笔使用费的方式，获得专利许可。怀特仍拥有这项专利，如果其他制造商试图生产采用类似转轮的转轮手枪的话，由他负责捍卫其专利权。1857年，史密斯和韦森推出采用7巢转轮，发射0.22英寸边缘发火枪弹的M1转轮手枪。该枪广受欢迎，其预示着采用撞击式火帽的武器的终结。随后，其他生产商纷纷推出类似的枪械，怀特不得不在法庭上捍卫自己的专利。当怀特正在打官司的时候，史密

> “这把**手枪**……是我见过的最强大的武器之一。”
>
> 摘自一名M1转轮手枪的使用者C.F.阿肯巴克在1862年写给史密斯和韦森的一封信

▼**史密斯–韦森工厂**
1880年，在位于马萨诸塞州斯普林菲尔德的史密斯–韦森工厂，一名工人正在膛线机上工作，其他工人正在为转轮手枪组装枪管和转轮。

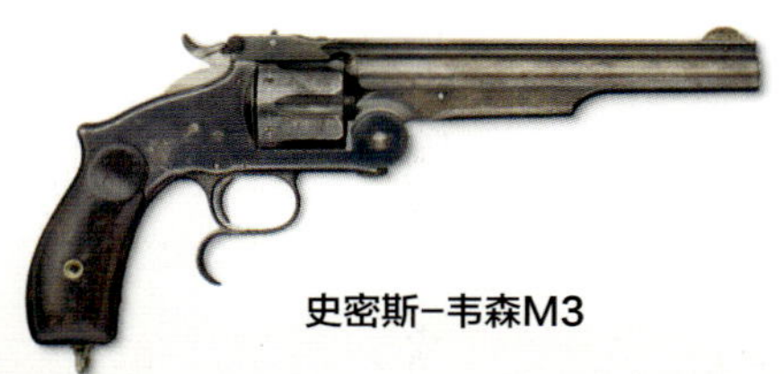
史密斯-韦森M3

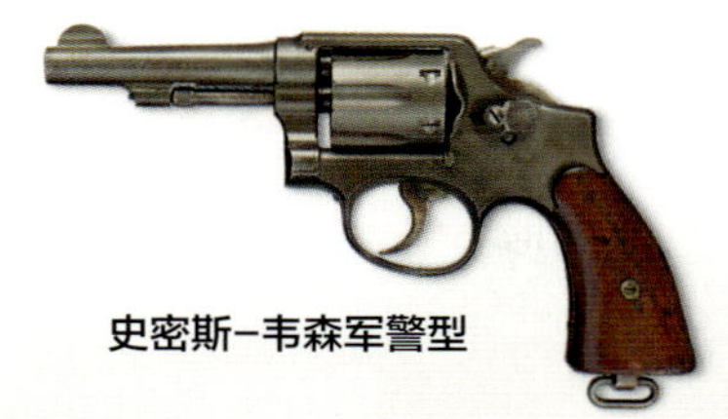
史密斯-韦森军警型

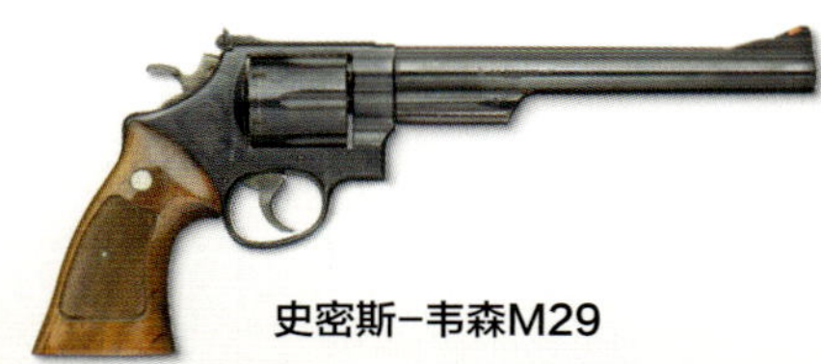
史密斯-韦森M29

1852年 贺拉斯·史密斯和丹尼尔·贝尔德·韦森首次合作，一同生产杠杆式手枪，但最终因资金问题而失败。

1856年 史密斯和韦森第二次合作成立了公司，生产M1转轮手枪。

1869年 M3转轮手枪被推出，大量销往俄国和其他国家。

1875年 美军订购斯科菲尔德转轮手枪，该枪因采用马霍尔·乔治·斯科菲尔德设计的发射系统而得名。

1898年 美西战争即将结束时，美国陆军出售了许多过剩的斯科菲尔德转轮手枪，并将其投向民用市场。

1913年 公司推出首款中心发火半自动手枪，即M1913半自动手枪。

1919年 史密斯-韦森生产了多种性能出众的军用和警用转轮手枪，之前只装备警棍的警察也开始装备转轮手枪。

1955年 发射0.44英寸马格努姆弹的M29转轮手枪被推出。

1971年 克林特·伊斯特伍德在其主演的电影《警探哈里》中使用的就是M29转轮手枪，该电影上映后极大地提升了该枪的知名度。

斯和韦森研制出了M2转轮手枪，该枪与M1类似，但发射口径更大的0.32英寸枪弹，更适合在作战中使用。1861年美国内战爆发，史密斯和韦森在推出M2转轮手枪的同时，发现军队对新型转轮手枪有很大需求。到1865年战争结束时，二人已变得非常富有。美国内战结束后，许多士兵将他们的武器带回家。不久之后，史密斯-韦森的枪械就在美国西部被人们广泛使用。

新市场

美国内战后，美国国内对枪械的需求急剧下降，虽然M1和M2已销售数十万把，但在1867年，公司每月仅销售15把。史密斯和韦森开始寻求新的市场，他们开始在海外大量销售，尤其是在俄国，1869年，M3转轮手枪在俄国大获成功。公司也开始向美国骑兵销售改进后的M3转轮手枪，改进型在骑马时装弹更便捷。1874年，贺拉斯·史密斯退休，他将公司股份卖给了韦森。19世纪晚期，韦森生产的枪械得到了警察的青睐，成功开拓了另一个关键市场。许多警察部门开始采购史密斯-韦森的枪械，如19世纪80年代的0.38英寸“安全无击锤”转轮手枪。1899年，韦森推出了其所有产品中最耐用的军警型转轮手枪。该枪威力大、精度高且易于装填，军警型转轮手枪销量非常大，遍及世界各地的执法机构。经过一系列改进后，该枪性能更加完善，大量装备军队和警察，直到半自动武器出现，才开始逐渐被淘汰。据估计，军警型转轮手枪共生产了大约600万把，很多仍在使用，其中一些还用于打靶射击。这一纪录使该枪轻松成为20世纪销量最大的中心发火转轮手枪。史密斯-韦森的另一项成就是将马格努姆弹引入手枪，这种枪弹威力非常大，同时后坐力也很大，其典型代表是0.357英寸和0.44英寸枪弹。进入21世纪，公司继续发扬传统，不断创新。

▲澳大利亚警察
一名来自澳大利亚维多利亚州的警官正在试用0.40英寸口径的史密斯-韦森自动手枪。2009年，他所属警局选定了这把自动手枪来替换老旧的转轮手枪。

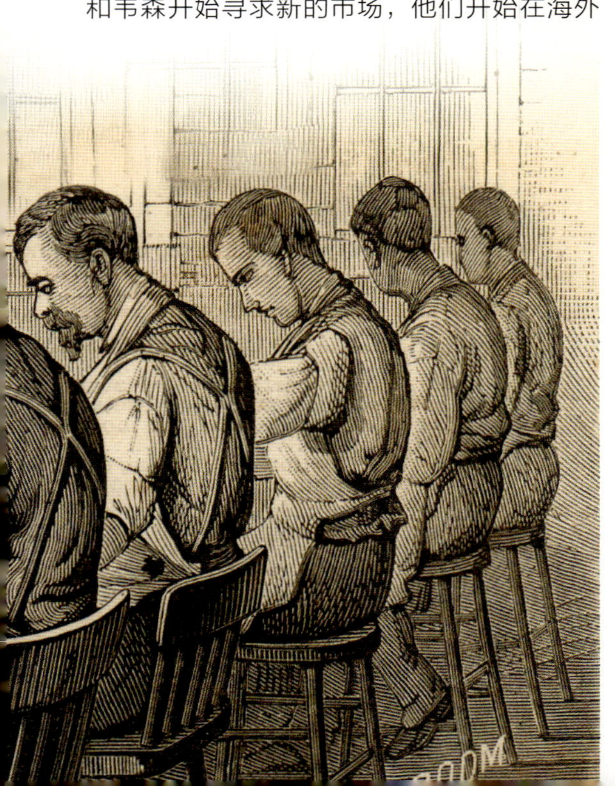

US

美国内战中的火炮

在美国内战（1861 ~ 1865 年）期间，多种滑膛和线膛火炮被部署使用。图中，几名联邦军的军官在一门 3 英寸线膛炮周围，这是内战中最广泛装备和使用的线膛炮。

前装火炮

尽管前装火炮是很早以前出现的火药武器，但直到 19 世纪的最后几年仍是威力强大的武器。作为火力强、机械结构简单的滑膛武器，这些前装火炮发射球形铅弹或铁弹。在 19 世纪 50 年代末，前装火炮开始逐渐发展成精致的线膛钢制武器，可发射具有气动外形的炮弹，这种巨大的炮弹能够穿透最厚的装甲。

▲ 中国32磅炮

时间	1841年
产地	中国
全炮长	2.74米
口径	190毫米
射程	约1.8千米

炮尾的铭文表明，这种强大的 32 磅青铜炮是在 1841 年清代道光皇帝统治时期（1820 ～ 1850 年）铸造的，主要用于执行岸防任务。

▼ 印度24磅青铜炮

时间	18世纪末
产地	印度
全炮长	3.27米
口径	142.2毫米
射程	1.8千米

该炮的炮管代表了直到 19 世纪仍在世界上多个国家和地区正常使用的多种老式火炮。炮口和炮管处均有类似老虎斑纹的装饰图案。炮口、尾钮和炮耳末端还装饰成老虎头形状。

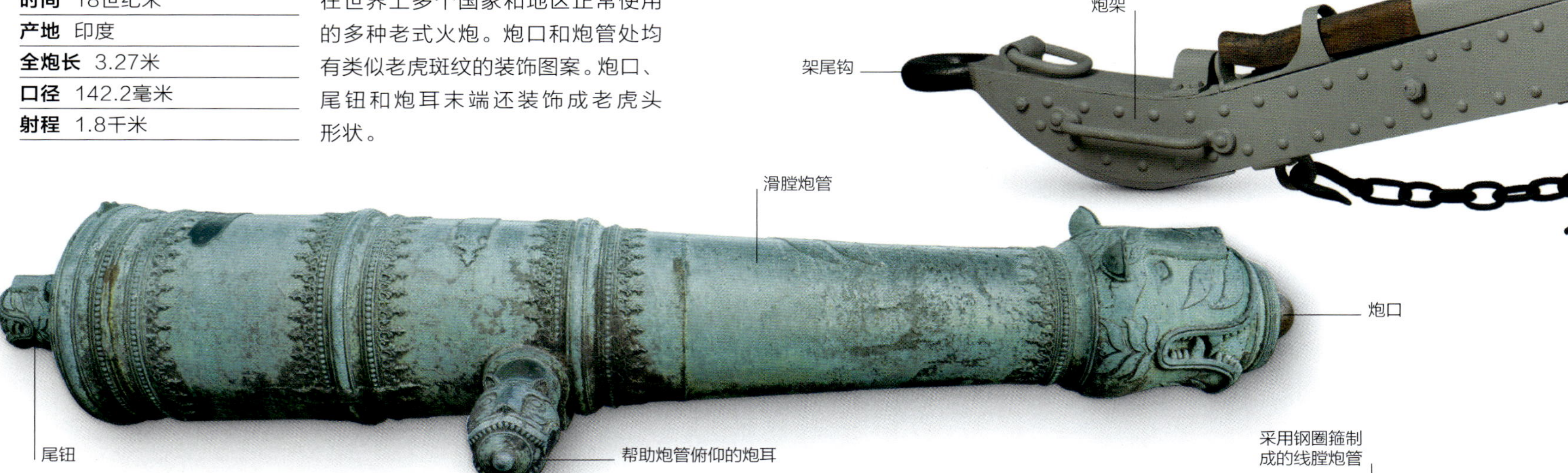

▼ 布莱克利2.75英寸前装线膛山地炮

时间	1865年
产地	英国
炮管长	1米
口径	69.85毫米（2.75英寸）
射程	1.8千米

在山地条件下，陆军需要使用重量更轻、机动性更好的野战炮，山地炮就是为满足这一需求而研制的。这种前装线膛炮由富有创新精神的布莱克利军械公司制造，该炮的钢制炮管有 6 条膛线，并在炮管尾部以钢管（“套筒”）加固。

线膛钢制炮管

原装木制炮架

炮口凸起部

线膛炮管

炮架轮

▲ **英国9磅前装线膛野战炮**

时间 1876年

产地 英国

炮管长 1.79米

口径 76.2毫米

射程 2.7千米

类似这种 9 磅前装线膛炮的野战炮，在 19 世纪末叶英军于海外展开的攻城战和野战中扮演了重要角色，如 1880 年它们曾被投入第二次英国阿富汗战争中。

▲ **阿姆斯特朗17.72英寸100吨火炮模型**

时间 1877年

产地 英格兰

全炮长 9.44米

口径 450毫米

射程 6千米

该炮是威廉 · 阿姆斯特朗爵士制造的一种 100 吨大型前装线膛炮的模型。8 门炮安装在两艘意大利战舰上使用，而其他火炮则装备英国驻直布罗陀和马耳他的炮兵连。

▲ **阿姆斯特朗12磅前装线膛炮**

时间 1878年

产地 英国

全炮长 2.23米

口径 76.2毫米

射程 3.1千米

这种 12 磅钢制火炮由英格兰北部城市纽卡斯尔的阿姆斯特朗制造，主要安装在武装型商船上。该炮发射重 5.4 千克（12 磅）的弹丸。

后装火炮

在 19 世纪下半叶，新型材料开始用于制造火炮——前装火炮和相对少见的后装火炮，从而使火炮设计发生了革命性变化。铸铁和青铜炮管被替换成更坚固耐用的熟铁和钢炮管。火药制造方面也有所改进，它使火炮的射程增大、射击精度提高、侵彻力增强。这在铁甲舰的发展时期尤为重要。经实战检验后发现，安装在舰船上的后装火炮通常要比前装火炮更实用（见 14 页）。因为再也不必从炮口进行装填，所以后装还意味着舰炮能够配装长炮管，这对增大射程也有极大的帮助。

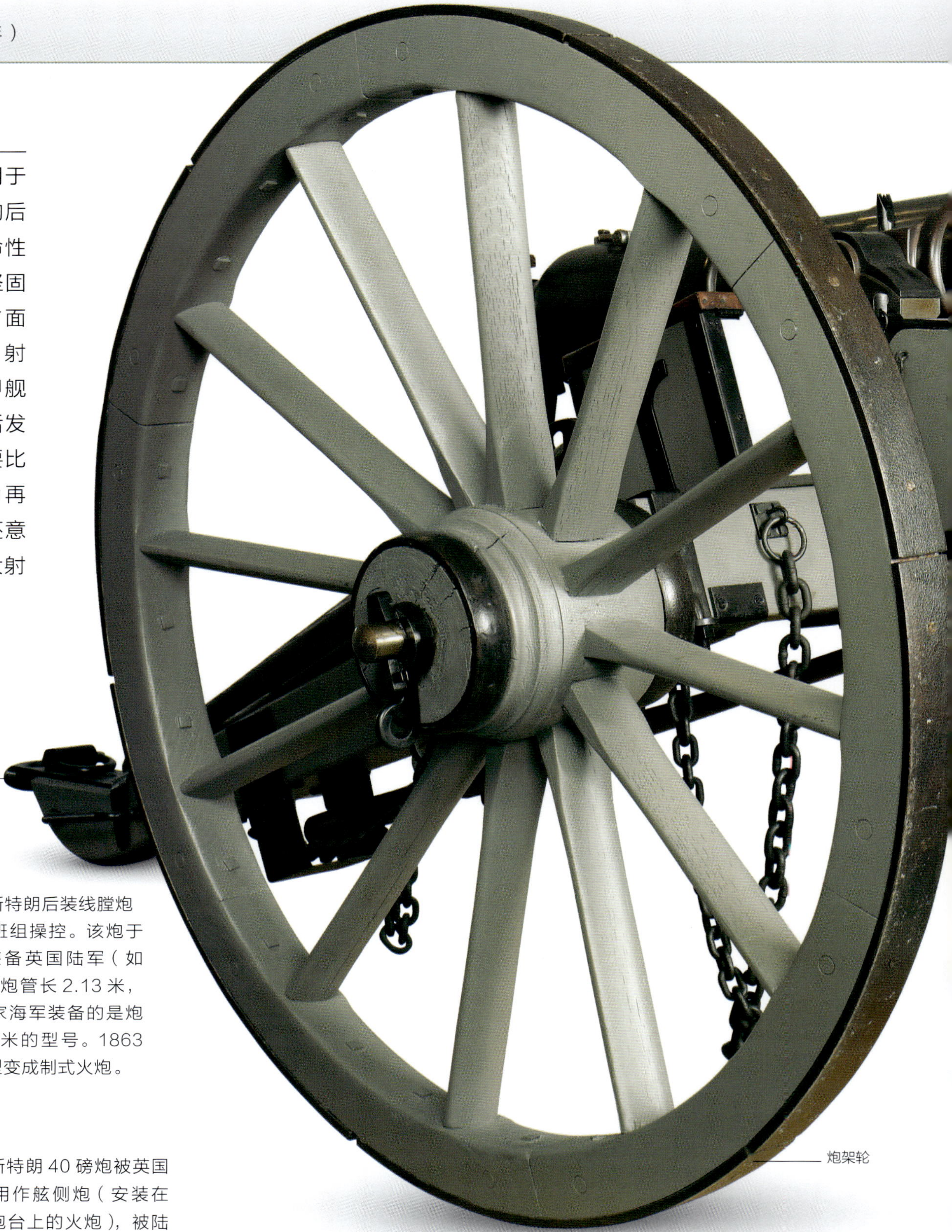

架尾

炮架轮

▶ 阿姆斯特朗12磅后装线膛炮

时间	1859年
产地	英国
炮管长	2.13米
口径	76.2毫米
射程	3.1千米

这种阿姆斯特朗后装线膛炮需要 9 人班组操控。该炮于 1859 年装备英国陆军（如图所示），炮管长 2.13 米，而英国皇家海军装备的是炮管长 1.83 米的型号。1863 年，短管型变成制式火炮。

▼ 阿姆斯特朗40磅后装线膛炮

时间	1861年
产地	英国
全炮长	3米
口径	120毫米
射程	2.5千米

这种阿姆斯特朗 40 磅炮被英国皇家海军用作舷侧炮（安装在舰船一侧炮台上的火炮），被陆军用作军事要塞的防御火炮。1863 年 8 月，英国皇家海军曾使用该炮轰击日本鹿儿岛。

▶ 惠特沃斯45毫米后装舰炮

时间	1875年
产地	英国
全炮长	0.94米
口径	45毫米
射程	0.3千米

这种舰炮配有六边形膛线，以及惠特沃斯滑动闭锁后膛装填机构。它主要安放于供小型舰炮使用的锥形安装架上。图中样炮装在一种武装游艇之上。

▼ M1896野战炮

时间	1896年
产地	德国
炮管长	2.13米
口径	77毫米
射程	5.5千米

这是一种新型 77 毫米 M1896 野战炮，是第一次世界大战期间德国使用的制式野战炮。该炮配用类似于大型步枪弹的带黄铜弹壳的定装式炮弹（包括弹丸、发射药和底火）。1917 年在法国格兰库尔，德国炮兵部队使用该炮对抗英军坦克兵团第七营，但随后该炮被坦克兵团缴获。

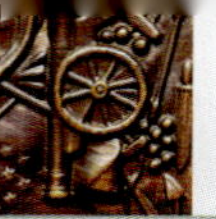

早期机枪

在美国内战（1861～1865年）期间，军方普遍对速射武器在作战中具备的潜在优势表示出兴趣，尤其是威尔逊·阿格和理查德·加特林这两名设计师研制出的颇具潜力的机枪。阿格和加特林研制的早期“机枪”使用一种配装火帽的、可再装填的钢管式原始类型枪弹，结果受到弹药问题的困扰。然而，随着中心发火定装金属枪弹的研制（见112～113页），这些机枪以及大量其他手摇曲柄连珠枪都能够实现高射速。

大架尾
阿格机枪配用的枪弹
枪弹的前视图和后视图

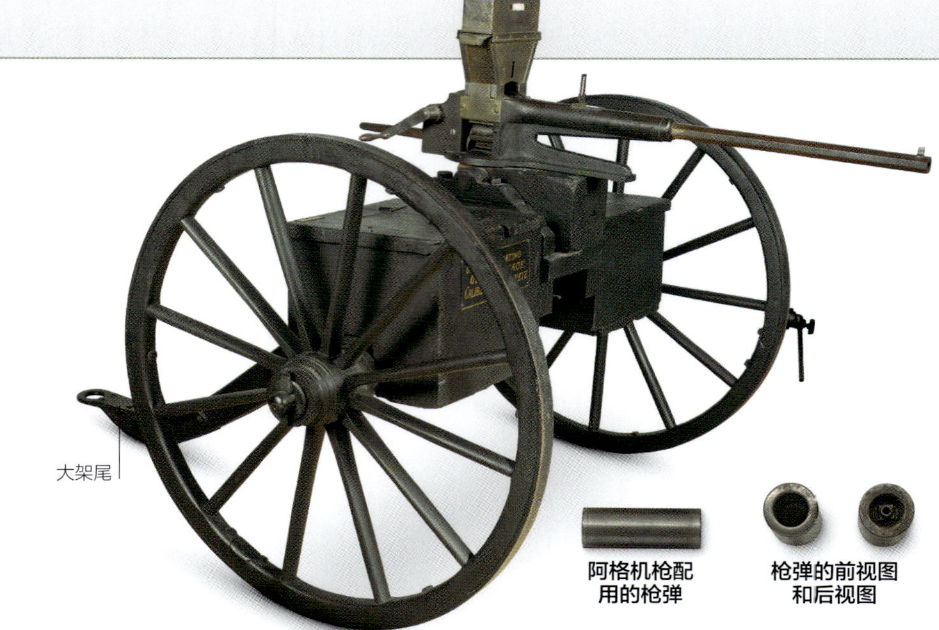

▲ 阿格机枪

时间 约1860年
产地 美国
枪管长 0.88米
口径 0.58英寸

该机枪由威尔逊·阿格研制，它的射速能达到120发/分，所以在宣传中，他称之为“6平方英尺内的陆军”。在美国内战期间，联邦军订购了60挺阿格机枪，不过因为枪管过热的问题，该款机器很少被使用。

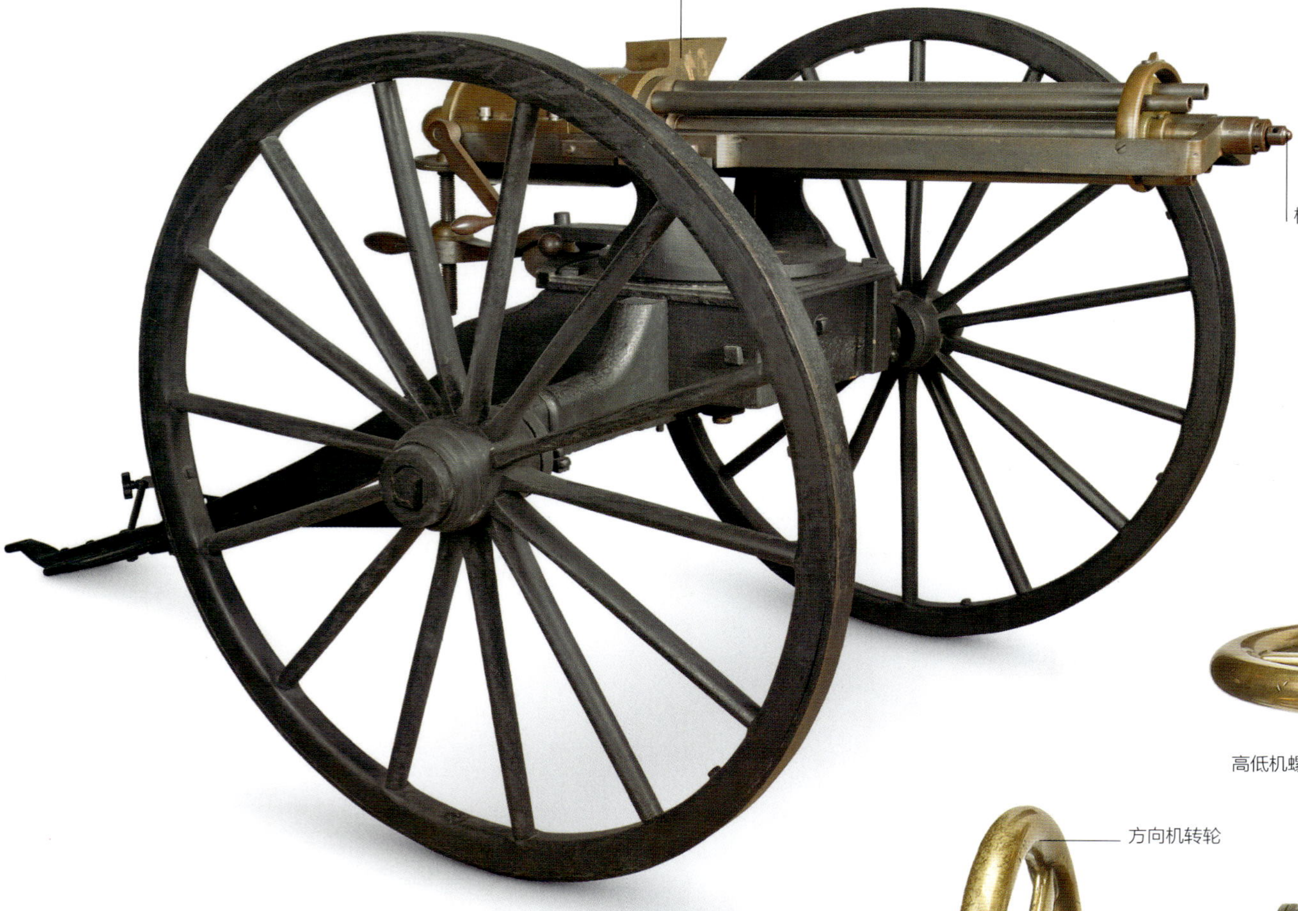

装弹漏斗（容纳枪弹的金属盒，位于机枪顶部）
枪身总成轴

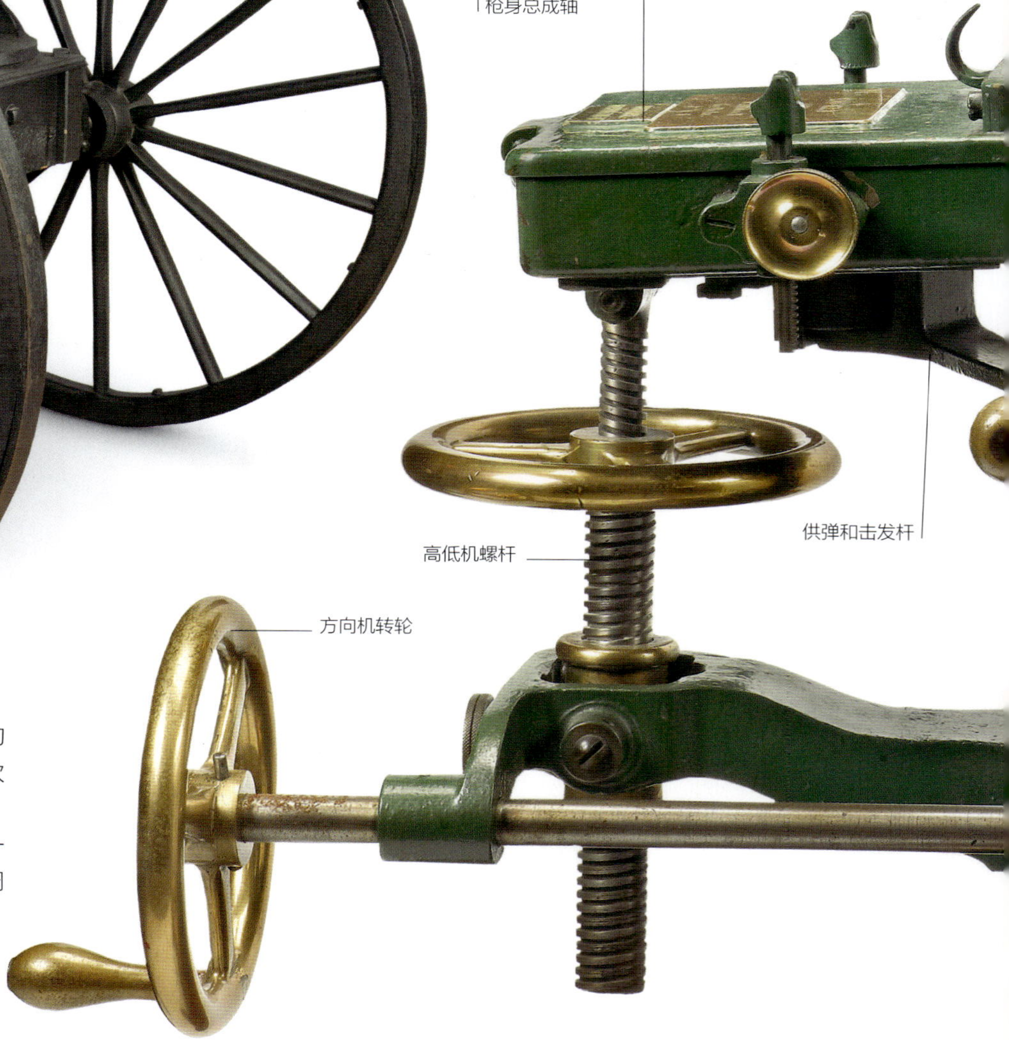

机匣
供弹和击发杆
高低机螺杆
方向机转轮

▲ 早期加特林机枪（经改装使用金属枪弹）

时间 约1862年
产地 美国
枪管长 1.4米
口径 0.50英寸

理查德·加特林1862年为其发明的手摇多管机枪申请了专利，该枪首次使用通过火帽发射的可再装填钢弹。当时哑火问题十分常见，为解决这一问题，这种早期机枪最终进行了调整，以使用改进型定装枪弹。

▶ 德利飞排放枪机枪

时间	1869年
产地	法国
全长	1.76米
口径	13毫米

该枪由比利时的约瑟夫·蒙蒂格尼研制，经法国军械工程师、指挥官德利飞改进，在普法战争（1870～1871年）中使用。其初始型是一种25管武器，而本图展示的是37管改进型。在作战中，该机枪本应安装在轮式大架上，而非本图中的展示用安装架。

▲ 诺登菲尔德机枪

时间	1873年
产地	英国
全长	1.28米
口径	0.45英寸

手摇式诺登菲尔德机枪由赫尔格·帕姆克兰兹发明，由瑞典的道斯顿·诺登菲尔德在伦敦制造。该机枪采用0.45英寸口径，为5管型，1873年生产，1886年装备英国皇家海军。

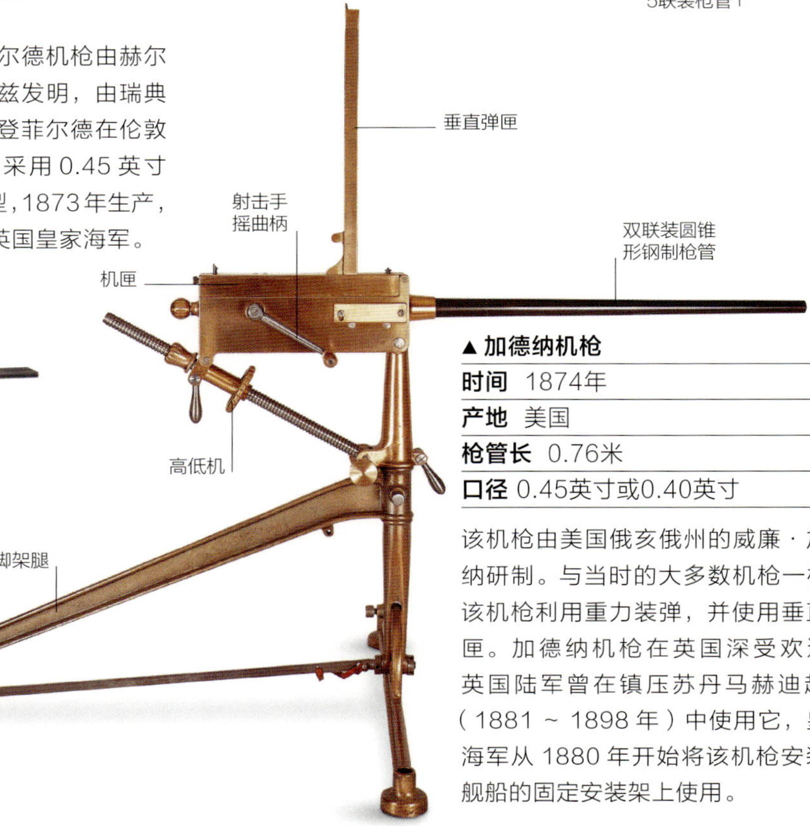

▲ 加德纳机枪

时间	1874年
产地	美国
枪管长	0.76米
口径	0.45英寸或0.40英寸

该机枪由美国俄亥俄州的威廉·加德纳研制。与当时的大多数机枪一样，该机枪利用重力装弹，并使用垂直弹匣。加德纳机枪在英国深受欢迎，英国陆军曾在镇压苏丹马赫迪起义（1881～1898年）中使用它，皇家海军从1880年开始将该机枪安装在舰船的固定安装架上使用。

视觉盛宴

加特林机枪

19 世纪下半叶，工程技术的进步使制造可靠的速射武器成为可能。该机枪由理查德·加特林于 1862 年申请了专利，与所有的早期机枪一样（见 136 ～ 137 页），它配有多根枪管。加特林机枪最初研制于美国内战期间，并获得成功。

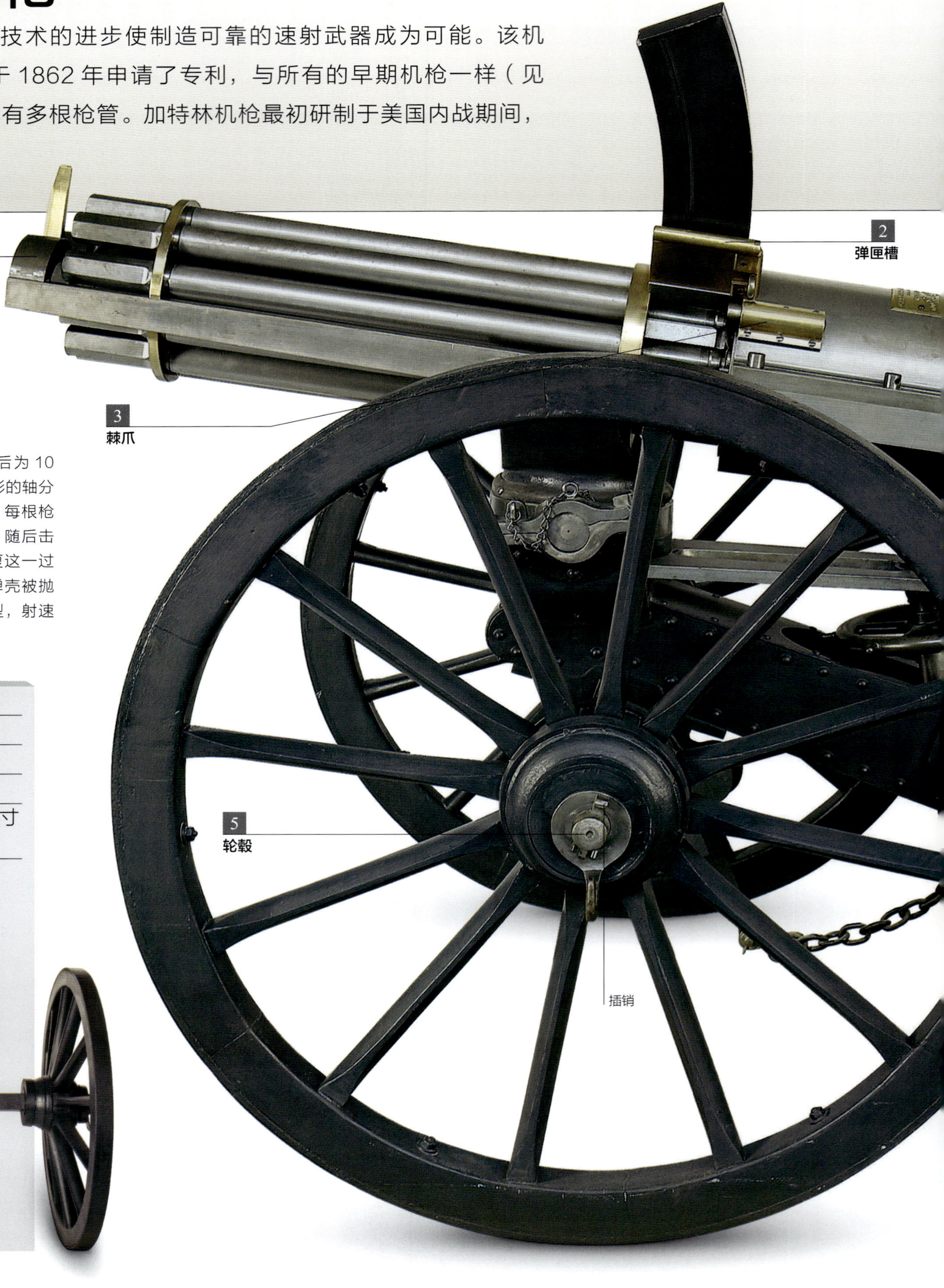

1 准星和枪管

2 弹匣槽

3 棘爪

5 轮毂

插销

▸机枪原型

该机枪的枪管最初为 6 根，之后为 10 根（如图所示），全部围绕圆柱形的轴分布。手摇曲柄可以使枪管旋转，每根枪管转回来后从上向下装入枪弹，随后击针击发枪弹，枪管转动便会重复这一过程。随着每根枪管转下来，空弹壳被抛出。这是一款加特林机枪的原型，射速约为 400 发 / 分。

加特林机枪	
时间	1865年
产地	美国
枪管长	0.673米
口径	0.45英寸、0.65英寸或1英寸

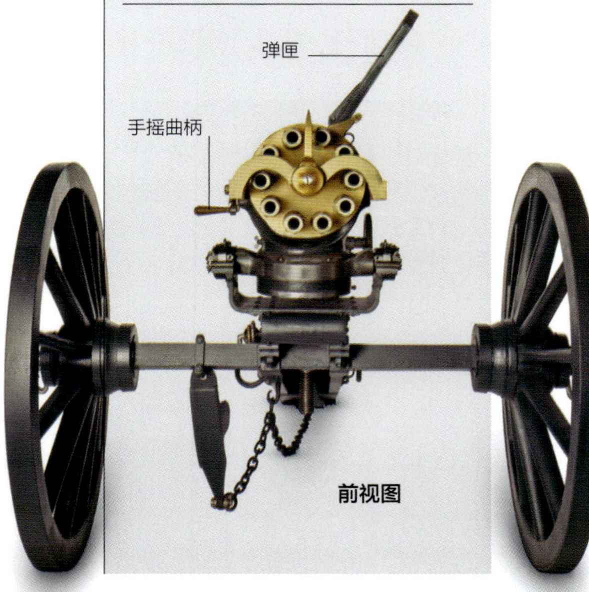

前视图

◂ **准星和枪管**

准星使机枪能够锁定目标。有 10 根枪管，每根枪管在机枪的 10 次发射中仅发射一次。尽管每根枪管都会快速升温，但与单管机枪相比，该机枪能够在不严重过热的情况下实现更高的射速。

▸ **弹匣槽**

含40发枪弹的弹匣插入一个凹槽，以防止机枪卡壳。

▸ **棘爪**

棘爪是位于包含枪栓通道在内的通路后端的弯曲杠杆，每根枪管配一个。安装防旋转棘爪的目的是防止整组枪管的旋转方向出错。

▸ **轮毂**

为便于运输，牵引环通过插销（楔形固定器）固定在轮毂上。

4
高低机

6
方向机手杆载具（位于架尾右侧）

▴ **高低机**

这种高低转轮用于升高和降低机枪的枪管。

铆接铁架尾放置在地面上，以便在作战中稳定射击，其他时间可连接携载弹药的马拉两轮车

◂ **方向机手杆**

手杆位于架尾右侧，它是用于调整机枪架的辅助操作柄。手杆在机枪的主画面中看不到。

鲁格炮兵型手枪

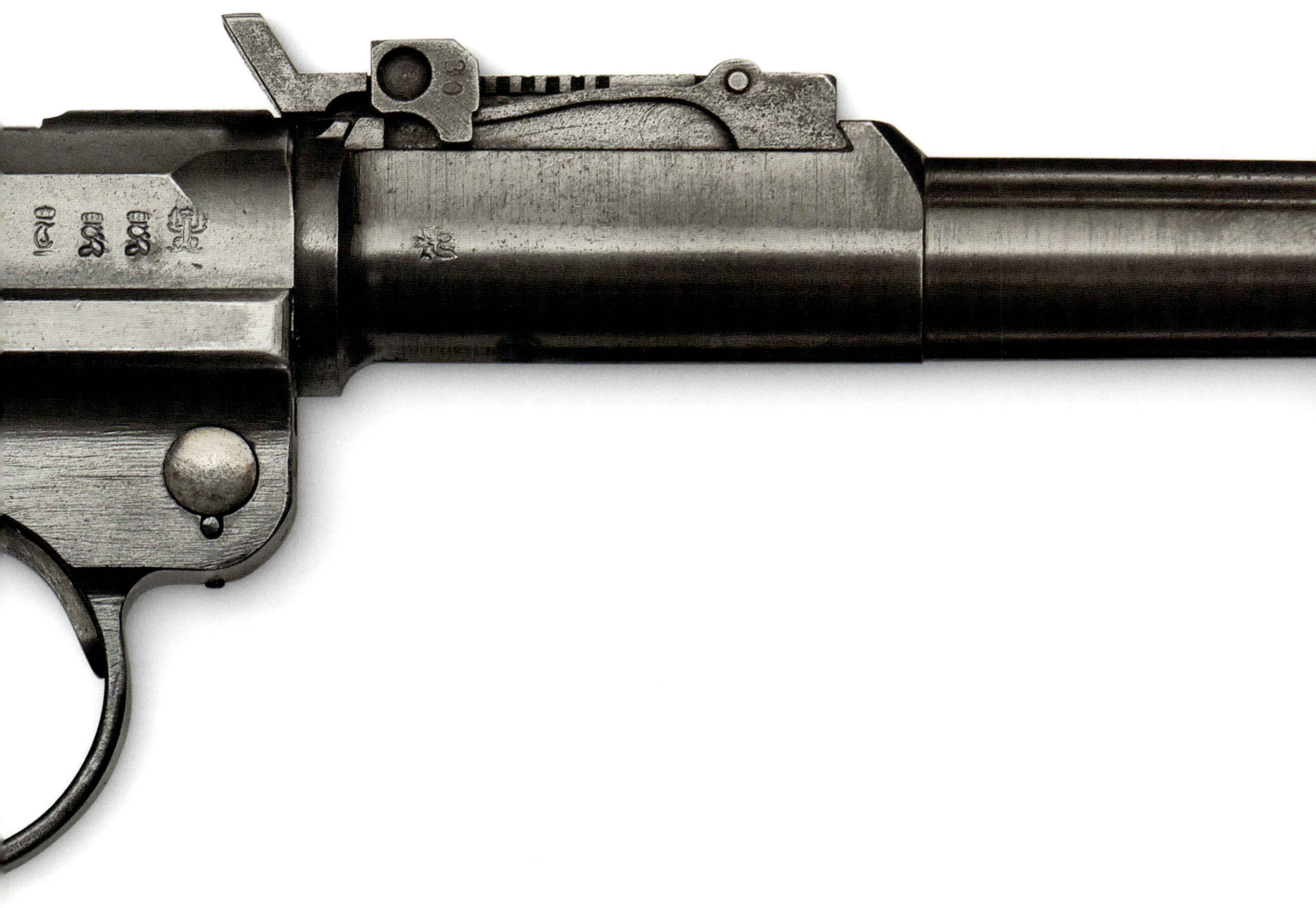

陷入冲突的世界

（1880～1945年）

欧洲和北美洲的设计师和制造商继续开发更有效的新型军用枪械。在19世纪的80年代和90年代，涌现出了现代机枪、无烟火药、第一种军用自动装填步枪、自动装填手枪，以及后来在第一次世界大战中对士兵进行屠杀的火炮。在两次世界大战之间以及第二次世界大战期间，西方国家研制并装备了许多射速更快、初速更高、射程更远的新型枪械。

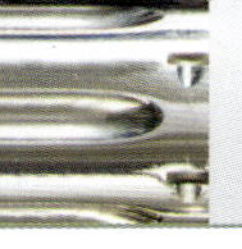

转折点

无烟火药

1884 年，法国化学家保罗 · 维埃耶发明了一种新型发射药，即“无烟火药”。与此前普遍使用的火药不同，无烟火药不会让战场变得烟雾弥漫或暴露射手隐蔽的位置。无烟也意味着几乎不会留下可能会阻塞枪管和枪机机构的残留物。而且重要的是，无烟火药燃烧得更缓慢，同时产生更大的能量。这些优良的特性对枪械的发展产生了深远影响。枪械发展的关键一步是制造出第一种利用火药燃气能量完成射击循环的机枪，即马克沁机枪（见 184 ～ 185 页）。

▲无烟火药

所有的现代化枪弹（如图中所示的 5.56 毫米北约枪弹）均采用无烟火药作为发射药。无烟火药由硝化棉和其他化学物质混合而成，在装入枪弹前被制成片、柱等形状。

火药（黑火药）是硝石、硫和木炭的混合物，一旦燃烧便可产生浓厚的白烟，从而使目标变得模糊不清，还会引起枪管和多种机构的阻塞。由于易燃，火药在没控制好时会爆炸，导致事故发生。这些问题随着维埃耶发明的无烟火药迎刃而解，同时其还会额外增强火药力。

使用无烟火药

法国政府最先利用无烟火药所带来的出色弹道性能，研制出了以枪弹设计师法国上校尼古拉斯 · 勒贝尔的名字命名的勒贝尔 M1886 步枪。

之前

火药快速燃烧，在枪膛和枪机机构表面产生厚厚的一层“污垢”。而且，当这种“污垢”暴露在潮湿空气中时，会烧蚀枪管内部。

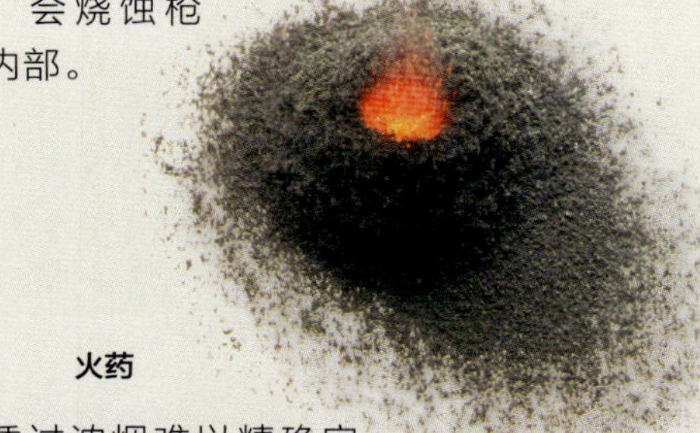

火药

- 透过浓烟难以精确定位战场上的敌军，从而很难评估战术并制定对抗措施。
- 污垢或残留物在枪管中的堆积，将大幅降低该枪的射击精度并缩短射程。严重的污垢会阻碍枪械的枪机机构动作，或导致枪弹在枪膛中的阻塞。
- 枪械的进一步发展受到火药弹道和化学性能局限性的影响。

> “……由于他们使用的是**无烟**火药，因此**几乎无法**看到他们……”
>
> **西奥多 · 罗斯福针对美西战争（1898年）中的西班牙的评论**

这种真正的现代化步枪配用勒贝尔发明的 8 毫米枪弹，它是将铅弹封装在铜镍合金或铜制被甲内，并装有无烟发射药。该枪弹与之前的枪弹相比速度更快、重量更轻。它采用平头设计，因此在勒贝尔步枪的管形弹仓（见 116 页）内能够确保头尾连接的安全性。

新型武器

无烟火药在与金属枪弹（见 112 ～ 113 页）结合使用后，推动了大威力武器的发展，尤其是马克沁机枪（见 184 ～ 185 页）等机枪，以及性能大幅改进的新型火炮。无烟火药基本没有残留物，使枪膛和发射过程达到完美契合的状态，从而提高步枪等武器的射击精度。另外它还可降低枪弹在枪膛内发生堵塞的风险，一旦枪弹堵塞会对每秒发射多发枪弹的枪械造成严重影响。无烟火药还可提供更大的推进力，从而大幅增加武器的有效射程，因为枪弹速度越快，弹道就越低伸。无烟火药燃烧时干净无烟，可使射手视野清晰，能够在隐匿处以相当高的射击精度发射枪弹，打击目标。

在世纪之交，枪弹设计便开始进行改良，以充分运用这种新型发射药的性能。德萨鲁克斯上尉发明的实心黄铜尖头弹采用无烟火药，弹头后部逐渐变细，可以提高初速，并具备更低伸的弹道，同时能改进远距离打击能力。它是第一种可供各国陆军装备的此类枪弹，也是现代枪弹的先驱。

在第二次布尔战争期间，无烟火药曾在位于图盖拉河的科伦索及周边战斗（1899 ～ 1900 年）中使用。无烟火药的使用，导致

关键人物

保罗 · 马里 · 欧仁 · 维埃耶

（1854～1934年）

保罗 · 维埃耶毕业于巴黎综合理工学院化学系，曾任巴黎火药与硝石中央实验室的主任，是法国科学院院士。1889 年，他凭借无烟火药的发明获得了法国科学院颁发的 5 万法郎勒孔特奖金。

英军无法定位布尔人所用的武器，而这是布尔人击败英军的重要因素之一。在大约同一时间爆发的美西战争（1898 年）中，美国部分军队仍使用主要由传统黑火药进行发射的独子步枪，与西班牙军队交战。西班牙军队配装弹匣供弹步枪和无烟火药枪弹，他们在实现隐匿的同时，能够轻易瞄准美国士兵，而不会暴露自己的位置。

无烟火药的出现，促使由火药驱动的大小枪械的发展提前了 10 年。远距离步枪和机枪也随之出现，并在之后几十年内改变了战争的模式。

▼圣胡安山战斗

在美西战争（1898 年）期间的圣胡安山战斗中，美国士兵（画面前景）在西班牙部队的火力攻击下伤亡惨重，西班牙部队使用无烟火药处于隐蔽状态。然而，战术错误最终迫使西班牙部队撤退。

之后 »

无烟发射药不仅无烟而且威力更强，自其发明后，所有枪械开始经历一场新的变革。

俄国马克沁M1910机枪

- 具有更强威力的步枪问世。它可发射飞行速度更快的新型枪弹，射程达 1.6 千米或更远，且毁伤能力更强。
- 远距离作战成为可能。虽然没有了浓烟，能见度有所改善，但更难发现敌人了，而且隐蔽也变得更加重要。
- 新型枪械出现，可使用无烟火药发射。这些枪械包括第一种全自动武器，即马克沁机枪。
- 威力的提升与功能和制造手段的简化相结合，开启了现代轻武器和火炮的时代，并且持续至今。

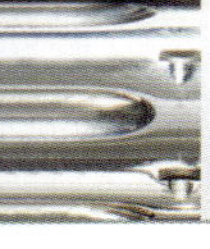

手动弹仓步枪（1880～1888年）

19世纪70年代末，大多数欧洲和北美洲国家的军事当局就已经意识到高效的弹仓步枪所带来的优势——此类枪可以从一个弹仓发射多发枪弹。大多数国家还认识到旋转后拉式闭锁机构是军用枪械的最佳设计，但杠杆式步枪仍继续部署使用。旋转后拉式栓动枪机十分耐用，可使用火力强大的金属枪弹，而且在恶劣天气条件或苛刻环境下能正常使用。同时，这些步枪通过改进可安装不同类型的弹仓。不久后，各种设计形式的管形和盒式弹仓纷纷出现。

▲克罗巴查克宪兵队卡宾枪

时间	1878～1879年
产地	匈牙利
枪管长	73.6厘米
口径	11毫米

该枪由阿尔弗雷德·里德尔·冯·克罗巴查克设计，广泛装备于奥地利陆军，1878年装备法国和匈牙利军队。该枪的管形黄铜弹仓安装在下护木内，容弹量为6发。管形弹仓逐渐被盒式弹仓所替代，后者越来越受人欢迎。

▲毛瑟M71/84步枪

时间	1884年
产地	德国
枪管长	83厘米
口径	11×60毫米边缘发火

彼得·保罗·毛瑟多次尝试将独子旋转后拉式M1871步枪（见115页）转变成弹仓枪，最终制成了M71/84步枪。该枪众所周知的缺陷是弹仓设计有问题，且拉动枪机时枪身向右跑偏。它从1888年开始不再被使用。

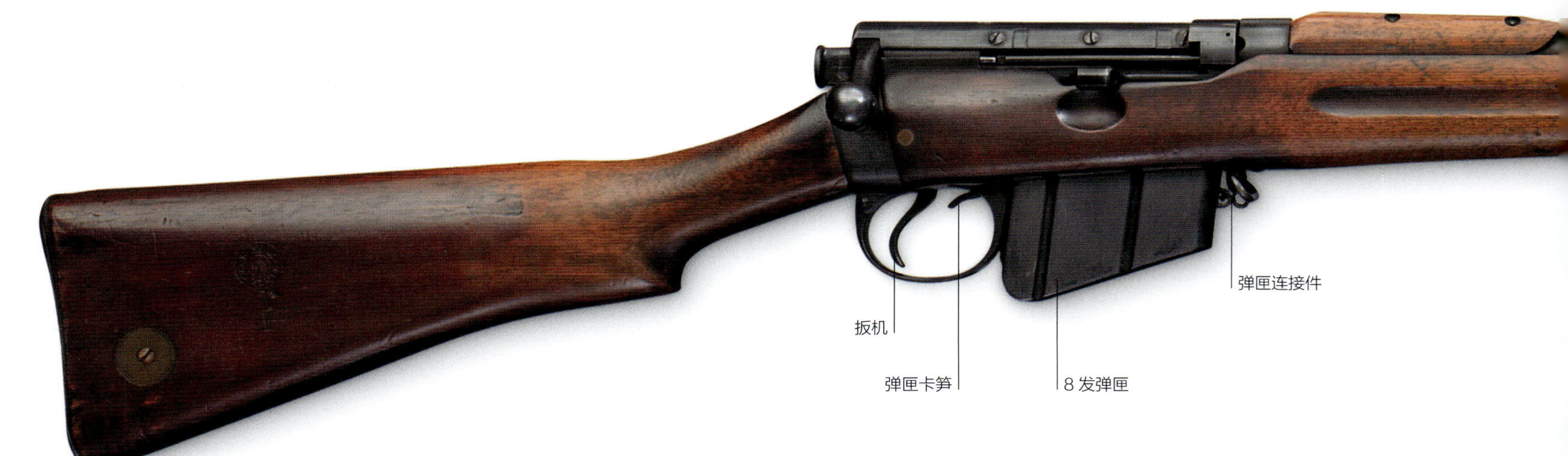

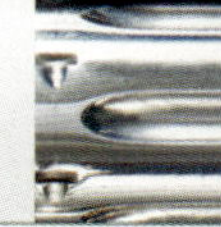

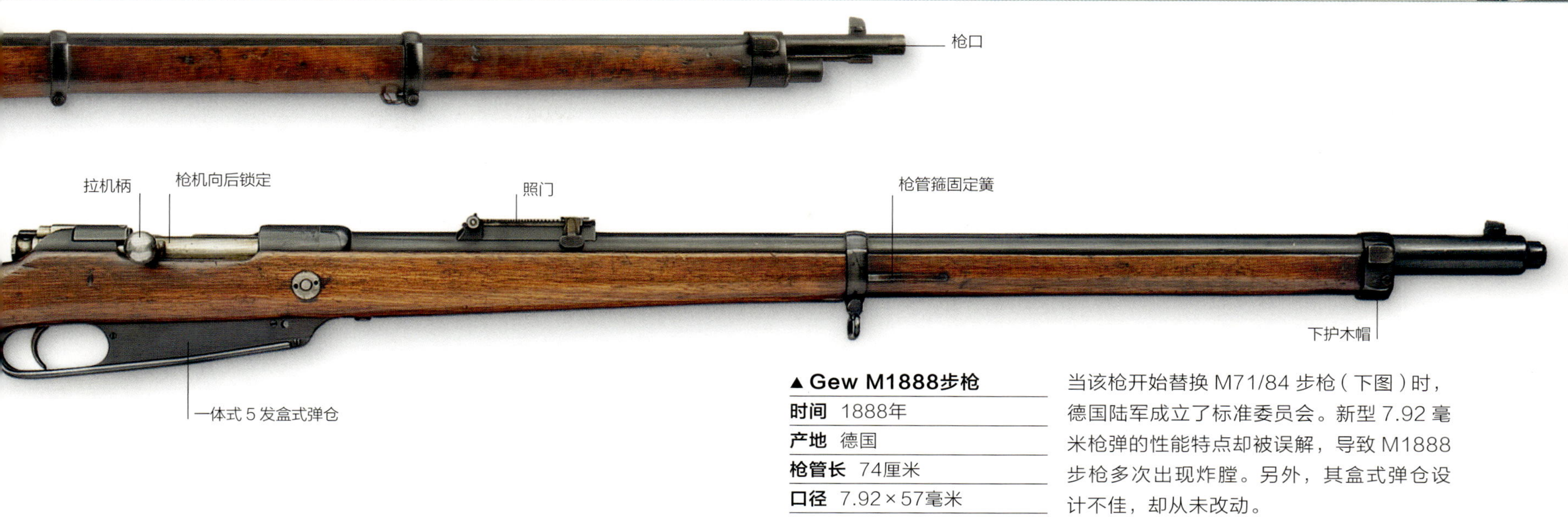

▲ Gew M1888步枪

时间	1888年
产地	德国
枪管长	74厘米
口径	7.92×57毫米

当该枪开始替换 M71/84 步枪（下图）时，德国陆军成立了标准委员会。新型 7.92 毫米枪弹的性能特点却被误解，导致 M1888 步枪多次出现炸膛。另外，其盒式弹仓设计不佳，却从未改动。

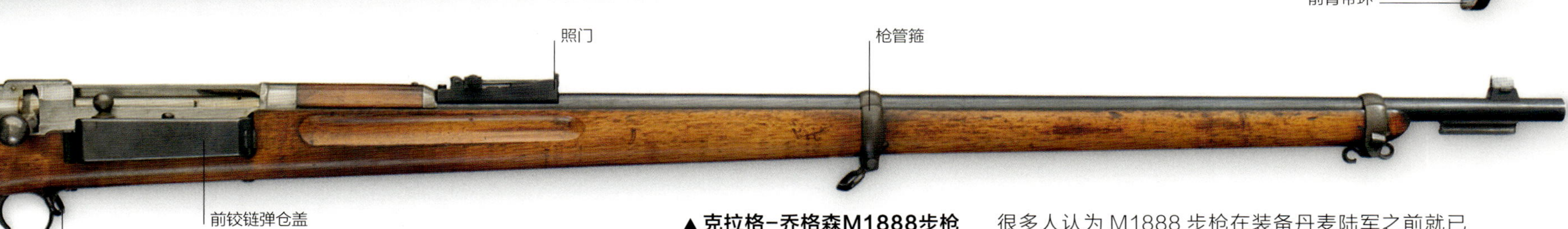

▲ 克拉格–乔格森M1888步枪

时间	1888年
产地	挪威
枪管长	76.2厘米
口径	6.5×55毫米

很多人认为 M1888 步枪在装备丹麦陆军之前就已过时，因为该枪配用的 5 发弹仓必须手动装填，而且每次只能装一发枪弹，同时受枪机单一闭锁凸笋的限制只能发射低速枪弹。没想到该枪居然装备给美国和挪威陆军，这对于该枪的发明者而言也是不可思议的。

▲ 李–梅特福德Mk.1步枪

时间	1888年
产地	英国
枪管长	76.9厘米
口径	0.303英寸

李–梅特福德步枪是颇具声名的英国旋转后拉式栓动步枪枪族的开端。它的名字来源于其枪机机构的发明者詹姆斯·李和线膛枪管的设计者威廉·埃利斯·梅特福德。其采用8发弹匣，可发射0.303英寸大威力枪弹。该枪左侧还配有一套超远距离齐射瞄准具，最大瞄准距离可达3200米。

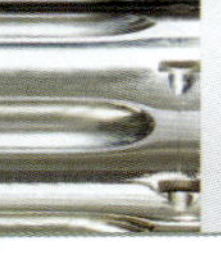

手动弹仓步枪（1889～1893年）

到19世纪的最后10年，所有西方国家的军事当局均为各自的步兵和其他部队装备了栓动弹仓步枪。这些步枪或由各国自行设计，或从主要国际武器公司采购。在此期间，步枪的特点是口径小、射程远、初速高。然而，此时的步枪继续使用普通火药（黑火药）作为主要的发射药，导致许多问题，如步枪发射时目标难以被看清，且枪管易发生阻塞。法国勒贝尔步枪之所以处于领先地位，是因为它是第一种使用无烟枪弹的小口径、高初速步枪。

▲**M1891 TS骑兵卡宾枪**

时间	1891年
产地	意大利
枪管长	45厘米
口径	6.5×52毫米

该枪通常被称为“曼利夏－卡尔卡诺”。该枪的改进型在意大利服役至第二次世界大战后。许多步枪出售给美国商人，其中一支步枪落入李·哈维·奥斯瓦尔德之手，据说他在1963年使用该枪刺杀了美国总统约翰·肯尼迪。

▲**施密特－鲁宾M1889步枪**

时间	1889年
产地	瑞士
枪管长	78厘米
口径	7.5×55毫米

1889年，瑞士陆军上校鲁道夫·施密特发明了一种直拉式栓动步枪，该枪与曼利夏M1895步枪（见149页）相似，配有12发弹匣。该枪作为制式步枪一直服役至1931年，其间该枪仅进行过微调，之后其栓动枪机被进一步改进，长度缩短了一半。这款改进型在20世纪50年代末退役，而狙击手型一直服役至1987年。

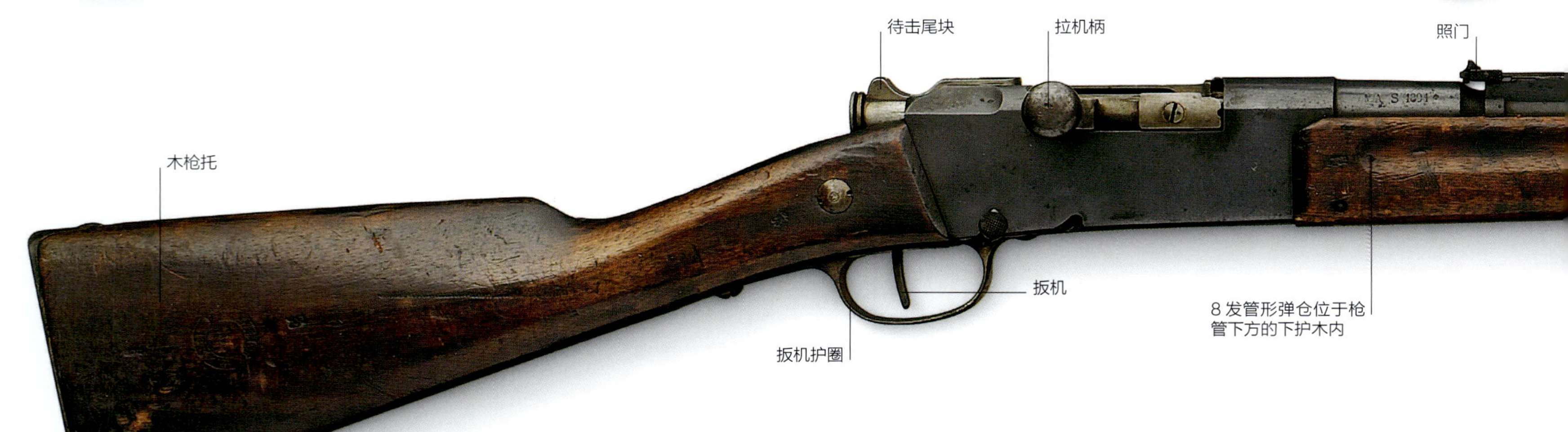

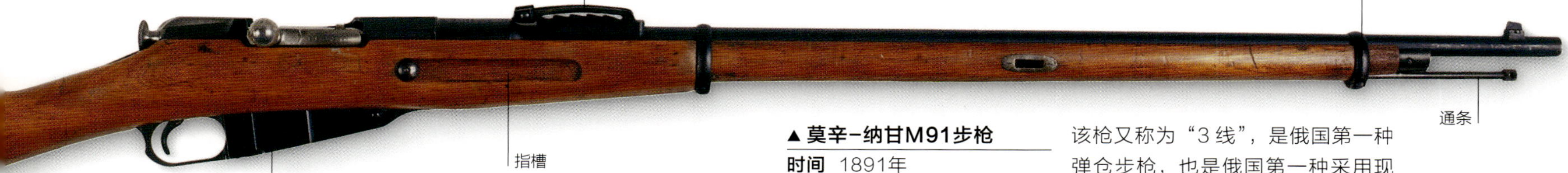

▲莫辛－纳甘M91步枪

时间 1891年

产地 俄国

枪管长 80.2厘米

口径 7.62×54毫米

该枪又称为“3 线”，是俄国第一种弹仓步枪，也是俄国第一种采用现代口径的弹仓枪。“线”是一种长度单位，1 线约等于 0.1 英寸（2.54 毫米），指的是该枪的口径。

▲斯太尔M1893骑兵卡宾枪

时间 1893年

产地 奥地利

枪管长 46厘米

口径 6.5毫米

奥地利斯太尔国家武器厂为罗马尼亚生产了 1.4 万支该款卡宾枪，这批卡宾枪在第一次世界大战爆发前交付。该枪由费迪南 · 里特尔 · 冯 · 曼利夏设计，配装的是回转式枪机而非曼利夏发明的直拉式栓动枪机（见 149 页），此外还配有通过弹夹装填的单排 5 发弹仓。

▲勒贝尔M1886/93步枪

时间 1893年

产地 法国

枪管长 80厘米

口径 8×50毫米

1885 年，乔治 · 布朗热受命于地处巴黎的法国战争部。他的首要任务是引进一款现代步枪，而其成果就是第一种发射由无烟火药（1884 年由维埃耶发明）推进的小口径被甲弹的步枪。尽管它的机械结构比较简单，但足以让世界上其他步枪变得过时了。这款改进型步枪于 1893 年推出。

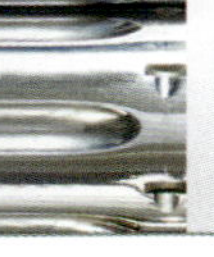

手动弹仓步枪（1894～1895年）

步枪设计师不断致力于提高步枪的性能、射击精度和耐用度，并持续对闭锁机构和弹仓进行试验。例如，斯太尔－曼利夏公司（见290～291页）成功设计出了一种机构，仅需直接向后拉动拉机柄便可以使枪机旋转开锁。同时，对于杠杆式步枪，温彻斯特（见116～117页）研制出了一种复杂的机构，它通过下置杠杆使弹仓下降。

半手枪式握把
固定弹仓
后背带环

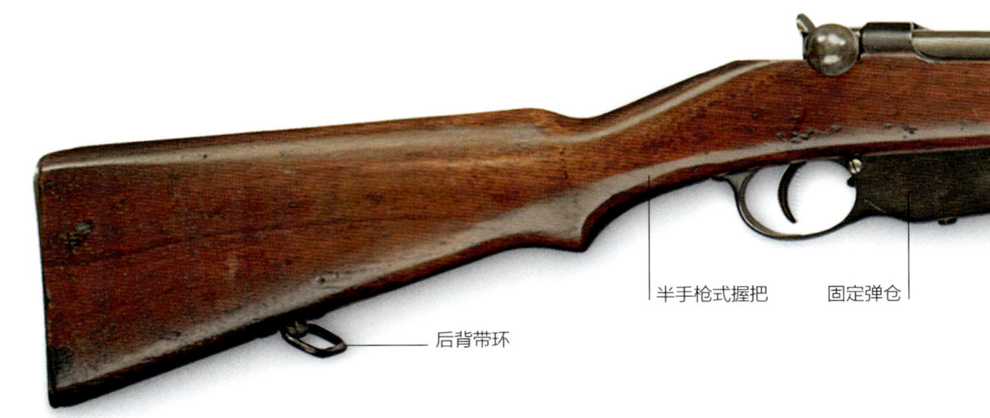

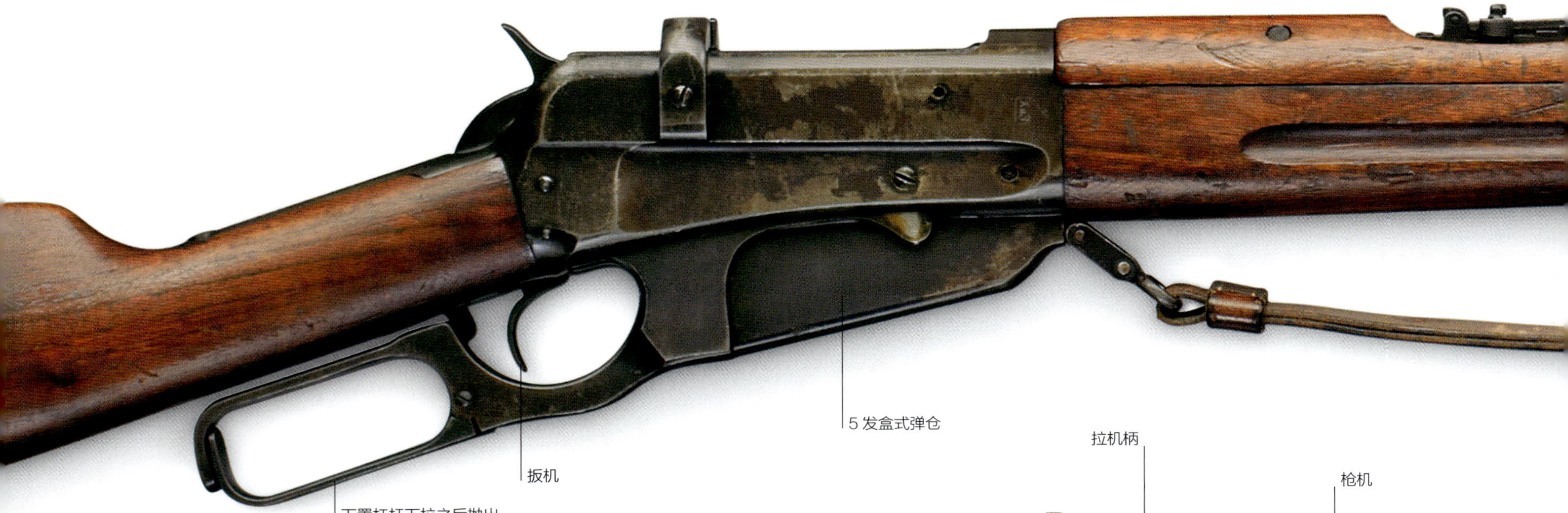

5发盒式弹仓
扳机
下置杠杆下拉之后抛出空弹壳，随后复位以装填新枪弹并使武器闭锁

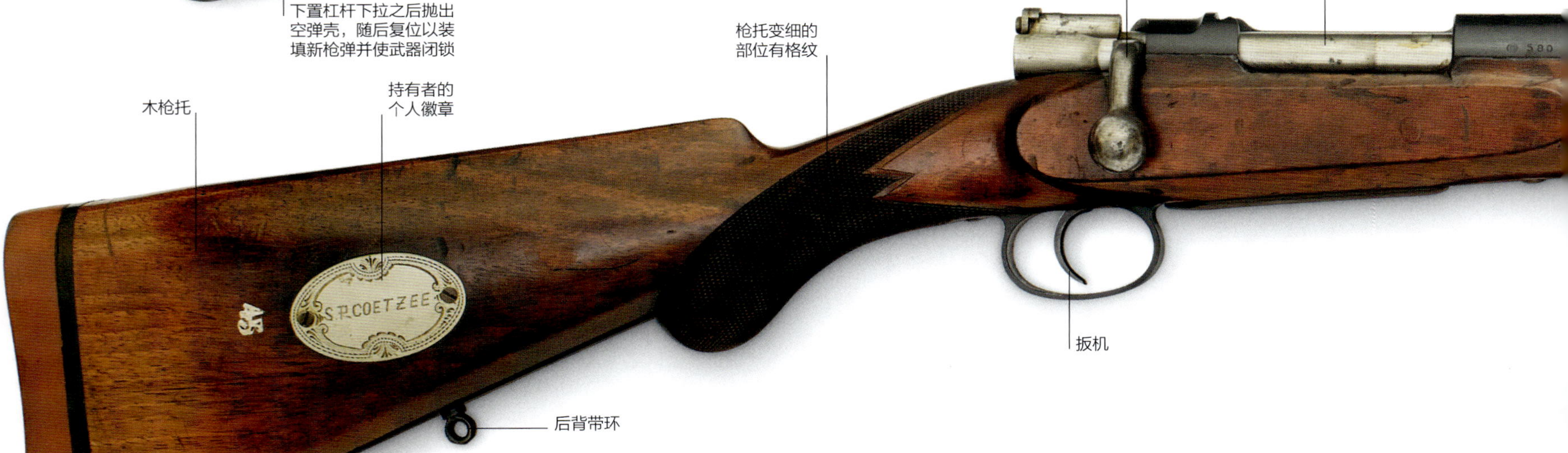

拉机柄
枪机
枪托变细的部位有格纹
持有者的个人徽章
木枪托
S.P.COETZEE
扳机
后背带环

▶ 李－恩菲尔德Mk.1步枪

时间	1895年
产地	英国
枪管长	63.5厘米
口径	0.303英寸

Mk.1步枪是对1888年发明的李－梅特福德0.303英寸步枪（见145页）重新设计后的型号，配有可卸的10发弹匣，拉机柄装在扳机附近，因此该枪的操作速度相当快。该枪官方命名为李－恩菲尔德0.303英寸弹匣式步枪，但通常简称为MLE，有时被读作“埃米莉”。

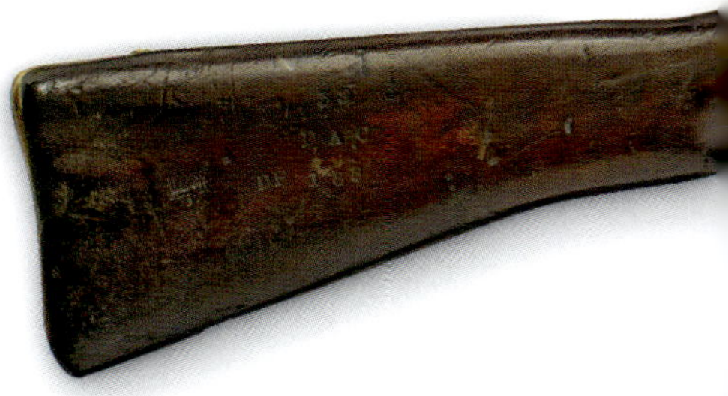

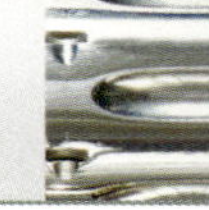

▲曼利夏M1895步枪

时间 1895年

产地 奥地利

枪管长 76.5厘米

口径 8×50毫米

采用直拉式栓动枪机的M1895步枪由费迪南·里特尔·冯·曼利夏发明，并采用在凸轮（螺旋）槽中转动的旋转闭锁凸笋。通过简单地向后直接拉动拉机柄便可使枪机完成旋转、解锁、滑动后退、打开后膛等一系列动作。向前推动拉机柄便可使枪机向前推进，能够在旋转和闭锁之前推弹入膛。该枪使用同样由曼利夏设计的固定弹仓供弹。该枪在整个奥匈帝国广泛装备使用。

▼温彻斯特M1895步枪

时间 1895年

产地 美国

枪管长 76厘米

口径 0.30英寸

温彻斯特跻身连珠枪制造商行列，公司发明的连珠枪配置经典的管形弹仓。这种杠杆式步枪配装的盒式弹仓打破了固有的传统。M1895步枪的军售成绩显著，尤其是俄国在1915～1917年购买了29万多支。

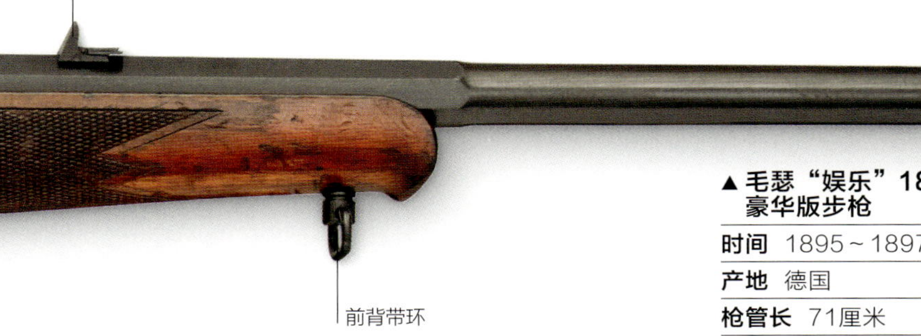

全视图

▲毛瑟"娱乐"1895～1897豪华版步枪

时间 1895～1897年

产地 德国

枪管长 71厘米

口径 7×57毫米

具有广泛影响力的德国毛瑟公司（见164～165页）是向南非布尔人提供步枪的主要供应商。在提供的这些枪械中，M1895步枪广受欢迎。第二次布尔战争（1899～1902年）期间，布尔人装备军用步枪和"娱乐"运动步枪执行作战任务。

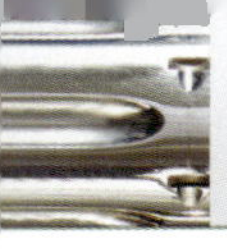

著名轻武器品牌

李-恩菲尔德

1895年，英国陆军采用了李-恩菲尔德旋转后拉式栓动步枪。该枪有多种型号，直到1957年仍是英国陆军的制式步枪。该枪曾在全世界无数军事冲突中使用，目前仍供部分国家的警察使用。这一纪录主要源于设计师詹姆斯·李的才华。李-恩菲尔德步枪以詹姆斯·李的姓氏和伦敦恩菲尔德区的名字命名，初始型李-恩菲尔德步枪是在伦敦恩菲尔德区设计的，该枪及其多种衍生枪型也是在恩菲尔德皇家轻武器厂生产的。

詹姆斯·李

詹姆斯·李是发明家兼枪械设计师，他出生于苏格兰，随后移民至加拿大，于美国工作期间在步枪和弹仓设计方面取得了重大进展。1888年，詹姆斯·李的成果引起了英国陆军的关注，当时英国陆军采用的是李－梅特福德步枪，该枪结合了李设计的旋转后拉式栓动枪机和威廉·埃利斯·梅特福德制造的枪管。李－梅特福德步枪采用“闭膛待击”枪机，具备极高的射速，给用户留下了深刻的印象。由于该枪采用无烟火药（见142～143页），枪管的膛线会快速磨损，所以英国陆军很快便开始寻求一种替换枪型。

速射

李－梅特福德步枪的问题是无烟发射药会增加热能和压力，从而导致枪管中较浅的圆弧形膛线产生磨损。解决方案是采用恩菲尔德区皇家轻武器厂设计的新型矩形膛线。1895年，采用新型膛线的枪管与李发明的

▼英国士兵

在第一次世界大战期间，驻西线和其他地区的数十万英国步兵配备李－恩菲尔德步枪。士兵亲切地将SMLE型步枪称为“味儿枪（英文为smellies）”。

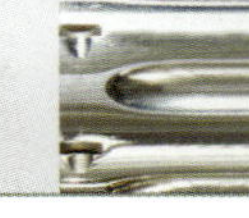

李－恩菲尔德SMLE Mk.3步枪

李－恩菲尔德No.5 Mk.1“丛林卡宾枪”步枪

1879年 詹姆斯·李研制出一种旋转后拉式栓动弹仓步枪；该枪本身成功的设计在1888年引起了英国陆军的关注。

1895年 英国陆军采用李－恩菲尔德MLE。

1907年 SMLE Mk.3型步枪问世。

1914年 英国陆军中士教员阿尔弗雷德·斯诺克索尔创造了速射的世界纪录，射速达38发/分。

1915年 SMLE Mk.3型步枪的制造过程相当复杂，因此又研制出更简单的SMLE Mk.3型步枪，旨在满足第一次世界大战期间军队对高射速的需求。

1939年 李－恩菲尔德No.4步枪的设计易于大规模生产，其棱形刺刀被士兵称为“长刃折刀”。

1943年 德利尔卡宾枪是李－恩菲尔德步枪的消音型，在第二次世界大战期间，为英国突击部队而生产。

1944年 对短管轻型步枪的需求推动了以“丛林卡宾枪”而著称的No.5 Mk.1步枪的研制。

速射旋转后拉式栓动枪机结合，形成了新的李－恩菲尔德步枪。李发明的闭膛待击枪机是指枪机向前推时使击针待击，与拉机柄向上旋转时使击针待击的毛瑟 M1898 步枪相比速度更快。李－恩菲尔德步枪的拉机柄位于扳机之上，离射手的手较近，使再次操作步枪更为迅速。该枪采用可卸 10 发弹匣供弹。军队指挥官最初对可卸弹匣持怀疑态度，他们担心士兵在战斗最激烈的阶段遗失这一重要部件，部分早期李－恩菲尔德步枪使用一根细链将弹匣系在步枪上。后续型号配有弹夹或压弹夹装填系统，因此无须使用可卸弹匣，同时能够使射手快速装填和射击。李－恩菲尔德步枪的射速之快令第一次世界大战中英国的敌人感到震惊。有不少德国部队将遭到李－恩菲尔德步枪攻击误认为机枪的记载。该枪的射速在打靶射击中得到了证实，训练有素的精确射手使用该枪时，能以超过 30 次 / 分的速度打击 270 米远的目标，甚至缺乏经验的士兵也可实现高射速。

多功能性和用途

最早期的李－恩菲尔德步枪令人印象深刻，但许多人希望装备更轻且射击精度更高的武器。恩菲尔德的制造商研制出了配装弹夹装填系统和改进型瞄准镜的短管轻型步枪。陆军将这些枪械称作李－恩菲尔德弹匣式短步枪（简称 SMLE 步枪）。其中最著名的是 1907 年问世并在第一次世界大战中使用的 SMLE Mk.3 型步枪。由于李－恩菲尔德步枪易于操作且速射能力强，所以迅速引起关注，这些枪械很快便传播到大英帝国及其他国家和地区。设计人员还根据不同用途对步枪的基础设计进行了改进（后续型号结构更简单且更易于制造）。许多步枪改为 0.22 英寸口径，因此能够用作训练型步枪，发射价格低廉的枪弹。其他加装贴腮板和望远式瞄准镜等装置的步枪则用作狙击步枪。此外还出现了自动或半自动装填模式的改进型。原型步枪和不同衍生型号的多功能性使得李－恩菲尔德步枪受到全球范围的欢迎。该枪广泛应用于警察部队，以及狩猎和打靶射击，目前该枪（或仿制型号）仍用于作战。李－恩菲尔德的发展历史是枪械领域最成功的案例之一。

▲现代冲突

2002 年在阿富汗库纳尔省美国和阿富汗陆军的一次联合行动中，发现了一名阿富汗士兵手持 1902 型李－恩菲尔德步枪。

“它是一款**轻便且合手的步枪**，能够实现近距离和远距离的精确射击，而且具备极高的射速。”

中校洛德·奥克姆评论李－恩菲尔德0.303英寸弹匣式步枪

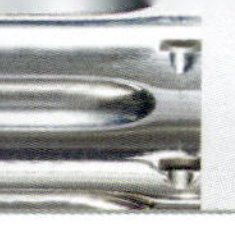

手动弹仓步枪（1896～1905年）

许多国家设计并为军方装备了本国的多种旋转后拉式栓动枪机的弹仓后装步枪。其中，德国毛瑟公司研制的此类枪械（见 164 ～ 165 页）被认为火力猛、射击精度高且耐用性好。各国都力图从毛瑟公司及其他获准生产毛瑟步枪的制造商那里采购所需步枪，或者像美国那样，通过获取授权的方式制造本土型号的毛瑟步枪。

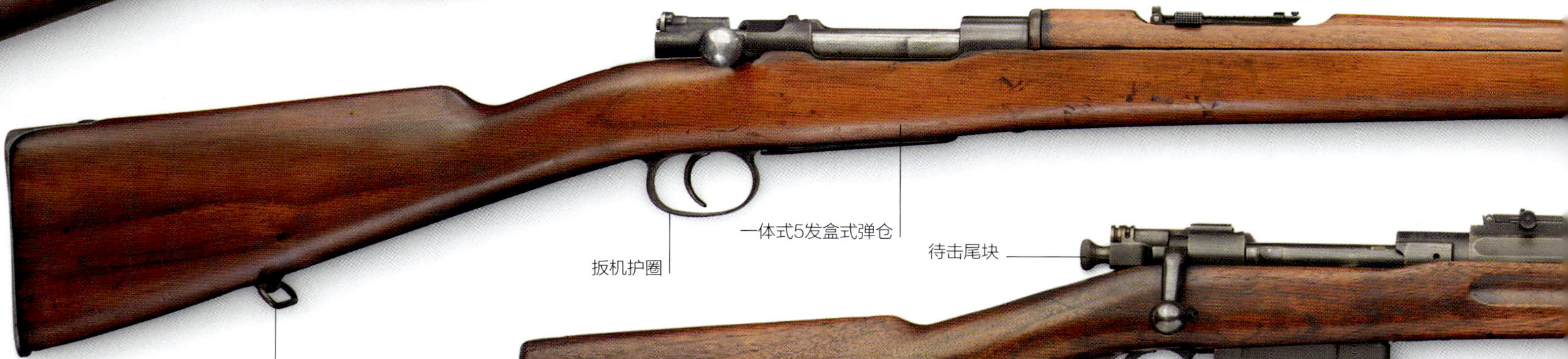

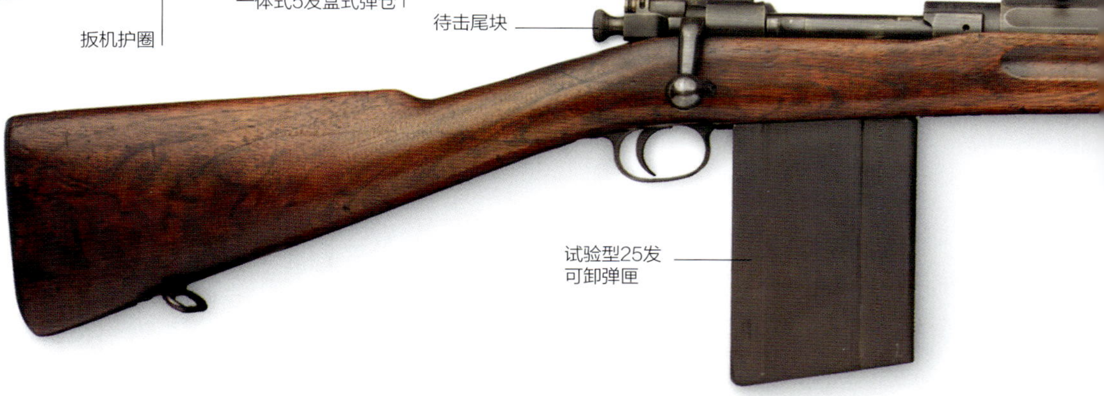

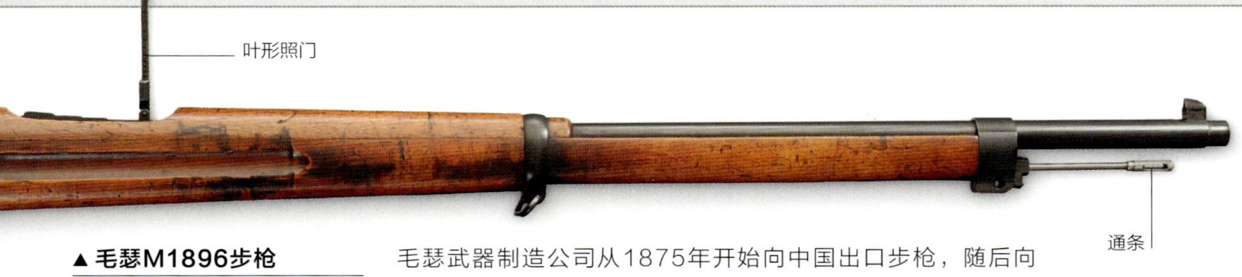

▲毛瑟M1896步枪

时间 1896年

产地 德国

枪管长 74厘米

口径 6.5×55毫米

毛瑟武器制造公司从1875年开始向中国出口步枪，随后向塞尔维亚出口毛瑟-科拉步枪，向比利时出口M1889，向土耳其出口M1890，向阿根廷出口M1891，向西班牙出口M1893。全世界各国军队似乎都在努力让自己成为毛瑟家的座上宾。毛瑟公司从1895年开始为瑞典制造M1896步枪。后瑞典获得许可，对该枪的生产一直持续至1944年。

▼有坂三十年式步枪

时间 1897年

产地 日本

枪管长 79.8厘米

口径 6.5×50毫米

1895 年中日甲午战争结束后，日本陆军决定采用一种小口径现代化步枪。该枪由陆军上校有坂成章设计，配用 6.5 毫米半凸缘式枪弹，采用带前部闭锁凸笋的毛瑟型回转式枪机。该枪在日本明治三十年（1897 年）装备部队。

▼毛瑟M1898步枪（Gew98）

时间 1898年

产地 德国

枪管长 74厘米

口径 7.92×57毫米

在 Gew98 步枪装备使用的时代，毛瑟公司几乎已经解决了栓动步枪的所有问题。该枪加装了第三个后部闭锁凸笋以加固两个前部安装的凸笋，改进了气封和弹仓。该枪的缺陷在于拉机柄的设计，即拉机柄外伸，有可能钩住衣服。

◀毛瑟M1893步枪

时间 1900年

产地 德国

枪管长 74厘米

口径 7×57毫米

毛瑟 M1893 步枪是 19 世纪末有重大影响力的西班牙毛瑟步枪。正是由于该枪在美西战争中表现出的作战效能，促使美国开始研制斯普林菲尔德步枪（下图）。M1893 步枪使用一体式 5 发盒式弹仓供弹。本图中显示的样枪于 1900 年制造。

◀斯普林菲尔德M1903步枪

时间 1903年

产地 美国

枪管长 61厘米

口径 0.30英寸-03

受美国部队与西班牙对抗时遭到毛瑟步枪袭击的影响，美国军械部开始寻求能替换当时使用的克拉格步枪（见 62 ～ 63 页）的枪械。经过与毛瑟公司协商，美国获准制造本土型毛瑟步枪—— 0.30 英寸口径的 M1903 步枪。本图显示的样枪配有试验型 25 发弹匣。

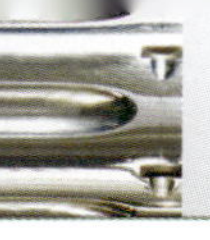

手动弹仓步枪（1906～1916年）

19世纪末，旋转后拉式栓动弹仓步枪几乎为世界各国军队所用，但每个国家都在寻求改进本国步枪的方式。例如，法国把过时的勒贝尔步枪替换为设计更加现代化但仍有缺陷的伯赫提耶步枪；英国将李-恩菲尔德Mk.1步枪的枪管缩短，以便于携带。尽管法国和英国计划研制更精良的小口径步枪，但由于第一次世界大战的到来，只好继续沿用现有的0.303英寸标准口径。但是，在1914年第一次世界大战爆发前，短管步枪的发展趋势已经显露端倪。

木枪托

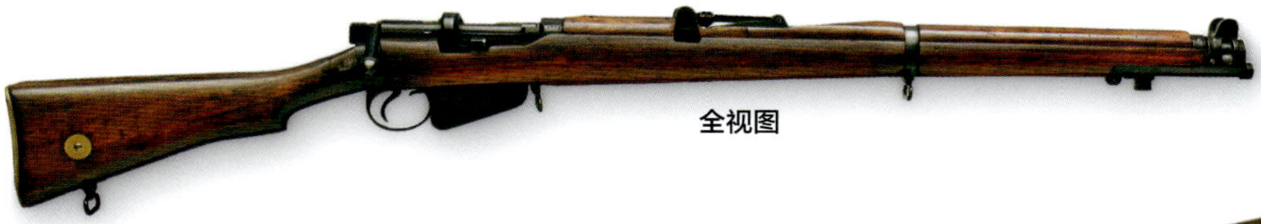

拉机柄

全视图

扳机护圈

可卸10发弹匣

▲李-恩菲尔德SMLE Mk.3步枪

时间	1907年
产地	英国
枪管长	64厘米
口径	0.303英寸

李-恩菲尔德Mk.1步枪（见148页）的短管型被称作李-恩菲尔德弹匣式短步枪（SMLE），于1904年装备部队。SMLE Mk.3步枪在照门、弹匣和枪膛等方面进行了改进。

后背带环

如有需求，待击尾块可以手动操控枪机安全闭锁和解锁

一体式5发盒式弹仓

拉机柄

枪机

枪托螺钉

木枪托

试验型20发可卸弹匣

待击尾块
扳机护圈
封装在枪托内的盒式弹仓

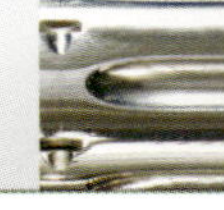

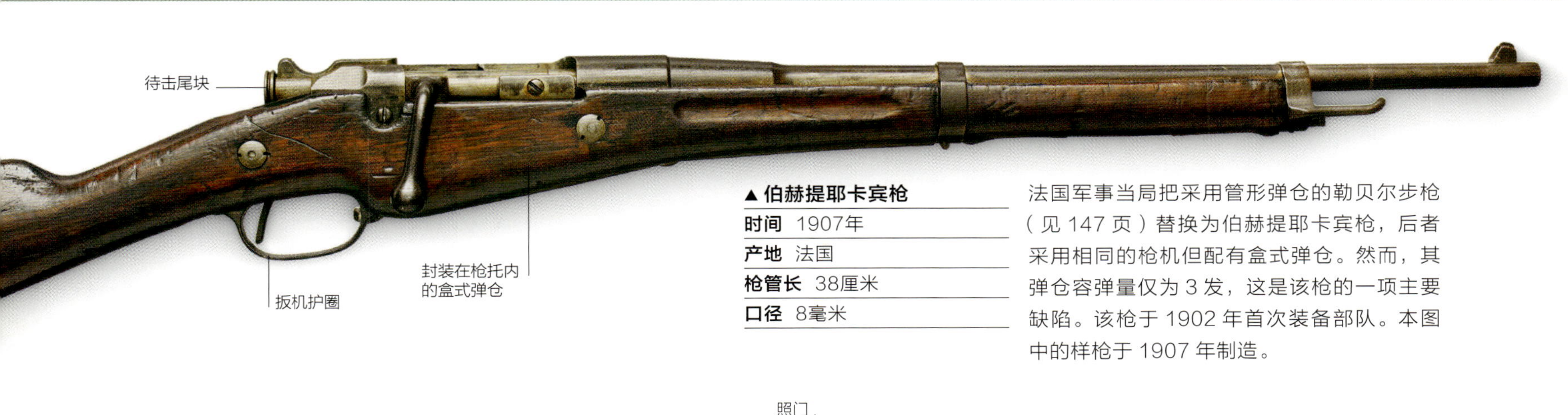

▲伯赫提耶卡宾枪

时间 1907年

产地 法国

枪管长 38厘米

口径 8毫米

法国军事当局把采用管形弹仓的勒贝尔步枪（见147页）替换为伯赫提耶卡宾枪，后者采用相同的枪机但配有盒式弹仓。然而，其弹仓容弹量仅为3发，这是该枪的一项主要缺陷。该枪于1902年首次装备部队。本图中的样枪于1907年制造。

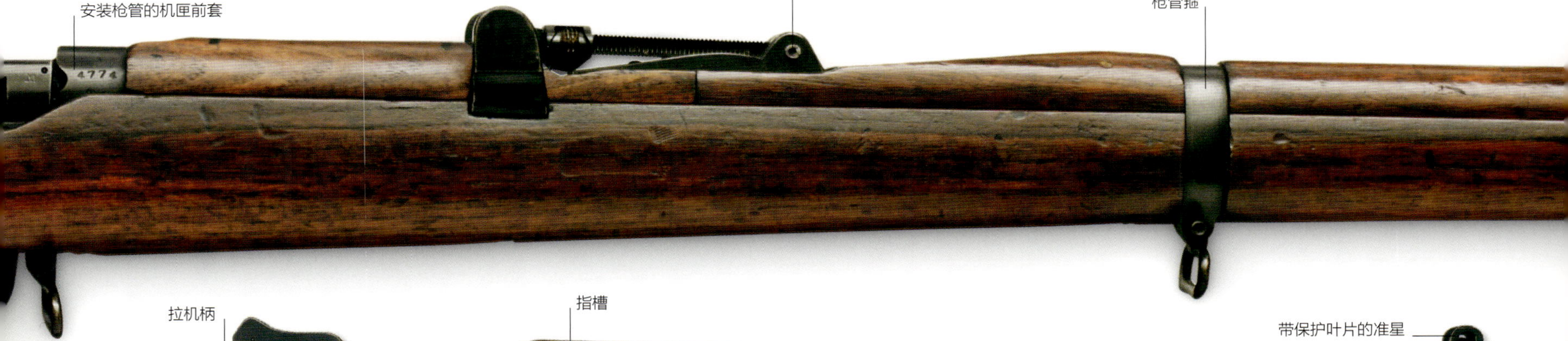

安装枪管的机匣前套
照门
枪管箍

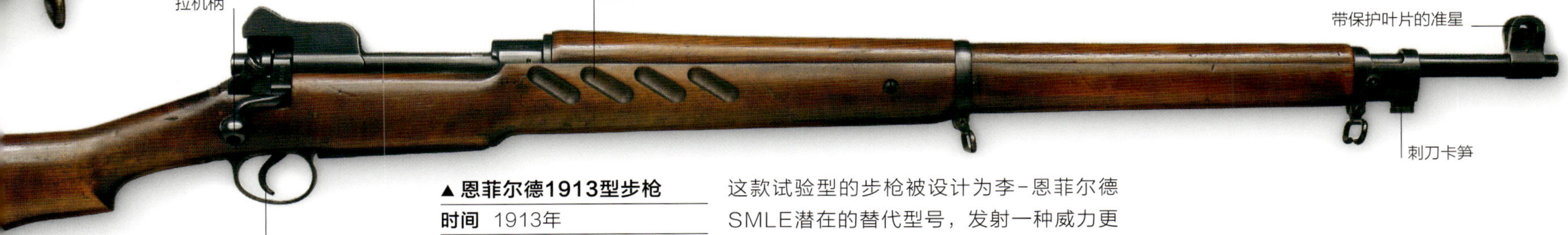

拉机柄
指槽
带保护叶片的准星
刺刀卡笋
扳机

▲恩菲尔德1913型步枪

时间 1913年

产地 英国

枪管长 66厘米

口径 0.276英寸

这款试验型的步枪被设计为李-恩菲尔德SMLE潜在的替代型号，发射一种威力更强的0.276英寸枪弹。第一次世界大战开始时，这种全新的1913型步枪的生产问题，导致了步枪口径的进一步变化。

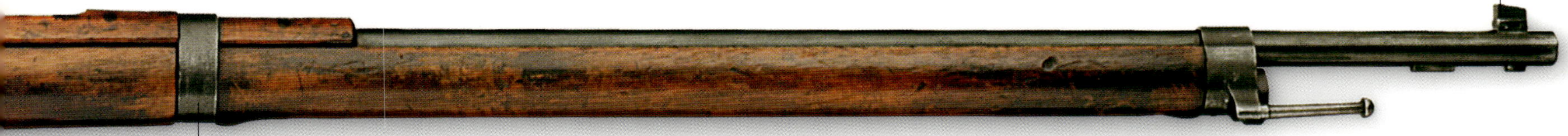

准星
枪管箍

▲伯赫提耶M1916卡宾枪

时间 1916

产地 法国

枪管长 79.8厘米

口径 8×50毫米

尽管伯赫提耶卡宾枪继续采用勒贝尔卡宾枪的栓动枪机，但由于枪管长度的问题，该枪从外观上看已经过时。其实该枪唯一的重大缺陷是弹仓容弹量有限。本图展示的是1916年发布的改进型卡宾枪，该枪配有扩容的5发弹仓。

保护叶片准星
前背带环
刺刀卡笋

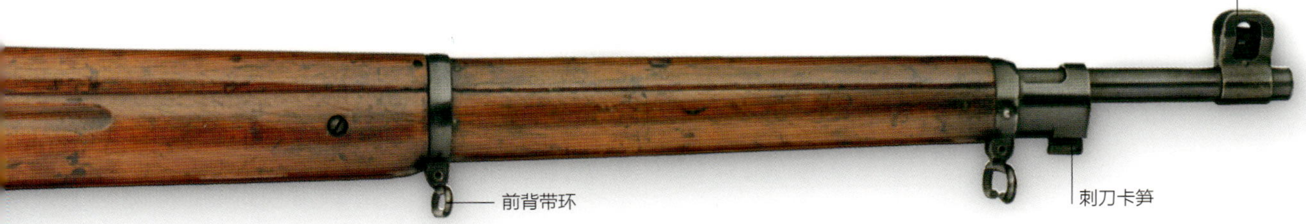

▲恩菲尔德1914型步枪

时间 1914年

产地 英国

枪管长 66厘米

口径 0.303英寸毛瑟枪弹

第一次世界大战开始之际，1913型步枪被改为配用0.303英寸枪弹，并重新定型为1914型步枪。1917型步枪是1914型步枪的0.30英寸口径版本，随后被美国陆军采用。

手动弹仓步枪（1917～1945年）

第一次世界大战使在全球服役的多种军用步枪得到了严格的测试。大多数军用步枪很好地经受住了作战条件的考验，直到第二次世界大战初现端倪之际，大多数步枪仍采用50年前出现的栓动枪机。许多步枪的枪管长度有所缩短，使步枪更轻且更便于携带，而这对其在作战距离上的射击精度，几乎没有负面影响。

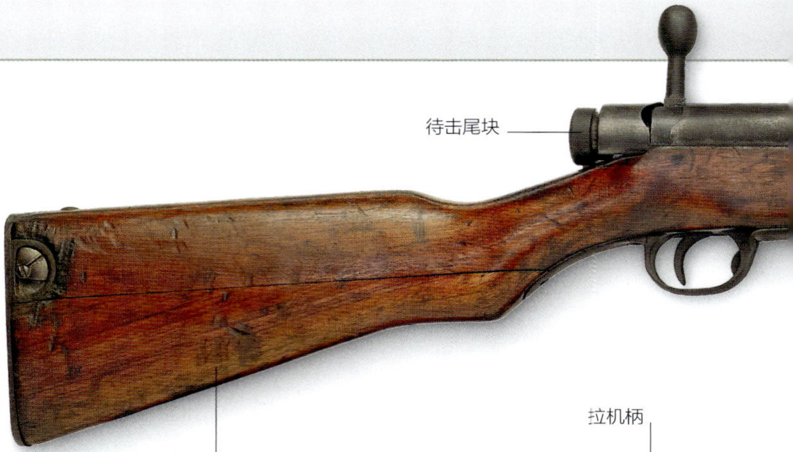

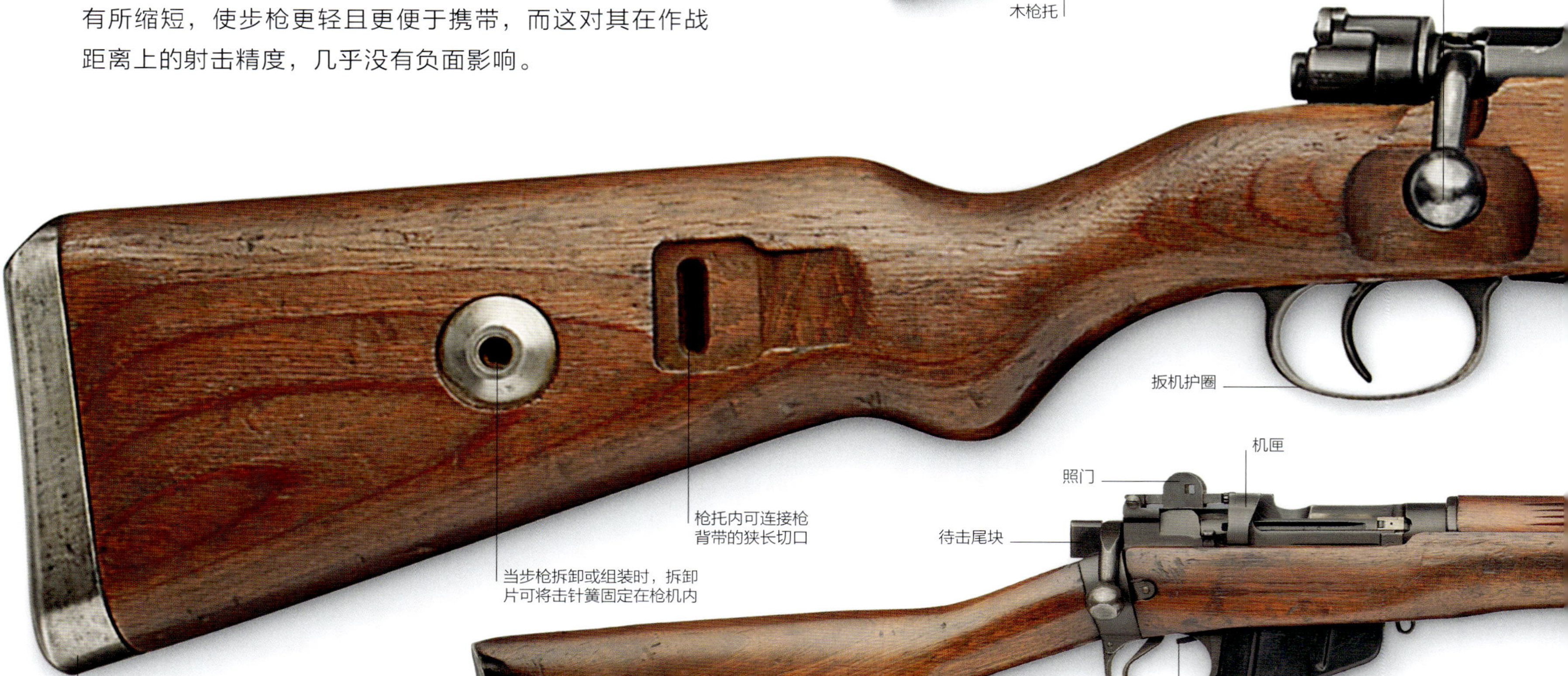

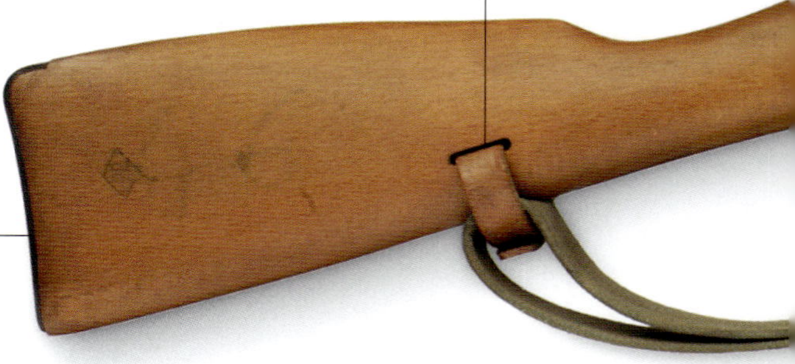

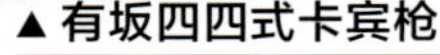

▲有坂四四式卡宾枪

时间 1944年

产地 日本

枪管长 45.72厘米

口径 6.5毫米

有坂三八式步枪于明治三十八年（1905年）研制，1907年装备日本军队，在第二次世界大战期间进行升级。有坂四四式卡宾枪即是1944年由三八式步枪升级而成。这种短管型卡宾枪采用铰接方式在枪口下安装有折叠式刺刀。

全视图

▲毛瑟Kar 98k卡宾枪

时间 1935年

产地 德国

枪管长 60厘米

口径 7.92×57毫米

Kar 98k卡宾枪是毛瑟Gew 98步枪（见153页）的改进型，它在第二次世界大战期间成为德国制式步枪。1935～1945年德国共生产了1400多万支Kar 98k卡宾枪，当时推出了多种变形枪，包括供山地部队、伞兵部队和狙击手使用的枪型。在战争期间，为加速生产，原始设计被简化。

▲李-恩菲尔德No.4 Mk.1步枪

时间 1939年

产地 英国

枪管长 64厘米

口径 0.303英寸

新型李-恩菲尔德步枪在1939年底出现，与它替换的SMLE Mk.3步枪（见154页）相差无几，但其枪机和机匣（枪械主体，包含操作部件）进行了改进，照门采用了新设计——位于机匣之上，下护木缩短，且枪口外露。No.4步枪一直服役到1954年。

▼有坂九九式步枪

时间 1939年

产地 日本

枪管长 65.5厘米

口径 7.7毫米

日本的战争经验表明，三八式步枪配用的6.5毫米枪弹威力不足。九九式步枪配用威力更强的7.7毫米枪弹。该枪有两种型号：短管卡宾枪（本图）和配有15.2厘米长枪管的制式步枪。九九式步枪的独特之处在于下护木下面安装有折叠式金属单脚架（已从改枪上拆下），尽管这并不稳固。

▲莫辛-纳甘M1944卡宾枪

时间 1944年

产地 苏联

枪管长 51.7厘米

口径 7.62×54毫米

1910年，3线（7.62毫米）莫辛-纳甘步枪（见147页）通过缩短枪管而变成卡宾枪。该枪于1938年进行了改进，主要目的是降低制造成本；1944年推出最终型号，加装了折叠式十字形刺刀。

大规模生产
19 世纪 60 年代，位于美国康涅狄格州哈特福德的柯尔特工厂成为世界上同类工厂中最大的一家。工人们井然有序地完成具体任务，大规模生产枪械。本图展示的是 1917 年左右工人们组装转轮手枪的场景。

特种用途步枪

第一次世界大战期间遭遇的难题包括带刺铁丝网和如何将榴弹投射到比单兵手抛更远的距离上。这促使作战部队开发能够处理这些挑战的新型装置。例如，英国的李-恩菲尔德步枪可进行特殊改装，如：安装铁丝剪，以使步兵能够穿过带刺铁丝网的防御工事；增加杯形榴弹发射装置，使米尔斯手榴弹（内装TNT炸药）能发射到敌方战壕内。

全视图

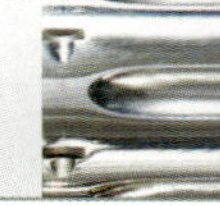

▼装配铁丝剪的SMLE（短管李-恩菲尔德弹匣式）Mk.3步枪

时间 1907年

产地 英国

枪管长 64厘米

口径 0.303英寸

第一次世界大战的战场缠满了带刺铁丝网，当时测试了多种能够处理这种状况的方法，其中一种方法是在SMLE步枪枪口安装弹簧钳口，但实际证明这种方法无效。

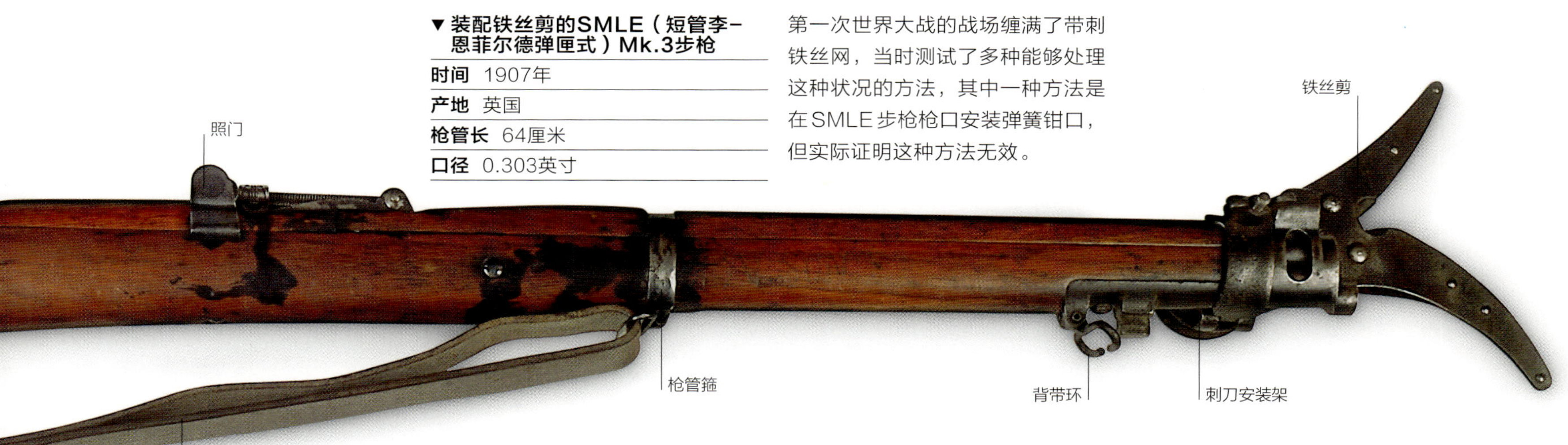

◀装配米尔斯手榴弹发射具的SMLE步枪

时间 1915年

产地 英国

枪管长 64厘米

口径 0.303英寸

射程 150米

榴弹类型 反人员

米尔斯手榴弹通过在弹底螺盖处加装连杆而被改装成步枪用榴弹。而步枪则在刺刀卡笋位置安装一个环形或杯形装置，作为榴弹的保险杆。为发射榴弹，该枪使用一种特制的空包弹。

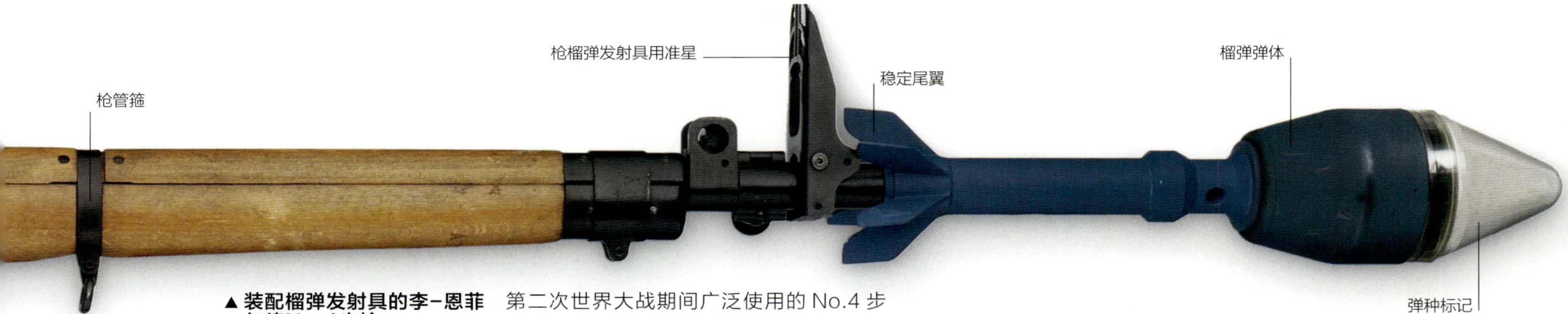

枪榴弹发射具用准星

稳定尾翼

榴弹弹体

枪管箍

弹种标记

▲装配榴弹发射具的李-恩菲尔德No.4步枪

时间 20世纪40年代

产地 英国

枪管长 76.2厘米

口径 0.303英寸

射程 100米

榴弹类型 反坦克

第二次世界大战期间广泛使用的 No.4 步枪采用外露的枪口，使得英国陆军能够开发一种新型管形发射具。它可发射稳定尾翼反坦克榴弹，榴弹安装在枪口处的刺刀卡笋上。该枪配用威力强大的空包弹，发射时枪托放置在地面上。图中的样枪配有新型的 L1A1 训练型榴弹。

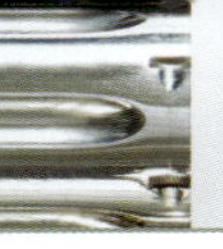

中心发火转轮手枪

自从转轮手枪采用了发明于19世纪六七十年代的中心发火金属枪弹（见112~113页），转轮座的几种基本结构便被确立，并在很长一段时间内没有多少改变。一体式转轮座结构最为普遍，其转轮可向外侧摆出以便重新装弹，使用者推动退壳杆将弹壳抛出。另外转轮座结构还有韦伯利－斯科特系统，它可敞开转轮座，立即取出所有枪弹。转轮手枪结构简单、坚固耐用，因此可广泛用于作战、运动和自卫。早期的自动待击和单动设计被使用更为普遍的双动机构取代，使用者可选择速射，或手动使转轮手枪处于待击状态，以便更精准地瞄准目标。

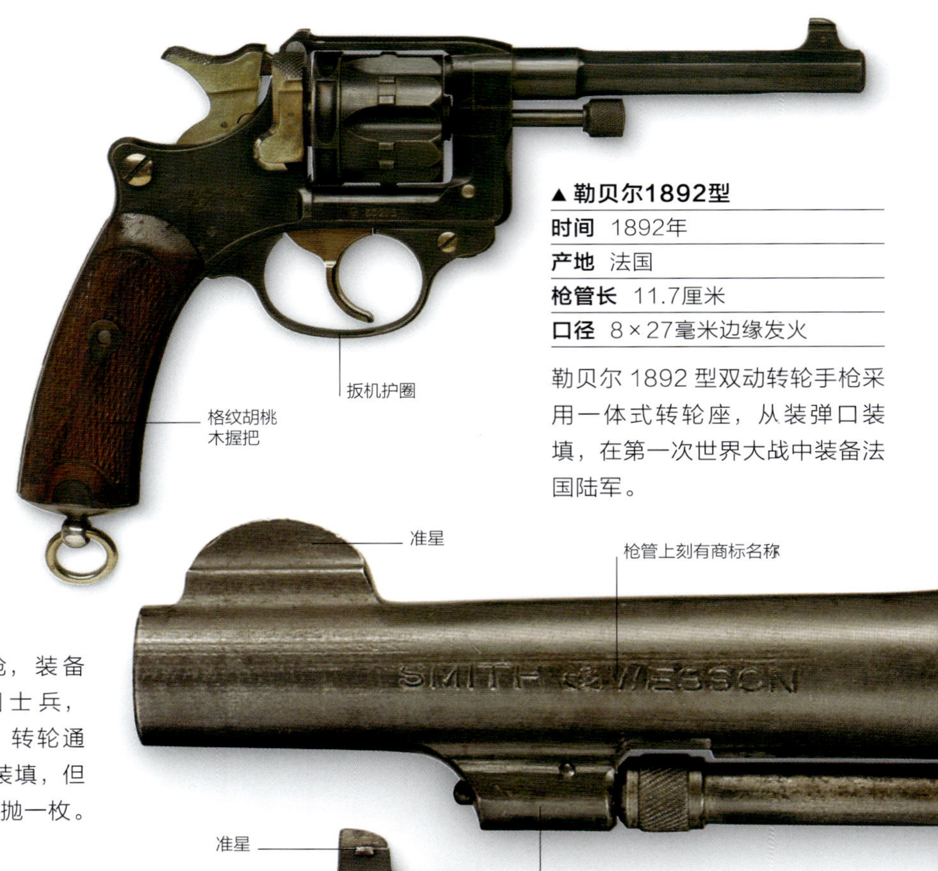

▲勒贝尔1892型

时间 1892年

产地 法国

枪管长 11.7厘米

口径 8×27毫米边缘发火

勒贝尔1892型双动转轮手枪采用一体式转轮座，从装弹口装填，在第一次世界大战中装备法国陆军。

▼拉斯特－加塞尔M1898

时间 1898年

产地 奥地利

枪管长 11.6厘米

口径 0.32英寸

这种采用一体式转轮座的双动手枪，装备给第一次世界大战中的奥匈帝国士兵，1898~1912年共生产了约20万把。转轮通过固定轴转动，从转轮后面的装弹口装填，但每次只能装填一发，抛壳也是每次只能抛一枚。

可容纳6发0.455英寸
埃利枪弹的转轮

转轮定位凹槽

扳机护圈

▶柯尔特“新兵役”

时间 1901年

产地 美国

枪管长 14.4厘米

口径 0.45英寸柯尔特枪弹

1902年，美国军官开始配备柯尔特“自动手枪”，但一些军官觉得这种手枪经常出现射击故障。他们更钟爱柯尔特为美国陆军生产的最后一型转轮手枪——0.45英寸柯尔特“新兵役”双动转轮手枪，该枪一直服役到1941年。

▲韦伯利－斯科特Mk.6

时间 1915年

产地 英国

枪管长 15.2厘米

口径 0.455英寸埃利枪弹

第一次世界大战初期，伯明翰枪械设计师韦伯利和斯科特推出了Mk.6转轮手枪。该枪发射埃利枪弹，因极高的可靠性而闻名。转轮座可通过铰链敞开，亮出转轮后部，以便快速装弹。

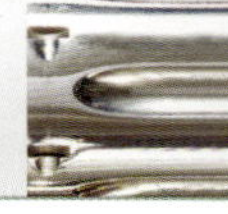

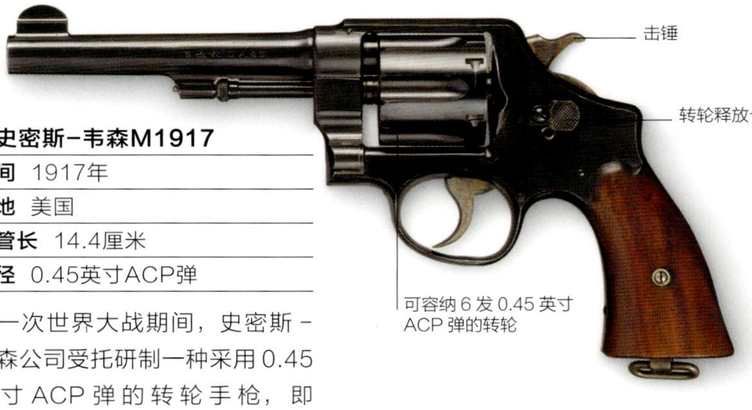

▲ **史密斯–韦森M1917**

时间	1917年
产地	美国
枪管长	14.4厘米
口径	0.45英寸ACP弹

第一次世界大战期间，史密斯－韦森公司受托研制一种采用0.45英寸ACP弹的转轮手枪，即M1917。虽然该枪获得了成功，但有抽壳问题，只能采用半月形弹夹，即一次只能装填3发枪弹。

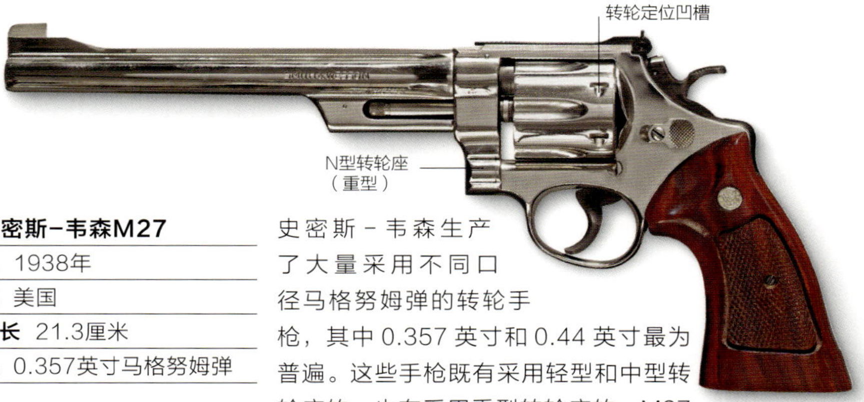

▶ **史密斯–韦森M27**

时间	1938年
产地	美国
枪管长	21.3厘米
口径	0.357英寸马格努姆弹

史密斯－韦森生产了大量采用不同口径马格努姆弹的转轮手枪，其中0.357英寸和0.44英寸最为普遍。这些手枪既有采用轻型和中型转轮座的，也有采用重型转轮座的。M27型采用重型转轮座，发射0.357英寸马格努姆弹，是最流行的型号，可采用10.2厘米、15.2厘米和21.3厘米枪管。

▲ **恩菲尔德No.2 Mk.1**

时间	1938年
产地	英国
枪管长	12.7厘米
口径	0.38英寸

第一次世界大战后，英国陆军决定采用口径更小的随身自卫武器，最终选定仿制韦伯利－斯科特Mk.6转轮手枪。该枪采用无扳手击锤，便于在坦克的狭小空间内从衣服中取出，因此主要发放给坦克乘员。

▲ **史密斯–韦森军警型**

时间	1900年
产地	美国
枪管长	12.7厘米
口径	0.38英寸特种枪弹

作为铰接式转轮手枪的拥护者，随着大威力弹药时代的到来，史密斯－韦森军警型转轮手枪也不得不转而采用侧摆转轮的一体式转轮座。该枪发射更长的0.38英寸特种枪弹。

保罗·毛瑟

枪械大师

保罗·毛瑟

在枪械发展史上，毛瑟是最著名的品牌之一。虽然其缔造者保罗·毛瑟于1914年去世，但他的设计理念对第二次世界大战期间所使用的步枪有很大影响。19世纪末20世纪初，保罗·毛瑟研制了一系列旋转后拉式栓动步枪和其他武器，因易于使用和很高的可靠性而闻名，销量也很大，极大地改变了作战方式。

保罗·毛瑟出生在枪匠世家，他的父亲弗朗茨·安德里亚斯·毛瑟在符腾堡皇家兵工厂工作。1859年，保罗·毛瑟应征入伍，成为一名炮兵人员，在路德维希堡的兵工厂服役，在这里他得以从事枪械制造工作。在皇家兵工厂和路德维希堡，年轻的毛瑟发现当时流行的步枪是采用旋转后拉式栓动枪机的德莱赛击针步枪（见108~109页）。虽然德莱赛步枪被广泛使用，但毛瑟萌生了改进它的想法，尤其是解决诸如火药燃气后喷（因发射药燃烧产生的火药气体膨胀而导致），以及可能走火的问题。从19世纪60年代起，毛瑟开始研制新型栓动武器来解决这些问题。

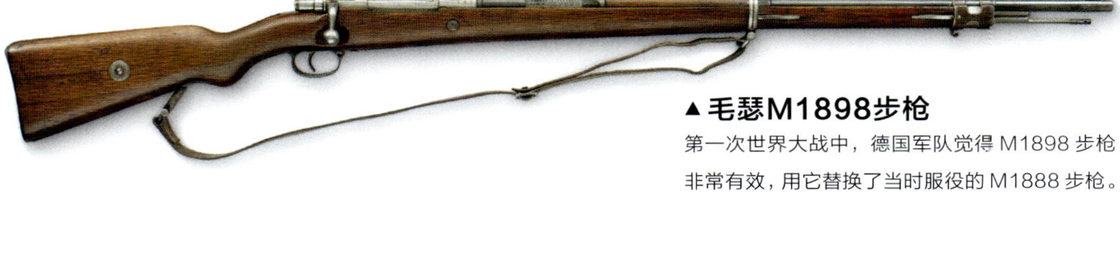
▲**毛瑟M1898步枪**

第一次世界大战中，德国军队觉得M1898步枪非常有效，用它替换了当时服役的M1888步枪。

> “这把**手枪**曾是世界上最好的东西。”
>
> **英国前首相温斯顿·丘吉尔对毛瑟C.96的评价**

改变战争

19世纪60年代，栓动步枪开始流行。1868年，毛瑟获得了他的第一个专利。栓动步枪的优点是从枪管尾端装弹，既可靠又便于使用。与杠杆式步枪相比，栓动步枪没有需要在枪械下方操作的杠杆，所以它在卧姿下更容易完成射击和上膛的动作。相对于只能以站姿装弹的前装枪，在战斗中使用栓动步枪会更加安全。栓动武器逐渐被广泛使用，毛瑟设计的武器也使用金属枪弹，而这解决了德莱赛击针步枪的主要问题——长长的击针有时会在枪机闭膛后引起走火。但是，早期的毛瑟武器都是独子武器，与1866年推出的连珠步枪相比有着明显的缺点。因此，毛瑟开始设计采用弹仓机构的栓动步枪，通过拉动枪机即可装填下一发枪弹。最成功的是M1898步枪（见153页），该枪的弹夹（压弹夹）可一次装填5发无烟枪弹，既轻便又易于使用，使其成为当时最成功的步枪。该枪可靠性好，卧姿也可装弹，能阻止敌人前进。M1898步枪被德国陆军采用（被命名为Gew98），在第一次世界大战中扮演着重要角色，并为其他厂商的效仿设立了一个高标准。

◄**配备毛瑟步枪的德国军队**

图中是一群正在作战的德国士兵，时间大约是1916年，他们正在废墟上使用Gew98步枪进行瞄准。

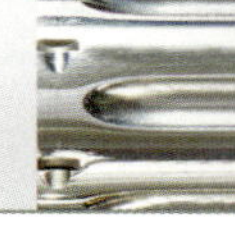

毛瑟M1871步枪

毛瑟C.96手枪

1871年 保罗·毛瑟和他的兄弟威廉·毛瑟制造出第一支M1871步枪。

1874年 毛瑟收购符腾堡皇家兵工厂，开始为符腾堡军队生产M1871步枪，共生产了10万支。

1878年 毛瑟研制了发射现代化黄铜枪弹的M1878“锯齿”转轮手枪，也是德国军队装备的第一种转轮手枪。

1896年 C.96半自动手枪独特的握把使其获得了“扫帚把”的绰号。

1898年 毛瑟M1898步枪开始装备德国陆军，成为毛瑟最为成功的步枪。

1914年 保罗·毛瑟去世，但公司依然生意兴隆，第一次世界大战期间销售了大量的武器。

1918年 毛瑟 1918 T-Gewehr 问世，它是世界上第一种反坦克步枪。

1935年 德国军队采用Kar 98k步枪。

1948年 第二次世界大战后，毛瑟的工厂被拆除，工程师们抢救出公司的一些设备组建了新公司，后来成为大名鼎鼎的赫克勒-科赫公司。

▸《年轻的温斯顿》
演员西蒙·沃德在 1972 年上映的电影《年轻的温斯顿》中扮演配备 C.96 手枪的温斯顿·丘吉尔。在苏丹和布尔战争期间，温斯顿·丘吉尔使用的就是这种手枪，它也是他最喜爱的武器。

毛瑟手枪

当德国枪械设计师（如雨果·博尔夏特）在 19 世纪八九十年代研制了第一把半自动手枪（见 166 页）的时候，毛瑟也开始进入这一市场。毛瑟的第一把半自动手枪就是大名鼎鼎的 C.96（见 166 页），它是一种极具特色的手枪，扳机前有一个盒式弹仓，握把看起来像是扫帚把。该枪配有可拆卸的木制肩托，还可作为枪套使用。温斯顿·丘吉尔和阿拉伯的劳伦斯使用的就是 C.96，从而使该枪名声大噪，其产量超过 100 万把。C.96 也出口到中国并大量生产，在许多远东国家，毛瑟几乎就是“手枪”的代名词。

战争与和平

第一次世界大战后，毛瑟公司利用其工程与制造技术拓展和平时期的产品市场，如机床、缝纫机甚至是汽车。当德国在 20 世纪 30 年代开始重整军备的时候，毛瑟公司的生产线开始生产 Kar 98k 卡宾枪（见 157 页）。该枪于 1935 年投产，是在 M1898 步枪的基础上改进而来。与之前的步枪一样，毛瑟 Kar 98k 也采用压弹夹来装填弹药，但采用的是下弯式拉机柄（与 M1898 的直拉式拉机柄不同），操作速度更快。第二次世界大战期间，毛瑟 Kar 98k 广泛装备德国陆军，尤其是为机枪手提供火力掩护。

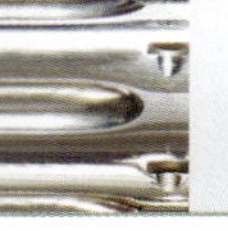

自动装填手枪（1893~1900年）

19 世纪的最后 10 年是自动装填手枪（即半自动手枪）的研发高峰期，这种手枪每扣动一次扳机即可发射一发子弹。它们采用后坐式自动方式（见 305 页），用弹簧吸收枪弹发射后的后坐力完成推弹上膛。海勒姆 · 马克沁将这一原理成功运用到机枪（见 184~185 页）中，之后，枪械设计师们开始将其运用到其他武器中。

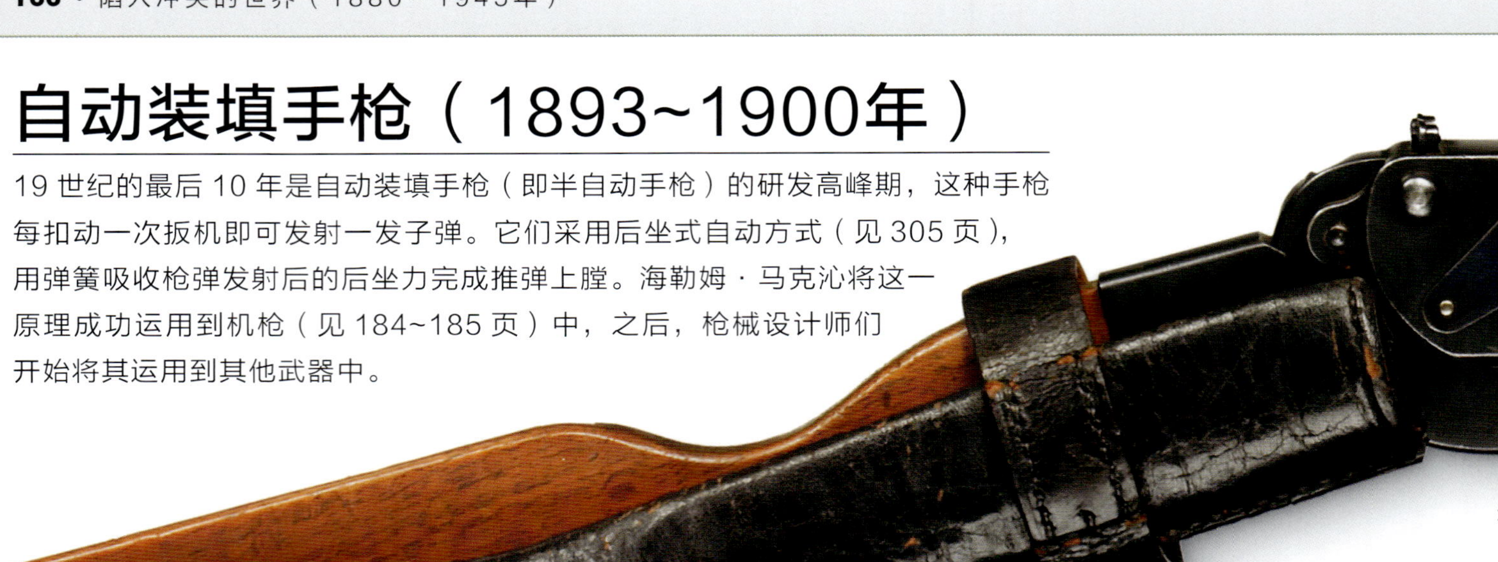

全视图

▲ 博尔夏特C.93

时间	1893年
产地	德国
枪管长	16.5厘米
口径	7.65毫米

该枪由枪械设计师雨果 · 博尔夏特研制，是第一把成功的自动装填手枪。其装填机构借鉴了马克沁机枪的设计理念，后者由博尔夏特的老板路德维格 · 洛伊获得许可在柏林生产。

复进簧座

▲ 加伯特-费尔法克斯“战神”

时间	1899~1902年
产地	英国
枪管长	26.5厘米
口径	8.5毫米战神枪弹/ 0.45英寸韦伯利枪弹

“战神”手枪外形硕大，价格昂贵，结构复杂。在 1900 年竞争激烈的武器市场中，这些缺点是致命的。

击锤
可调节的照门
装填 / 抛壳口
刀口形准星
固定式弹仓
扳机
枪钢系环

▲ 毛瑟C.96

时间	1896年
产地	德国
枪管长	14厘米
口径	7.63毫米毛瑟枪弹

虽然固定式弹仓导致装填速度慢且操作复杂，但毛瑟“扫帚把”自动装填手枪由于采用威力强大的枪弹而颇受军队欢迎。它一直生产到 1937 年，并被很多国家仿制。为了稳定射击，该枪通常配有可绑在肩托上的枪套（与 C.93 的类似）。扣动扳机后可持续射击的 C.96 全自动型号也曾投入生产。

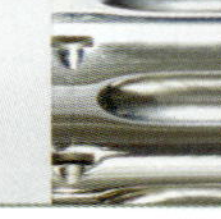

机匣上用于抛出弹壳的抛壳口

准星

SYSTEM BORCHARDT. PATENT.

扳机护圈

8 发可卸弹匣
位于握把内

外露式击锤

复进簧座

固定式弹仓

▲伯格曼No.3

时间	1896年
产地	德国
枪管长	11.2厘米
口径	6.5毫米伯格曼枪弹

刘易斯·施迈瑟设计的No.3手枪是结构极其简单的手枪，装有可容纳5发子弹的小弹仓，采用自由枪机式原理。后坐系统用枪机体自身的重量和手枪击针簧阻力来抵消发射时的后坐力，以便使枪机体完全向后移动，阻铁用于减缓枪机体移动速度。再次扣动扳机，在弹簧压力作用下枪机体快速向前移动，同时推弹上膛，便可再次射击。反复循环这一动作即可实现连续射击。

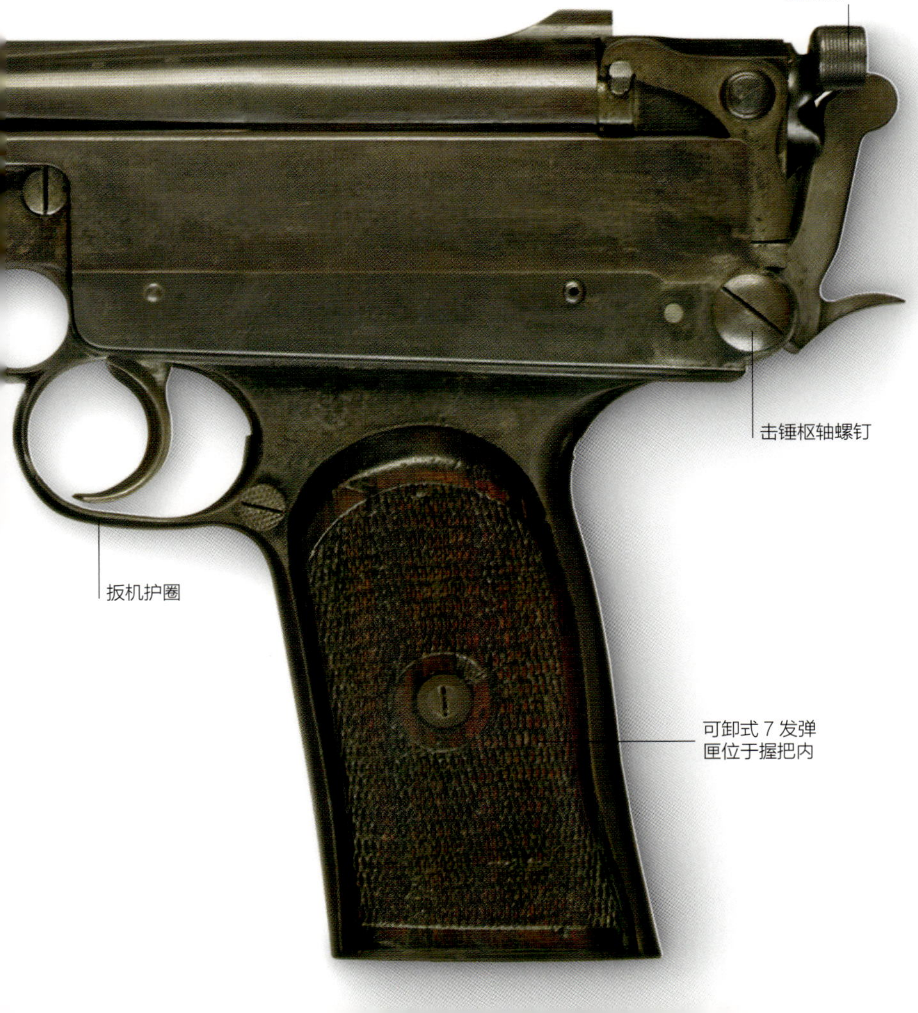

拉机柄

击锤枢轴螺钉

扳机护圈

可卸式 7 发弹
匣位于握把内

准星

照门

复进簧座

弹匣释放卡笋

▲勃朗宁M1900

时间	1900年
产地	比利时
枪管长	10.2厘米
口径	7.65毫米

约翰·勃朗宁（见180~181页）或许是最多产的枪械设计师，1895年从他的祖国美国搬到了比利时，在那里他生产了一种改进型半自动手枪，即M1900。该枪采用自由枪机式原理，尺寸小、重量轻，很受欢迎，共售出70多万把，于1911年停产。

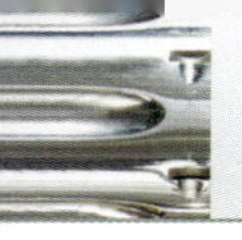

自动装填手枪（1901~1924年）

这一时期设计的多种自动装填手枪时至今日仍有一些在使用。约翰·勃朗宁研制的一系列采用滑动式套筒的手枪均产自柯尔特公司，最著名的就是M1911A1，两次世界大战中美国军队都在使用。乔治·鲁格对雨果·博尔夏特发明的肘节式枪机进行了改进，在此基础上研制的手枪成为德国军队的制式手枪。还有一些手枪，虽然技术独特，但相对不够实用。

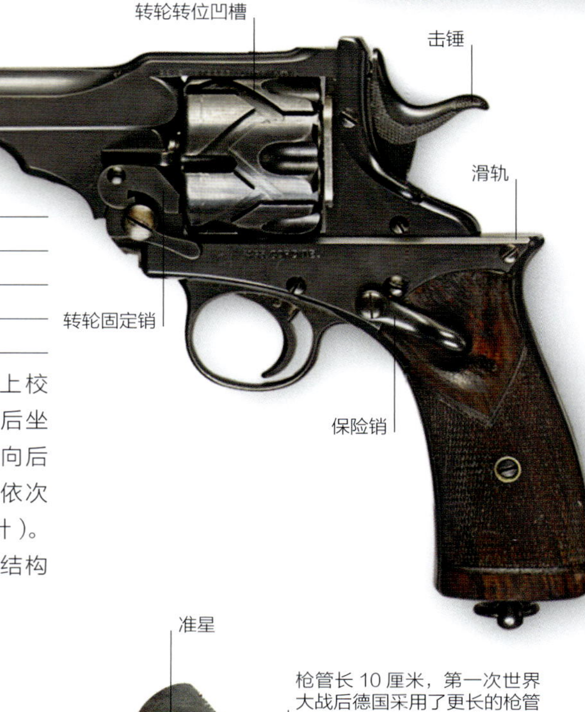

▲ **韦伯利–福斯韦里**

时间 1901年

产地 英国

枪管长 15.2厘米

口径 0.455英寸

1899年，乔治·福斯韦里上校设计了一种自动转轮手枪。后坐力推动枪管和转轮在滑轨上向后运动，同时带动转轮旋转（依次将每个弹膛内的枪弹对准击针）。但对于战场条件而言，该枪结构过于脆弱。

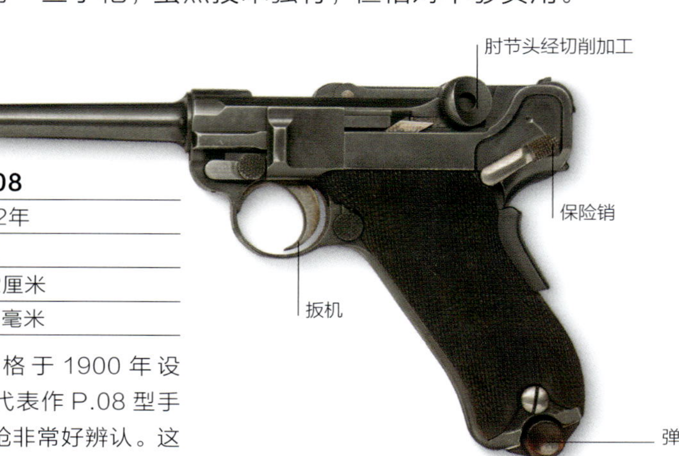

▲ **鲁格P.08**

时间 1902年

产地 德国

枪管长 12厘米

口径 7.65毫米

乔治·鲁格于1900年设计了他的代表作P.08型手枪。该款枪非常好辨认。这把是发射7.65毫米枪弹的早期型号，停止作用不足。

准星

枪管长10厘米，第一次世界大战后德国采用了更长的枪管

枪口

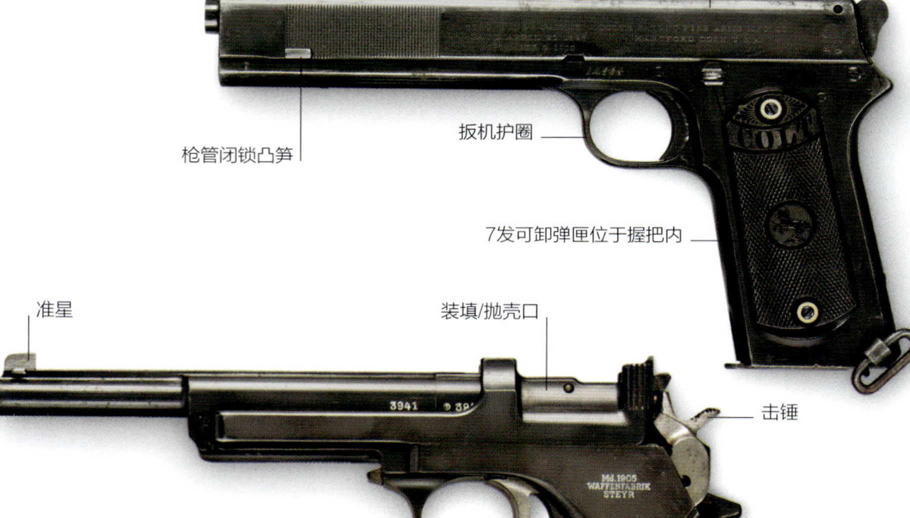

◀ **柯尔特M1902**

时间 1902年

产地 美国

枪管长 15.2厘米

口径 0.38英寸ACP弹

勃朗宁为军用市场设计了一系列优秀的后膛闭锁手枪，但M1902并不受欢迎。该枪的特点是采用双连杆机构，枪管通过两端的枢轴与套筒座连接，枪管和套筒被锁死，直到弹头飞出枪口。

准星

装填/抛壳口

击锤

10发固定弹仓位于握把内

▲ **斯太尔M1905**

时间 1905年

产地 奥匈帝国

枪管长 16厘米

口径 7.63毫米曼利夏枪弹

由奥地利斯太尔–曼利夏公司（见290~291页）设计，虽然制造标准很高，但后坐力很大，并不受欢迎。

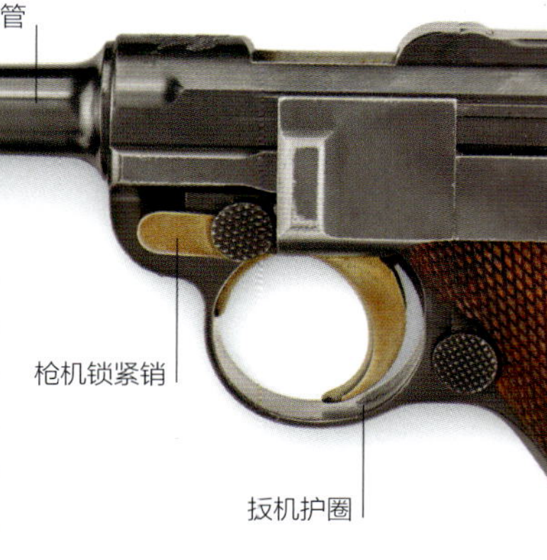

▲ **鲁格P.08“美国鹰”**

时间 1906年

产地 德国

枪管长 15.2厘米

口径 9毫米

1906年，采用9毫米口径的新型鲁格手枪全球销量急剧增长，美国是其主要市场之一。这款制作精良的手枪的机匣顶部刻有生产商DWM（德意志武器弹药制造公司）的商标和美国鹰的图案。

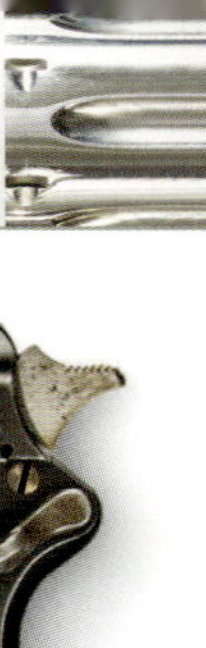

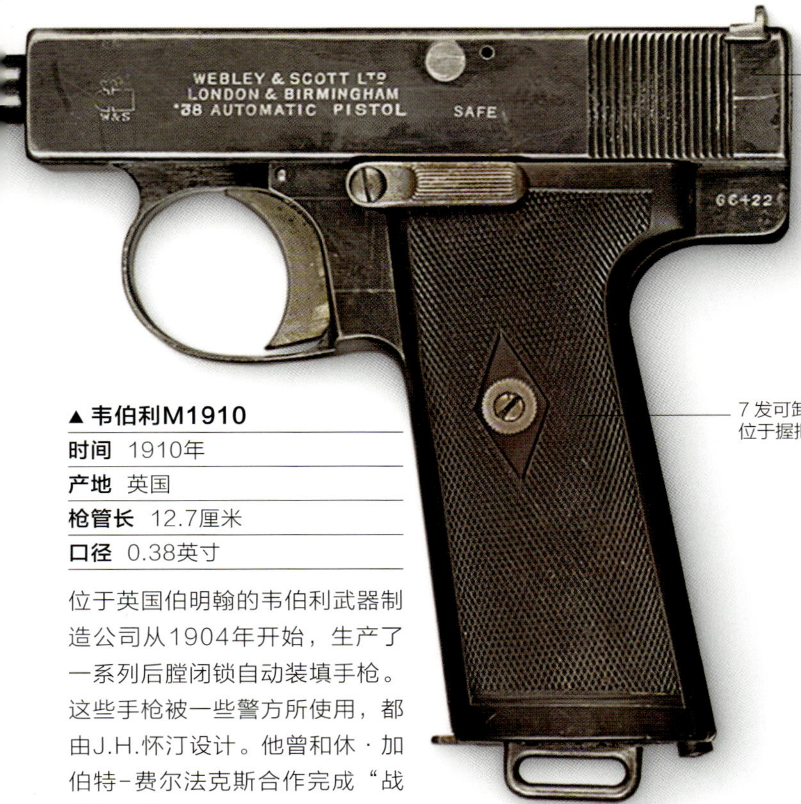
WEBLEY & SCOTT LTD
LONDON & BIRMINGHAM
.38 AUTOMATIC PISTOL
SAFE
隐藏式击锤
7发可卸弹匣
位于握把内

▲ **韦伯利M1910**

时间 1910年

产地 英国

枪管长 12.7厘米

口径 0.38英寸

位于英国伯明翰的韦伯利武器制造公司从1904年开始，生产了一系列后膛闭锁自动装填手枪。这些手枪被一些警方所使用，都由J.H.怀汀设计。他曾和休·加伯特-费尔法克斯合作完成“战神”手枪。

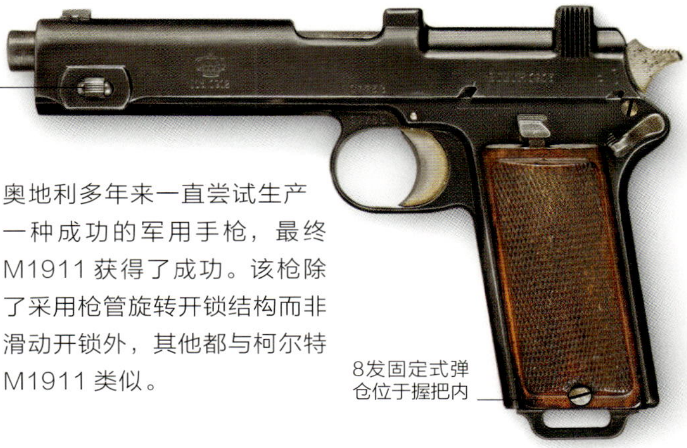
枪管闭
锁凸笋
8发固定式弹
仓位于握把内

▶ **斯太尔-哈恩M1911**

时间 1911年

产地 奥地利

枪管长 12.7厘米

口径 7.63毫米曼利夏枪弹

奥地利多年来一直尝试生产一种成功的军用手枪，最终M1911获得了成功。该枪除了采用枪管旋转开锁结构而非滑动开锁外，其他都与柯尔特M1911类似。

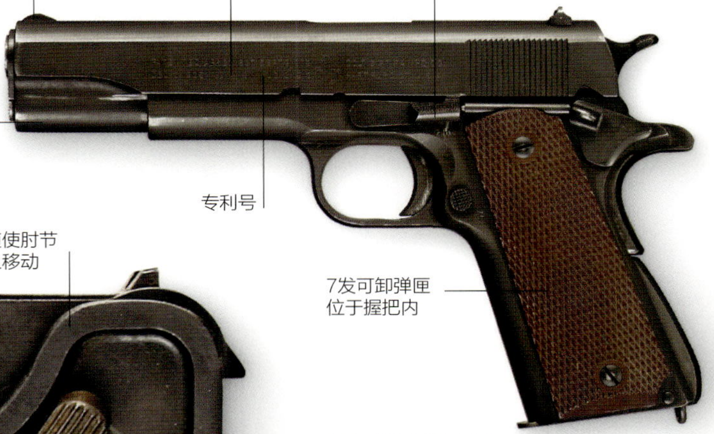
准星
套筒
套筒杆向后滑
动以拆卸套筒
复进簧座
专利号
7发可卸弹匣
位于握把内

▲ **柯尔特M1911A1**

时间 1924年

产地 美国

枪管长 12.7厘米

口径 0.45英寸ACP弹

1911年，勃朗宁设计了柯尔特M1911手枪，它被美国陆军采用，成为制式武器。在菲律宾与摩洛人作战的美军士兵配备的是0.38英寸转轮手枪，威力不足，因此急需发射0.45英寸枪弹的大威力手枪。为了满足这一需求，勃朗宁研制了M1911手枪，这把是后来经过改进的型号，被命名为M1911A1。

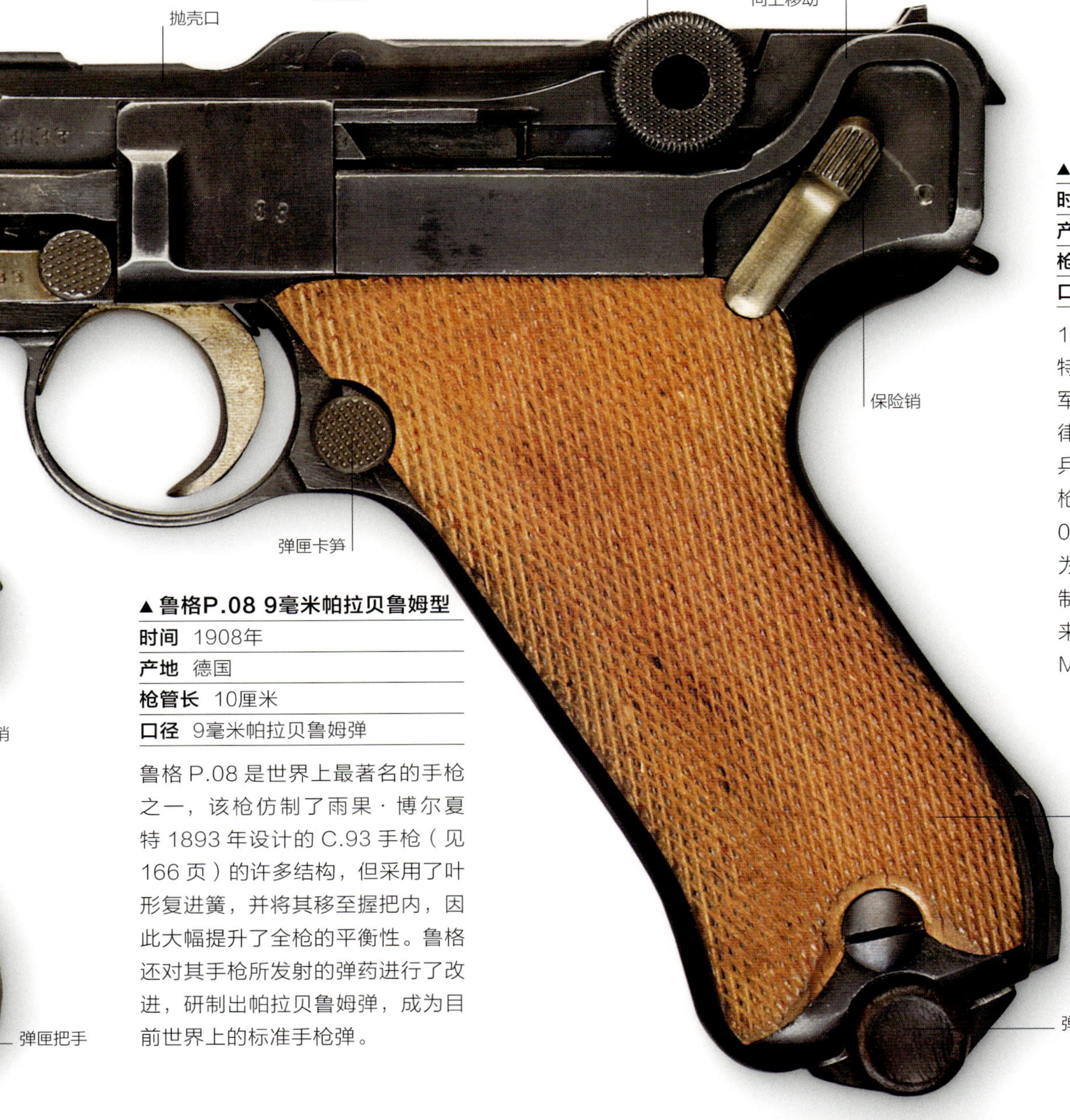
可折叠的肘节作
为手枪的待击柄
坡道使肘节
向上移动
抛壳口
保险销
弹匣卡笋
10发可卸弹匣
位于握把内
弹匣把手

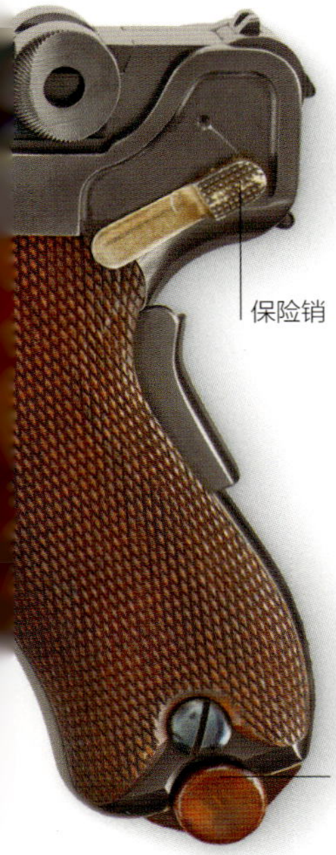
保险销
弹匣把手

▲ **鲁格P.08 9毫米帕拉贝鲁姆型**

时间 1908年

产地 德国

枪管长 10厘米

口径 9毫米帕拉贝鲁姆弹

鲁格P.08是世界上最著名的手枪之一，该枪仿制了雨果·博尔夏特1893年设计的C.93手枪（见166页）的许多结构，但采用了叶形复进簧，并将其移至握把内，因此大幅提升了全枪的平衡性。鲁格还对其手枪所发射的弹药进行了改进，研制出帕拉贝鲁姆弹，成为目前世界上的标准手枪弹。

精品展示

鲁格P.08长枪管型手枪

鲁格 P.08 是世界公认的独特而优秀的手枪，因其可靠性好、精度高、重量轻，在两次世界大战中大量装备德国军队。该枪也是最早一批自动装填手枪（见 166 页）之一，但和其他手枪不同，它采用的是枪管后坐肘节闭锁式枪机而非后来广为使用的滑动式套筒，发射时枪机体后坐，肘节折叠并抛出空弹壳。

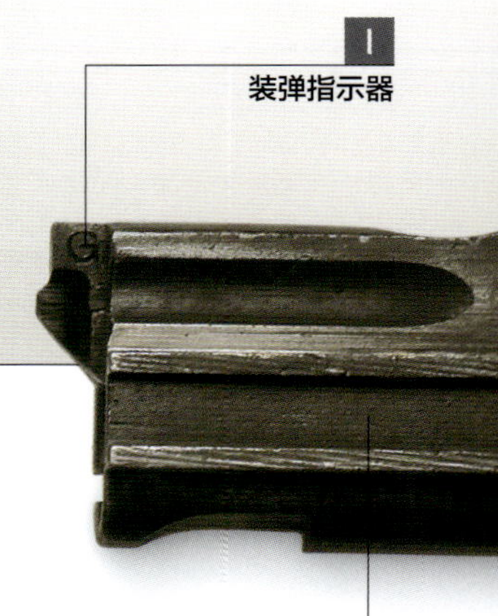

▸ 装弹指示器

装弹指示器安装在枪机体上，枪膛内有枪弹时，指示器向前上方升起，其侧面露出“已装填”字样，易于觉察。大多数鲁格手枪都是用帕拉贝鲁姆弹，该弹也是目前全球军用手枪的标准枪弹。

▴枪管和闭锁机构

枪管安装在一个金属部件上，通过两片金属板向后运动。肘节组件被置于金属板之间，枪管和肘节组件安装在枪底把的机匣内。拆卸保养时，将枪管组件向后推，再顺时针旋转松脱杆，把侧板卸下，抽出松脱杆，之后将枪管组件向前滑动即可将其从枪底把中取出。

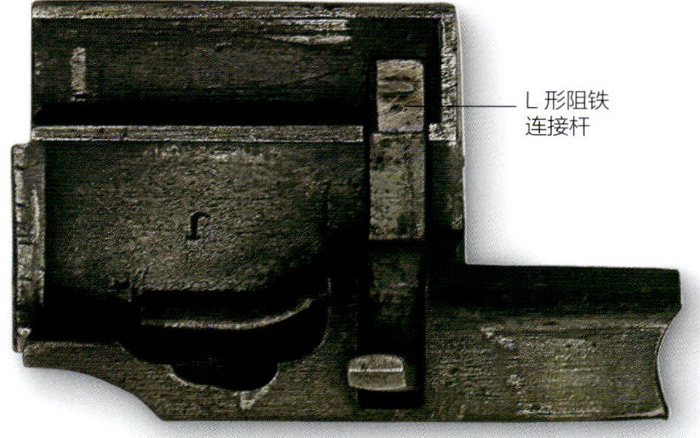

▴侧板

鲁格手枪最独特的地方是侧板内侧有连接扳机和阻铁的 L 形杠杆，阻铁用于控制击针，只有扣动扳机才能释放击针，如果没有侧板则无法使用。

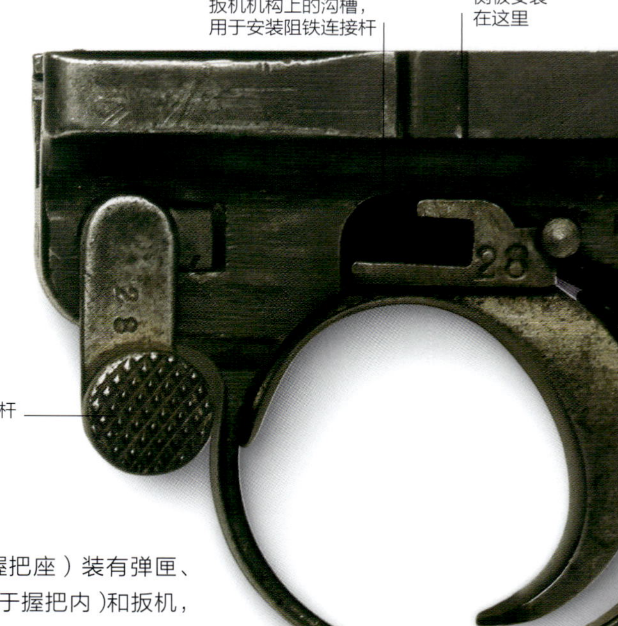

▸ 枪底把

枪底把（握把座）装有弹匣、复进簧（位于握把内）和扳机，枪管和闭锁机构安装在其上部。

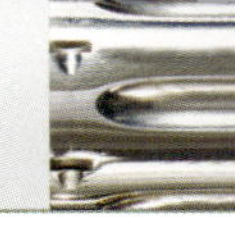

▼肘节组件

肘节组件包括可滑动的枪机体和铰链式肘节，肘节是枪机体和复进簧之间的机械联动装置。复进簧在握把内的后部空间中完成压缩和舒展，通过连接杆与肘节相连。

2 肘节（展开）

插入后肘节销的孔

连接杆

▼后肘节销

后肘节销用于将肘节组件固定在枪管组件尾部。

鲁格P.08长枪管型手枪

时间 1917年

产地 德国

枪管长 17.8厘米

口径 9毫米帕拉贝鲁姆弹

乔治·鲁格设计的P.08手枪发射7.65毫米或9毫米枪弹，可配备不同长度的枪管。这把是长枪管型，装备炮兵作为单兵武器使用，也被称为炮兵型。该枪既可采用标准8发弹匣，也可采用32发弹鼓，这两种可卸弹匣都可使用9毫米帕拉贝鲁姆弹。枪上配有可调节的步枪型照门，表尺最远刻度可达800米。可拆卸的肩托用于抵肩射击，远距离射击时瞄准更稳定。

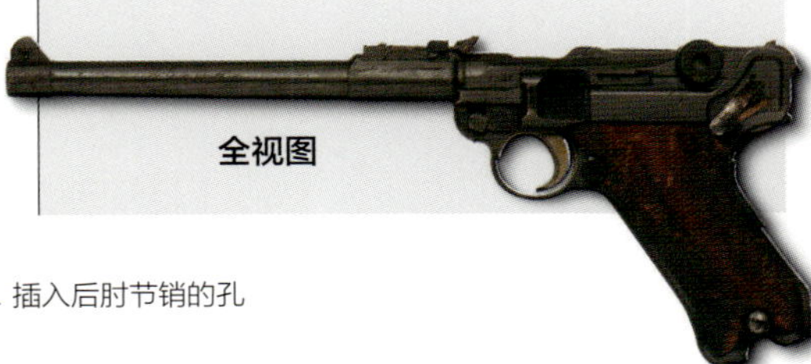

全视图

插入后肘节销的孔

折叠式肘节的运动坡道

弹匣卡笋

保险销

复进簧安装在这里，与弹匣平行，两者占用了握把内的大部分空间

2

▲肘节（折叠）

该枪通过向后提拉肘节（防滑纹部位）使其向上折叠，同时向后拉动枪机体并压缩复进簧（左侧，握把内底部）完成推弹上膛。随着肘节向上折叠，弹匣内的弹簧向上推弹。复进簧舒展时会把肘节拉直，从而推动枪机体和枪弹向前运动，将枪弹密封在弹膛内。发射后，后坐力推动枪机体和肘节向后运动，由于肘节向枪底把的后上方运动，因此肘节再次折叠，再次扣动扳机即可射击。如此反复实现自动装填。

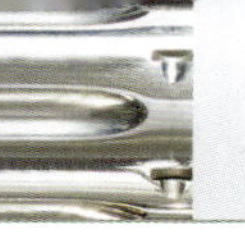

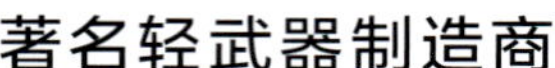

著名轻武器制造商

伯莱塔公司

乌戈·古萨里·伯莱塔

世界上历史最悠久的枪械公司是意大利皮埃特罗·伯莱塔公司，该公司早在16世纪就为位于威尼斯的兵工厂提供枪管，后逐步发展成为全球著名的大公司，业务领域涵盖军用轻武器和手工制造的霰弹枪，通常枪上都有漂亮的雕饰。公司的枪械以优秀的设计和高质量而闻名世界。伯莱塔公司在乌戈·古萨里·伯莱塔及其儿子的管理下成为全球最优秀的枪械公司之一。

15~16世纪，威尼斯是一个强大而独立的共和国，位于意大利北部和地中海地区。威尼斯人通过贸易变得非常富有，为了保卫自己的帝国，他们把威尼斯的一个造船厂改建成兵工厂，成为该国最主要的枪械制造厂。兵工厂从城外雇佣工匠和购买武器零部件。马斯特罗·巴尔特罗梅奥·伯莱塔就是兵工厂雇用的工匠之一，他是意大利伦巴第的枪匠。

▼ **伯莱塔工匠**

1985年，一名工人正在意大利伯莱塔工厂组装狩猎步枪，这些优质的武器上都有精美的手工雕刻和雕刻师的名字。

1526年，伯莱塔获得了为威尼斯兵工厂提供185根火绳枪枪管的订单，而这也成为他事业走向兴旺的开端。

传统工艺

威尼斯人非常重视枪匠这一职业，很支持他们的工作，对从业者只征收较低的税，还为他们的产品提供市场。马斯特罗·巴尔特罗梅奥·伯莱塔利用当地的富铁矿制造他的枪械，因此质量很高。他的枪械制造工艺代代相传，从16世纪一直沿续至今。威尼斯为伯莱塔的枪械提供了广阔的市场，直到18世纪威尼斯开始衰落。这时，伯莱塔的武器在威尼斯帝国以外已非常有名，因此，即使最初的市场已经萎缩，公司仍在蓬勃发展。19世纪，皮埃特罗·安东尼奥·伯莱塔和他的儿子朱塞佩·伯莱塔在意大利到处奔走，演示公司的产品并征集订单。用户们很欣赏伯莱塔武器的质量、做工以及工艺价值，公司因而获得了源源不断的订单，尤其是那些做工精良且有着华丽雕饰的步枪。

高精度

纵观其历史，伯莱塔公司研制了各种各样的军用和民用武器，并随时间的推移不断更新和改进。例如，第一次世界大战期间，公司研制的M1918成为意大利军队装备的首批冲锋枪之一。20世纪，伯莱塔手枪尤其是半自动手枪大量装备军队和警察，一直使用到21世纪。公司取得这样的成就，皮埃特罗·伯莱塔功不可没，他于1903年接管公司。公司研制的产品在国际市场占有重要地位，其中大部分是公司的首席设计师图利奥·马伦

伯莱塔M1934

伯莱塔S-686型霰弹枪，1982年

1526年 马斯特罗·巴尔特罗梅奥·伯莱塔获得了威尼斯兵工厂185根火绳枪枪管的订单。

1915年 伯莱塔公司开始生产半自动手枪，之后成为该公司20世纪最重要的产品之一。

1918年 公司推出首款冲锋枪，即M1918，装备意大利陆军。

1934年 为意大利陆军研制的M1934紧凑型半自动手枪问世。

1935年 伯莱塔推出SO系列上下排列双管霰弹枪，开始了双管霰弹枪的研制和生产，其中S-686型至今仍在生产。

1953年 伊恩·弗莱明的第一部讲述詹姆斯·邦德的小说《皇家赌场》中，邦德使用的就是伯莱塔418型手枪。

1985年 美国陆军采购伯莱塔M9半自动手枪来替换由约翰·勃朗宁设计的柯尔特M1911手枪。

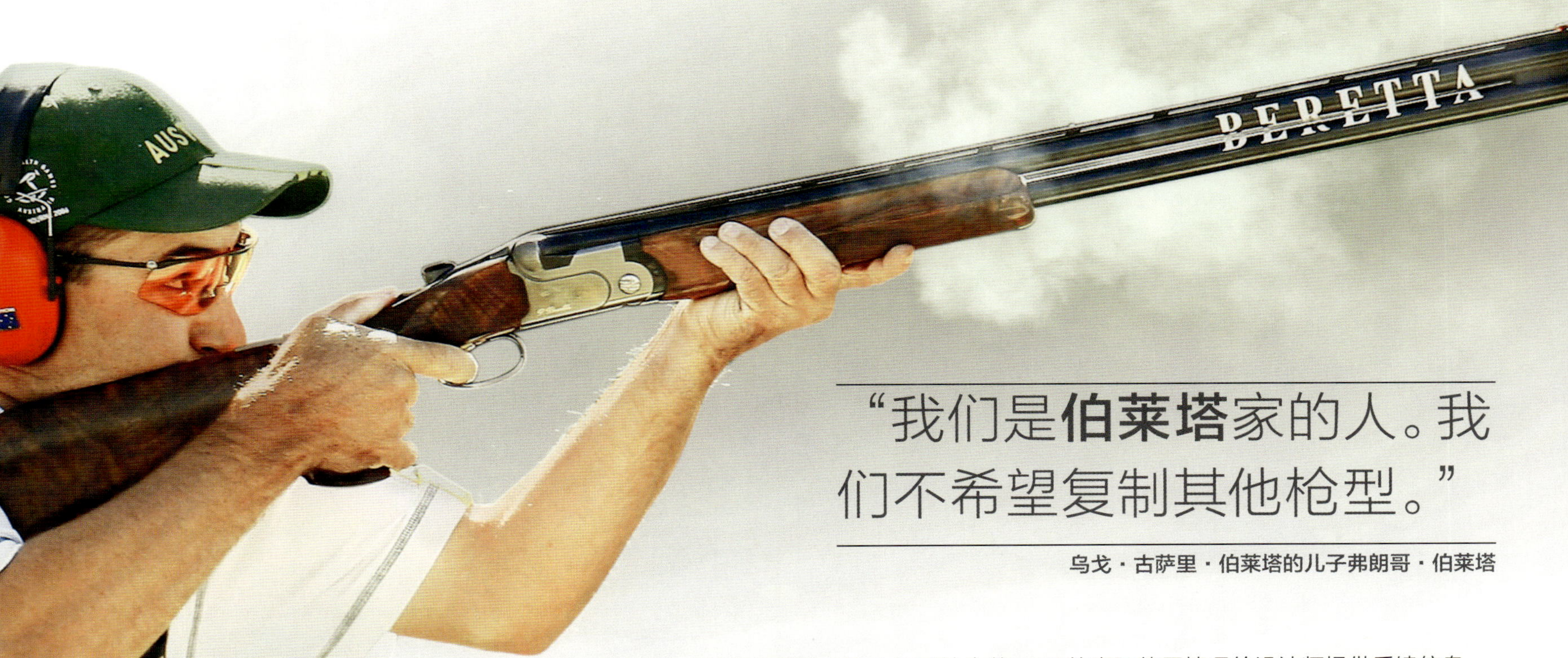

“我们是**伯莱塔**家的人。我们不希望复制其他枪型。”

乌戈·古萨里·伯莱塔的儿子弗朗哥·伯莱塔

◀打靶射击

伯莱塔公司的武器非常适合双向飞碟射击比赛，图中是澳大利亚运动员乔治·巴顿在2006年墨尔本的比赛中使用伯莱塔公司的武器射击。

戈尼设计的。马伦戈尼从1904年开始为伯莱塔公司研制枪械，直到1965年去世。他最著名的设计是M1934手枪，40年的时间里销量非常大。M9延续了这一传统，该枪是伯莱塔92系列，装备美国陆军，后被美军命名为M9，还被全球很多国家的军队采购。这些武器的价值主要体现在其精度很高，可靠性也很好。此外，伯莱塔的竞技步枪和霰弹枪，尤其是1935年推出的SO（即叠加，是指枪管为上下排列）系列霰弹枪销量也非常好。皮埃特罗·伯莱塔的侄子卡洛·伯莱塔进一步加强了公司在枪械领域的地位，他本身就是一名竞技射手，他根据自己的实际使用情况给设计师提供反馈信息。

为运动员而造

1956年，卓越的武器在墨尔本奥运会上大放异彩，使用伯莱塔枪械的运动员首次赢得金牌。在之后的几乎每届奥运会中，都有使用伯莱塔产品的射击运动员获得奖牌，1978年开始的世界射击锦标赛上的情况也类似。其中最成功的就是伯莱塔SO系列，从最初的SO1型到现在的SO5型和SO6型等，由于设计合理，其精度和平衡性都非常高。除了这些性能出众的武器外，伯莱塔公司也生产竞技和狩猎武器，仍保持了可靠性好和质量高的优点。

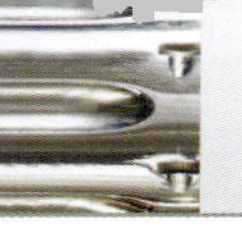

自动装填手枪（1925~1945年）

第一次世界大战结束后，全世界的军队开始为他们的军官配备自动装填手枪。有些只是用于单兵自卫，其他一些，如勃朗宁 GP35 大威力手枪除作为自卫武器使用外，由于口径大、弹匣容弹量多，还可作为攻击性武器使用。

▼南部十四式

时间	1920年
产地	日本
枪管长	12厘米
口径	8毫米南部枪弹

1909年，首把南部手枪问世。虽然明显受到鲁格 P.08（见168页）的影响，但两者的内部结构完全不同，枪机于锁通过闭锁卡笋后端下落完成。

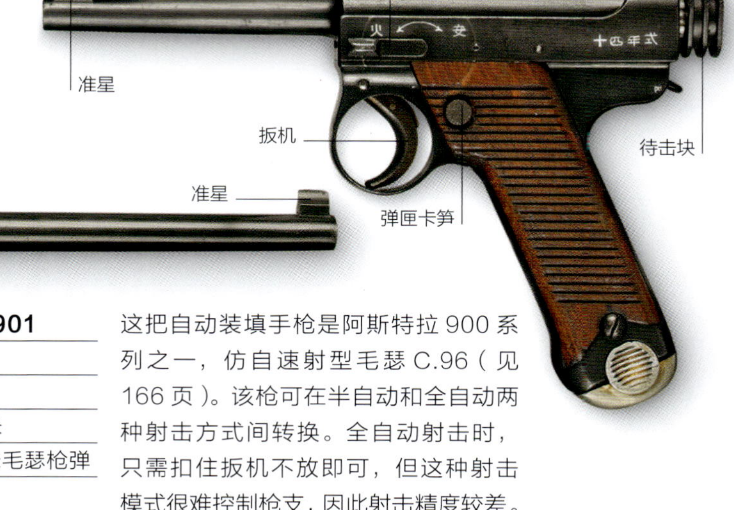

击锤

准星

全视图

可拆卸式枪托

快慢机可在全自动和半自动之间转换

20发固定式弹仓

▲阿斯特拉M901

时间	1927年
产地	西班牙
枪管长	16厘米
口径	7.63毫米毛瑟枪弹

这把自动装填手枪是阿斯特拉 900 系列之一，仿自速射型毛瑟 C.96（见166页）。该枪可在半自动和全自动两种射击方式间转换。全自动射击时，只需扣住扳机不放即可，但这种射击模式很难控制枪支，因此射击精度较差。

生产商的商标

准星

复进簧座

击锤

套筒扶把

扳机护圈

弹匣底板

▲瓦尔特PPK型

时间	1931年
产地	德国
枪管长	8.3厘米
口径	7.65毫米

瓦尔特 PPK 型手枪因在电影中被詹姆斯 · 邦德使用而家喻户晓。它结构简单，外形小巧，所以非常适合安全部门使用。该枪发射 7.65 毫米 ACP 弹，弹匣容弹量为 7 发。

准星

半内藏击锤

▲托卡列夫TT M1933

时间	1933年
产地	苏联
枪管长	11.6厘米
口径	7.62毫米

托卡列夫 TT 手枪是苏联红军装备的第一种自动装填手枪，在设计上与勃朗宁 GP35 类似，自动方式也是枪管短后坐式。该枪结构简单，无须任何工具即可拆卸，但没有保险销。

8发可卸弹匣位于握把内

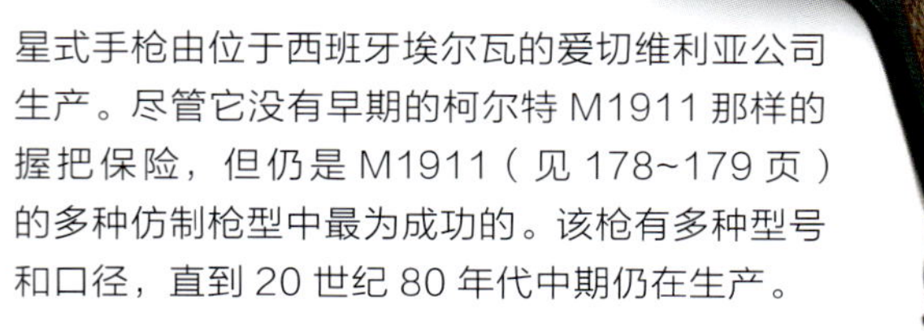

复进簧座

保险销

►星式M型

时间	1932年
产地	西班牙
枪管长	12.5厘米
口径	9毫米拉尔戈弹

星式手枪由位于西班牙埃尔瓦的爱切维利亚公司生产。尽管它没有早期的柯尔特 M1911 那样的握把保险，但仍是 M1911（见178~179页）的多种仿制枪型中最为成功的。该枪有多种型号和口径，直到 20 世纪 80 年代中期仍在生产。

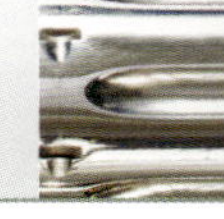

准星
击锤
复进簧座

▶ 伯莱塔M1934

时间 1934年

产地 意大利

枪管长 9.4厘米

口径 9毫米短弹

9发可卸弹匣位于握把内

皮埃特罗·伯莱塔公司（见172~173页）是世界上历史最悠久的枪械制造商。第二次世界大战期间，意大利军官配备的随身自卫武器就是该公司的M1934型手枪。该枪是在其早期型号的基础上经过20年发展而成的，采用自由枪机式原理，发射低威力弹，最初的口径为7.65毫米。

▶ 伯莱塔318型

时间 1935年

产地 意大利

枪管长 5.7厘米

口径 0.25英寸ACP弹

生产商的商标
扳机护圈

伯莱塔318型于1935~1943年在意大利生产。它发射1919年推出的0.25英寸ACP弹，是一种袖珍手枪，曾有不少出口到美国，被称为“矮脚鸡”或“黑豹”。

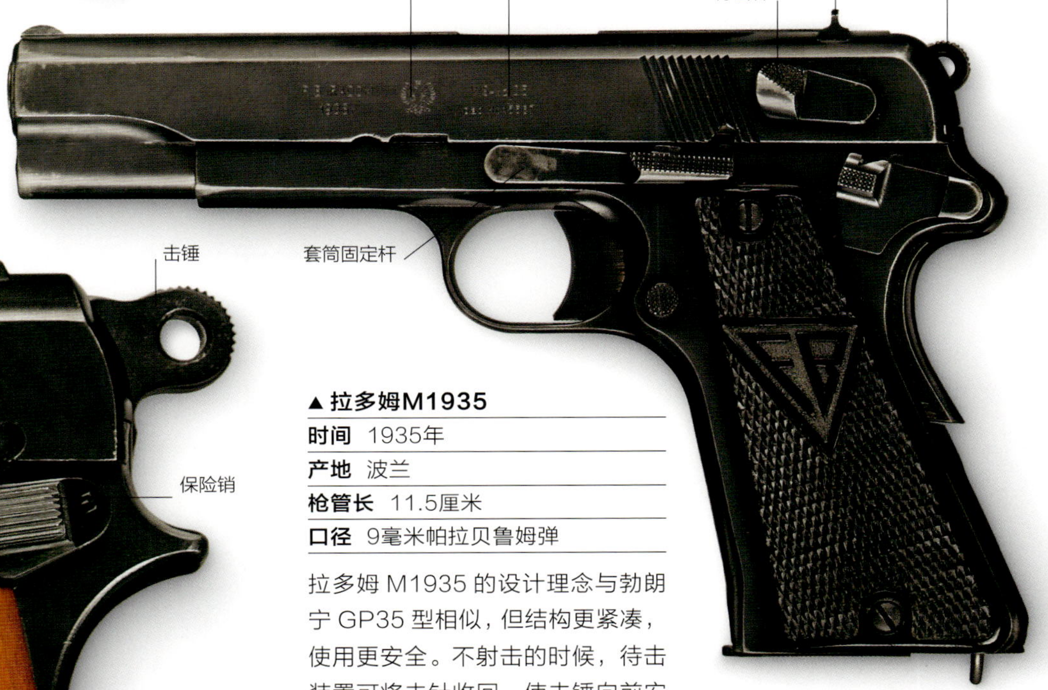

波兰鹰标志
生产商的商标
照门
待击杆
击锤
套筒固定杆

▲ 拉多姆M1935

时间 1935年

产地 波兰

枪管长 11.5厘米

口径 9毫米帕拉贝鲁姆弹

拉多姆M1935的设计理念与勃朗宁GP35型相似，但结构更紧凑，使用更安全。不射击的时候，待击装置可将击针收回，使击锤向前安全落下。

空仓挂机凹槽
滚花防滑纹
击锤
保险销
扳机
13发可卸弹匣位于握把内

▲ 勃朗宁GP35

时间 1935年

产地 比利时

枪管长 11.8厘米

口径 9毫米帕拉贝鲁姆弹

这款命名为“大威力”的GP35手枪，于1954年成为英国军队列装的第一种自动装填手枪，在此之前，自动装填手枪仅少量配备给特种部队使用。该枪用于替换英军配发的转轮手枪，作为新型的随身自卫武器，同时，它也是勃朗宁去世前设计的最后一款手枪。

准星
枪膛

▶ 瓦尔特P38型

时间 1938年

产地 德国

枪管长 12.4厘米

口径 9毫米帕拉贝鲁姆弹

胶木（一种早期塑料）握把

P38型手枪是瓦尔特公司在第二次世界大战前研制的，是公认的最优秀的半自动手枪之一。该枪结构简单，坚固耐用，在各种环境下都能可靠使用。

自动装填步枪

自动装填（半自动）步枪出现于19世纪末之前。其中最早问世的是由墨西哥枪械设计师曼纽尔·蒙德拉贡于1891年研制的，但和其他早期设计的自动装填步枪一样，结构过于复杂，并不适合军队使用。一些早期自动装填步枪采用后坐式自动方式（见305页），其他自动装填步枪开始采用导气式自动方式（见305页）。1917年，法国枪械设计师推出了圣·艾蒂安自动装填步枪，与此同时，美国人约翰·勃朗宁改进了他的“勃朗宁自动步枪”（BAR）。这两种自动步枪都在第一次世界大战中使用。后来，约翰·加兰德设计了性能出众的M1加兰德步枪，并衍生出多种型号，在第二次世界大战中广泛使用。德国的StG44步枪具有全自动射击能力，是现代突击步枪（见250~251页）的原型。

▼ M1加兰德步枪

时间	1932年
产地	美国
枪管长	61厘米
口径	0.30英寸-06

该枪由约翰·加兰德设计，是美军装备的第一种自动装填步枪。在第二次世界大战结束时共生产了500多万支。

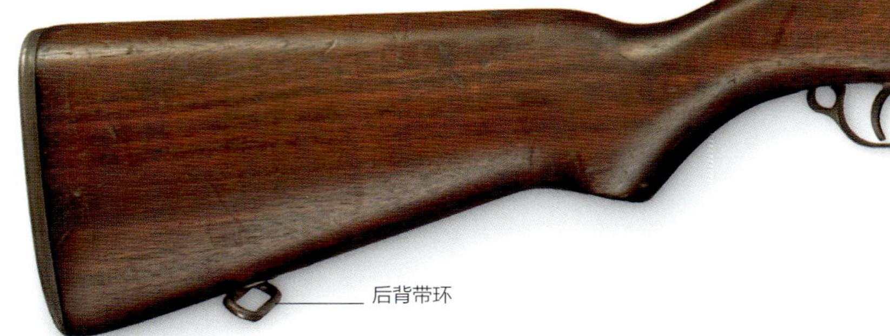

准星

有螺纹的机匣帽

一体式弹仓

▲ 蒙德拉贡M1908步枪

时间	1908年
产地	墨西哥/瑞士
枪管长	61厘米
口径	7毫米

蒙德拉贡M1908是一款最初由墨西哥曼纽尔·蒙德拉贡将军在1891年设计的半自动步枪的最终型号，采用导气式自动方式。该枪虽然是为步兵设计的，但在第一次世界大战爆发时，还曾装备德国空军机组成员。

照门

拉机柄

木枪托

10发可卸弹匣

照门

焊接压制钢机匣

木枪托

手枪式握把

30发可卸弹匣

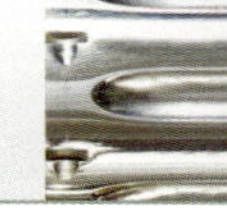

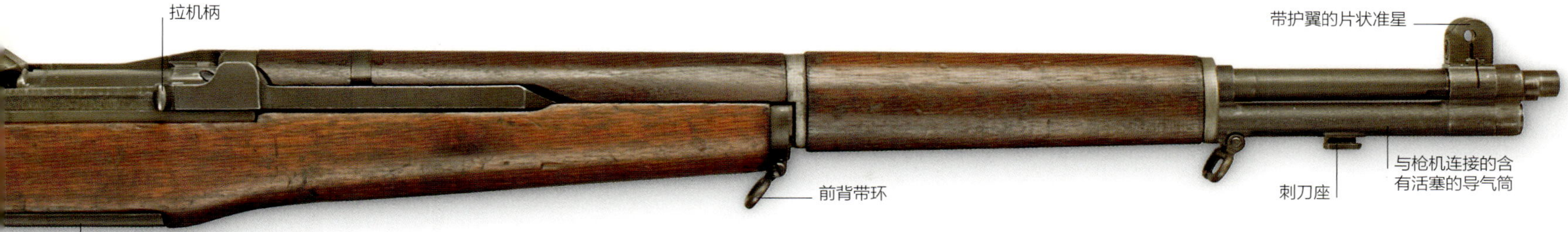

拉机柄
带护翼的片状准星
与枪机连接的含有活塞的导气筒
刺刀座
前背带环
内置 8 发盒式弹仓的底板

拉机柄
穿孔的薄钢护木
膛口制退器可改变射击时枪口喷出的火药燃气的方向，以减小后坐力
扳机
10 发可卸弹匣

▲托卡列夫SVT40步枪

时间	1940年
产地	苏联
枪管长	61厘米
口径	7.62×54毫米

费奥多尔·托卡列夫设计的自动装填步枪采用倾斜式枪机闭锁机构，1938 年被苏联红军采用。两年后，他设计出价格更低廉且可快速生产的强大武器，即托卡列夫 40（SVT40）。此款枪只装备初级指挥员，有些被作为狙击步枪使用。

准星
照门
拉机柄
保险销
钢制枪托底板
10发可卸弹匣

▲Gew43步枪

时间	1943年
产地	德国
枪管长	56厘米
口径	7.92×57毫米

德国陆军急需自动装填步枪来提升步兵的火力压制能力，Gew43 步枪应运而生。一些 Gew43 步枪配备了瞄准镜，可作为狙击步枪使用。

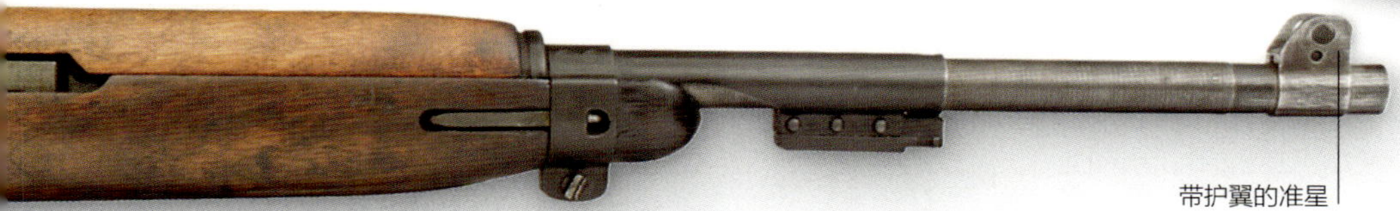

带护翼的准星

▲M1卡宾枪

时间	1941年
产地	美国
枪管长	46厘米
口径	0.30英寸

与步枪相比，该枪重量更轻，更易于握持，发射比手枪弹威力更大的枪弹，它被期望成为步枪和手枪之外的另一种选择。它于 1942 年开始装备部队，发射温彻斯特设计的中等威力枪弹，枪机和加兰德步枪相似，不同的是该枪采用短行程气体活塞。M1 卡宾枪还有配备了可折叠枪托的型号（见 214~215 页）。

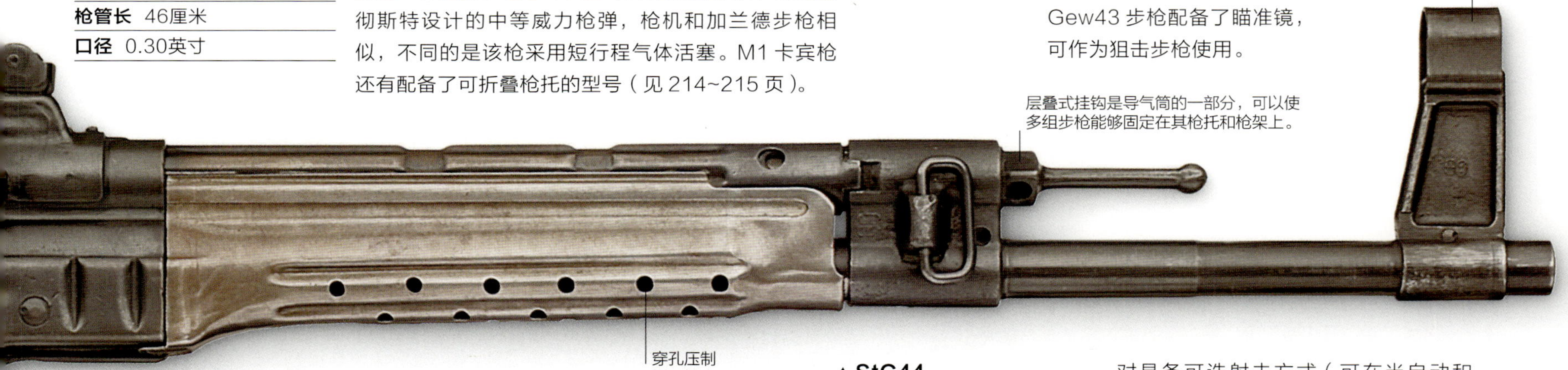

准星
层叠式挂钩是导气筒的一部分，可以使多组步枪能够固定在其枪托和枪架上。
穿孔压制钢下护木

▲StG44

时间	1944年
产地	德国
枪管长	41.8厘米
口径	7.92×33毫米短弹

对具备可选射击方式（可在半自动和全自动射击方式间切换）的步枪的研制开始于 1940 年。该枪发射新研制的 7.92×33 毫米中等威力枪弹，最初命名为 MP43，后更名为 StG44，最终的投产型号名为 MP44。它是早期手持机枪的原型，采用导气式原理。

全视图

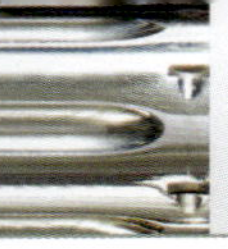

精品展示

柯尔特M1911手枪

这款枪管短后坐式手枪源于约翰·勃朗宁 19 世纪 90 年代的设计，发射 0.45 英寸 ACP 弹（柯尔特自动手枪弹），其威力是欧洲普遍使用的 9 毫米枪弹的两倍。该枪于 1911 年被美国政府选用，时至今日仍有少量装备部队，是一款非常经典的军用手枪。

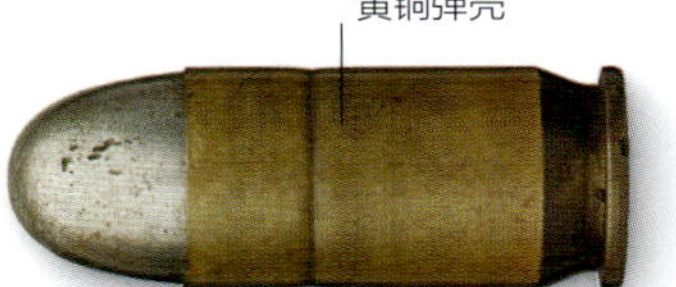

▲ **0.45英寸ACP弹**

勃朗宁在 1904 年设计的 0.45 英寸 ACP 弹，是一种威力强大的中心发火枪弹，汤普森冲锋枪也采用这种枪弹。

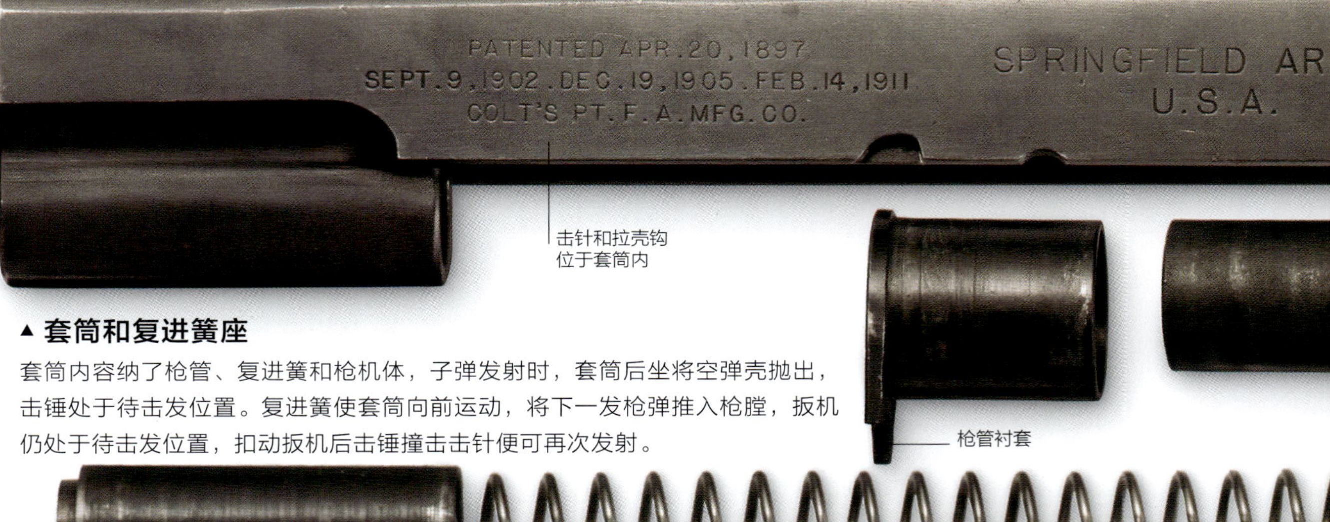

▲ **套筒和复进簧座**

套筒内容纳了枪管、复进簧和枪机体，子弹发射时，套筒后坐将空弹壳抛出，击锤处于待击发位置。复进簧使套筒向前运动，将下一发枪弹推入枪膛，扳机仍处于待击发位置，扣动扳机后击锤撞击击针便可再次发射。

▶ **复进簧**

发射后套筒向后移动，复进簧的簧力使套筒再次向前移动，将下一发枪弹推弹上膛，同时封闭膛尾以便再次射击。

▶ **照门**

有 V 形凹槽的钢条，固定在套筒上的鸠尾槽上。在工厂生产时，照门直接固定在准确的位置上，因此不能调节。

▲ **抛壳口**

抛壳口是在套筒上部偏后的位置切割出的缺口，用于射击时抛出空弹壳。

▲ **套筒座**

套筒座容纳弹匣和主要发射机构，包括扳机、击锤阻铁（遮挡未见）、击锤、击锤簧（遮挡未见，位于握把底部）、握把保险、保险销和避免出现全自动连发射击的解脱子（遮挡未见）。此外，套筒座上还有空仓挂机杆，它不借助套筒，与枪管单独连接。如果将其卸下，套筒则可以向前移出。

柯尔特M1911

时间 1914年

产地 美国

枪管长 12.7厘米

口径 0.45英寸ACP弹

该枪弹匣可容纳7发子弹，枪膛中还有1发。它结构坚固，威力强大。由于M1911使用和汤普森冲锋枪相同的子弹，使得两种枪成为理想的“致命组合”，不但装备军队而且还装备执法机构，很多黑帮也使用该枪。这把M1911手枪于1914年生产。

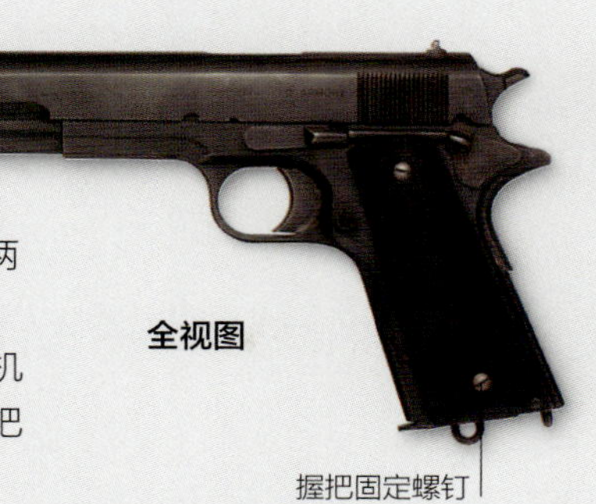

全视图

握把固定螺钉

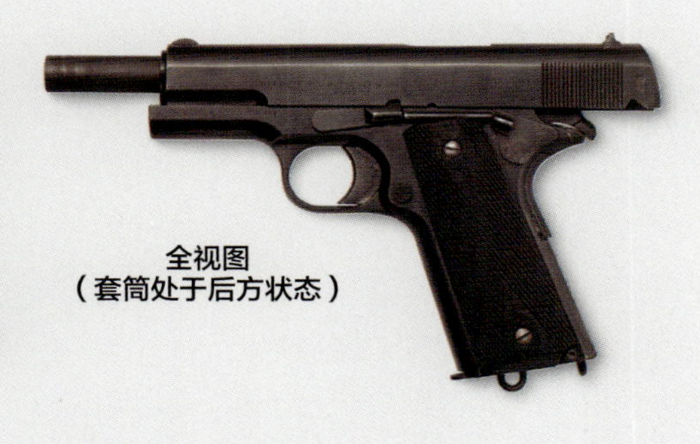

全视图
（套筒处于后方状态）

枪机体内有击针和拉壳钩

2 照门

▼枪管组件

枪管安装在枪管衬套内，复进簧在枪管下方。在战场上拆解时，只需将复进弹簧向后推即可将枪管衬套向侧面旋转，空仓挂机杆卸下后既可将套筒和枪管从主套筒座上拆开。

▼弹匣

钢制弹匣装在握把内，可容纳7发子弹，当最后一发子弹发射时，弹匣内的托弹板与空仓挂机杆连接，使套筒处于打开位置，露出空弹匣。更换装满子弹的新弹匣后，按下空仓挂机钮，套筒向前移动，推弹上膛后即可准备再次射击。

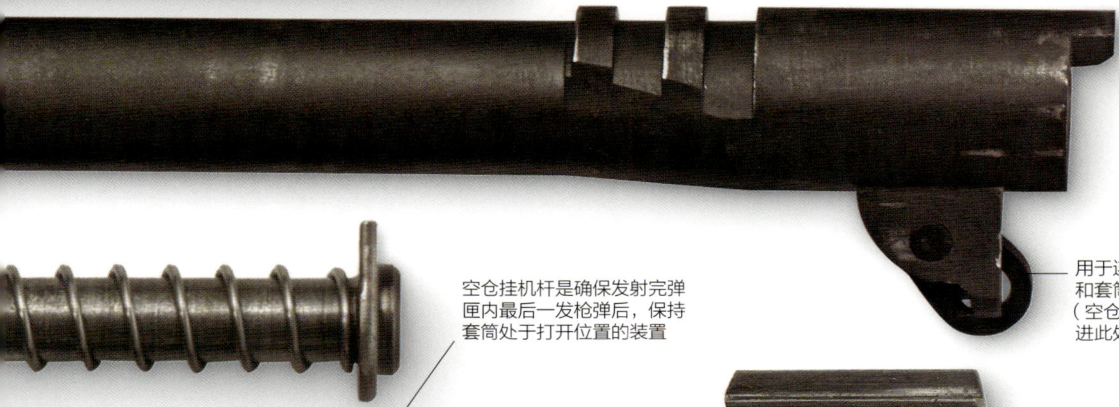

托弹板（打开）

用于连接枪管组件和套筒座的枪管销（空仓挂机杆）插进此处

空仓挂机杆是确保发射完弹匣内最后一发枪弹后，保持套筒处于打开位置的装置

击锤（待击位置）

保险销

扳机

握把保险锁住扳机使其不会被扣动，除非使用者握持手枪并用虎口压紧保险才能扣动扳机

弹匣解脱钮

握把内放置弹匣

约翰·勃朗宁

枪械大师

约翰·勃朗宁

约翰·勃朗宁是历史上最全能且广受尊敬的枪械大师。虽然最初他只是美国犹他州小型手工作坊的一名枪匠，但最终勃朗宁以枪械设计师的身份赢得了广泛声誉。他向温彻斯特公司、柯尔特公司和比利时FN公司都出售过自己的设计。勃朗宁设计的枪械凭借优异的质量、良好的操作性以及在自动武器领域的创新而闻名世界。

从7岁开始，约翰·勃朗宁就为其父乔纳森·勃朗宁工作。他的父亲是犹他州奥格登市的枪匠。在此期间他学会了枪械制造的基本工艺，很快就萌生了自己的想法并进行了试验。几年内他就为自己的兄弟——马特·勃朗宁制作了一支独子步枪，而这也是他自己制造的第一支枪。1879年，当约翰24岁的时候，他和他的兄弟建立了他们自己的作坊。很快他们的产品就以结构坚固且作战效能好而获得良好的声誉。虽然他们的小作坊不能满足生产需求，但兄弟二人没有充足的资金去扩大规模。1883年，勃朗宁开始向温彻斯特弹仓武器公司出售生产制造权，开始了一种卓有成效的商业合作模式，从此在美国可以大量生产由他设计的著名武器。

◀**样枪测试**

1918年左右，约翰·勃朗宁对他设计的重机枪的原型枪进行了测试。该枪为水冷式重机枪，发射0.50英寸（12.7毫米）机枪弹，是发射0.30英寸（7.32毫米）枪弹的M1917的放大版。

勃朗宁的设计理念

19世纪八九十年代是勃朗宁最富有成果的时期，这期间他和温彻斯特公司合作生产了许多种武器。他的设计理念是简单化——让枪械的生产和维护都很方便，同时结构也很坚固，在美国西部的恶劣环境下也有很好的可靠性。温彻斯特公司向勃朗宁购买的第一种设计是勃朗宁在奥格登市的作坊中设计的独子步枪。1883年，温彻斯特公司董事长兼总经理托马斯·班尼特拜访了勃朗宁，对该枪印象深刻，之后它成为温彻斯特M1885步枪。该枪的销量非常好，尤其得到了那些喜欢射击远距离目标的用户的青睐，同时获得了良好的信誉。该枪的升降块式枪机非常结实，温彻斯特公司甚至用它来测试新型枪弹。它巩固了勃朗宁所获得的赞誉——“坚固且有效的枪械的设计师”。

> “在**枪械**的发展中任何事情都会发生，只是或早或晚而已。”
>
> 约翰·勃朗宁

将M1885步枪卖给温彻斯特公司后，年轻的勃朗宁有了充足的时间为公司研制新型枪械，很快就推出了M1886大威力弹仓步枪，紧随其后的是牛仔们最喜爱的M1892轻步枪，为猎人设计的威力更大的M1895步枪，以及首款有效的弹仓霰弹枪——M1897泵动式霰弹枪（见183页），该枪装备美国富国银行的守卫以及美国军队。与之前的武器形成鲜明对比的是M90，该枪重量轻，通常用于年轻人学习射击。勃朗宁共向温彻斯特公司出售了40多种设计，其中10种投产。同时，他也为其他公司设计武器。这些杰出的成就使勃朗宁成为世界上最著名的枪械设计大师之一。

新的突破

在自动武器领域，勃朗宁获得了一些重大突破。19世纪80年代末，他研制了第一款有效的导气式自动武器。导气式枪械利用发射时产生的高压燃气推动机械装置运动，完成抛壳和推弹上膛。他将这一设计出售给柯尔特

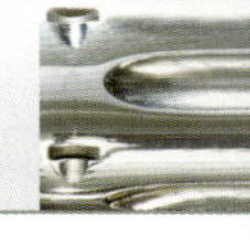

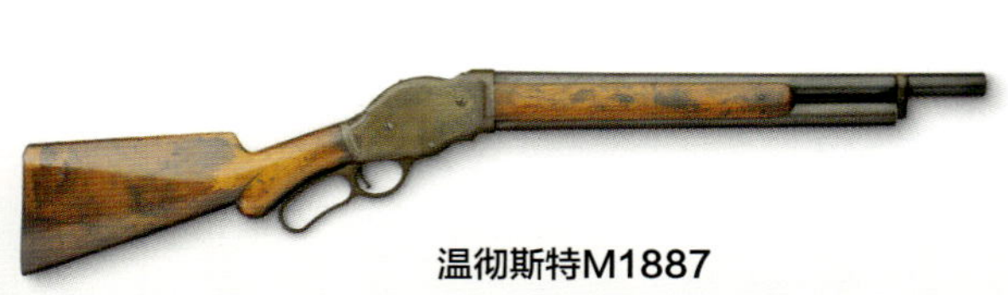

温彻斯特M1887

勃朗宁M1917

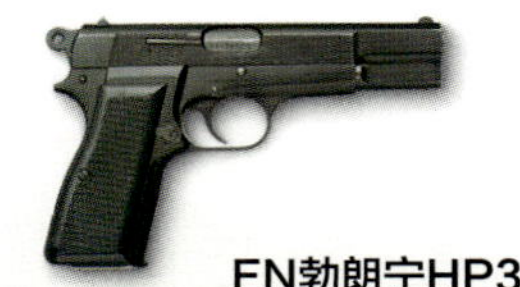

FN勃朗宁HP35

1883年 温彻斯特公司的托马斯·班尼特拜访了勃朗宁并以8000美元的价格购买了他的独子步枪专利。

1887年 温彻斯特公司推出由勃朗宁设计的M1887杠杆式霰弹枪，该枪是第一款成功的弹仓霰弹枪。

1897年 勃朗宁和FN公司签订了0.32英寸自动手枪的特许生产合同。

1900年 勃朗宁设计的一款半自动步枪获得了美国专利。该枪在美国被命名为雷明顿M8，而在其他地区则被称为FN M1900。

1917年 勃朗宁M1917重机枪被推出。当时第一次世界大战已接近尾声，因此其在战争中的装备数量较少，但之后的几十年里被广泛使用。

1918年 M1918轻机枪问世，该枪也被称为勃朗宁自动步枪（BAR），服役时间超过40年。

1935年 FN勃朗宁HP35（GP35）手枪是勃朗宁设计的最后一款武器。该款枪型还吸收了FN公司的设计师迪厄多内·赛夫的设计。

公司，定型为柯尔特 - 勃朗宁 M1895 机枪（见 194 页），射速超过 400 发 / 分，采用气冷散热方式。该枪推向市场后出口俄国及南美国家，在美西战争（1898 年）和第一次世界大战中广泛使用。在其基础上，勃朗宁研制了自动手枪。欧洲已研制并生产了这种武器，如毛瑟公司，但勃朗宁是首位进入这一市场的美国人。期初他想将自动手枪的设计出售给温彻斯特公司，但要求每把手枪都要交专利使用费，而非像过去那样一次性买断。温彻斯特公司拒绝了勃朗宁的要求，于是勃朗宁将其出售给了比利时 FN 公司。FN 公司 1900~1901 年开始生产勃朗宁设计的 M1900 半自动手枪。从此以后，勃朗宁开始了与 FN 公司的合作直到他去世。

勃朗宁在生命的最后 10 年里，将精力放在了自动武器的设计上，推出了采用水冷套筒的勃朗宁 M1917 机枪（见 188 页）以及属于轻机枪的勃朗宁自动步枪（见 194 页）。20 世纪 50 年代，勃朗宁的设计仍以各种形式由多家厂商生产。作为一名不知疲倦的创新者，勃朗宁在他最后的几年里仍在从事着他热爱的枪械设计工作，最后在 FN 公司位于比利时列日市工厂的工作台上去世，当时他正在研制自动装填手枪。人们会永远铭记他的名字和他设计的那些经典枪械。

▼《公众之敌》

2009 年上映的电影《公众之敌》中，斯蒂芬·多尔夫扮演的霍默·范·米特将头探出车窗外，用勃朗宁自动步枪与 FBI 探员帕维斯及其同伴交战。这部电影讲述的是 20 世纪 30 年代臭名昭著的银行劫匪约翰·德林杰的故事。

军用与警用霰弹枪

霰弹枪是一种历史悠久的作战武器，从美国独立战争（1775~1783 年）到第一次世界大战以及之后的冲突中都在使用。其枪弹中有许多铅制小弹丸，在近距离作战中非常有效。在第一次世界大战中，温彻斯特 6 发 M1897 泵动式霰弹枪发挥了很大的作用。经过不断的发展，霰弹枪向着提升弹仓容弹量和采用新型弹药的方向发展，既可装备军队也可作为平民的自卫武器。

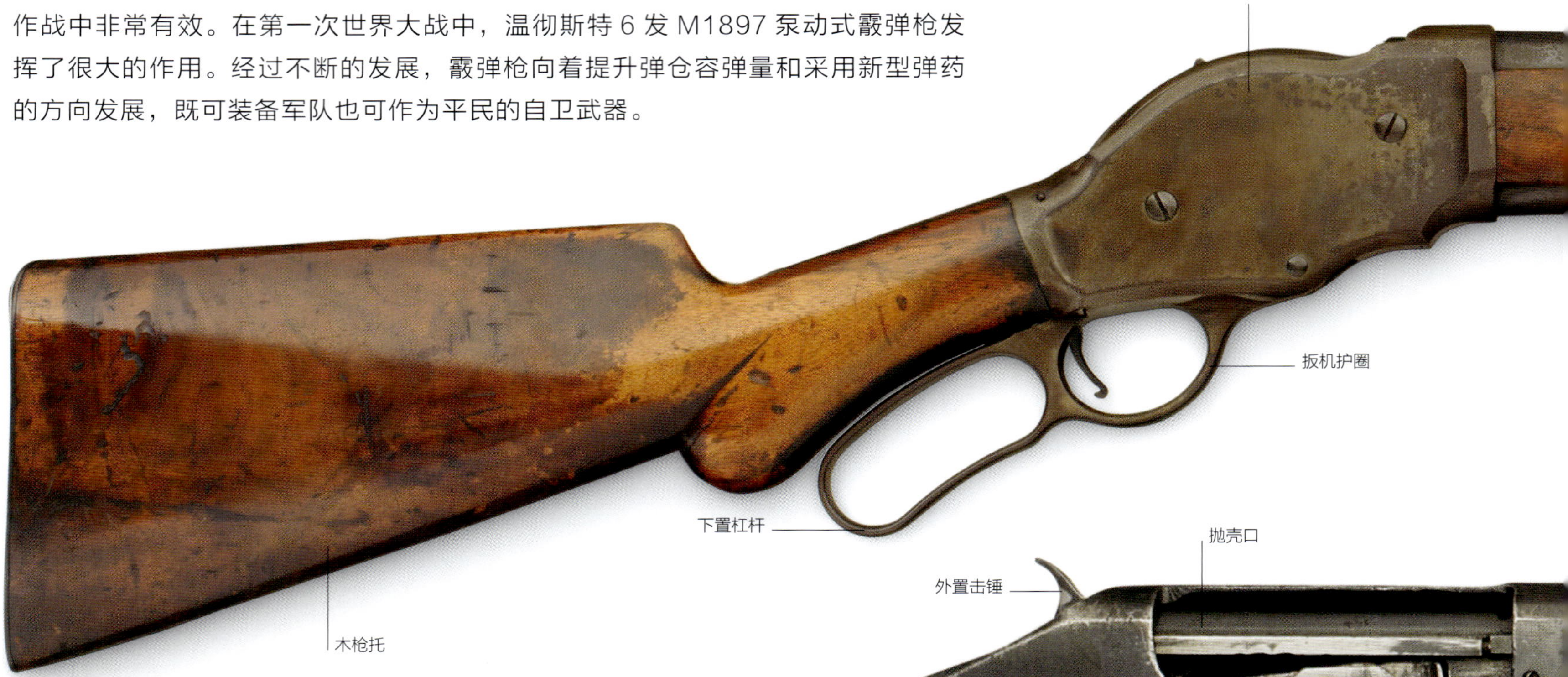

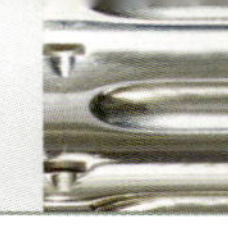

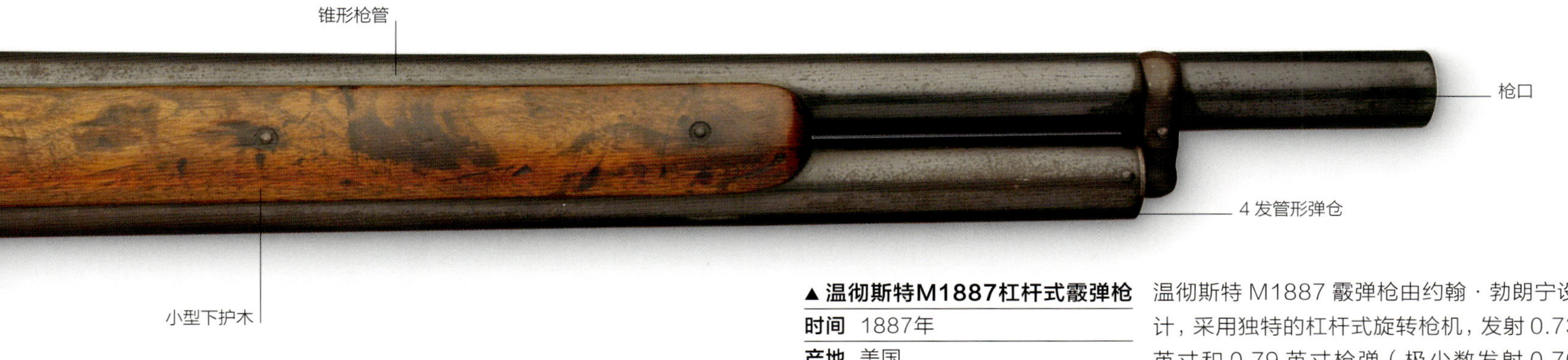

▲温彻斯特M1887杠杆式霰弹枪

时间	1887年
产地	美国
枪管长	50厘米
口径	12号（18.54毫米）

温彻斯特 M1887 霰弹枪由约翰·勃朗宁设计，采用独特的杠杆式旋转枪机，发射 0.73 英寸和 0.79 英寸枪弹（极少数发射 0.70 英寸枪弹）。杠杆式操作被证明并不适合霰弹枪，因此后来的霰弹枪普遍为泵动式。

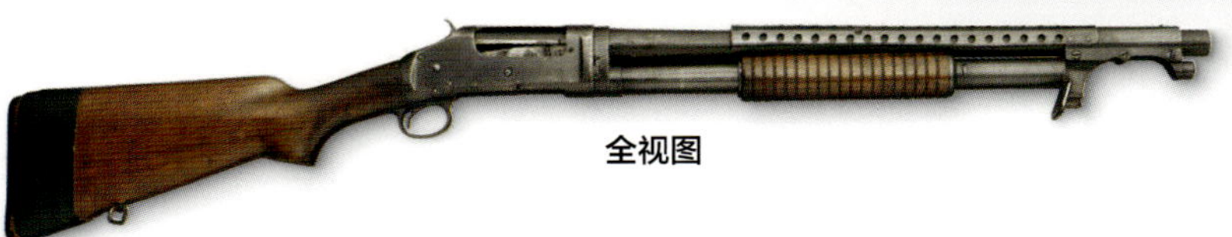
全视图

▲温彻斯特M1897泵动式霰弹枪

时间	1897年
产地	美国
枪管长	51厘米
口径	12号（18.54毫米）

温彻斯特弹仓武器公司委托约翰·勃朗宁研制泵动式霰弹枪，最终定型为 M1897。该枪的弹仓使其非常适合步兵作战。泵动结构是推拉式枪机的一种，使用时需要先将滑套向后滑动，抛出空弹壳，使击锤处于待击状态，之后向前滑动滑套推弹上膛并关闭枪膛，即可射击。

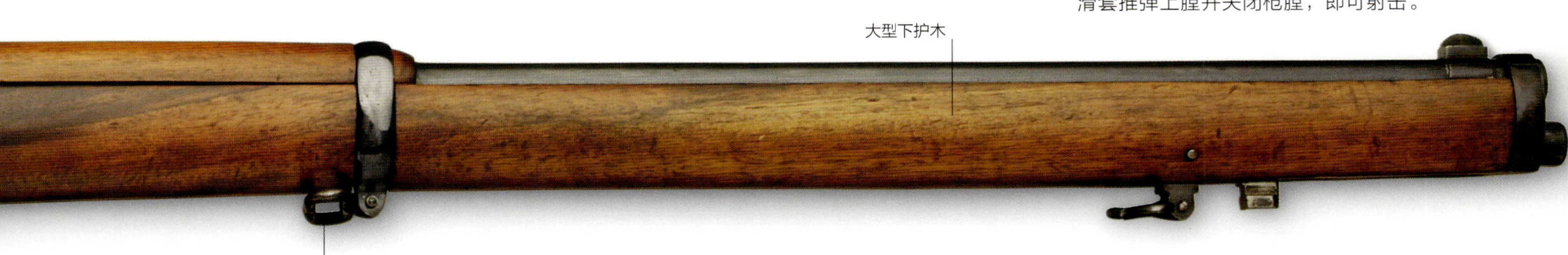

▲格林纳-马蒂尼警用霰弹枪

时间	1920年
产地	英国
枪管长	71.2厘米
口径	12号（18.54毫米）

格林纳-马蒂尼警用霰弹枪于第一次世界大战后研制，装备英国殖民地的警察。该枪为独子武器，与传统霰弹枪不同，采用的是马蒂尼前端上摆式枪机。这种枪机的待击杆向前转动，枪机横向垂直铰接在机匣内，装弹时需要手动打开枪膛。此外，该枪发射专用枪弹，这么做是为了避免被平民偷走后使用。

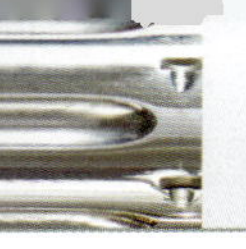

转折点

机枪

1883年，海勒姆·马克沁申请了一项具有革命性的枪械专利，即利用火药燃气能量推动弹头向前运动，同时枪械完成循环装弹和发射，只要持续供弹就能长时间持续射击。使用者只需瞄准目标和扣动扳机。机枪的出现，促进了全自动和半自动枪械的研制与发展，使这些枪械为当今世界各国军队和执法机构使用。

▲ **马克沁机枪**

马克沁机枪利用后坐力完成抛壳和推弹上膛，比之前依靠手摇装置操作的速射机枪更为高效，同时也降低了士兵的劳动强度。

机械式机枪于19世纪中叶出现，装弹、射击和抛壳的全过程都需手动完成。其中首先获得真正成功的是加特林机枪，之后是诺登菲尔德、哈奇开斯和加德纳机枪。这些机枪各有特色且表现良好，被各国军队广泛使用。但是，所有机械式机枪都有相同的缺陷，即都需要手动操作，因此持续射击能力较差。

后坐力再利用

所有枪械都遵循着相同的规律，即火药燃气驱动弹丸向前运动的同时必然会使枪械向后运动，对于枪械设计师而言，这一规律是无法回避的。海勒姆·马克沁意识到后坐力是动力的来源并加以利用，他还注意到枪械的其他缺陷，如枪弹迟发火（底火引爆后，主装药延迟点燃）。

理论变为现实

马克沁在经过改装的步枪上验证了利用后坐力完成装弹和再次发射的可行性。试验很成功，之后他制造了样枪，样枪采用相同的原理但使用了专门设计的闭锁机构。该机构以帆布弹带供弹，同时还解决了迟发火的问题。为了解决持续射击导致枪管过热的问题，马克沁在枪管周围安装了盛有水的枪管套来冷却枪管。他的创造得益于无烟火药（见142~143页）的发明，这种新型发射药几乎不产生火药残渣，因此不会堵塞枪管，而且膛压逐渐增强，对零部件的冲击较小。马克沁发现，使用手摇曲柄的机枪

» 之前

19世纪50~70年代，出现了可持续射击的枪械，当时将其称为“炮台枪”，后来由于这种枪械的装弹和发射都已机械化，便更名为“机枪”。虽然机枪性能出众，但也有一些缺点。

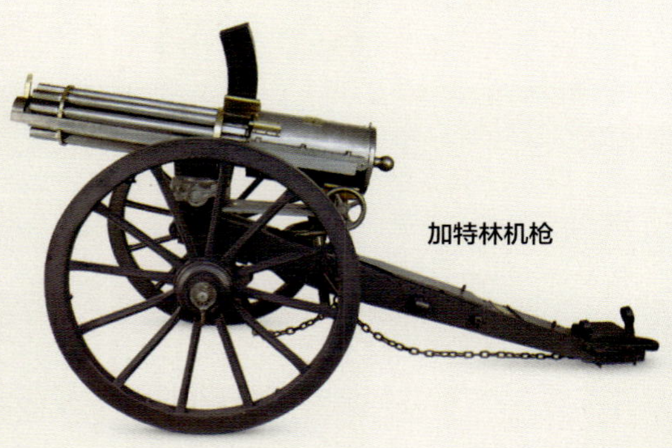

加特林机枪

- 大多数机枪都很笨重，需要安装在轮式车上运输，在陆地和海上使用时要用大量附件将其安装在甲板或其他结构物上才能进行射击。
- 机枪需7人班组操作，行军时要用多匹马牵引机枪车架及弹药拖车。
- 轻型便携式机枪，如诺登菲尔德机枪，由于是手动操作手柄进行射击的，所以瞄准时容易受到干扰且射击精度很低。

“无论什么情况，都不要担心，我们有马克沁机枪，他们没有。”

摘自现代旅行家希莱尔·贝洛克的诗（1898年）

很难瞄准移动目标，而采用他的新型机枪，使用者只需要瞄准目标射击即可，子弹会持续发射直到弹药耗尽。马克沁的天才构想使其找到了利用后坐力的新途径，创造了真正意义上的机枪。

战场上，马克沁机枪带来了令人震惊的大屠杀，促使了战术的转变。该枪是理想的阵地防御武器，无论建筑物还是战壕，装备马克沁机枪的军队先诱敌深入，之后用机枪大量杀伤敌人。在马塔贝莱战争（1893~1894 年，在今津巴布韦）中，装备马克沁机枪的英国殖民部队首次将这残酷的一幕呈现给世人。这次战争中，欧洲人之外的殖民地居民手中仅有少量的枪支，武器装备的天壤之别造成了对当地居民心理和身体的双重打击。在一次战斗中，50 名英军士兵用 4 挺马克沁机枪击退了 5000 名恩德贝勒勇士的进攻。对阵战和阵列冲锋随着机枪的广泛使用而变得过时。在苏丹恩图曼之战（1898 年）中，马克沁机枪再次显示了其毁灭性的打击能力。这次战斗交战双方是英军和马赫迪派武装，英军用马克沁机枪射杀马赫迪军 1 万多人，自己的损失只有约 50 人。

马克沁的专利成为之后许多现代自动枪械的设计蓝本，也成为自动武器的代名词，而这种武器的使用，让武装冲突变得更为惨烈。

关键人物

海勒姆·史蒂文斯·马克沁（1840~1916年）

海勒姆·马克沁出生于美国，1881 年移居英国，1900 年加入英国国籍。童年时代，他被一支步枪的后坐力击倒，使他萌生了利用枪械后坐力的想法，最终研制出马克沁机枪。退休后他致力于大型游艺机械的发明，并依靠机枪的专利收入建造了世界上第一座游乐场，安装了如“旋转飞行器”一类的大型游艺设施。马克沁于 1901 年被封为爵士。

▼马克沁机枪在吉德拉尔

19 世纪 90 年代，英国陆军决定为每个营都配备马克沁机枪，德文郡团的艾伦·皮布尔斯上尉亲眼目睹了马克沁机枪在 1894 年瓦济里斯坦作战中的威力。1895 年，英国远征军要夺回被阿富汗部落占领的要塞，德文郡团是英国远征军的一部分，艾伦·皮布尔斯上尉将两挺马克沁机枪带到吉德拉尔（在今巴基斯坦）。

之后 »

马克沁机枪的出现，使手动机枪在技术上彻底落后。马克沁机枪以其持续快速射击能力而闻名，是各国军队都需要的武器，在作战中能使己方具有优势。

- 轻机枪快速发展，涌现出很多优秀的产品，如勃朗宁自动步枪（见 194 页）。轻机枪及弹药可由单人携行，能在行进中抵腰射击。

勃朗宁自动步枪（BAR）

- 冲锋枪发射手枪弹，重量更轻，结构更紧凑。这一时期最著名的冲锋枪是美国汤普森冲锋枪（见 212~213 页）。

汤普森冲锋枪

- 现代全自动和半自动武器是在早期自动武器的基础上发展而来的，很多都使用相同的后坐原理。随着技术的发展，手枪也开始利用后坐力来得到持续射击能力，进而出现了自动装填的半自动手枪。

枪管后坐式机枪（1884~1895年）

1884年，海勒姆·马克沁爵士发明了枪管后坐式机枪（见184~185页），取代了早期的手摇式机枪（见136~139页）。马克沁首先在皮博迪-马提尼步枪和温彻斯特步枪上验证利用后坐力实现自动射击的可行性，最终在他的机枪上完善了这一原理。马克沁机枪是全自动武器，只要扣住扳机不放就能持续射击。不到10年的时间，英国、德国和俄国都装备了马克沁机枪。

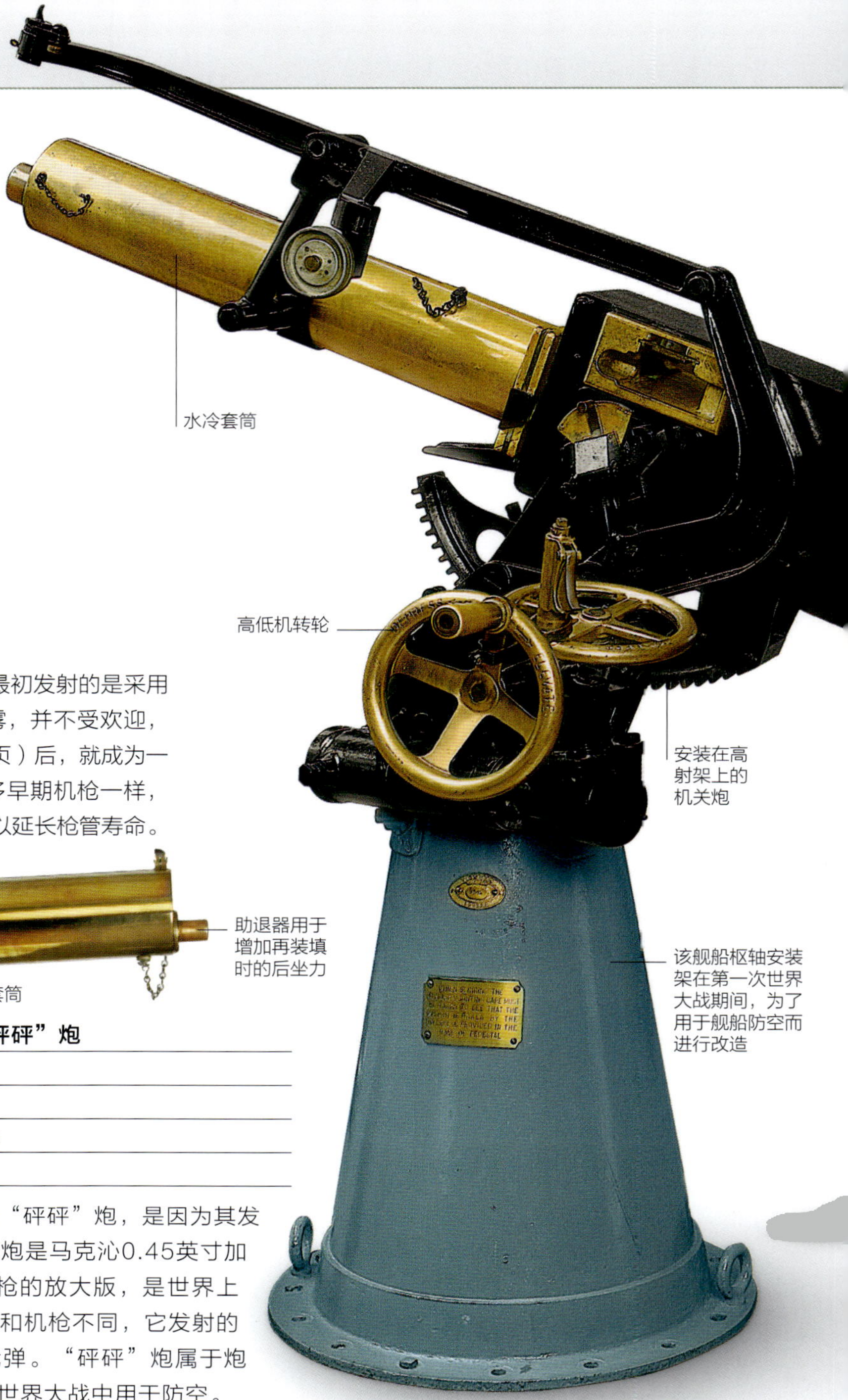

▼马克沁早期型机枪

时间	1885年
产地	德国/英国
枪管长	72厘米
口径	0.45英寸

M1885是马克沁的首款机枪，最初发射的是采用传统火药的枪弹，因会产生烟雾，并不受欢迎，但使用无烟火药（见142~143页）后，就成为一款非常优秀的战地武器。和许多早期机枪一样，该枪依靠水冷系统为枪管散热，以延长枪管寿命。

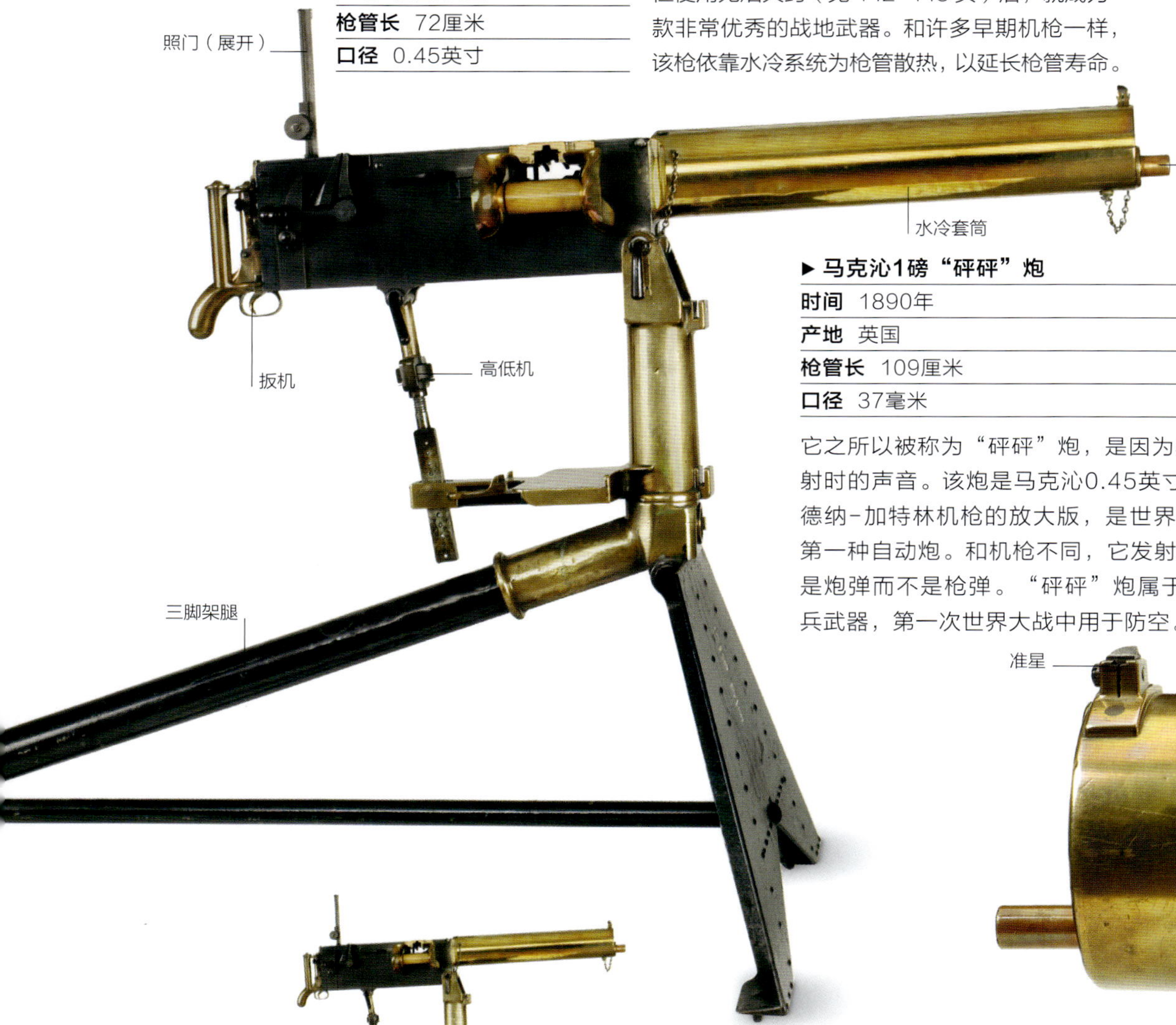

▶马克沁1磅“砰砰”炮

时间	1890年
产地	英国
枪管长	109厘米
口径	37毫米

它之所以被称为“砰砰”炮，是因为其发射时的声音。该炮是马克沁0.45英寸加德纳-加特林机枪的放大版，是世界上第一种自动炮。和机枪不同，它发射的是炮弹而不是枪弹。“砰砰”炮属于炮兵武器，第一次世界大战中用于防空。

全视图

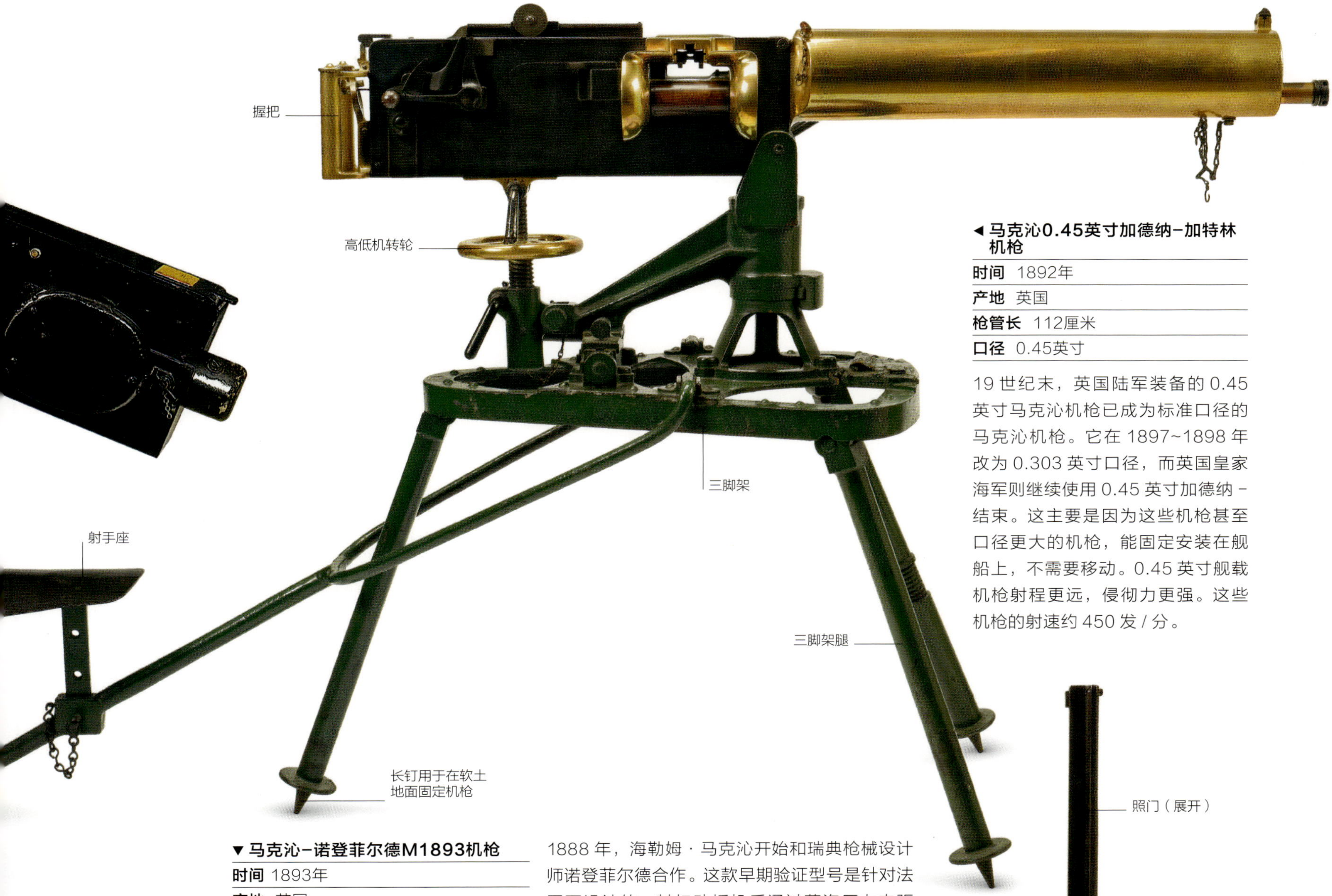

◀ 马克沁0.45英寸加德纳-加特林机枪

时间	1892年
产地	英国
枪管长	112厘米
口径	0.45英寸

19 世纪末，英国陆军装备的 0.45 英寸马克沁机枪已成为标准口径的马克沁机枪。它在 1897~1898 年改为 0.303 英寸口径，而英国皇家海军则继续使用 0.45 英寸加德纳 - 结束。这主要是因为这些机枪甚至口径更大的机枪，能固定安装在舰船上，不需要移动。0.45 英寸舰载机枪射程更远，侵彻力更强。这些机枪的射速约 450 发 / 分。

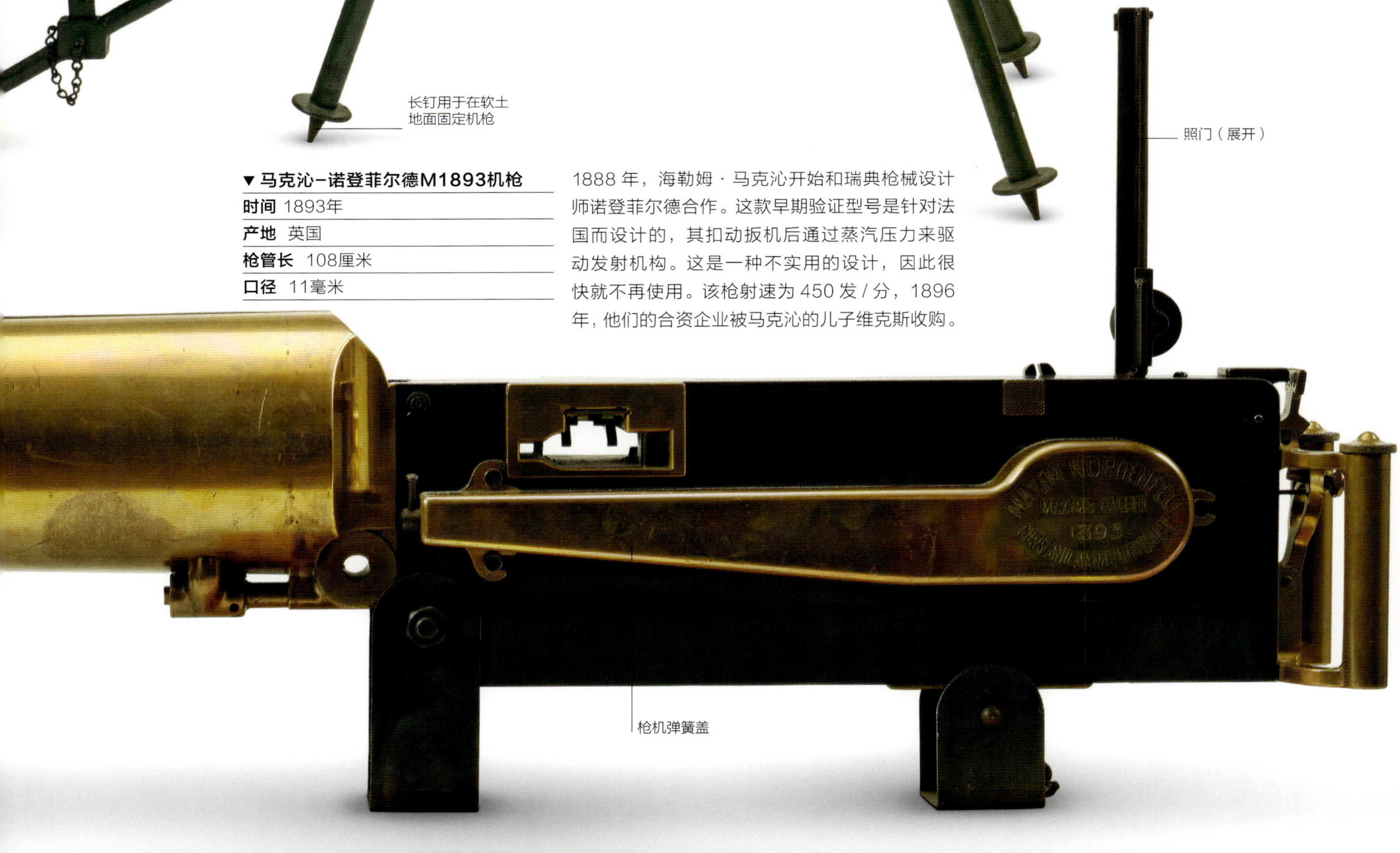

▼ 马克沁-诺登菲尔德M1893机枪

时间	1893年
产地	英国
枪管长	108厘米
口径	11毫米

1888 年，海勒姆 · 马克沁开始和瑞典枪械设计师诺登菲尔德合作。这款早期验证型号是针对法国而设计的，其扣动扳机后通过蒸汽压力来驱动发射机构。这是一种不实用的设计，因此很快就不再使用。该枪射速为 450 发 / 分，1896 年，他们的合资企业被马克沁的儿子维克斯收购。

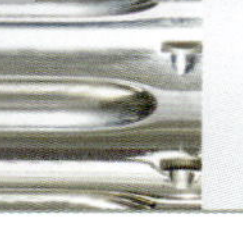

枪管后坐式机枪（1896~1917年）

19 世纪末 20 世纪初，采用枪管后坐原理或导气式原理的两种机枪（见 192~193 页）都在欧洲大陆没有发生武装冲突的阶段开始生产。那时，黄铜等材料供应充足，可用于制造水冷套筒和弹簧座等枪械部件。当欧洲爆发第一次世界大战后，黄铜越来越匮乏，因为钢的价格比较便宜且更耐用，所以开始大量使用钢制枪械部件。与枪管后坐式机枪相比，导气式机枪可以承受更高的膛压，因此可使用威力更大的枪弹。但是，枪管后坐式机枪结构更简单，使用更可靠，很受军队的青睐，也越来越普遍。

▲ **马克沁M1904机枪**

时间	1904年
产地	英国
枪管长	72.3厘米
口径	0.30英寸-03

马克沁机枪结构坚固，操作简单，并发展出多种型号，其中包括这款升级型。马克沁机枪是美军装备的第一种采用步枪口径的机枪。该枪由英国维克斯公司生产，采用 0.30 英寸 -03 口径，之后美国柯尔特公司获得授权生产。最终，大多数马克沁机枪都开始采用美国的新型 0.30 英寸 -06 枪弹，该枪射速为 400~600 发 / 分。

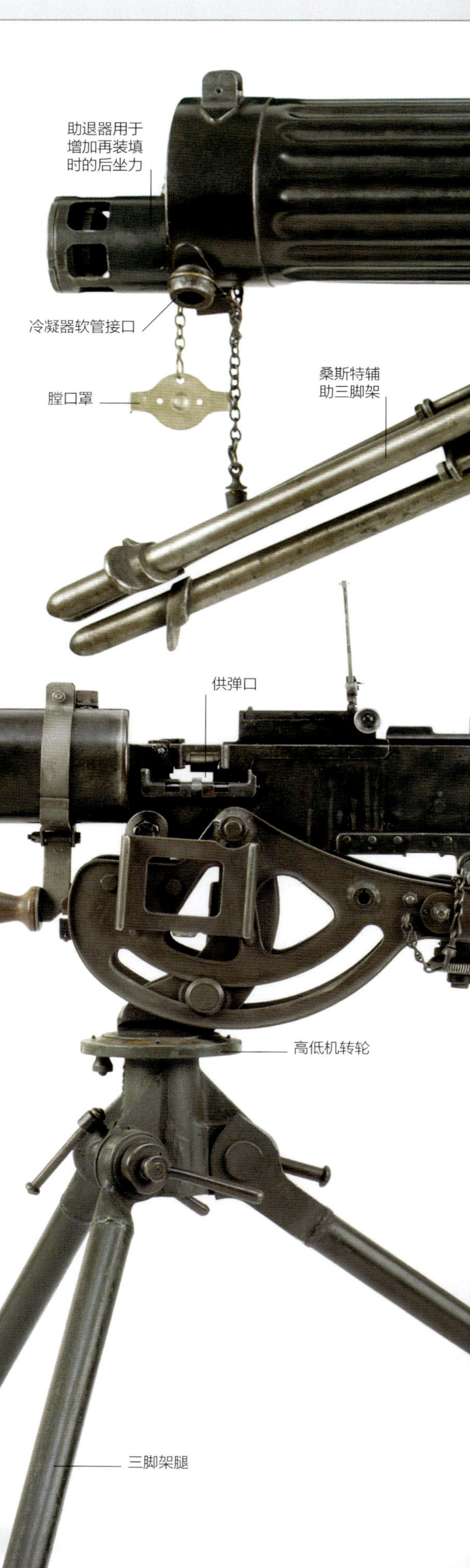

► **勃朗宁M1917机枪**

时间	1917年
产地	美国
枪管长	61厘米
口径	7.62毫米

采用导气式原理的 M1895“马铃薯挖掘机”（见 194 页）本是约翰 · 勃朗宁为柯尔特公司设计的一款性能不佳的机枪，但后来它被改成枪管后坐式，命名为 M1917，射速为 400~520 发 / 分。该枪配有用于冷却枪管的水冷套筒。水冷式机枪通常需要两人操作，一人进行射击，另一人监视套筒并为机枪装填帆布弹带。弹带比标准弹匣的携弹量多，可以通过机枪上的供弹口装填，非常方便。

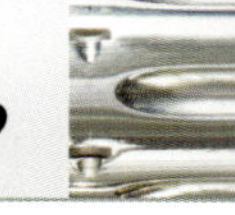

"五拱"形
后瞄准镜桥

用于冷却枪管
的水冷套筒

弹带进弹口

扳机连杆

▸ 维克斯M1908"轻量型"机枪

时间 1908年

产地 英国

枪管长 72.3厘米

口径 7.7毫米

M1908机枪是为了解决维克斯-马克沁M1906"新轻型"机枪（见196页）的缺陷而设计的，采用体积更小的机匣。该枪配备了可转动的三脚架，而且可调整机枪角度，适于在战壕内使用。此外该枪还可安装壕沟潜望镜，这是在第一次世界大战中普遍应用于战壕内的观瞄装置。该型机枪射速为450~550发/分。

用于配备壕沟潜望
镜的扳机延长杆

三脚架增高架

方向机转盘

扳机

手枪式握把

方向机转盘固定器

高低机螺杆

高低机转轮

当三脚架折叠
时用于固定三
脚架腿的皮带

全视图

三脚架腿

堑壕战

哈奇开斯机枪和马克沁机枪在第一次世界大战的堑壕战中充分展现了其巨大的破坏力，图中两名法国士兵正在操作哈奇开斯机枪，两侧是两名步枪兵。

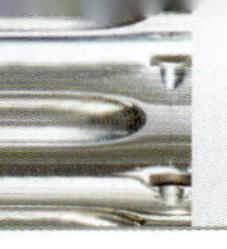

枪管后坐式机枪（1918~1945年）

毋庸置疑，美国发明家约翰·勃朗宁（见180~181页）在机枪设计方面的改进使机枪的性能得到大幅提升。他的设计促进了可由两人携行和操作的中型机枪（0.30英寸口径）与重机枪（0.50英寸口径）的产生。他的另一项改进是发明了用于枪管后坐式机枪的枪管锁定系统，从而可以快速更换枪管，避免作战中因枪管过热导致炸膛。德国的MG42机枪可能是采用这些技术改进最为成功的例子，时至今日，MG42机枪仍在使用。

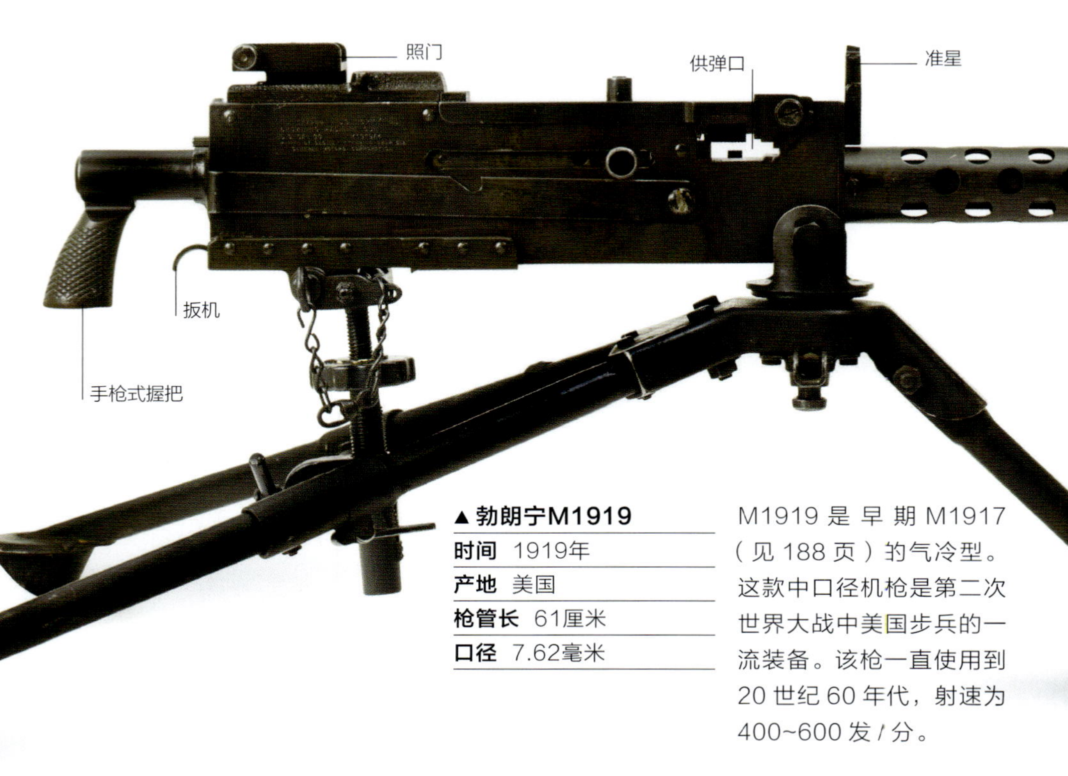

▲勃朗宁M1919

时间	1919年
产地	美国
枪管长	61厘米
口径	7.62毫米

M1919是早期M1917（见188页）的气冷型。这款中口径机枪是第二次世界大战中美国步兵的一流装备。该枪一直使用到20世纪60年代，射速为400~600发/分。

▲勃朗宁M2 HB

时间	1933年
产地	美国
枪管长	1.14米
口径	0.50英寸

高效的0.50英寸M2 HB（重型枪管）机枪是作战飞机、装甲车以及地面部队的主要武器，该枪射速为485~635发/分，至今仍在使用。该图所示机枪为车载型。

▲MG34

时间	1935年
产地	德国
枪管长	62.7厘米
口径	7.92×57毫米

MG34机枪采用了革命性设计，重量轻，坚固耐用，射速可达900发/分。但是，其制造工艺复杂且价格昂贵，最终被MG42机枪取代。

带有散热孔的枪管护套一方面便于散热，另一方面可避免士兵的手被灼热的枪管烫伤

消焰器

带有散热孔的枪管护套

后坐驱动的方向自动散布射机构

支撑杆

42 型三脚架

▸ **MG42**

时间	1942年
产地	德国
枪管长	53.3厘米
口径	7.92×57毫米

该枪的前身是 MG34 机枪。MG42 机枪的射速高达 1200 发 / 分，使用三脚架时可以持续远程射击。其特点是配备了后坐驱动的方向自动散布射机构，射击时可微微向左和向右移动枪托，因此可以小角度水平射击，具有较大的火力覆盖面。

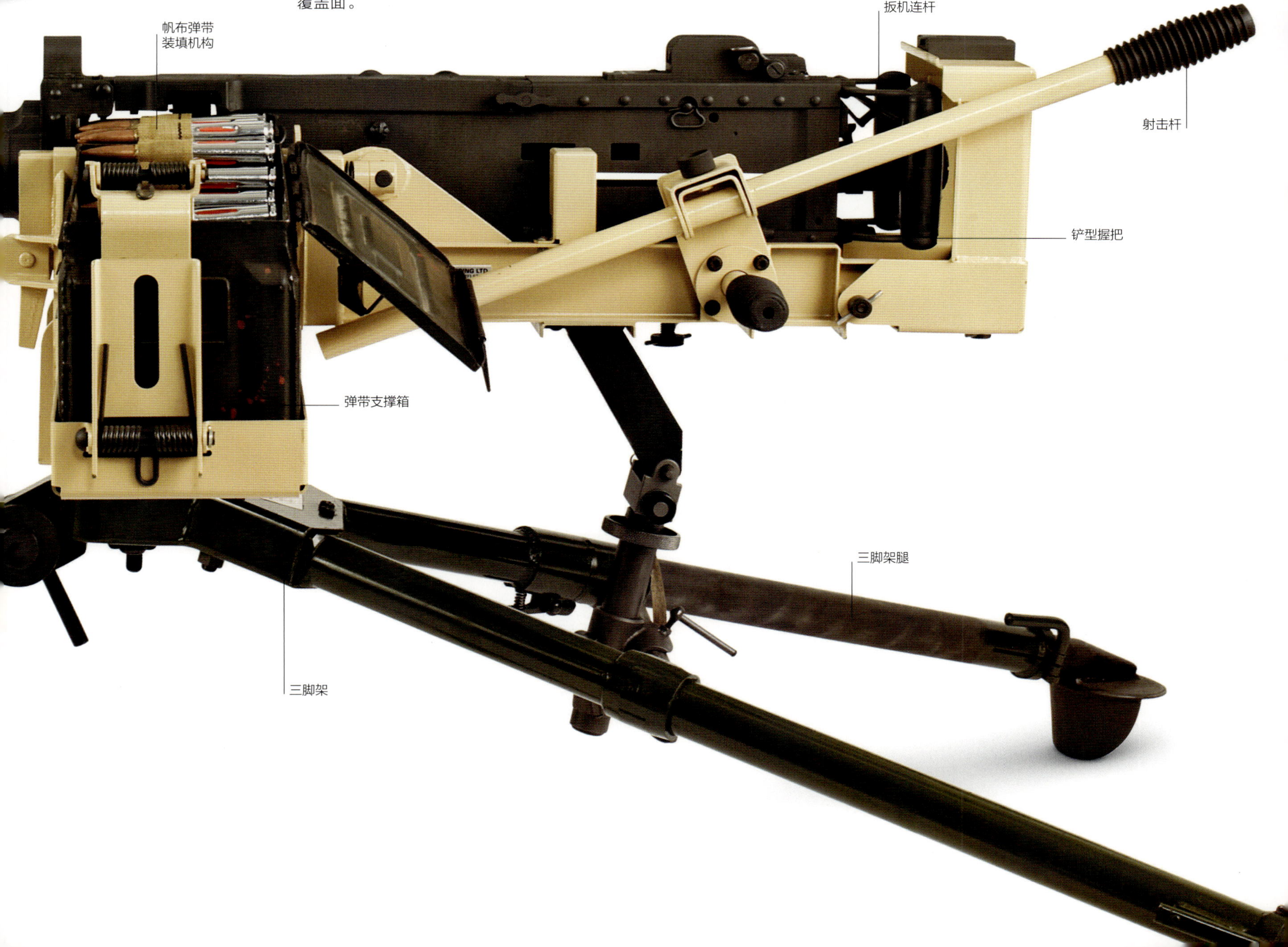

帆布弹带装填机构

扳机连杆

射击杆

铲型握把

弹带支撑箱

三脚架腿

三脚架

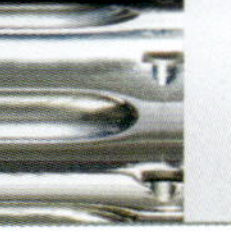

导气式机枪

导气式机枪利用枪弹中发射药燃烧产生的气体实现自动射击。一部分火药燃气推动弹头沿枪管向前运动，另一部分火药燃气推动活塞向后运动，进而推动枪机后坐，实现抛壳和推弹上膛。采用导气式系统的枪械由于内部的活塞和弹簧会吸收大量后坐力，所以重量轻、易于操作。导气式机枪出现于19世纪80~90年代，柯尔特-勃朗宁“马铃薯挖掘机”是第一款采用导气式自动方式的机枪。哈奇开斯公司的哈奇开斯机枪则是一款设计更为复杂的导气式机枪，其获得了巨大的成功。随后，导气式系统的应用也越来越普遍。

抛壳口

高低机/方向机

铲型握把

三脚架腿

▲柯尔特-勃朗宁M1895 “马铃薯挖掘机”

时间	1895年
产地	美国
枪管长	72厘米
口径	0.30英寸克拉格弹

该款机枪由约翰·勃朗宁设计，因采用创新性的结构，从而获得了“马铃薯挖掘机”的绰号。它利用枪口附近的部分火药燃气推动杠杆式活塞向后下方旋转170°，并通过与之铰接的活塞杆驱动枪机开闭锁。M1895机枪可靠性较好，于19世纪末20世纪初装备美国陆军、海军和海军陆战队。

▼刘易斯M1914

时间	1914年
产地	美国
枪管长	66厘米
口径	0.303英寸

此款气冷式机枪是在西线使用的第一种轻机枪（LMG），比利时最先装备，之后是英国。该枪一直使用到第二次世界大战，它既可作为步兵武器使用，也可作为航空机枪（通常没有枪管护套）使用，甚至还可安装在舰船上使用，其射速为500~600发/分。

消焰器

准星

47发弹盘

枪口

散热片在枪管护套内

枪管护套和散热器

扳机

拉机柄

机枪手的左手握在此处

两脚架腿

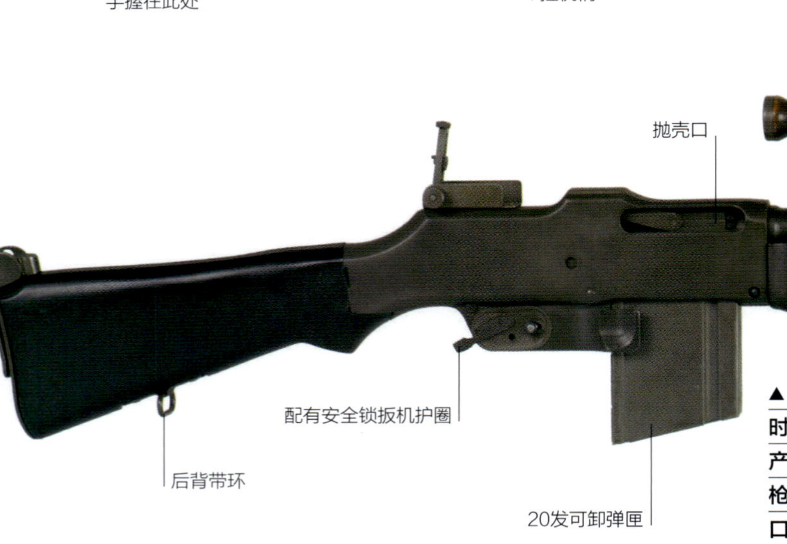

▲勃朗宁自动步枪（BAR）

时间	1918年
产地	美国
枪管长	61厘米
口径	0.30英寸

约翰·勃朗宁为满足步兵对急速射击武器的需求，研制了采用导气式自动方式的勃朗宁自动步枪。该枪过于笨重，使用很不方便。即便如此，它仍作为轻机枪在美国陆军服役到20世纪50年代。

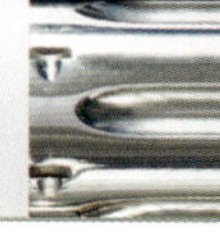

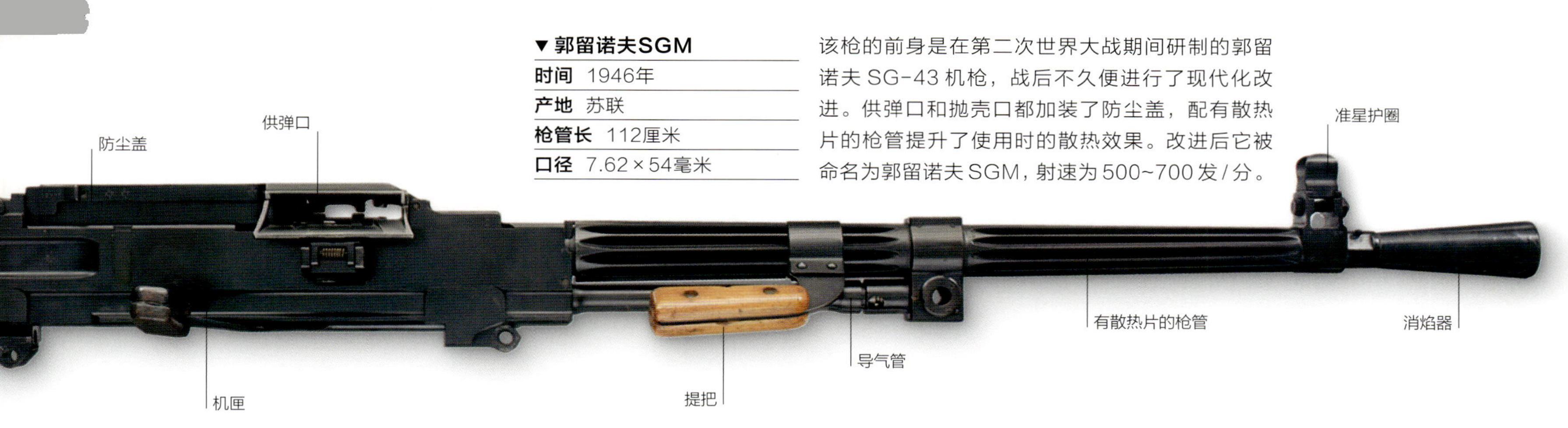

▼郭留诺夫SGM

时间	1946年
产地	苏联
枪管长	112厘米
口径	7.62×54毫米

该枪的前身是在第二次世界大战期间研制的郭留诺夫 SG-43 机枪，战后不久便进行了现代化改进。供弹口和抛壳口都加装了防尘盖，配有散热片的枪管提升了使用时的散热效果。改进后它被命名为郭留诺夫 SGM，射速为 500~700 发 / 分。

防尘盖
供弹口
准星护圈
有散热片的枪管
消焰器
导气管
提把
机匣

▼哈奇开斯M1914

时间	1914年
产地	法国
枪管长	127厘米
口径	8毫米勒贝尔弹

哈奇开斯 M1914 机枪最初由奥地利人阿道夫·冯·奥德卡里克男爵设计，劳伦斯·本内特及其助手亨利·莫西进行了改进。主要改进是在枪管上安装了散热片，这种设计在许多机枪上都能看到。此外还配备了气体调节器来控制射速，使其稳定在 550 发 / 分左右。该枪结构简单，仅有 32 个零件，采用容纳 24 发枪弹的金属弹板供弹。

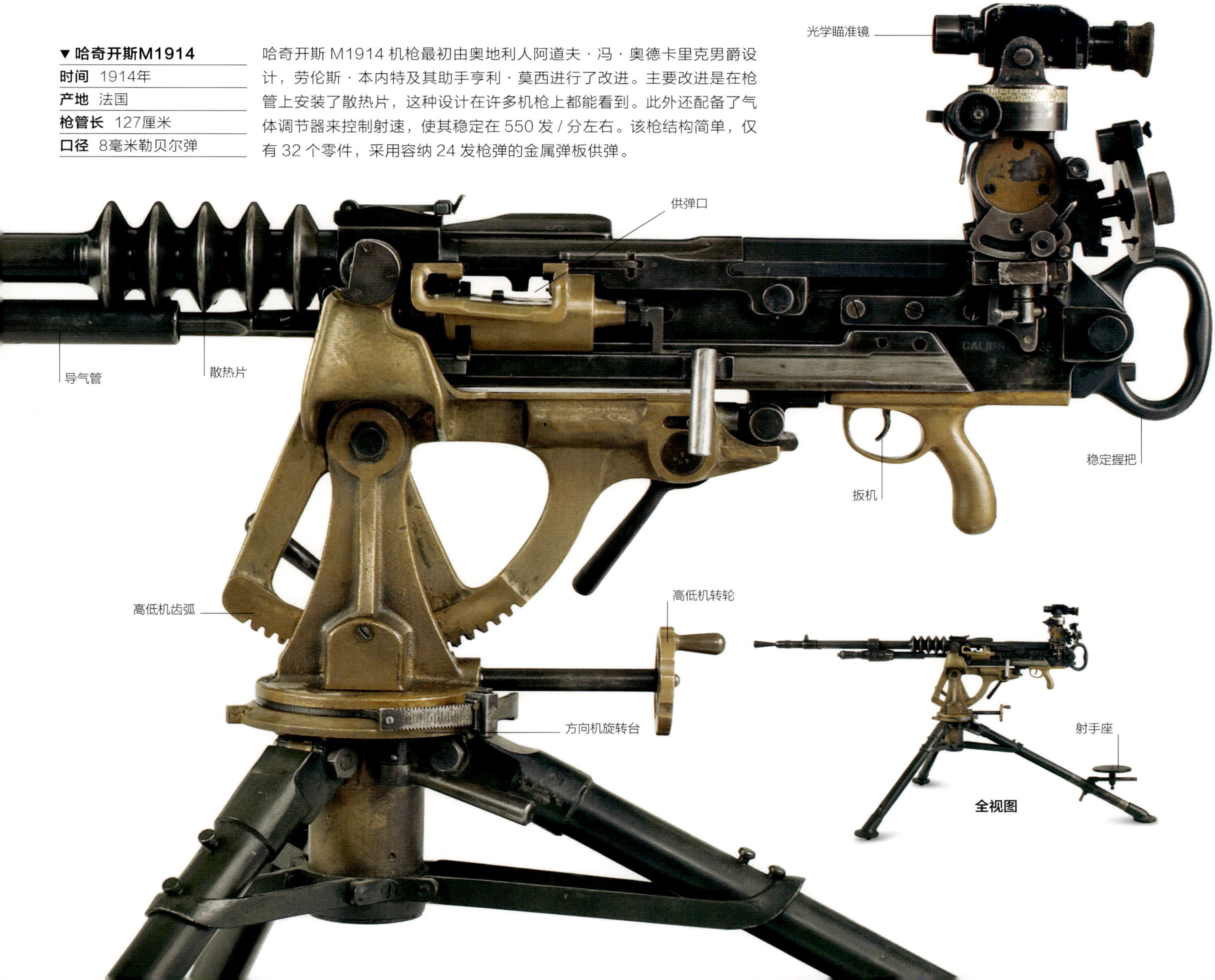

光学瞄准镜
供弹口
导气管
散热片
稳定握把
扳机
高低机齿弧
高低机转轮
方向机旋转台
射手座

全视图

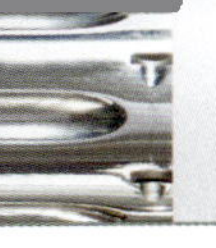

重机枪（1900~1910年）

重机枪曾被当做可与火炮媲美的武器，其设计用于为进攻部队提供火力掩护或在固定阵地上提升防御火力。有些重机枪采用枪管后坐式自动方式，有些采用导气式自动方式。从马克沁M1904机枪（见188页）到郭留诺夫SGM（见195页）和俄国马克沁M1910，重机枪都很笨重，且需要3~5名士兵才能操作。虽然这些重机枪在作战中很有效，但机动性很差，并且在发射时会产生振动，极不稳定。因此重机枪最好是用支架安装在车辆或飞机上使用。

▲维克斯-马克沁M1906“新轻型”

时间	1906年
产地	英国
枪管长	72.3厘米
口径	0.303英寸

这是第一种与马克沁早期设计（见186页）完全不同的机枪。该机枪采用枪管后坐式自动方式，其早期的黄铜部件被重量更轻的钢制部件取代，但继续使用下折式肘节闭锁，因此机匣比较大。该枪射速为450~500发/分，俄国装备后命名为M1910（下图）。

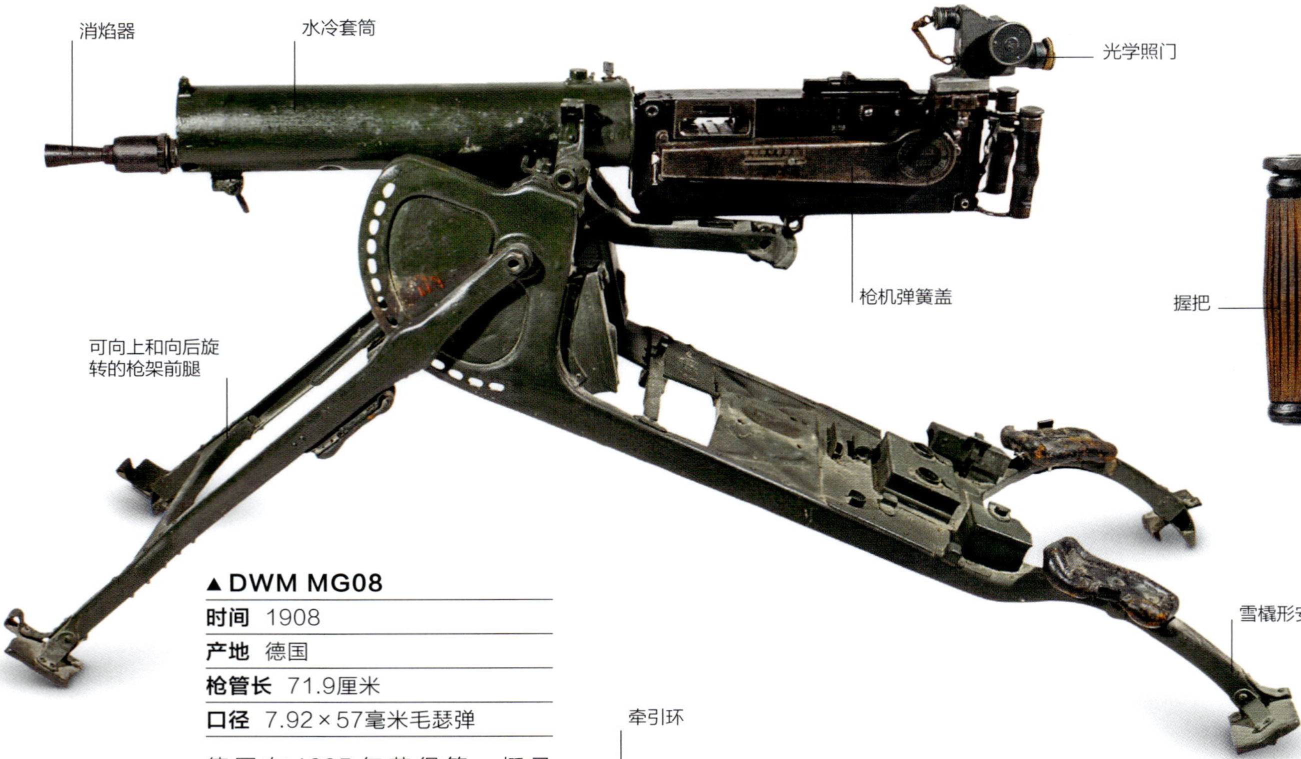

▲DWM MG08

时间	1908
产地	德国
枪管长	71.9厘米
口径	7.92×57毫米毛瑟弹

德国在1895年获得第一挺马克沁机枪后不久，德意志武器弹药制造公司（DWM）开始对其进行现代化改进，最终推出了MG08重机枪。该枪采用重型雪橇形枪架，射速为500发/分。

▲施瓦茨劳斯M07/12

时间	1912年
产地	奥匈帝国
枪管长	52.6厘米
口径	8毫米曼利夏枪弹

施瓦茨劳斯机枪是唯一没有强制闭锁机构的半自由枪机式重机枪，它更适合使用手枪弹。因其工作部件（枪机和复进簧）又重又硬，所以该机枪非常坚固耐用，射速为400~580发/分。

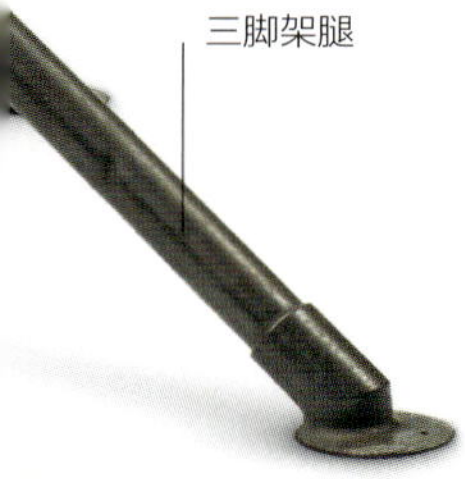

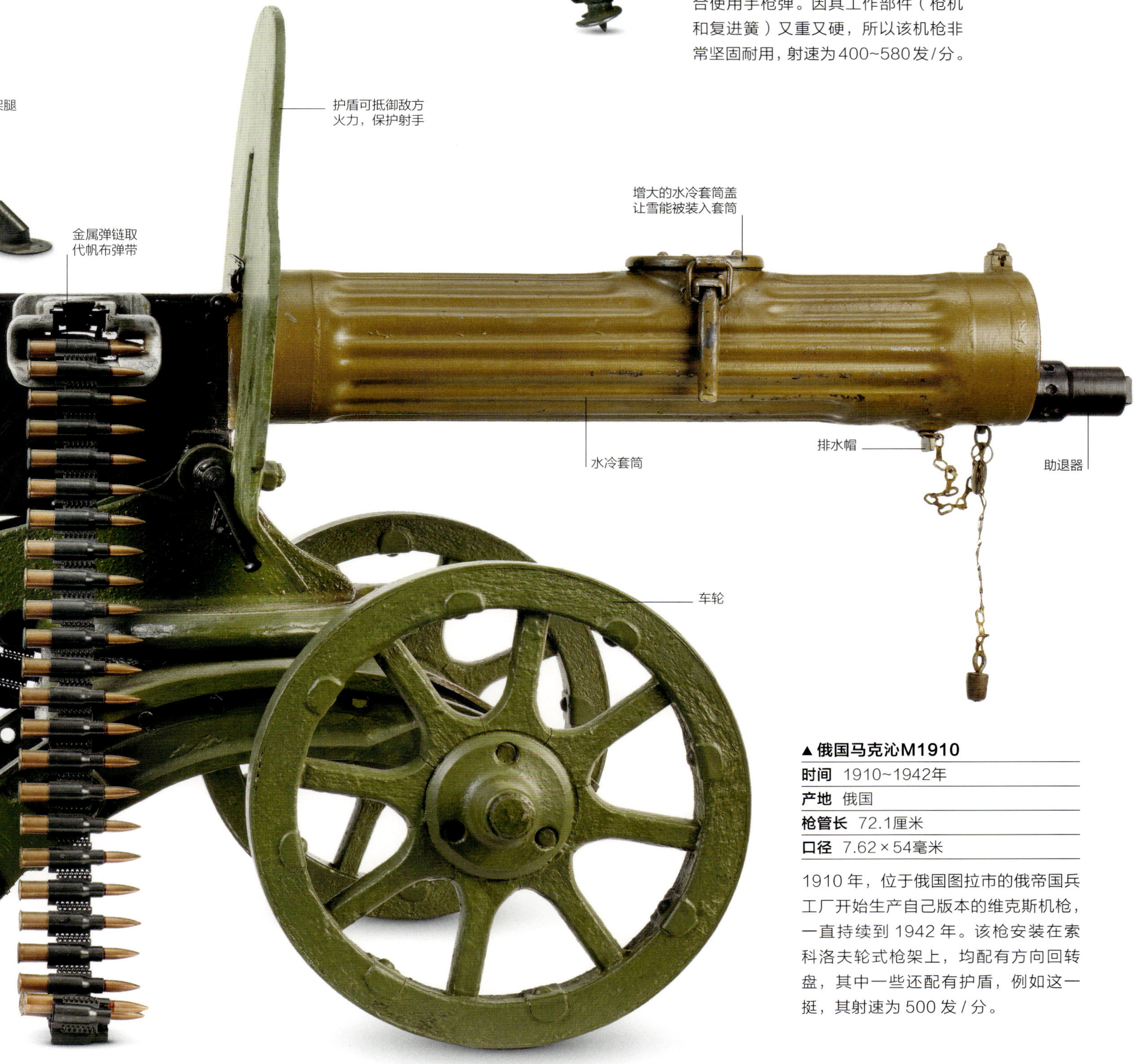

▲俄国马克沁M1910

时间	1910~1942年
产地	俄国
枪管长	72.1厘米
口径	7.62×54毫米

1910年，位于俄国图拉市的俄帝国兵工厂开始生产自己版本的维克斯机枪，一直持续到1942年。该枪安装在索科洛夫轮式枪架上，均配有方向回转盘，其中一些还配有护盾，例如这一挺，其射速为500发/分。

重机枪（1911~1945年）

重机枪在两次世界大战中被证明是非常有效的武器，尤其是在攻击车辆方面，它在发射大口径枪弹时可有效击穿轻型装甲。下面这些导气式重机枪也可用于远距离射击，例如捷格加廖夫 DShK1938 型重机枪，其有效射程可达 2 千米，有助于瓦解即将发动进攻的大批敌军。

肩托

用于驱动活塞向后运动的导气孔和气体膨胀室

▶ 哈奇开斯M1914

时间 1914年

产地 法国

枪管长 78.7厘米

口径 8×50毫米

哈奇开斯 M1914（见 195 页）是一款笨重的导气式武器，该枪总重超过 36 千克（含三脚架）。通常射手或坐或半躺在机枪后面操作，某些情况下，也会不得不站在机枪的后面。这挺 M1914 机枪配有肩托和三脚架，可以在阵地上使用。

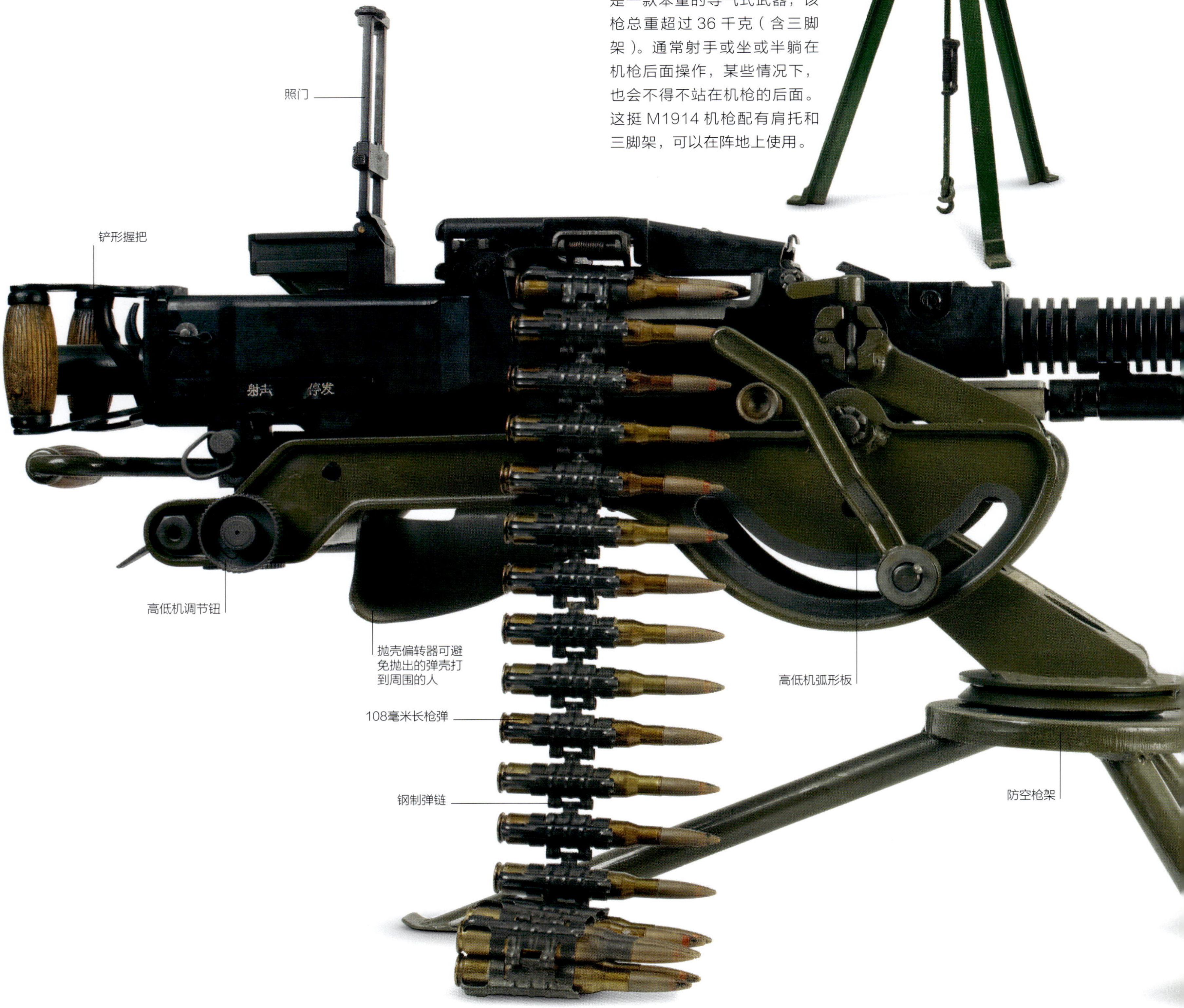

照门

铲形握把

高低机调节钮

抛壳偏转器可避免抛出的弹壳打到周围的人

108毫米长枪弹

钢制弹链

高低机弧形板

防空枪架

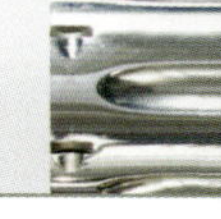

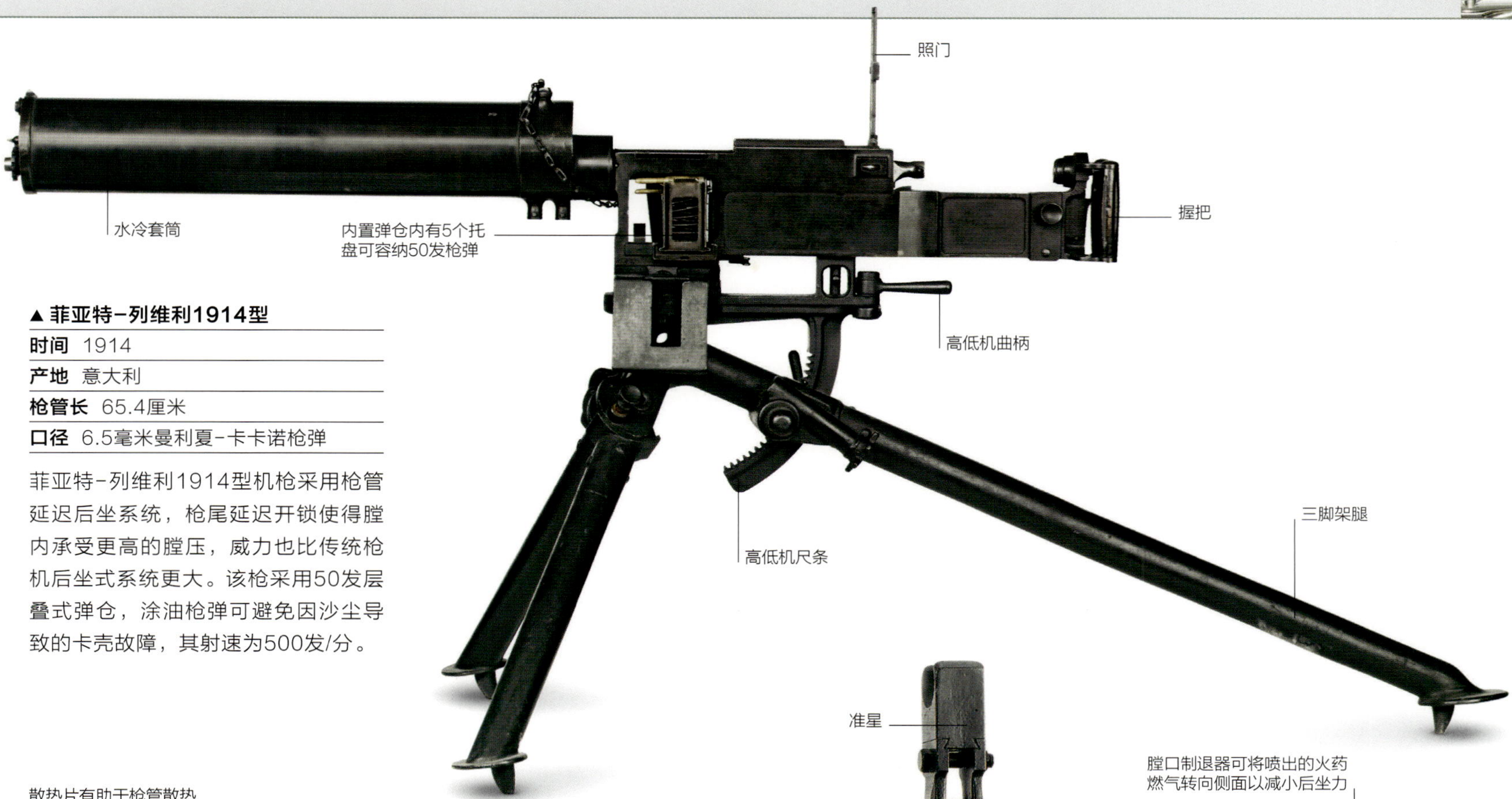

照门
水冷套筒
内置弹仓内有5个托盘可容纳50发枪弹
握把
高低机曲柄
三脚架腿
高低机尺条

▲菲亚特-列维利1914型

时间	1914
产地	意大利
枪管长	65.4厘米
口径	6.5毫米曼利夏-卡卡诺枪弹

菲亚特-列维利1914型机枪采用枪管延迟后坐系统，枪尾延迟开锁使得膛内承受更高的膛压，威力也比传统枪机后坐式系统更大。该枪采用50发层叠式弹仓，涂油枪弹可避免因沙尘导致的卡壳故障，其射速为500发/分。

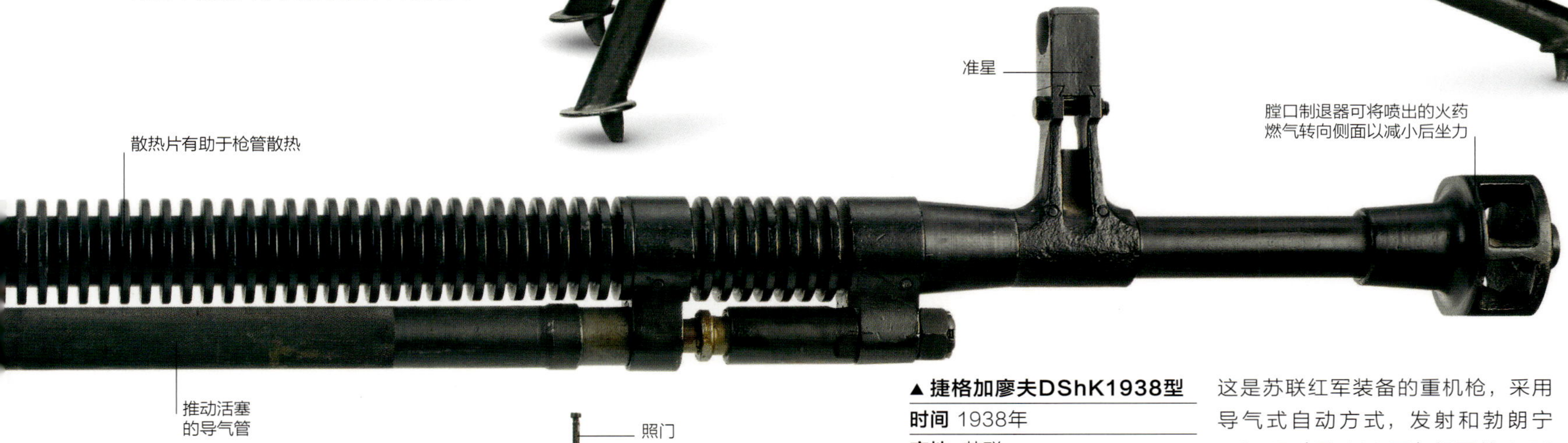

准星
膛口制退器可将喷出的火药燃气转向侧面以减小后坐力
散热片有助于枪管散热
推动活塞的导气管

▲捷格加廖夫DShK1938型

时间	1938年
产地	苏联
枪管长	100厘米
口径	12.7×108毫米

这是苏联红军装备的重机枪，采用导气式自动方式，发射和勃朗宁M2 HB（见192页）相同的0.50英寸枪弹。该枪寿命很长，有一些目前仍在装备，其射速为600发/分。

照门
供弹口
握把
调节器用于调节气体体积来推动活塞
高低机弧形条
三脚架腿

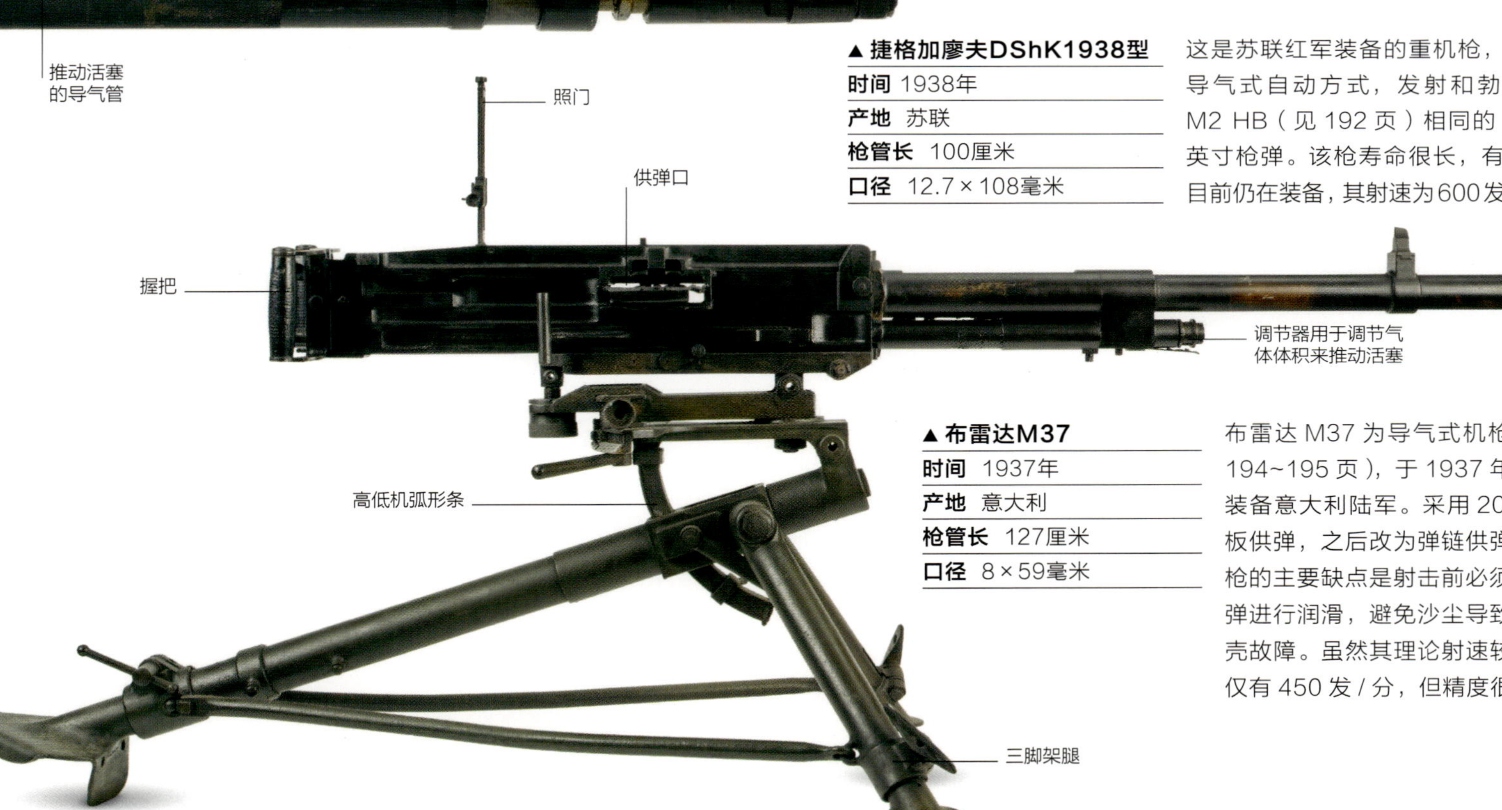

▲布雷达M37

时间	1937年
产地	意大利
枪管长	127厘米
口径	8×59毫米

布雷达M37为导气式机枪（见194~195页），于1937年开始装备意大利陆军。采用20发弹板供弹，之后改为弹链供弹。该枪的主要缺点是射击前必须对枪弹进行润滑，避免沙尘导致的卡壳故障。虽然其理论射速较低，仅有450发/分，但精度很高。

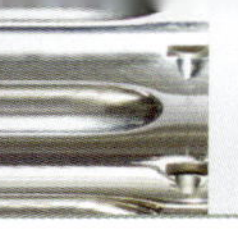

轻机枪（1902～1915年）

堑壕战和僵持的防线是第一次世界大战战场上的标志性场景，由此很有必要研制在突袭或战火中加强阵地时便于携带的机枪。严格意义上来讲，部分轻机枪的研制，主要是为了用作航空武器，所以重量是首先考虑的设计因素。在轻机枪被投入作战的最初几年，它被证明对攻防双方而言都是极为重要的武器，因此随着第一次世界大战的推进而被进一步完善。

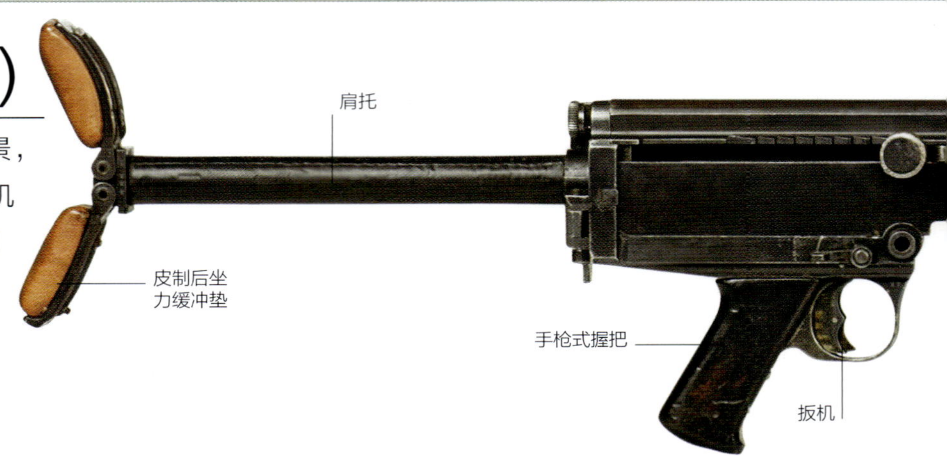

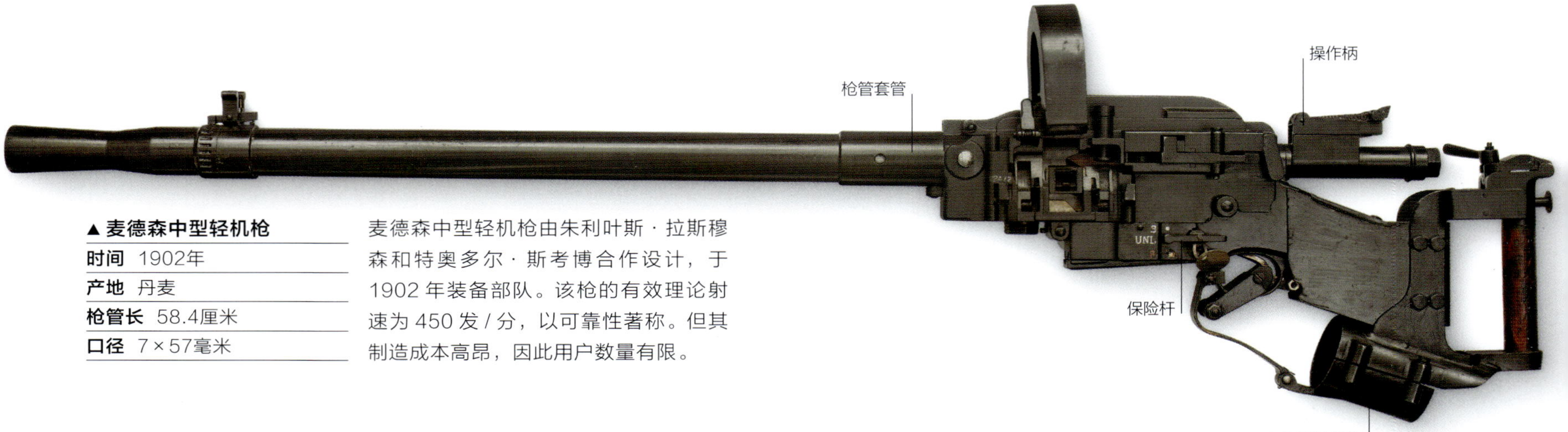

▲ 麦德森中型轻机枪

时间	1902年
产地	丹麦
枪管长	58.4厘米
口径	7×57毫米

麦德森中型轻机枪由朱利叶斯·拉斯穆森和特奥多尔·斯考博合作设计，于1902年装备部队。该枪的有效理论射速为450发/分，以可靠性著称。但其制造成本高昂，因此用户数量有限。

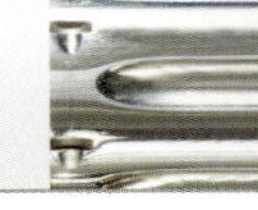

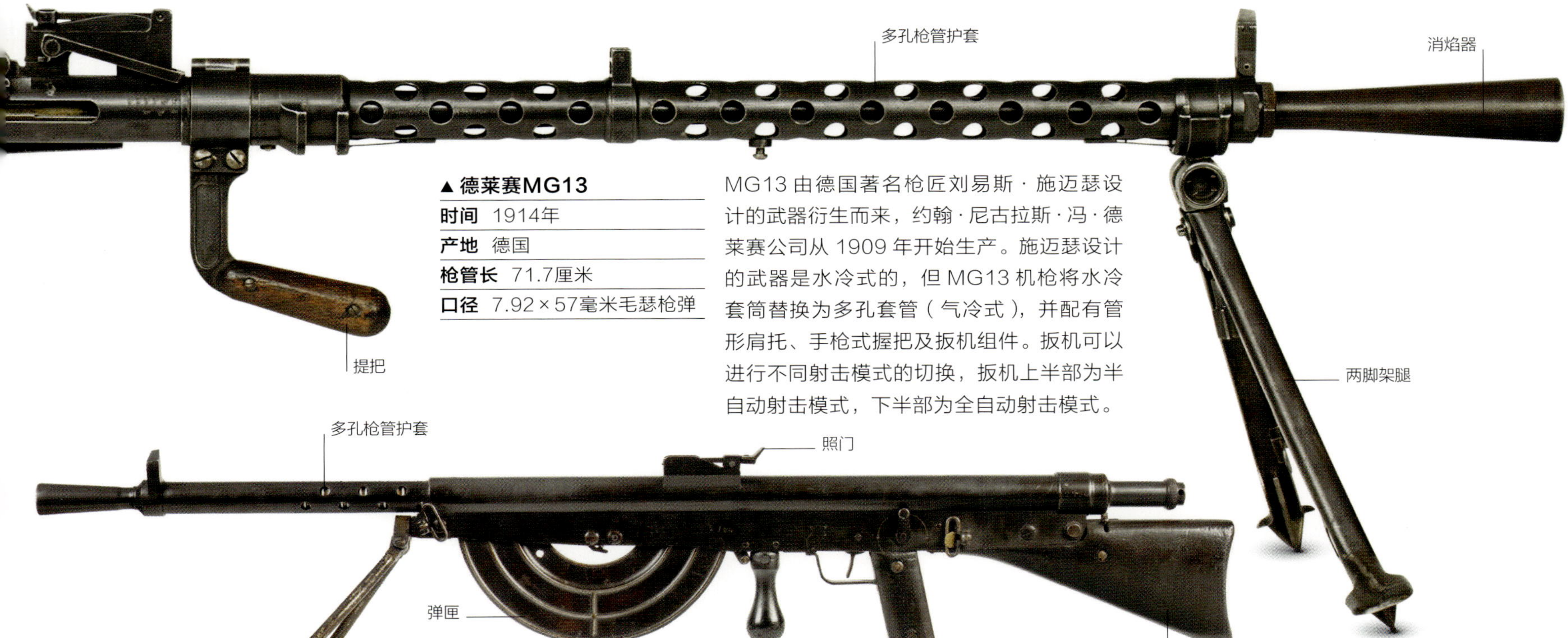

多孔枪管护套

消焰器

提把

两脚架腿

▲德莱赛MG13

时间	1914年
产地	德国
枪管长	71.7厘米
口径	7.92×57毫米毛瑟枪弹

MG13由德国著名枪匠刘易斯·施迈瑟设计的武器衍生而来，约翰·尼古拉斯·冯·德莱赛公司从1909年开始生产。施迈瑟设计的武器是水冷式的，但MG13机枪将水冷套筒替换为多孔套管（气冷式），并配有管形肩托、手枪式握把及扳机组件。扳机可以进行不同射击模式的切换，扳机上半部为半自动射击模式，下半部为全自动射击模式。

多孔枪管护套

照门

弹匣

木枪托

▲绍沙M1915

时间	1907年
产地	法国
枪管长	48.26厘米
口径	8×50毫米

绍沙轻机枪更确切的名称应该是单兵机枪。该枪专供单兵使用，可采用半自动射击模式。因其可靠性不佳，被认为是有史以来最差的轻机枪。该枪容易发生堵塞，且薄壁的压制钢弹匣太过精致，不适合野战使用。

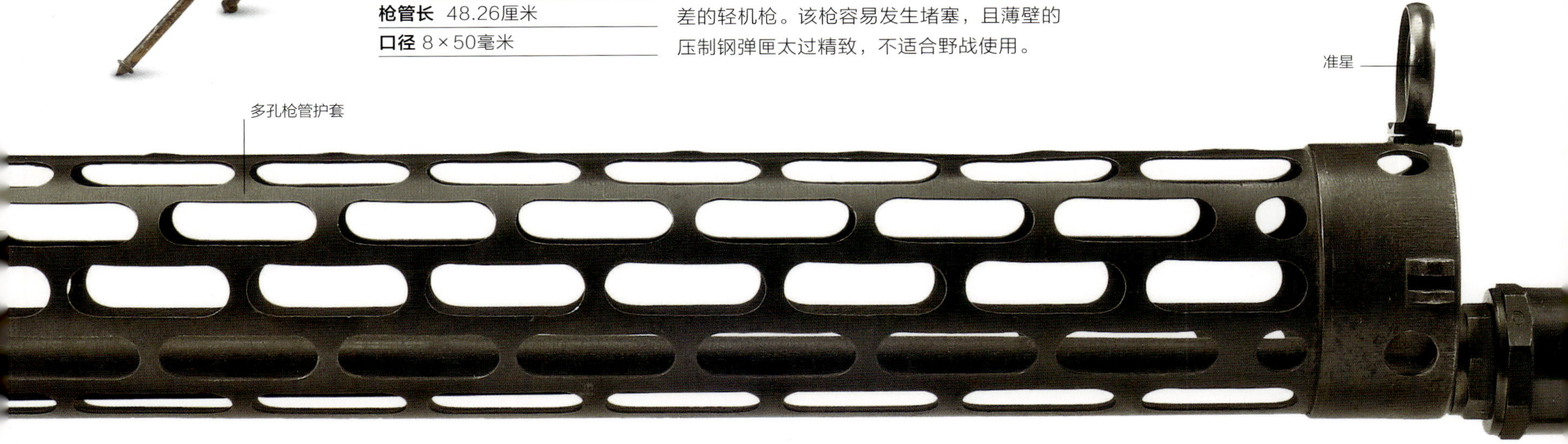

准星

多孔枪管护套

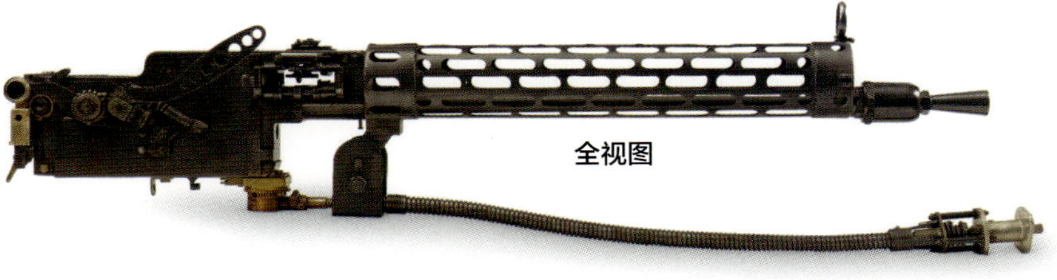

全视图

▲斯潘德MG08/15机载机枪

时间	1915年
产地	德国
枪管长	71.9厘米
口径	7.92×57毫米毛瑟枪弹

斯潘德MG08/15轻机枪被设计用作机载固定机枪，此外还可配装枪托和手枪式握把供步兵使用。作为航空武器使用时，该枪配有与膛内保险装置连接的同步器缆线，使其能够向前发射，正好通过螺旋桨的圆弧。

同步器缆线

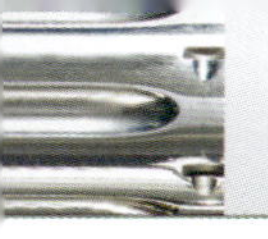

轻机枪（1916～1925年）

虽然部分轻机枪仍配装水冷套筒，但这些型号是为高强度射击而设计的。只是简单地短促点射进行掩护时，伯格曼机枪等气冷式武器成为最常用的武器。这些机枪减轻了重量，便于携带，同时也没有太多笨重的附件，因此对操控人员数量要求不高。

▲伯格曼MG 15n.A.

时间	1916年
产地	德国
枪管长	72.6厘米
口径	7.92×57毫米毛瑟枪弹

伯格曼的轻机枪于1910年装备，但直到1916年改进型轻机枪出现后才真正受到关注。该枪配用的枪弹装在金属弹链内，从鼓形容器供弹。

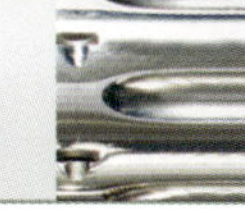

▲马克沁MG08/15

时间	1917年
产地	德国
枪管长	71.9厘米
口径	7.92×57毫米毛瑟枪弹

德国第一次仓促生产的轻机枪是马克沁 MG08/15，它是在 DWM MG08（见 196 页）重机枪的基础上安装了枪托、手枪式握把和常规扳机。改进型 MG08 机枪采用可减轻机枪重量的改进型机匣，以及一体式两脚架，该两脚架含有一条装在鼓形容器内的缩短的帆布弹带。该枪重 14 千克，仍然过重。它共生产了大约 13 万挺，是德国防卫军（德国两战期间武装部队）暴风部队装备的主要支援武器。

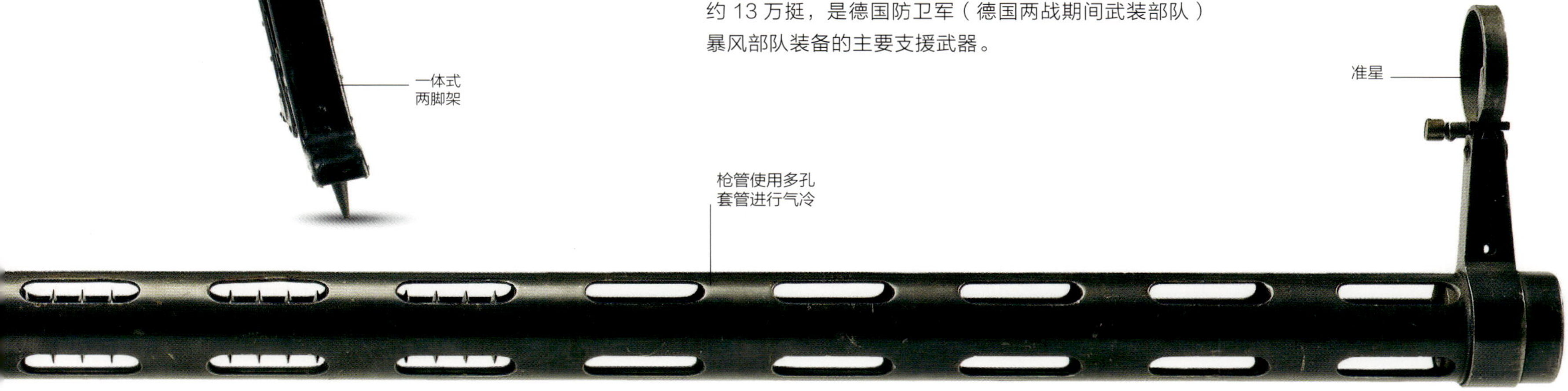

▲马克沁MG08/18

时间	1918年
产地	德国
枪管长	71.9厘米
口径	7.92×57毫米毛瑟枪弹

该枪并不是完全适合用作突击武器。这种改进型气冷式机枪出现在第一次世界大战结束之前，采用细长的多孔枪管护套。该枪比 MG08/15 机枪轻 4 千克，但因出现时间晚而没能被广泛使用。

◀马克沁“帕拉贝鲁姆”MG14/17

时间	1917年
产地	德国
枪管长	70.5厘米
口径	7.92×57毫米毛瑟枪弹

“帕拉贝鲁姆”机枪被认为是德国马克沁机枪中的最佳枪型，它本是根据能在飞机和飞艇上灵活安装的武器规范进行生产的。后期型号采用细长的枪管护套，在第一次世界大战末期发放给精锐步兵部队。

轻机枪（1926～1945年）

自20世纪20年代以来，轻机枪被重新设计，目的是减少操控人员数量。马克沁MG 08/15（见203页）等早期轻机枪需要四名操控人员，而布伦等新型轻机枪只需一名或两名操控人员。弹带供弹系统需要另有一名操控人员来确保正确装填，而弹匣仅需主操控人员便可完成装填和更换，因此减少操控人员的数量可通过将弹带供弹系统替换成弹匣来实现。

装弹弹斗

▲大正十一年式轻机枪

时间	1922～1945年
产地	日本
枪管长	44.9厘米
口径	6.5×50毫米

大正十一年式轻机枪（中国俗称“歪把子”）由南部麒次郎设计，与哈奇开斯M1902/1914机枪相似。它采用全新的供弹系统——一种内嵌5发弹夹的装弹弹斗。该枪可靠性不高，但仍大量装备部队。

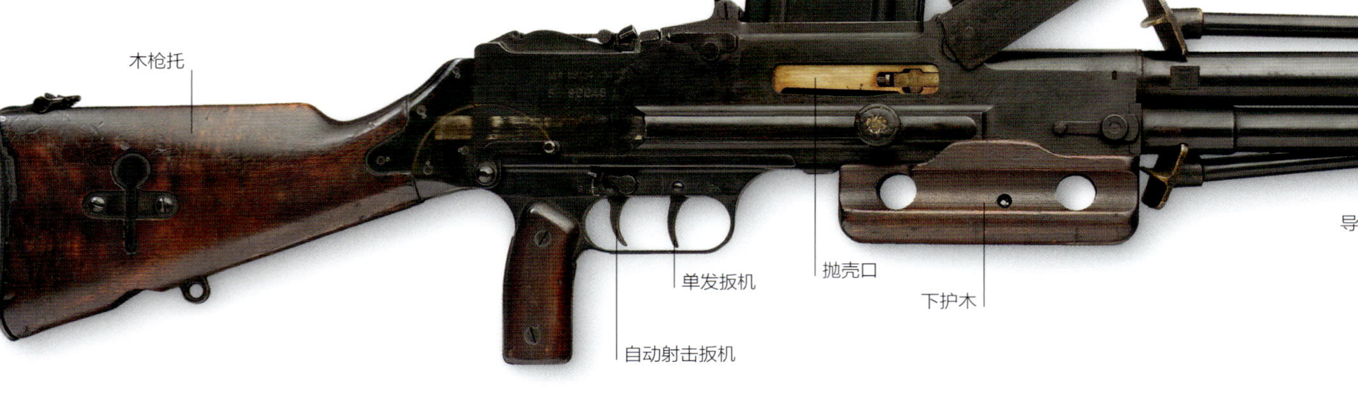

▲夏特罗M1924/29轻机枪

时间	1929年
产地	法国
枪管长	50厘米
口径	7.5×54毫米

M1924轻机枪原本为替换第一次世界大战期间表现糟糕的绍沙M1915轻机枪（见201页）而设计，但性能却因为选用了较差的枪弹而受到影响。枪弹及机枪部件重新设计后，生产出了M1924/29轻机枪，从第二次世界大战开始一直服役至20世纪50年代。该枪与众不同之处是采用双扳机结构，前置扳机用于单发射击，后置扳机用于持续连发射击。

▲ 维克斯–伯赫提耶 0.303英寸轻机枪

时间 20世纪30年代

产地 英国

枪管长 60.9厘米

口径 0.303英寸

20 世纪 30 年代初，英国维克斯公司购买了法国伯赫提耶轻机枪（见155 页）改进型的本土生产权。这种改进型轻机枪的外形与布伦轻机枪相似，于 1933 年装备印度陆军，至今仍装备印度预备役部队。

▲ 布雷达M30轻机枪

时间 1930年

产地 意大利

枪管长 52厘米

口径 6.5×54毫米

布雷达 M30 是意大利陆军装备的制式轻机枪，采用全新的 20 发金属弹链供弹系统。但其可靠性很差，并且太过精致，不适于战场条件。

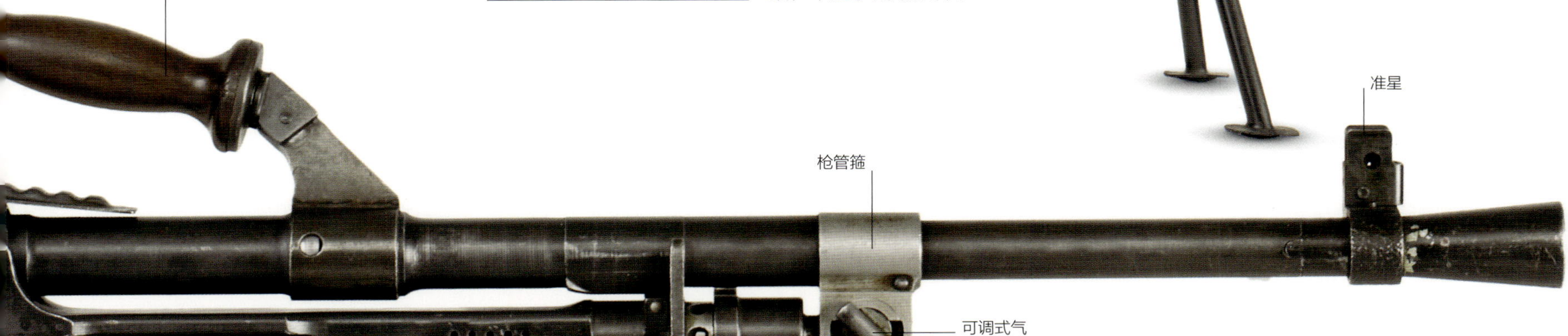

▲ 布伦轻机枪

时间 1938年

产地 英国

枪管长 63.5厘米

口径 0.303英寸

布伦轻机枪在捷克布尔诺研制，并在伦敦恩菲尔德进行改进。自装备部队起直到 20 世纪 70 年代，它一直是英国陆军的主要轻型支援武器。该枪的缺陷在于其配用的 0.303 英寸枪弹弹底周围有突出的弹壳底缘，这一问题在后期配用 7.62 毫米北约制式枪弹后得到解决。

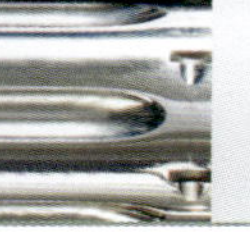

欧洲冲锋枪（1915～1938年）

尽管第一次世界大战期间的堑壕战陷入僵持，但夜袭“无人区”的行动却频繁发生。夺取敌方堑壕的目的是探查弱点或捕获俘虏进行审问，但充满危险。大多数行动都是白刃战，有限的机动能力限制了步枪的使用。为应对这些问题，武器设计师研制出了一种配用手枪弹、枪长缩短的全自动武器——冲锋枪。由于配用手枪弹，冲锋枪实质上是一种近距离作战武器，非常适用于在狭窄的堑壕作战。直到第二次世界大战前夕，冲锋枪一直受到重用。

▼伯格曼MP18/1

时间	1918年
产地	德国
枪管长	19.6厘米
口径	9毫米帕拉贝鲁姆弹

这种火力猛、坚固耐用的MP18/1冲锋手枪（德国对冲锋枪的命名）是第一种形成战斗力的冲锋枪。该枪配用德国人鲁格为P.08手枪研制的帕拉贝鲁姆弹，但这导致了供弹方面的问题，直到他设计出简易弹匣才解决了问题。右侧图中显示的是初期配备的弹鼓。

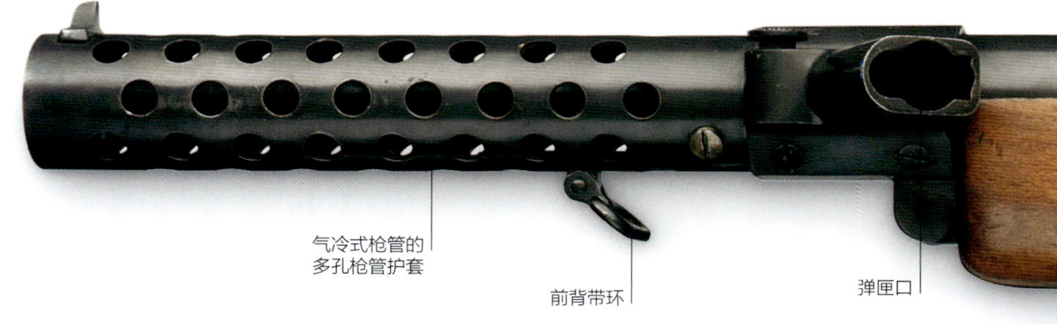

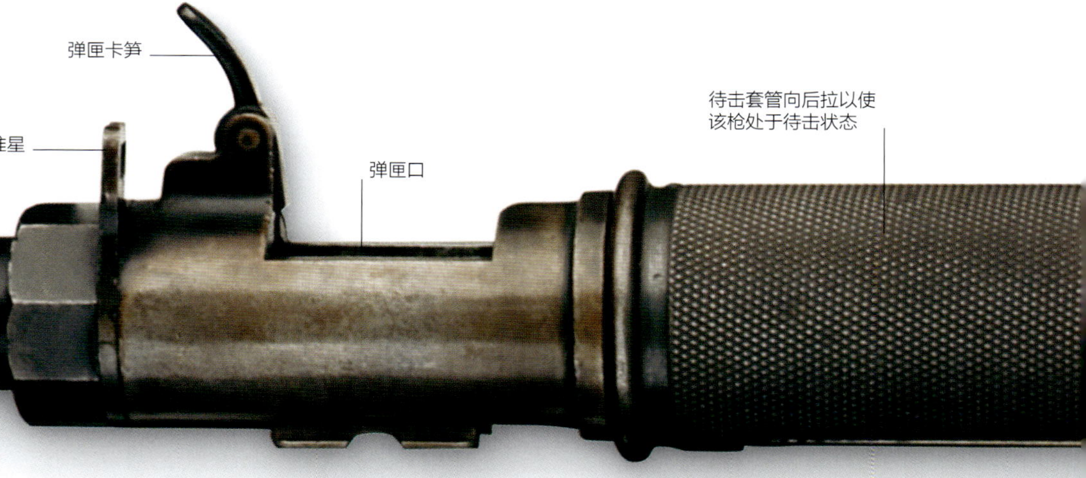

▲维拉尔·佩罗萨M1918

时间	1918年
产地	意大利
枪管长	28厘米
口径	9毫米格利森蒂弹

该冲锋枪射速极高，为900发/分，并配有两个扳机：点射扳机，用于全自动模式；单发扳机，用于半自动模式。该型冲锋枪是1915年发放至意大利部队的第一种冲锋枪（维拉尔·佩罗萨M1915）的变形枪。

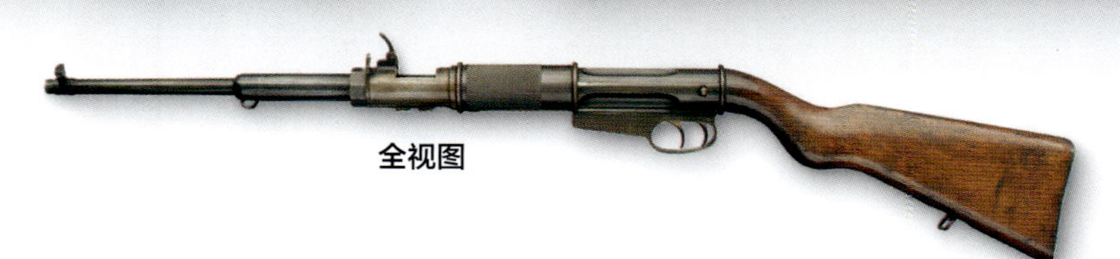

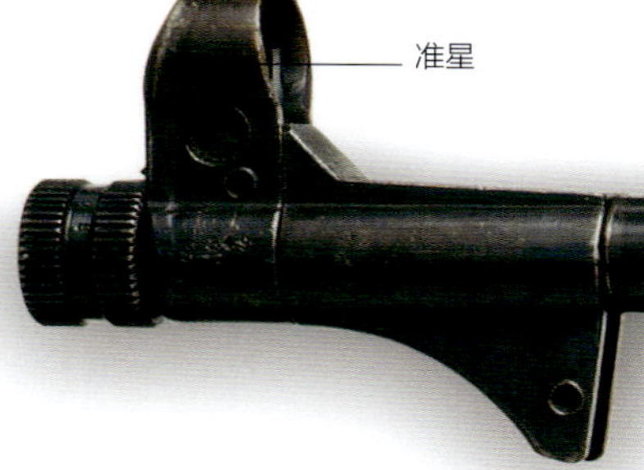

▲MP38

时间	1938年
产地	德国
枪管长	25.1厘米
口径	9毫米帕拉贝鲁姆弹

MP38冲锋枪由海因里希·富尔默设计，与著名的后续产品MP40非常相似。MP40采用简易钢板冲压件、压铸件和塑料件制成，而MP38冲锋枪很容易通过机械加工的钢制机匣和纵向开槽的管状机匣进行辨认。

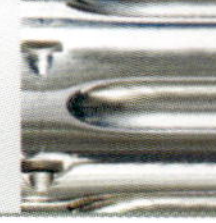

伯格曼MP18/1冲锋枪配用的32发蜗牛形弹鼓

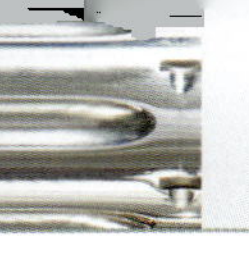

欧洲冲锋枪（1939～1945年）

冲锋枪是第二次世界大战期间使用的主要进攻性武器。冲锋枪重量轻，如有需求还可提供大量火力，因而受到突击部队和在狭窄地方作战的部队的欢迎。苏联军队实施攻击时大量使用PPSH-41冲锋枪，就是因为该枪可以向敌方编队投放强大火力。

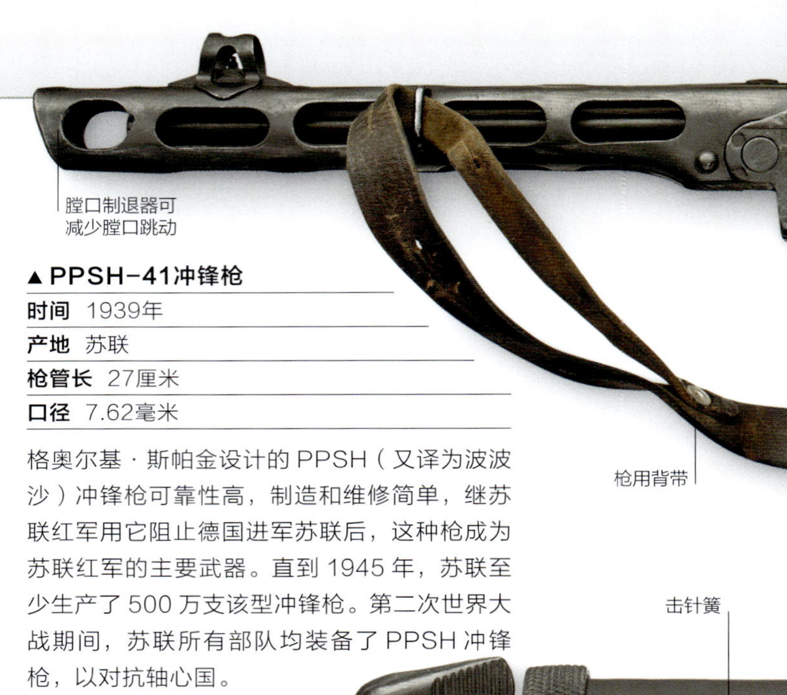

▲PPSH-41冲锋枪

时间	1939年
产地	苏联
枪管长	27厘米
口径	7.62毫米

格奥尔基·斯帕金设计的PPSH（又译为波波沙）冲锋枪可靠性高，制造和维修简单，继苏联红军用它阻止德国进军苏联后，这种枪成为苏联红军的主要武器。直到1945年，苏联至少生产了500万支该型冲锋枪。第二次世界大战期间，苏联所有部队均装备了PPSH冲锋枪，以对抗轴心国。

▼兰彻斯特冲锋枪

时间	1941～1945年
产地	英国
枪管长	20.3厘米
口径	9毫米帕拉贝鲁姆弹

兰彻斯特冲锋枪是第二次世界大战期间制造的相对坚固耐用的冲锋枪之一。该枪1940年研制，用于英国皇家空军，随后装备皇家海军船员并参与大量作战行动。该枪配有32发或50发弹匣，总共制造了大约9.5万支。

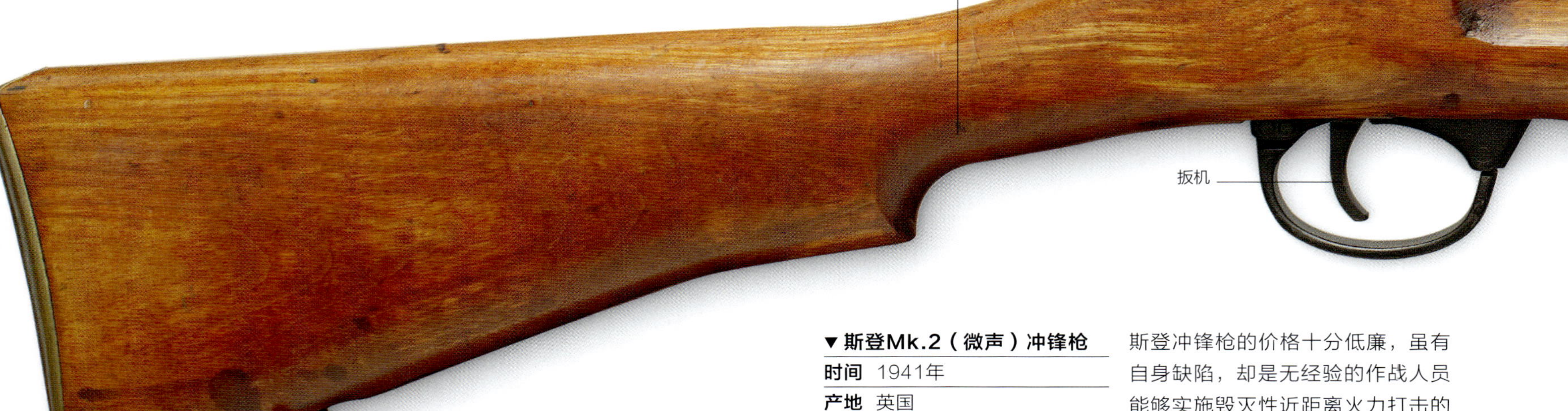

▼斯登Mk.2（微声）冲锋枪

时间	1941年
产地	英国
枪管长	91厘米
口径	9毫米帕拉贝鲁姆弹

斯登冲锋枪的价格十分低廉，虽有自身缺陷，却是无经验的作战人员能够实施毁灭性近距离火力打击的有效武器。该型冲锋枪配有一体式消声／消焰器。

▲斯登Mk.2冲锋枪

时间	1941年
产地	英国
枪管长	19.7厘米
口径	9毫米

斯登Mk.2冲锋枪制造成本低廉且制造方法简单。作为临时过渡型武器，它展现了冲锋枪所具有的效能。该枪配有32发弹匣。

快慢机

71发弹鼓

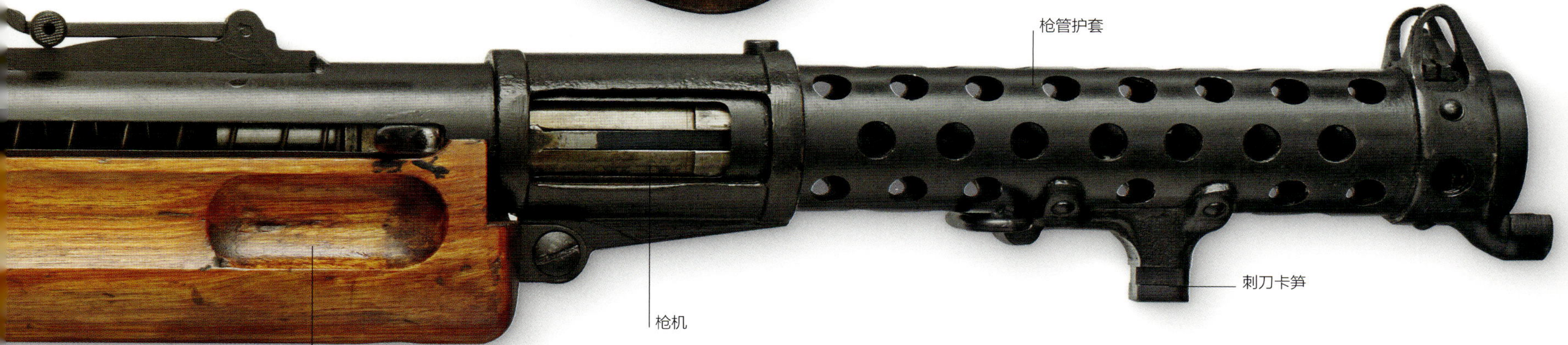

枪管护套

刺刀卡笋

枪机

指槽

准星

高质量木枪托

▲ 伯莱塔M1938/42冲锋枪

时间 1942年

产地 意大利

枪管长 21.3厘米

口径 9毫米

M1938/42 冲锋枪制造精良、可靠性好且射击精度极高，是服役于第二次世界大战的最优秀的冲锋枪之一。

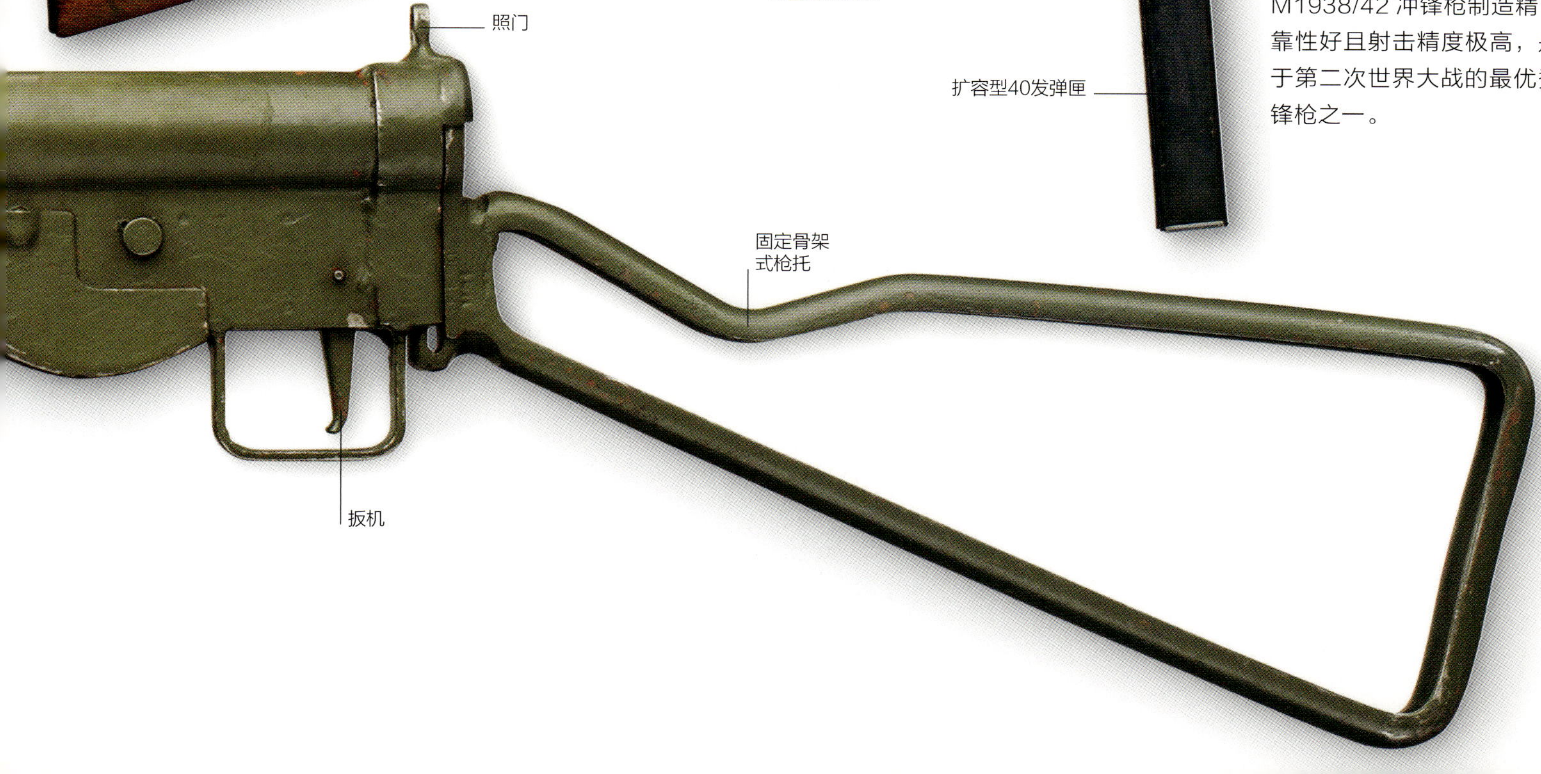

用于自动和单发射击的双扳机

照门

扩容型40发弹匣

固定骨架式枪托

扳机

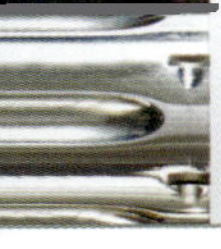

美国冲锋枪（1920～1945年）

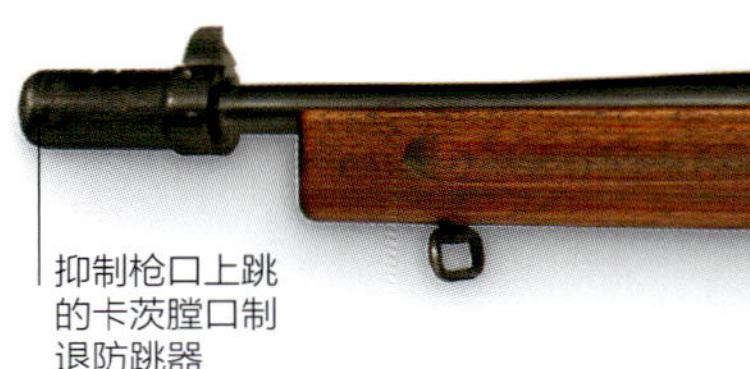

最初设计用于堑壕战的冲锋枪，因在美国“兴旺的20年代”被匪帮使用而臭名昭著。汤普森冲锋枪被克莱德·巴洛等罪犯使用，因此它常与贩卖私酒和暴力联系在一起。在第二次世界大战期间，该枪在战场上的效用极高，深受在行动中遭遇顽敌的突击队员和步兵的青睐。

抑制枪口上跳的卡茨膛口制退防跳器

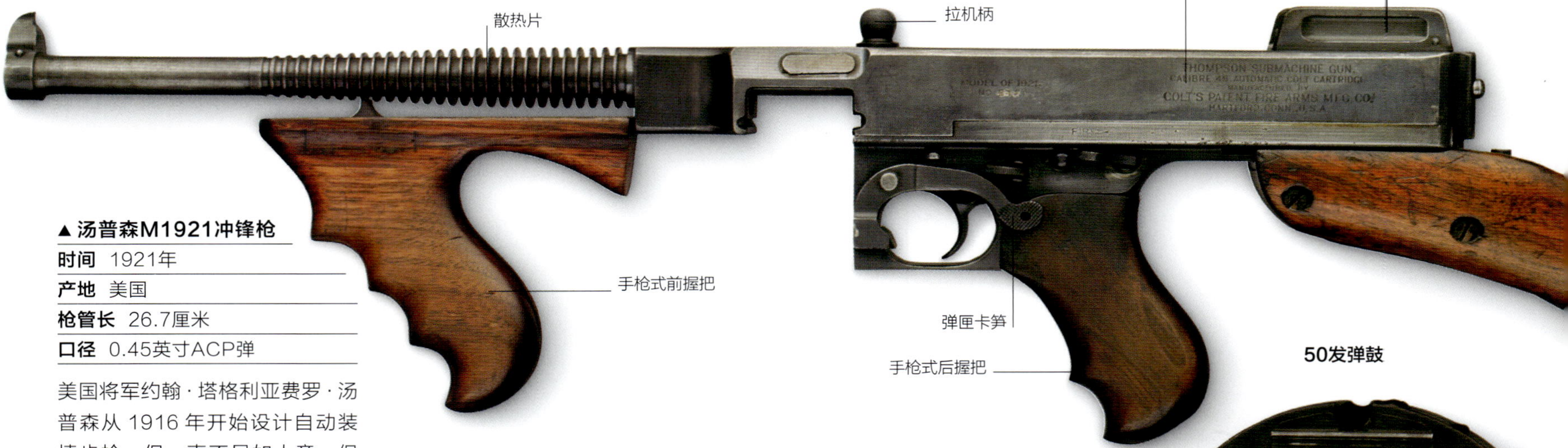

散热片
拉机柄
由硬钢坯加工而成的机匣
可调整偏差和升降的照门
手枪式前握把
弹匣卡笋
手枪式后握把

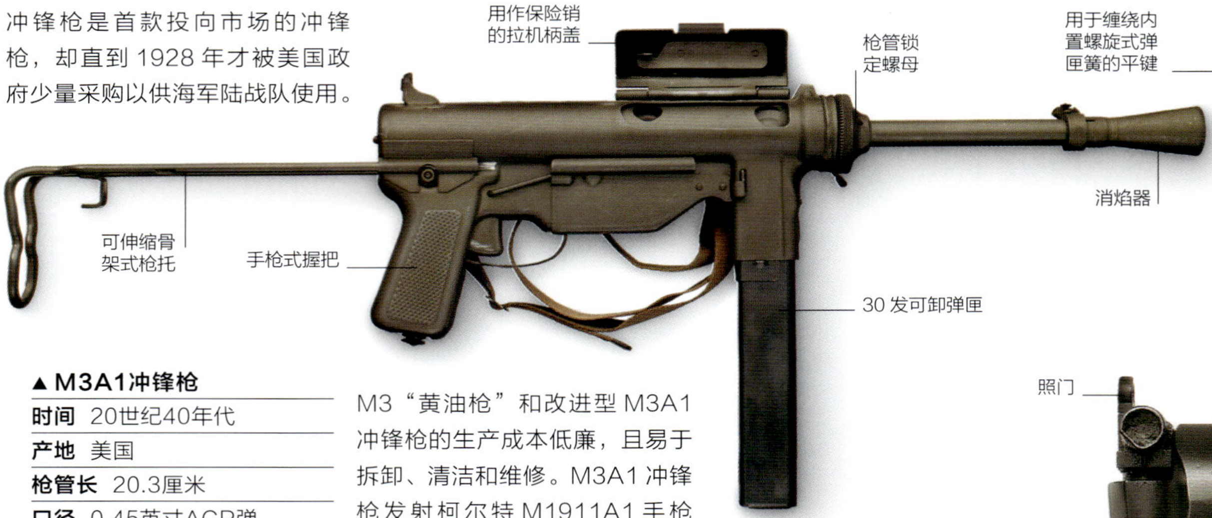

▲汤普森M1921冲锋枪

时间 1921年

产地 美国

枪管长 26.7厘米

口径 0.45英寸ACP弹

美国将军约翰·塔格利亚费罗·汤普森从1916年开始设计自动装填步枪，但一直不尽如人意。但到了1919年，他制造出众所周知的汤姆枪的早期型号。M1921冲锋枪是首款投向市场的冲锋枪，却直到1928年才被美国政府少量采购以供海军陆战队使用。

50发弹鼓

用于缠绕内置螺旋式弹匣簧的平键

用作保险销的拉机柄盖
枪管锁定螺母
消焰器
可伸缩骨架式枪托
手枪式握把
30发可卸弹匣

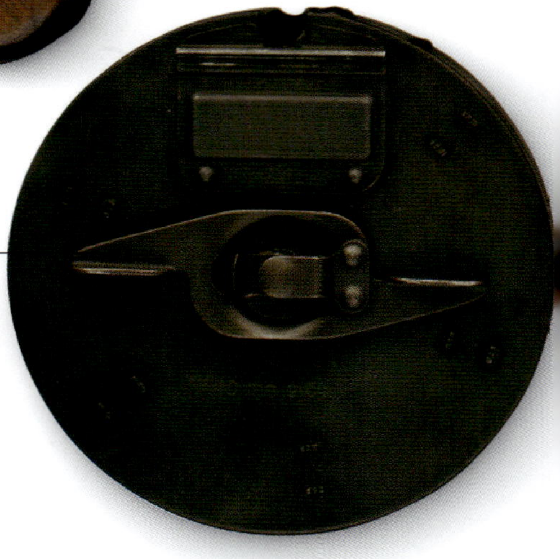

▲M3A1冲锋枪

时间 20世纪40年代

产地 美国

枪管长 20.3厘米

口径 0.45英寸ACP弹

M3“黄油枪”和改进型M3A1冲锋枪的生产成本低廉，且易于拆卸、清洁和维修。M3A1冲锋枪发射柯尔特M1911A1手枪（见169页）配用的重型手枪弹。

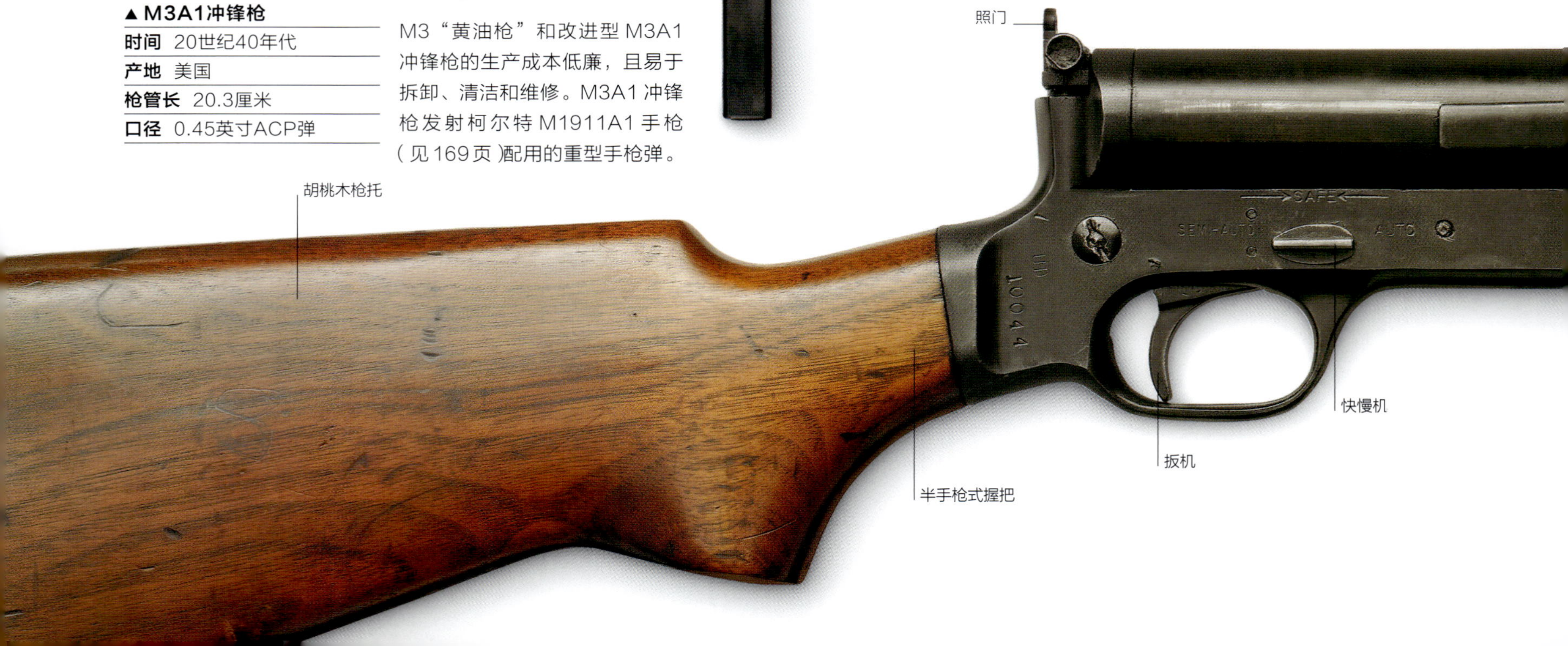

照门
胡桃木枪托
快慢机
扳机
半手枪式握把

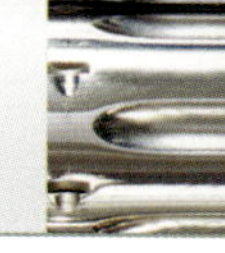

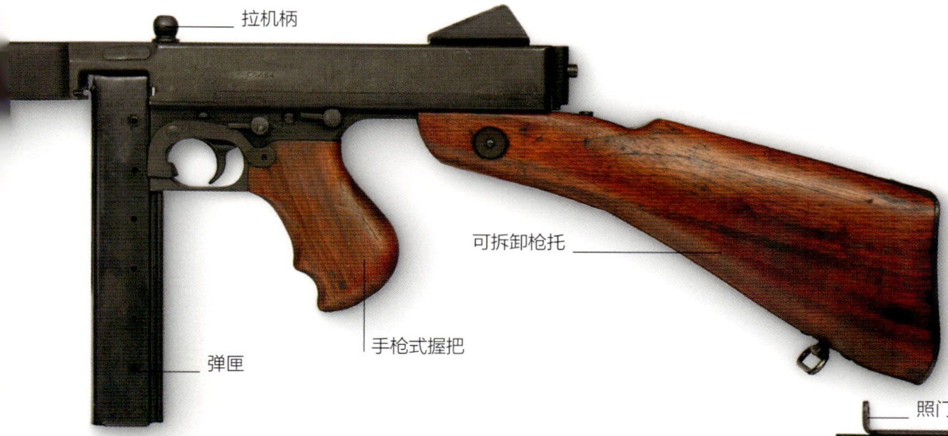

拉机柄
可拆卸枪托
手枪式握把
弹匣

◄汤普森M1928A1冲锋枪

时间 1935年
产地 美国
枪管长 30.5厘米
口径 0.45英寸

该型冲锋枪配有卡茨膛口制退防跳器，可使发射时产生的燃烧气体从枪口处向上部切槽排放出去，从而抑制枪口上跳的趋势。该枪是早期汤普森冲锋枪的简化版本，没有散热片和前握把。

照门
拉机柄
下护木
后背带环
木枪托
后背带环
弹匣
部分型号采用可拆卸的木枪托

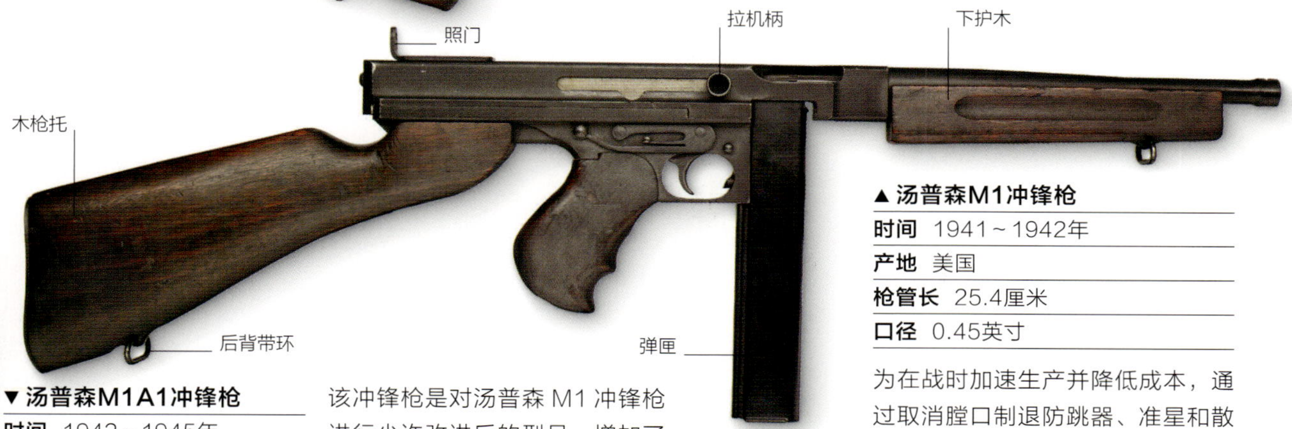

▲汤普森M1冲锋枪

时间 1941～1942年
产地 美国
枪管长 25.4厘米
口径 0.45英寸

为在战时加速生产并降低成本，通过取消膛口制退防跳器、准星和散热片，汤普森冲锋枪被进一步简化成M1型。该枪配有简易照门。

▼汤普森M1A1冲锋枪

时间 1942～1945年
产地 美国
枪管长 25.4厘米
口径 0.45英寸

该冲锋枪是对汤普森M1冲锋枪进行少许改进后的型号，增加了准星和有护罩的照门。它在战场上被同盟国军队广泛使用。

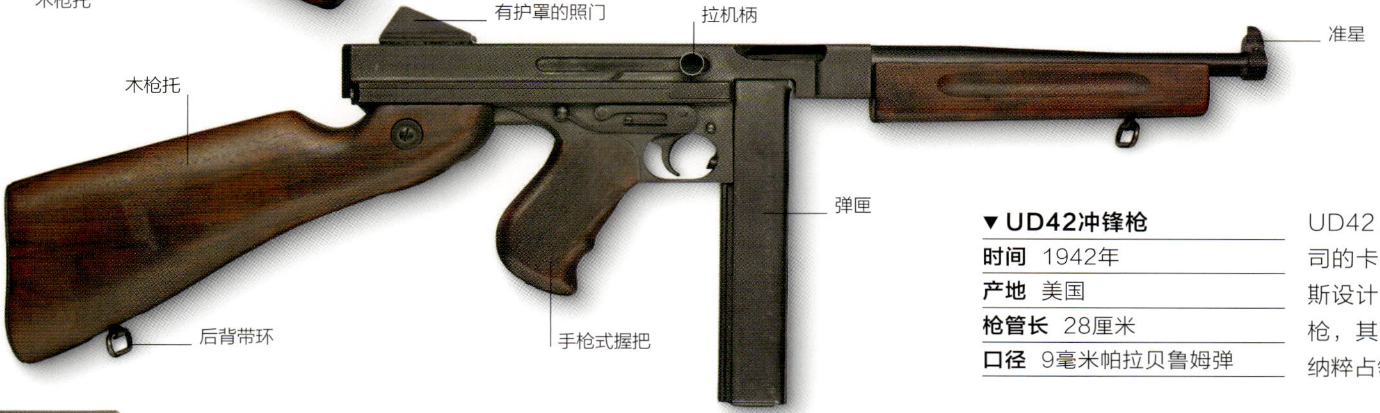

有护罩的照门
拉机柄
准星
木枪托
弹匣
后背带环
手枪式握把

▼UD42冲锋枪

时间 1942年
产地 美国
枪管长 28厘米
口径 9毫米帕拉贝鲁姆弹

UD42冲锋枪由高标准制造公司的卡尔·古斯塔夫·斯维比留斯设计，是一种非常简单的冲锋枪，其制造成本较低，主要给在纳粹占领区的欧洲抵抗部队使用。

枪管
两个20发弹匣夹在一起，用于快速再装填
手枪式前握把

全视图

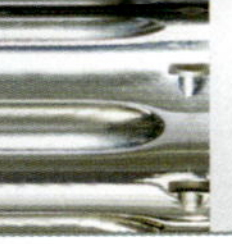

精品展示

汤普森M1928冲锋枪

这种标志性的冲锋枪因被“机关枪凯利”等黑帮使用而名声大噪，后经美国军方和联邦机构使用才赢得尊重。汤普森 M1928 采用半自由枪机式自动方式，可选择单发射击或连发射击模式，射速达 600 ~ 700 发 / 分。该枪配用 0.45 英寸 ACP 弹，是一种极具杀伤力的近距离武器。

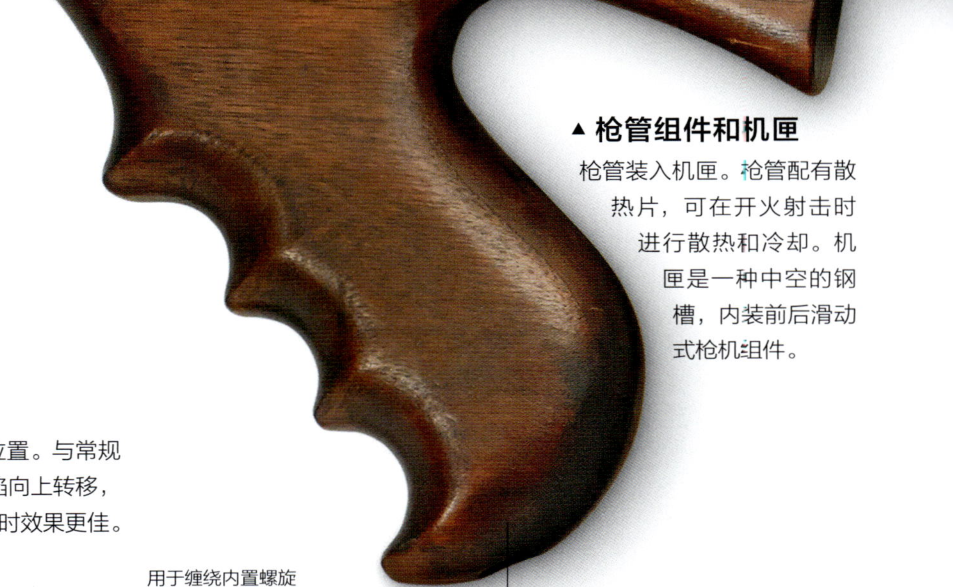

膛口制退防跳器上的切槽

I 卡茨膛口制退防跳器

▲ **卡茨膛口制退防跳器**

卡茨膛口制退防跳器是理查德 · 卡茨于 1926 年设计的，螺旋安装在枪口位置。与常规膛口制退器不同，卡茨膛口制退防跳器为圆筒状，上半部分开槽，以使枪口焰向上转移，并推动枪口向下运动。这可以抑制枪口跳动，尤其当冲锋枪采用连发射击模式时效果更佳。

▲ **枪管组件和机匣**

枪管装入机匣。枪管配有散热片，可在开火射击时进行散热和冷却。机匣是一种中空的钢槽，内装前后滑动式枪机组件。

手枪式前握把安装在机匣前面

用于缠绕内置螺旋式弹鼓簧的平键

◂ **弹鼓**

该枪可使用 50 发和 100 发弹鼓，具备增程火力能力。为将待用枪弹装入弹鼓，该弹鼓必须拆卸下来，随后像钟表一样上紧发条，压缩内置螺旋弹簧。

汤普森M1928冲锋枪

时间 1928年

产地 美国

枪管长 30.5厘米

口径 0.45英寸ACP弹

该枪由约翰·汤普森发明，其成功之处在于枪械结构紧凑、射速高。它于1928年装备美国海军，并在汤普森M1921冲锋枪（见210页）的基础上进行小幅升级。M1928配有卡茨膛口制退防跳器和平直下护木，之所以用平直下护木替换前握把式护木是为了满足海军的使用需求，但配有手枪式前握把的枪型仍有少量生产。

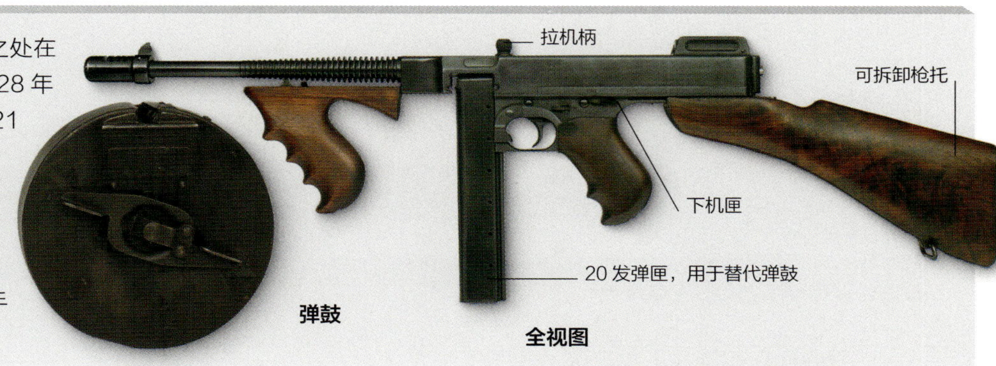

弹鼓

全视图

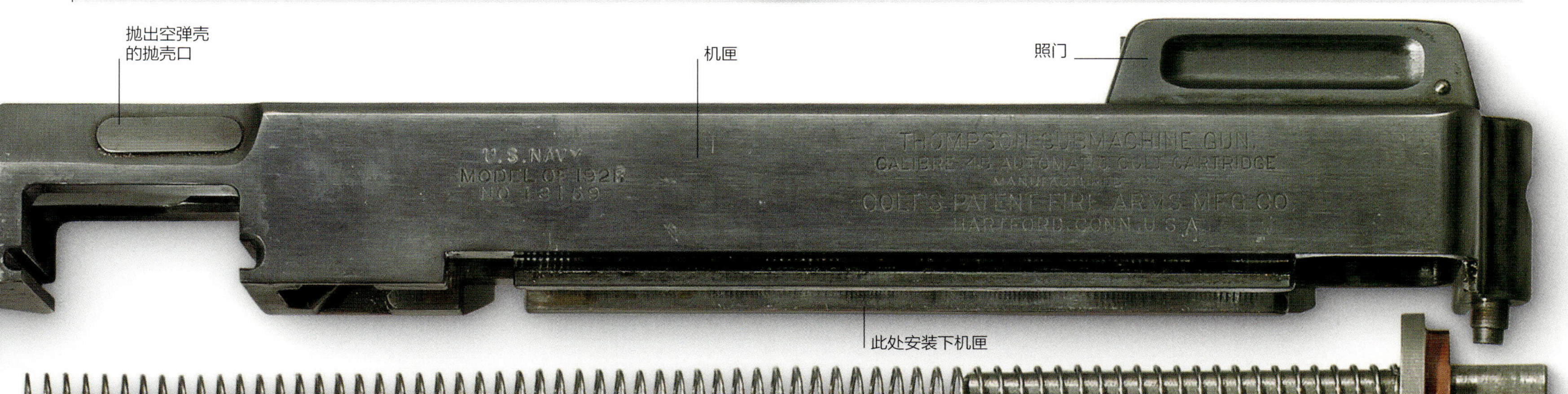

▸布利斯“H”机闩

枪机和拉机柄通过布利斯“H”机闩相连接，可在枪弹飞离枪口之前防止枪机后退。发射枪弹时产生的压力推动“H”机闩退移，形成闭锁，并关闭枪膛。当压力下降时，“H”机闩向上滑回，后坐力推动枪机后移。

拉机柄

▾拉机柄

为使冲锋枪处于待击状态，需要向后拉动拉机柄，使枪机移至后端。一旦扣动扳机，就会使枪机前移，推弹上膛，随后完成发射。

“H”机闩槽

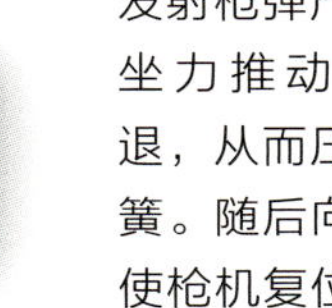

▴复进簧

发射枪弹产生的后坐力推动枪机后退，从而压紧复进簧。随后向前拉，使枪机复位，准备发射下一发弹。

“H”机闩槽

内置击针

◂枪机

采用连发射击模式时，枪机重复闭锁和开锁，不断前进和后退，从而实现空弹壳连续从抛壳口抛出，新弹从弹匣推弹上膛。

▸下机匣

下机匣也称握把座，内装基本发射机构，包括扳机、快慢机、保险销、扳机护圈、弹匣插座，以及弹匣卡笋。向后延长的部分设有可连接或拆卸枪托的装置。此外还安装有后握把。

▴可拆卸枪托

为使冲锋枪的结构更加紧凑以便于携带或隐藏，使用者可通过按下卡笋并使之向后滑动来轻松拆卸枪托。

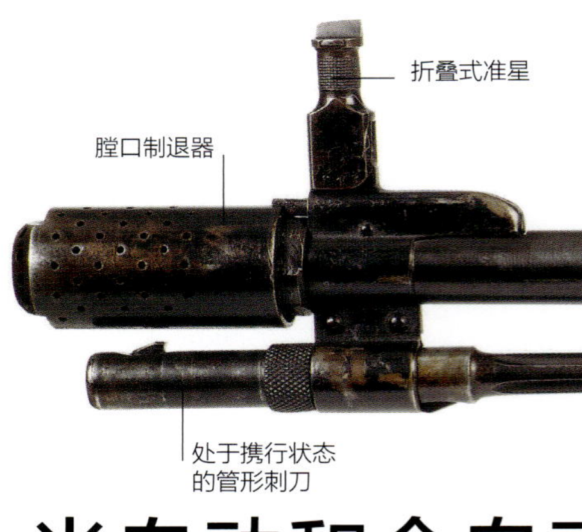

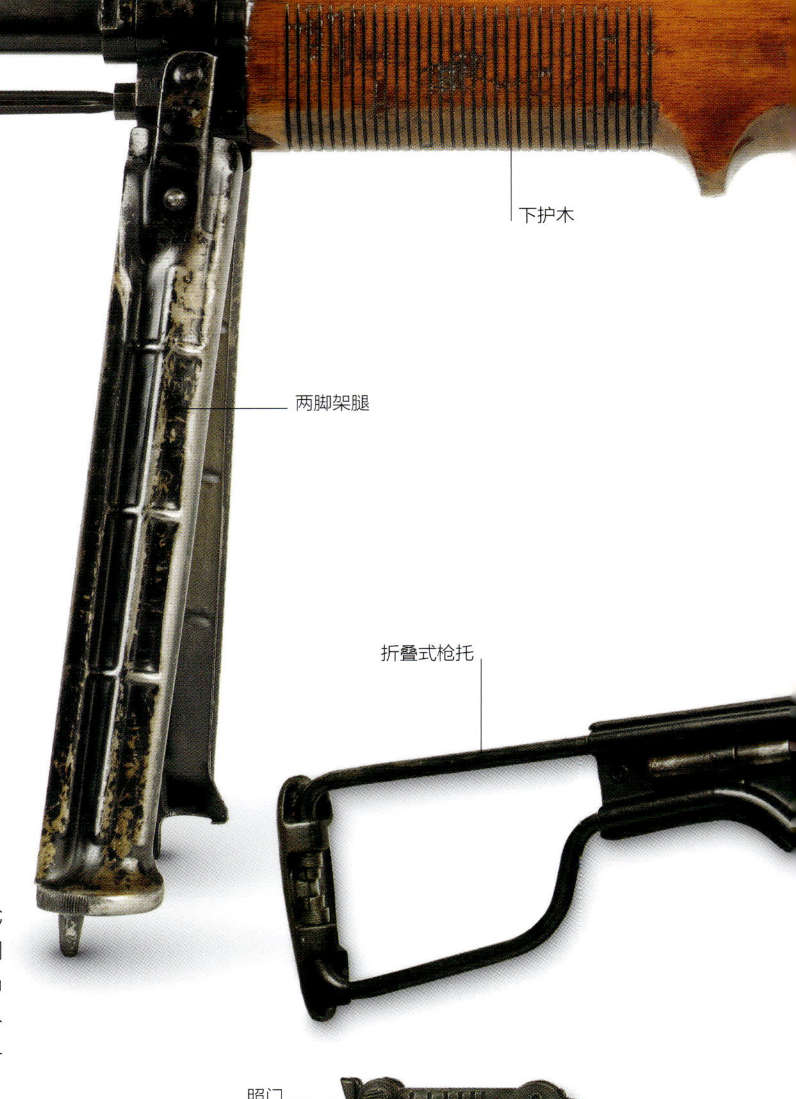

半自动和全自动步枪

20 世纪初，机枪已颇具规模，但半自动和全自动步枪尚未被普遍接受。1939 年第二次世界大战全面爆发，导致枪械技术发生了重大变革。自动装填的半自动军用步枪（每次扣动扳机只发射一发枪弹）之前一直受到军事当局的谨慎对待，此时却被快速接受并普遍使用。这一情况发生的速度之快可通过仅用 13 天便研制出 M1 卡宾枪得到证实。全自动步枪的设计同样受到关注，只要扣住扳机不放，便可连续发射多发枪弹。到 1943 年，几乎战争中涉及的每个国家均已采纳或测试了自动步枪，并在战场部署，产生了毁灭性效果。

▼装配弯枪管的StG44

时间	1944年
产地	德国
枪管长	41厘米
口径	7.92×33毫米

StG44（见 176 ～ 177 页）由阿道夫·希特勒命名，1944 年首次装备德国部队。它是第一种真正的突击步枪（见 244 ～ 245 页），可在半自动和全自动射击模式之间切换使用。该枪率先部署到东线对抗装备 PPSH-41 冲锋枪（见 208 ～ 209 页）的苏联步兵。这种步枪的部分样枪配置弯枪管，因此射手可通过棱镜瞄准镜，间瞄射击直视距外的目标。该装置尤其适于巷战。

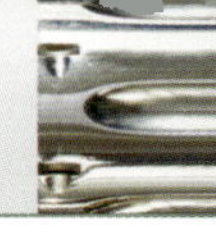

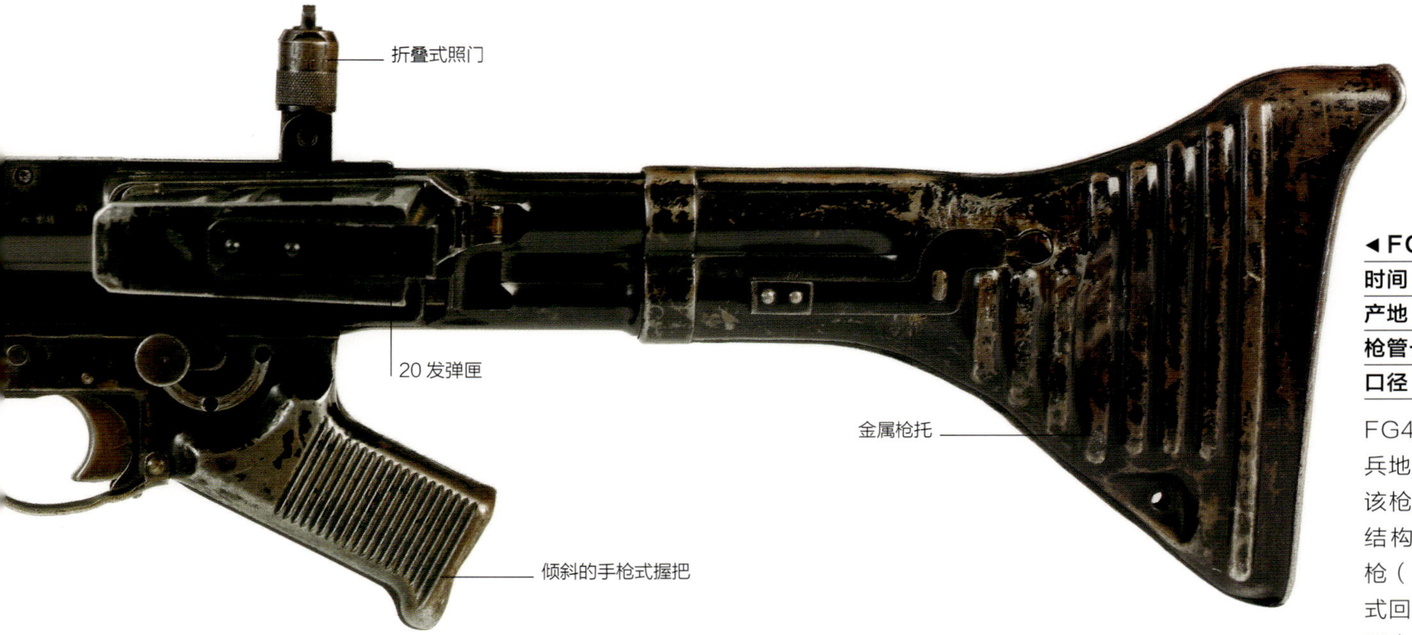

◀ **FG42自动步枪**

时间 1943年

产地 德国

枪管长 50.2厘米

口径 7.92×57毫米毛瑟枪弹

FG42是一种全自动武器，为给伞兵地面行动提供远程火力而设计。该枪采用从枪托到枪口的“直线”结构，配备类似半自动M1卡宾枪（见176~177页）使用的导气式回转枪机，但具体方式在自动武器中是不常见的。枪机使用机框开锁，机框上开设沟槽，使枪机能够随机框向后推动而转动。

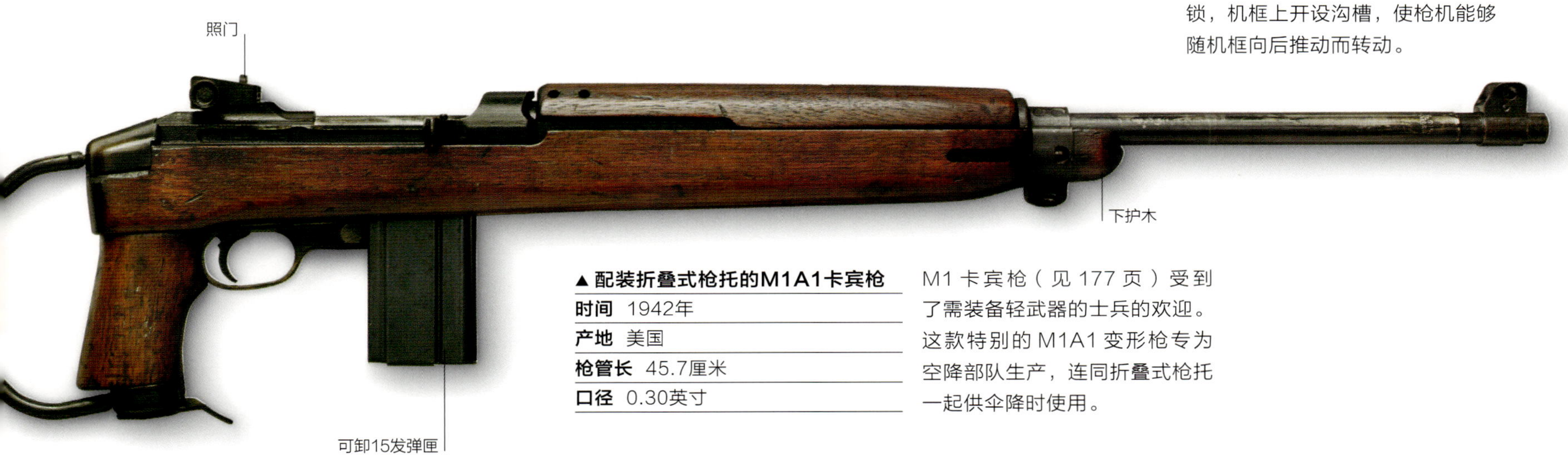

▲ **配装折叠式枪托的M1A1卡宾枪**

时间 1942年

产地 美国

枪管长 45.7厘米

口径 0.30英寸

M1卡宾枪（见177页）受到了需装备轻武器的士兵的欢迎。这款特别的M1A1变形枪专为空降部队生产，连同折叠式枪托一起供伞降时使用。

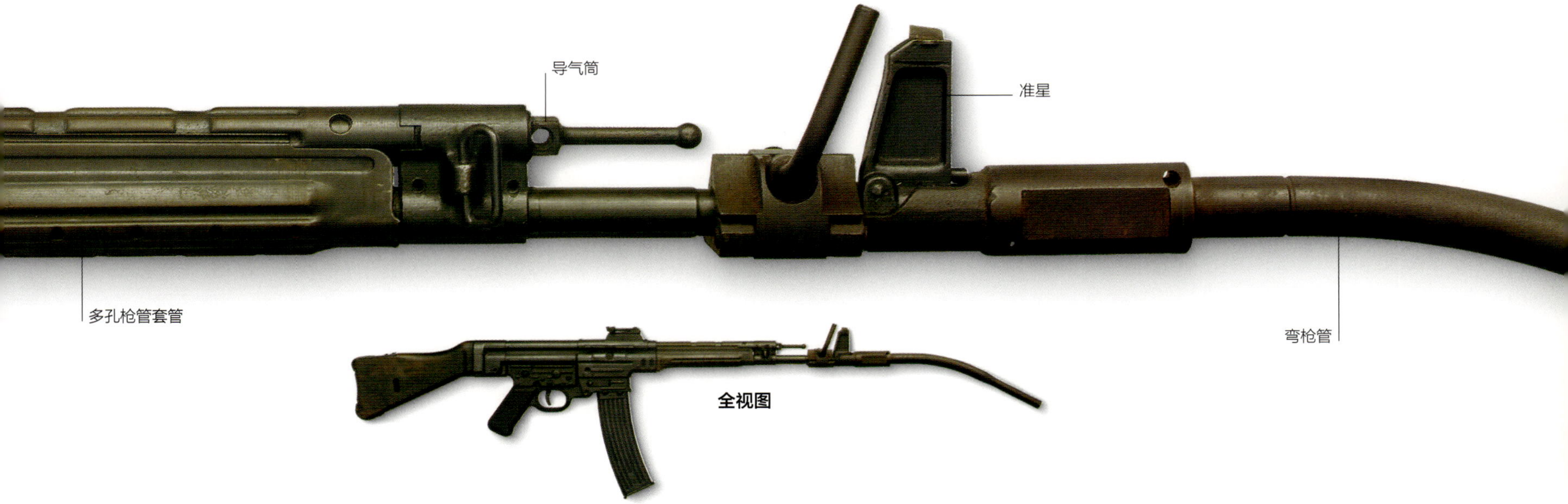

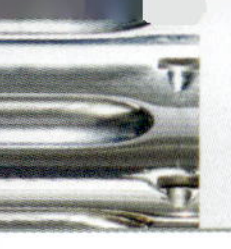

火炮（1885～1896年）

1855 年，英国工程师威廉·阿姆斯特朗研制出第一门实用的后装线膛野战炮。后装比前装的速度更快，随着定装式弹药的引入，1885 年后，火炮的射速显著提高。定装式弹药是将底火、发射药和弹丸全部装入黄铜药筒，与仅在几年前研制的轻武器弹药相似。配用这些新弹药快速射击的火炮称为速射（QF）炮。其他的后装炮并未采用药筒，发射药的引爆是在炮闩上安装的专用密封装置中进行的。滑膛炮时代的火炮配用的弹丸为球形并有既定的重量。例如，6.4 英寸口径武器通常发射 14.5 千克（32 磅）弹丸，并被称为“32 磅炮”。随着线膛炮的出现，既定口径的弹丸可制成多种形状和重量。然而，部分武器继续根据其配用的实心弹丸的重量命名，前提是这些武器属于滑膛炮。

▶ 哈奇开斯QF3磅舰炮

时间	1885年
产地	法国
炮管长	2米
口径	47毫米
射程	3.6千米

采用后膛装填的哈奇开斯 QF3 磅舰炮从 1885 年开始装备英国皇家海军，以及法国、俄国和美国海军。这些舰炮由阿姆斯特朗武器公司分公司制造，用于攻击鱼雷艇。该炮由 2 人操控，发射钢炮弹的射速约为 25 发 / 分，在当时是极高的射速。

▶ 15磅7英担后装野战炮

时间	1892年
产地	英国
炮管长	2.13米
口径	76.2毫米
射程	5.26千米

这种轻型野战炮的射速可达 8 发 / 分。炮管重 7 英担（355.6 千克）。该炮配有早期反后坐装置，其驻锄与复进簧连接。射击时，该炮的校准方式是驻锄掘进地面，从而压缩复进簧。复进簧的弹力阻止了火炮向后移动，并使其返回至初始位置。作战过程中该炮稳定，能以预期射角发射弹丸，同时班组人员不会因整个火炮向后跳动而受到伤害。

全视图

▶ 克虏伯野战炮

时间	1895年
产地	德国
炮管长	2.6米
口径	87毫米
射程	2.3千米

这种后装线膛野战炮配有高轮架，能够使炮管在炮架上保持上仰姿态。这使炮火能够越过防御工事的护墙实施打击。据称该炮是1901年英国部队从南非彼得斯堡（今波罗克瓦尼）的布尔人手中俘获的。

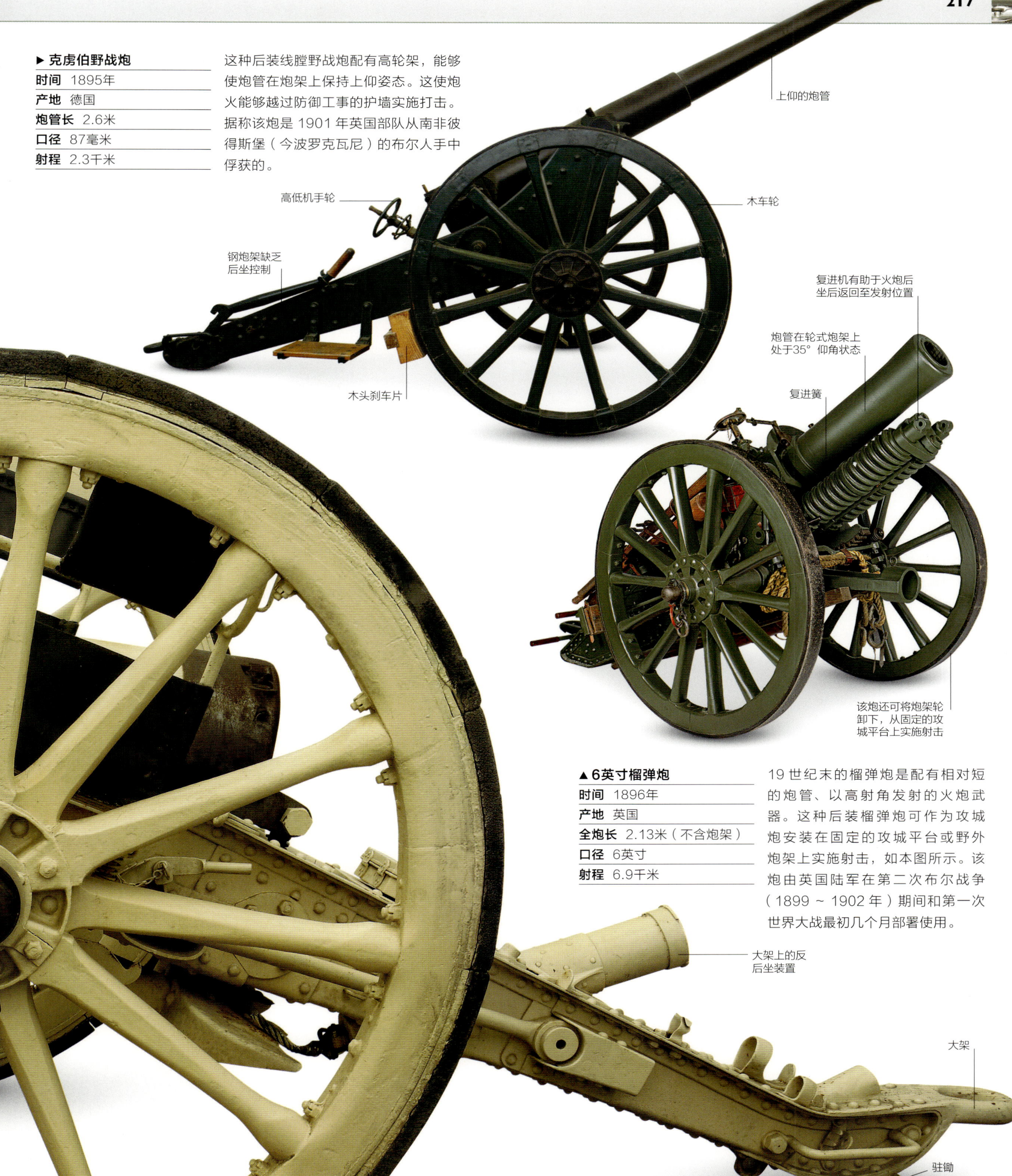

▲ 6英寸榴弹炮

时间	1896年
产地	英国
全炮长	2.13米（不含炮架）
口径	6英寸
射程	6.9千米

19世纪末的榴弹炮是配有相对短的炮管、以高射角发射的火炮武器。这种后装榴弹炮可作为攻城炮安装在固定的攻城平台或野外炮架上实施射击，如本图所示。该炮由英国陆军在第二次布尔战争（1899～1902年）期间和第一次世界大战最初几个月部署使用。

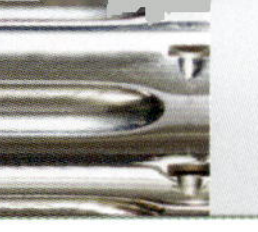

火炮（1897～1911年）

19世纪末的欧洲，一些关键的需求推动了野战火炮的发展。几乎所有的火炮均为马匹牵引，这限制了火炮的重量及其机动能力。武装部队还要求提高火炮的射程和射击精度。为实现这一目标，可以控制火炮后坐力的机构被研制出来，从而使大架和车轮在射击时仍处于稳定状态，同时，让发射装药产生的全部能量向前传递。同一时期出现的速射炮（见216页），其射速能达到20发/分或更高。

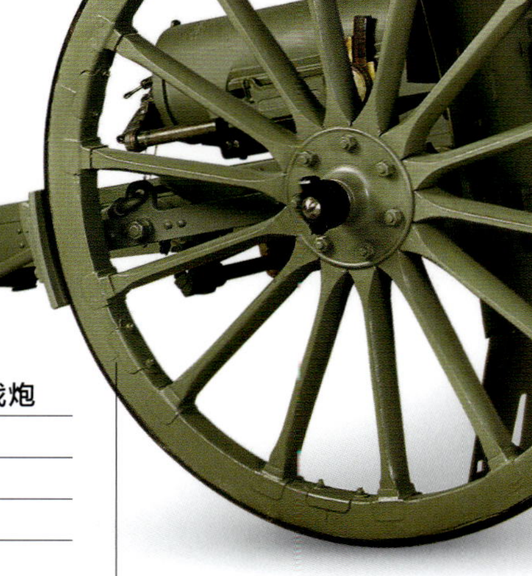

▲**法国1897式75毫米野战炮**

时间	1897年
产地	法国
全炮长	4.5米（不含炮架）
口径	75毫米
射程	6.9千米

这种速射炮装有一种液压气动反后坐装置，可使火炮的大架和车轮在发射过程中保持稳定状态。另外，该炮配有可快速打开的螺式炮尾。正是由于这些设计元素，该炮的射速高达15发/分。

▲**法国1897式75毫米加农炮**

时间	1897年
产地	法国
炮管长	2.7米
口径	75毫米
射程	6.9千米

1897式75毫米加农炮采用液压气动反后坐装置，该装置如同一个减振器，可以使大架和车轮在射击过程中保持稳定。该炮被广泛认为是第一种现代化火炮，射速达15发/分。

▶**18磅QF Mk.2野战炮**

时间	1904年
产地	英国
炮管长	2.34米
口径	3.3英寸
射程	6千米

此款野战炮于1904年推出，发射重8.17千克（18磅）弹丸，是服役时间长达近40年的英国制式野战炮。该炮配用多种弹丸，包括榴弹、榴霰弹、气体弹和穿甲弹。该炮需6人班组操控，短期射速达20发/分。

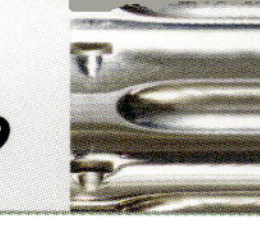

▸ **FK 96 n.A. 77毫米野战炮**

时间	1905年
产地	德国
炮管长	2.1米
口径	77毫米
射程	7.8千米

FK 96 n.A. 77 毫米野战炮是第一次世界大战之初的德国制式野战炮，尽管可靠性高，但高低射界有限。该炮需 5 人班组操作，射速达 10 发 / 分。它还被西班牙内战中的参战双方广泛部署使用。

全视图

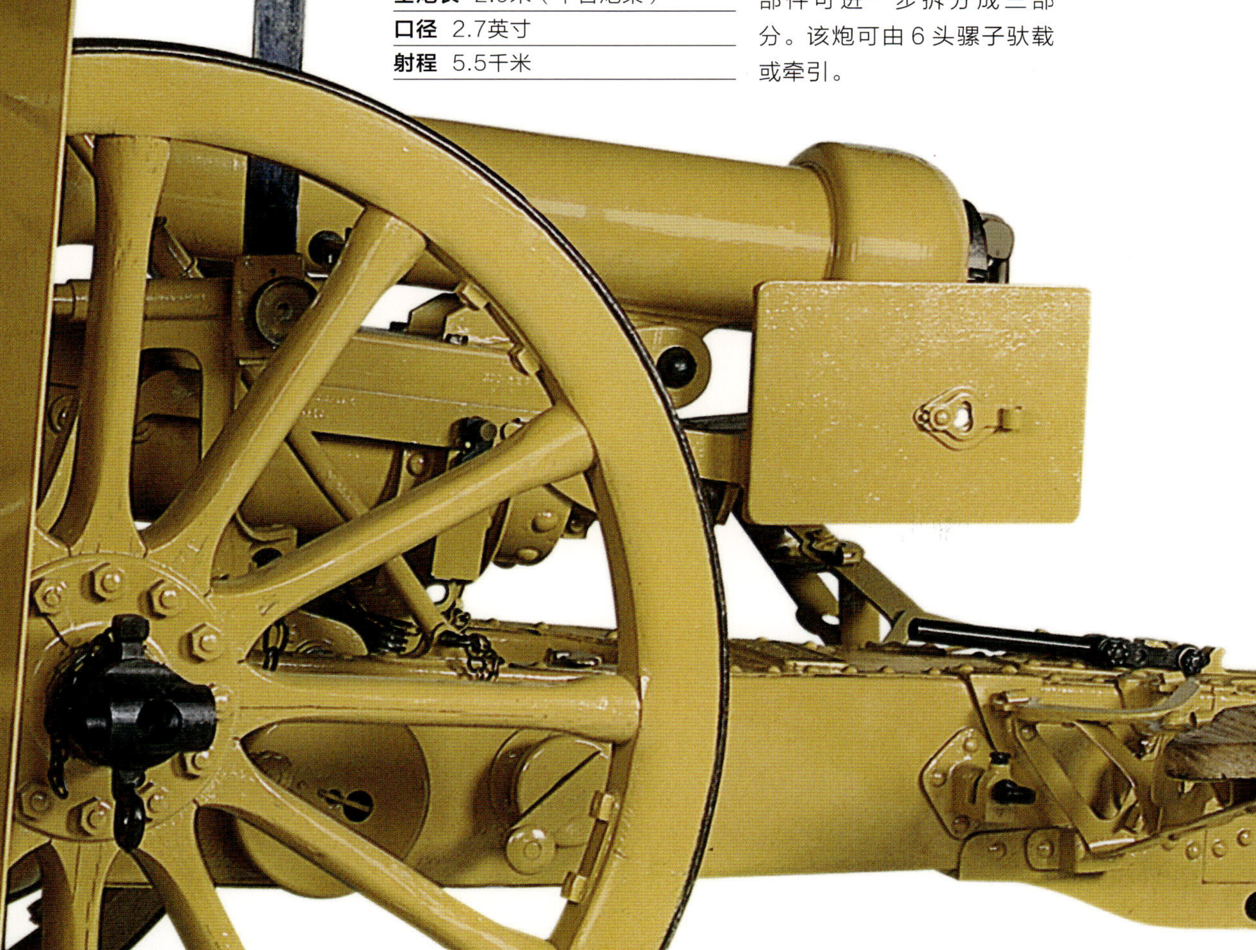

◂ **2.75英寸山地炮**

时间	1911年
产地	英国
全炮长	2.9米（不含炮架）
口径	2.7英寸
射程	5.5千米

运输时，这种山地炮的联装炮管可以拆分，其中联装炮管拆分成两部分，火炮余下部件可进一步拆分成三部分。该炮可由 6 头骡子驮载或牵引。

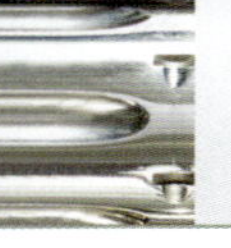

特种枪

特种枪的范畴从用于自卫的诸如结合了转轮、匕首和指节铜套的阿帕奇手枪，到用于秘密行动的微声武器，再到发射能够放出信号的发烟弹或能够照亮夜空的照明弹的独子大口径手枪。

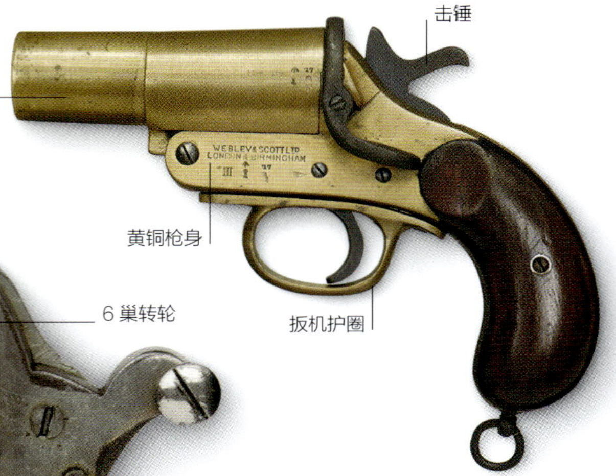

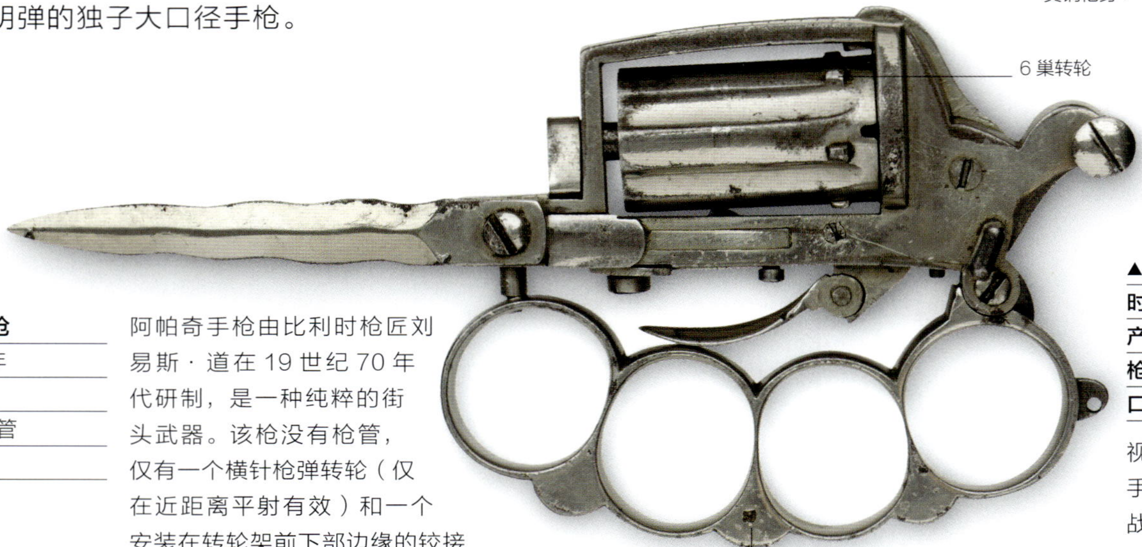

▶ **阿帕奇手枪**

时间 1890年
产地 比利时
枪管长 无枪管
口径 7毫米

阿帕奇手枪由比利时枪匠刘易斯·道在19世纪70年代研制，是一种纯粹的街头武器。该枪没有枪管，仅有一个横针枪弹转轮（仅在近距离平射有效）和一个安装在转轮架前下部边缘的铰接匕首。其手柄兼作一组指节铜套。

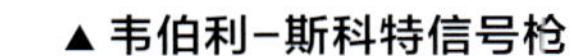

▲ **韦伯利－斯科特信号枪**

时间 1882～1919年
产地 英国
枪管长 10厘米
口径 1英寸

视觉信号是军事行动中的重要通信手段之一，尤其是在第一次世界大战期间。这种采用黄铜制成的韦伯利－斯科特信号枪的装填方式与霰弹枪相似，可发射发烟弹或照明弹，以便在夜间照亮整个战场。

27毫米信号弹

信号弹包装

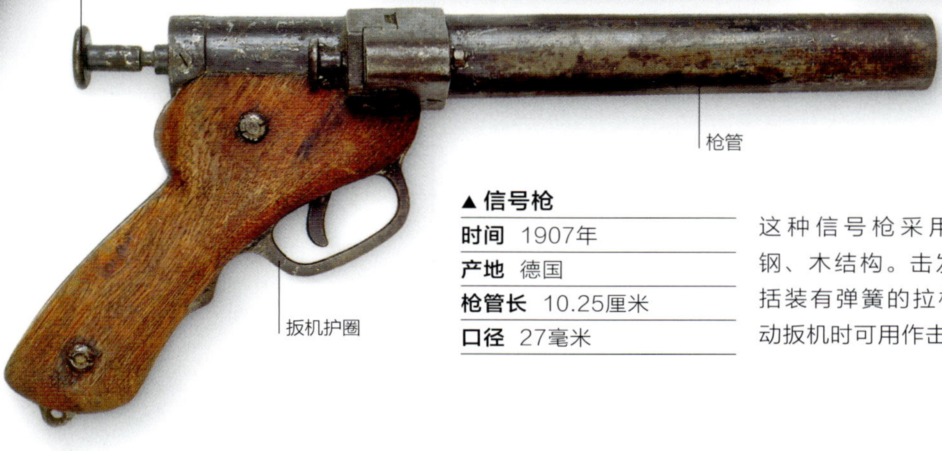

▲ **信号枪**

时间 1907年
产地 德国
枪管长 10.25厘米
口径 27毫米

这种信号枪采用简易的钢、木结构。击发机构包括装有弹簧的拉机柄，扣动扳机时可用作击针。

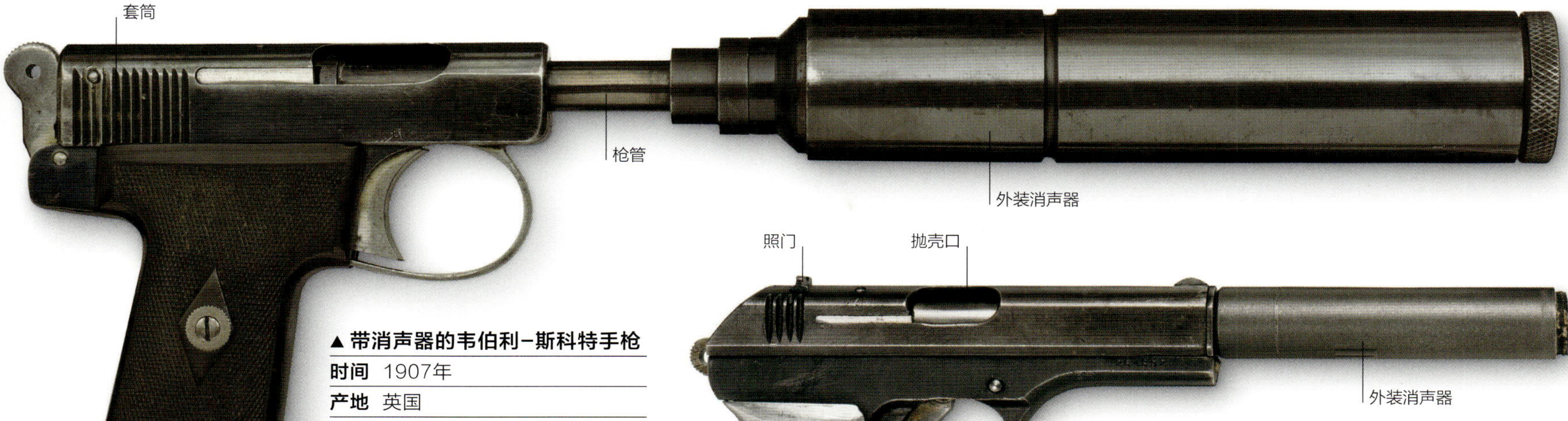

套筒
枪管
外装消声器
格纹握把

▲ 带消声器的韦伯利–斯科特手枪

时间 1907年

产地 英国

枪管长 23厘米（含消声器）

口径 7.65×17毫米

韦伯利–斯科特M1907手枪是韦伯利–斯科特公司在20世纪上半叶制造的若干自动手枪之一，配有消声器，在第二次世界大战期间由英国秘密部队的特工携带使用。

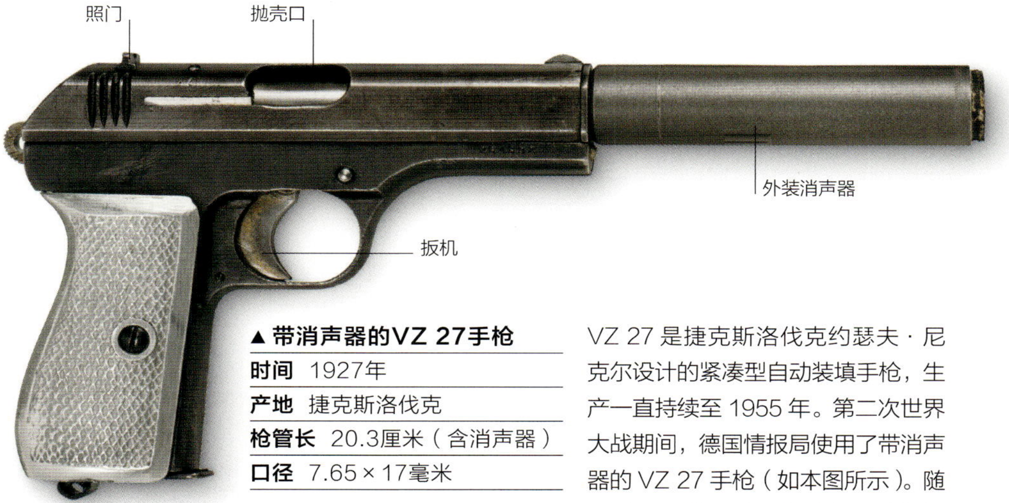

照门
抛壳口
外装消声器
扳机

▲ 带消声器的VZ 27手枪

时间 1927年

产地 捷克斯洛伐克

枪管长 20.3厘米（含消声器）

口径 7.65×17毫米

VZ 27是捷克斯洛伐克约瑟夫·尼克尔设计的紧凑型自动装填手枪，生产一直持续至1955年。第二次世界大战期间，德国情报局使用了带消声器的VZ 27手枪（如本图所示）。随后，捷克斯洛伐克情报局也使用该枪。

外装消声器

◀ 带消声器的鲁格P.08手枪

时间 20世纪40年代

产地 德国

枪管长 28厘米（含消声器）

口径 9毫米帕拉贝鲁姆弹

这种鲁格手枪在第二次世界大战期间装备英国部分秘密部队。该枪配有消声器，可用作暗杀武器。从一些方面看，鲁格手枪最适于秘密、警察和安全行动，而不适于战场环境，如该枪的机械系统容易受到战场使用时所产生污垢的影响。

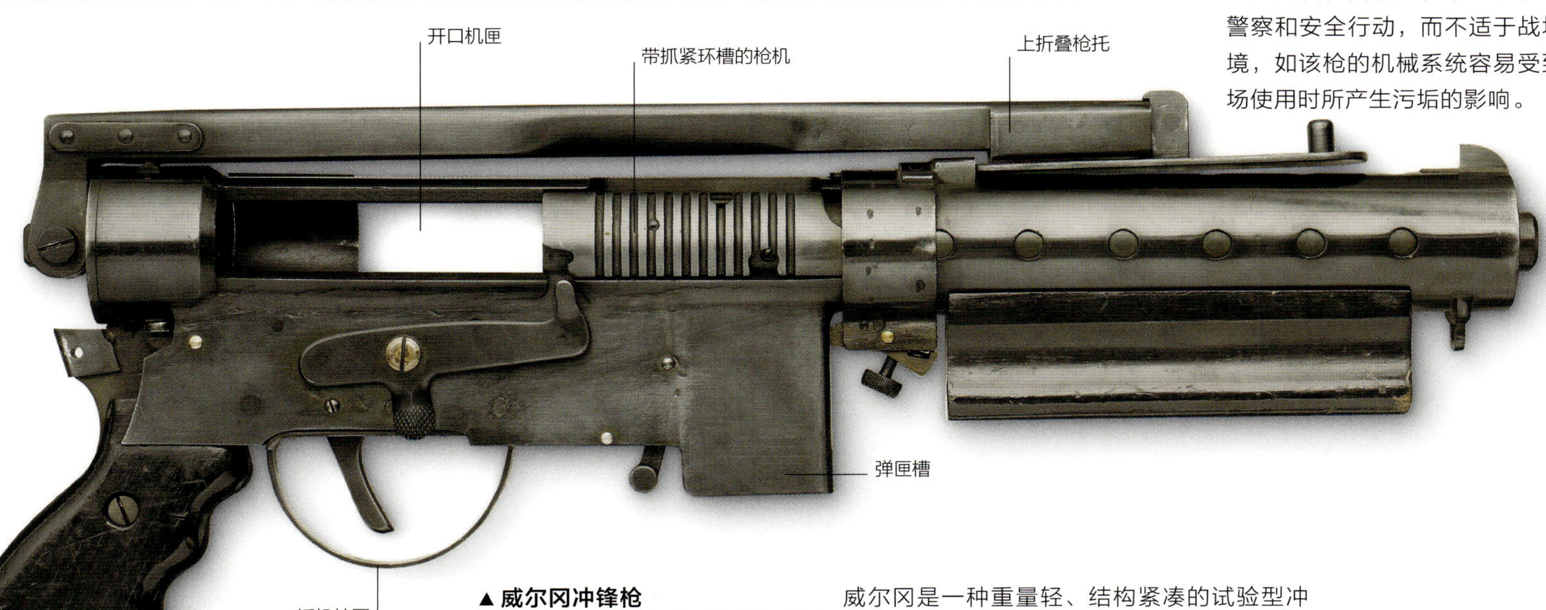

▲ 威尔冈冲锋枪

时间 1943年

产地 英国

枪管长 16.5厘米

口径 9毫米帕拉贝鲁姆弹

威尔冈是一种重量轻、结构紧凑的试验型冲锋枪，为英国秘密行动而设计，还可用作空降部队武器，以替换频出问题的斯登冲锋枪。该枪配有上折叠枪托，使用32发垂直弹匣供弹。

间谍和秘密部队用枪支

特别行动执行局（SOE）是英国专门从事秘密行动的机构。在第二次世界大战期间，特别行动执行局连同美国战略情报局（OSS）一起，将突击队员和特工安插到被占领的欧洲。这些部队通常配装带消声器的微声武器，能够执行秘密战术行动。在游击队能够从敌方部队缴获标准化武器之前，美国战略情报局经常从飞机上向游击队空投价格低廉的一次性手枪，如“解放者”手枪。

扳机护圈

▲带消声器的高标准B型手枪

时间 1932年

产地 美国

枪管长 23厘米

口径 0.22英寸

B型手枪是高标准制造公司研制的首批枪支之一，是一种射击精度极高的0.22英寸手枪，用于休闲的打靶射击，但也应用于军事领域。它与A型打靶手枪相似，但与其配备的可调瞄准具不同，B型手枪配固定瞄准具。该枪在第二次世界大战期间供美国战略情报局的特工使用。

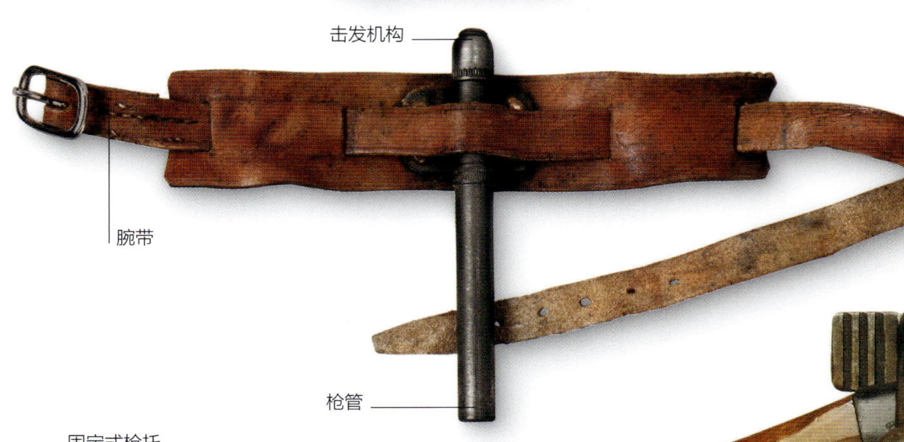

▶手腕手枪

时间 1939～1945年

产地 英国

枪管长 2.54厘米

口径 0.25英寸

这种0.25英寸口径的小型发射装置可戴在特别行动执行局人员的手腕上，因此无须手持。该枪利用连接到衬衫或夹克内的细绳实施射击。

固定式枪托

扳机护圈

可卸弹匣

▲德利尔卡宾枪

时间 1942年

产地 英国

枪管长 20.9厘米

口径 0.45英寸

该卡宾枪由威廉·德利尔设计，被公认为史上最安静的枪械之一。该枪的枪管周围装有一体式消声器，发射时产生的爆裂声除射手外其他人均听不到。该枪生产数量十分有限，在第二次世界大战期间及战后用于装备英国突击队员。

一体式准星和扳机护圈

手动枪机

扳机

压制钢枪身

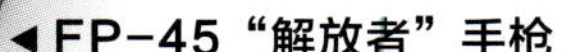

◀FP-45“解放者”手枪

时间 1942年

产地 美国

枪管长 10厘米

口径 0.45英寸

“解放者”手枪由美国战略情报局设计。它结构简单且价格低廉，曾计划空投给欧洲抵抗组织。该枪容弹量为10发，交付时配有带插图的使用说明书。

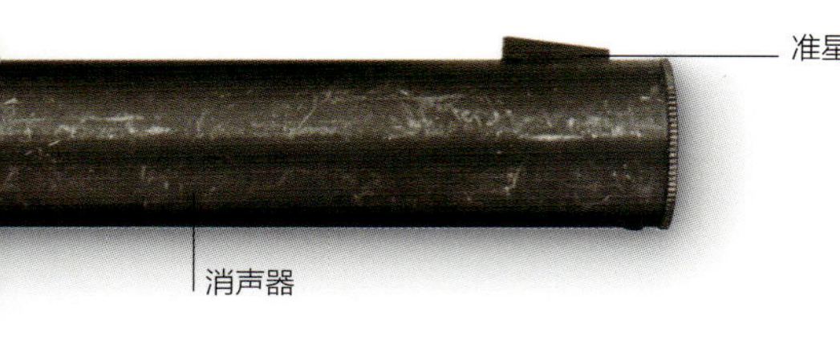

▼ 烟斗手枪

时间	1939～1945年
产地	英国
枪管长	不详
口径	0.22英寸

人们携带的普通物品能够转换成致命发射装置。该装置在第二次世界大战期间被设计出来，主要供特别行动执行局人员使用。当紧握枪管时，射手可通过移动枪口、转动斗钵等一系列动作实施射击。

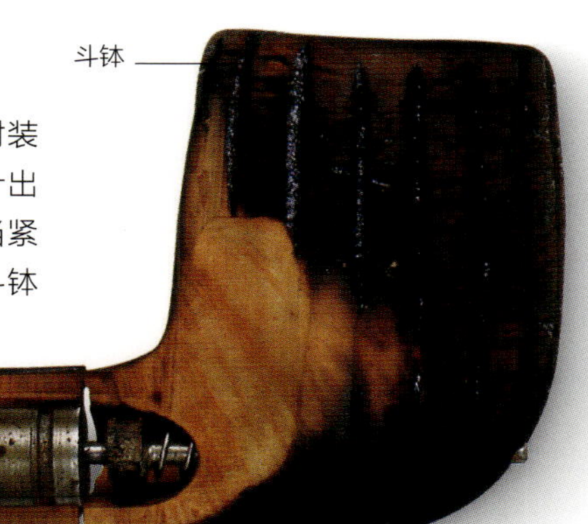

◀ 香烟手枪

时间	1939～1945年
产地	英国
枪管长	不详
口径	0.22英寸

这款枪由特别行动执行局的一个实验室研制，外观类似于香烟。当射手用牙齿拉动击发线时，该枪便能开火。因为此枪的枪管短，所以射程有限。

▲ 威尔洛德微声手枪

时间	约1943年
产地	英国
枪管长	30.5厘米
口径	9毫米

威尔洛德微声手枪由一个秘密的特别行动执行局工厂——第九站研制，是一种非常安静的暗杀武器，发射亚声速弹（该弹的初速不到 335 米 / 秒）。该枪的瞄准具有时标有荧光漆，以便在弱光条件下使用。

运动枪和猎枪

这一时期与之前一样，猎人需要能够适于不同环境和动物类型的不同性质的枪械。在某些情况下，配用转轮枪弹的小口径弹仓步枪很可能是射猎小动物的理想武器，而配用大威力枪弹的大口径步枪则是捕猎犀牛或大象等大型危险动物的必备武器。尽管具备高射速的杠杆式枪机的枪支在运动和狩猎活动中很流行，但旋转后拉式栓动枪机的枪械更加耐用和可靠，同时也更易于维修保养。

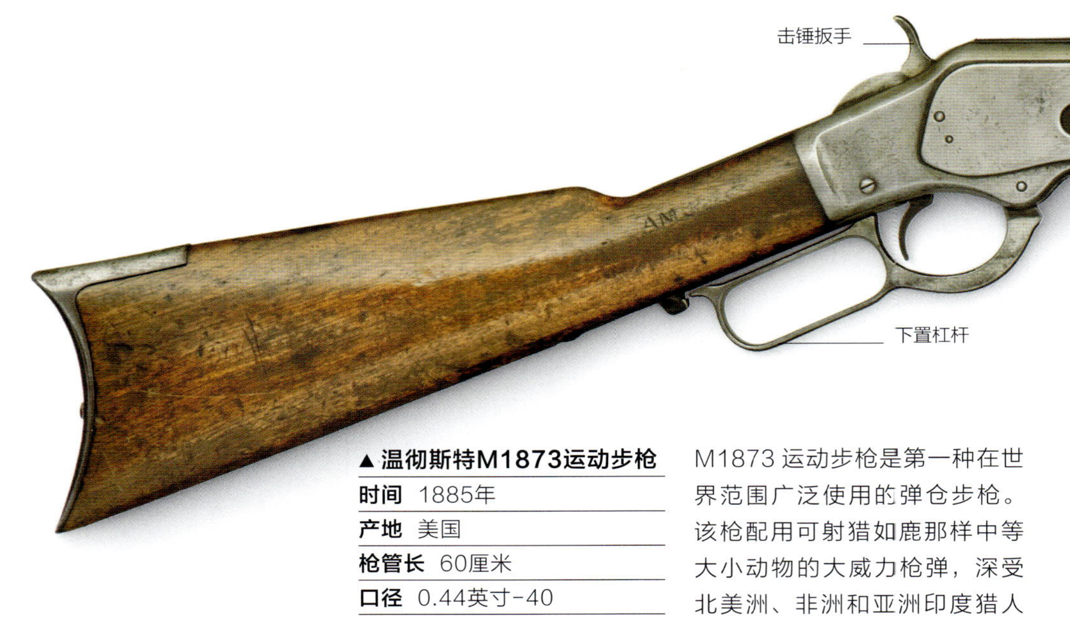

▲温彻斯特M1873运动步枪

时间 1885年

产地 美国

枪管长 60厘米

口径 0.44英寸-40

M1873 运动步枪是第一种在世界范围广泛使用的弹仓步枪。该枪配用可射猎如鹿那样中等大小动物的大威力枪弹，深受北美洲、非洲和亚洲印度猎人的喜爱。

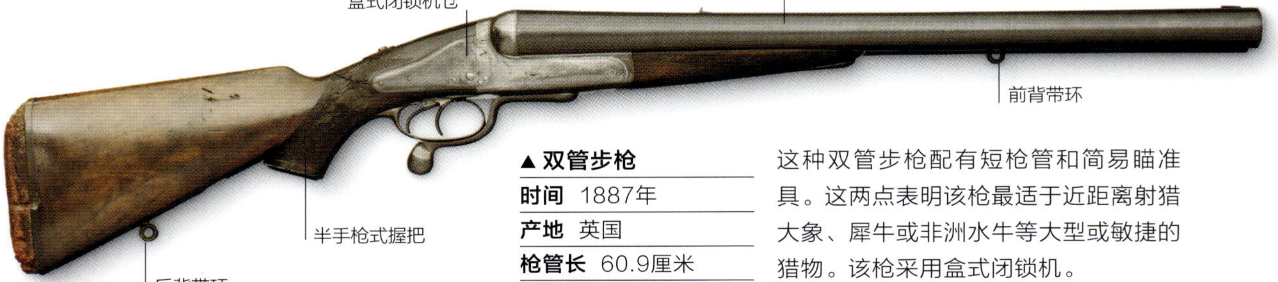

▲双管步枪

时间 1887年

产地 英国

枪管长 60.9厘米

口径 1.05英寸

这种双管步枪配有短枪管和简易瞄准具。这两点表明该枪最适于近距离射猎大象、犀牛或非洲水牛等大型或敏捷的猎物。该枪采用盒式闭锁机。

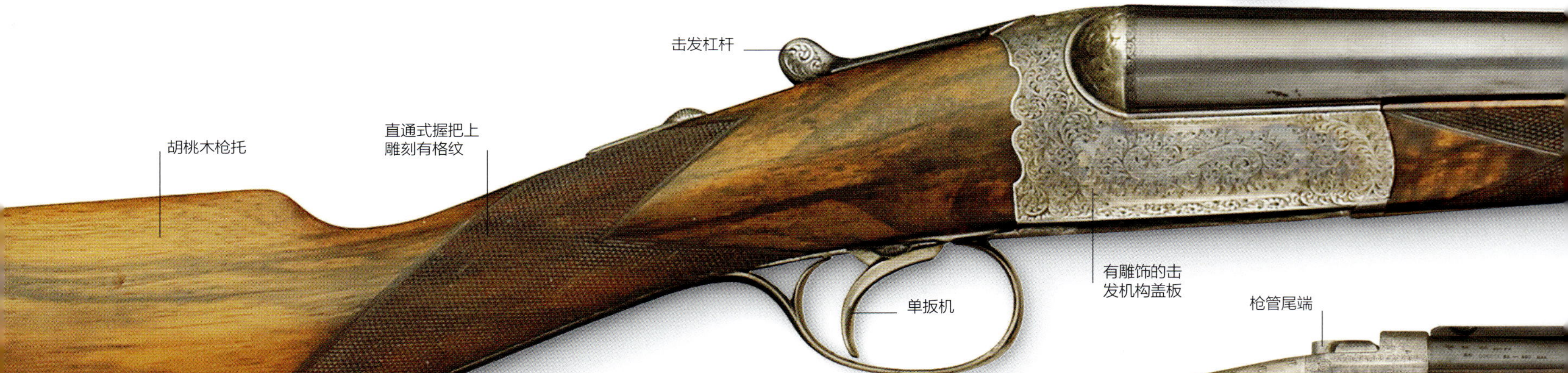

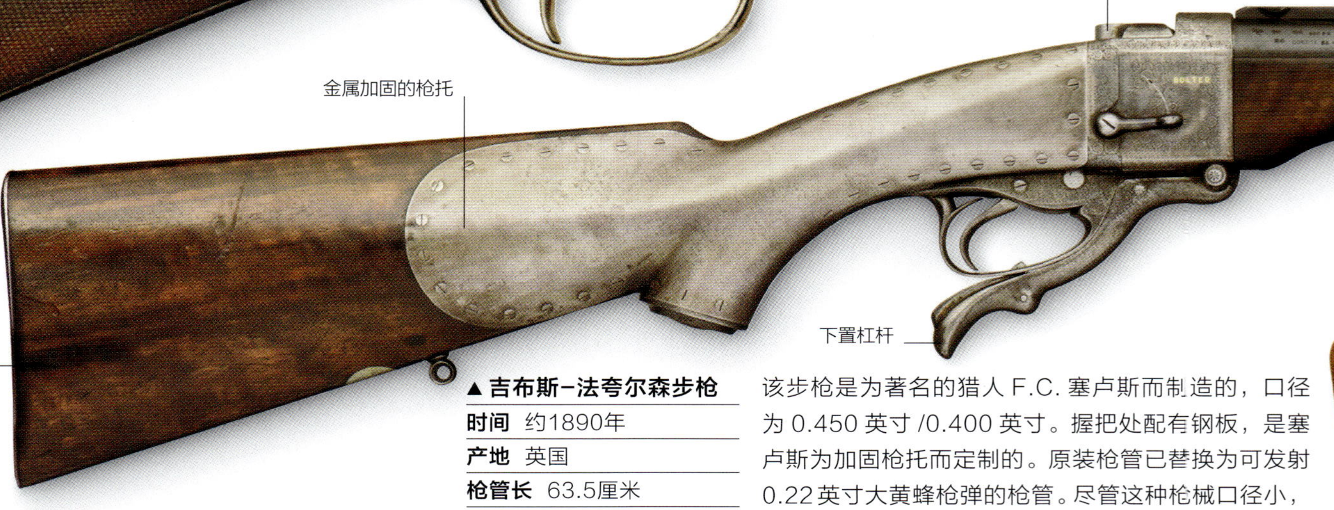

▲吉布斯-法夸尔森步枪

时间 约1890年

产地 英国

枪管长 63.5厘米

口径 0.22英寸大黄蜂枪弹

该步枪是为著名的猎人 F.C. 塞卢斯而制造的，口径为 0.450 英寸 /0.400 英寸。握把处配有钢板，是塞卢斯为加固枪托而定制的。原装枪管已替换为可发射 0.22 英寸大黄蜂枪弹的枪管。尽管这种枪械口径小，但弹药初速对于射击鹿等动物来说十分理想。

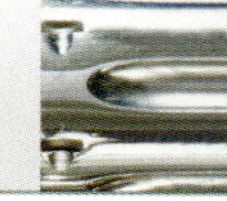

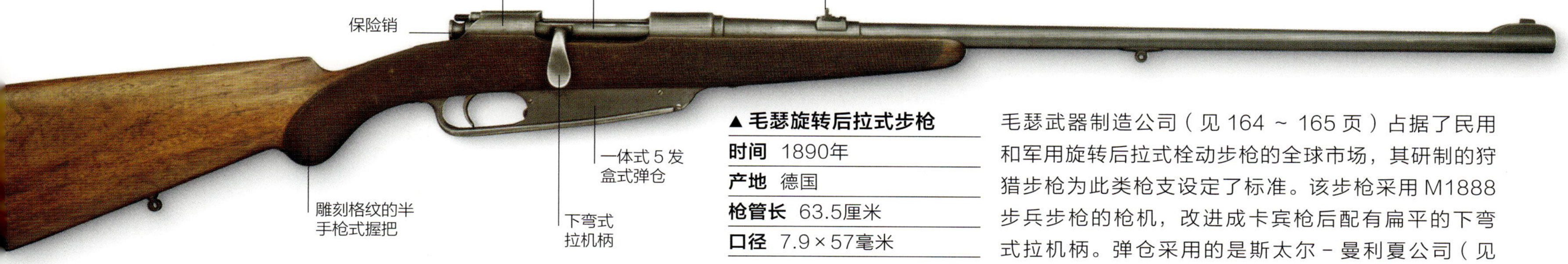

▲毛瑟旋转后拉式步枪

时间	1890年
产地	德国
枪管长	63.5厘米
口径	7.9×57毫米

毛瑟武器制造公司（见 164 ~ 165 页）占据了民用和军用旋转后拉式栓动步枪的全球市场，其研制的狩猎步枪为此类枪支设定了标准。该步枪采用 M1888 步兵步枪的枪机，改进成卡宾枪后配有扁平的下弯式拉机柄。弹仓采用的是斯太尔 - 曼利夏公司（见 290 ~ 291 页）研制的 5 发弹仓。

▲温彻斯特M1894运动卡宾枪

时间	1894年
产地	美国
枪管长	50.8厘米
口径	0.30英寸-30

1883 年，一名年轻的枪匠约翰 · 勃朗宁开始与温彻斯特公司合作。他的第一项任务是改进温彻斯特公司杠杆式步枪的枪机以使其能够使用新型枪弹，同时还为美国枪匠本杰明 · 泰勒 · 亨利设计的肘节式枪机加装附加的垂直闭锁杆。该系统在 M1894 运动卡宾枪中得以完善。

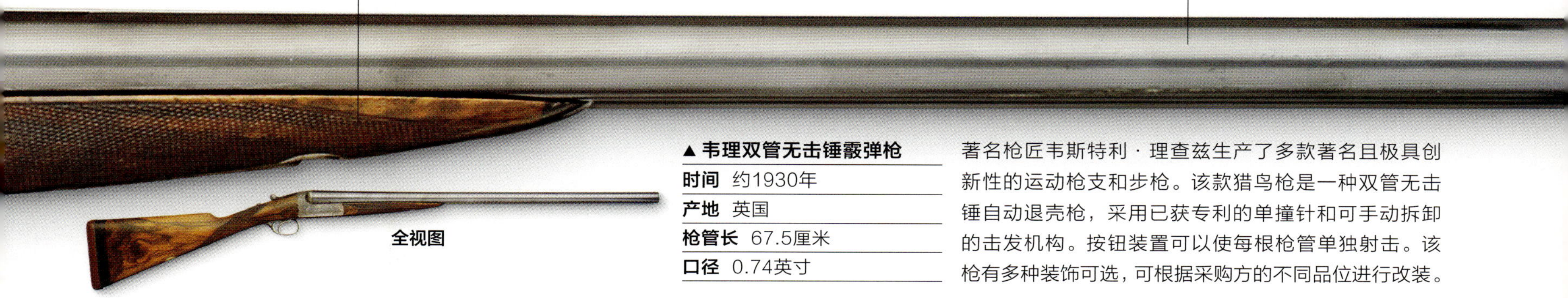

▲韦理双管无击锤霰弹枪

时间	约1930年
产地	英国
枪管长	67.5厘米
口径	0.74英寸

著名枪匠韦斯特利 · 理查兹生产了多款著名且极具创新性的运动枪支和步枪。该款猎鸟枪是一种双管无击锤自动退壳枪，采用已获专利的单撞针和可手动拆卸的击发机构。按钮装置可以使每根枪管单独射击。该枪有多种装饰可选，可根据采购方的不同品位进行改装。

▲里格比毛瑟步枪

时间	1925年
产地	英国
枪管长	70厘米
口径	0.375英寸

里格比公司从 18 世纪开始在爱尔兰的都柏林制造枪支。1900 年在伦敦，里格比公司成为毛瑟公司指定的英国代理，开始生产不同口径的旋转后拉式栓动步枪。公司负责人约翰 · 里格比负责监管英国陆军栓动步枪的设计。

象背上的狩猎远征队

高质量枪械传统意义上是为贵族和富裕的狩猎运动爱好者研制的。本图所示的是大约1910年在尼泊尔，英国威尔士亲王（即后来的爱德华八世国王）站在象轿前面，准备使用英制双管无击锤步枪猎捕老虎。

火炮（1914～1936年）

在这一时期，榴弹炮和野战炮仍在使用。榴弹炮从 17 世纪便开始被研制，它是在射程和射角方面居于迫击炮和野战炮之间的过渡型武器。第一次世界大战前，部分榴弹炮已逐渐成为安装在轨道上的巨型远程武器。相比之下，迫击炮则变为通常装备步兵而非炮兵的轻型武器。第一次世界大战期间，大型榴弹炮主要用于攻击敌方阵地后方目标。英国远程火炮趋向于使用药包装药系统进行发射，德国则使用大口径黄铜弹药筒。

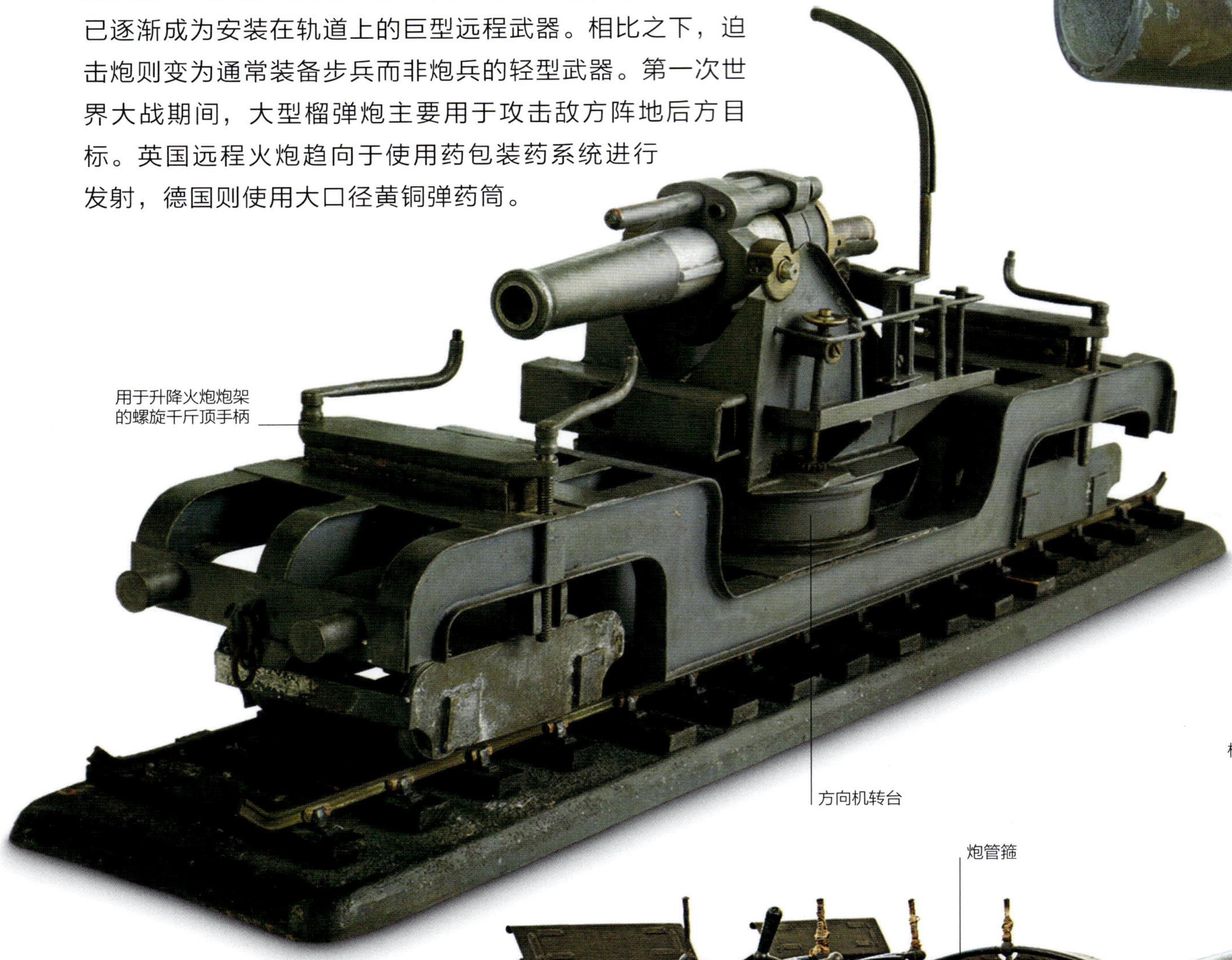

▲采用轨道安装的12英寸Mk.1榴弹炮

时间	1916年
产地	英国
全炮长	5.71米（不含炮架）
口径	12英寸
射程	10.17千米

12 英寸轨道榴弹炮是埃尔斯维克军械公司为英国陆军研制的，由皇家卫戍炮兵成对进行操作。这种短管的 Mk.1 榴弹炮不久便被身管更长的 Mk.3 和 Mk.5 榴弹炮所替代。与 Mk.1 相比，Mk.3 榴弹炮的射程增大了 40%，而 Mk.5 榴弹炮具有大幅提升的方向（水平）射界。

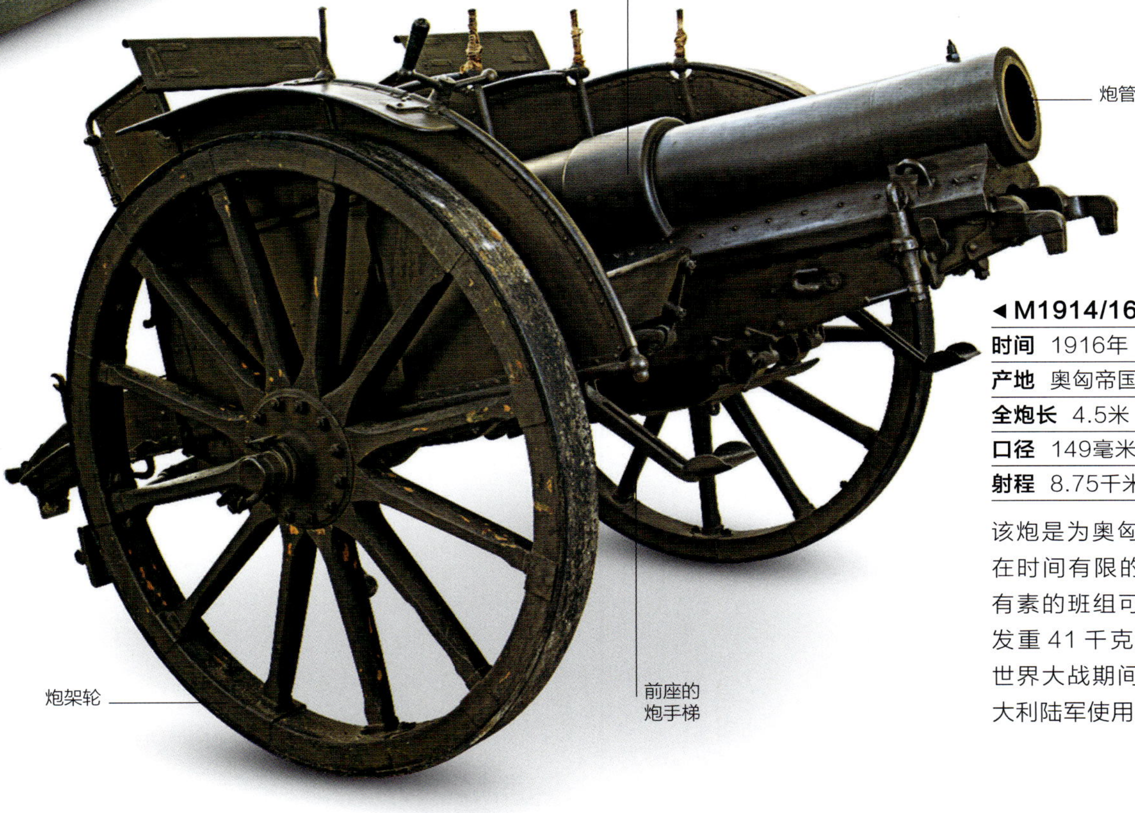

◀M1914/16斯柯达重型野战炮

时间	1916年
产地	奥匈帝国
全炮长	4.5米（不含炮架）
口径	149毫米
射程	8.75千米

该炮是为奥匈帝国陆军生产的。在时间有限的行动中，1 个训练有素的班组可在 1 分钟内发射 2 发重 41 千克的炮弹。在第二次世界大战期间，该炮大量交付意大利陆军使用。

保护乘员免遭敌方火力伤害的防盾

◀ 克虏伯L/12榴弹炮

时间	1914年
产地	德国
全炮长	5.88米（不含炮架）
口径	12英寸
射程	15千米

在第一次世界大战之初，德国使用克虏伯公司研制的这种重型榴弹炮轰击比利时驻列日要塞。尽管战争爆发时仅使用了两门炮，但仍制造了另外10门炮。该炮被称为“胖贝尔塔”。

▼ BL Mk.1型6英寸26CWT榴弹炮

时间	1917年
产地	英国
炮管长	2.21米
口径	6英寸
射程	10.42千米

这种英国榴弹炮是在第一次世界大战期间制造的（图中所示的榴弹炮未配装炮架），总共制造了4000多门。英国部队在第二次世界大战期间继续使用该炮。它是英国装备的首批采用液压气动反后坐装置的火炮之一。

◀ 英国3英寸迫击炮

时间	1930年
产地	英国
全炮长	1.4米（不含炮架）
口径	3.2英寸
射程	1.6千米

该迫击炮被官方命名为3英寸Mk.2。尽管该迫击炮是一种坚固可靠的武器，但其射程不及德国GrW 34式80毫米迫击炮。在第二次世界大战的最初几年，该迫击炮需要更换迫击炮弹发射装药以增大射程。

瞄准镜

迫击炮弹

◀ M36 50毫米轻型迫击炮

时间	1936年
产地	德国
全炮长	1.14米（不含炮架）
口径	50毫米
射程	0.52千米

M36定名为轻型迫击炮，但加上炮管和座钣，其重量为14千克，因此实际上这是一种重型迫击炮。该炮设计复杂，造价昂贵，这导致其从1941年起退役。

提把

火炮（1939～1945年）

第二次世界大战期间，野战炮继续扮演着重要的角色。这期间，火炮制造工作在德国由商业公司负责，而英国等国则由国家负责。许多英国火炮战术思维仍基于第一次世界大战时期以改进膛线缠度和火控为核心的理念，但这限制了新型火炮设计的快速发展。尽管榴弹炮和迫击炮继续使用，但新威胁的出现刺激了反坦克炮（见232～233页）和高射炮（见234～235页）的发展。

▶ M1938 122毫米榴弹炮

时间 1939年
产地 苏联
全炮长 5.9米（不含炮架）
口径 122毫米
射程 11.8千米

该野战炮还称被为M30，是苏联红军炮兵师的主装备。该炮配8人班组，射速为6发/分。

▶ 采用美国M8炮架的英国BL Mk.3型7.2英寸榴弹炮

时间 1940年
产地 英国
全炮长 13.71米（不含炮架）
口径 7.2英寸
射程 11.26千米

该炮最初设计安装在双轮闭合式大架上，但由于使用全发射装药时威力过于强大，所以改为安装在更稳定的M8炮架上。该炮于1943年装备部队，成为英国陆军的主要重型火炮。

◀ M1A1驮载榴弹炮

时间 1940年
产地 美国
全炮长 3.68米（不含炮架）
口径 75毫米
射程 2.56千米

这种轻型榴弹炮主要用于地形条件恶劣地区，可拆分成独立部件并由牲畜驮载携带。该炮还装备了美国空降部队。

▲ M1A1 155毫米火炮

时间	1941年
产地	美国
全炮长	7.36米
口径	155毫米
射程	23.22千米

M1A1 155毫米火炮是第二次世界大战期间美国最主要的远程火炮，可发射重43千克的榴弹，初速为853米/秒。该炮还可发射其他弹种，包括发烟弹和反坦克炮弹。

▼ BL Mk.3型5.5英寸中型炮

时间	1942年
产地	英国
全炮长	7.52米（不含炮架）
口径	5.5英寸
射程	16.55千米（配用重36.2千克的炮弹）

在解决了若干设计问题后，该炮于1942年装备部队。英国部队在（非洲）西部沙漠战役中使用该炮，直到第二次世界大战末期。该炮的重量超过6吨，在没有重型拖车的情况下很难部署或机动。

▼ 英国4.2英寸迫击炮

时间	1942年
产地	英国
全炮长	2.1米
口径	4.2英寸
射程	3.75千米

大多数迫击炮属于步兵武器且无须炮兵班组，但这种4.2英寸迫击炮（英国陆军的重型迫击炮）不同，需由皇家炮兵班组操控。

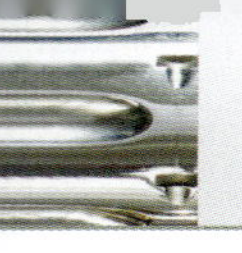

反坦克炮

第一次世界大战期间，坦克的快速发展刺激了反坦克武器的并行发展。第二次世界大战前的大多数反坦克炮为小口径，并使用高速发射的实心弹丸来摧毁坦克的防护装甲。在第二次世界大战爆发之前的几年间，坦克装甲变得更厚，这促进了对更大口径武器的需求，如常用来对付坦克装甲的榴弹。将那些为其他用途而设计的武器用作反坦克武器并不罕见，如第二次世界大战初期德国使用 Flak36 高射炮对抗坦克部队。

▲ **Pak36反坦克炮**

时间	1934年
产地	德国
全炮长	3.4米（不含炮架）
口径	37毫米
侵彻能力	可在365米击穿38毫米均质钢装甲

Pak36 轻型反坦克炮是 20 世纪 30 年代为满足战争需求而设计的，但在 1940 年前就已过时。该炮还被称为“敲门器”，因其炮弹打到盟国坦克装甲上会弹开而得名。

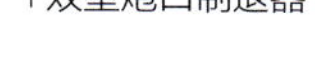

► **ZIS-3 M1942野战/反坦克炮**

时间	1942年
产地	苏联
全炮长	6.1米（不含炮架）
口径	76.2毫米
侵彻能力	可在500米击穿98毫米均质钢装甲

尽管该炮设计用作师级野战炮，但还可发射榴弹和穿甲弹摧毁装甲。该炮的复进机可帮助炮管后坐后返回发射位置。

▼ **6磅反坦克炮**

时间	1943年
产地	英国
全炮长	4.8米（不含炮架）
口径	57毫米
侵彻能力	可在915米击穿80毫米均质钢装甲

6 磅反坦克炮在 1942 年替换了作战效能不高的 2 磅反坦克炮，广泛部署于战场。本图展示的反坦克炮型号配有铰接后架腿，可用飞机空运。

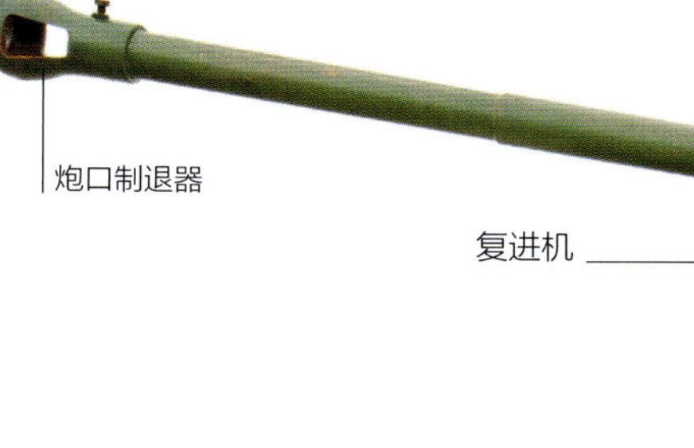

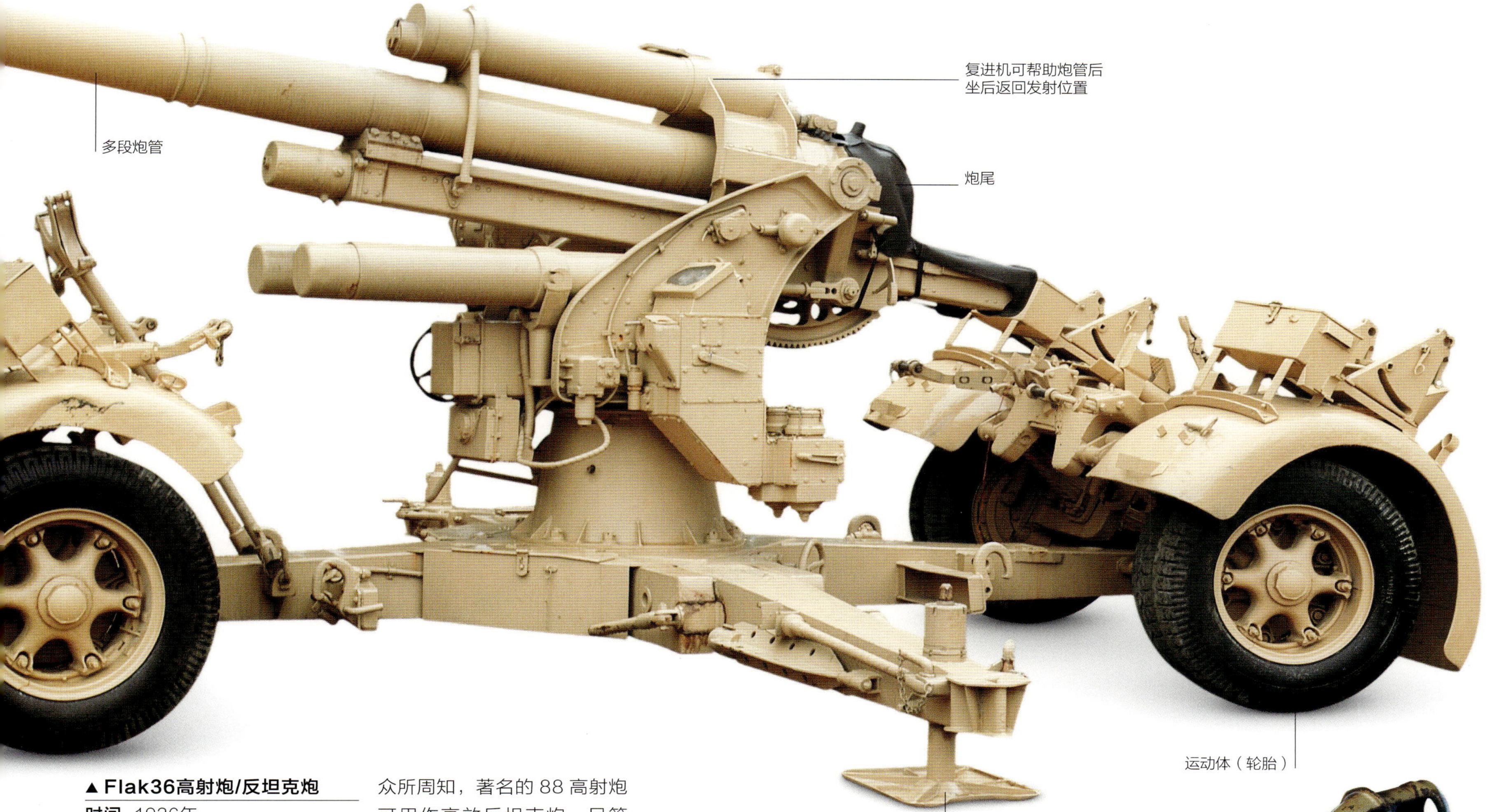

多段炮管

复进机可帮助炮管后坐后返回发射位置

炮尾

运动体（轮胎）

炮脚（展开状态）

▲ **Flak36高射炮/反坦克炮**

时间	1936年
产地	德国
全炮长	5.79米（不含炮架）
口径	88毫米
侵彻能力	可在1000米击穿159毫米均质钢装甲

众所周知，著名的88高射炮可用作高效反坦克炮。尽管其体积和重量过大，不易隐藏，但它能以极快的速度——在3分钟内部署至发射阵地。该炮的射速为20发/分。

双室炮口制退器

方向机垫借助炮手身体的重量快速将该炮向侧面移动

后架腿铰链

炮架轮

◀ **Pak40反坦克炮**

时间	1942年
产地	德国
全炮长	6.2米（不含炮架）
口径	75毫米
侵彻能力	可在1000米击穿87毫米均质钢装甲

该炮是Pak36反坦克炮的放大版，于1942年装备部队，主要用于对付在前线遭遇的重型苏联坦克。许多德国装甲车也安装了该炮。

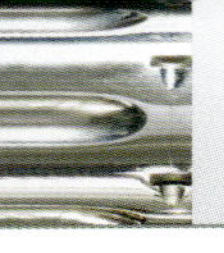

高射炮

第一次世界大战之初，人们意识到飞机的威胁，专用的高射炮（简称高炮）应运而生。第二次世界大战伊始，飞机已成为地面部队的主要威胁，当时设计的重型火炮部署在高地发射炮弹对付高空飞机，小口径火炮则快速射击对付低空飞机。目标高度通过地面的光学仪器测量。高射炮发射的炮弹飞至目标高度时，利用引信定时起爆。飞机通常不会被直接命中击落，而是被爆炸的炮弹产生的破片击落。

全视图

▼ Flak38型20毫米高射炮

时间	1943年
产地	德国
全炮长	4.08米
口径	20毫米
射程	2.2千米

“Flak”源于德语Flugzeugabwehrkanone（高射炮），后来成为高射炮的爆炸弹药的名称。德国武器制造商莱茵金属公司开始将舰载20毫米高射炮改进成陆军型，首先推出了Flak30，随后又推出了Flak38。

▶ **博尔斯登20毫米四联装高射炮**

时间 1944年
产地 波兰
全炮长 2.1米
口径 20毫米
射程 2.02千米

博尔斯登是波兰高射炮，与德国厄利空20毫米高射炮相似。博尔斯登四联装（配装4根炮管）高射炮发射穿甲弹或榴弹的射速为450发/分。该炮的高低机和方向机采用液压调节，从而使炮手能够轻松、直接地控制。

▶ **博福斯40毫米高射炮**

时间 1934年
产地 瑞典
全炮长 6.24米（不含炮架）
口径 40毫米
射程 7.2千米

综合射击精度、射程和适当尺寸的爆炸弹丸等因素，博福斯高射炮被视为第二次世界大战期间最先进的高射炮之一。它出口到世界各地，轴心国和同盟国陆军都列装该炮。

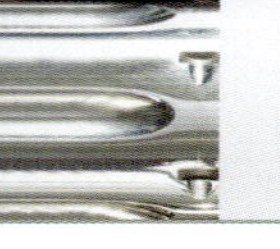

单兵便携式反坦克武器（1930～1939年）

第一种便携式反坦克步枪是德国在第一次世界大战期间研制的，名为毛瑟 1918 T-Gewehr 步枪，配用 13.2 毫米枪弹。德国部队使用这种长身管重型枪械能有效对抗英国坦克。反坦克武器需要采用结实的枪管尾端和枪管，发射足够重且初速高的枪弹来穿透装甲。第二次世界大战之前的所有设计均以重型为主，同时需要一种支撑装置，如两脚架，以便射手发射武器。

5发弹匣
油瓶
贴腮板
左手握把
后坐力缓冲垫吸收部分后坐力
手枪式握把

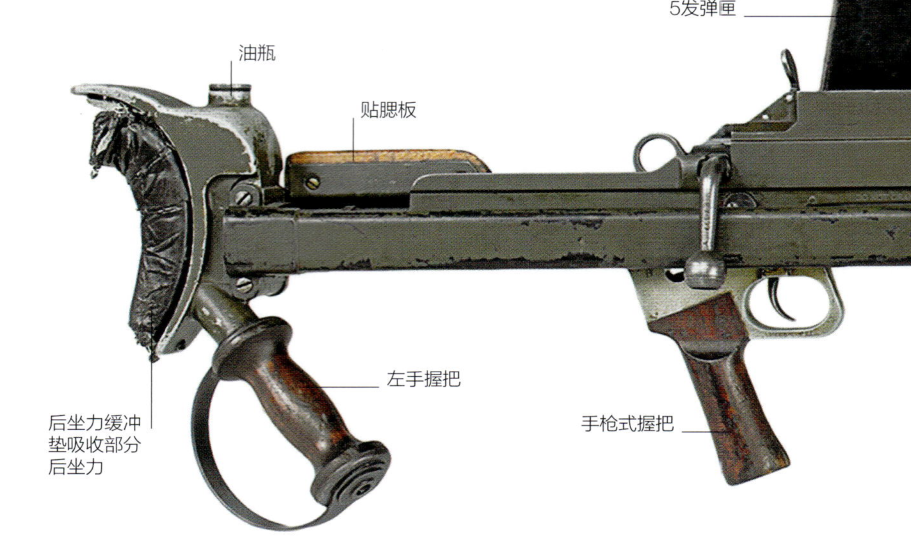

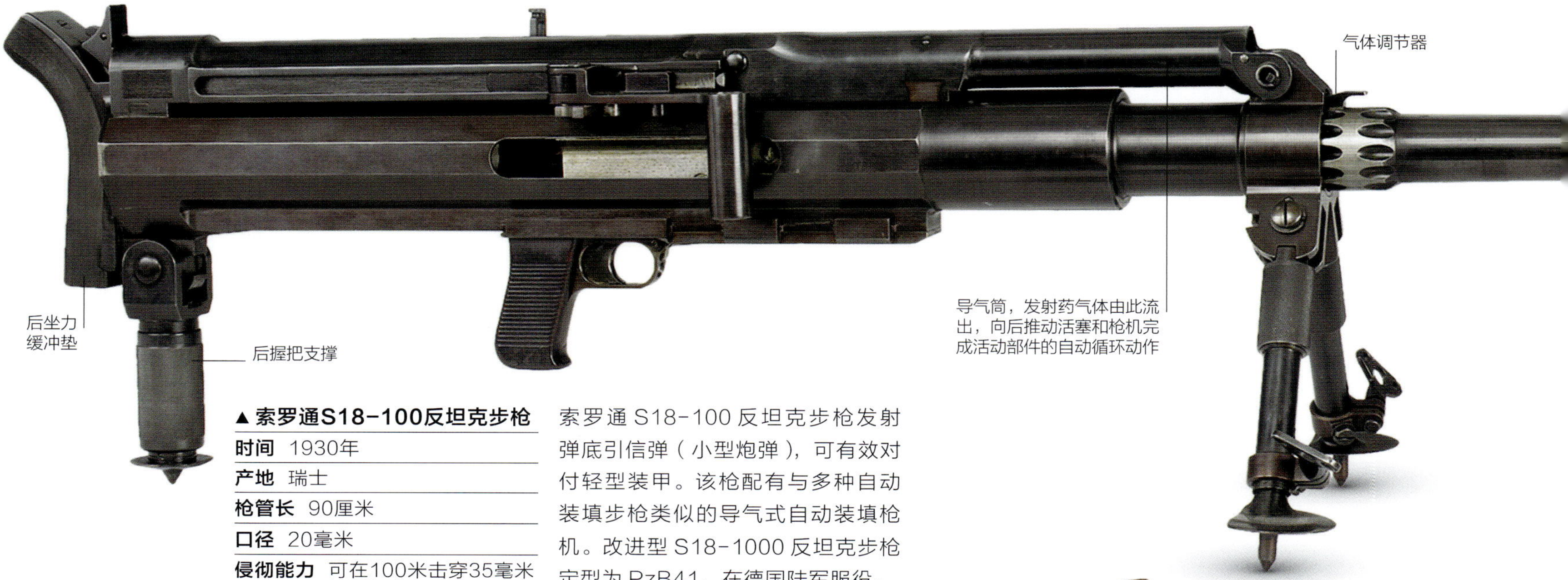
气体调节器
后坐力缓冲垫
后握把支撑
导气筒，发射药气体由此流出，向后推动活塞和枪机完成活动部件的自动循环动作

▲索罗通S18-100反坦克步枪

时间	1930年
产地	瑞士
枪管长	90厘米
口径	20毫米
侵彻能力	可在100米击穿35毫米均质钢装甲

索罗通 S18-100 反坦克步枪发射弹底引信弹（小型炮弹），可有效对付轻型装甲。该枪配有与多种自动装填步枪类似的导气式自动装填枪机。改进型 S18-1000 反坦克步枪定型为 PzB41，在德国陆军服役。

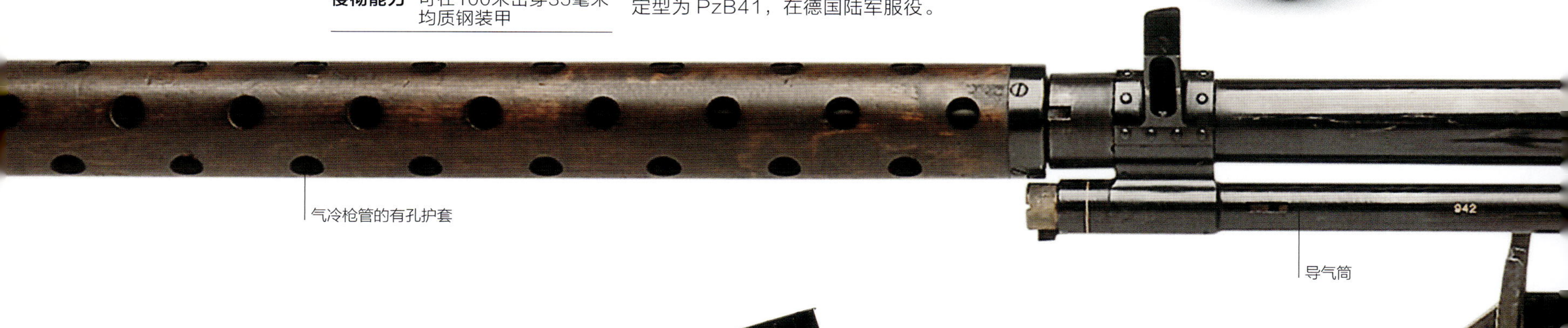
气冷枪管的有孔护套
导气筒
尖形两脚架腿

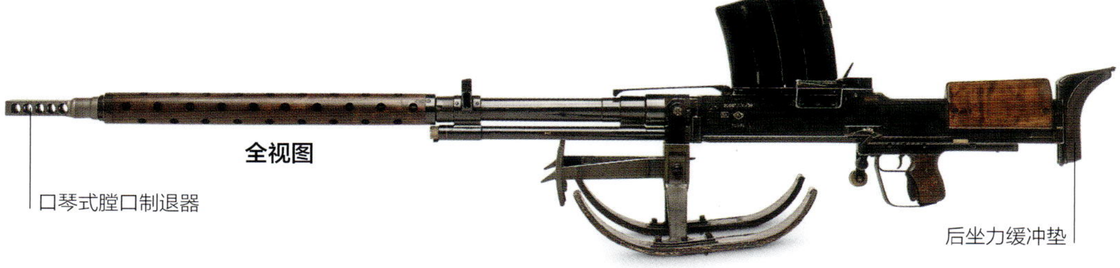
全视图
口琴式膛口制退器
后坐力缓冲垫

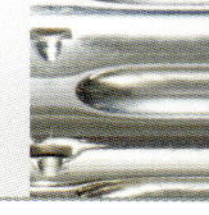

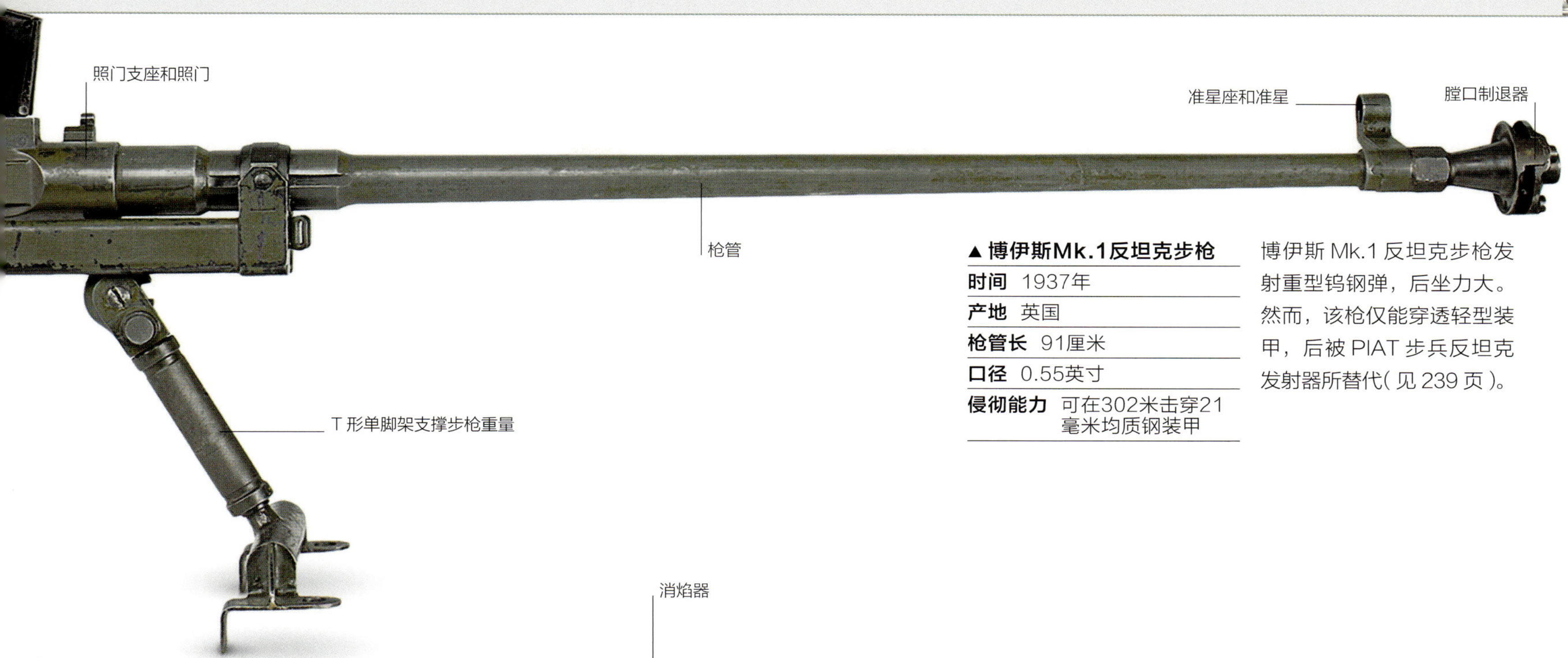

▲博伊斯Mk.1反坦克步枪

时间	1937年
产地	英国
枪管长	91厘米
口径	0.55英寸
侵彻能力	可在302米击穿21毫米均质钢装甲

博伊斯 Mk.1 反坦克步枪发射重型钨钢弹，后坐力大。然而，该枪仅能穿透轻型装甲，后被 PIAT 步兵反坦克发射器所替代（见 239 页）。

▼拉蒂L39反坦克步枪

时间	1939年
产地	芬兰
枪管长	1.3米
口径	20×138毫米
侵彻能力	可在100米击穿30毫米均质钢装甲

L39 反坦克步枪的超大尺寸和重量使其获得“猎象步枪”的绰号。在 1939 ～ 1940 年的苏芬冬季战争期间，芬兰陆军使用该枪有效地打击了苏联坦克。

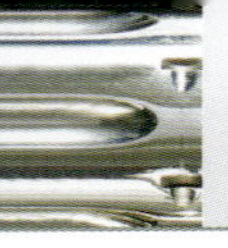

单兵便携式反坦克武器（1940～1942年）

随着第二次世界大战的推进，便携式反坦克武器继续发展。PIAT等反坦克武器系统主要使用弹簧驱动击针点燃与自推进弹丸弹底连接的发射装药。火箭筒等其他系统主要使用固体火箭发动机发射弹丸。在这两种情况下，一旦弹丸命中目标，聚能装药战斗部便能够集中炸药的能量效应，有效穿透装甲。这使得发射器重量更轻且更容易制造。随着坦克的发展，装甲变得更厚，PTRD等老式反坦克步枪已过时，这些反坦克步枪即使在近距离也难以摧毁坦克。

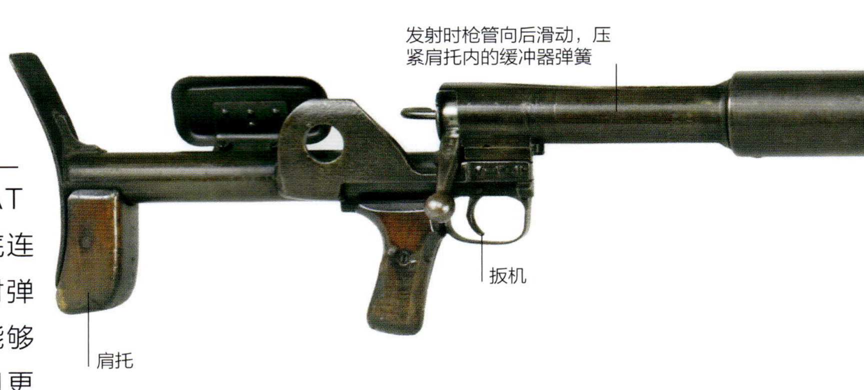

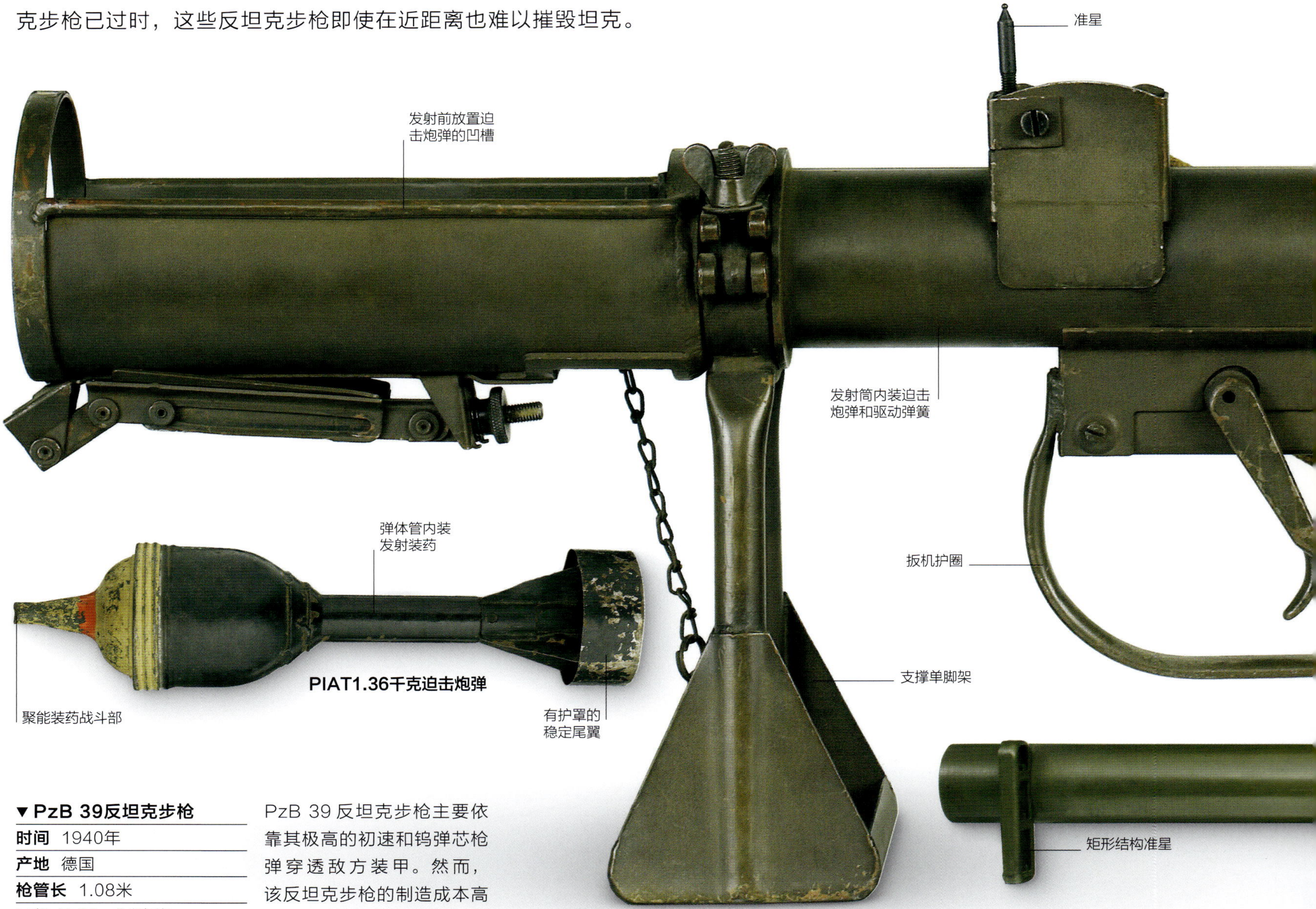

准星

发射前放置迫击炮弹的凹槽

发射筒内装迫击炮弹和驱动弹簧

扳机护圈

支撑单脚架

矩形结构准星

弹体管内装发射装药

聚能装药战斗部

有护罩的稳定尾翼

PIAT1.36千克迫击炮弹

▼ **PzB 39反坦克步枪**	
时间	1940年
产地	德国
枪管长	1.08米
口径	7.92×94毫米
侵彻能力	可在300米击穿25毫米均质钢装甲

PzB 39反坦克步枪主要依靠其极高的初速和钨弹芯枪弹穿透敌方装甲。然而，该反坦克步枪的制造成本高昂，因此仅少量生产。

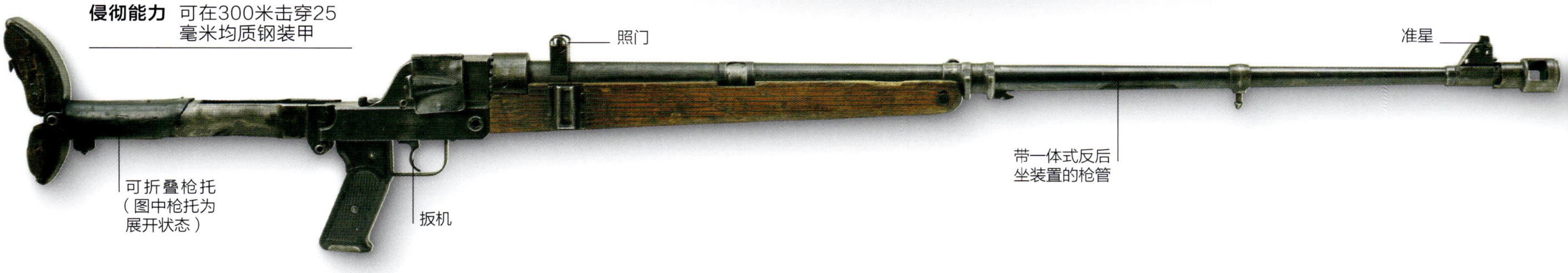

照门

准星

带一体式反后坐装置的枪管

可折叠枪托（图中枪托为展开状态）

扳机

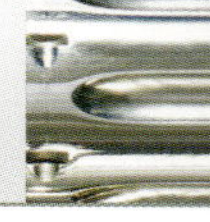

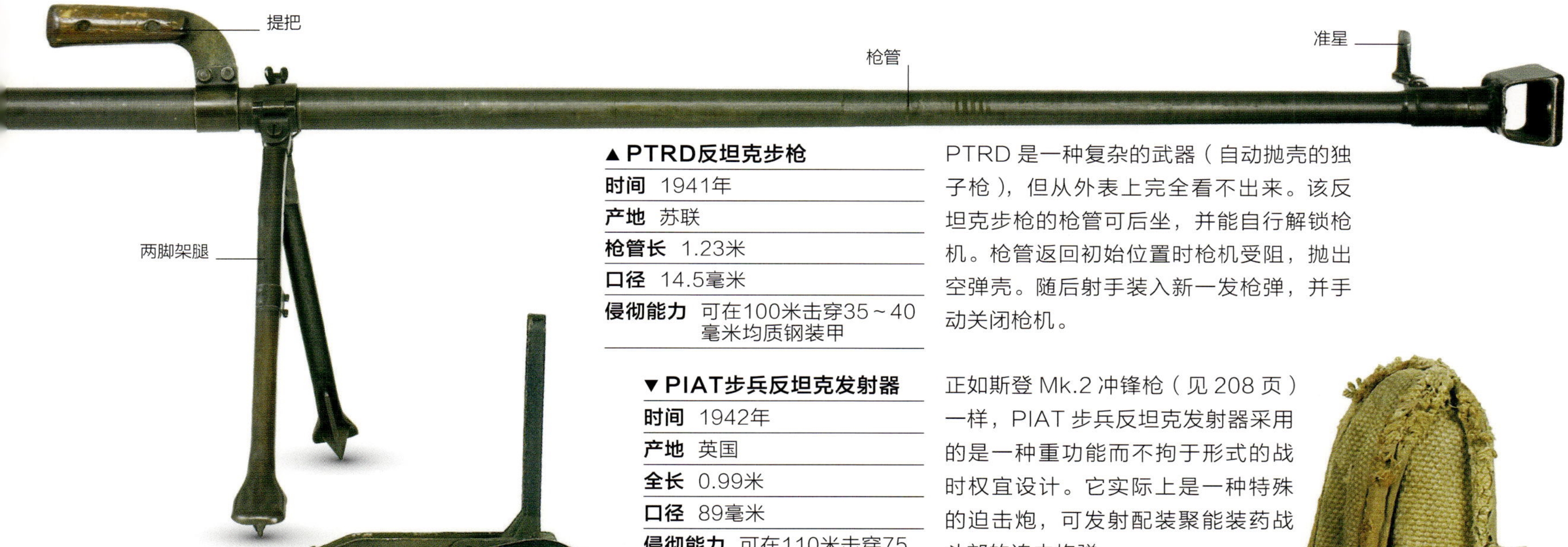

▲PTRD反坦克步枪

时间	1941年
产地	苏联
枪管长	1.23米
口径	14.5毫米
侵彻能力	可在100米击穿35～40毫米均质钢装甲

PTRD是一种复杂的武器（自动抛壳的独子枪），但从外表上完全看不出来。该反坦克步枪的枪管可后坐，并能自行解锁枪机。枪管返回初始位置时枪机受阻，抛出空弹壳。随后射手装入新一发枪弹，并手动关闭枪机。

▼PIAT步兵反坦克发射器

时间	1942年
产地	英国
全长	0.99米
口径	89毫米
侵彻能力	可在110米击穿75毫米均质钢装甲

正如斯登Mk.2冲锋枪（见208页）一样，PIAT步兵反坦克发射器采用的是一种重功能而不拘于形式的战时权宜设计。它实际上是一种特殊的迫击炮，可发射配装聚能装药战斗部的迫击炮弹。

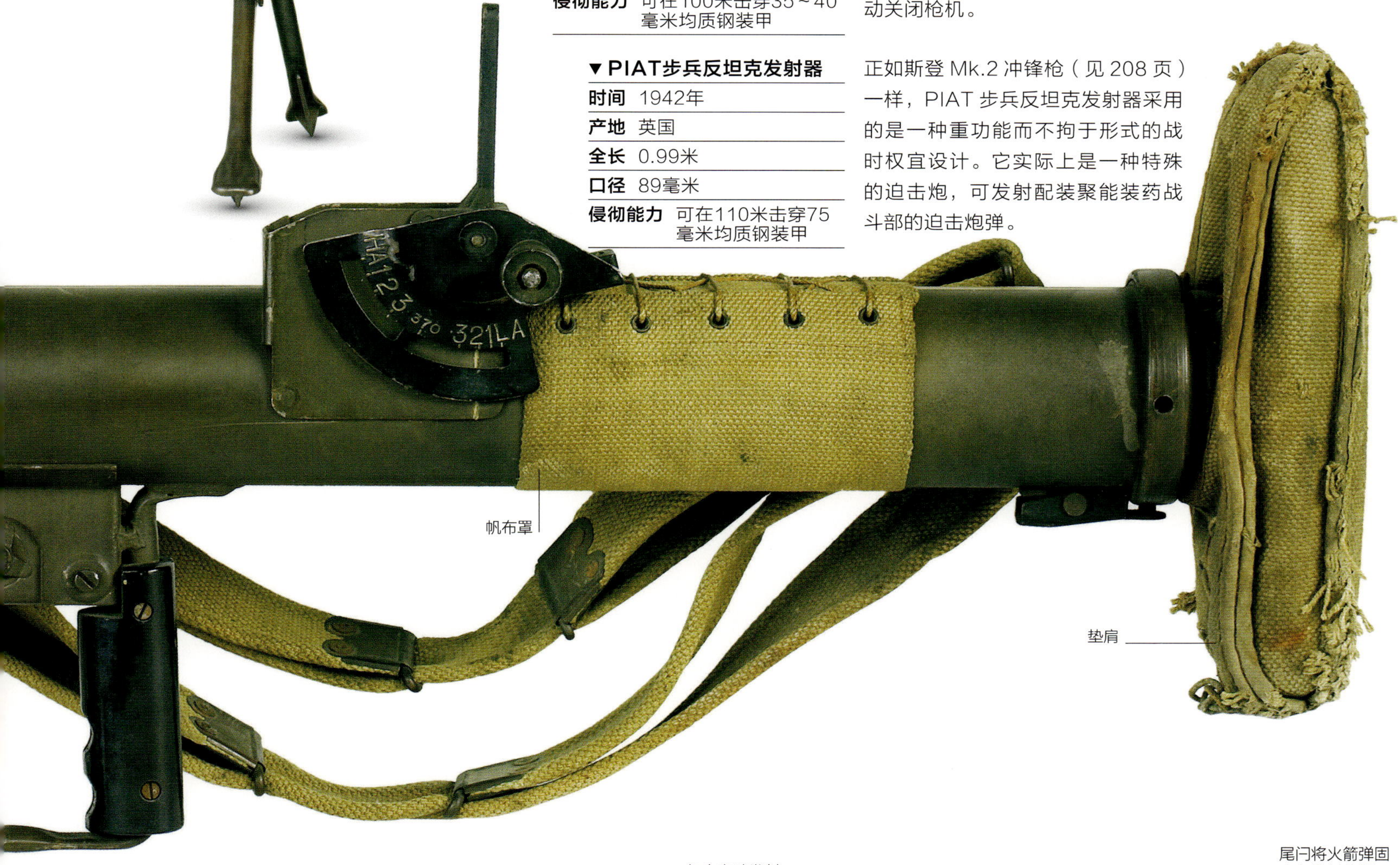

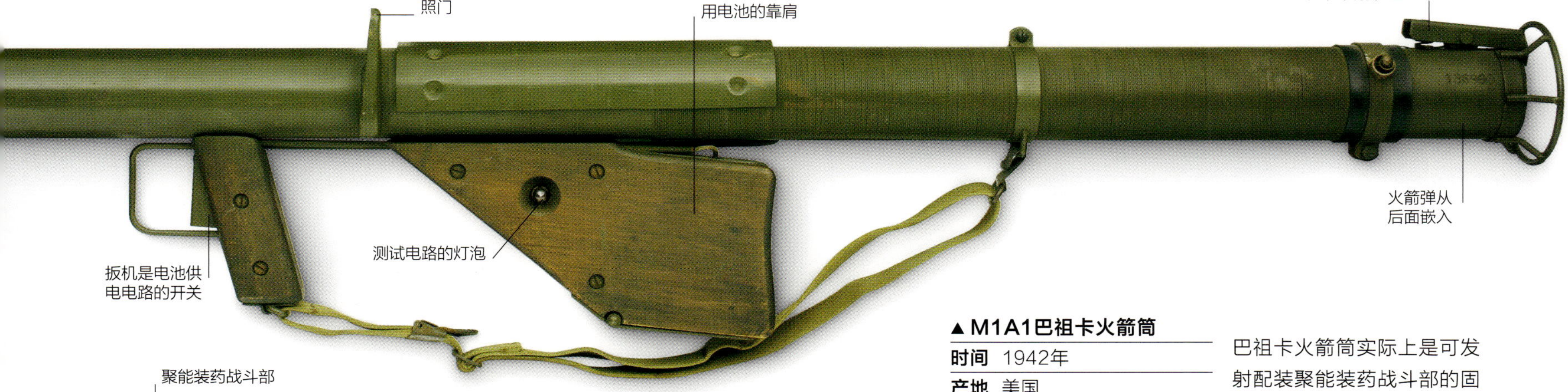

M1A1 1.54千克火箭弹

▲M1A1巴祖卡火箭筒

时间	1942年
产地	美国
全炮长	1.37米
口径	60毫米
侵彻能力	可在138米击穿120毫米均质钢装甲

巴祖卡火箭筒实际上是可发射配装聚能装药战斗部的固体燃料火箭弹的筒管。该火箭筒需要两名操控人员，分别是射手和装填手。

柯尔特M4卡宾枪

现代

1945年至今

1945年之后，枪械结构和制造工艺有了重大改变，木头制成的零件被聚合物或复合材料零件取代，精细加工的铸件替换了之前由机床切削而成的钢制组件。枪炮变得更加坚固耐用且制造成本更低。一些类型独特的武器，如突击步枪和先进的冲锋枪，已逐渐发展起来并被广泛使用。

自动装填步枪

自动装填步枪在第二次世界大战时期得到发展。战后，设计师们根据其在战争中的性能表现又做了进一步完善，如改进了闭锁机构（枪机），用合成材料枪托取代木枪托，以及采用压制成型金属组件来减轻重量等。更重要的是，这些步枪大都采用导气式自动方式（包括下面介绍的这些步枪），枪弹也开始使用统一标准，如北约制式枪弹（以下简称北约枪弹）。

▲ **西蒙诺夫SKS-45卡宾枪**

时间	1945年
产地	苏联
枪管长	52厘米
口径	7.62×39毫米

西蒙诺夫 SKS-45 卡宾枪由谢尔盖·加夫里罗维奇·西蒙诺夫设计，于 1945 年开始装备部队，在世界各地售出多种变形枪，曾作为中国最主要的作战步枪。该款变形枪是配有不可卸折叠刺刀的型号，不使用刺刀时可将其向后折叠。

消焰器
快慢机
有棱纹的胡桃木下护木
20发可卸弹匣
扳机

▲ **FN FAL原型枪**

时间	1950年
产地	比利时
枪管长	60厘米
口径	0.280英寸

FAL 步枪最初采用的是 0.280 英寸口径，其设计非常成功。随着北约国家陆续开始使用北约标准枪弹，该枪后来改为发射 7.62×51 毫米北约枪弹。全球很多国家都装备过 FAL 步枪。

照门
弹匣卡笋
折叠枪托
手枪式握把
扳机护圈
可卸弹匣

▼ **L1A1**

时间	1954年
产地	英国
枪管长	53.3厘米
口径	7.62×51毫米北约枪弹

L1A1 步枪由英国恩菲尔德皇家轻武器厂生产，是当时英国的制式步枪，直到 1985 年被 L85A1（见 250 页）取代。该枪是在比利时 FN FAL 的基础上改进而来的，于结构上进行了少许修改，使其能在英国工厂生产。

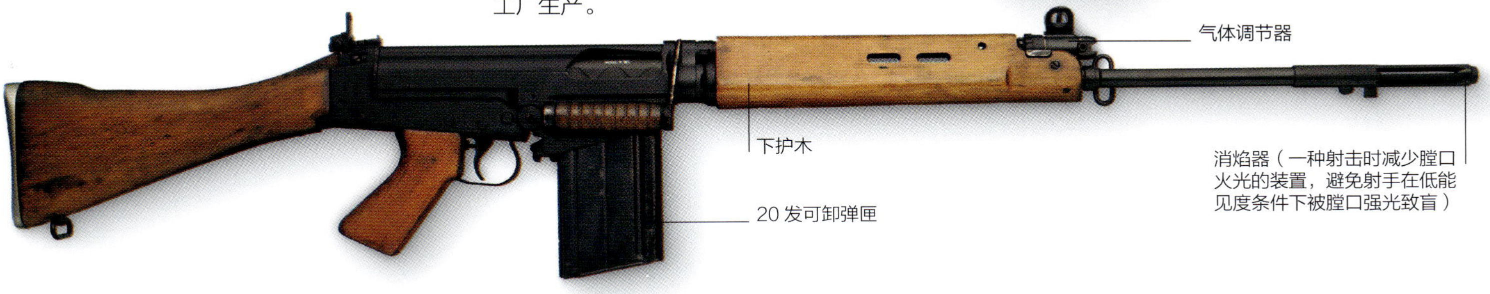

气体调节器
下护木
20 发可卸弹匣
消焰器（一种射击时减少膛口火光的装置，避免射手在低能见度条件下被膛口强光致盲）

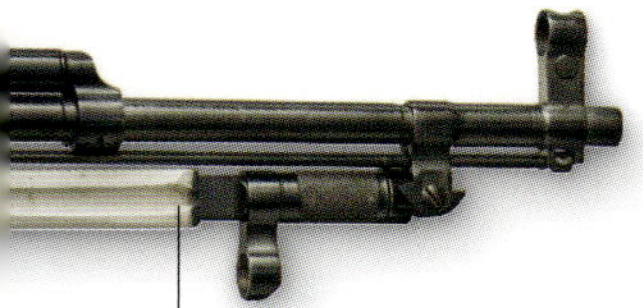

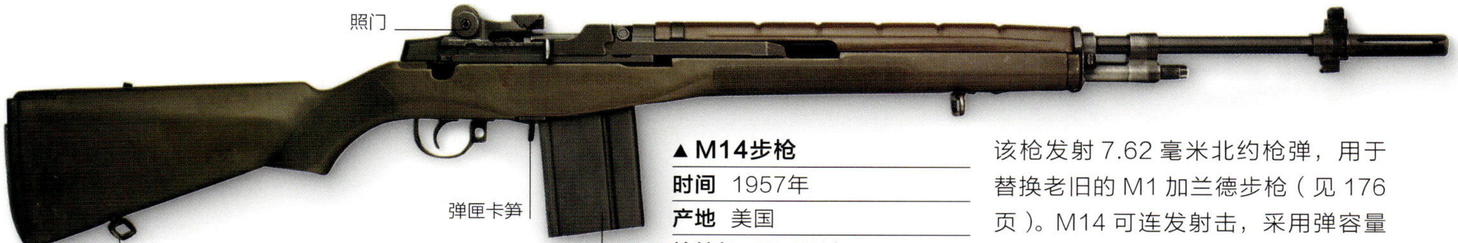

▲**M14步枪**

时间 1957年

产地 美国

枪管长 55.8厘米

口径 7.62×51毫米北约枪弹

该枪发射7.62毫米北约枪弹，用于替换老旧的M1加兰德步枪（见176页）。M14可连发射击，采用弹容量更大的弹匣，20世纪60年代末被M16突击步枪（见245页）取代。

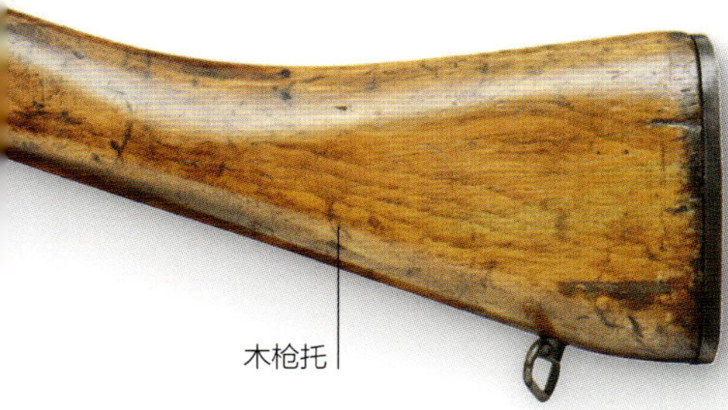

▲**斯通纳63型突击步枪**

时间 1963年

产地 美国

枪管长 50.8厘米

口径 5.56×45毫米北约枪弹

斯通纳63型突击步枪是一种模块化步枪，更换零部件后可转换成多种变形枪，包括卡宾枪、突击步枪（这支就是突击步枪）和多种不同结构的机枪。

▼**斯特林轻型自动步枪**

时间 20世纪70年代

产地 英国

枪管长 50厘米

口径 5.56×45毫米北约枪弹

20世纪70年代，斯特林设计了这种轻型自动步枪。此时，它所发射的5.56×45毫米枪弹成为5.56毫米北约制式枪弹。该枪的特点是采用可折叠枪托以提升携行能力。

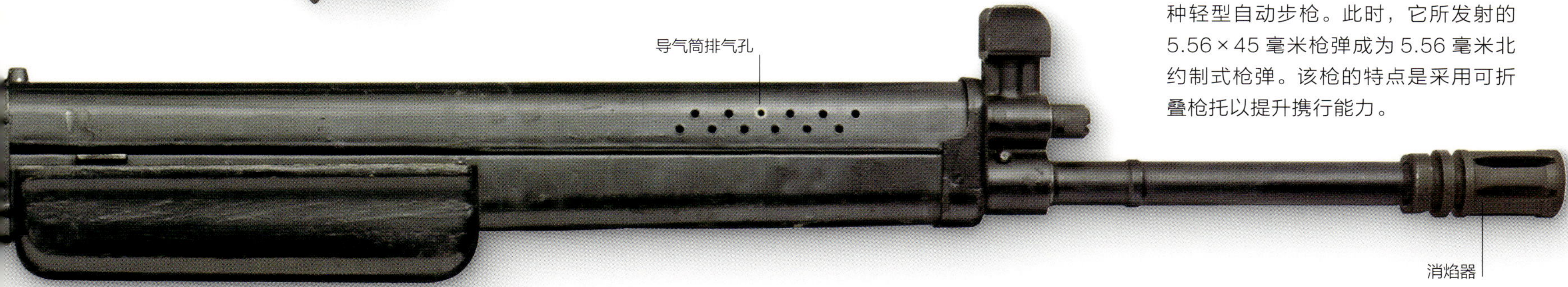

▶**HK G3A3**

时间 1964年

产地 瑞士

枪管长 45厘米

口径 7.62×51毫米北约枪弹

G3系列步枪由赫克勒－科赫公司（见256~257页）与西班牙特种材料技术研究中心（CETME）联合研制，其发射机构是在路德维格·格里姆勒设计的StG45步枪发射机构的基础上改进而来，格里姆勒也参与了G3步枪的研制工作。配备聚合物枪托的G3被命名为G3A3。

◀**HK G41**

时间 1981年

产地 德国

枪管长 45厘米

口径 5.56×45毫米北约枪弹

G41是7.62毫米口径的HK G3步枪的小口径型号，发射5.56×45毫米北约枪弹，可安装其他北约制式组件，包括瞄准镜支架和弹匣，其部队装备量非常少。

转折点

突击步枪

正如 19 世纪末出现的后装弹仓步枪改变了战争形态那样，20 世纪 30 年代自动装填军用枪械的出现再次改变了战争模式，当时一名步兵的火力与之前 10~12 人的步兵班相当。1944 年，效仿机枪的突击步枪出现，并将单兵火力扩大了 50 倍。突击步枪易于使用，任何人都是火力点，这使战争模式发生了转变。

▲突击步枪

突击步枪是一种短枪管步枪，主要装备步兵，可在半自动和全自动射击模式间进行选择，发射短弹壳的中口径和小口径枪弹，弹匣容弹量 20 发以上。这里展示的是 1954 年生产的发射 7.62×39 毫米枪弹的 AK47 突击步枪。

20 世纪初的战争见证了突破性武器的发展。第一挺机枪（见 184~185 页）即马克沁机枪的诞生，使枪械进入现代化阶段，刺激了自动武器技术的高速发展。继重机枪之后，出现了便于士兵携行的中口径机枪和轻机枪，直到第二次世界大战（1939~1945 年）才发明了突击步枪。

早期试验

现代突击步枪的前身是 1917 年发明的伯顿自动步枪。该枪配有两个 20 发弹匣，装备给单兵，发射短弹壳高速枪弹，是一种可选择射击方式的步枪，有单发、自动装填或类似机枪的连续多发点射模式。它除枪管较长外，其他方面都符合突击步枪的标准。但其设计太超前，无法大批量生产。第一种大量生产和列装的突击步枪是德国的 StG44（见 177 页），在第二次世界大战的东线和西线战场都曾大量使用，使德军拥有了可以压制苏联 PPSH-41 冲锋枪（见 208 页）的武器。1945~1946 年，苏联枪械设计师米哈伊尔·卡拉什尼科夫设计了一款现代突击步枪，并揭开了 AK47 的面纱（见 248~249 页）。

▲ 5.56×45毫米和 7.62×51毫米枪弹

为减小后坐力，突击步枪以短弹壳小口径枪弹（左）——中间型威力枪弹，代替长弹壳的大口径步枪弹（右）。

现代突击步枪

AK47 具备所有突击步枪的典型特征，即短枪管，高容量弹匣，可全自动或半自动射击。在西方，突击步枪的研制历程要慢得多。1956 年，枪械设计大师尤金·斯通纳和 L. 詹姆斯·沙利文为荷兰阿玛莱特公司研制了小

> “我制造出一种武器来**保护我们国家的边境**。但该武器用在**不该**使用的地方并**不是我的错**。”
>
> **米哈伊尔·卡拉什尼科夫**
> **苏联AK47的设计者**

关键人物

弗兰克·伯顿
（1871-1939年）

弗兰克·伯顿是著名的土木工程师詹姆斯·亨利·伯顿的儿子，19 世纪 90 年代加入温彻斯特弹仓武器公司，成为枪械设计师。在飞机装备同轴机枪前，为满足飞机上观察员对轻型自动武器的需求，他研制了突击步枪。

» 之前

在突击步枪出现前，只有机枪才具有强大的集火射击能力，长长的中口径枪弹的有效射程可达 900 米。

• 一些轻机枪，如 M1918 勃朗宁自动步枪已开始替换重机枪，但这些武器仍显笨重。

• 冲锋枪曾被期望成为替换重机枪的理想武器。在实战中，发射手枪弹的冲锋枪只在近距离作战中有效，尚不具备多用途武器的功能。

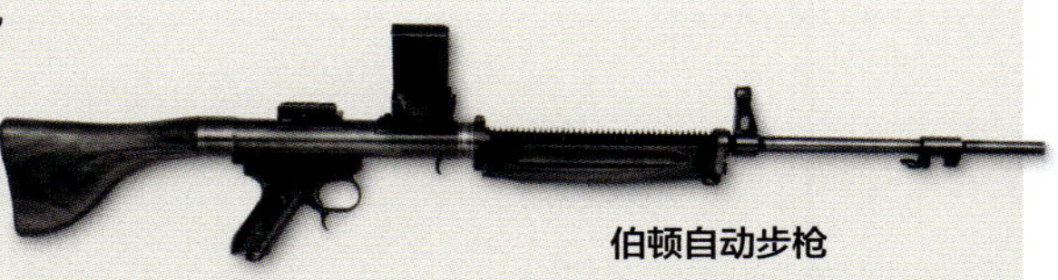

伯顿自动步枪

勃朗宁自动步枪（BAR）

• 伯顿 1917 年设计的自动步枪是突击步枪的前身，发射 0.345 英寸枪弹，可选择射击模式。

口径步枪，即 M16 突击步枪，后成为美国陆军制式突击步枪。在 20 世纪 60 年代的越南战争中，美国陆军使用 M16 突击步枪与装备 AK47 突击步枪的北越军队作战。和 AK47 相比，M16 重量更轻、精度更高、射速更快，但在恶劣环境下很容易卡壳。无论如何，在血腥的丛林战中，M16 是美国陆军唯一可与 AK47 相抗衡的武器。

AK47及其影响

AK47 突击步枪在作战中非常可靠，即使暴露在风沙、雨水或其他恶劣天气下仍可持续射击。其结构简单，易于保养维护，人们即使没有经过训练也能在几分钟内学会如何使用。AK47 成为改变现代战争的可怕武器。普通人也可使用 AK47，未经训练的士兵就能发挥其强大的火力。因此，AK47 突击步枪开创了不对称作战（游击战）的新局面，恐怖分子甚至可以使用它与训练有素的军队进行对抗。

从非洲内战到中东冲突再到领土争端，突击步枪已经成为现代战争中士兵、恐怖分子、民兵甚至是娃娃兵手中的主要武器。

▲越南战争

1965 年，南越部队开始装备 M16 突击步枪。该枪射速高，短时间内即可向目标投射大量火力，尤其在与游击队近距离作战时效果更明显。图中是配备 M16 突击步枪的美军士兵在越南丛林中作战的场景。

之后 »

现代突击步枪可以实现 500 米之外的精确射击。短弹壳小口径枪弹继续使用。突击步枪结合了轻机枪的致命火力和冲锋手枪的便携能力，受到未经训练的作战士兵的欢迎。

- 新的生产方法出现。现代突击步枪在制造中纳入了合成材料，因此其部件不太可能因压力和磨损而产生严重故障。
- 发射机构得以改进，使现代突击步枪能够以点射模式一次发射特定数量的枪弹，从而提高射击精度并大幅增强突击步枪的杀伤力。
- 无托结构的突击步枪（见 250~251 页）如法玛斯 F1 突击步枪，具有两大优点：一是全枪长度大大缩短；二是射手和枪管完全成一条直线，减少后坐力对射击的影响。

法玛斯F1突击步枪

- 随着突击步枪的广泛使用，高伤亡率成为现代战争的主要特征。突击步枪的使用还从战场转移到街道，这引发了关于非军事人员是否可以使用突击步枪的争论。

突击步枪（1947~1975年）

如果问第二次世界大战后最经典的枪械是什么，答案一定是突击步枪（见244~245页）。突击步枪发射短弹壳中口径或小口径枪弹，采用大容量弹匣，以半自动或全自动方式射击。虽然在第一次世界大战末就曾研制过突击步枪，但直到1949年由苏联枪械设计师米哈伊尔·卡拉什尼科夫设计的AK47（见248~249页）正式装备部队才标志着突击步枪时代的来临。现在，突击步枪已成为全球军队的主要单兵武器，被绝大多数人所认识。

冲压成型的
钢制机匣盖
木枪托
手枪式握把
扳机
30发可卸弹匣

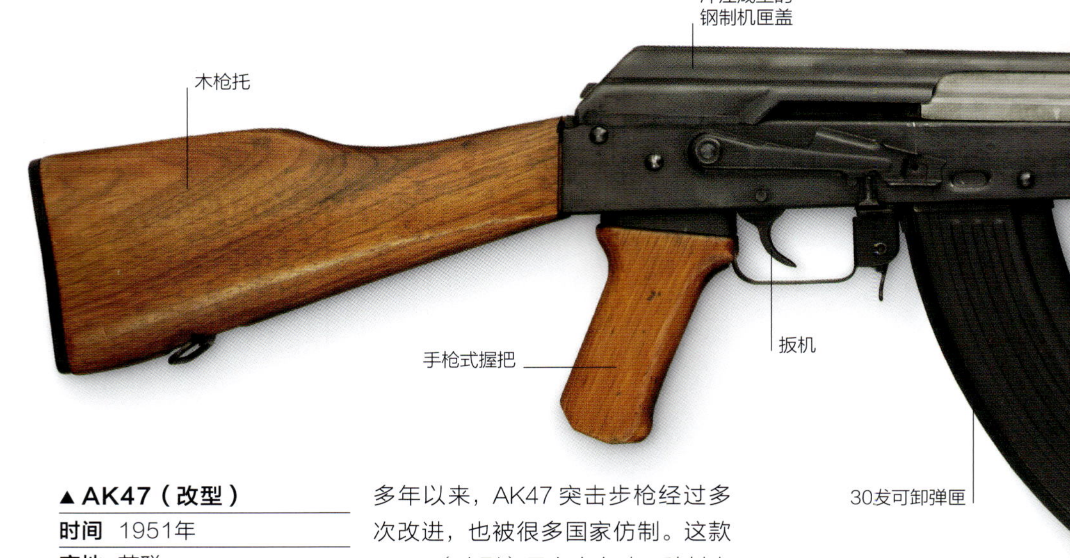

▲AK47（改型）	
时间	1951年
产地	苏联
枪管长	41.4厘米
口径	7.62×39毫米

多年以来，AK47突击步枪经过多次改进，也被很多国家仿制。这款AK47（改型）只有半自动一种射击方式，最初使用的是铣削成型钢制机匣，后来采用的是冲压成型机匣。

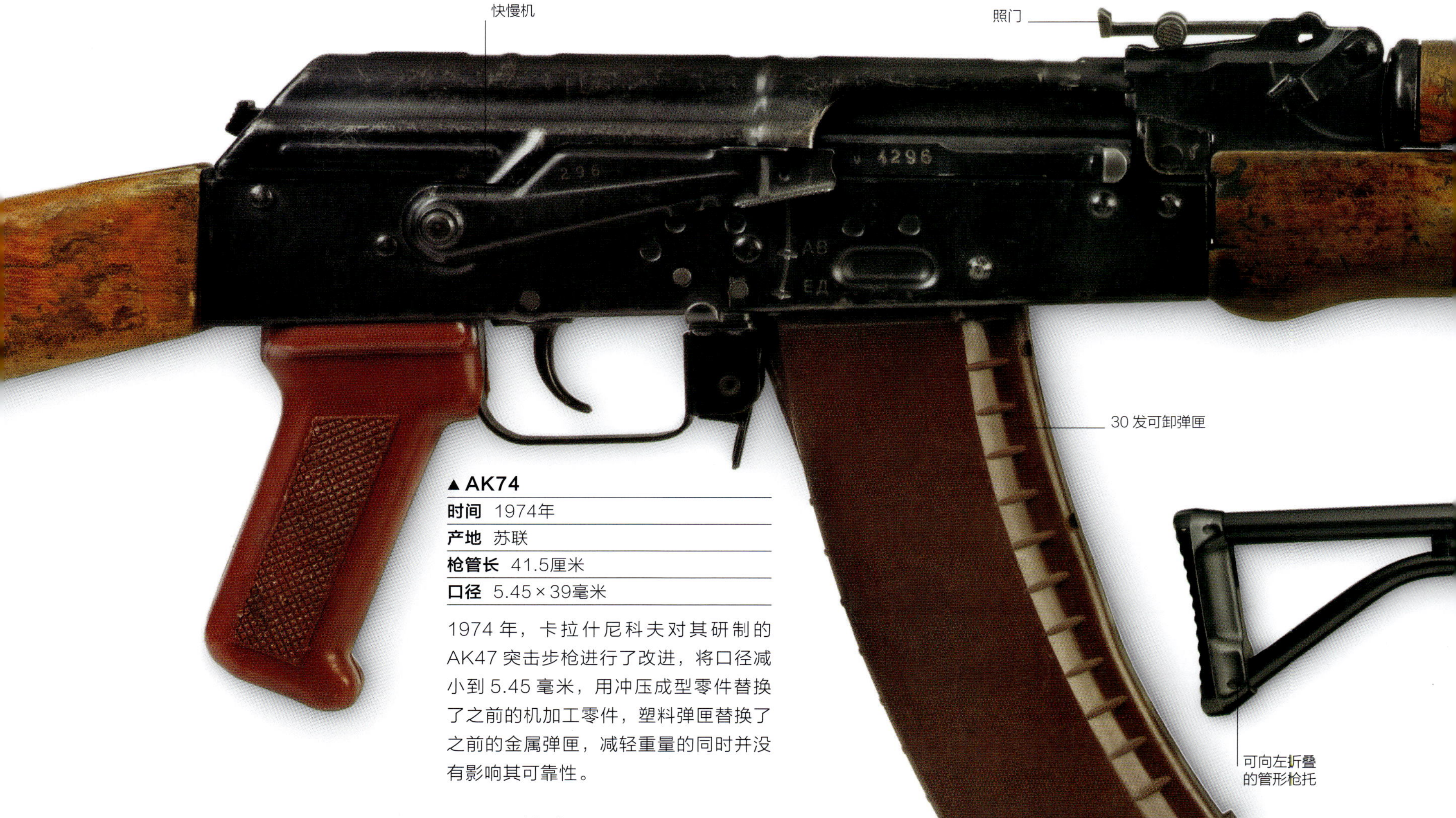

快慢机
照门
30发可卸弹匣
可向左折叠
的管形枪托

▲AK74	
时间	1974年
产地	苏联
枪管长	41.5厘米
口径	5.45×39毫米

1974年，卡拉什尼科夫对其研制的AK47突击步枪进行了改进，将口径减小到5.45毫米，用冲压成型零件替换了之前的机加工零件，塑料弹匣替换了之前的金属弹匣，减轻重量的同时并没有影响其可靠性。

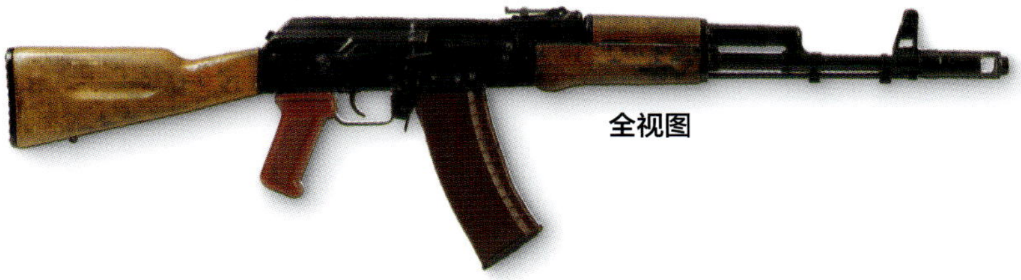

全视图

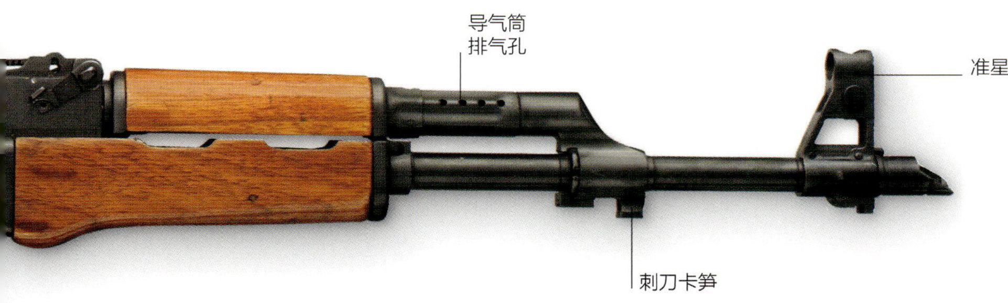

▼ Vz58	
时间	1959年
产地	捷克斯洛伐克
枪管长	39厘米
口径	7.62×39毫米

虽然外形与AK47及后来的AKM非常相似，但捷克斯洛伐克的Vz58在结构上与其完全不同。该枪由设计师伊里·瑟马克研制，采用短行程活塞，并配有等内径导气孔，因此所有火药燃气全部直接作用到活塞上，驱动活塞向后运动，木塑复合材料枪托是该枪最好识别的特征。

▲ 加利尔突击步枪	
时间	1972年
产地	以色列
枪管长	46厘米
口径	5.56×45毫米北约枪弹

加利尔突击步枪是在芬兰瓦尔梅特M62的基础上研制的，M62也源自AK47。加利尔突击步枪用于替换已大量装备以色列陆军的FN FAL（见242页）。该枪非常短小，重量也很轻，而且不受沙尘的影响。除标准突击步枪外，还有轻机枪和精确射手步枪等变形枪。

精品展示

AK47

AK47 由米哈伊尔·卡拉什尼科夫于 1945~1946 年研制，是世界上最著名的突击步枪。该枪采用导气式自动方式（见 305 页），活动部件数量少，因此造价很低。AK47 已装备全球 100 多个国家的军队，30 多个国家对其进行仿制，总产量高达 7500 多万支。

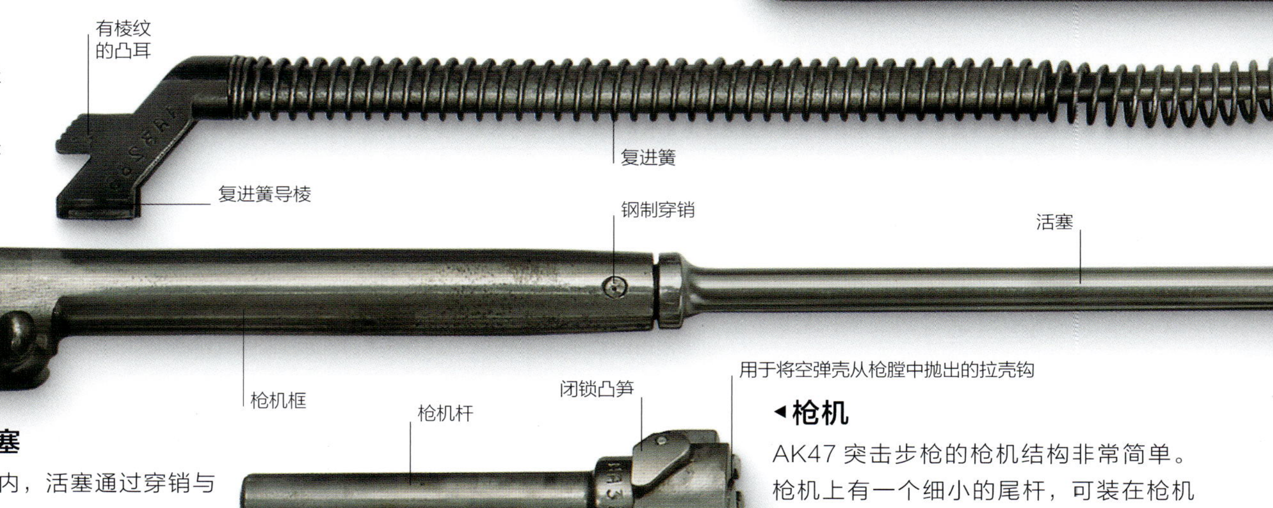

▸复进簧

复进簧位于枪机框（枪机框被机匣盖盖住）后部，其尾部配有带棱纹的凸耳，相当于机匣盖的锁扣。推动凸耳，复进簧轻微向前移动，即可将机匣盖卸下。

枪机座筒

▴枪机框和活塞

枪机位于枪机框内，活塞通过穿销与枪机框相连，活塞位于导气筒内，发射时，部分火药燃气推动活塞向后运动，使枪机后坐的同时抛出空弹壳。

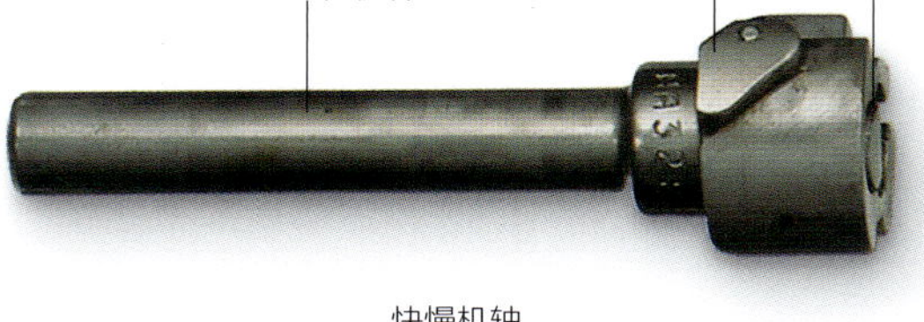

◂枪机

AK47 突击步枪的枪机结构非常简单。枪机上有一个细小的尾杆，可装在枪机框下方，其头部有机械加工的闭锁凸笋，在子弹飞出枪口前，可略微延迟枪机的后移，以避免降低膛压和子弹初速。

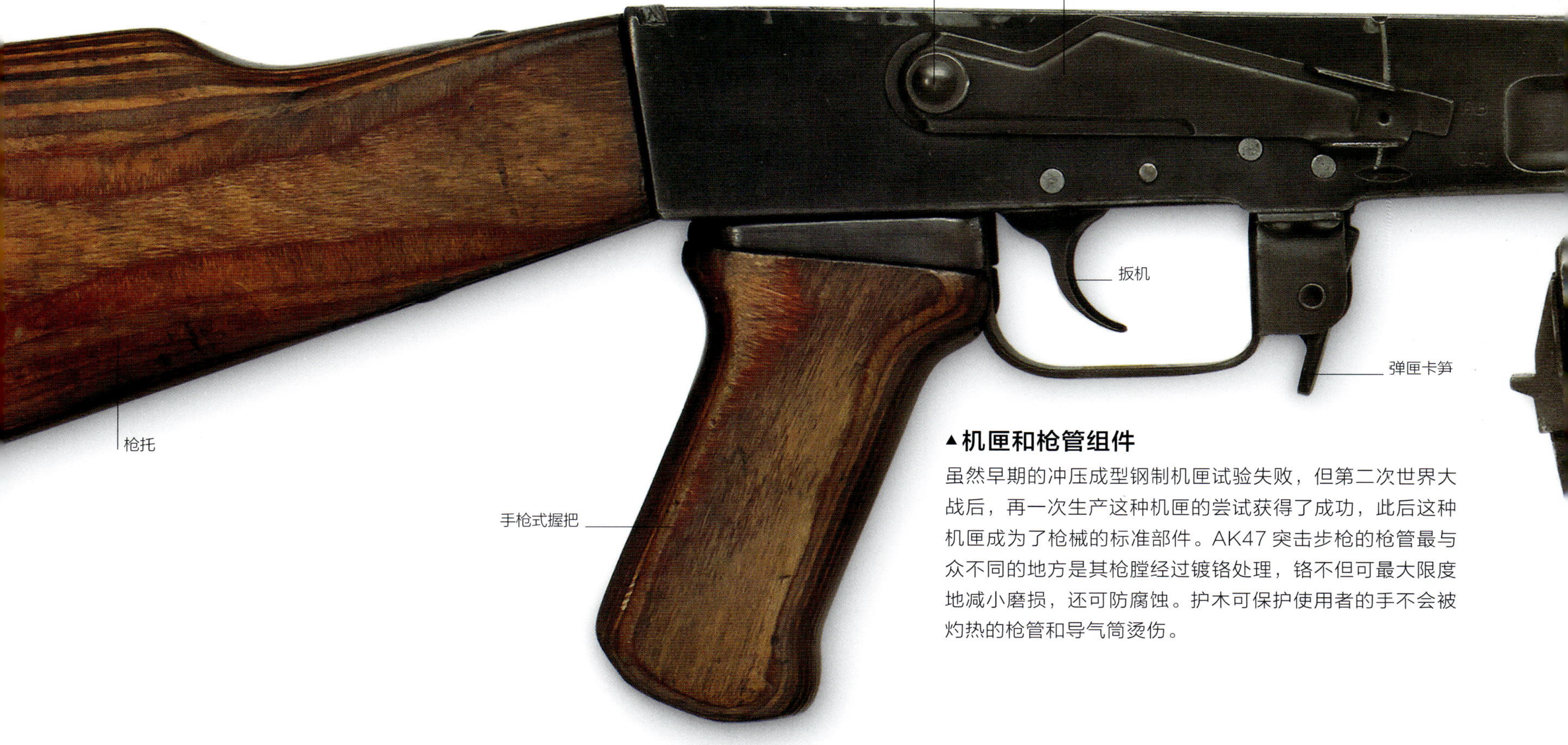

快慢机轴

快慢机

扳机

弹匣卡笋

枪托

手枪式握把

▴机匣和枪管组件

虽然早期的冲压成型钢制机匣试验失败，但第二次世界大战后，再一次生产这种机匣的尝试获得了成功，此后这种机匣成为了枪械的标准部件。AK47 突击步枪的枪管最与众不同的地方是其枪膛经过镀铬处理，铬不但可最大限度地减小磨损，还可防腐蚀。护木可保护使用者的手不会被灼热的枪管和导气筒烫伤。

AK47

时间 1954年

产地 苏联

枪管长 30.5厘米

口径 7.62毫米

由于生产成本低、坚固耐用和结构简单，AK47 成为一种近乎完美的军用武器，其产量也比其他突击步枪多得多。该枪于 1949 年开始装备苏联军队，20 世纪 50 年代开始大量换装，因其在冷战时期的冲突中表现出色而大受欢迎。图中这支 AK47 是 1954 年生产的。

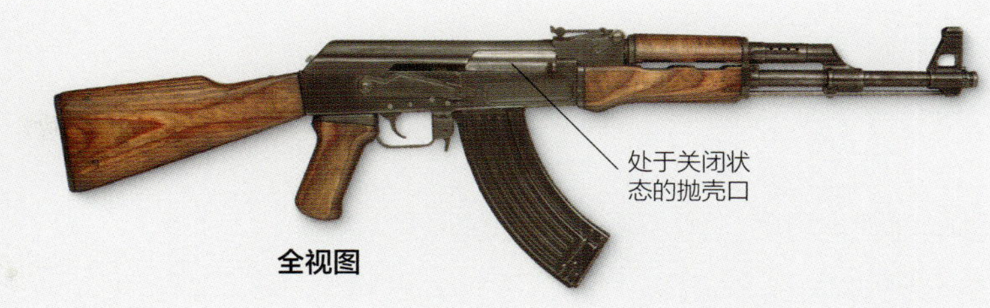

处于关闭状态的抛壳口

全视图

前导杆护圈

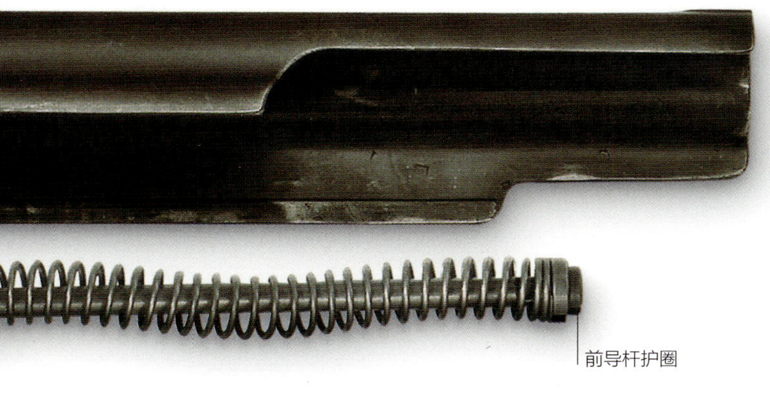

◂机匣盖

为防止沙尘进入步枪组件（枪机、复进簧和扳机机构），机匣上方配备了可移动的冲压成型钢制机匣盖，通过来自复进簧的弹簧张力固定。当快慢机位于最上方时，机匣盖可阻止沙尘从枪机后部进入。

▾导气筒

发射时，一些火药燃气通过导气孔进入内部有活塞的导气筒。火药燃气推动活塞和枪机向后运动压缩复进簧，抛出空弹壳，使枪械处于等待下一发枪弹的待击发状态。当枪机被复进簧推动向前运动时，弹匣中的下一发枪弹被推入枪膛。

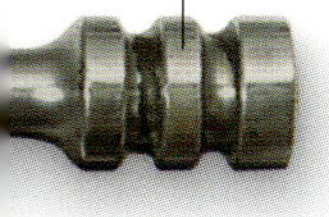

活塞环

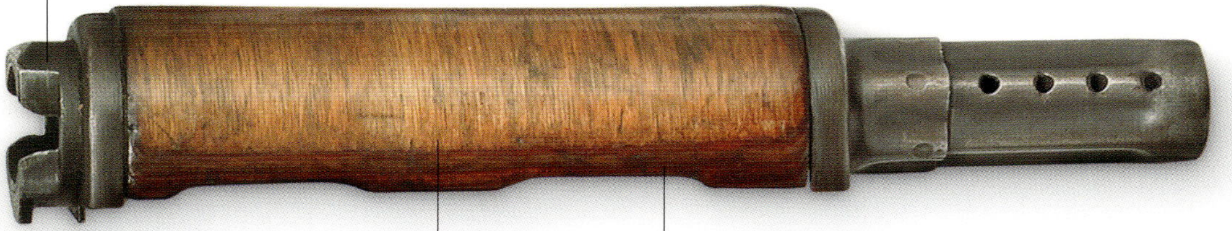

活塞管后端
活塞管位于导气筒内
上护木

I
抛壳口
护木卡笋
下护木箍
里面是导气孔
通条
枪管
下护木

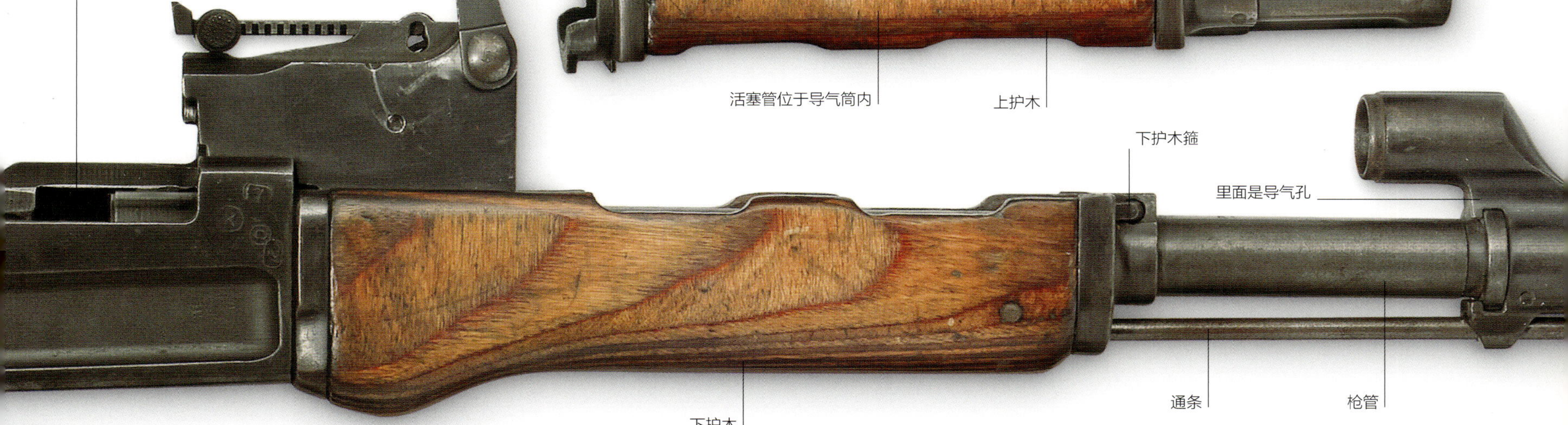

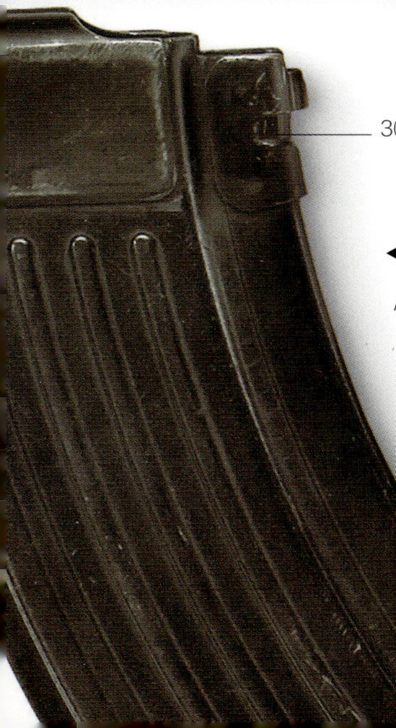

30 发弧形弹匣

◂弹匣

AK47 采用相对较短的枪弹，子弹叠加会形成紧密的弧线，因此采用弧形弹匣。位于扳机护圈前的弹匣卡笋是一种简单的冲压成型钢制杠杆，即使戴着手套也很容易操作。

I

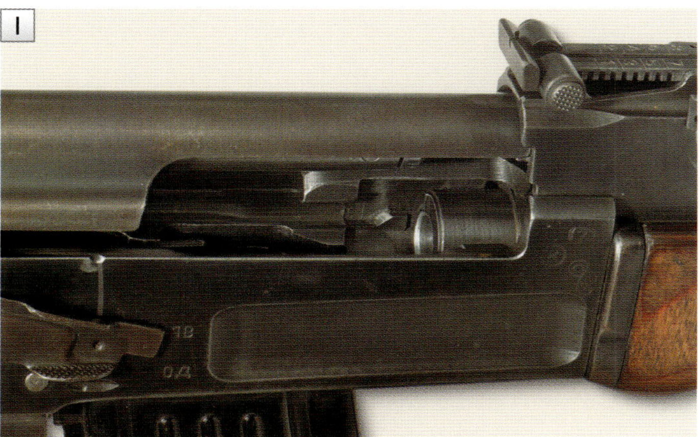

◂抛壳口（打开状态）

抛壳口是机匣盖上位于下机匣上方的一个开口，射击时处于关闭状态。射击后当枪机向后运动时，抛壳口打开，抛出空弹壳。

突击步枪（1976年至今）

20 世纪最后 25 年，采用无托结构的突击步枪越来越多。这种结构是把枪机体和复进机构放在枪托内，同时把弹匣放在扳机后面。这么做可以减小枪械全长，此外，由于大部分后坐力被射手肩膀吸收，还可减轻枪口上扬。与这一时期的其他武器一样，塑料的应用比以往更多。

▼斯太尔AUG

时间 1978年

产地 奥地利

枪管长 50.8厘米

口径 5.56×45毫米北约枪弹

极具未来感的斯太尔 AUG 突击步枪在 20 世纪 70 年代大获成功。它是首款结合了一体式光学瞄准镜、塑料零部件和无托结构的突击步枪。

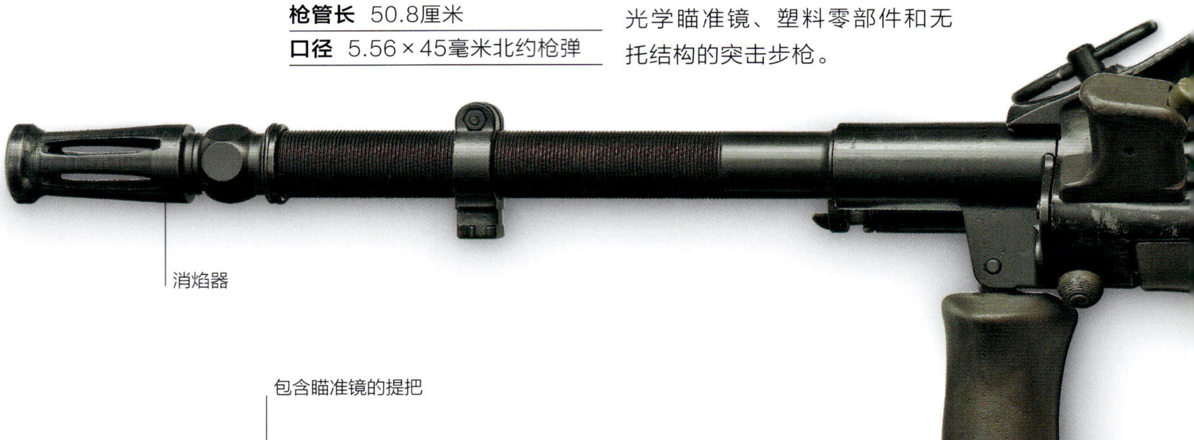
消焰器
前握把

▶法玛斯F1

时间 1978年

产地 法国

枪管长 48.8厘米

口径 5.56×45毫米北约枪弹

法玛斯 F1 突击步枪也采用无托设计，是一款结构非常紧凑的武器，于 20 世纪 70 年代末开始列装法国军队。与其他现代突击步枪一样，该枪也大量采用塑料零部件。

包含瞄准镜的提把
抛壳口
消焰器
两脚架（折叠状态）
25发可卸弹匣

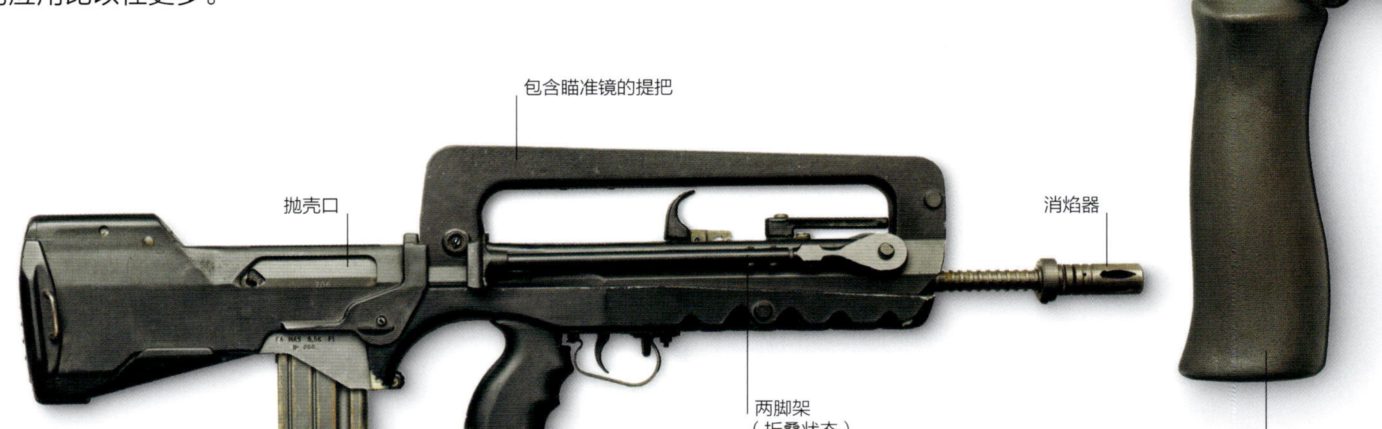

▼L85A1

时间 1985年

产地 英国

枪管长 51.8厘米

口径 5.56×45毫米北约枪弹

L85A1 突击步枪是英国恩菲尔德皇家轻武器厂 1988 年关闭前研制和生产的最后一种武器系统。该枪在研发阶段遇到了一些问题，1985 年装备部队后仍在进行试验。设计之初就计划为其配备光学瞄准镜，机匣和其他一些部分是钢制冲压件，所有勤务性装置则由高强度塑料制成。

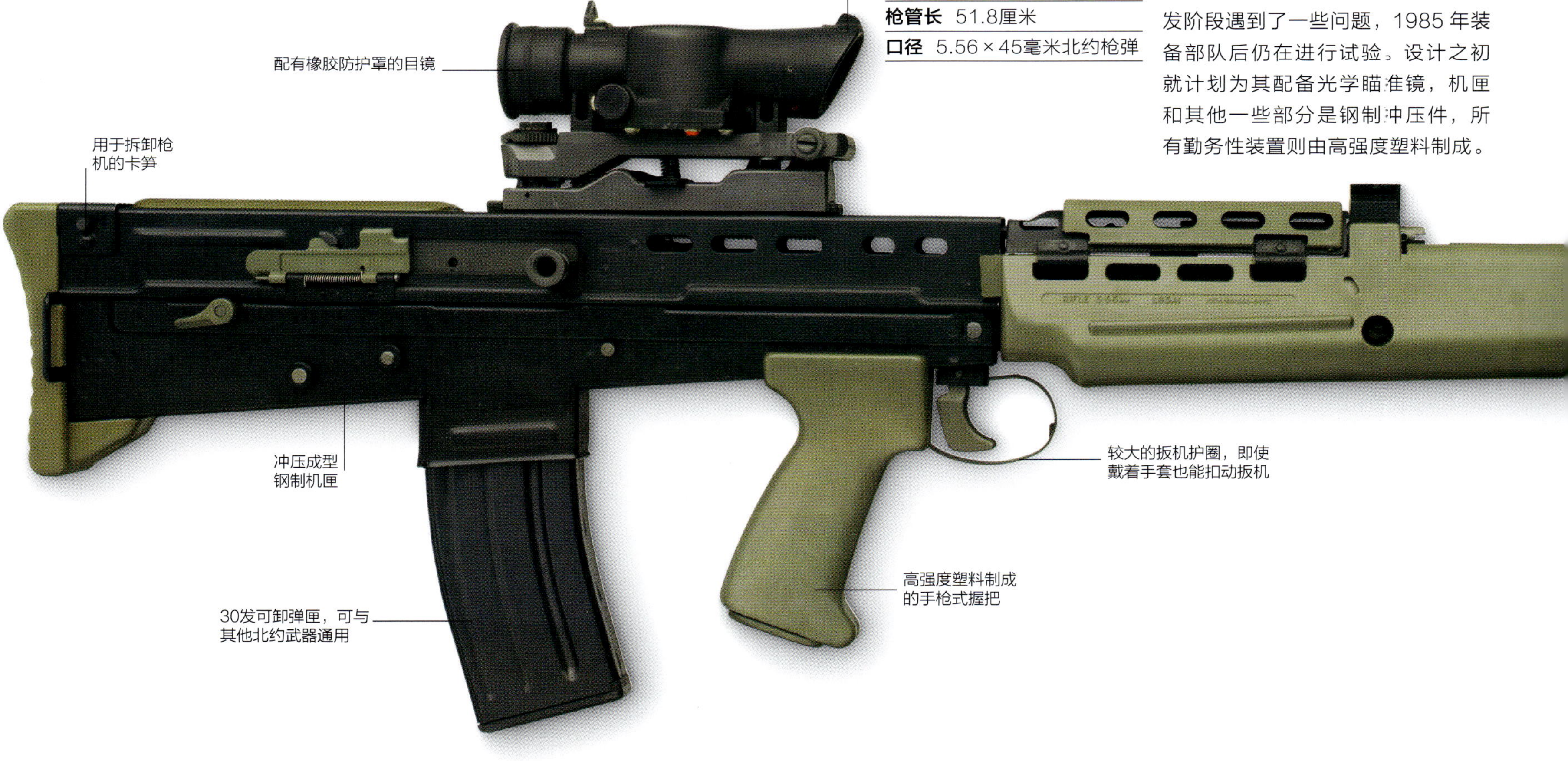
低能见度情况下也能使用的4倍光学瞄准镜
配有橡胶防护罩的目镜
用于拆卸枪机的卡笋
冲压成型钢制机匣
较大的扳机护圈，即使戴着手套也能扣动扳机
高强度塑料制成的手枪式握把
30发可卸弹匣，可与其他北约武器通用

1.5 倍光学瞄准镜
光学瞄准镜调节钮
抛壳口
机匣/枪托
扳机
弹匣卡笋
42 发可卸弹匣
后背带环

光学瞄准镜
枪托底板
皮卡汀尼导轨（枪械上用于安装附件的导轨）
准星
消焰器
垂直的前握把
消焰器
塑料手枪式握把
30 发可卸弹匣

◀ SA80

时间 1985~1994年
产地 英国
枪管长 51.8厘米
口径 5.56×45毫米北约枪弹

该枪起初由英国恩菲尔德皇家轻武器厂研制。1988 年该工厂关闭后转由英国航空航天公司（BAE）研制，其研制工作一直持续到 1994 年。SA80 标志着英国自 20 世纪 40 年代末以来枪械设计的最高水平。除使用塑料件外，该枪还采用了由金属薄片制成的零件。

后准星罩上的瞄准孔
向前打开的准星罩
枪管
扳机
机匣组件
可卸弹匣

▶ FN2000无托步枪

时间 2001年
产地 比利时
枪管长 40.6厘米
口径 5.56×45毫米北约枪弹

FN2000 无托步枪毫无疑问是最科幻的武器，其外形设计非常与众不同。该枪采用模块化结构，枪管和上机匣组件通过一个销钉安装在下机匣上。该枪配有光学瞄准镜，枪管经过镀铬处理，可防止磨损和腐蚀。

狙击步枪（栓动）

无论是否装备军队或警察，旋转后拉式栓动狙击步枪都是高精度的代名词。有些狙击步枪结构很简单，外形和运动步枪很像，例如美国的M40狙击步枪。其他狙击步枪则配备可调式枪托和用于稳定射击的两脚架。在战场上使用时，狙击步枪通常发射标准的制式枪弹，这些枪弹的发射药重量，以及弹头的形状和重量都有严格规定。远程狙击步枪通常发射勃朗宁于20世纪10年代末为勃朗宁机枪研制的0.50英寸勃朗宁机枪弹。

光学瞄准镜

浮置式枪管即使没有配备抑制器也能减轻发射时的振动

▲ M40狙击步枪

时间	1966年
产地	美国
枪管长	61厘米
口径	7.62×51毫米北约枪弹

该枪在雷明顿700运动步枪的基础上研制而成，在越南战争中首次亮相。它是装备美国海军陆战队的第一种狙击步枪，其后续改进型采用玻璃纤维枪托。

▲ 斯太尔SSG-69狙击步枪

时间	1969年
产地	奥地利
枪管长	65厘米
口径	7.62×51毫米北约枪弹

斯太尔SSG-69狙击步枪是为奥地利陆军设计的，也很受警察欢迎。其与众不同的地方是采用5发旋转弹仓而非当时普遍使用的弹匣。

▲ 恩菲尔德L42A1狙击步枪

时间	1970年
产地	英国
枪管长	70厘米
口径	7.62×51毫米北约枪弹

L42A1狙击步枪于1970~1985年生产，英国陆军一直使用到20世纪90年代。该枪采用标准的李-恩菲尔德枪机，但配备了重型枪管，以便发射7.62×51毫米北约枪弹。

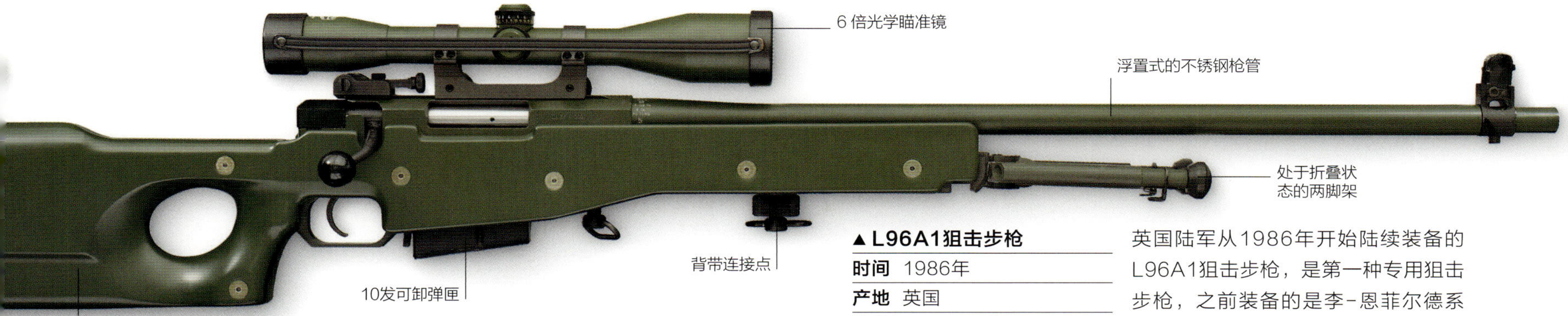

▲ L96A1狙击步枪

时间	1986年
产地	英国
枪管长	65.5厘米
口径	7.62×51毫米北约枪弹

英国陆军从1986年开始陆续装备的L96A1狙击步枪，是第一种专用狙击步枪，之前装备的是李-恩菲尔德系列狙击步枪。该枪采用铝合金机匣，其他部件都安装在机匣上，每支狙击步枪上都配有施密特-本德6倍光学瞄准镜。

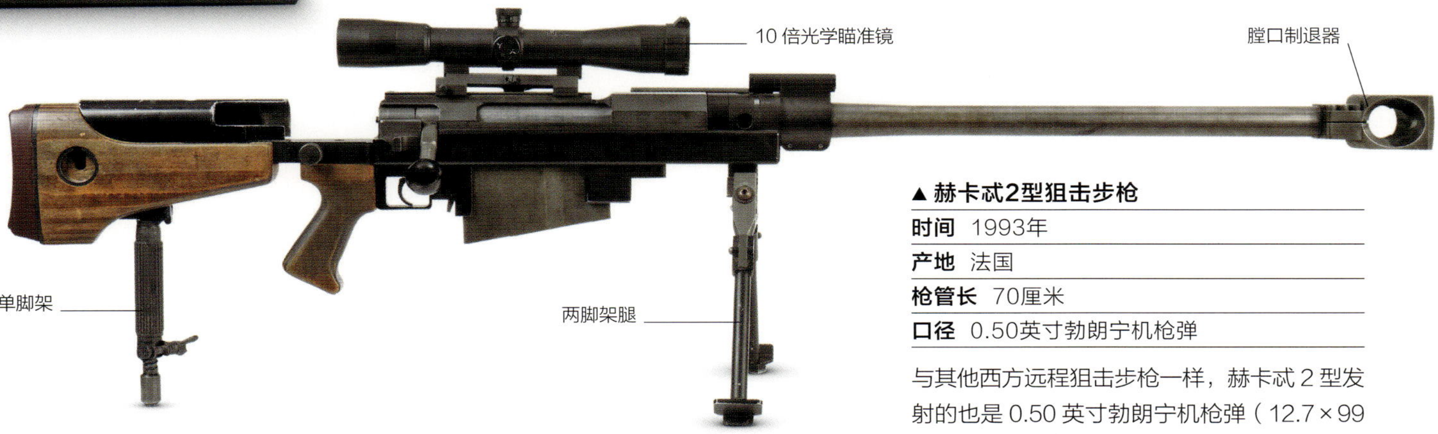

▲ 赫卡忒2型狙击步枪

时间	1993年
产地	法国
枪管长	70厘米
口径	0.50英寸勃朗宁机枪弹

与其他西方远程狙击步枪一样，赫卡忒 2 型发射的也是 0.50 英寸勃朗宁机枪弹（12.7×99毫米北约枪弹），该枪采用法国 PGM 公司开发的骨架式枪托和更高效的膛口制退器。

▲ C14“森林狼”狙击步枪

时间	2005年
产地	加拿大
枪管长	66厘米
口径	0.338英寸拉普阿马格努姆弹

C14 步枪最初是狩猎步枪，但由于精度高，后来加以改进作为狙击步枪使用。该枪发射 0.338 英寸拉普阿马格努姆反人员（杀伤）枪弹，有效射程超过 1200 米。

精确射手步枪

与旋转后拉式栓动狙击步枪一样，精确射手步枪（半自动狙击步枪）也用于精确打击远距离目标。它们在训练有素的精确射手手中，有效射程可达 900 米。精确射手步枪都装配光学瞄准镜，枪托上有可调节的贴腮板，可通过弹匣自动装填弹药，因此能快速连续射击。这种步枪在战场上可用于远距离破坏敌指挥所。

▲加利尔7.62毫米步枪

时间	20世纪60年代
产地	以色列
枪管长	50.8厘米
口径	7.62×51毫米北约枪弹

加利尔精确射手步枪采用配有可调节贴腮板的可折叠枪托，两脚架也可折叠，由 25 发弹匣供弹。这支加利尔 7.62 毫米步枪配备的是“猎人”6 倍光学瞄准镜。

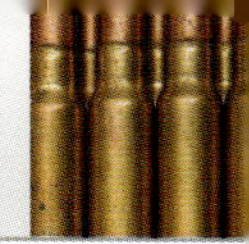

▼德拉贡诺夫SVD

时间	1963年
产地	苏联
枪管长	61厘米
口径	7.62×54毫米

该枪是20世纪60年代华约国家军队的神枪，属于排级支援武器。PSO-1式光学瞄准镜放大倍率为4倍，缺乏红外能力。

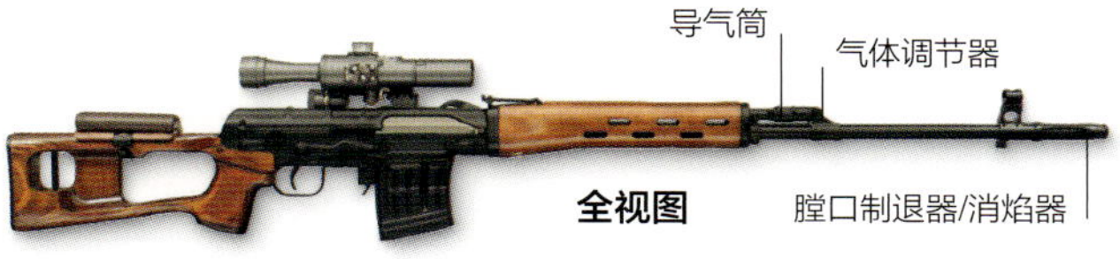
导气筒
气体调节器
全视图
膛口制退器/消焰器

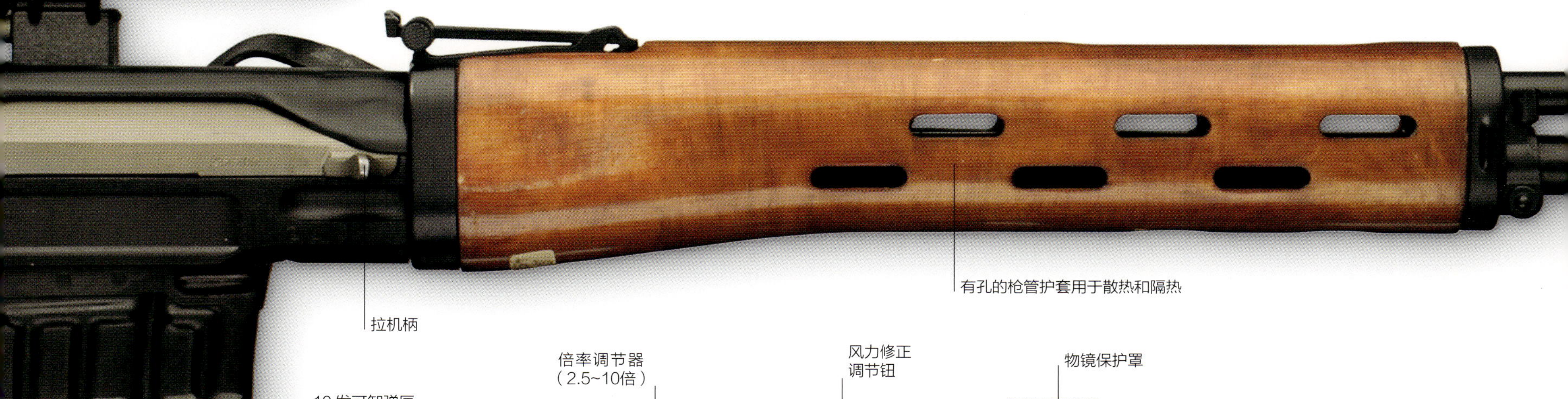
物镜保护罩
有孔的枪管护套用于散热和隔热
拉机柄
10发可卸弹匣

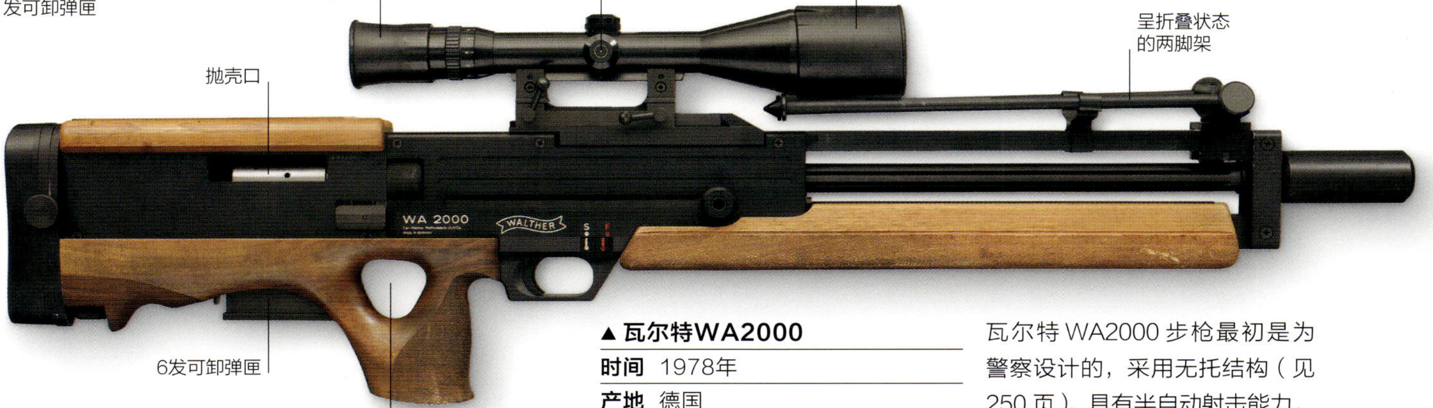
倍率调节器（2.5~10倍）
风力修正调节钮
物镜保护罩
呈折叠状态的两脚架
抛壳口
WA 2000
WALTHER
6发可卸弹匣
拇指孔

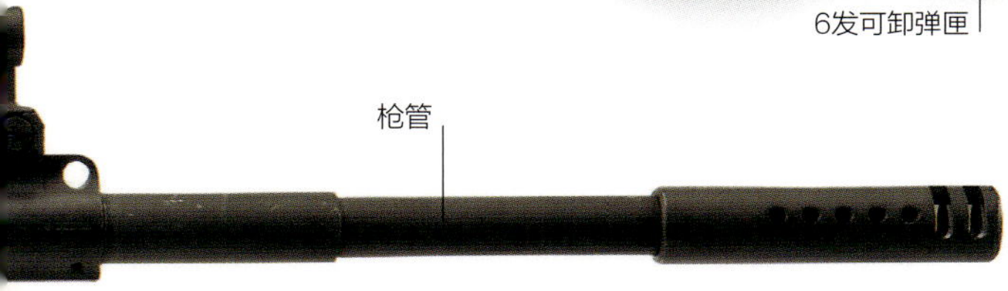
枪管

▲瓦尔特WA2000

时间	1978年
产地	德国
枪管长	65厘米
口径	0.300英寸温彻斯特马格努姆弹/7.62×51毫米北约枪弹

瓦尔特WA2000步枪最初是为警察设计的，采用无托结构（见250页），具有半自动射击能力，以6发弹匣供弹。由于生产成本很高，它在1988年停产。

▼HK PSG-1

时间	1985年
产地	德国
枪管长	65厘米
口径	7.62×51毫米北约枪弹

作为德国警用狙击步枪，HK PSG-1采用半自动枪机，配有浮置式的六边形膛线枪管、可调节枪托和6倍光学瞄准镜。

亨索尔特6倍光学瞄准镜
高低调节钮
贴腮板
浮置式的六边形膛线枪管
聚合物下护木
5发可卸弹匣
手枪式握把
握把底部的圆形底板

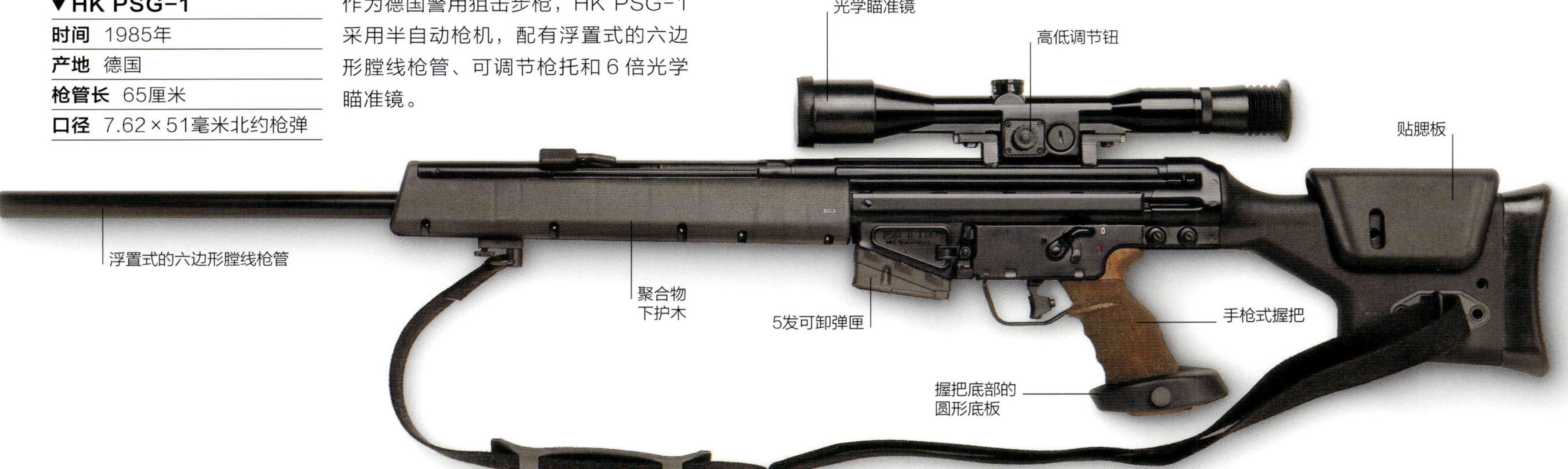

著名轻武器制造商

赫克勒-科赫公司

德国枪械生产有着悠久的历史和传统，第二次世界大战后，三位毛瑟公司的前工程师创建了赫克勒-科赫公司。一份向德国联邦国防军提供步枪的大合同奠定了公司早期的成功。自此，赫克勒-科赫一直是武器制造领域的重要力量。公司的产品如G3和HK33突击步枪，销量可观，衍生出众多变形枪，这使赫克勒-科赫（HK）成为武器市场中尽人皆知的品牌。

特奥多尔·科赫

第二次世界大战后的几年里，同盟国军队（英国、美国和其他国家）严格限制德国的工业，尽管其中一些限制很快被解除，但进入20世纪50年代后仍不允许德国制造武器。法国占领军拆除了位于德国奥伯恩多夫的毛瑟兵工厂，但毛瑟兵工厂的前雇员埃德蒙·赫克勒、特奥多尔·科赫和亚历克斯·赛德尔抢救出了一些设备。这三位工程师在枪械生产和金属加工方面有着丰富的经验，在战后德国艰难的经济条件下，为了生计，他们需要施展全部技能和适应能力。几人建立了自己的公司，最初叫赫克勒公司，后更名为赫克勒－科赫公司，开始生产自行车、机床和缝纫机的精密零件。他们雇佣的工人很多都是前毛瑟兵工厂的员工。

“MP5的成就实至名归。”

克里斯·麦克纳布，英国SAS训练手册

开端

当德国开始战后经济重建的时候，对赫克勒－科赫公司最初生产的产品有着巨大需求。但是，公司创始人的本行都是枪械设计和生产，因此他们在等待时机重返枪械市场。直到20世纪50年代中期，武器生产禁令才被解除。1956年，赫克勒－科赫公司终于等到了时机——受邀参与德国联邦国防军步兵新型突击步枪的竞标。赫克勒－科赫公司参与竞标的突击步枪是西班牙特种材料技术研究中心在毛瑟兵工厂于20世纪40年代研制的步枪的基础上改进而来的，然后赫克勒－科赫公司对其又做了进一步优化。该款枪在与美国和瑞士的其他产品竞争中胜出，公司在1959年获得生产合同，得以生产这款后来众所周知的G3突击步枪（见243页）。该枪采用路德维格·格里姆勒设计的滚柱延迟后坐式枪机，模块化设计使其可快速更换零部件以重组步枪。此外，赫克勒－科赫公司还在其基础上推出许多变形枪，不同型号采用不同的扳机组件、瞄具、枪托和导向器，其他组件则完全相同，因此G3突击步枪有很强的通用性，是用途很广的步枪。

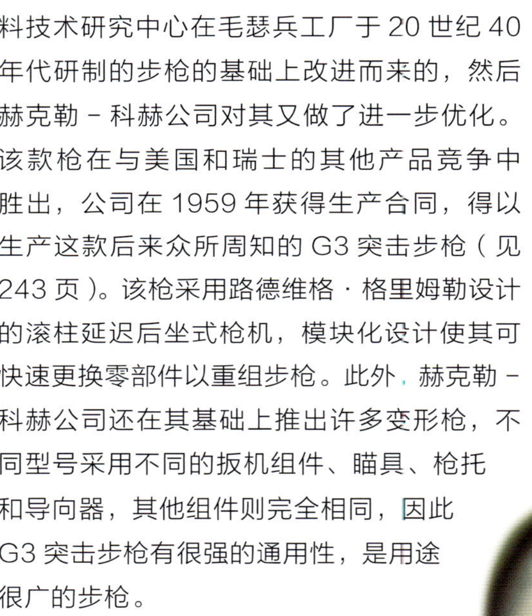

▼奥伯恩多夫兵工厂

位于德国奥伯恩多夫的赫克勒-科赫工厂的一部分，包括第二次世界大战结束后建造的两栋低矮的预制建筑。

技术进步

G3突击步枪使赫克勒-科赫公司获得巨大成功，从挪威到南非，很多国家都装备了它。时至今日，一些型号仍在生产，它为赫克勒-科赫公司的进一步发展奠定了基础。G3突击步枪有4种主要变型，这些变型都采用与G3相同的滚柱延迟后坐式枪机，只是口径各不相同，它们和G3一起构成了颇具规模的枪族。公司的另一款著名产品是MP5冲锋枪，与G3一样，也采用模块化设计，因此用

HK G3A3，1964年

HK MP5A5，1966年

HK G41，1981年

1945年 法国占领军拆除了位于德国奥伯恩多夫的毛瑟兵工厂。

1949年 赫克勒－科赫公司开始生产民用产品，如家用电器和自行车的零部件。

1959年 公司获得为德国联邦国防军生产新型步枪的合同，即G3步枪，后来改进为G3A3（见243页）。

1966年 赫克勒－科赫公司研制出MP5冲锋枪，MP5A5冲锋枪（见292页）为后续改进型。

1968年 HK33突击步枪发布，配用5.56毫米枪弹以供出口。

1981年 公司推出G41步枪（见243页），最初用于替换HK33突击步枪。

1990年 由于德国统一，经过多年研制的发射高速无壳弹的G11突击步枪被取消。

1991年 赫克勒-科赫公司被英国皇家军械公司收购。

2002年 赫克勒-科赫公司被卖给个人投资者，随后获得大量订单，为英国生产SA80突击步枪（见251页）和其他枪械。

户可以很快适应这种冲锋枪，MP5也衍生出很多变形枪。MP5冲锋枪已被遍及世界各地的军队和执法机构采购，是使用最为广泛的冲锋枪。

赫克勒－科赫公司还为枪械研制新型材料，如聚合物。当这些材料通常仅被用于枪械非结构件（如握把）的时候，赫克勒－科赫公司（和格洛克等公司一样）已率先用其制造枪械的主要结构部件，从而大幅减轻了枪械的重量，精密模具的使用则大大降低了生产成本。多边形膛线是赫克勒－科赫公司的另一项技术专长，虽然这种老旧方法已不再受欢迎，但赫克勒－科赫公司将其应用到现代武器上，用多边形膛线取代传统膛线，使枪管内枪弹的气密性更好。赫克勒－科赫公司将这些技术成功应用在多用途的系列武器上，使其成为引领21世纪枪械生产的主要公司之一。

▶ 正在使用的MP5冲锋枪
2000~2010年，在监狱执行任务的美国特种作战反应小组（SORT）的成员经常使用MP5冲锋枪协助专业人员处理突发事件。

轻机枪（1945~1965年）

第二次世界大战后，轻机枪的研制很受各国关注，尤其是在德国。其中最有代表性的是美国的M60轻机枪和德国的MG42（见193页）、StG44（见177页）和StG45。这些轻机枪也开始使用金属冲压成型组件和重量较轻的合金材料，因此便于大批量生产。

处于打开状态
的铰链式肩托
复进弹簧座
快慢机
供弹口
层压木枪托

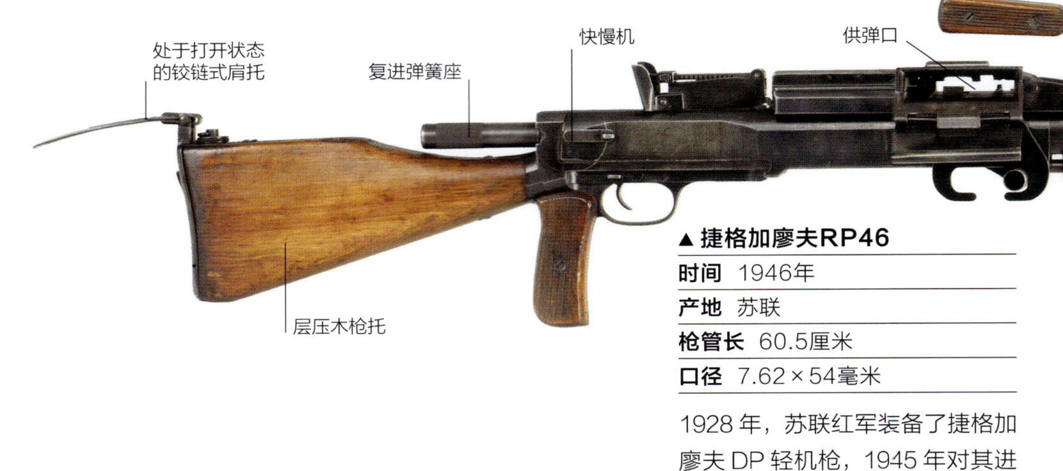

▲捷格加廖夫RP46

时间 1946年

产地 苏联

枪管长 60.5厘米

口径 7.62×54毫米

1928年，苏联红军装备了捷格加廖夫DP轻机枪，1945年对其进行了改进，1946年采用重型枪管，并用弹链替换了之前的弹盘，将其命名为RP46。由于其性能不是很好，很快就被RPD轻机枪取代。

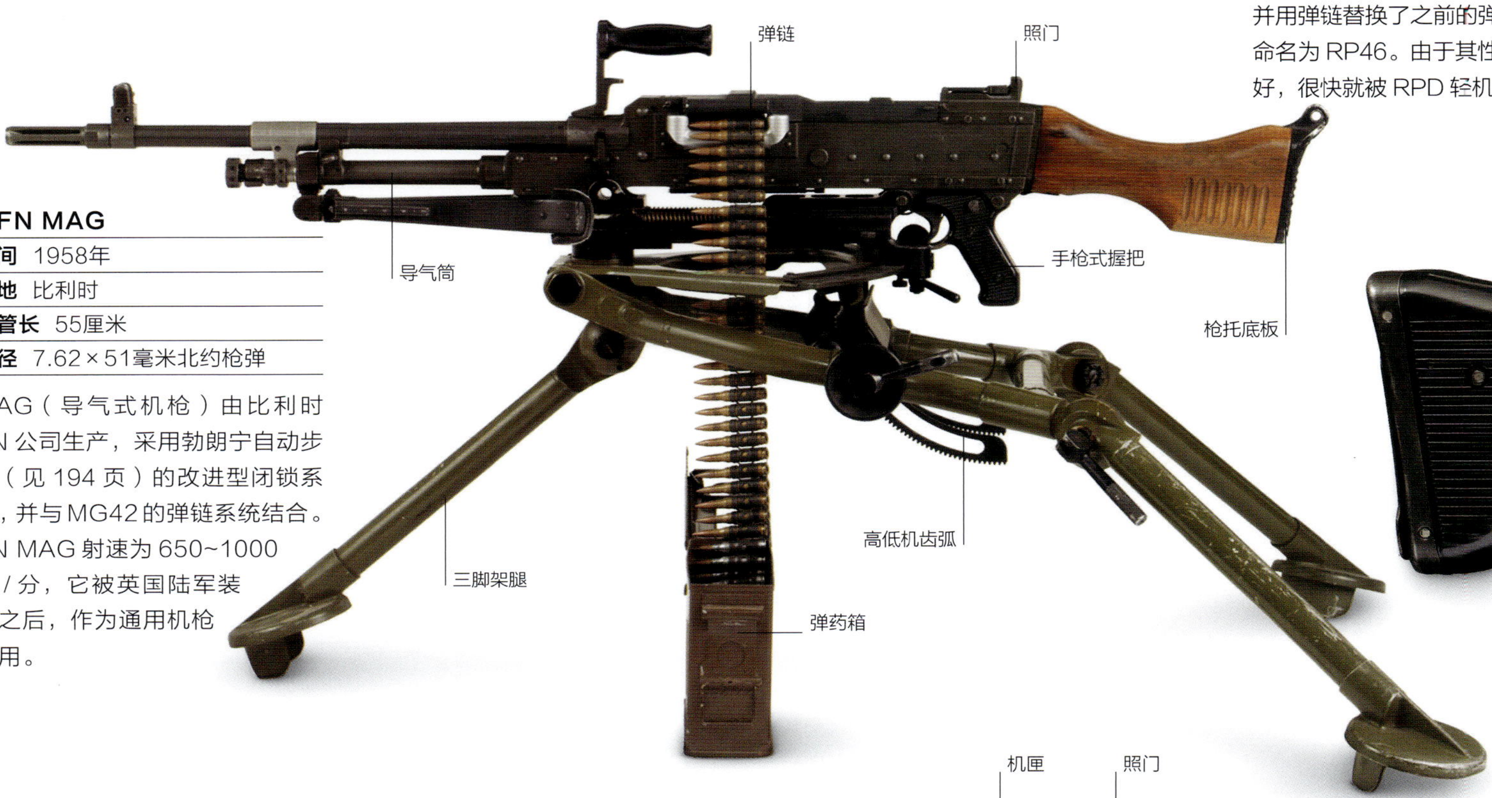

弹链
照门
导气筒
手枪式握把
枪托底板
高低机齿弧
三脚架腿
弹药箱

▶FN MAG

时间 1958年

产地 比利时

枪管长 55厘米

口径 7.62×51毫米北约枪弹

MAG（导气式机枪）由比利时FN公司生产，采用勃朗宁自动步枪（见194页）的改进型闭锁系统，并与MG42的弹链系统结合。FN MAG射速为650~1000发/分，它被英国陆军装备之后，作为通用机枪使用。

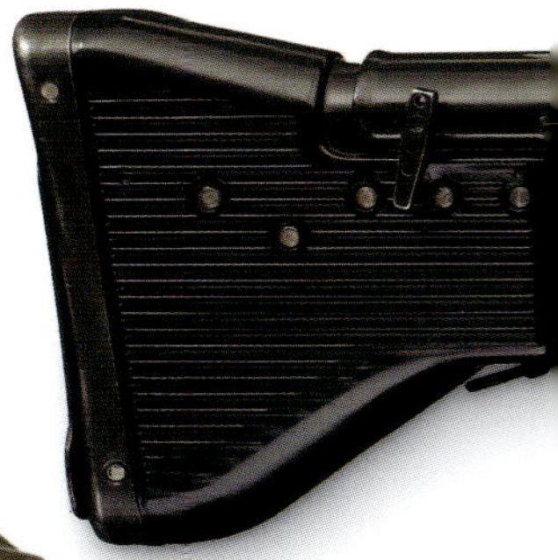

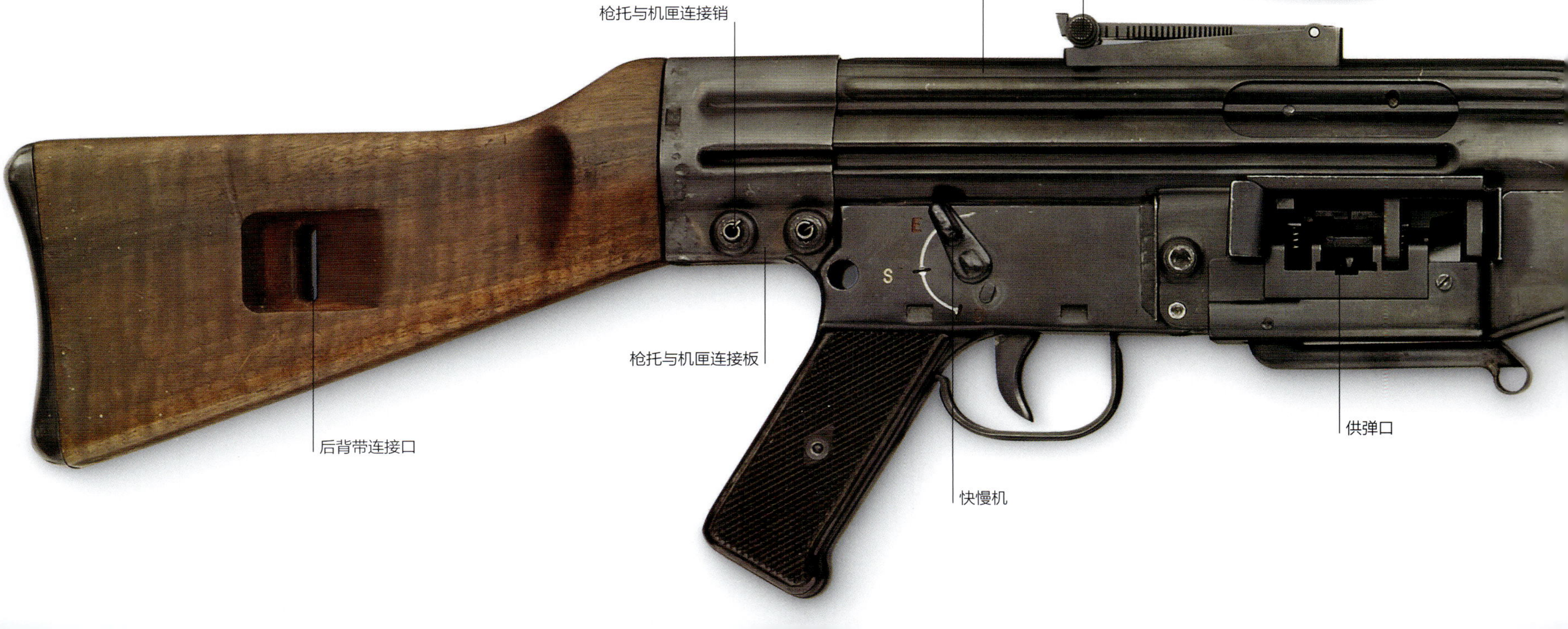

机匣
照门
枪托与机匣连接销
枪托与机匣连接板
后背带连接口
供弹口
快慢机

枪管套筒
消焰器
供弹口
导气管
准星
枪托底板
枪托分解卡笋
两脚架腿

▲ L7A2轻机枪

时间	1960年
产地	英国
枪管长	70厘米
口径	7.62×51毫米北约枪弹

英国L7A2轻机枪仿自在英国特许生产的比利时FN MAG轻机枪（见258页），该机枪为排级支援武器，配备固定式安装架后可安装在车辆上使用。

提把
机匣盖
供弹口
准星
隔热罩
两脚架尾端
两脚架（折叠）
机匣
手枪式握把

▲ M60轻机枪

时间	1963年
产地	美国
枪管长	59.9厘米
口径	7.62×51毫米北约枪弹

20世纪60年代初，美国陆军开始用M60导气式通用机枪替换勃朗宁M1917（见188页），该枪射速为500~650发/分。M60采用和MG42（见193页）相同的供弹系统，闭锁系统与德国FG42自动步枪（见215页）相同。最初该枪由于太笨重，平衡性差，枪管更换系统过于复杂而不符合军方的要求。早期型号的部分零部件（如枪机体）由于磨损严重导致试验失败，之后20年间，通过改进，大部分缺陷得到解决。

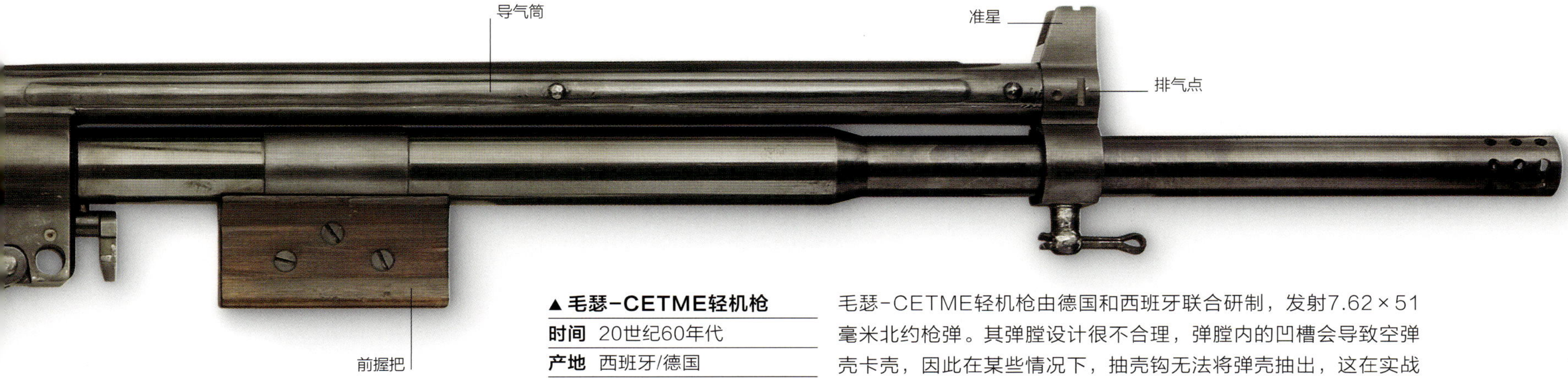

导气筒
准星
排气点
前握把

▲ 毛瑟-CETME轻机枪

时间	20世纪60年代
产地	西班牙/德国
枪管长	59厘米
口径	7.62×51毫米北约枪弹

毛瑟-CETME轻机枪由德国和西班牙联合研制，发射7.62×51毫米北约枪弹。其弹膛设计很不合理，弹膛内的凹槽会导致空弹壳卡壳，因此在某些情况下，抽壳钩无法将弹壳抽出，这在实战中是致命的。CETME（西班牙特种材料技术研究中心）后来设计的北约阿梅利机枪（发射5.56×45毫米枪弹）则比较成功。

轻机枪（1966年至今）

现代轻机枪采用导气式或枪管后坐式自动方式，并大量采用塑料或树脂浸渍组件，以及冲压成型部件，因此大大减轻了重量。除少数轻机枪外，其他都由单兵配备，作为班用支援武器使用。为了提升作战效能，越来越多的轻机枪开始配备光学瞄准镜。加特林“米尼冈”转管机枪通常安装在固定式枪架上使用，由于全长较短，也可作为轻机枪使用。

供弹口

▲加特林“米尼冈”M134

时间 20世纪60年代

产地 美国

枪管长 56厘米

口径 7.62×51毫米北约枪弹

M134是加特林式转管机枪，由电机驱动，射速高达6000发/分，但使用时通常将射速限定在4000发/分左右。由于采用外能源驱动，所以比较笨重，更适合安装在直升机、装甲车或舟艇上使用。

▲PKM通用机枪

时间 1969年

产地 苏联

枪管长 64厘米

口径 7.62×54毫米

该枪是采用导气式自动方式，以弹链供弹的气冷式通用机枪，射速为650~750发/分。它是在米哈伊尔·卡拉什尼科夫设计的PK机枪的基础上改进而来的，枪托底板为铰接式。

►FN“米尼米”轻机枪

时间 1975年

产地 比利时

枪管长 46.5厘米

口径 5.56×45毫米北约枪弹

“米尼米”轻机枪是一款性能出众的气冷导气式机枪，射速为700~1150发/分。该枪被英国陆军和美国陆军采用，在美国陆军被命名为M249班用自动武器。

▲RPK74

时间 1976年

产地 苏联

枪管长 59厘米

口径 5.45×39毫米

RPK74 轻机枪是 AK74 突击步枪（见 246 页）的轻机枪型，采用重型枪管，以及与 AK74 相同的铬合金内衬。该枪配用改进型机匣、两脚架和加长的弹匣，射速为 650 发 / 分。

▼斯太尔AUG轻机枪

时间 1980年

产地 奥地利

枪管长 62厘米

口径 5.56×45毫米北约枪弹

斯太尔 AUG 轻机枪是 AUG 突击步枪（见 250 页）的机枪型，配备两脚架和重型枪管。该枪可使用和 AUG 突击步枪相同的标准光学瞄准镜与提把组合，也可拆掉提把并在导轨上安装其他瞄准镜，其射速为 680~750 发 / 分。

◀L86A1轻型支援武器

时间 1986年

产地 英国

枪管长 64.5厘米

口径 5.56×45毫米北约枪弹

L86A1 采用比 L85A1（见 250 页）更重更大的枪管，后握把用于辅助持续射击。该枪不能快速更换枪管，因此持续射击时间较短，通常采用短促点射来避免枪管过热，其射速为 610~775 发 / 分。

▲内盖夫轻型自动武器

时间 1988年

产地 以色列

枪管长 46厘米

口径 5.56×45毫米北约枪弹

内盖夫轻型自动武器由以色列军事工业公司（IMI）研制，它与轻机枪和通用机枪的区别很模糊。该枪发射 SS109 北约制式 5.56 毫米枪弹，射速为 700 或 900 发 / 分。

▼MG43

时间 2001年

产地 德国

枪管长 48厘米

口径 5.56×45毫米北约枪弹

MG43 是 FN“米尼米”轻机枪（见 260 页）的主要竞争对手。该枪是一种弹链供弹轻机枪，配有可折叠枪托和可快速更换的枪管，其射速约为 880 发 / 分。2001 年装备德国陆军的是经过略微改进的型号，重新命名为 MG4。

现代转轮手枪

尽管转轮手枪在19世纪就已经出现，结构已基本固定，但时至今日仍很受欢迎。这主要是由于转轮手枪性能可靠、结构紧凑且易于装填。作为自卫武器，它的优势是重量轻和隐蔽性好。此外，其构造可使它发射半自动武器所不能发射的大威力枪弹。

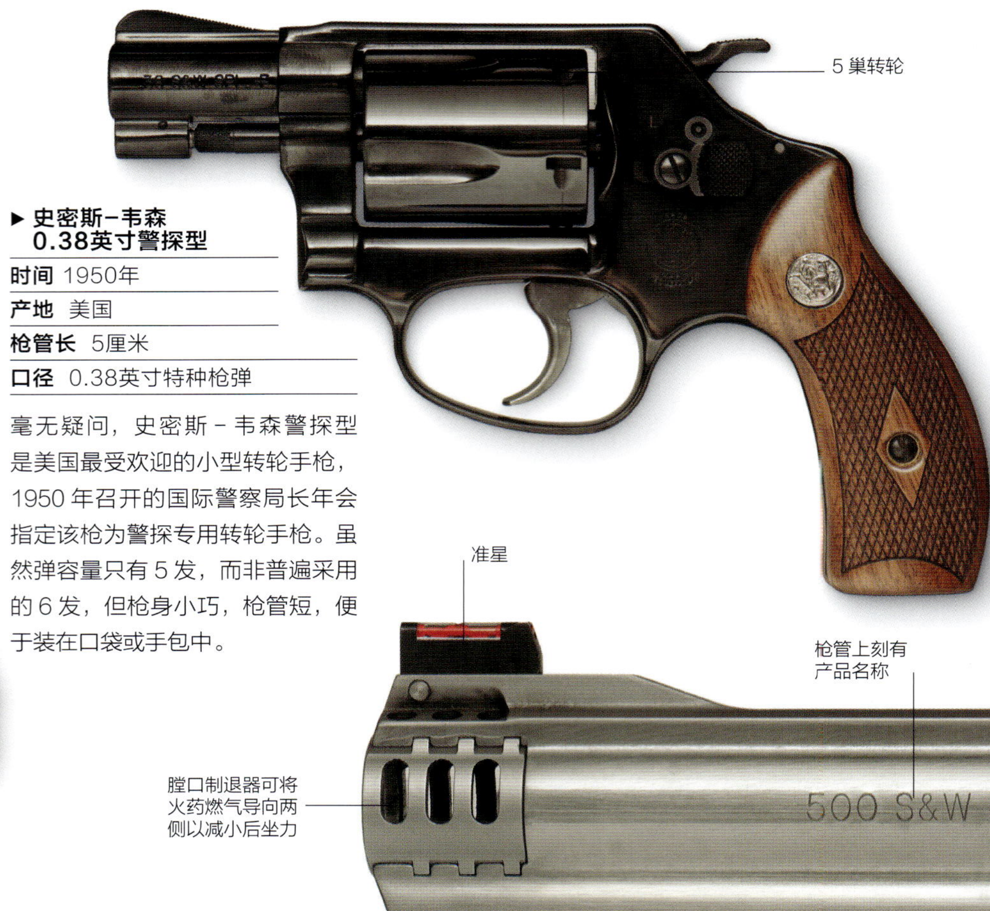

▶ 史密斯-韦森 0.38英寸警探型

时间 1950年

产地 美国

枪管长 5厘米

口径 0.38英寸特种枪弹

毫无疑问，史密斯-韦森警探型是美国最受欢迎的小型转轮手枪，1950年召开的国际警察局长年会指定该枪为警探专用转轮手枪。虽然弹容量只有5发，而非普遍采用的6发，但枪身小巧，枪管短，便于装在口袋或手包中。

▲ 史密斯-韦森 "空气重量"

时间 1952年

产地 美国

枪管长 5厘米

口径 0.38英寸特种枪弹

多数枪械制造商都生产过袖珍转轮手枪，它们比用相同弹药的半自动手枪更轻，且枪管极短，易于隐藏。史密斯-韦森公司为纪念成立100年，推出了"空气重量"系列转轮手枪。该枪采用5巢转轮和隐藏式击锤，其中一种型号的转轮座由铝合金制成，重量更轻。

有肋条的风冷枪管

可调节式照门

格纹握把

▲ 柯尔特"蟒蛇"

时间 1953年

产地 美国

枪管长 20.3厘米

口径 0.357英寸马格努姆弹

该枪于1953年推出，是柯尔特公司首款发射马格努姆弹的转轮手枪。它是双动转轮手枪，击锤可手动待击或扣动扳机直接射击。该枪最初主要为打靶射击研制，配备了风冷瞄准肋条。而装配短枪管的"蟒蛇"转轮手枪则被警察选用。

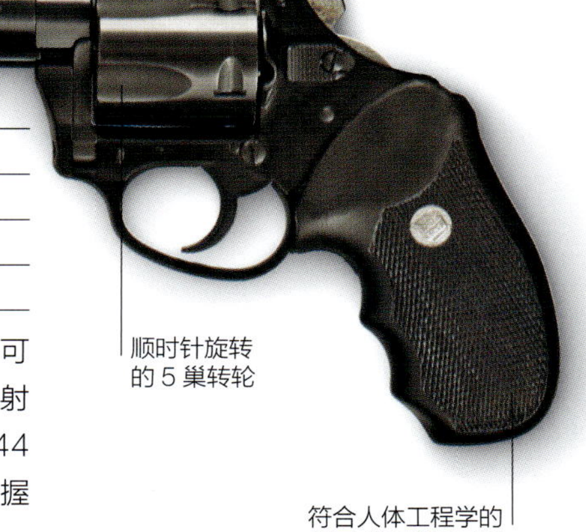

▶ 查特武器公司 "斗牛犬"警用型

时间 1971年

产地 美国

枪管长 10.1厘米

口径 0.357英寸马格努姆弹

该枪虽采用重型转轮座，但也可配备6.5厘米的短枪管。其发射0.357英寸马格努姆弹或0.44英寸特种枪弹，模压成型橡胶握把可减轻手部受到的后坐力。

可调节的照门
准星
扳机护圈
格纹握把

▲ **史密斯-韦森M29**

时间 20世纪80年代
产地 美国
枪管长 22厘米
口径 0.44英寸马格努姆弹

史密斯 - 韦森 M29 转轮手枪于 1955 年推出，是史密斯 - 韦森 N 型转轮座转轮手枪中的一种，专门设计用于打击重型目标。该枪可采用 10~27 厘米不同长度的枪管，发射 0.44 英寸马格努姆弹，因此它比发射传统手枪弹的转轮手枪射程更远。为提高射击精度，史密斯 - 韦森 M29 还配备了可调节的照门。

▼ **儒格GP-100**

时间 1987年
产地 美国
枪管长 10.2厘米
口径 0.357英寸马格努姆弹

1949年成立的斯特姆-儒格公司是枪械生产界的后起之秀。该公司的GP-100双动转轮手枪配有自动击锤保险以避免走火，符合人体工程学的握把更易于握持。

转轮定位凹槽
6巢转轮
握把

转轮释放卡笋
5巢转轮
扳机护圈
握把

▲ **史密斯-韦森"蒂芙妮"马格努姆**

时间 1989年
产地 美国
枪管长 15厘米
口径 0.44英寸马格努姆弹

史密斯 - 韦森生产了多种有"蒂芙妮"风格装饰的转轮手枪。该枪是在发射 0.44 英寸马格努姆弹的 M29 的基础上研制的，其特点是镶有银饰的握把和黄金嵌饰的枪管。

▲ **史密斯-韦森M500 X型转轮座**

时间 2003年
产地 美国
枪管长 22厘米
口径 0.500英寸史密斯-韦森马格努姆弹

这把厚重的 5 巢转轮手枪是世界上最大的民用手枪，空重 2 千克，子弹重 22.7 克。该枪专为大型射击竞技比赛设计，枪管配有制退器以减小后坐力。

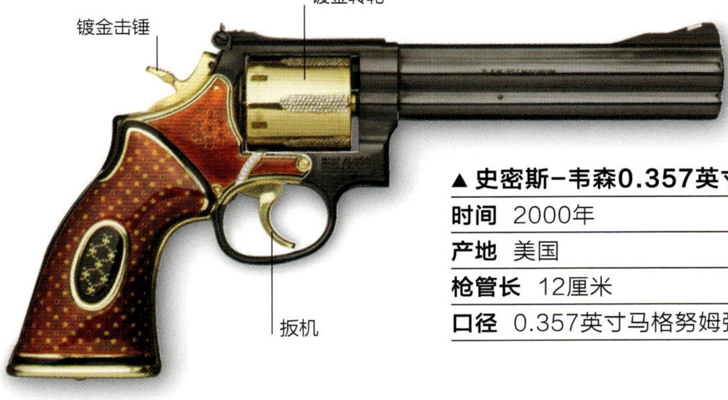

镀金击锤
镀金转轮
扳机

▲ **史密斯-韦森0.357英寸马格努姆**

时间 2000年
产地 美国
枪管长 12厘米
口径 0.357英寸马格努姆弹

该枪除精美装饰的握把，还采用了镀金的转轮、扳机和击锤。枪管和转轮座的主要部分仍采用传统材质，没有任何装饰。与大多数史密斯 - 韦森限量珍藏版转轮手枪一样，它具有传统转轮手枪的全部功能。

自动装填手枪（1946~1980年）

第二次世界大战后，自动装填手枪的设计或多或少地遵循着以前的样式。20世纪70年代，自动装填手枪开始采用流线型外形，如赫克勒-科赫公司的VP70M。与此同时，铸造零部件（将蜡制模型放在模具中以制作出精细的金属零部件）开始出现并得到广泛应用。同时，塑料由于不受气候条件的影响，逐渐成为制造手枪握把的主要材料。

套筒

弹匣底座

▲54式手枪

时间	20世纪50年代
产地	中国
枪管长	23厘米（包括消声器）
口径	7.62×25毫米

54 式手枪是中国根据苏联托卡列夫 TT M1933 手枪（见 174 页）仿制而成的型号，发射相同的 7.62×25 毫米枪弹，但增加了套筒防滑纹的数量。这把枪配备了消声器。

◀马卡洛夫PM手枪

时间	20世纪50年代
产地	苏联
枪管长	9.7厘米
口径	9毫米马卡洛夫弹

马卡洛夫 PM 手枪仿自瓦尔特 PP 手枪，取代托卡列夫 TT M1933 手枪（见 174 页）成为苏联红军的制式随身自卫武器。该枪为双动手枪，配有双重保险机构，采用自由枪机式自动方式。

枪口

▲阿勒旺手枪

时间	1965年
产地	埃及
枪管长	11厘米
口径	9毫米帕拉贝鲁姆弹

阿勒旺手枪是埃及特许生产的伯莱塔 M1951 “准将”手枪。该枪为单动手枪（击锤需要手动待击），发射 9 毫米帕拉贝鲁姆弹，采用 8 发弹匣供弹。

一体式消声器

弹匣位于握把内

▲67式手枪

时间	1968年
产地	中国
枪管长	8.9厘米
口径	7.62×17毫米

67 式手枪是一种配有一体式消声器的自由枪机式手枪，其特点是也可采用手动刚性闭锁机构，射击后不会自动抛壳，因此使用时声音很小。

外装消声器

隐藏式击锤

快慢机

按钮式保险销

18发弹匣位于握把内

▶ HK VP70M

时间 20世纪70年代

产地 德国

枪管长 11.6厘米

口径 9毫米帕拉贝鲁姆弹

VP70M手枪是第一种大量采用塑料的手枪，虽然只可进行3发点射，但仍属于全自动手枪。快慢机位于可拆卸的枪托上，可在半自动射击和3发点射之间进行转换。

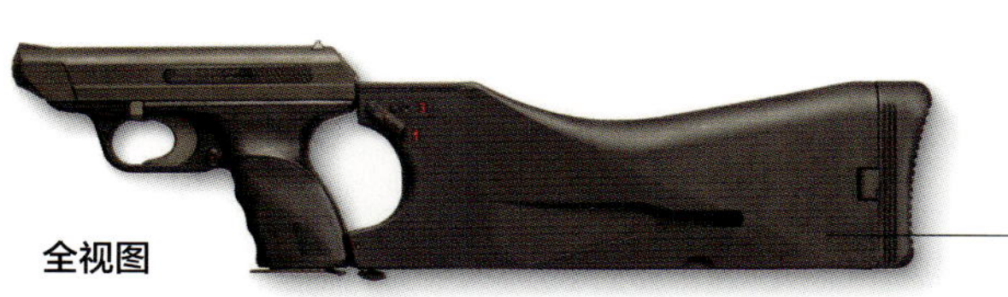

全视图

套筒

空仓挂机杆

▶ CZ75

时间 1975年

产地 捷克斯洛伐克

枪管长 12厘米

口径 9毫米帕拉贝鲁姆弹

CZ75手枪有多种衍生型号，如0.45英寸口径的CZ97手枪和采用聚合物套筒座的CZ75 P-07手枪。CZ75系列手枪可靠性好，已装备许多国家的军队和警察。

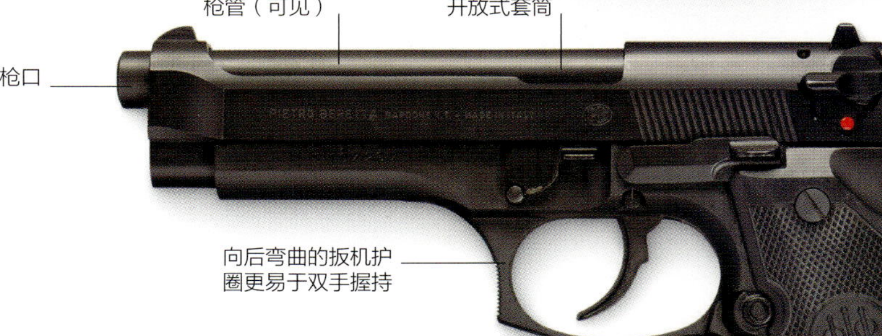

▶ 伯莱塔M92FS

时间 1976年

产地 意大利

枪管长 10.9毫米

口径 9毫米帕拉贝鲁姆弹

20世纪80年代，美国军队用伯莱塔92系列的手枪替换了柯尔特M1911A1手枪（见169页）。其套筒座由铝合金锻造制成，减轻了手枪重量。套筒挂机时可手动单发装填。

自动装填手枪（1981~1990年）

这一时期的自动装填手枪多采用方正的外形，并成为公认的标准样式。在结构上，手枪大量使用由轻金属合金或合成聚合物制成的零部件，后者曾引起使用者和执法机构的不安。使用者害怕完全由聚合物制成的零部件无法承受射击时的压力，警察们则担心这种手枪无法被金属探测器查到。这些顾虑最终被证明是完全没有必要的，所谓的“塑料手枪”仍然风靡一时。

复进簧和激光
指示器外壳
增大的扳机护
圈，即使戴着
手套也能使用
17 发可卸弹匣
位于握把内

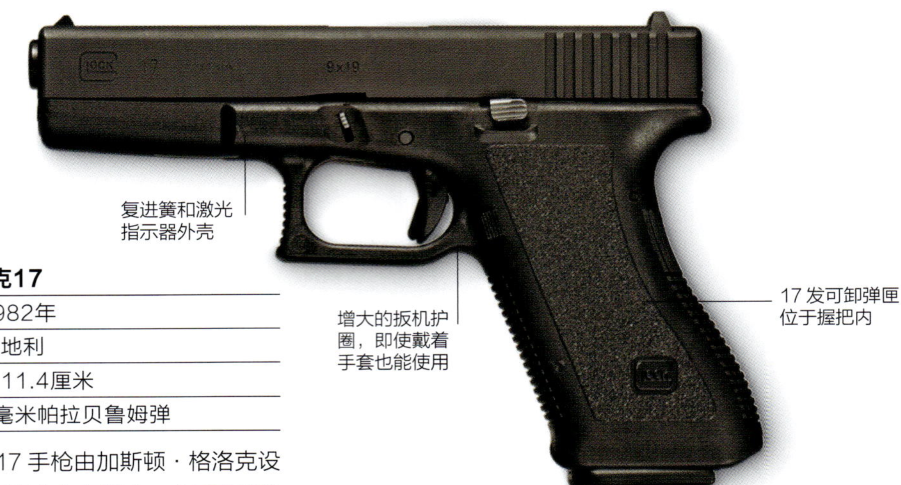

▶ 格洛克17

时间	1982年
产地	奥地利
枪管长	11.4厘米
口径	9毫米帕拉贝鲁姆弹

格洛克 17 手枪由加斯顿·格洛克设计，采用聚合物套筒座，金属零部件经过专有配方处理以防止表面氧化。该枪有 3 个独立的保险闭锁系统来防止走火，包括勃朗宁闭锁系统。格洛克手枪虽然在刚推出的时候备受质疑，但现在已广泛装备警察和军队。

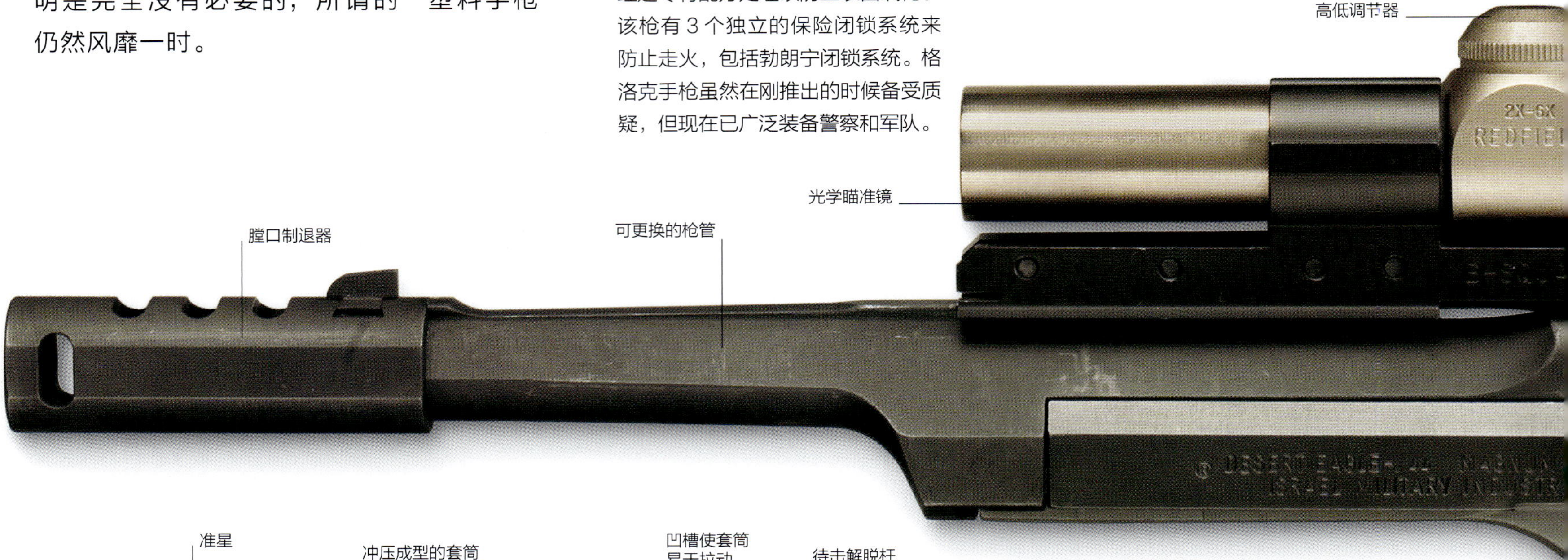

高低调节器
光学瞄准镜
膛口制退器
可更换的枪管

准星
冲压成型的套筒
凹槽使套筒
易于拉动
待击解脱杆
内置枪管衬套
弹匣卡笋
可卸弹匣位于握把内

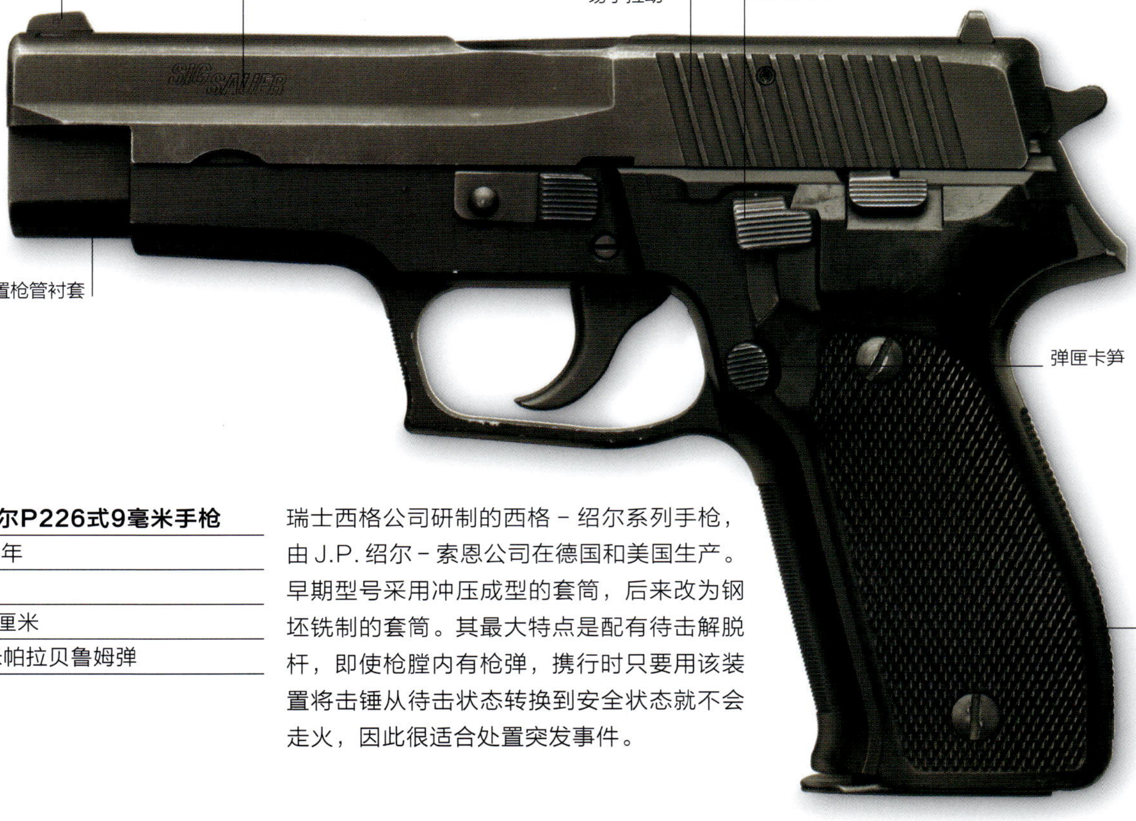

▲ IMI“沙漠之鹰”

时间	1983年
产地	以色列
枪管长	25.4厘米
口径	0.44英寸马格努姆弹（图中手枪口径）

与大多数自动装填手枪不同，以色列军事工业公司（IMI）生产的“沙漠之鹰”手枪采用导气式自动方式（见 305 页）和模块化设计，其标准型套筒座可安装不同的组件，以发射从 0.357 英寸马格努姆弹到 0.5 英寸 AE 枪弹等不同口径的枪弹，此外也可配备不同长度的枪管。

▶ 西格-绍尔P226式9毫米手枪

时间	1984年
产地	瑞士
枪管长	11厘米
口径	9毫米帕拉贝鲁姆弹

瑞士西格公司研制的西格－绍尔系列手枪，由 J.P. 绍尔－索恩公司在德国和美国生产。早期型号采用冲压成型的套筒，后来改为钢坯铣制的套筒。其最大特点是配有待击解脱杆，即使枪膛内有枪弹，携行时只要用该装置将击锤从待击状态转换到安全状态就不会走火，因此很适合处置突发事件。

▲LAR“灰熊”Mk.4手枪

时间	1985年
产地	美国
枪管长	16.5厘米
口径	0.44英寸马格努姆弹

LAR 公司的“灰熊”手枪为一款大威力狩猎和打靶武器，是在柯尔特 M1911 手枪（见 178~179 页）的基础上研制的。二者的主要区别在于尺寸和细微的外部特征（例如扳机护圈的形状和握把镶沿后部的突出物以及握把前镶沿）变化。Mk.1 配有口径转换组件，Mk.4 则不同，只有0.44英寸一种口径。

▲伯莱塔89打靶手枪

时间	1989年
产地	意大利
枪管长	15厘米
口径	0.22英寸

这是一种专门为打靶射击而研制的手枪，采用枪管后坐式自动方式。该枪为单动手枪（击锤需要手动待击），精度很好，配备重型枪管和可调节式照门。

▶IMI“杰里科”941手枪

时间	1990年
产地	以色列
枪管长	12厘米
口径	9毫米/0.41英寸AE弹

“杰里科”941 手枪由以色列军事工业公司（IMI）研制，1990 年开始生产。“941”是指更换枪管、弹匣和复进簧后可在 9 毫米和 0.41 英寸两种口径间转换。

水陆两用枪械

2009 年，俄罗斯展示了 ADS 水陆两用步枪。这只惊人的突击步枪通过发射特种枪弹可在水下作战，水下枪弹发射前可排出氧气以便点燃底火发射子弹。

自动装填手枪（1991年至今）

现代自动装填手枪的外形与之前的自动装填手枪区别很小，但其结构则大量使用碳复合材料、塑料和轻金属合金。它们的另一项重要改进是采用高容量弹匣，弹匣容量普遍在20发左右。从侧面看，现代自动装填手枪的弓形扳机护圈的前部更垂直且表面有沟槽，便于射手双手握持。

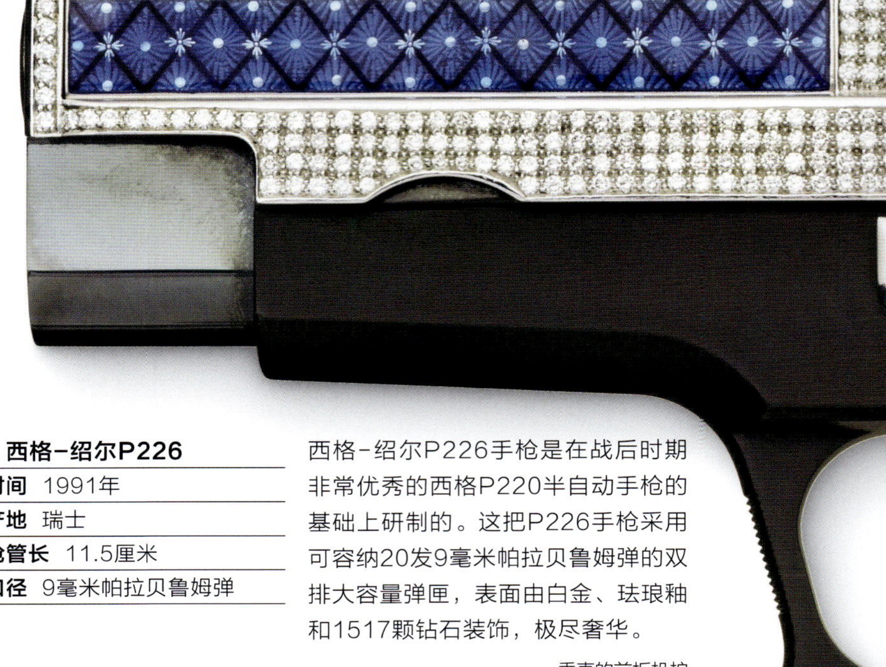

▲西格-绍尔P226

时间 1991年

产地 瑞士

枪管长 11.5厘米

口径 9毫米帕拉贝鲁姆弹

西格-绍尔P226手枪是在战后时期非常优秀的西格P220半自动手枪的基础上研制的。这把P226手枪采用可容纳20发9毫米帕拉贝鲁姆弹的双排大容量弹匣，表面由白金、珐琅釉和1517颗钻石装饰，极尽奢华。

垂直的前扳机护圈便于双手射击

复进簧前端位于套筒前部

双动扳机

15发弹匣位于握把内

▲柯尔特全美2000

时间 1991年

产地 美国

枪管长 11厘米

口径 9毫米帕拉贝鲁姆弹

1991年，柯尔特公司推出全美2000手枪。该枪由里德·奈特和尤金·斯通纳设计，发射9毫米帕拉贝鲁姆弹。套筒座由聚合物或铝合金制成，因此非常轻。1994年公司停止生产这款手枪。

照门

抛壳口

17发弹匣位于握把内

▲史密斯-韦森“西格玛”

时间 1994年

产地 美国

枪管长 10厘米

口径 0.40英寸史密斯-韦森枪弹

1993~1994年，史密斯-韦森公司研制了“西格玛”手枪。其特点是套筒座由高强度聚合物制成，符合人体工程学的握把可容纳17发弹匣。与其他现代手枪一样，枪身上有附件导轨。

套筒座上的保险销

增大的扳机护圈

10发弹匣位于握把内

▲HK USP

时间 1993年

产地 德国

枪管长 10.7厘米

口径 9毫米帕拉贝鲁姆弹

这把通用手枪（USP）是赫克勒-科赫公司为了与格洛克17（见266页）竞争而研制的，也大量采用塑料和早已被实践检验的勃朗宁闭锁系统。它可通过更换扳机组件和弹匣快速在9种不同型号间转换。

▼斯太尔SPP

时间	1993年
产地	奥地利
枪管长	13厘米
口径	9毫米帕拉贝鲁姆弹

SPP（特种用途手枪）是斯太尔TMP冲锋枪的缩小版。该枪只能半自动发射，握把内可装15发或30发弹匣。

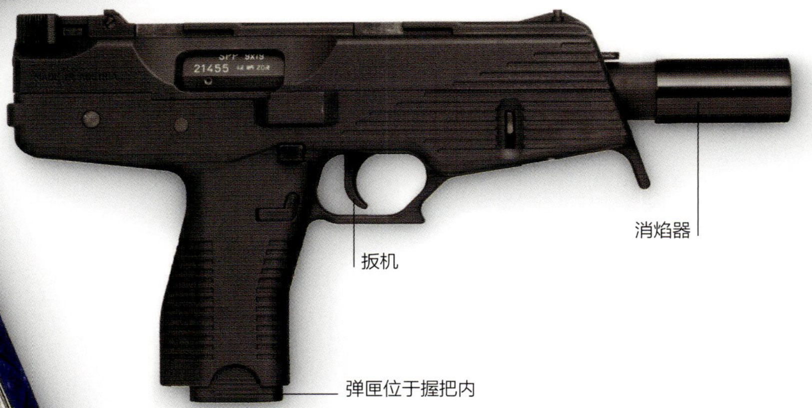

▲格洛克19第四代9毫米手枪

时间	21世纪
产地	奥地利
枪管长	10.2厘米
口径	9毫米帕拉贝鲁姆弹

第四代格洛克手枪在握把上部有拇指窝，这是该枪的辨识特征。握把铸有防滑颗粒，前沿有手指凹槽。该枪最与众不同的地方是扳机护圈前面有用于安装激光指示器的附件导轨。

▲伯莱塔9000S

时间	2001年
产地	意大利
枪管长	8厘米
口径	0.40英寸史密斯-韦森枪弹/9毫米帕拉贝鲁姆弹

伯莱塔9000S是半自动手枪，发射9毫米帕拉贝鲁姆或0.40英寸史密斯-韦森枪弹，套筒座由聚合物制成，采用10发弹匣供弹。该枪既可单动也可双动（手动下压击锤待击或直接扣动扳机射击），其保险机构很有特色，如在自动击针阻铁旁还有一个手动保险。

冲锋枪（1946～1965年）

在第二次世界大战后的数年间，冲锋枪设计重点通常是使用带加强筋的冲压件减轻枪支重量。采用枢轴前转弹匣的法国 MAT 49 冲锋枪是实际运用这一理念的典型产品。尽管大多数冲锋枪配用 9 毫米帕拉贝鲁姆弹，但诸如捷克斯洛伐克“蝎子”等警用枪型则通常设计配用火力较弱的 7.65 毫米手枪弹。一种更常见的设计是苏联的斯捷奇金自动手枪，该枪由于重量较轻，在使用时几乎是不可控制的。

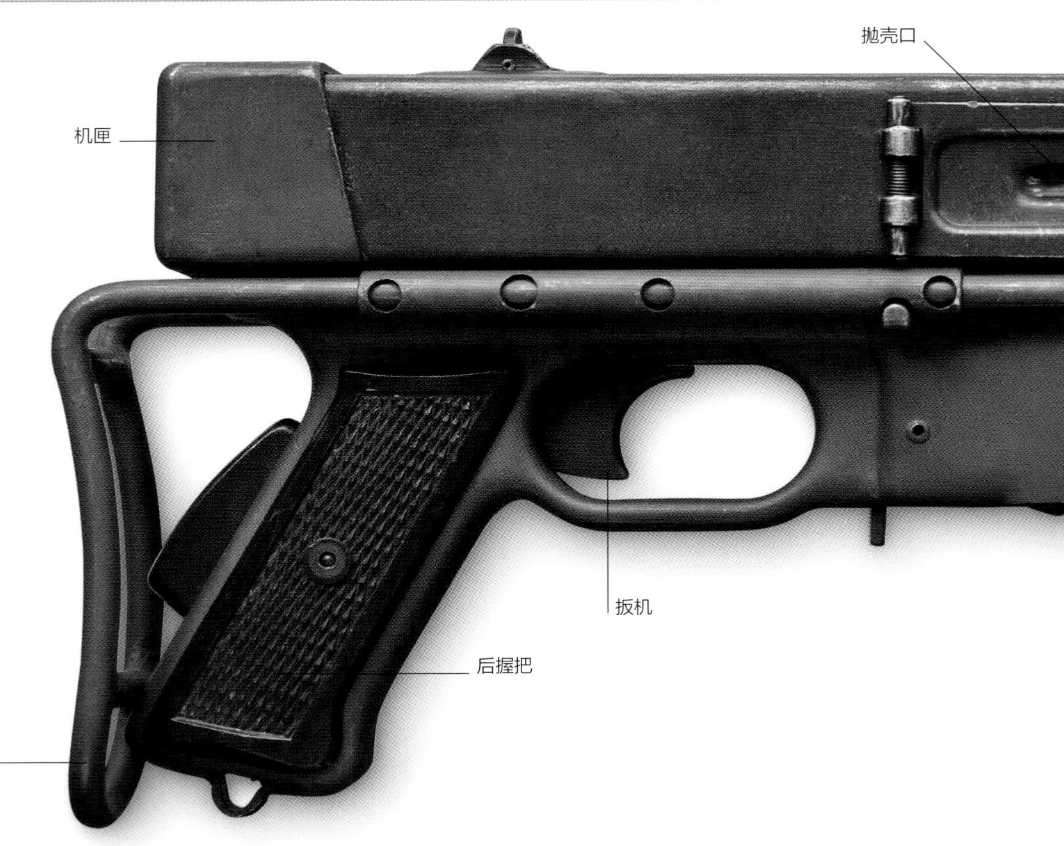

机匣
抛壳口
扳机
后握把
可伸缩式骨架枪托

▼ 乌兹9毫米钢枪托冲锋枪

时间	20世纪50年代
产地	以色列
枪管长	26厘米
口径	9毫米帕拉贝鲁姆弹

乌兹冲锋枪（见 273 页）原本采用常规木枪托，但实际上不便于在飞机或装甲车等狭窄空间内使用。为此，一种改进的型号被设计出来，它采用可折叠式金属枪托，枪托折叠后能极大地缩短全枪长。

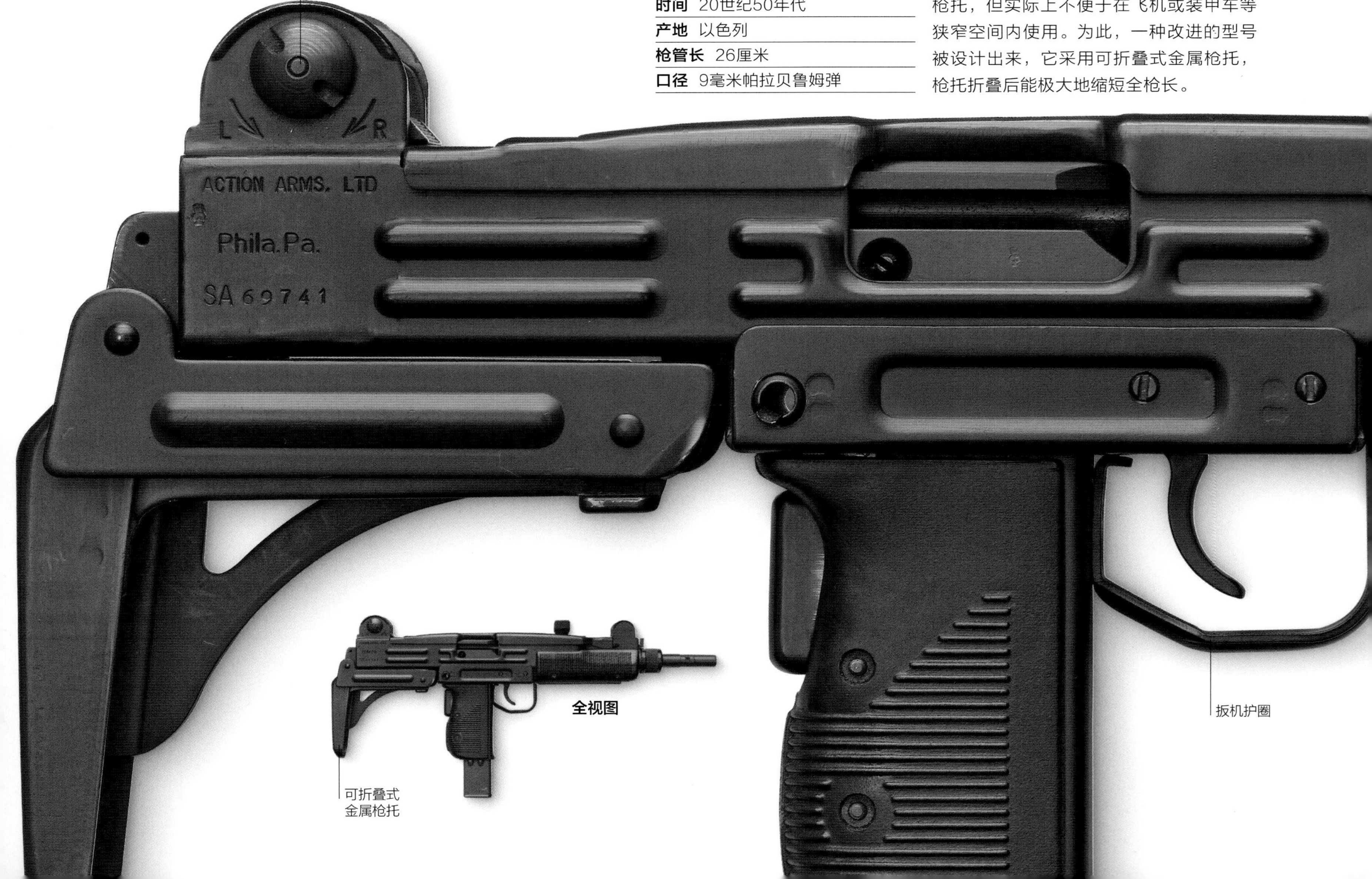

照门
L
R
ACTION ARMS. LTD
Phila.Pa.
SA 69741
扳机护圈
全视图
可折叠式金属枪托

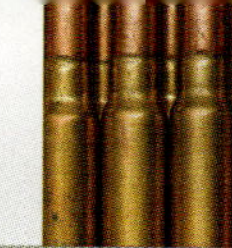

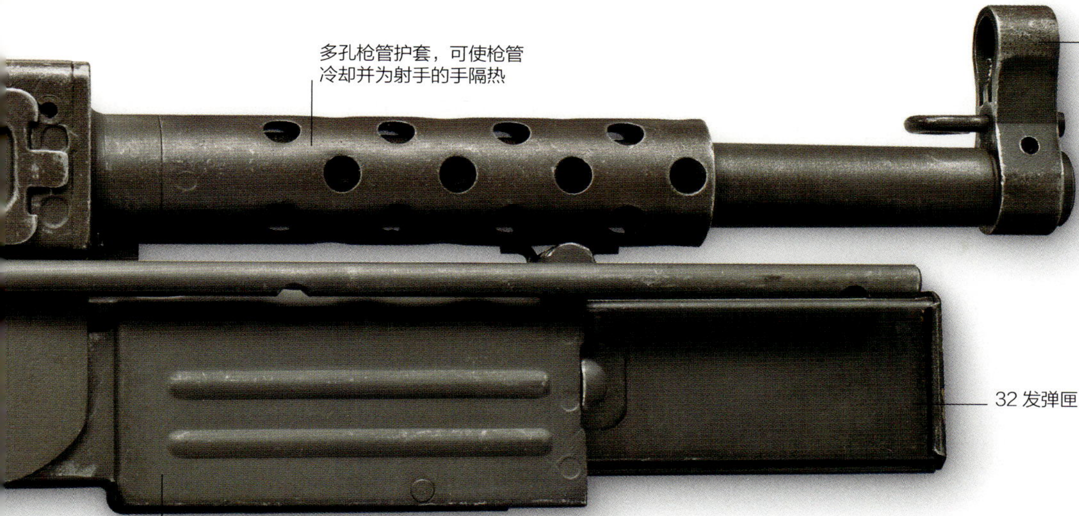

多孔枪管护套，可使枪管冷却并为射手的手隔热
准星罩
32 发弹匣
枢轴弹匣装置兼作前握把

◀ MAT 49冲锋枪

时间 20世纪50年代

产地 法国

枪管长 23厘米

口径 9毫米帕拉贝鲁姆弹

MAT 49 冲锋枪的独特之处在于配有枢轴前转弹匣装置。该装置除使冲锋枪更易于隐藏外，还是一种安全装置，可将弹匣从发射位置取出。该枪在第一次印度支那战争（1946 ～ 1954 年）、阿尔及利亚战争（1954 ～ 1962 年）以及 1956 年的第二次中东战争期间普遍应用于作战。

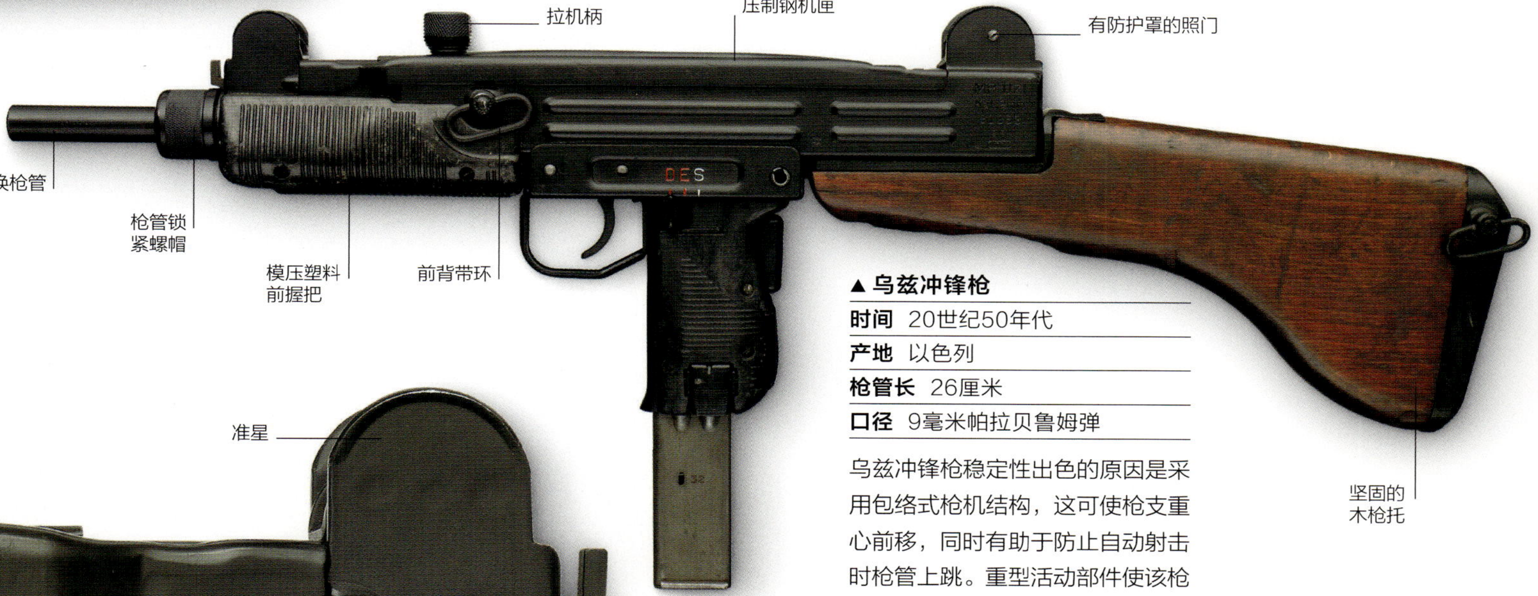

拉机柄
压制钢机匣
有防护罩的照门
可替换枪管
枪管锁紧螺帽
模压塑料前握把
前背带环
坚固的木枪托

▲ 乌兹冲锋枪

时间 20世纪50年代

产地 以色列

枪管长 26厘米

口径 9毫米帕拉贝鲁姆弹

乌兹冲锋枪稳定性出色的原因是采用包络式枪机结构，这可使枪支重心前移，同时有助于防止自动射击时枪管上跳。重型活动部件使该枪能够保持 600 发 / 分的可控射速。

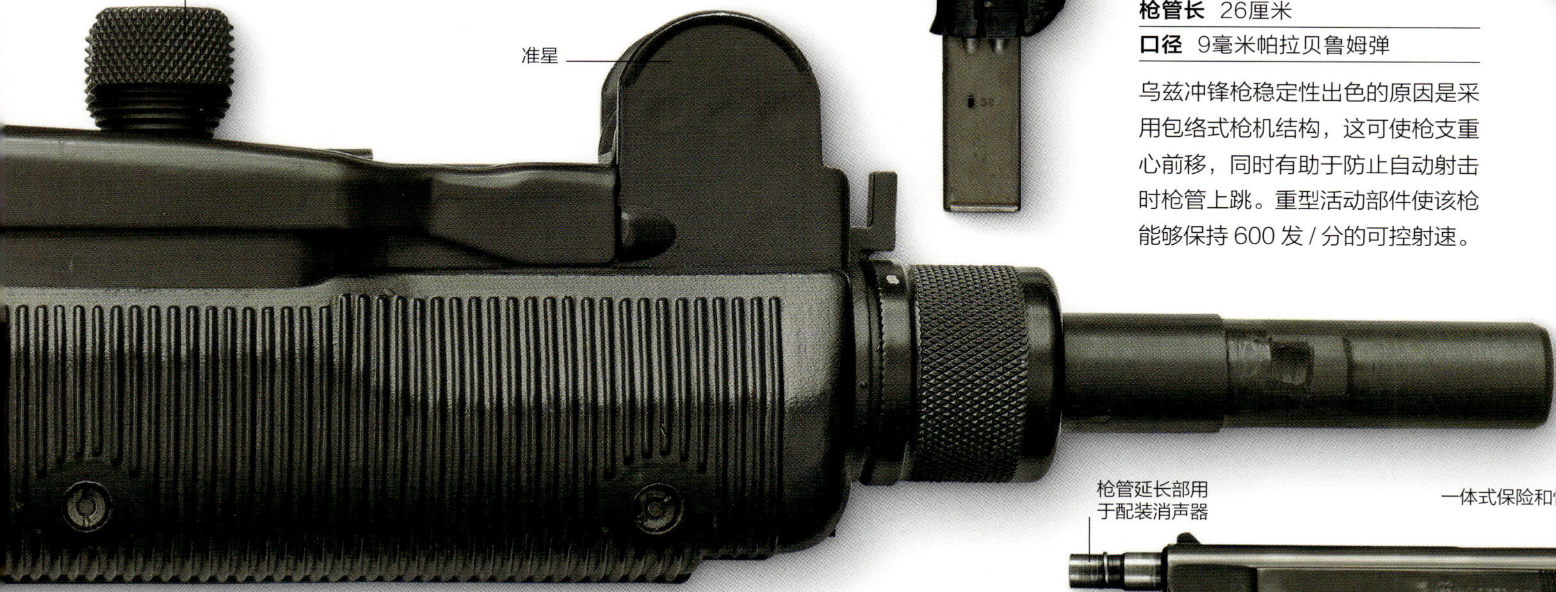

拉机柄
准星

▶ “蝎子”VZ61冲锋枪

时间 1959年

产地 捷克斯洛伐克

枪管长 11.43厘米

口径 7.65毫米

“蝎子”VZ61 冲锋枪由米罗斯拉夫·里巴尔设计，主要供安全部门和警察使用。通过一体化可伸缩式枪机，里巴尔能够生产一种全枪长很短的枪型，因此该枪是在狭小空间内使用或放在衣服下携带的理想武器。该枪的垂直折叠式枪托使枪长进一步缩短。

骨架枪托向前折叠
10 发或 20 发双排弹匣
扳机
握把

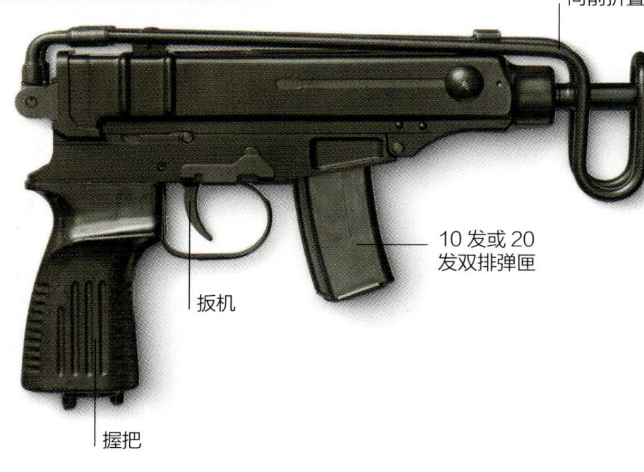

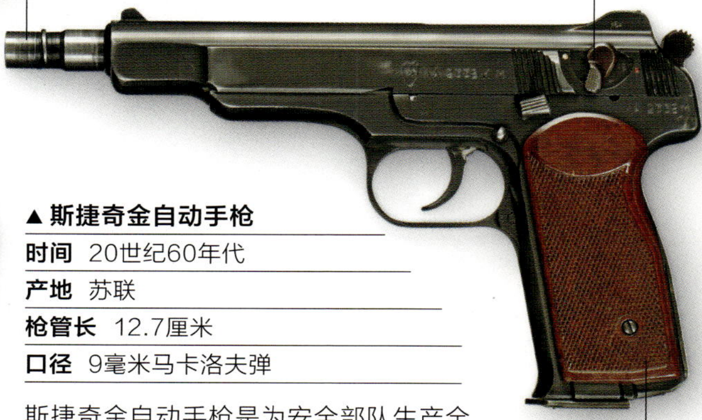

枪管延长部用于配装消声器
一体式保险和快慢机
握把内的20发双排弹匣

▲ 斯捷奇金自动手枪

时间 20世纪60年代

产地 苏联

枪管长 12.7厘米

口径 9毫米马卡洛夫弹

斯捷奇金自动手枪是为安全部队生产全自动手枪的一次不成功的尝试。与马卡洛夫 PM 手枪（见 264 页）一样，该枪基于德国瓦尔特 PP 手枪自由枪机式原理进行设计，连发射击时射速为 750 发 / 分，但实际上几乎是不可控的。

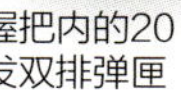

冲锋枪（1966年至今）

在这一时期，部分冲锋枪的外观超前，几乎掩盖了真实用途。隐蔽性成为在冲锋枪结构设计中所考虑的主要因素之一。因此，许多冲锋枪仅比手枪稍大一点，这使特种警察部队和军事人员能够将冲锋枪藏在便服下携带。赫克勒－科赫公司研制的 MP5 冲锋枪（见 257 页）可能是当时生产的最具代表性的冲锋枪中的一种，已在 40 多个国家部署使用。该枪后被 MP7 冲锋枪取代。

▲“蝎子”VZ83冲锋枪

时间	20世纪90年代
产地	捷克斯洛伐克
枪管长	11.5厘米
口径	9毫米短弹

“蝎子”VZ61 冲锋枪（见 273 页）在被建议配用 9 毫米短弹和 9 毫米帕拉贝鲁姆弹等更大型枪弹后，进行了改进，但并未投产。20 世纪 90 年代正式推出了口径增大的型号。该枪定名为 VZ83，配用 9 毫米短弹。

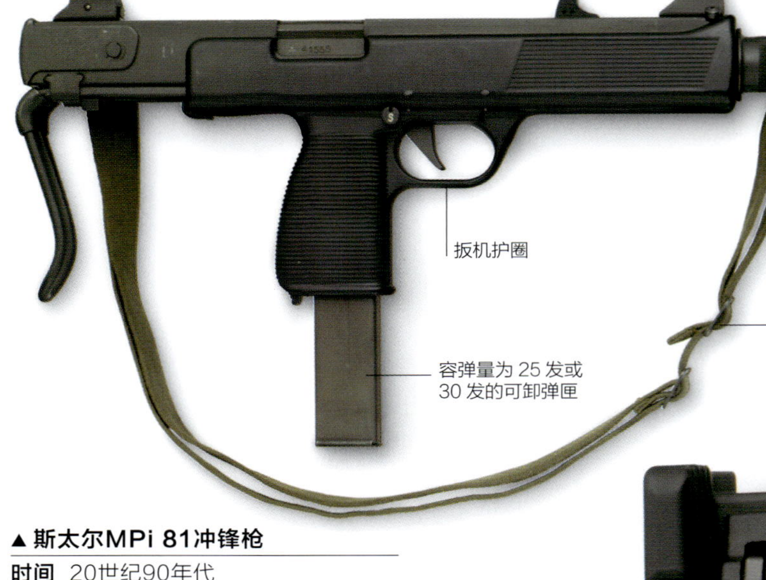

▲斯太尔MPi 81冲锋枪

时间	20世纪90年代
产地	奥地利
枪管长	26厘米
口径	9毫米帕拉贝鲁姆弹

MPi 81 冲锋枪采用传统的拉机柄，可用手向后拉动枪机推弹上膛。该枪口径为 9 毫米，采用自由枪机式自动方式，通过扣动扳机时不同的力度来选定射击模式，其中轻压表示单发射击，重压表示连发射击，其射速为 700 发 / 分。

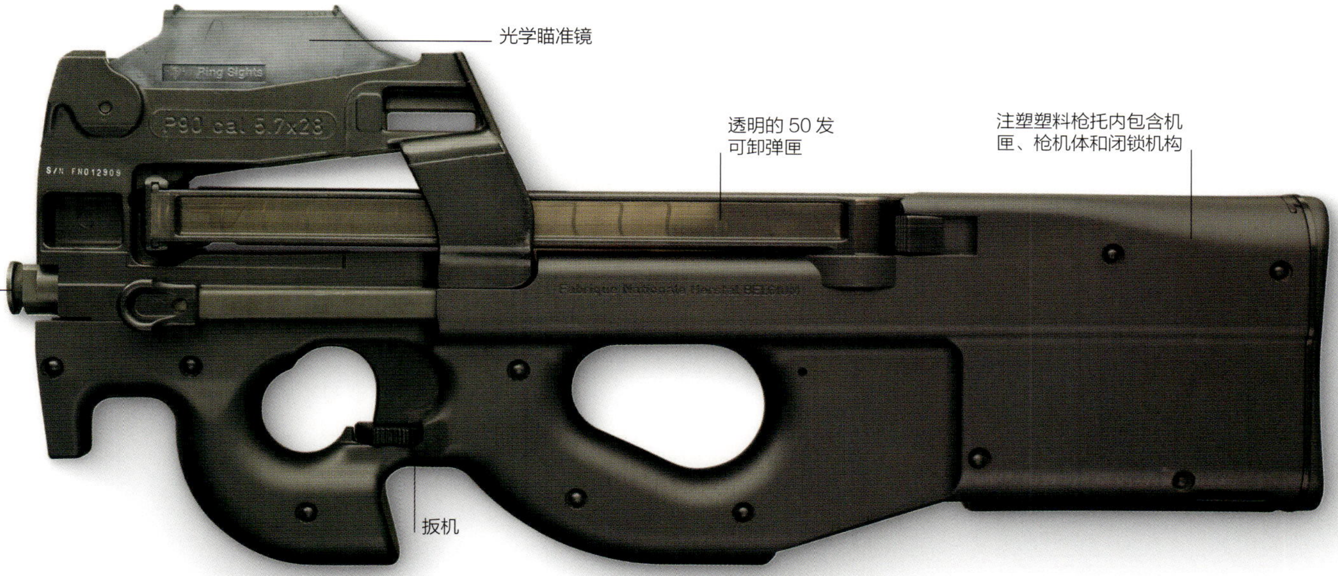

▲FN P90冲锋枪

时间	1990年
产地	比利时
枪管长	26.3厘米
口径	5.7×28毫米

FN P90冲锋枪是一种史无前例的单兵自卫武器，其非机械的枪体部件全部采用塑料材料模制而成，而且其独特的水平供弹方式可使弹匣与机匣结为一体。

全视图

▲HK MP7冲锋枪

时间	2001年
产地	德国
枪管长	18厘米
口径	4.6 × 30毫米

MP7冲锋枪的概念与FN P90相似，是一种“单兵自卫武器”，可发射一种新一代小口径高速枪弹——4.6×30毫米枪弹，其射速为950发/分。该枪采用左右手控制设计，如两侧配装的保险开关和待击装置等，射手的左右手均可操控。

精品展示

MAC M-10冲锋枪

M-10冲锋枪由戈登·英格拉姆于1964年设计，军事武器公司（MAC）制造。尽管该枪仅在1970～1973年投产，但其冲压钢部件、紧凑型结构设计、两级消声器等为未来武器设计提供了成功的蓝图。该枪重量轻，并配有高效的消声器，是执行秘密行动的理想武器之一，因此广泛装备特种部队使用。

全视图（右侧）

MAC M-10冲锋枪

时间	1970～1973年
产地	美国
枪管长	14.6厘米
口径	9毫米帕拉贝鲁姆弹

该枪官方命名为M-10，但由于许多枪支收藏家和作家更多地使用Mac-10这一名称，因此后者更加通用。该枪受欢迎的原因在于配装了消声器，安静到甚至可以听到枪机工作的声音。它在越南战争（1955～1975年）期间被美国特种部队和中央情报局特工大量使用。

▸上机匣和枪管组件

上机匣包括拉机柄、枪机框和复进簧。上机匣右侧还包含抛壳口，直接对应上机匣下面的弹匣。上机匣上安装的是不寻常的螺纹枪管。螺纹主要用于支撑消声器，使消声器能够轻松进行螺旋安装，在不影响枪弹初速的前提下降低发射时产生的声音。

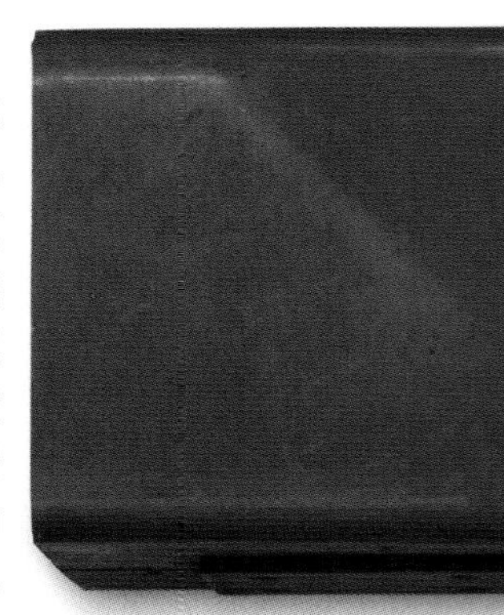

▸肩托折叠和肩托展开状态

M-10冲锋枪配有可滑入下机匣组件的铰接管形钢制肩托。肩托可通过按下位于下机匣组件底部的释放按钮展开，同时还可折叠起来用作肩部支撑，使该枪能够稳定射击。

1

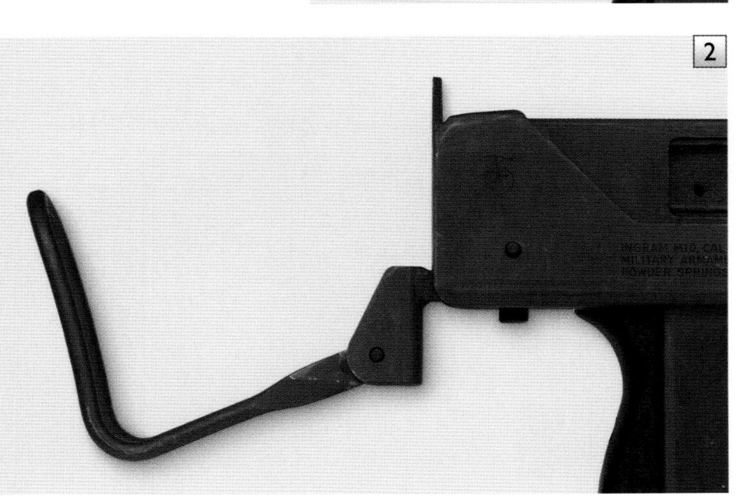

2

◂消声器

消声器安装在枪管上，采用两级设计。第一级的大型套筒可接入第二级更长、更细的套筒中。这种两级设计可直接缓冲突然涌入枪管的气体，从而极大地降低发射枪弹的声音。消声器不会大幅增加冲锋枪的重量，射手能够单手操控射击。

▸拉机柄

拉机柄位于机匣顶部。穿过拉机柄的缺口可确保射手和目标之间的瞄准线无障碍。射手向后拉动拉机柄，使冲锋枪准备好进行第一次射击。冲锋枪不用时，拉机柄可转动 90° 使枪机形成闭锁。

◂枪机和复进簧

这是一种“开膛待击”枪机后坐式冲锋枪，当冲锋枪不开火射击时枪机位于后部。枪机通过向后拉动拉机柄移至后部。一扣动扳机，复进簧便推动枪机前移。随着枪机前移，能够完成推弹、上膛、射击，随后复位、抛出空弹壳等一系列动作。整个过程在全自动射击（扳机始终保持扣动状态）时自动重复进行。开膛待击时，抛壳口保持开启以便在射击过程中释放气体，从而防止枪膛过热。然而，开膛待击枪支的射击精度比闭膛待击枪支差，闭膛待击是指枪机在静止状态下关闭枪膛。与大多数自动枪支一样，这种冲锋枪相对于射击精度更依赖于射速（1090 发 / 分）。该枪最初设计用于秘密行动，在越南战争期间使用尤为广泛。

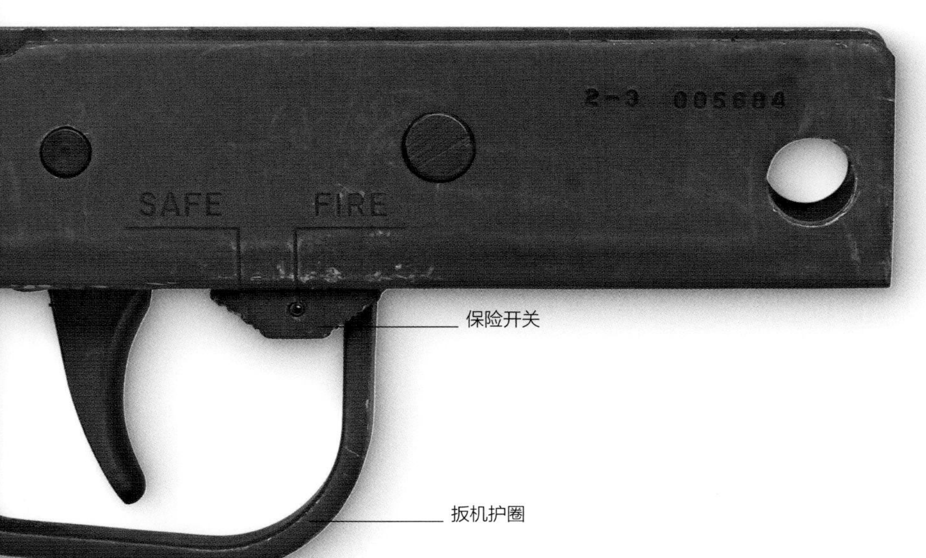

◂下机匣组件

下机匣组件采用冲压钢制成，并与作为握把一部分的弹匣结为一体。简易照门连接到下机匣组件的最后端。

狩猎步枪（栓动）

尽管旋转后拉式栓动枪机运动步枪自19世纪出现以来基本没有变化，但仍极受欢迎。这主要是因为这些枪支十分可靠，很少出现故障，是猎捕危险动物的重要武器。从外观上来看，部分现代运动步枪与之前型号的区别是枪托改由合成材料制成，消除了出现破损的可能性，而木枪托有时会破损。

▲温彻斯特M70

时间 1936年

产地 美国

枪管长 61厘米

口径 0.30英寸-60

M70猎枪在20世纪30年代美国经济大萧条时期销售疲软，第二次世界大战期间暂时停止生产。然而，战后狩猎爱好者们发现该枪用途广泛且坚固耐用，因此销售量剧增。这款枪被誉为“步枪手的专用枪”，从而流行至今。

▲FN M1950

时间 1948年

产地 比利时

枪管长 59.7厘米

口径 0.30英寸-06

该枪是FN公司的旋转后拉式栓动步枪，在比利时和芬兰制造，因射击精度高以及可使用多种枪弹猎捕各种类型动物（包括大象）而出名。M1950步枪可配用0.30英寸-06枪弹。

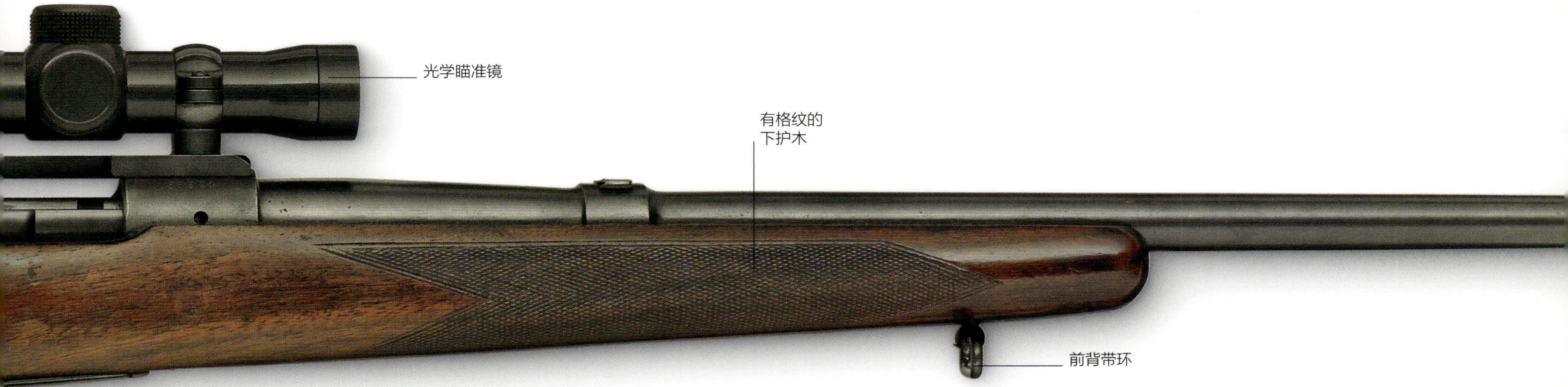

▲布尔诺M465

时间 1949年
产地 捷克斯洛伐克
枪管长 58.4厘米
口径 0.22英寸大黄蜂枪弹

这种毛瑟型步枪的旋转后拉式栓动枪机从毛瑟 M1898 步枪（见 153 页）衍生而来，可配装缺口表尺或望远式瞄准镜，主要用于狩猎小型动物或射杀有害动物。该枪重量轻、外形美观，赢得了猎人的青睐。它配有可卸弹匣，能快速装填并实施射击，另外还装有双扳机。该系统通过最大限度降低射手射击时的动作幅度而提高射击精度。射手扣动配有阻铁的后扳机，随后仅需微微扣动前扳机即可使阻铁松开，释放击针。

▲儒格M77

时间 1983年
产地 美国
枪管长 55.8厘米
口径 7×57毫米

美国斯特姆－儒格公司研制的 M77 步枪是真正意义上的现代步枪。该枪采用熔模铸造工艺，仅需极少的机械加工流程。更重要的是，枪管使用专利工艺添加膛线，使该枪具有极高的射击精度。

▲雷明顿M700 Etron-X

时间 2005年
产地 美国
枪管长 66厘米
口径 0.243英寸温彻斯特枪弹

M700 Etron-X 步枪采用电底火点火，即通过扣动扳机发送电脉冲来点燃枪弹的电底火。这实际上能够消除射击过程中的任何移动，极大地提高步枪的射击精度，并缩短了击发时间。

狩猎步枪（其他类型）

猎人们普遍使用的是采用旋转后拉式栓动枪机的弹仓步枪。其他类型的狩猎步枪包括：采用杠杆式枪机的弹仓步枪（见 116 ~ 117 页）、自动装填步枪（见 176 ~ 177 页），甚至部分独子射击步枪。历史悠久的温彻斯特 M1894 等步枪尽管生产时间已超过一个世纪，但仍广受欢迎。其他一些步枪的设计理念能够反映新的构造方式和制造手段，典型产品有斯特姆－儒格 No.1 步枪。部分新型步枪已采用 20 世纪末研制的尼龙部件或操作机构。

▼ 温彻斯特M1894	
时间	1945年
产地	美国
枪管长	50.8厘米
口径	0.30英寸WCF弹

这种猎鹿步枪自 1894 年推出以来，其耐用性一直得到猎人的赞誉。此后该枪除表面处理等外观改进外，其他方面的改动极小。这支枪生产于 1945 年，它重量轻且易于使用，在北美森林、非洲草原甚至西伯利亚的辽阔地区等环境下充分证明了其价值。M1894 可通过手腕快速下压然后抬起该枪的操作杠杆完成推弹上膛，能在必要时立刻开火。

木枪托

击锤

装弹口

下置杠杆

机匣

保险销

扳机护圈

合成材料枪托

安装在枪托上的后坐力缓冲垫

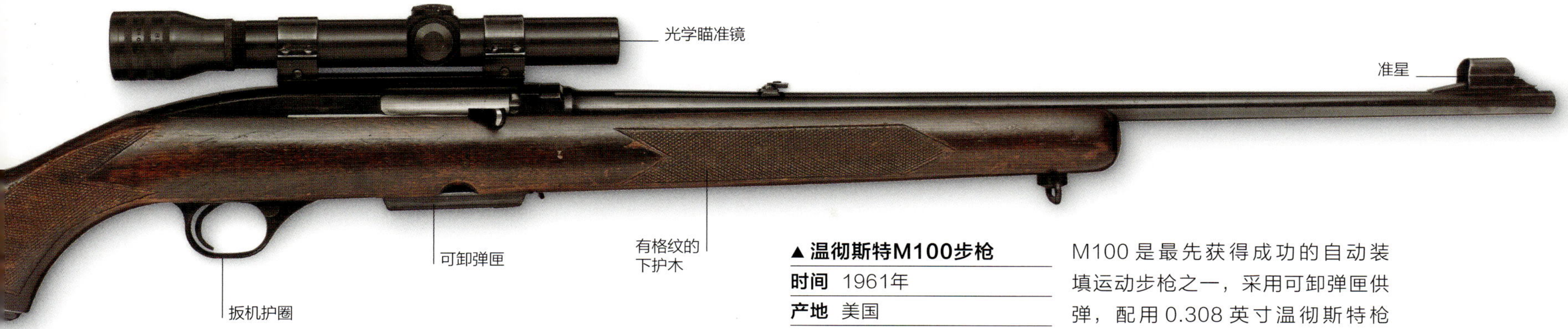

▲温彻斯特M100步枪

时间 1961年

产地 美国

枪管长 55.8厘米

口径 0.308英寸温彻斯特枪弹

M100是最先获得成功的自动装填运动步枪之一，采用可卸弹匣供弹，配用0.308英寸温彻斯特枪弹。该枪在北美部分地区是极受欢迎的猎鹿步枪。

▼雷明顿尼龙66步枪

时间 1959年

产地 美国

枪管长 49.5厘米

口径 0.22英寸

1959年，雷明顿武器公司打破传统，推出一款完全采用杜邦化工公司Zytel-101尼龙制成枪托的自动装填步枪。这种新型轻武器有莫霍克棕、阿帕奇黑和塞内卡绿三种配色，仅重1.8千克。它以轻量化设计和新材料应用开辟了枪械制造业的新纪元。

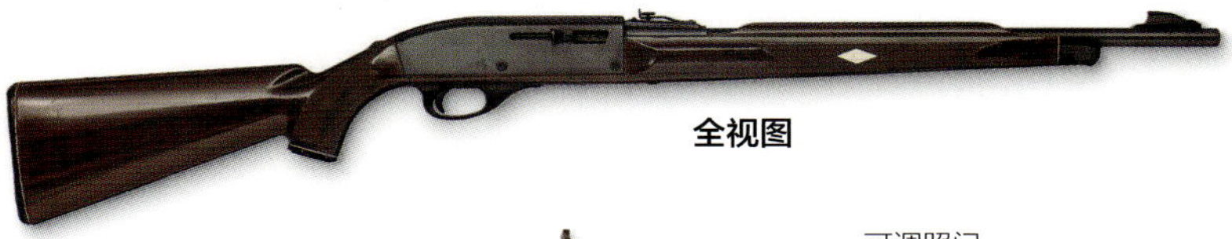

▲斯特姆-儒格No.1步枪

时间 约1999年

产地 美国

枪管长 61厘米

口径 0.375英寸马格努姆弹

该枪由威廉·儒格设计，采用熔模铸造工艺制成，配有经过改进的击发机构和保险，例如采用两个并行保险机构，其中一个用于防止击锤移动，另一个用于阻止扳机移动。该武器集成有击锤和扳机模块。而老式武器通常仅配有其中一个保险机构。

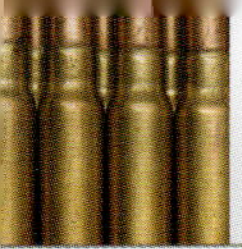

双管霰弹枪

自 18 世纪以来，双管霰弹枪已呈现出两根枪管水平平排放置的特点。通过仔细校准，发射过程中形成的射弹散布面可在枪口前方的某个特定点会合，如 46 米距离处。近来，竖排双管枪（两根枪管上下排列的霰弹枪）已得到普及，尤其是在多向飞碟射手和双向飞碟射手中尤为流行。竖排双管枪的射弹散布面虽然是垂直的，但仍能会于一点，相对于步枪，射手使用竖排双管枪打中陶土飞靶或活鸟的几率会更大。

推动杠杆旋转枪机露出弹膛
缩短的下护木
双扳机，每根枪管一个扳机
横动枪机保险（防止意外发射）

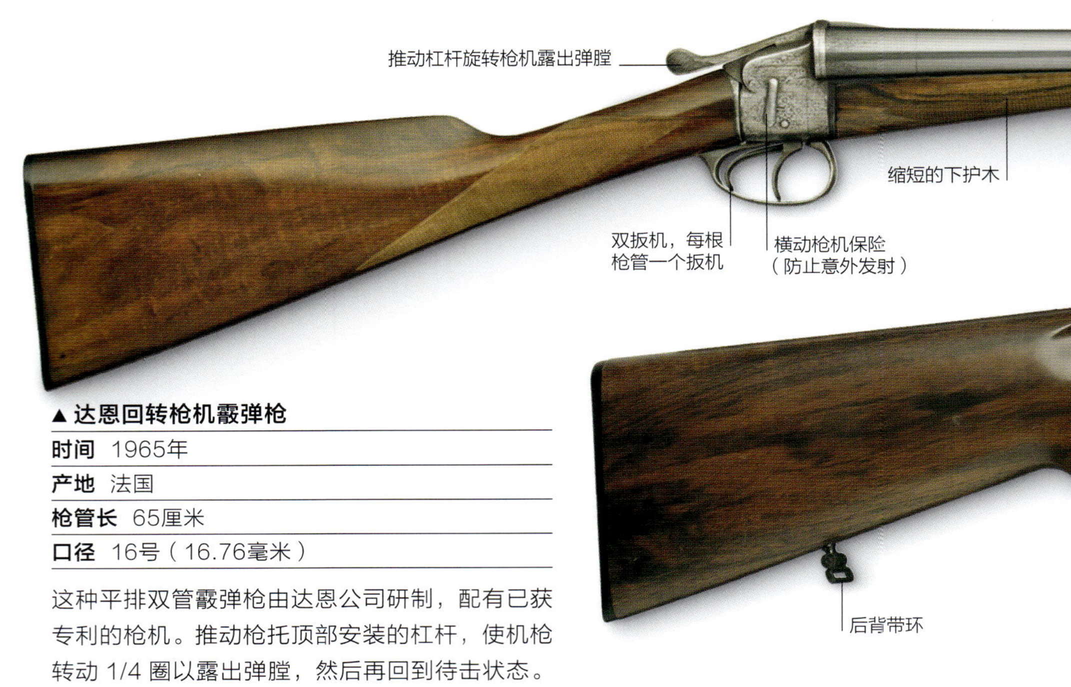

后背带环

▲达恩回转枪机霰弹枪

时间	1965年
产地	法国
枪管长	65厘米
口径	16号（16.76毫米）

这种平排双管霰弹枪由达恩公司研制，配有已获专利的枪机。推动枪托顶部安装的杠杆，使机枪转动 1/4 圈以露出弹膛，然后再回到待击状态。枪机侧面的杠杆是一种横动枪机保险。

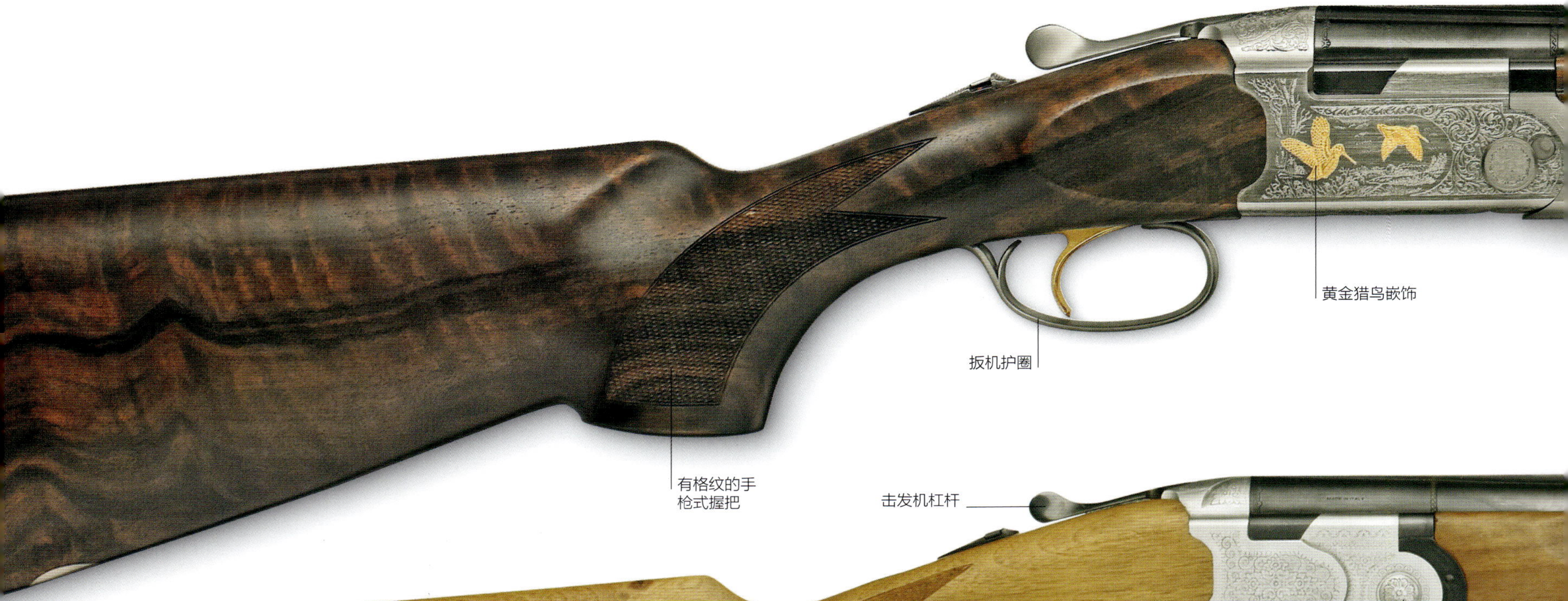

黄金猎鸟嵌饰
扳机护圈
有格纹的手枪式握把

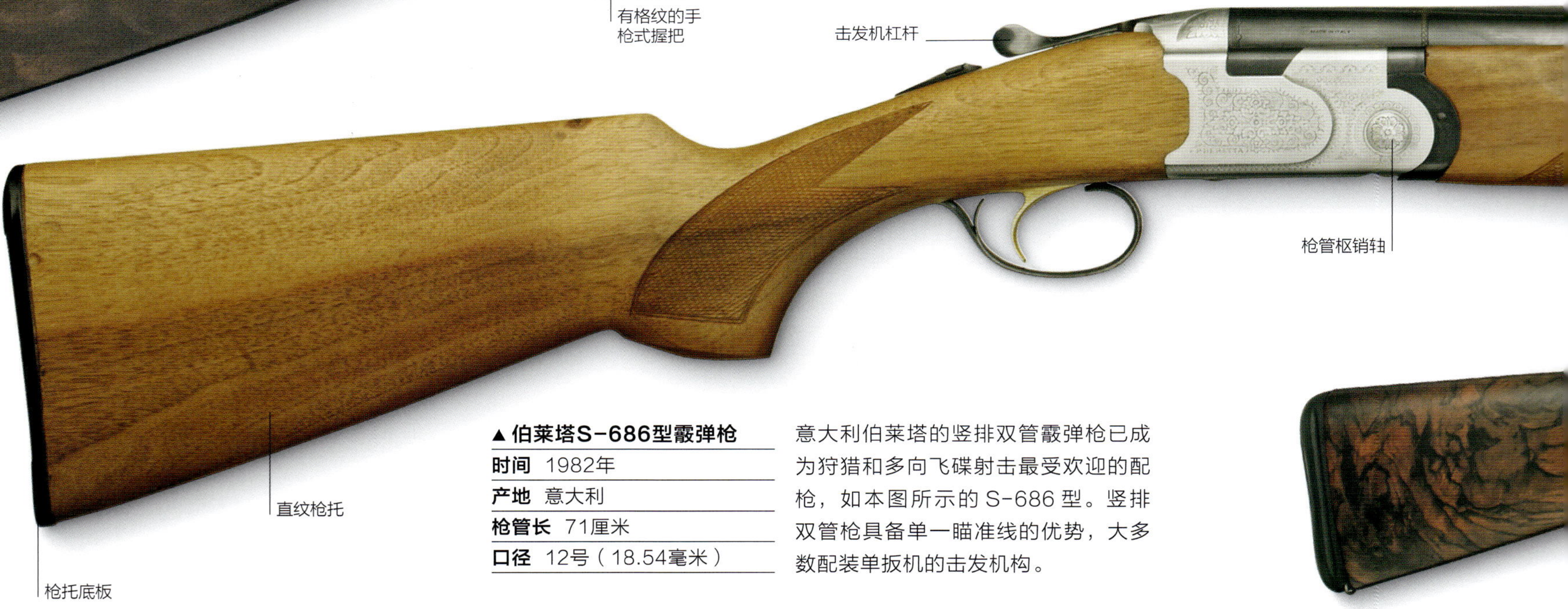

击发机杠杆
枪管枢销轴
直纹枪托
枪托底板

▲伯莱塔S-686型霰弹枪

时间	1982年
产地	意大利
枪管长	71厘米
口径	12号（18.54毫米）

意大利伯莱塔的竖排双管霰弹枪已成为狩猎和多向飞碟射击最受欢迎的配枪，如本图所示的 S-686 型。竖排双管枪具备单一瞄准线的优势，大多数配装单扳机的击发机构。

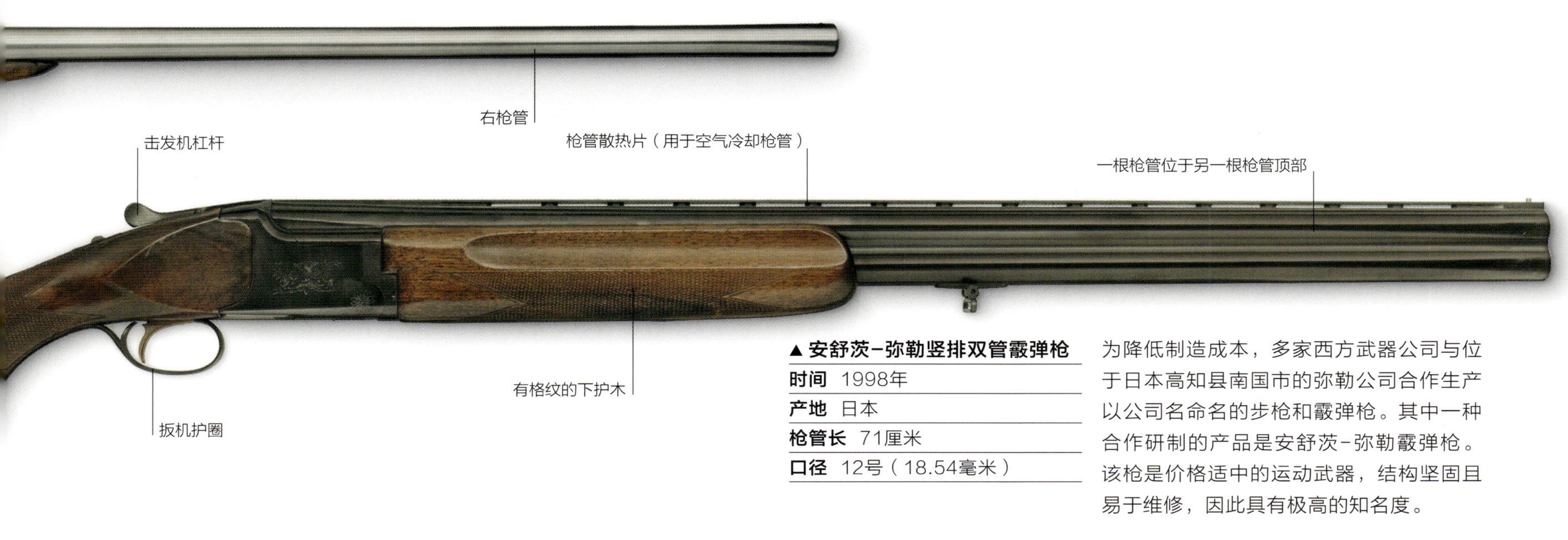

▲安舒茨-弥勒竖排双管霰弹枪

时间	1998年
产地	日本
枪管长	71厘米
口径	12号（18.54毫米）

为降低制造成本，多家西方武器公司与位于日本高知县南国市的弥勒公司合作生产以公司名命名的步枪和霰弹枪。其中一种合作研制的产品是安舒茨-弥勒霰弹枪。该枪是价格适中的运动武器，结构坚固且易于维修，因此具有极高的知名度。

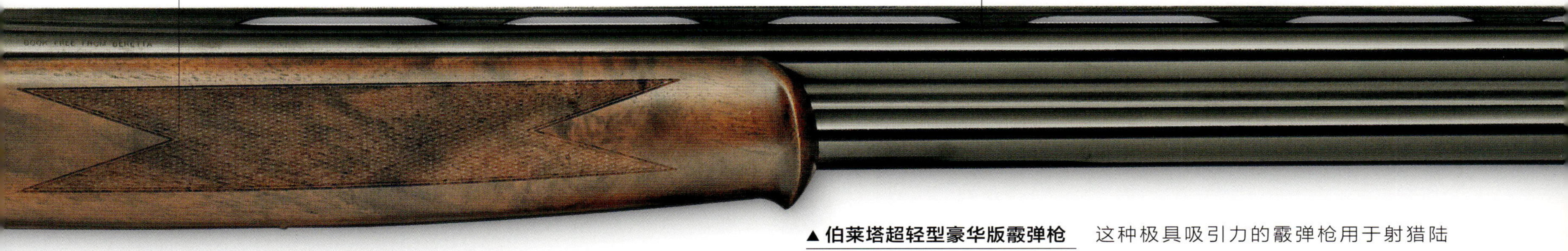

有格纹的下护木

枪管散热片

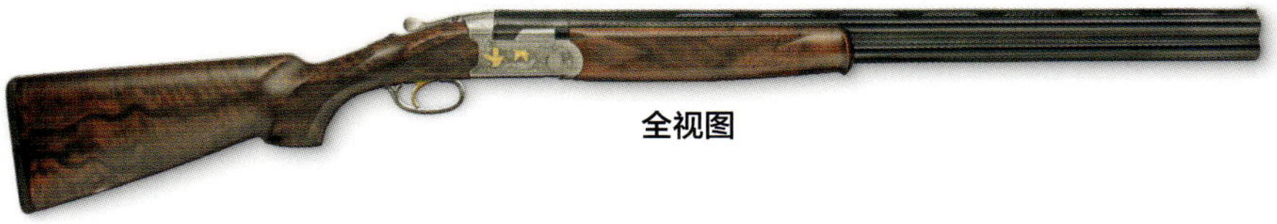

全视图

▲伯莱塔超轻型豪华版霰弹枪

时间	1998年
产地	意大利
枪管长	71厘米
口径	12号（18.54毫米）

这种极具吸引力的霰弹枪用于射猎陆禽，如野鸡和鹌鹑。该枪采用铝框，因此重量轻，猎手可全天携带。枪机的强度也不会受到影响，因为枪管尾端表面和抵肩部位都用钛制成。为提升该枪的品质，还采用了机床切削雕刻和镶金的工艺。

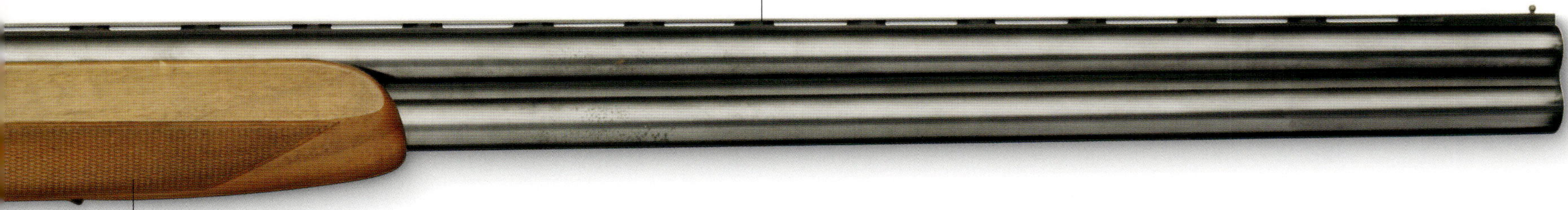

枪管散热片

缩短的下护木雕刻有格纹

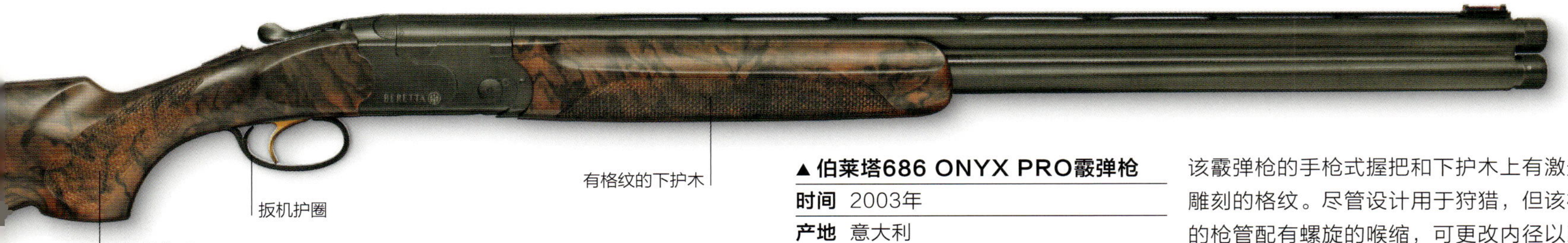

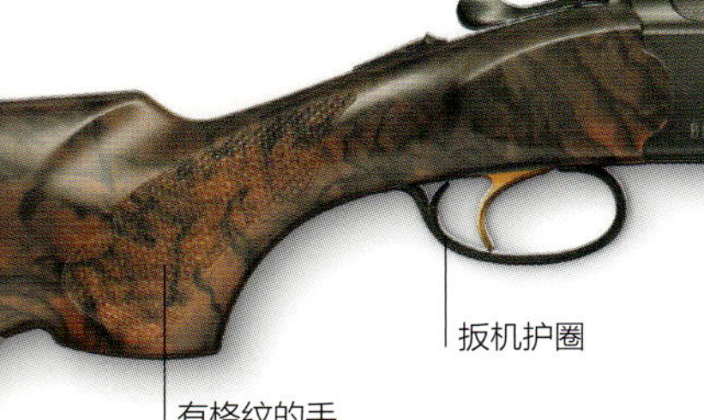

有格纹的下护木

▲伯莱塔686 ONYX PRO霰弹枪

时间	2003年
产地	意大利
枪管长	66厘米
口径	12号（18.54毫米）

该霰弹枪的手枪式握把和下护木上有激光雕刻的格纹。尽管设计用于狩猎，但该枪的枪管配有螺旋的喉缩，可更改内径以改变射弹散布面，从而使该枪也能满足其他用途，如多向飞碟射击或双向飞碟射击。

霰弹枪（弹仓霰弹枪和自动装填霰弹枪）

弹仓霰弹枪通常配有容弹量为 3 ～ 11 发的管形弹仓，可快速连续发射多发霰弹。枪机通常是一种泵动式的，连接到能够来回移动枪机的下护木上的推拉柄。部分霰弹枪采用自动装填，通过导气式或枪机后坐式驱动自动装填循环过程。弹仓霰弹枪和自动装填霰弹枪有多种应用方式，在运动领域可使猎人快速连续发射弹药打击飞鸟。这一特点还使这两种霰弹枪成为军用或警用的理想武器，可以近距离打击多名攻击者。

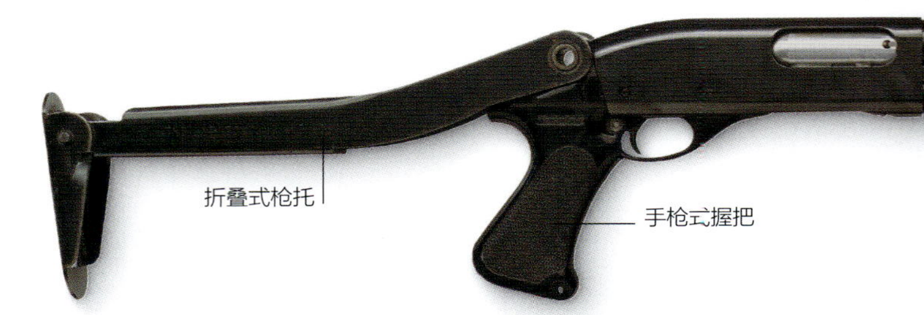

▲雷明顿“翼主”泵动式霰弹枪

时间	1951年
产地	美国
枪管长	51厘米
口径	13号（19毫米）

这种霰弹枪配有折叠式枪托和后握把，是美国警用霰弹枪的典型产品。其结构紧凑且易于存放，如有需要可快速投入使用。该枪的加长弹仓还使其能够比类似的运动枪型多装填大约 4 ～ 5 发霰弹。

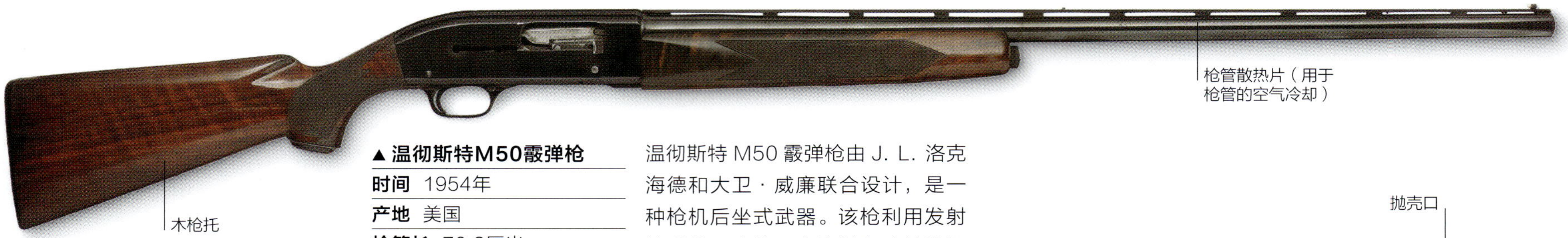

枪管散热片（用于枪管的空气冷却）

木枪托

▲温彻斯特M50霰弹枪

时间	1954年
产地	美国
枪管长	76.2厘米
口径	13号（19毫米）

温彻斯特 M50 霰弹枪由 J. L. 洛克海德和大卫 · 威廉联合设计，是一种枪机后坐式武器。该枪利用发射枪弹的后坐能量来为其自动装填提供动力。

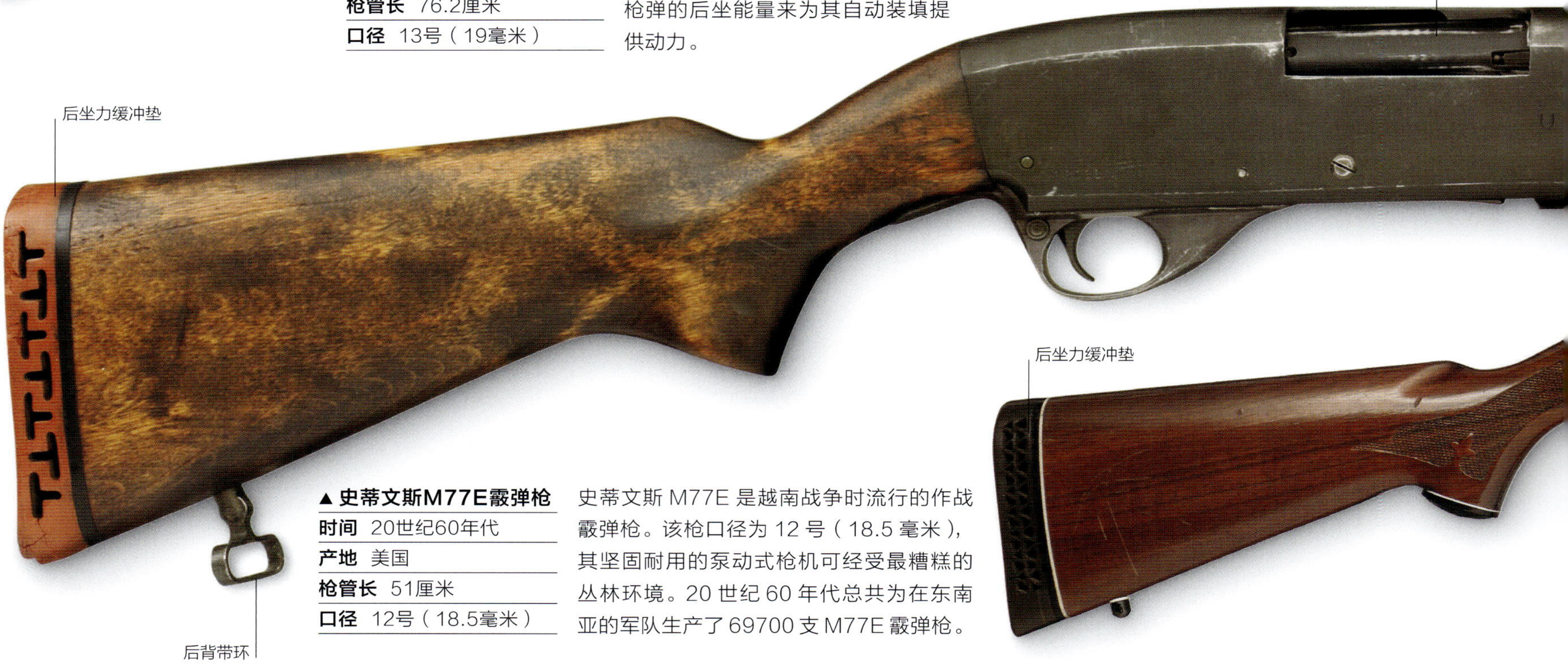

抛壳口

后坐力缓冲垫

后坐力缓冲垫

后背带环

▲史蒂文斯M77E霰弹枪

时间	20世纪60年代
产地	美国
枪管长	51厘米
口径	12号（18.5毫米）

史蒂文斯 M77E 是越南战争时流行的作战霰弹枪。该枪口径为 12 号（18.5 毫米），其坚固耐用的泵动式枪机可经受最糟糕的丛林环境。20 世纪 60 年代总共为在东南亚的军队生产了 69700 支 M77E 霰弹枪。

枪机

推拉柄 / 下护木

准星

枪托可向上180° 折叠

8 发管形弹仓

枪托部分向下折叠变成肩托

▲弗兰基SPAS12霰弹枪

时间	1978年
产地	意大利
枪管长	54.5厘米
口径	12号（18.5毫米）

SPAS（专用自动霰弹枪）被设计成一种可在警用和军用领域近距离作战的武器，为导气式半自动（配有可选的泵动型）霰弹枪，枪管下安装的管形弹仓的容弹量为 8 发。军用或警用枪支通常采用折叠式枪托，因此能够存放在装甲车或警车等狭窄的空间内。

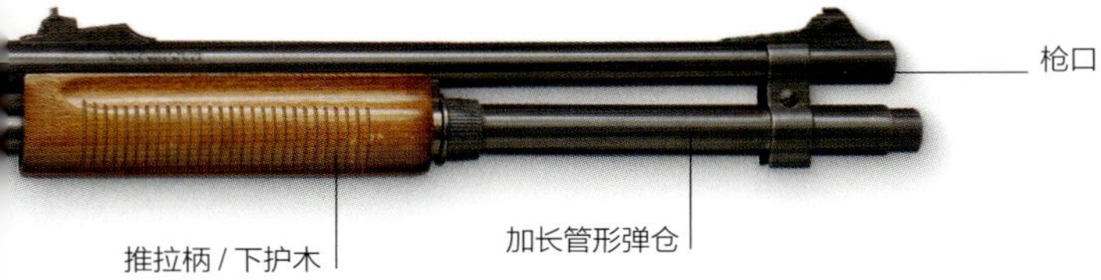

▼ 伯奈利M1霰弹枪

时间	20世纪80年代
产地	意大利
枪管长	51厘米
口径	12号（18.5毫米）

意大利伯奈利公司生产了一些世界上最精良的半自动霰弹枪，如本图所示的 M1 霰弹枪早期型号。这种自动装填的霰弹枪利用短小且有力的复进簧所提供的后坐能量，为再装填循环提供动力。

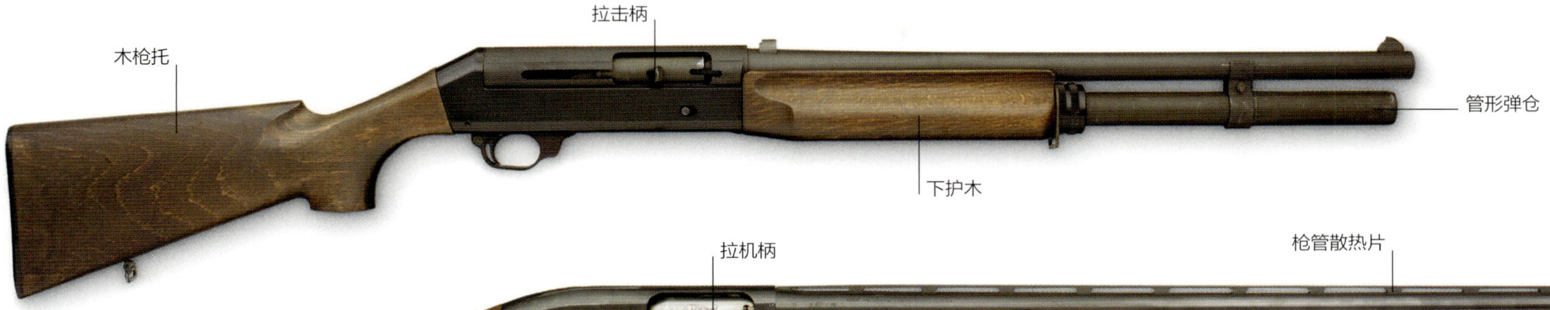

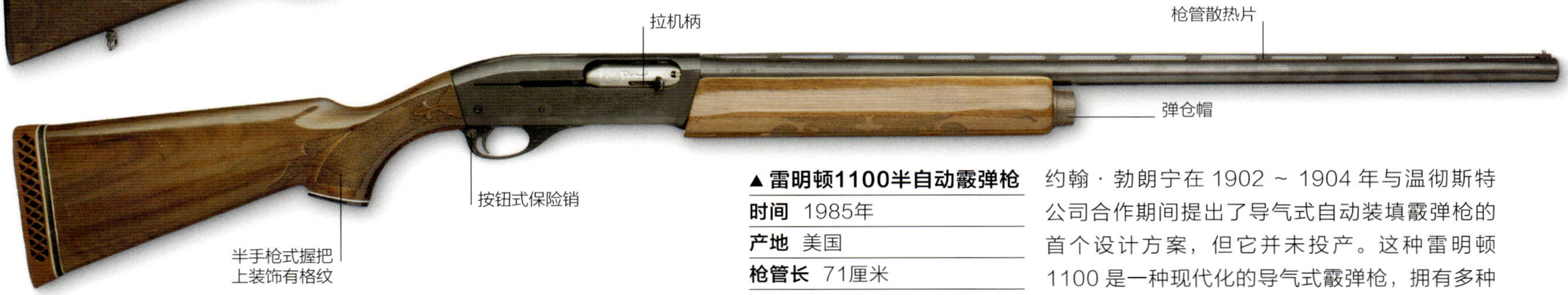

▲ 雷明顿1100半自动霰弹枪

时间	1985年
产地	美国
枪管长	71厘米
口径	12号（18.5毫米）

约翰 · 勃朗宁在 1902 ～ 1904 年与温彻斯特公司合作期间提出了导气式自动装填霰弹枪的首个设计方案，但它并未投产。这种雷明顿 1100 是一种现代化的导气式霰弹枪，拥有多种枪管长度和口径。

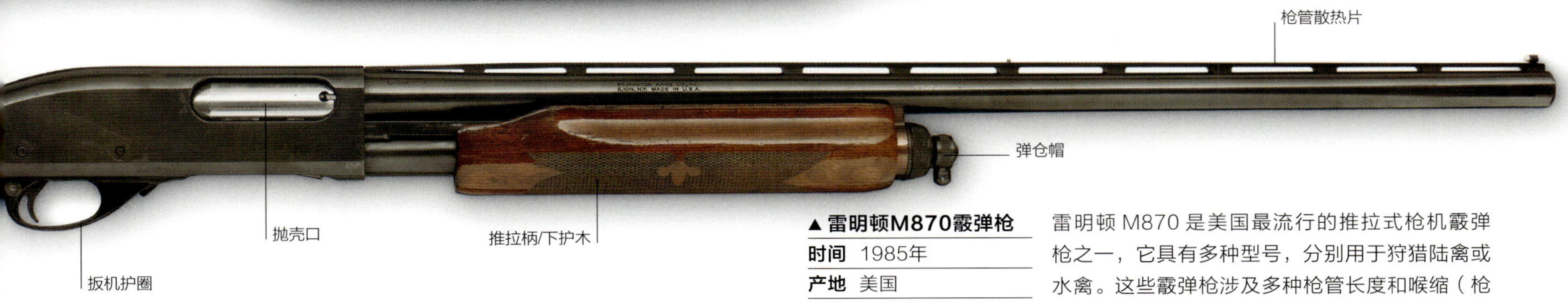

▲ 雷明顿M870霰弹枪

时间	1985年
产地	美国
枪管长	64.7厘米
口径	13号（19毫米）

雷明顿 M870 是美国最流行的推拉式枪机霰弹枪之一，它具有多种型号，分别用于狩猎陆禽或水禽。这些霰弹枪涉及多种枪管长度和喉缩（枪口内膛尺寸逐渐缩小的部位）类型。多年来，M870 霰弹枪凭借其在各种天气条件下的可靠性赢得了良好的声誉。

▲ 大宇USAS-12霰弹枪

时间	1992年
产地	美国/韩国
枪管长	46厘米
口径	12号（18.5毫米）

USAS-12 导气式霰弹枪由美国设计、韩国大宇公司制造，其独特之处主要有两个方面：它是一种可选射击模式的武器，可选单发射击或连发射击（配装弹鼓用于持续射击）；可设置成右手或左手操控。

现代霰弹枪

1835 年，霍兰－霍兰公司成立于英国伦敦，开始生产一些最令人“垂涎”的现代运动步枪和霰弹枪。公司以其镶金或雕饰武器的低调优雅而出名，正如本图所示的霍兰－霍兰霰弹枪一样。

简易武器

在动乱和革命中，一些参战者很可能没有正规生产的武器可供使用，他们会使用一些基于需要而手工制造的武器。从金属管制成的粗糙枪支到相对精密的冲锋枪等，这些枪械在质量和性能方面差别极大。简易武器通常在结构方面质量很差，有时无法承受装药起爆所产生的压力，这在发射时极易导致炸膛。

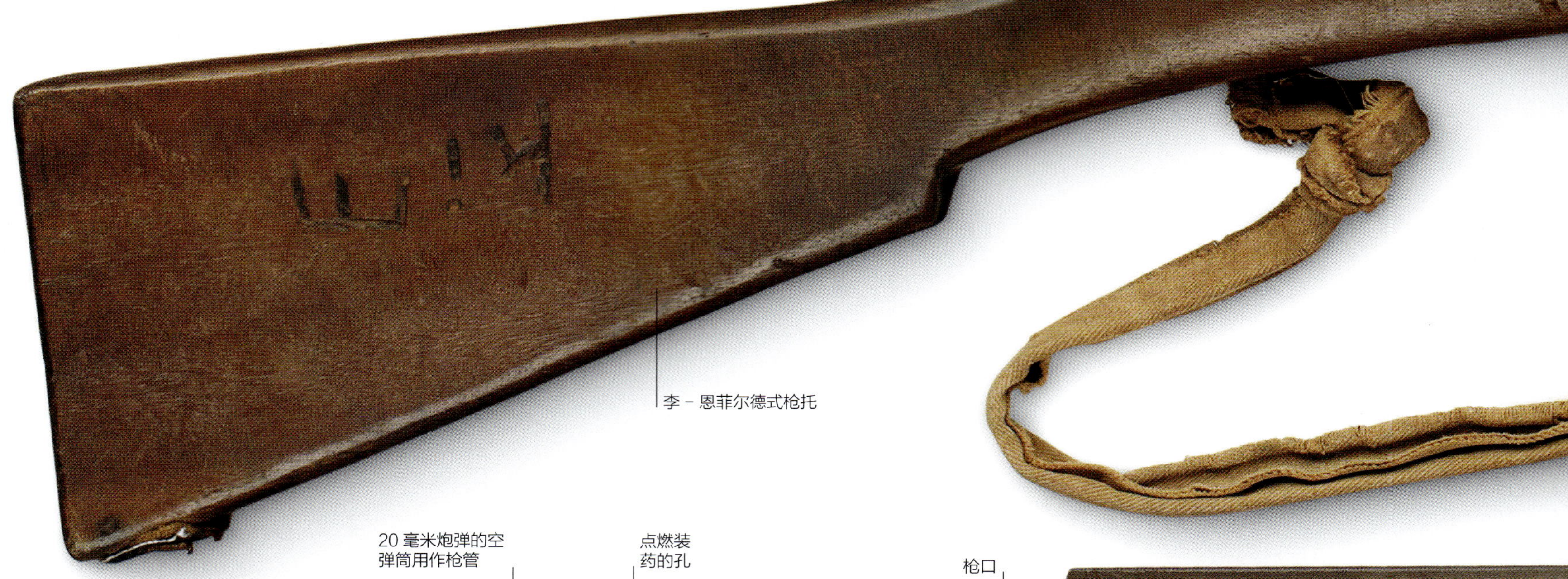

20毫米炮弹的空弹筒用作枪管

点燃装药的孔

用铁丝将枪管固定到枪托上

粗制的木握把

枪口

多孔枪管护套用作前握把

滑膛枪管

准星

▶ **EOKA手枪**

时间	20世纪50年代
产地	塞浦路斯
枪管长	11厘米
口径	12号（18.54毫米）

1955～1959年，EOKA（全国塞浦路斯战士组织，简称“埃奥卡”）发动了推翻英国对塞浦路斯殖民统治的游击战争，当时制造了少量粗糙枪支。该手枪样式拙劣，几乎没有资格被命名。枪管为20毫米空弹筒，固定在粗制的木框架上。该手枪初速极低，最有效的方式应该是用枪口贴住敌人的身体发射。

◀ **EOKA霰弹手枪**

时间	20世纪50年代
产地	塞浦路斯
枪管长	11厘米
口径	12号（18.54毫米）

EOKA于20世纪50年代制造该枪。该枪采用铁管制成，配有简易撅开式闭锁，可通过弹簧顶杆发射霰弹。

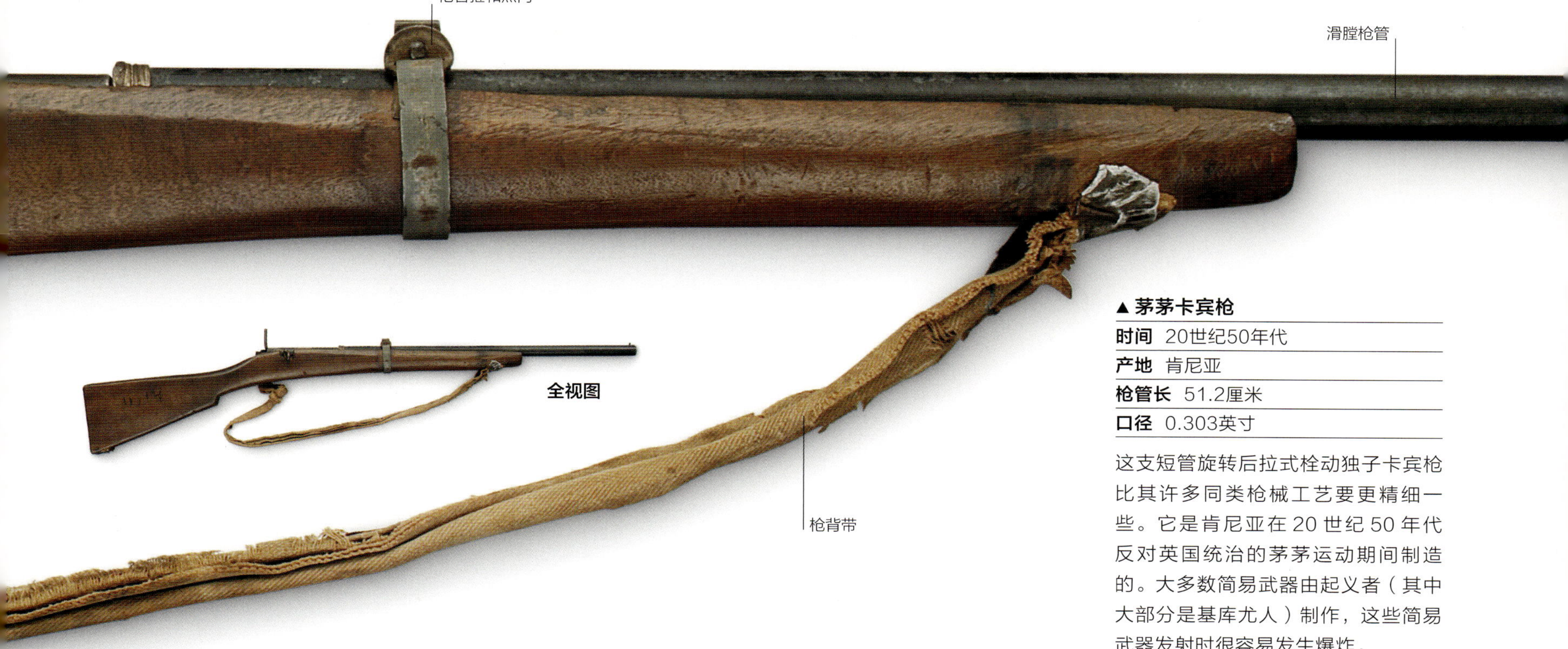

▲ 茅茅卡宾枪

时间	20世纪50年代
产地	肯尼亚
枪管长	51.2厘米
口径	0.303英寸

这支短管旋转后拉式栓动独子卡宾枪比其许多同类枪械工艺要更精细一些。它是肯尼亚在20世纪50年代反对英国统治的茅茅运动期间制造的。大多数简易武器由起义者（其中大部分是基库尤人）制作，这些简易武器发射时很容易发生爆炸。

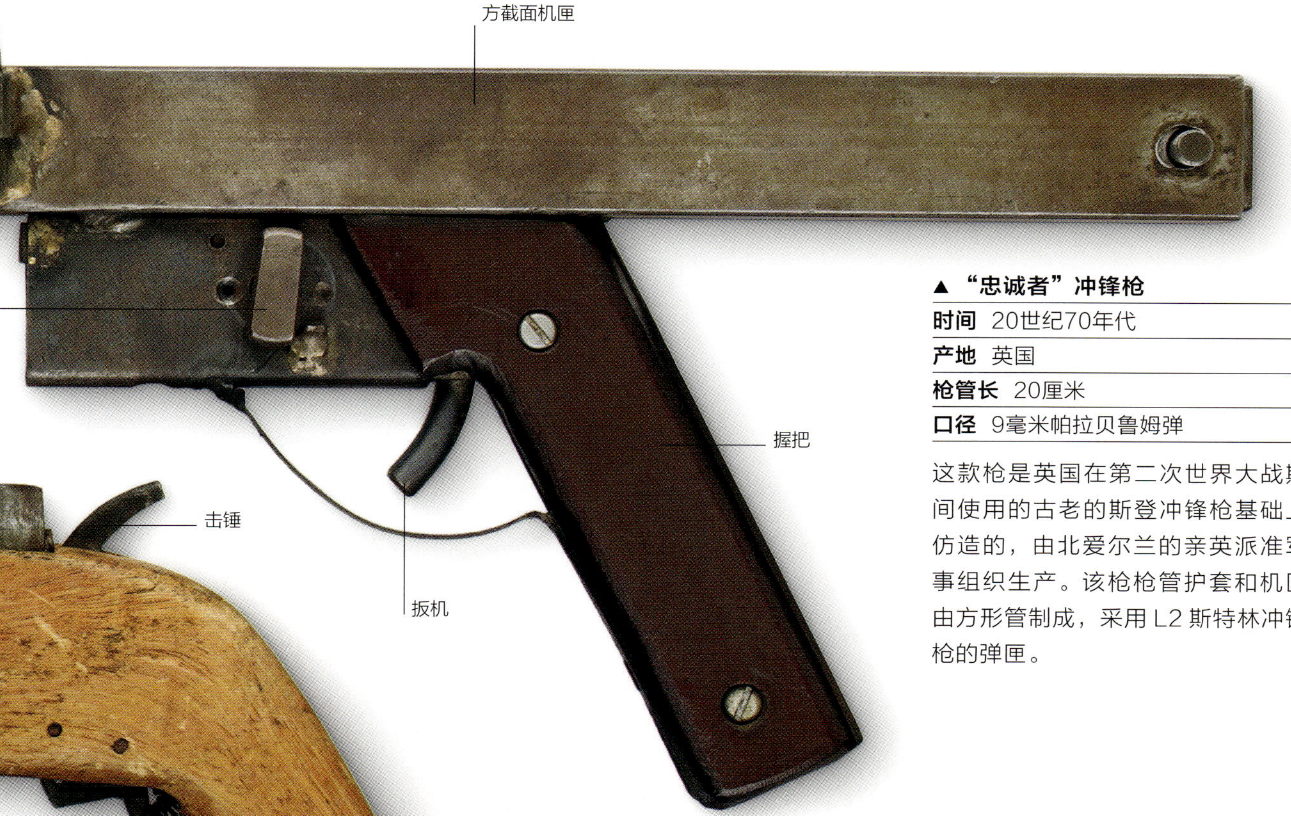

▲ “忠诚者”冲锋枪

时间	20世纪70年代
产地	英国
枪管长	20厘米
口径	9毫米帕拉贝鲁姆弹

这款枪是英国在第二次世界大战期间使用的古老的斯登冲锋枪基础上仿造的，由北爱尔兰的亲英派准军事组织生产。该枪枪管护套和机匣由方形管制成，采用L2斯特林冲锋枪的弹匣。

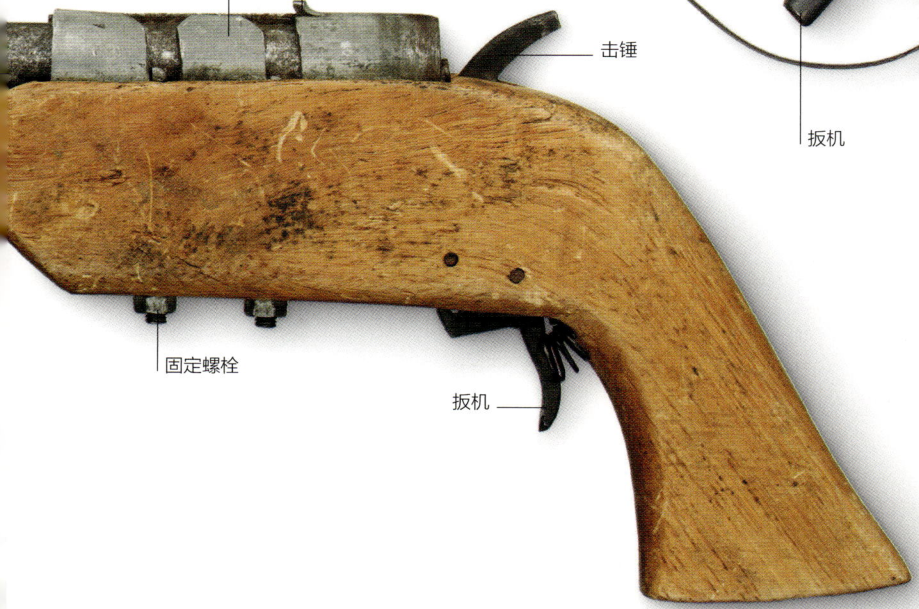

◀ 南非手枪

时间	20世纪80年代
产地	南非
枪管长	22厘米
口径	不详

这把南非国内制造并使用的手枪实际上比给人的第一印象更先进一些。该枪配有简易的单动击发装置连接扳机和击锤，它可能从儿童玩具手枪衍生而来，可单手操控。或许因其射击精度不高，而省略了瞄准具。

费迪南·里特尔·冯·曼利夏

著名轻武器制造商

斯太尔–曼利夏公司

斯太尔－曼利夏公司是著名的奥地利轻武器制造商，以非常传统的武器制造起家，但也已经历了创新和改变。该公司的创始人约瑟夫·沃内特来自从事金属加工的工人世家，因此他可以利用的经验能够追溯至很多代以前。19 世纪 60 年代，当沃内特开始与奥地利设计师费迪南·里特尔·冯·曼利夏合作后，他的公司取得了快速发展，尤其是在步枪的创新设计方面。

至少自 13 世纪以来，位于上奥地利州恩斯河和斯太尔河交汇处附近的斯太尔城就已经成为金属加工中心。大约在三十年战争（1618 ～ 1648 年）时期，武器制造成为该地区的重点行业，当时该地区为哈布斯堡陆军提供火枪和手枪。19 世纪，这一传统得以沿袭，一名斯太尔金属加工工人利奥波德·沃内特把儿子约瑟夫送往美国学习火器制造的最新理念。19 世纪 60 年代，约瑟夫开始管理家族企业，并向奥匈帝国陆军交付了数千支后膛装填步枪。

▲ **质量控制**
严格的质量控制是轻武器生产取得成功的关键。本图所示的是一名工人正在斯太尔－曼利夏工厂内手动检查枪管。

植根于传统

约瑟夫·沃内特的奥地利武器制造公司结合现代生产方法和传统手工技术，在19世纪下半叶蓬勃发展。1885年成为公司发展的转折点。当时奥匈帝国陆军采用了新型栓动步枪，该枪是费迪南·里特尔·冯·曼利夏的作品。曼利夏还发明了用于装填枪弹的定装弹夹，最终他成为公司的首席设计师，同时公司改名为斯太尔–曼利夏公司。之后曼利夏凭借曼利夏–舍尔拿威步枪再次获得成功。该枪是曼利夏与公司主管奥托·舍尔拿威联合设计的一款狩猎步枪。当时公司已在运动和军用市场建立了重要地位。

曼利夏于 1904 年去世，但公司继续遵循传统建设。公司推出了新枪型，尤其是手枪，包括自动装填的 M1912，同时还创建了新工厂，其规模超过了之前的工厂，并引进了最新的机械设备。新工厂使公司能够生产大量轻武器，同时能够及时满足由第一次世界大战引起的需求激增的状况。随后公司很快拥有了大约 1.5 万名雇工，甚至分出了诸如自行车和航空发动机等产品领域。然而，奥地利签署的战后条约强加了经济制约并限制了陆军的规模和武器的生产，使斯太尔－曼利夏公司面临困境。公司通过把生产重心放到武器之外的产品，尤其是从战争期间就已开始制造的自行车和汽车，才免遭破产。

> “历史上没有哪个**轻武器**发明家能够比得上著名的奥地利发明家**费迪南·里特尔·冯·曼利夏**……”
>
> 《世界轻武器》作者W.H.B.史密斯

M1905手枪

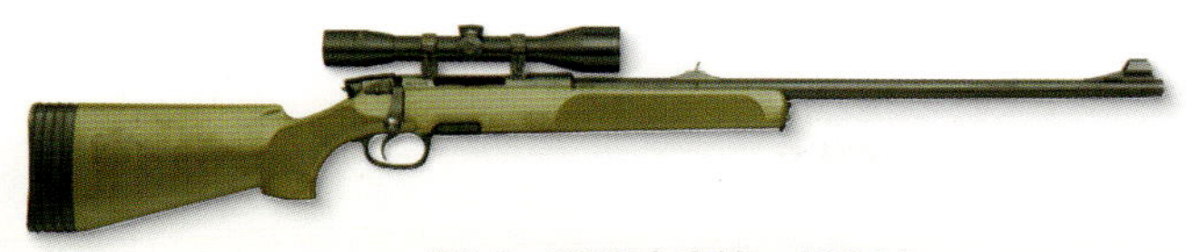

SSG-69狙击步枪，1969年

AUG突击步枪，1978年

1864年 约瑟夫·沃内特与其兄弟弗朗茨·沃内特联合组建了他们的第一家公司（奥地利武器制造公司），该公司之后变成斯太尔-曼利夏公司。

1867年 奥匈帝国陆军开始配备沃内特的后膛装填步枪。

1885年 曼利夏的栓动步枪被奥匈帝国陆军采用。

1905年 M1905手枪（见168页）受到奥匈帝国陆军官员的欢迎，他们会私人购买该武器并在第一次世界大战期间使用。

1914年 第一次世界大战前夕，斯太尔-曼利夏公司完成了大型新工厂的建设。

1915年 在向多元化转变的过程中，斯太尔公司开始制造汽车。

1969年 SSG-69狙击步枪（见252页）配有冷锻枪管和5发旋转弹仓。

1978年 斯太尔AUG突击步枪（见250页）发布；该枪后来推出大量变形枪，并广泛部署使用。

现代公司

第二次世界大战期间，斯太尔工厂再次启动轻武器的大规模生产，随后该工厂在盟军轰炸中遭受了一定程度的损失。战后，武器生产削减，但 1950 年公司获得了制造狩猎步枪的许可。自此，公司生产出一系列令人印象深刻的狩猎武器，以及大量运动步枪和手枪。当公司重新投入军用武器领域时，制造出一种新型突击步枪。该枪采用无托结构设计，大量使用合成材料，在奥地利定型为 StG 77，在国外市场定型为 AUG（见 250 页）。公司已生产出该枪的多种型号，以及斯太尔 SSG-69（见 252 页）等狙击步枪、斯太尔 MPi 81（见 274 页）等冲锋枪和斯太尔 SPP（见 271 页）等手枪。为充分利用这些产品的商业优势，斯太尔-曼利夏公司顺应 20 世纪末的国际贸易形势，采取了海外许可生产（例如澳大利亚和马来西亚）和广泛出口的措施。受益于此，公司继续成为 21 世纪轻武器市场的著名公司。

▼ 军用

东南亚国家的部分军队使用斯太尔步枪。本图所示的是在 2005 年举行的第 48 届马来西亚独立日庆典上，马来西亚皇家空军的女兵手持斯太尔AUG突击步枪行进。

特种和多用途武器

多用途轻武器从 17 世纪就已存在，当时手枪和长枪均是首次用于发射榴弹。在世纪交替中发生变化的是这些弹丸的杀伤力，以及为保护射手而需要提高的射程。特种武器被制造得坚固耐用，对于飞机失事或者其他类似事故中的幸存者而言，这种几乎坚不可摧的轻武器可能会派上用场。精确的打靶射击也要求专门设计符合这一目的的武器，通常这些武器与其他轻武器基本没有相似之处，例如通过电子扳机发射的哈默里 162 运动手枪。

▲装配枪榴弹发射具的M59/66突击步枪

时间	1949年
产地	苏联
枪管长	50.8厘米
口径	7.62×39毫米
榴弹射程	100米
榴弹类型	反坦克

这是 20 世纪 50 年代苏联红军装备的制式反坦克榴弹发射器。发射具安装在自动装填的 M59/66 突击步枪上，使用超强的空包弹发射榴弹，尽管有效但实际并不受欢迎，因为在榴弹仍连接时，错误地装入常规实弹会造成灾难性后果。

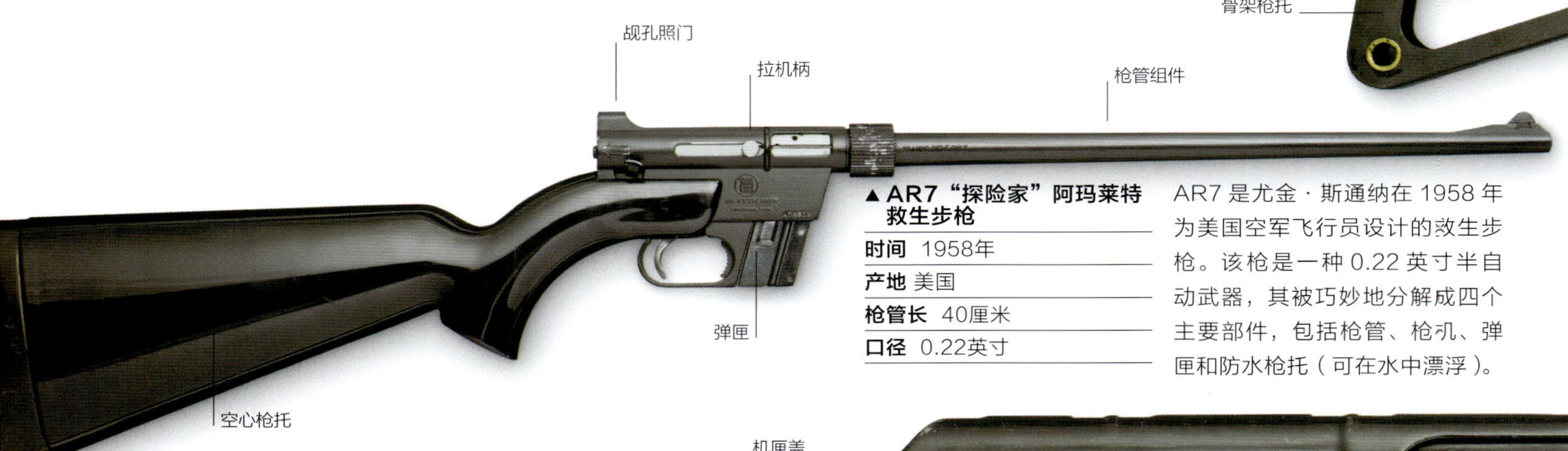

▲AR7“探险家”阿玛莱特救生步枪

时间	1958年
产地	美国
枪管长	40厘米
口径	0.22英寸

AR7 是尤金·斯通纳在 1958 年为美国空军飞行员设计的救生步枪。该枪是一种 0.22 英寸半自动武器，其被巧妙地分解成四个主要部件，包括枪管、枪孔、弹匣和防水枪托（可在水中漂浮）。

◀HK MP5A5冲锋枪

时间	1966年
产地	德国
枪管长	22.5厘米
口径	9毫米帕拉贝鲁姆弹
榴弹射程	137米
榴弹类型	反人员

MP5A5 是 MP5 冲锋枪（见 257 页）的塑料枪托型。本图所示多用途武器的特点是装有英国 ISTEC 公司研制的枪挂榴弹发射具。

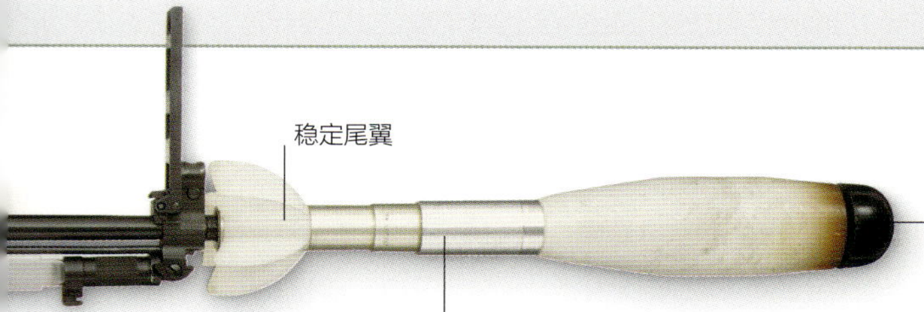

稳定尾翼
聚能装药战斗部
西蒙诺夫榴弹

▼伊萨卡M6救生步枪

时间	1975年
产地	美国
枪管长	35.5厘米
口径	0.22英寸/0.410英寸

伊萨卡 M6 救生步枪配装了线膛 0.22 英寸上部枪管和 0.410 英寸下部霰弹枪管，以及容弹量为 15 发 0.22 英寸枪弹和 4 发霰弹的枪托。该枪最初采用可折叠设计，而现有型号可分解成两部分。该枪结构十分简单且采用可折叠形式，从而使其重量和存放尺寸均得以最小化，因此成为典型的救生武器。

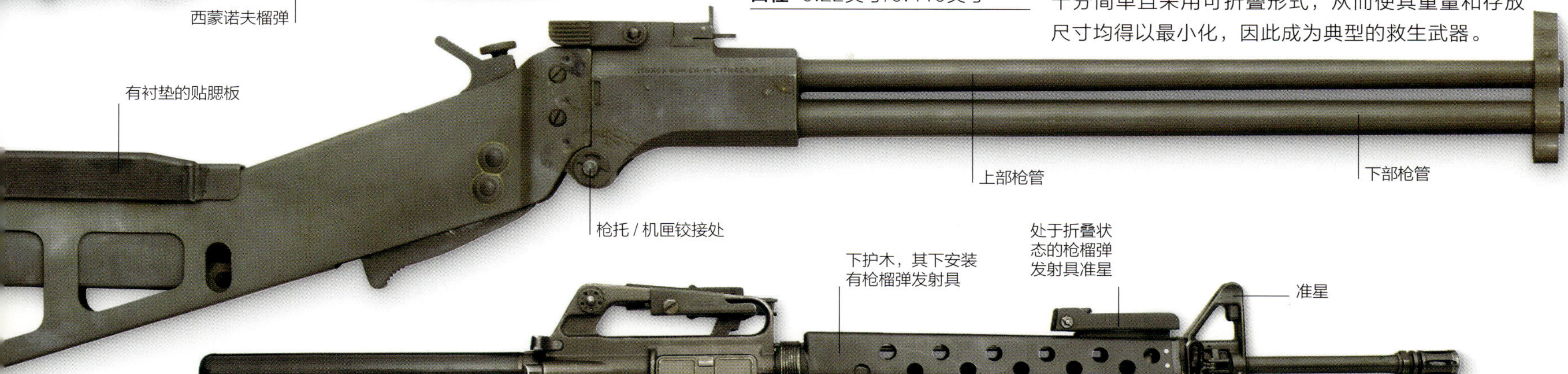

有衬垫的贴腮板
上部枪管
下部枪管
枪托 / 机匣铰接处

下护木，其下安装有枪榴弹发射具
处于折叠状态的枪榴弹发射具准星
准星
线膛榴弹发射具发射管
握把
步枪扳机
弹匣

▲加挂M203A2枪榴弹发射具的M16A1步枪

时间	20世纪90年代
产地	美国
枪管长	30.5厘米
口径	5.56×45毫米北约制式枪弹
榴弹射程	150米
榴弹类型	反人员

这种 M16 突击步枪（见 244 ～ 245 页）的变形枪加挂有M203A2枪榴弹发射具。通过为标准的制式步兵步枪加装枪榴弹发射具，可实现双用途，即提供直射火力（作为步枪），又提供远距离曲射火力（作为榴弹发射器）。

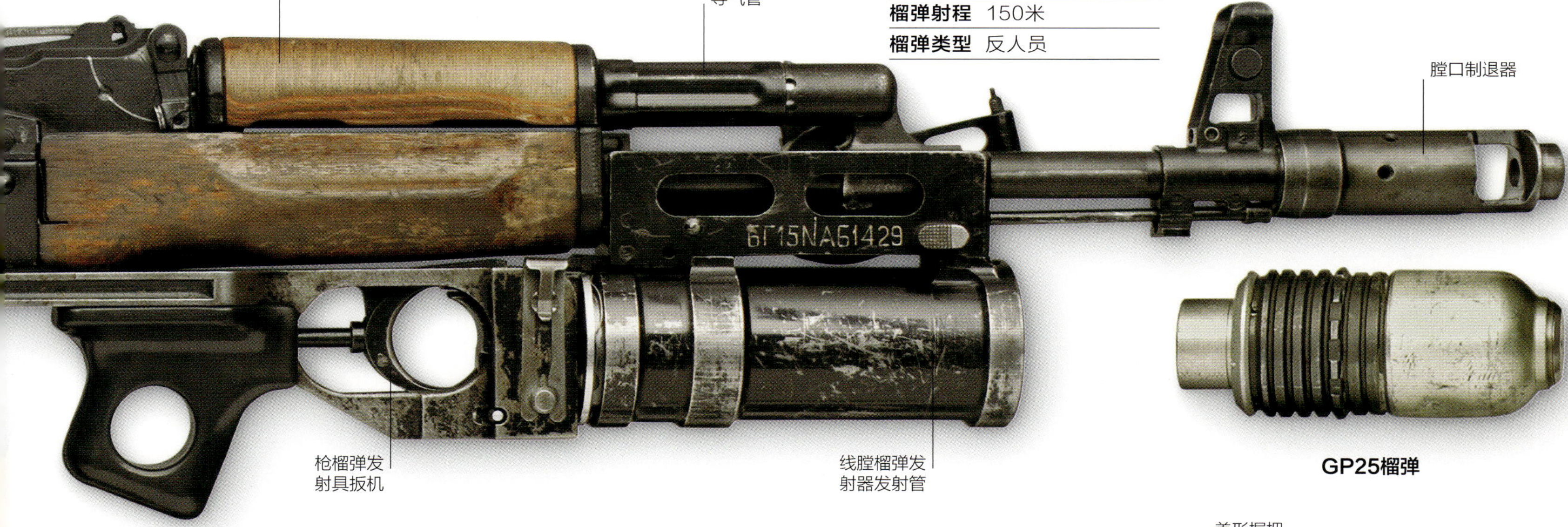

上护木
导气管
膛口制退器
6Г15NA61429
枪榴弹发射具扳机
线膛榴弹发射器发射管

GP25榴弹

▲加挂GP25枪榴弹发射具的AK74突击步枪

时间	1978年
产地	苏联
枪管长	41.5厘米
口径	5.45×39毫米
榴弹射程	150米
榴弹类型	反人员

AK74（见 246 页）是 AK47 突击步枪的改进型，更换弹膛后可发射高速中等威力 5.45×39 毫米枪弹。本图展示的步枪已加装了 GP25 枪榴弹发射具。加装后除用作步兵武器外，它还是一种多用途武器，主要用于攻防作战。

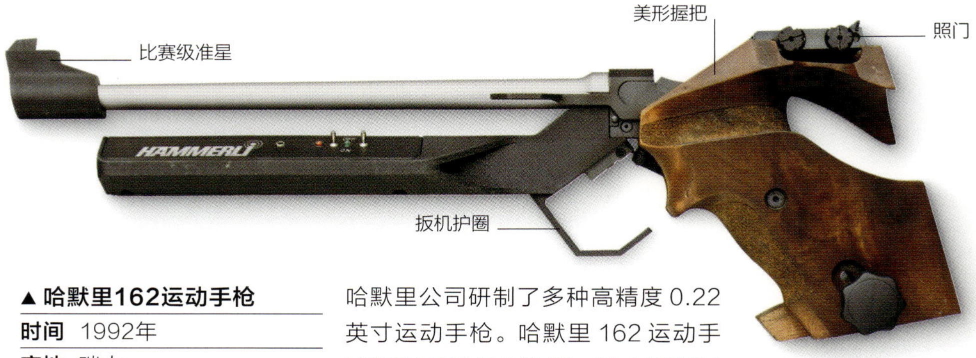

比赛级准星
美形握把
照门
HAMMERLI
扳机护圈

▲哈默里162运动手枪

时间	1992年
产地	瑞士
枪管长	28厘米
口径	0.22英寸

哈默里公司研制了多种高精度 0.22 英寸运动手枪。哈默里 162 运动手枪配有电子扳机系统，其中装有减小扣力的扳机调节器，使用容电量足以供约 1 万次放电的电池。

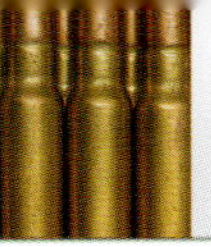

榴弹发射器

现代战争具有高度流动性的特征，这使迫击炮有必要成为便携式或手持式步兵武器。迫击炮更多时候被归为榴弹发射器，为提供紧急支援火力而设计，其中最简单的榴弹发射器有美国的M79和南非的“米切姆”。相反，苏联AGS-17榴弹发射器因采用重型固定安装架而几乎被列入炮兵武器。单兵火箭筒结构简单，作战效能高，是目前最常见的发射器。它配有聚能装药射弹，可使单个作战人员就能攻击或摧毁装甲车辆和建筑物等固定阵地。

M79 40毫米榴弹

表尺作用距
离为350米
发射管卡笋

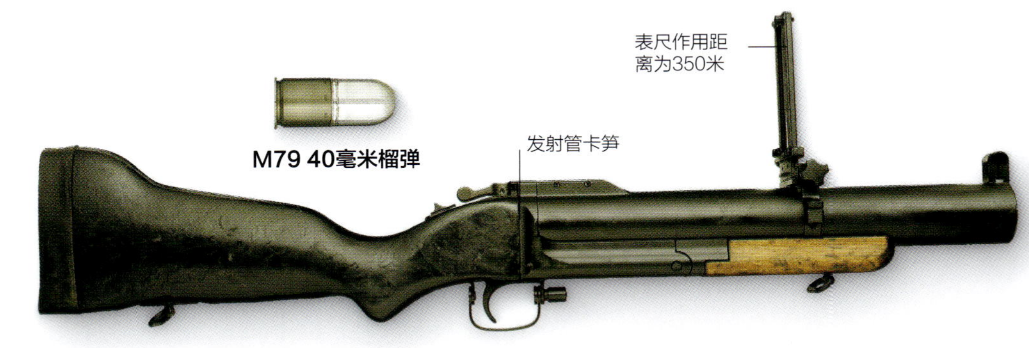

▲ M79榴弹发射器

时间	1961年
产地	美国
枪管长	30.5厘米
口径	40毫米
射程	300米

M79榴弹发射器因发射时声音怪异而被称为“Blooper”（意为“出洋相”），它能够填补近程手榴弹和远程迫击炮之间的空白。除高爆榴弹外，该发射器配用的弹种还包括反人员弹、发烟弹和照明弹。在越南战争期间，美国每个9人步兵班配发两支M79榴弹发射器。

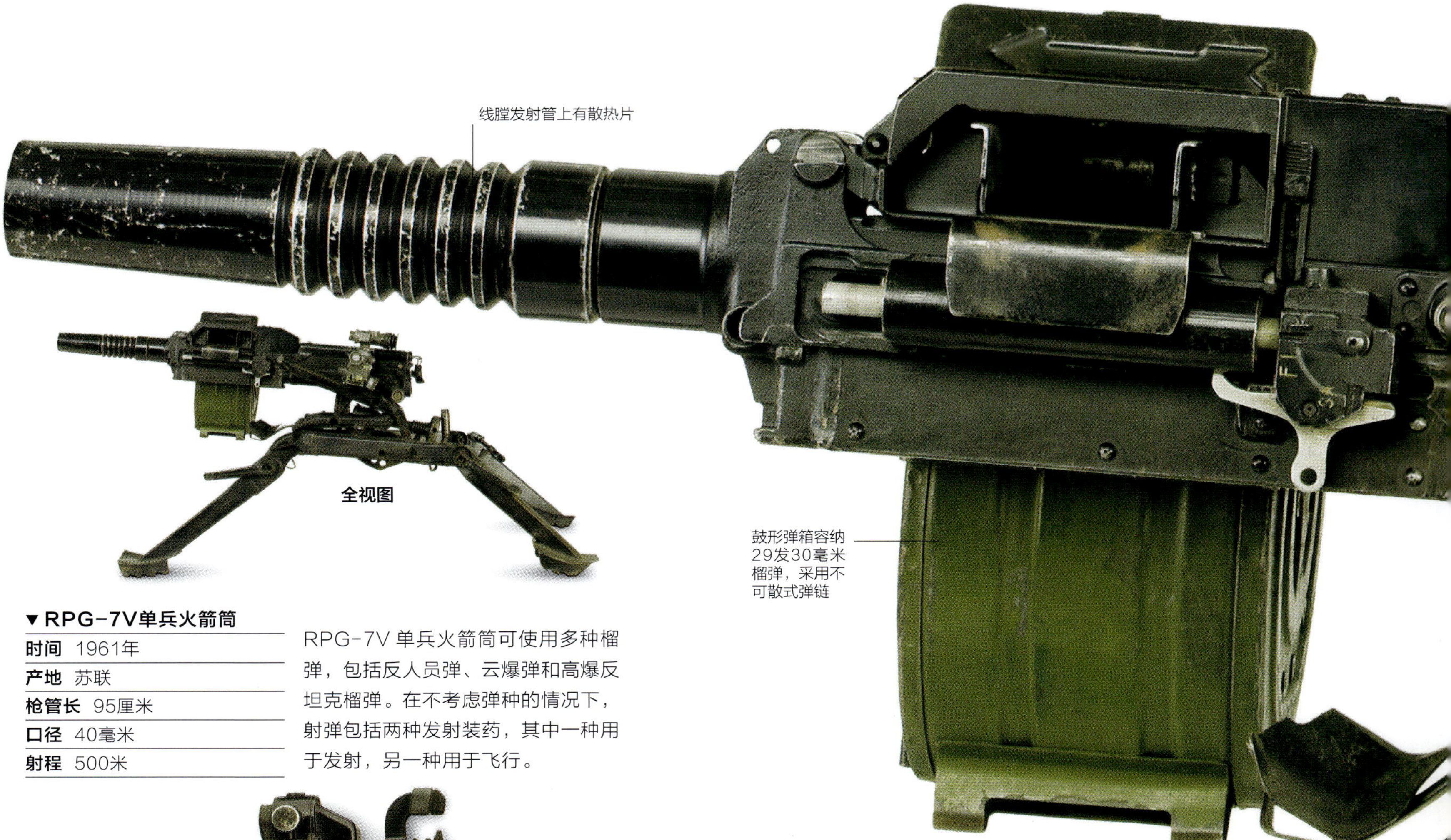

线膛发射管上有散热片
鼓形弹箱容纳
29发30毫米
榴弹，采用不
可散式弹链

全视图

▼ RPG-7V单兵火箭筒

时间	1961年
产地	苏联
枪管长	95厘米
口径	40毫米
射程	500米

RPG-7V单兵火箭筒可使用多种榴弹，包括反人员弹、云爆弹和高爆反坦克榴弹。在不考虑弹种的情况下，射弹包括两种发射装药，其中一种用于发射，另一种用于飞行。

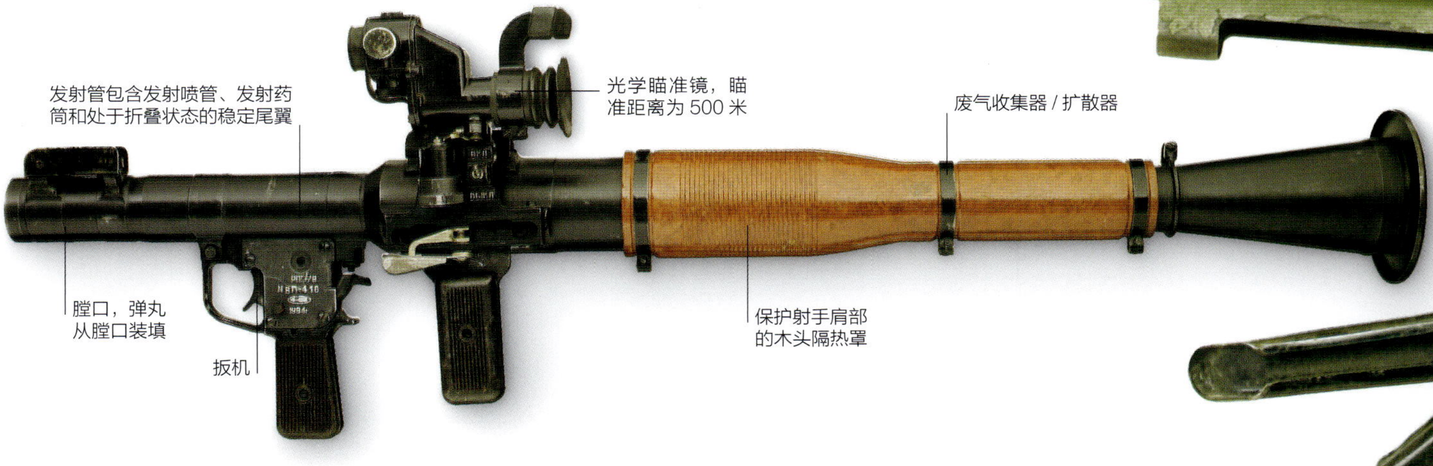

发射管包含发射喷管、发射药
筒和处于折叠状态的稳定尾翼
光学瞄准镜，瞄
准距离为500米
废气收集器/扩散器
膛口，弹丸
从膛口装填
扳机
保护射手肩部
的木头隔热罩

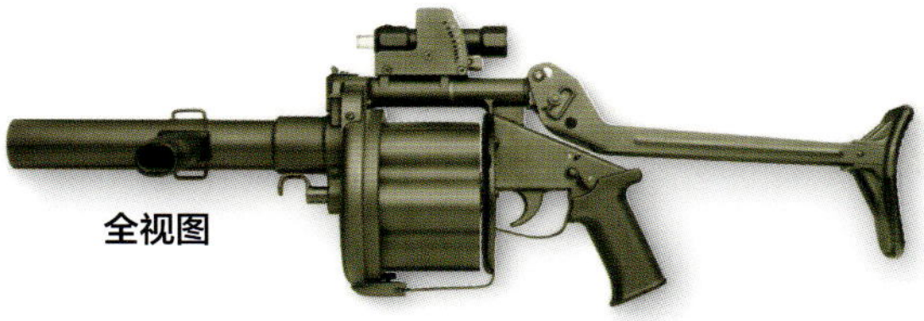

全视图

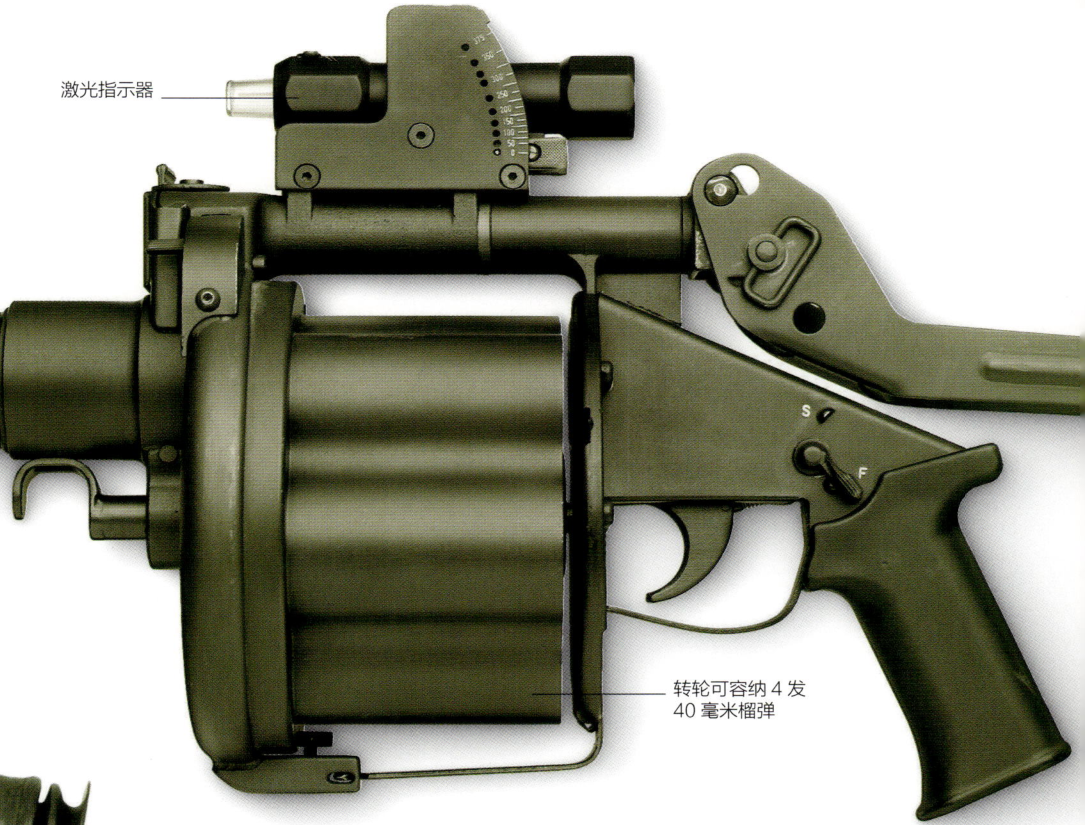

激光指示器

转轮可容纳 4 发
40 毫米榴弹

▲米切姆MGL Mk.1 榴弹发射器

时间	1990年
产地	南非
枪管长	30.5厘米
口径	40毫米
射程	350米

MGL Mk.1 是一种 6 巢转轮榴弹发射器，是采用相似设计的霰弹枪按比例的放大版。转轮可通过弹簧实现旋转，当弹巢摆出转轮座进行装填时，依次手动旋转转轮。

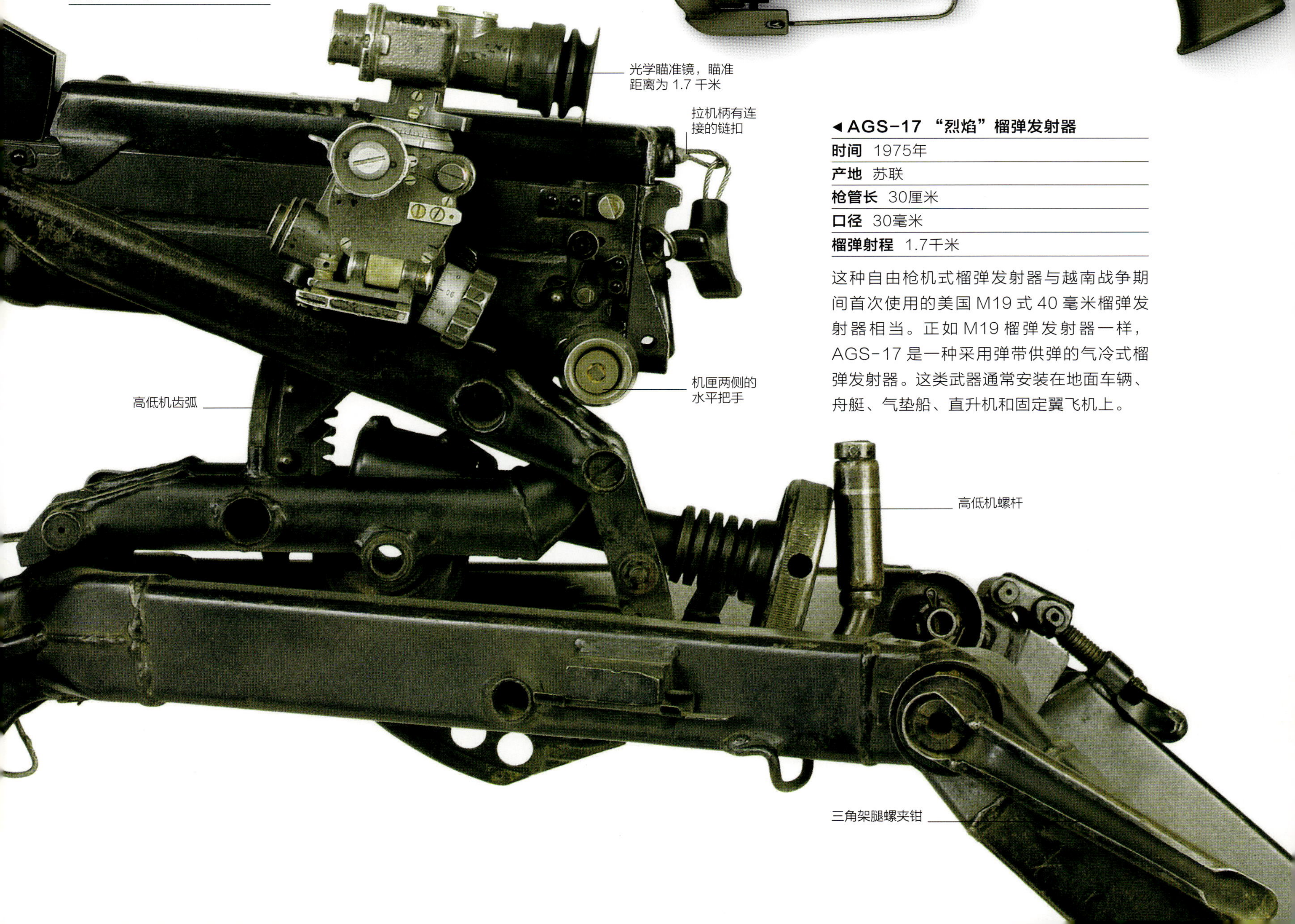

光学瞄准镜，瞄准距离为 1.7 千米

拉机柄有连接的链扣

机匣两侧的水平把手

高低机齿弧

高低机螺杆

三角架腿螺夹钳

◄AGS-17 “烈焰”榴弹发射器

时间	1975年
产地	苏联
枪管长	30厘米
口径	30毫米
榴弹射程	1.7千米

这种自由枪机式榴弹发射器与越南战争期间首次使用的美国 M19 式 40 毫米榴弹发射器相当。正如 M19 榴弹发射器一样，AGS-17 是一种采用弹带供弹的气冷式榴弹发射器。这类武器通常安装在地面车辆、舟艇、气垫船、直升机和固定翼飞机上。

无后坐力反坦克武器

反坦克武器自世界大战以来已经变得多样化。20 世纪 30 年代研制的无坐力炮已发展出当今的牵引式和手持式两类。无坐力炮是一种轻型火炮武器，可向后转移发射药的废气以抵消火炮的后坐力。炮架被设计为沿炮管方向朝前放置。继无坐力炮之后的又一重大发展是 20 世纪下半叶制造的便携式制导导弹系统。这些武器可由单人操作，通常从直升机挂架上发射。

▼米兰反坦克导弹发射器

时间	1972年
产地	法国、联邦德国
全长	1.2米
口径	125毫米
射程	1.95千米

米兰是一种反坦克制导导弹，飞行中通过其后面放出的缆线发送的信号指向目标。本图展示的是导弹发射器。许多米兰导弹发射器均为车载武器，但仍可由 2 人步兵班组部署使用。

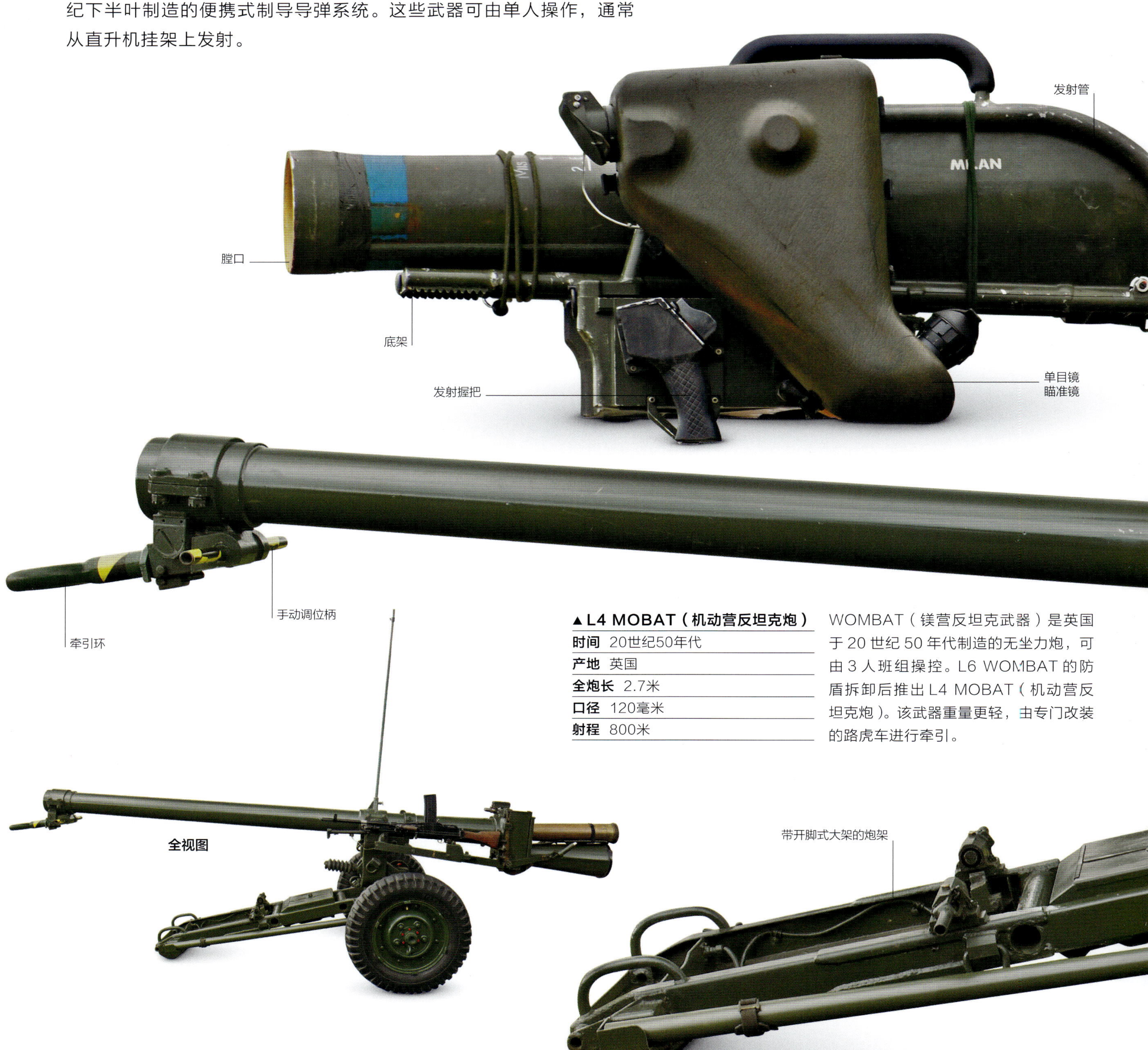

▲L4 MOBAT（机动营反坦克炮）

时间	20世纪50年代
产地	英国
全炮长	2.7米
口径	120毫米
射程	800米

WOMBAT（镁营反坦克武器）是英国于 20 世纪 50 年代制造的无坐力炮，可由 3 人班组操控。L6 WOMBAT 的防盾拆卸后推出 L4 MOBAT（机动营反坦克炮）。该武器重量更轻，由专门改装的路虎车进行牵引。

▼ 卡尔·古斯塔夫无坐力炮

时间	1946年
产地	瑞典
全长	1.1米
口径	84毫米
射程	700米

卡尔·古斯塔夫是瑞典萨伯·博福斯动力公司生产的一种单兵便携式多用途无坐力炮，于1946 年首次进行测试，其不同的变型产品已装备全世界多个国家的陆军部队。该武器通常由 2 人班组操控，其中一人携带武器，另一人携带榴弹。

提把
发射药燃
气排气孔
扳机
光学瞄准镜
两脚架腿

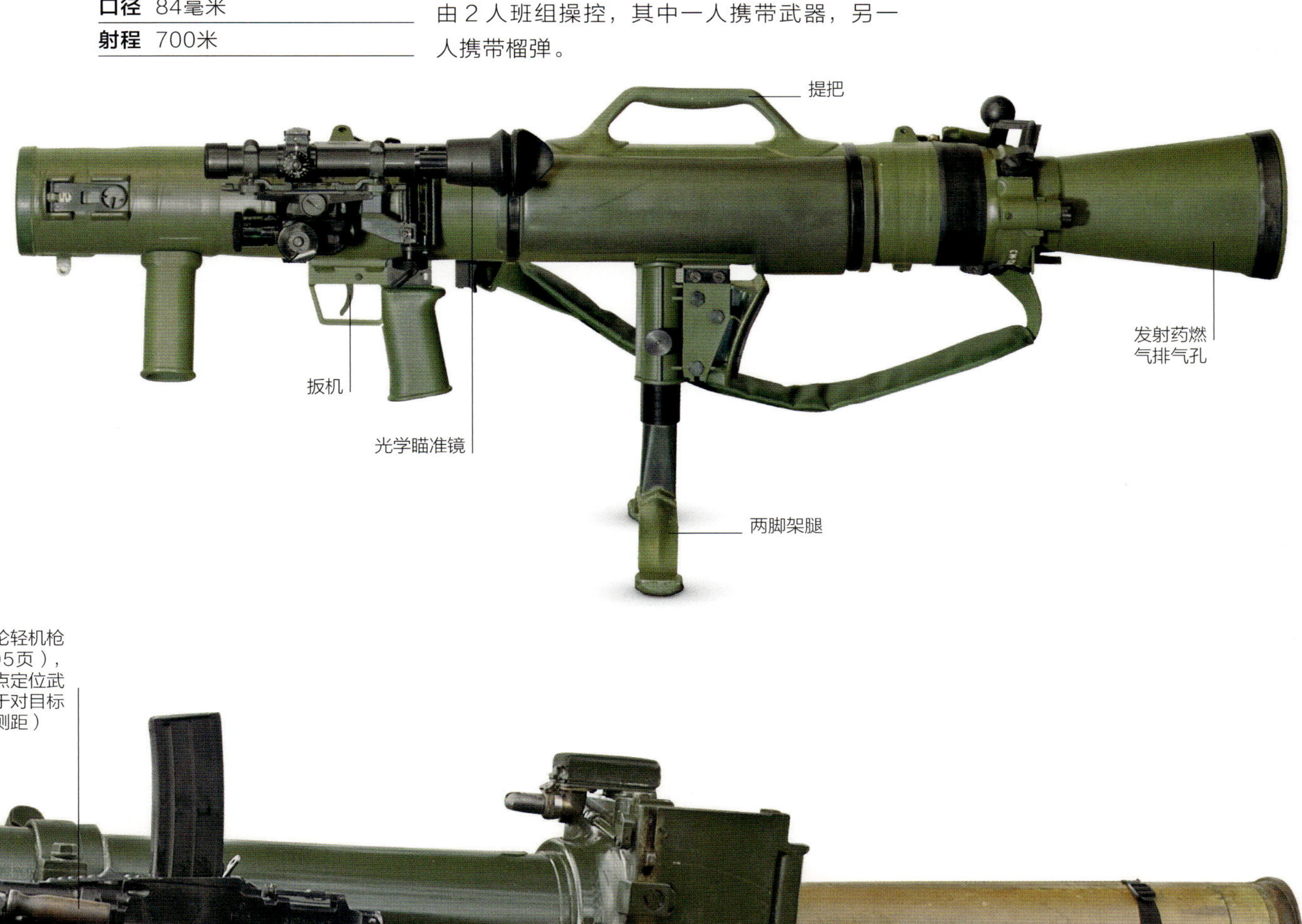

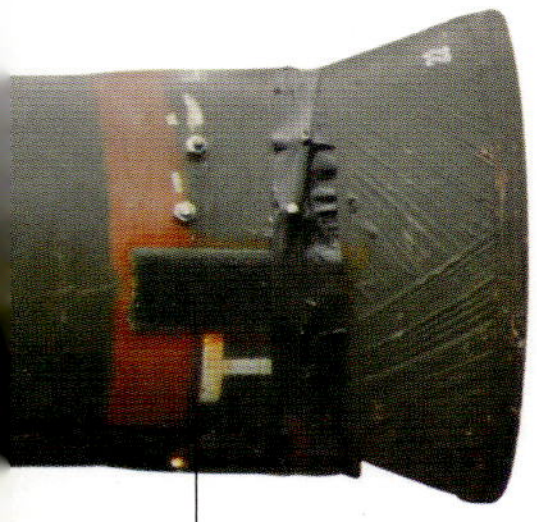
导弹排气喷管

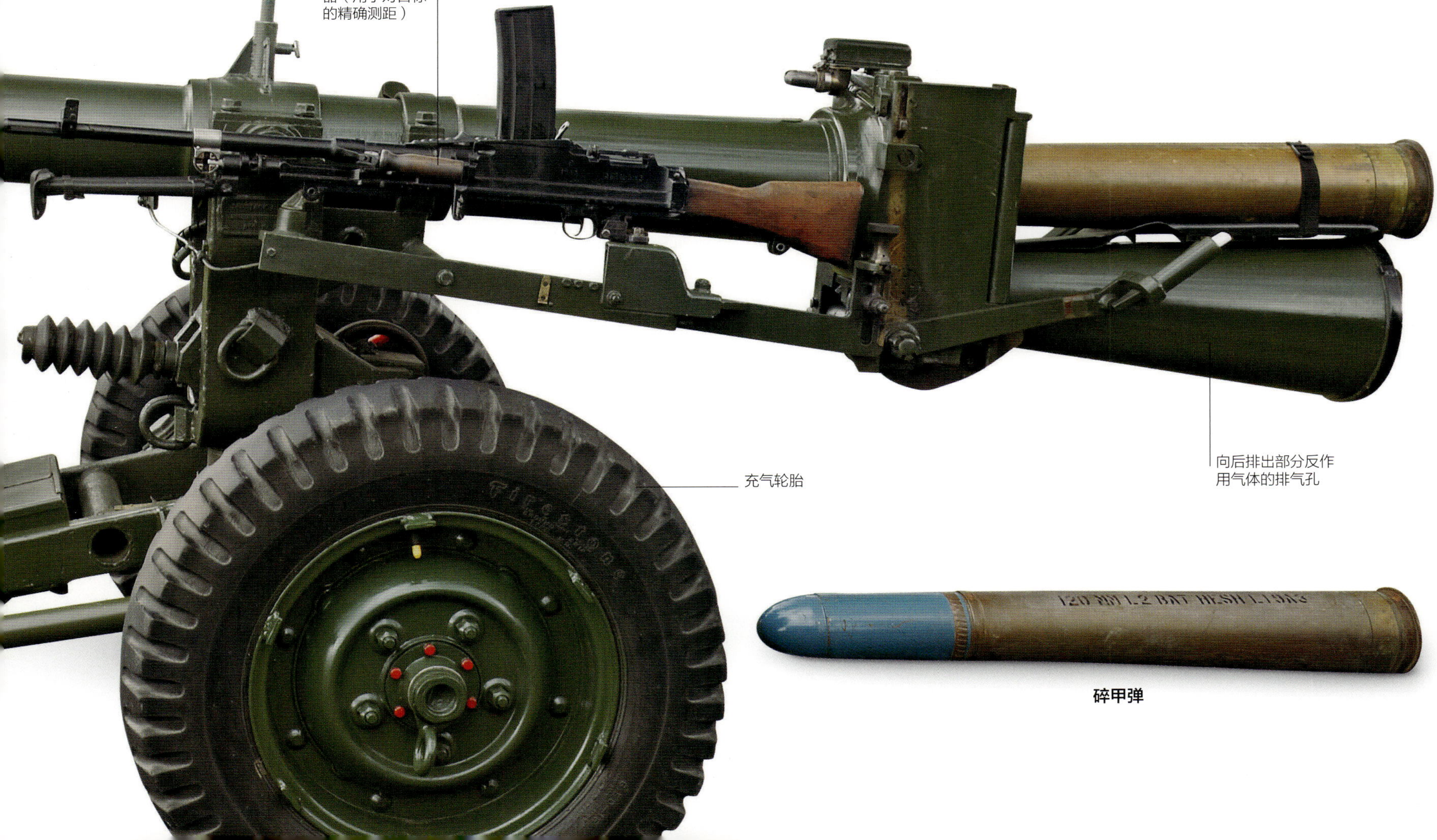
加装布伦轻机枪（见205页），用作测点定位武器（用于对目标的精确测距）
充气轮胎
向后排出部分反作用气体的排气孔

碎甲弹

现代火炮（1946年至今）

自第二次世界大战以来，随着被空中打击摧毁的威胁的出现，安装在固定位置的火炮已不再使用。现代火炮是牵引、自行甚或直升机吊运的机动型火炮，如 M777 轻型牵引榴弹炮。常规火炮（发射炮弹而非火箭弹）包括榴弹炮和野战炮。牵引火炮的口径通常为 105 ~ 155 毫米，目标瞄准精度变得更高，使用间瞄射击(无法看到目标）并获益于 GPS（全球定位系统）等技术。这尤其适用于远程火炮，目前射程可达 50 千米。尽管取得这些技术进步，但当今冲突中使用的大多数火炮武器设计仍源自苏联。诸如 D20 牵引榴弹炮等火炮，其结构简单、坚固耐用且可靠性高。

▼ D20牵引榴弹炮

时间	20世纪50年代
产地	苏联
全炮长	8.7米
口径	152毫米
射程	24千米（发射火箭增程弹）

苏制火炮在当今全世界冲突中被普遍使用。坚固的 D20 是一种手动装填的牵引榴弹炮。该炮的炮管安装在摇架上，摇架封装有反后坐装置，其中包括一个复进机，可使炮管能够在后坐后返回至发射位置。

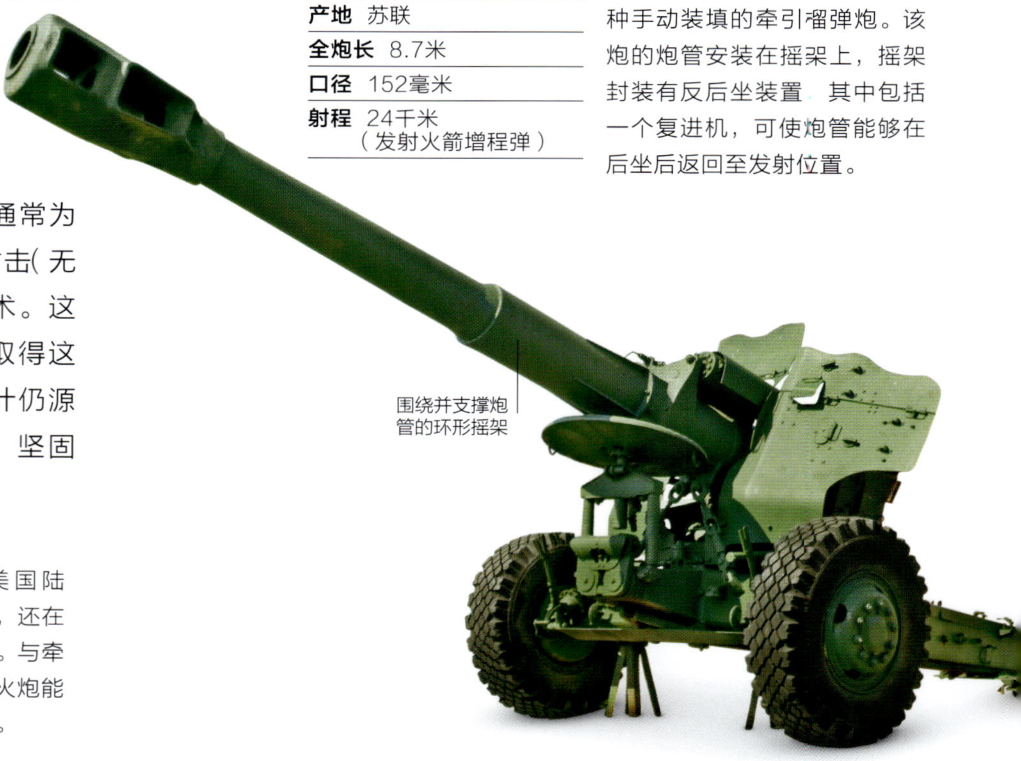
围绕并支撑炮管的环形摇架

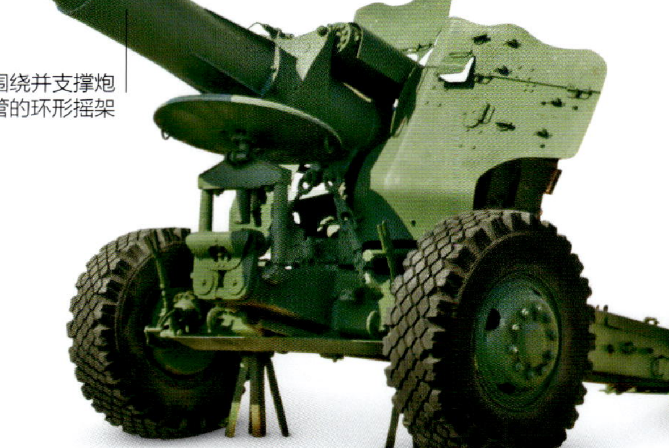

▼ M109榴弹炮

时间	1963年
产地	美国
全炮长	9.1米
口径	155毫米
射程	30千米（发射火箭增程弹）

M109 榴弹炮是美国陆军主装的自行火炮，还在许多其他国家使用。与牵引火炮相比，自行火炮能够更快地投入战斗。

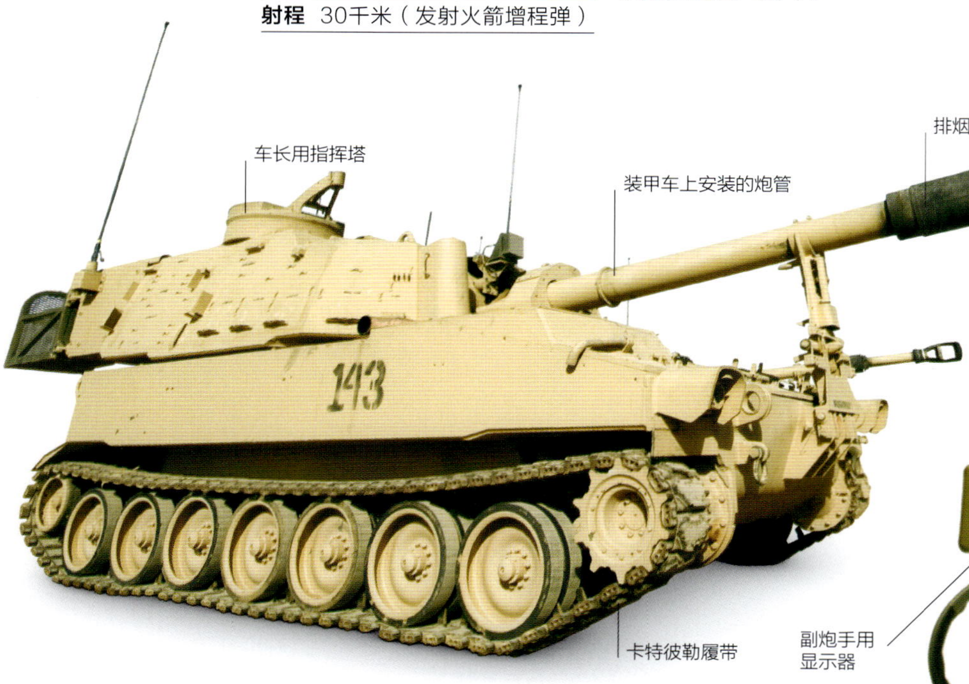
车长用指挥塔
装甲车上安装的炮管
排烟筒
炮口制退器
143
卡特彼勒履带

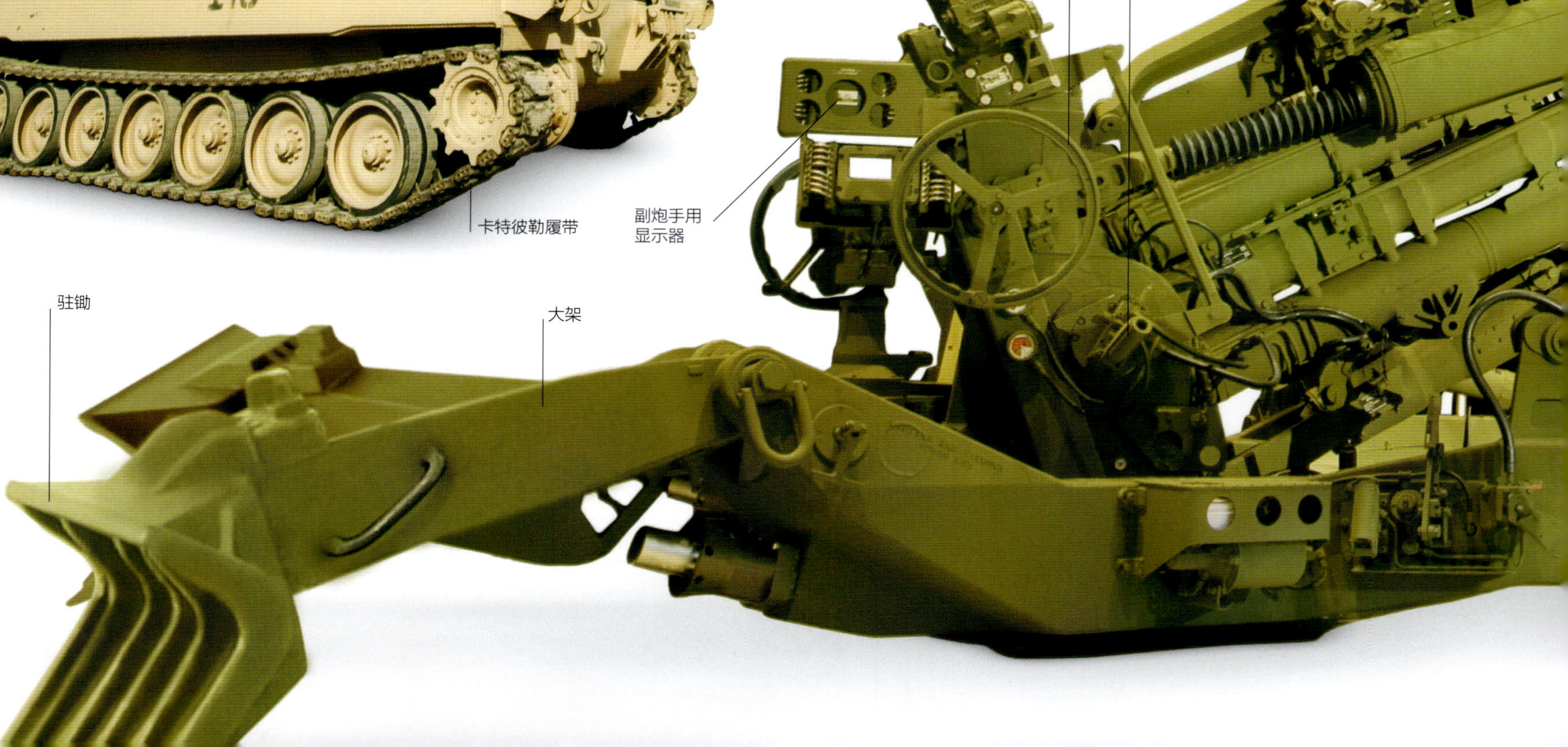
高低机手轮
炮管通过耳轴俯仰
副炮手用显示器
驻锄
大架

▲ 英国L118轻型火炮

时间	20世纪70年代
产地	英国
全炮长	8.8米
口径	105毫米
射程	17.2千米

L118 轻型火炮是一种配有盒式管形大架的 105 毫米牵引榴弹炮，从 20 世纪 70 年代开始装备英国陆军。英国陆军使用“平茨高尔”全地形车牵引此炮。

全视图

◀ M777榴弹炮

时间	2005年
产地	英国
全炮长	10.7米
口径	155毫米
射程	40千米（发射M982炮弹）

M777 榴弹炮由 BAE 系统公司研制，是主要供美国海军陆战队使用的英国火炮。该炮采用钛合金部件，是世界上最轻的 155 毫米榴弹炮。该炮几乎仅使用计算机控制，先进的瞄准与定位系统使该炮具备极高的射击精度。

M777榴弹炮配用的弹药

改头换面的枪

自 16 世纪以来，人们便一直尝试将枪伪装成其他物品（见 222 ~ 223 页）。尽管早期点火系统（簧轮擦火机和燧发机）阻碍了任何程度的有效伪装，但定装金属壳枪弹的出现使伪装成为可能。因此，从 19 世纪中叶以来，枪支已被制成了手杖、伞、笔等形式。这些武器仅可在近距离有效使用，其民用引来政府的不满，因为这些武器能够用于邪恶目的，如刺杀等。

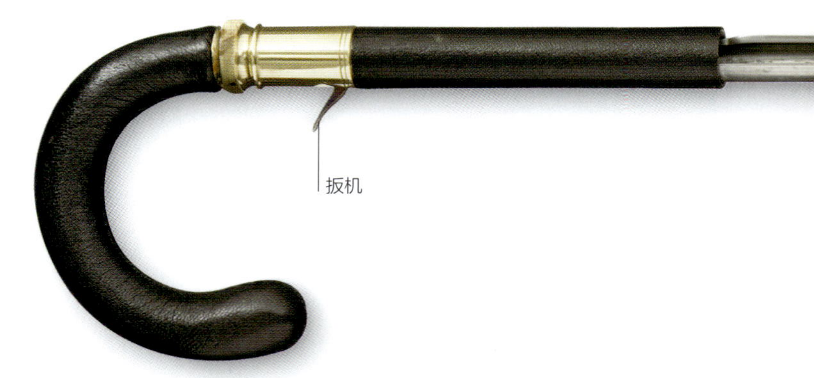

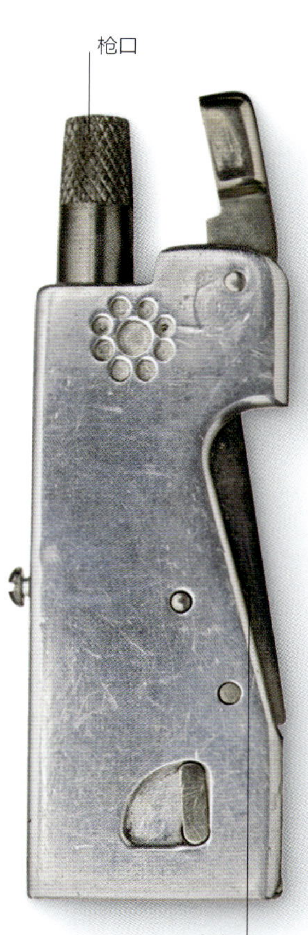

◄ 香烟打火机手枪

时间 20世纪70年代

产地 不详

枪管长 4厘米

口径 0.22英寸

该枪外形类似于香烟打火机，实际上包含一把独子手枪。扳机为扣压式，位于枪体侧面。该枪是 20 世纪 70 年代研制的，但并不清楚在哪国生产。

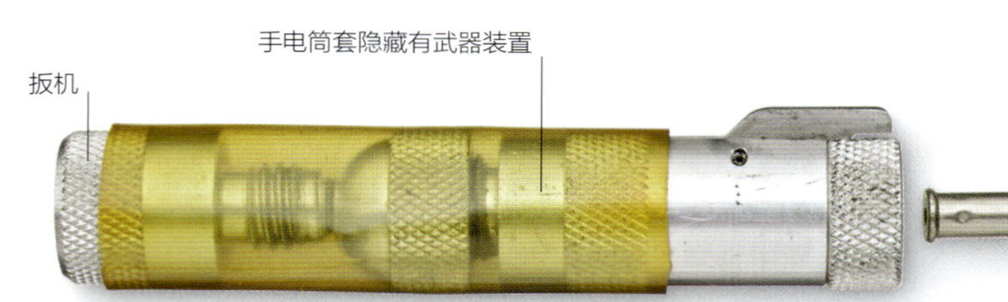

▲ 手电筒枪

时间 20世纪80年代

产地 美国

枪管长 5厘米

口径 0.22英寸

这种秘密武器被伪装成一种手电筒，它实际上是容纳了一件 0.22 英寸口径的独子轻武器。枪弹从手电筒的灯泡位置后面装填，通过按下灯光开关实施开火射击。

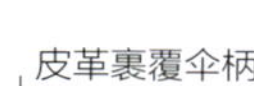

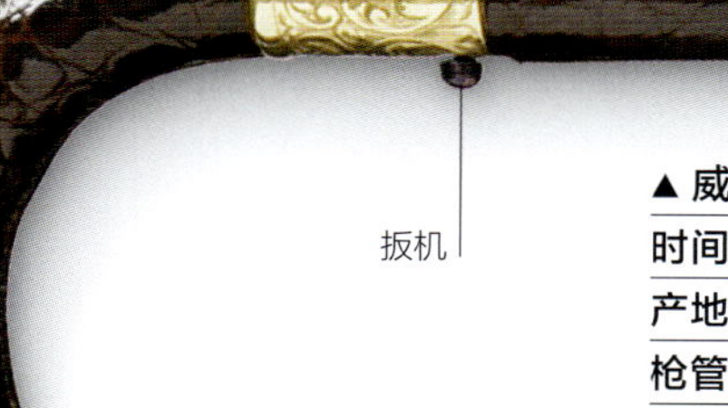

▲ 威尔逊伞枪

时间 1985年

产地 英国

枪管长 76.2厘米

口径 0.410英寸

伞本身很适合用作隐藏的轻武器。该枪与威尔逊手杖枪同属于“绅士枪”范畴。这些绅士枪的用途有些不确定，用于狩猎是不切实际的，而用于自卫又火力有限。这种伞枪的伞柄内有中心发火机构。美国禁止将该枪用于运动赛事。

封装在手杖杆中的枪管

▲**威尔逊手杖枪**

时间 1984年

产地 英国

枪管长 不详

口径 0.410英寸

该手杖枪是一种由制造威尔逊伞枪的制造商生产的“绅士枪”。该枪口径为0.410英寸，射程为23米，常被用于非法狩猎。

▲**笔手枪**

时间 20世纪90年代

产地 黎巴嫩

枪管长 5厘米

口径 0.22英寸

这种笔手枪重量极轻，仅为70克，可发射0.22英寸枪弹。然而，若要该枪不伤及使用者自身，则需要仔细操控。

扳机

枪管

◀**戒指手枪**

时间 20世纪90年代

产地 瑞士

枪管长 2.5厘米

口径 0.22英寸

这可能是终极隐藏武器，全长仅为4.3厘米，枪管几乎不比其发射的0.22英寸枪弹长。该枪的穿透厚度约为2.5厘米~5厘米，因此需要贴近射击。

枪口

布伞

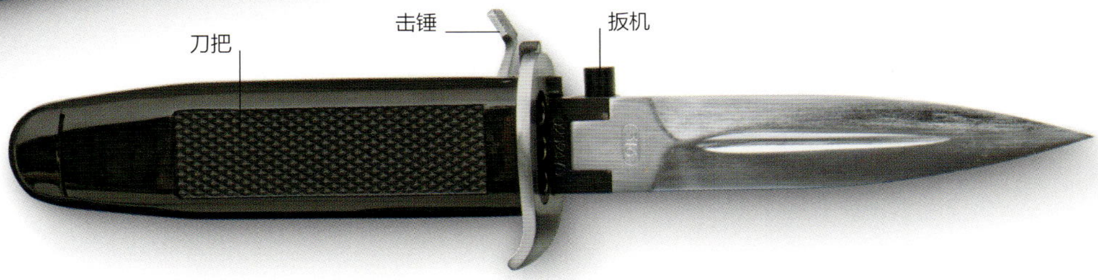

刀把

击锤

扳机

▲**匕首手枪**

时间 21世纪初

产地 中国

枪管长 2.5厘米

口径 5.6毫米

这种现代武器在21世纪出现于中国，它由容弹三发的手枪和折叠式匕首构成，其中手枪配用5.6毫米枪弹。5.6毫米枪弹是诸如这种轻武器的小型武器配用的理想弹药，其产生的后坐力几乎可以忽略。

枪炮工作原理（19世纪前）

早期枪炮的身管由青铜或铁制成，从膛口装填发射药（主装药）和弹丸（铅球或石球），枪管尾部有一用于放置引燃药（少量火药）的小孔（火门或传火孔），用阴燃的火绳点燃引燃药，火苗通过火门点燃枪管内的发射药。之后的手炮的火门位于身管尾部右侧，配有搁板或药池用于盛放引燃药。再往后就是机械式点燃引燃药的装置。这些发火机构在西方被称为“锁”（lock），因为其工作原理和门或柜子上的锁类似。火绳机是最早的发火机构。

▲**火炮发射**

直到 19 世纪，几乎所有的火炮都是通过固定在火绳杆尾部的火绳来发射的，这样可避免被后坐的火炮撞伤。19 世纪末，炮手使用“摩擦管”发火快速开炮，这种发火管是将装有优质火药的铜管直接放在火门中，拉动装有刺钩的拉火绳来发射（如图所示）。

▲**手炮**

手炮（火门枪）是早期的火器。由于体积较小，所以可一人携行和发射。手炮没有机械发射装置，射手使用阴燃的火绳来发射。

火绳机

射手从枪口装填火药和铅弹，再把少量优质火药倒入药池并关闭药池盖，之后将一条末端已阴燃的火绳放置到蛇形杆（火绳杆）的火绳夹钳口内。射手很可能通过轻轻挤压扳机以放低火绳的方式，测试火绳末端位置，目的是确保火绳位于关闭的药池中心上方。

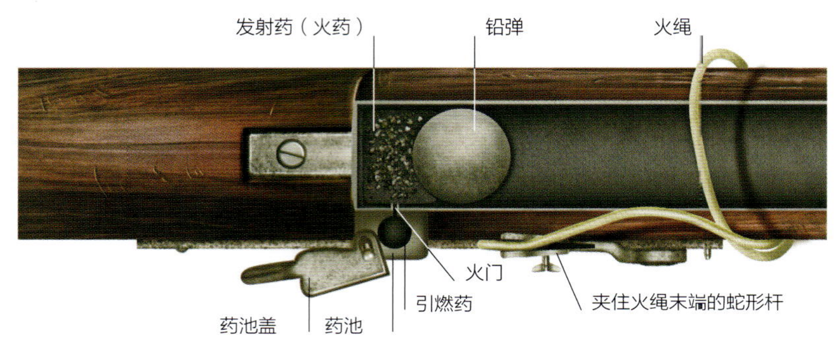

火绳机俯视图

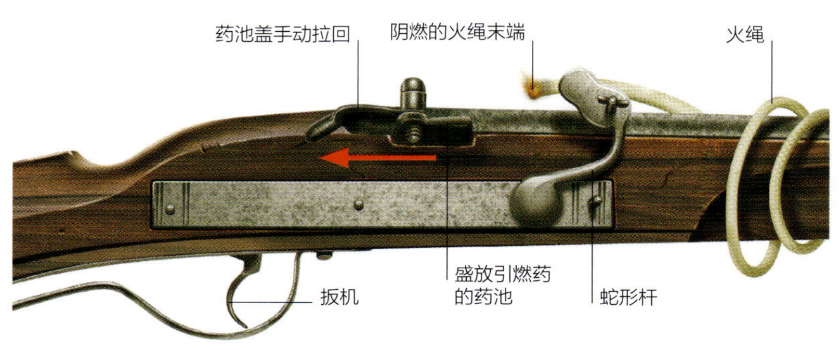

1 发射前，射手对火绳枪的准备工作是吹已阴燃的火绳，使之燃烧得更旺，同时将药池盖移至一旁。

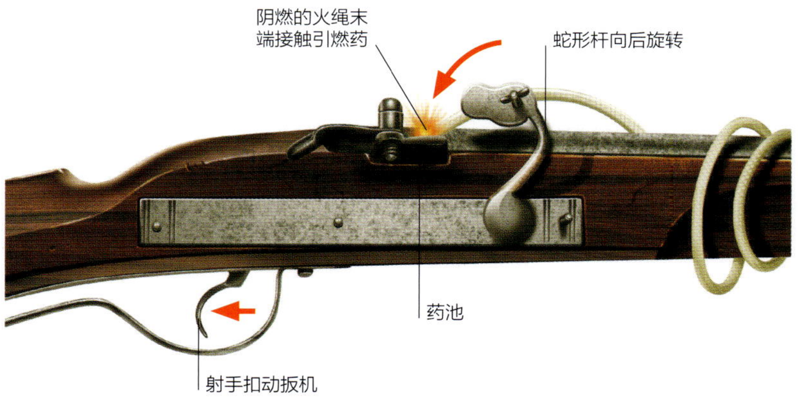

2 扣动扳机来旋转蛇形杆，利用引燃药将燃烧的火绳推入药池，由此产生的火焰通过枪管内的火门点燃发射药。

簧轮擦火机

簧轮擦火机使用有缺口的钢轮碰撞、摩擦一块黄铁矿产生火花。装填后，射手将钢轮旋转 3/4 圈，直到齿轮被扳机机构抵住。之后射手将引燃药放入药池。钢轮顶部穿过药池底部开槽的部位，这样，黄铁矿和钢轮就可以直接在药池内摩擦产生火花，点燃引燃药。

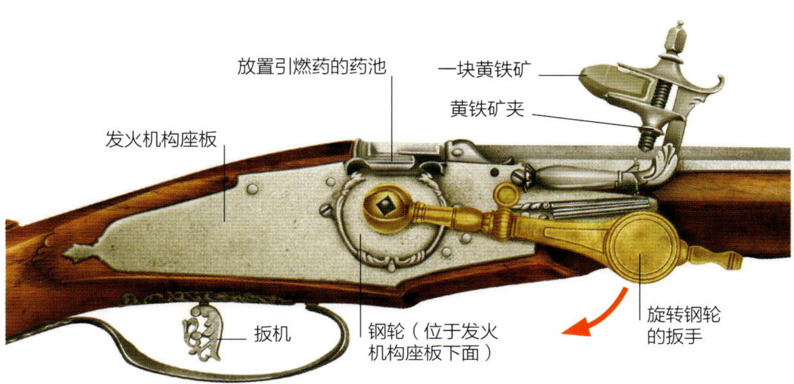

1 黄铁矿夹被弹簧固定，钳口夹住一块黄铁矿。射手旋转钢轮，从而压缩钢轮簧（位于发火机构座板下面）。

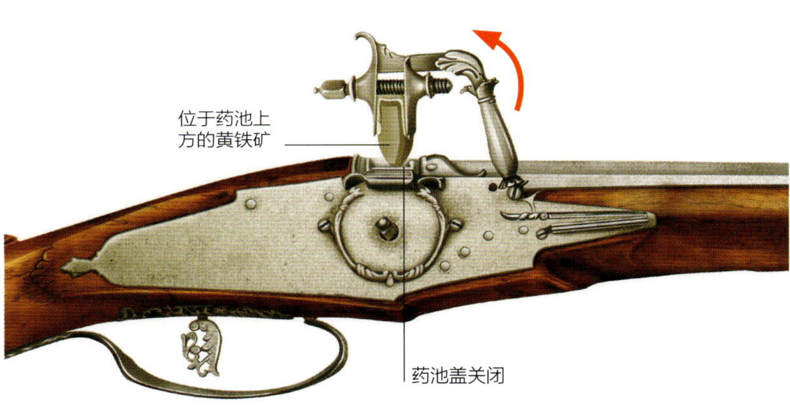

2 发射前，射手拉动黄铁矿夹，将其扳到关闭的药池盖上。

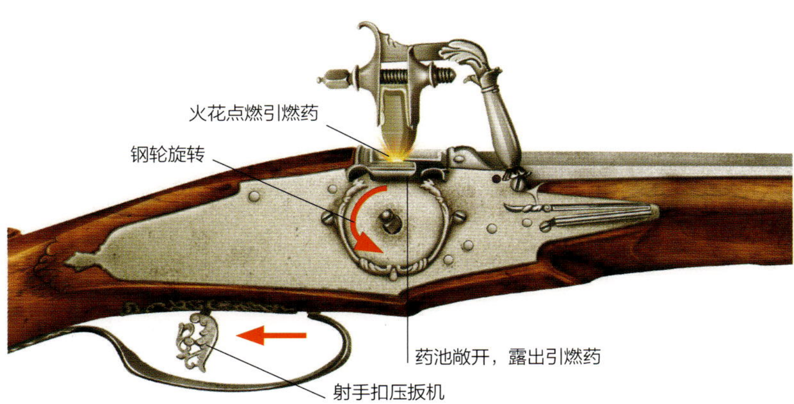

3 扣动扳机释放钢轮，钢轮开始旋转。药池盖自动打开，黄铁矿与钢轮摩擦产生火花，点燃引燃药，从而产生火焰点燃枪管内的发射药。

燧发机

燧发机比簧轮擦火机结构简单，使用天然燧石撞击硬质钢片产生火花。装有燧石的燧石夹通过弹簧击打火镰（药池盖与撞击钢片的结合体），撞击力使火镰向后运动的同时打开药池盖，火花将引燃药点燃。

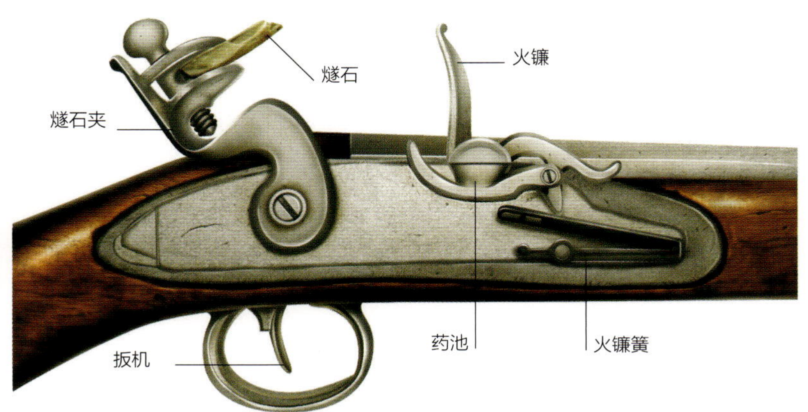

1 发射前，燧石夹被枪内的阻铁卡住，火镰被火镰簧控制固定，紧紧盖住药池。

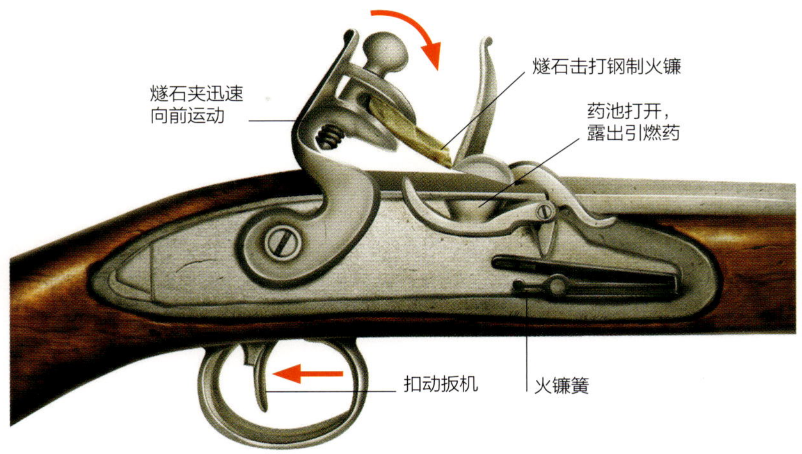

2 扣动扳机释放阻铁，燧石夹向前运动与火镰的钢制表面摩擦，撞击力使火镰向后运动同时打开药池盖露出引燃药。

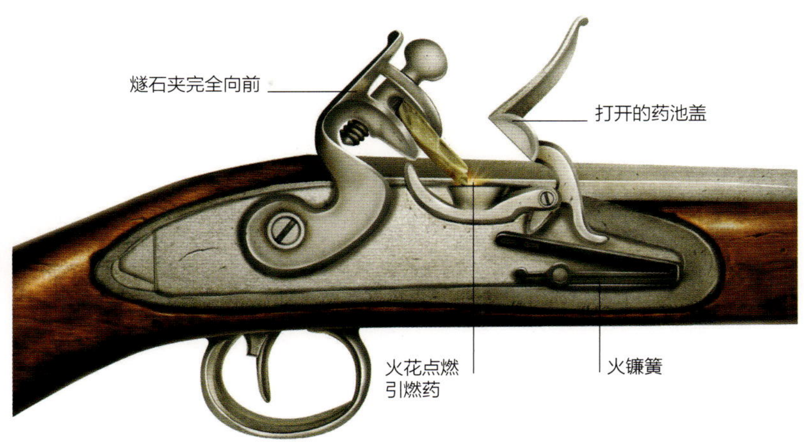

3 火花落入药池点燃引燃药，引燃药发出的火焰通过枪管侧面的火门进入枪管，点燃枪管内的发射药。

枪械工作原理（19世纪起）

撞击式火帽的出现使枪械具备了通过化学方式瞬间点燃发射药的能力。19 世纪 70 年代，这种火帽被装进金属壳定装枪弹内使用。这种枪弹将弹丸、发射药和底火装入紧凑的弹壳内，可快速从后膛装填，即通过旋转后拉式栓动枪机直接将枪弹装入枪膛内。之后不久，枪弹就可从弹仓中连续装填。这种通过弹仓或弹链自动装填的机构使用后坐式原理或导气式原理，促进了半自动和全自动武器的出现。

撞击式火帽

撞击式火帽由两层铜箔制成，铜箔中间装有雷酸汞混合物、氯酸钾、硫磺或锑，击锤撞击后即可点燃。

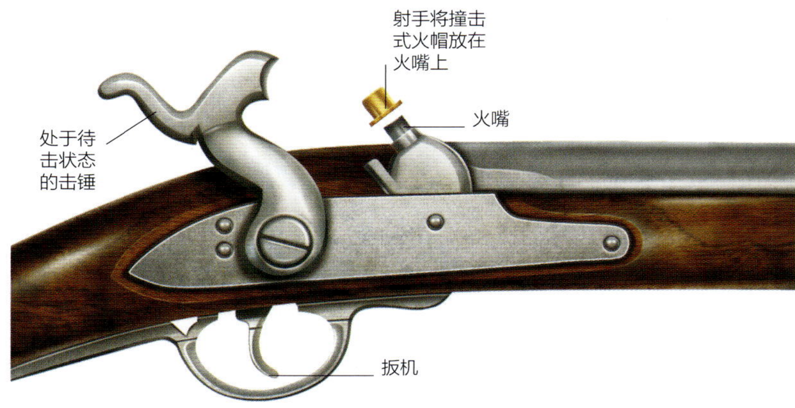

1 阻铁（枪内的钩形部件）将击锤抵在待击位置上，同时连接着扳机。射手将撞击式火帽放在火嘴上，火嘴上有与枪管相连的孔。

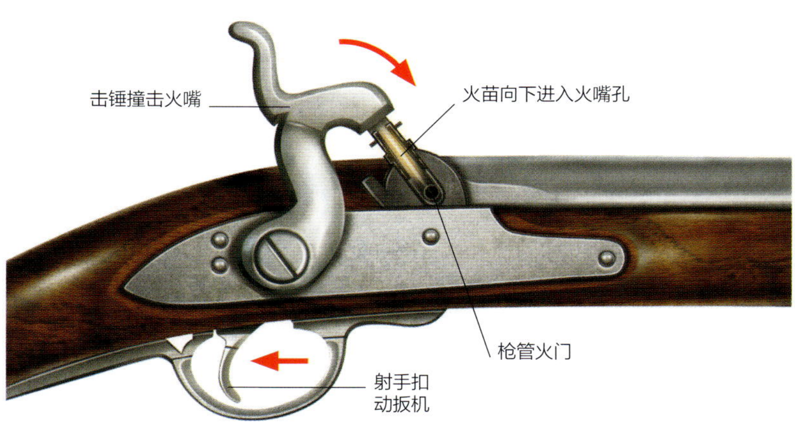

2 扣动扳机释放阻铁，使击锤撞击火嘴进而引爆火帽内的化合物，火苗通过火嘴孔和枪管上的火门点燃发射药。

旋转后拉式栓动枪机

旋转后拉式栓动枪机类似花园门上的门闩，是后装枪上一种安全而有效的装置，这种装置首次应用于由弹仓供弹的弹仓步枪上，弹仓中装有待装填枪弹，只要拉动枪机即可完成装填。

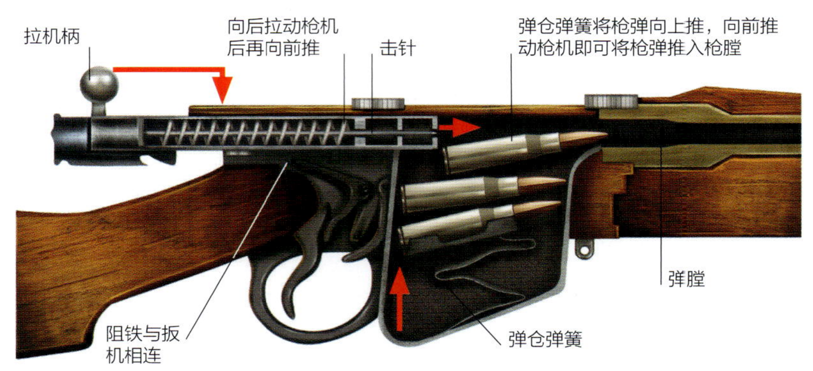

1 射手握住拉机柄，旋转枪机释放闭锁凸笋，向后拉动枪机打开枪膛，之后再向前推动枪机将弹仓内的子弹推入弹膛。

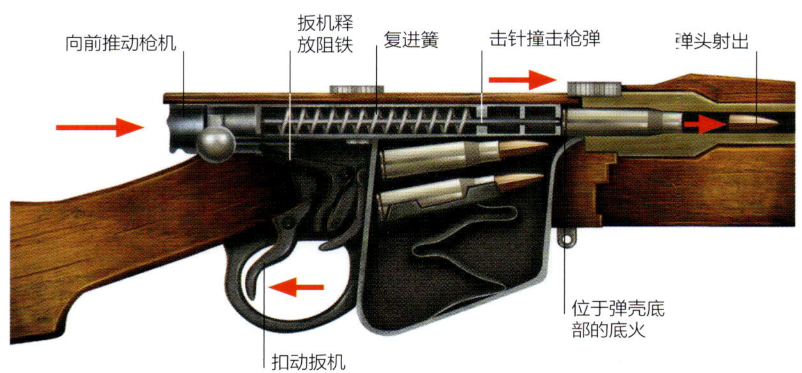

2 射手将拉机柄复原到关闭位置，闭锁凸笋就位，同时封闭枪膛，阻铁将复进簧和击针固定在待击位置使枪机闭锁。扣动扳机释放阻铁和击针，在复进簧压力的作用下，击针向前运动撞击弹壳底部的底火并将其点燃，之后发射子弹。

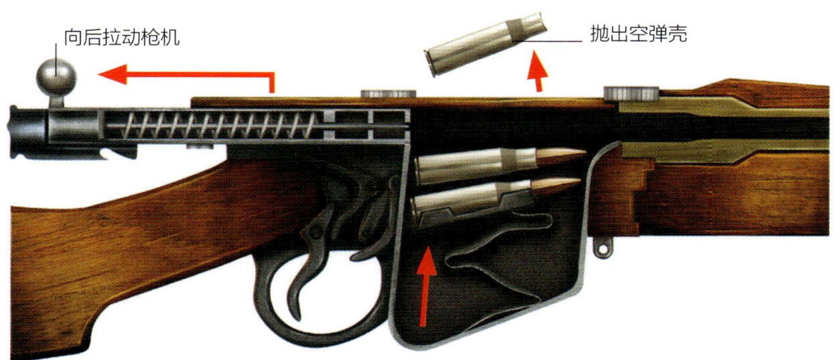

3 由于射手拉开枪机，枪机头上的抽壳钩钩住弹壳底缘将空弹壳抛出，弹仓弹簧将下一发枪弹向上推，再次向前推动枪机即可将下一发枪弹推入弹膛。

后坐式自动方式

艾萨克·牛顿的第三定律告诉我们，每一个动作都有一个大小相等、方向相反的反作用力。在枪械中，点燃发射药推动弹丸飞出枪口射向目标这一运动的反作用力就是后坐力。后坐力通过枪械作用到射手的肩部和手上。后坐式枪机就是利用后坐力实现自动装填的，这种枪机在一些半自动手枪和自动枪械上很常见，如机枪。

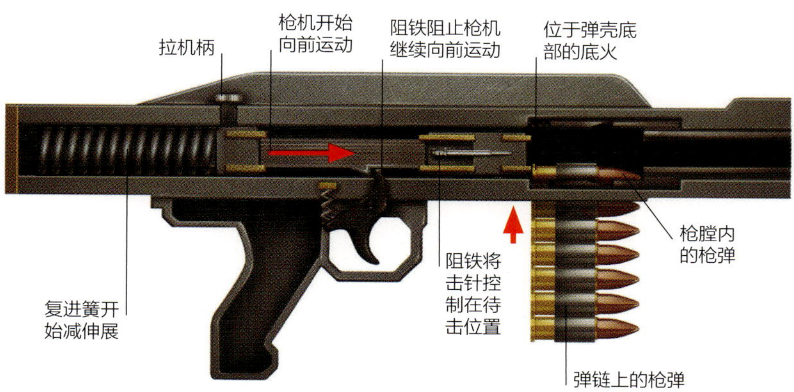

1 首先，射手向后拉动拉机柄压缩复进簧，在复进簧弹力的作用下推动枪机向前运动，将弹仓内的枪弹推入枪膛，阻铁与扳机相连，使枪机和击针都处于待击位置。

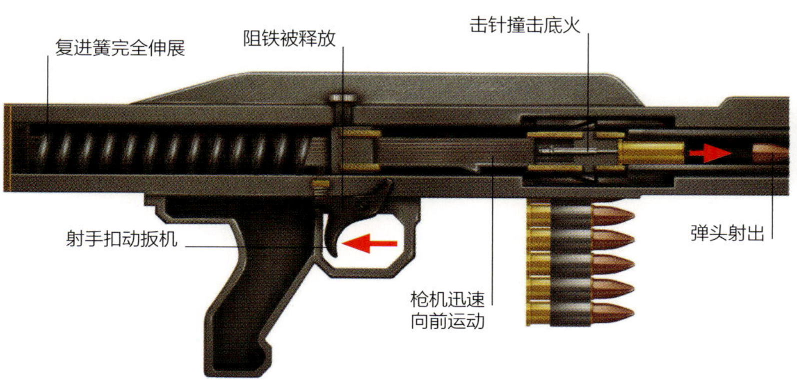

2 扣动扳机释放阻铁，复进簧完全伸展推动枪机向前运动，击针飞速向前撞击弹壳底部的底火并将其点燃，引燃发射药并射出弹头。

3 发射枪弹的后坐力使枪机后坐抛出空弹壳并将下一发枪弹推入枪膛，如果扣住扳机不放，将持续循环以上动作。

导气式自动方式

除后坐式外，也可利用发射时剧烈膨胀的火药燃气实现再装填。弹头射出后，利用导气孔将部分火药燃气导出，使其通过活塞和活塞杆推动枪机向后运动，进而完成装弹。在自动武器中，这种枪机循环往复实现持续射击。

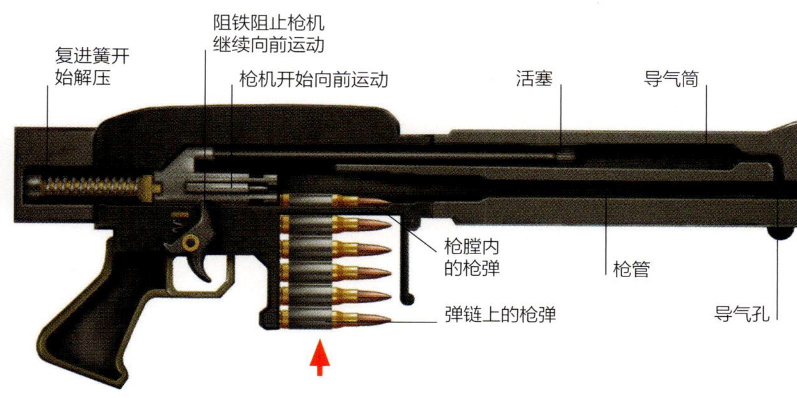

1 首先，射手向后拉动枪机压缩复进簧，然后枪机在复进簧弹力推动下再次向前运动。枪机开始向前运动时，将弹仓内的枪弹推入枪膛。枪机与导气筒内的活塞相连，导气筒与枪管平行，导气孔位于导气筒的前部。

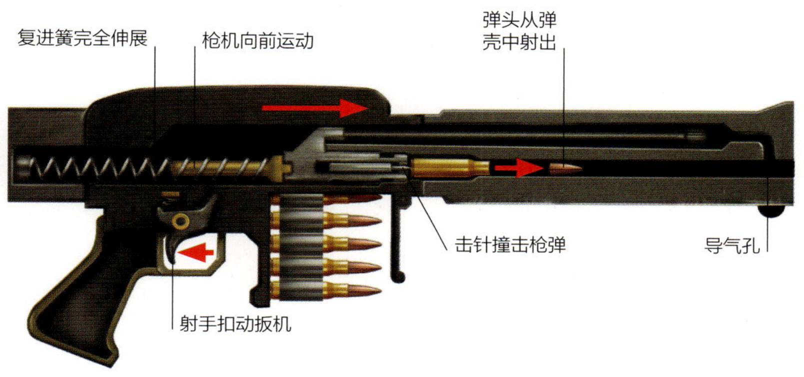

2 扣动扳机释放阻铁，复进簧完全伸展，推动枪机向前运动。击针撞击枪弹底部的底火将其点燃，引燃发射药并射出弹头。

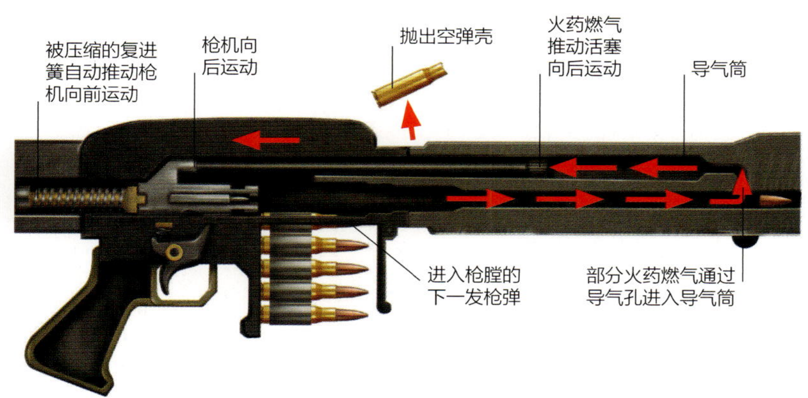

3 弹头经过导气孔时，发射所产生的部分火药燃气通过导气孔进入导气筒，推动活塞向后运动，使枪机也向后运动，抛出空弹壳。复进簧随后伸展，推动枪机向前运动并将下一发枪弹推入枪膛，如果扣住扳机不放，可持续射击。

枪弹（1900年前）

滑膛枪和线膛枪从枪口装填铅制弹丸和发射药，通过点燃引燃药（优质火药）发射。将铅制弹丸和发射药包裹在一起的枪弹的出现，不但使枪弹更易于携带，也使装填更简单。早期的纸包枪弹装填前需要将包装纸撕破，后来的枪弹则可全部装入枪膛。弹头与底火、发射药装在一起的金属枪弹（见 112~113 页），可快速而简单地从枪膛装填。

火药和弹丸时代

为确保精度，滑膛枪发射的是尺寸精确的球形弹丸。膛线可提高精度但装弹较慢，米涅弹（见 98~99 页）解决了这一问题。

滑膛枪/线膛枪弹丸

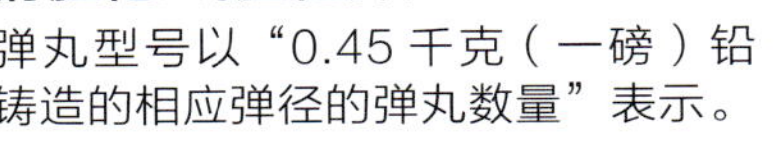

弹丸型号以“0.45 千克（一磅）铅铸造的相应弹径的弹丸数量”表示。

有弹带的弹丸

一些弹丸，如布伦瑞克弹（见 98 页），弹丸上的弹带可挤入线膛枪管的凹槽内。

米涅弹

这些子弹采用中空弹丸底，发射药燃烧的推力可使子弹的筒式弹尾膨胀并嵌入膛线。

有凹槽的米涅弹

子弹的凹槽经过润滑处理，嵌入膛线后可起到润滑枪管的作用。

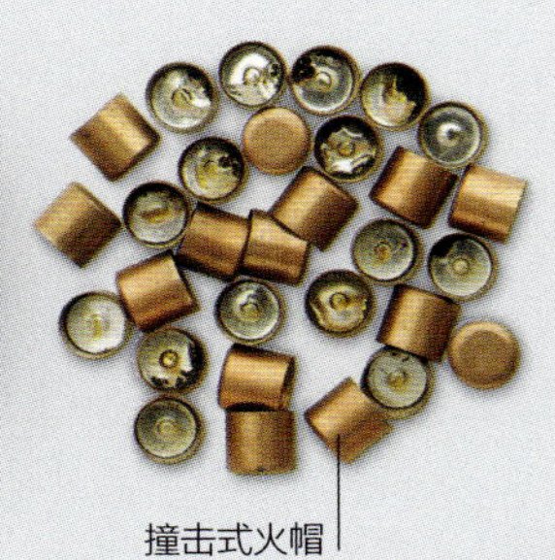

撞击式火帽

撞击式火帽（见 80~81 页）是一种比较简单的用化学火帽点燃发射药的方法。铜火帽安装在与枪械的后膛相连的空心塞孔内，击锤撞击火帽，使其内部的化学物质起爆。火帽可用于前装枪上，也可用于早期枪弹上。

早期枪弹

19 世纪初的枪弹装有一定量的火药和弹头，由纸张、皮革或织物包裹，这些枪弹对于后装枪来说存在密封性差的问题，因为发射时需要封闭枪膛以防止火药燃气泄漏。为了提升子弹的威力，枪膛需要完全封闭，金属枪弹很好地解决了这一问题。同时，金属枪弹将底火、发射药和弹头集成在金属弹壳内，因此是一种定装枪弹。步枪发射的金属枪弹比手枪发射的金属枪弹更长，发射药量更多。由长枪管枪械发射子弹初速和能量更高，所以射程更远，穿透力更强。

纸包枪弹

最早的枪弹是用纸包裹一定量的火药和弹丸的纸制枪弹，既可用于燧发枪，也可用于采用击发系统的步枪。

韦斯特利·理查兹“猴尾”枪弹

这种纸制枪弹的尾部有一个涂有润滑脂的密封塞，装填枪弹时需要将其向前推压后再取出，其作用是清洁枪膛和减少污垢。

横针枪弹

该枪弹发明于 19 世纪 30 年代。横针枪弹（边针枪弹）是早期定装枪弹，扣动扳机时，击锤撞击点位于弹壳底部凸出的击针，击针撞击火帽点燃底火，并引燃发射药使枪弹发射。

施耐德–恩菲尔德博克塞枪弹

19 世纪 60 年代专门为施耐德 – 恩菲尔德步枪研制的中心发火枪弹。底火位于弹壳底端中心位置，枪弹壳由铁制的有孔弹底和黄铜片制成的弹身组成。

0.56英寸–50斯潘塞枪弹（1860年）

早期金属枪弹的另一种类型是边缘发火枪弹，美国内战时期大量使用的斯潘塞卡宾枪发射的就是这种枪弹。

11毫米夏塞波枪弹（1871年）

普法战争（1870~1871 年）结束后，为毛瑟 M71 步枪研制的枪弹经过修改被夏塞波步枪采用。

0.30英寸–30温彻斯特枪弹（1895年）

该枪弹是第一种“民用”枪弹，采用新型的发射药——无烟火药（见 142~143 页）。

0.303英寸Mk.5枪弹（1899年）

从1899年开始，英国陆军的李–梅特福和李–恩菲尔德步枪开始发射这种钝头步枪弹。

弹仓步枪子弹盒

枪械生产商们希望用户使用它们自己品牌的弹药，这是 19 世纪初温彻斯特步枪弹最典型的包装盒。

比赛级步枪的子弹盒（1872年）

为了保持射击的一致性，参赛选手在远距离步枪射击比赛中，需要生产商们制造的枪弹具有很高的精度，型锻的或压力成型的弹头要逐个称重。

工具

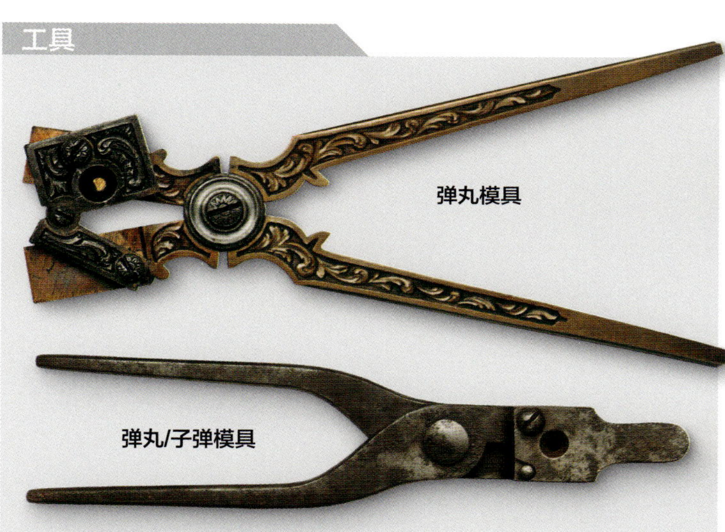

铸造子弹

在散装子弹普遍销售前，随枪会提供制造弹丸的模具。将铅融化后通过凹槽灌入模具中，凝固后就成为所需尺寸的铅制弹丸。沟槽内多余的凝固物被称为熔渣。这里有两种模具，上面的模具配有自动熔渣切割器，只需打开模具后即可轻易除掉熔渣。下面的模具配备的是更常见的旋转式熔渣切割器，敲击一侧即可去除熔渣。

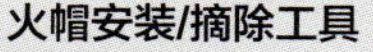

火帽再装填

这种工具用于摘除发射过的火帽和将新的火帽安装在金属中心发火弹壳上。

手枪弹

手枪的射程比步枪的近，使用更短的枪弹，因此装药量少、威力小。由于手枪枪管短所以初速低，穿透力差。与步枪弹类似，手枪弹最初也是底缘发火，19 世纪 60 年代改进为中心发火。

0.44英寸亨利枪弹（1860年）

该弹为底缘发火枪弹，底火位于弹壳底部边缘，它很快被中心发火枪弹取代。

0.44英寸艾伦-惠洛克枪弹（19世纪60年代）

艾伦－惠洛克转轮手枪发射“凸唇发火”枪弹(局部突缘发火)，多数是小口径枪弹。

0.45英寸柯尔特枪弹（贝内特，1865年）

该弹是 S.V. 贝内特上校于 1865 年研制的中心发火枪弹，为很受欢迎的伯丹中心发火金属枪弹的研制奠定了基础。

0.45英寸柯尔特枪弹（瑟尔，1868年）

亚历山大·瑟尔将柯尔特转轮手枪由发射分装枪弹改为发射这种锥形黄铜枪弹。

0.44英寸史密斯-韦森俄国枪弹（1870年）

这种中心发火枪弹是为俄国陆军装备的史密斯－韦森转轮手枪提供的。

0.577英寸韦伯利枪弹（19世纪80年代）

由于许多小口径枪弹的威力小，韦伯利研制了 0.577 英寸枪弹。

0.476英寸韦伯利枪弹（1881年）

0.577 英寸转轮手枪过于笨重，后来被 0.476 英寸转轮手枪取代，该枪弹也很短命，并未使用多长时间。

10.4毫米博代奥枪弹（1889年）

意大利陆军从 1891 年就开始使用该枪弹，初速为 255 米 / 秒，比同时期大多数枪初速高。

0.455英寸韦伯利枪弹（1891年）

韦伯利的第一种无烟火药枪弹，装填了威力更大的火药。弹头重量更轻，速度更快，杀伤力更大。

7.63毫米伯格曼枪弹（1896年）

1896 年，伯格曼为伯格曼 No.3 手枪研制的第一种枪弹，该弹没有底缘和凹槽，配有尖头弹尖。

霰弹

只有大口径霰弹是完全由黄铜制成的，其他口径霰弹的弹身则是由硬纸板制成的。

10号横针霰弹

19 世纪 60 年代，横针霰弹已很普遍，直到 20 世纪 20 年代，中心发火霰弹才开始出现和使用。

猎鸟霰弹

大口径猎鸟弹装药量普遍较多，例如这个猎鸟弹装有 20 克火药和 100 克弹丸。

枪弹（1900年后）

随着可将底火、发射药和弹头集成在黄铜弹壳上的定装枪弹的发展，只要改进定装枪弹的这三个要素的性能就可提升枪弹的威力。底火变得更有效，弹头更符合空气动力学，枪弹的远程精度变得更高。但是，大部分的改进都集中在发射药上。19 世纪最后 10 年，随着无烟火药的出现，以及后来基于硝化甘油的混合物，即线状无烟火药出现，发射药不断得到改进，最终完全取代了黑火药。

步枪弹

19 世纪末，步枪子弹开始采用尖形弹尖和锥形弹尾，尖形弹尖可减少飞行时的空气阻力并提高精度，其有效射程是之前步枪弹的两倍，精度也得到提高。下面介绍的这些步枪弹，初速和能量是指枪口的初速和能量，子弹较重和速度较高意味着威力更大。

8×58毫米克拉格步枪弹（1889年）
装备丹麦陆军的克拉格－约根森步枪发射的就是这种枪弹。弹头重 12.7 克，初速 770 米 / 秒。

日本7.7×56毫米步枪弹（1889年）
该弹为全底缘式枪弹，即弹壳底部周围都有底缘，有坂步枪发射的就是这种枪弹。弹头重 11.35 克，初速 716.3 米 / 秒。

俄国7.62×54毫米步枪弹（1891年）
这是一种“3 线”枪弹。弹头重 9.65 克，初速 870 米 / 秒。“线”是指口径，1“线”约为 2.54 毫米。

7.92×57毫米毛瑟步枪弹（1905年）
它也被称为 SmK 枪弹。弹头有钢制被甲，重 11.5 克，初速 836.6米/秒。艇尾型(锥形)弹头可减少空气阻力并提高精度。

0.30英寸–06斯普林菲尔德步枪弹（1906年）
1906 年，这种枪弹开始在美军服役，一直到 1954 年。弹头重 9.85 克，初速 887 米 / 秒，枪口动能 3823 焦耳。

0.470英寸“硝基快递”步枪弹（1907年）
“硝基”是指发射药，“快递”是指弹头。该弹 1907 年开始生产。弹头顶部中空，击中目标后弹头膨胀，虽然减小了穿透力但增大了组织损伤。初速 655.3 米 / 秒，枪口动能 6955 焦耳。

意大利7.7×56毫米步枪弹（1910年）
意大利 7.7 毫米步枪弹的弹头重 11.25 克，初速 620.3 米 / 秒。

0.303英寸Mk.7步枪弹（1910年）
李–恩菲尔德枪弹的一种。弹头重11.66克，初速804.6米/秒，枪口动能3281焦耳。

0.50英寸勃朗宁/12.7毫米M2枪弹（1916年/1917年）
专为 M2 机枪研制的枪弹，后被步枪采用。弹头重 46 克，初速 853.4 米 / 秒。

0.22英寸霍尔内特步枪弹（20世纪20年代）
0.22 英寸霍尔内特步枪弹于 20 世纪 20 年代研制，是少有的高速微型枪弹之一。弹头重 2.9 克，初速 820 米 / 秒。

7.92×33毫米短步枪弹（1938年）
是第一种性能出众的中口径枪弹，比典型作战步枪的枪弹如苏联 7.62×54 毫米枪弹威力小，但比手枪弹威力大，射程约 595 米。该弹由纳粹德国研制，被苏联仿制，口径略有减小。

0.257英寸韦瑟比马格努姆弹（1944年）
主要用于狩猎小型哺乳动物。弹头重 5.31 克，初速 1165.8 米 / 秒，枪口动能 3832 焦耳。

0.30英寸M1卡宾枪枪弹（1940年）

专为第二次世界大战中美国军队装备的M1卡宾枪研制的枪弹。弹头重 7.13 克，有效射程 180 米。

7.62×51毫米北约步枪弹（1954年）

20 世纪 50 年代，北约新型步枪和机枪使用的制式枪弹，是在 7.62×63 毫米枪弹的基础上研制的。

0.458英寸温彻斯特马格努姆弹（1956年）

该弹于 1956 年研制，是大型竞技运动用枪弹。弹头重 32.4 克，初速 621.8 米 / 秒，枪口动能 6264 焦耳。

0.338英寸温彻斯特马格努姆弹（1958年）

1958 年开始生产，是为北美大型竞技运动研制的枪弹，可安装重量为 11.34~19.44 克的各种弹头。

SS109 5.56毫米步枪弹（1962年）

北约标准 SS109 5.56 毫米枪弹采用钢芯弹头，可有效击穿钢板。弹头重 4 克，初速 940.3 米 / 秒。

7毫米雷明顿马格努姆弹（1962年）

发射药重 4.02 克，弹头重 9.72 克，初速 944.8 米 / 秒，枪口动能 4365 焦耳。

0.416英寸雷明顿马格努姆弹（1988年）

该弹是在约翰 · 里格比于 1911 年研制的枪弹的基础上研制的。初速 731.5 米 / 秒，枪口动能 6935 焦耳。

0.243英寸温彻斯特马格努姆弹（2003年）

这种短弹壳枪弹比传统枪弹威力小，弹头重 6.48 克，初速 902.2 米 / 秒，枪口动能 2637 焦耳。

手枪弹

1900年后，手枪弹仅有的显著变化是出现了高性能的马格努姆弹。

0.38英寸史密斯-韦森手枪弹（1877年）

该弹是威力最小的 9.65 毫米枪弹。弹头重 9.4 克，初速 208.7 米 / 秒，枪口动能 203 焦耳。

0.32英寸长弹（1896年）

虽然这种口径的枪弹在转轮手枪上应用很普遍，但早期的0.32英寸枪弹威力小，1896 年推出威力更大的长弹。

0.45英寸“战神”手枪弹（1899年）

在 0.44 英寸马格努姆弹出现前，0.45 英寸“战神”手枪弹是当时世界上威力最大的手枪弹。初速 370 米 / 秒，枪口动能 950 焦耳。

0.380英寸奥拓手枪弹（1899年）

该弹在自动装填手枪上广泛使用。弹头重 3.89 克，枪口动能 169 焦耳。

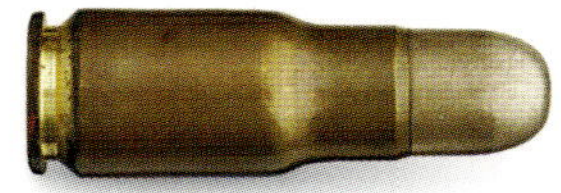

9毫米“战神”手枪弹（1899年）

该弹为瓶形弹壳手枪弹，即弹壳口比其他部分窄，这在手枪中非常与众不同，设计者坚持要给 9 毫米“战神”手枪弹装更多的发射药。

0.380英寸恩菲尔德/韦伯利手枪弹（1900年）

专为恩菲尔德 Mk.1 型转轮手枪研制。弹头重 12.96 克，与它所取代的 0.455 英寸手枪弹威力一样大。

9毫米帕拉贝鲁姆弹（1901年）

也被称为 9 毫米鲁格手枪弹，是世界上使用最广泛的手枪弹。

8毫米南部手枪弹（1902年）

从 1909 年开始，日本军官配备的手枪发射的就是这种枪弹。

0.45英寸ACP手枪弹（1904年）

0.45 英寸柯尔特自动手枪弹（ACP）是一种标志性手枪弹，是为约翰 · 勃朗宁设计的柯尔特 M1911 手枪研制的。

9毫米斯太尔手枪弹（1911年）

9 毫米转轮手枪弹有多种型号，9 毫米斯太尔手枪弹是为曼利夏设计的手枪研制的。

0.357英寸马格努姆手枪弹（1935年）

由史密斯－韦森公司及温彻斯特连发武器公司设计，有多种型号，平均初速 396.2 米 / 秒。

0.44英寸马格努姆手枪弹（1954年）

最初是为转轮手枪研制的，后来被步枪和卡宾枪采用。弹头重 15.55 克，初速 457.2 米 / 秒，枪口动能 1627 焦耳。

0.50英寸AE手枪弹（1988年）

为“沙漠之鹰”手枪研制。弹头重 21 克，枪口动能 1918 焦耳。

词汇表

扳机护圈
保护扳机避免损伤以及防止因误碰扳机而导致走火的装置。

半自动（枪械）
每次扣动扳机后可完成一轮射击和自动装填，而无法进行连续射击的武器。

保险
防止枪械意外走火的装置，确保实现安全操作。

步枪
一种枪管内刻制螺旋线的长管枪械。

敞开式转轮座
一种转轮手枪设计，其内的转轮不受金属顶框控制，容易拆卸下来进行清洁。

冲锋枪
一种发射手枪弹的手持式全自动武器，比步枪短。

刺刀
可以套在膛口上或安装在上面、下面或周围的钢刀，可用作近战武器。

待击
将击锤、枪机或拉机柄向后拉动完成待击发状态的动作。

单动
转轮手枪的一种典型击发形式。每次发射前需要手扳击锤形成待击。

弹仓 / 弹匣
枪械上可容纳和供弹的可拆卸或一体式存储装置，有盒式、鼓形或管形三种类型 。

弹仓枪
一种依靠弹仓内存储弹药实现多次接连射击的步枪，早期亦称为连珠枪。

弹片
由爆炸炮弹、榴弹或炸弹抛出的破片或碎片。

弹膛
枪械发射射弹的部分。

弹子
定量的小型铅弹。

导气式
一种自动装填方式。通过导出发射药燃气驱动，完成循环装填的过程。

底火
装在枪弹或炮弹药筒底部，靠输入机械能或电能刺激发火的火工品。

底缘发火枪弹
一种底火装在弹壳底边缘的定装枪弹。武器的击锤撞击针时，击针撞击边缘而点燃底火。

独子步枪
一种每次发射后需要手动再装填的步枪。

耳轴
安装在火炮炮管两侧的圆柱形凸起。可沿枢轴转动，控制炮管俯仰。亦可称为炮耳。

发火机构座板
用于安装枪炮发火机构的铁片或钢片。是多种发火机构的主要部分。

发射药
枪炮中使用的推动射弹运动的火药等化学物质。亦可称为主装药或装药。

附件盒
一个位于枪托内的隔室。可用于存放工具和润滑的擦枪布，其中前装步枪的弹药在装填前是包装好的，以便能够夹紧、清洁和润滑枪膛。

复进簧
连接到自动装填武器或自动武器的活动部件或其他类型闭锁部件的螺旋弹簧。它先吸收后坐力，随后利用弹簧的张力将后坐到位的活动部件或闭锁机构复进到关闭位置，实现该武器的闭锁待击。

复进机
在炮管后坐后可以将其重新推至原发射位置的装置。

杠杆式枪机
后装枪枪机的一种类型。用于打开弹膛。

盒式闭锁机
盒式闭锁机指的是装在后膛的盒形外壳内的击发机构。

盒式发火机构
燧发机的一种。其燧石夹放置在枪颈中部线位置。

黑火药
由硝石、木炭和硫磺组成的混合物。是19 世纪 80 年代之前轻武器和火炮使用的唯一一种发射药。

横针枪弹
采用横插击针的定装枪弹。当武器的击锤撞击针时，击针击打并点燃底火（而使枪弹发射）。亦可称为边针枪弹。

后膛
枪管或炮管的尾端部分。

后装枪
由后膛装填发射药和弹丸的一种枪械。

后坐
武器发射时与弹头向前运动对应的身管（或武器）的向后移动。

后坐式
武器发射弹药后利用枪管或枪机后坐来完成装填过程的一种自动方式。

胡椒盒手枪
一种多管手枪的流行说法。多根并置的枪管合为一体，类似转轮手枪多弹巢的转轮。

滑膛
一种未刻膛线的枪炮管。

黄铁矿夹
簧轮擦火枪中用于固定黄铁矿的弹簧臂。

黄铁矿
一种可在簧轮擦火机构中产生火花点燃引燃药的天然矿物。

簧轮擦火机
一种点火机构，是首次使用枪械自发火方式。簧轮擦火机通过转轮击打一块黄铁矿产生火花，点燃引燃药。

火镰
燧发枪上的弯曲金属板。由药池盖和撞击钢片结合而成，通常铰接并使用燧石击打。

火门
早期火炮和轻武器尾部的开口。通过这一开口点燃主装药。亦称为传火孔。

火炮
因尺寸过大、重量过重而无法手持发射的身管射击武器，包括加农炮，以及较小型武器，如回旋炮。

火枪
一种发射铅弹的滑膛前装长枪；16 ~ 19 世纪中叶步兵携带的制式军用武器。

火绳
早期枪械中用于点燃火药的麻绳。

火绳机
一种使用火绳（或阴燃火绳）的枪械发火机构。扣动扳机后可点燃引燃药。

火绳枪
由手炮进化而来的一种单兵便携式枪械。配装木枪托以抵住射手的肩部、手臂或胸部。最初使用手持式火绳发射。

火嘴
螺旋装入击发式枪械后膛的\型空心管。可以使燃烧气体从底火处抵达后膛。

击锤
用手扣动的外置弹簧驱动部件。释放扳机后，击锤打击击发式枪械火嘴上的火帽，或者转轮手枪以及早期后装运动枪和步枪的枪弹的底火。

击发药
使用击发机构引爆的化学物质，如雷酸汞。

击针
扣动扳机后直接撞击枪弹的底火的细杆。击针可通过枪支上的外置击锤或枪械中的枪机来移动，位于枪机尾端。

机枪
一种全自动武器。由弹带或弹匣供弹实施持续射击。

戟
由短宽斧状刃、矛头和后长矛结为一体的武器，可穿透铠甲。

铰接式转轮座
手枪的枪管可铰接向下以露出弹膛。

金属枪弹
采用金属弹壳的枪弹。大多数金属枪弹是定装枪弹，其发射药、射弹（弹头）和化学底火均放置在弹壳内。

臼炮
一种以高射角发射炮弹的前装短管炮，后进化为迫击炮。

卡宾枪
一种短管步枪或火枪。在前装枪械中，卡宾枪的口径通常比长火枪的口径小。

开膛式（设计）
位于扳机护圈前面、枪管向下铰接的设计，可实现从后膛装填枪弹。

空仓挂机（装置）
长枪不装弹时能够阻止其枪机移动的一种卡笋；可以将自动装填手枪套筒置于后方，以便武器能够拆解。

口径
枪炮身管的内径，亦可指具体弹的型号。

拉壳钩
将射击后的空弹壳由弹膛内拉出的一种枪械活动部件。

喇叭枪
配有短枪管和喇叭形枪口的前装枪械。

雷酸汞
在击发装置和所有后续类型击发机构中用作点燃主装药的底火的一种起爆化学物质。

理论射速
自动武器的理想射速。

榴弹
可使用榴弹发射器以及部分步枪发射的一种小型炸弹。用于步枪时，榴弹安装在枪口并通过枪管发射空包弹来推进。

榴弹炮
一种高射角远程火炮系统。配有比野战炮更短的炮管，用于摧毁防御工事和堑壕系统。第一次世界大战后，榴弹炮开始包括长身管武器。

马格努姆弹
一种长款制式枪弹，其延长部分可装入更多火药，能够提高初速、威力和射程。

米克莱燧发枪
燧发枪的一种。盛行于 16 世纪末叶至 19 世纪中叶的地中海地区，击锤簧安装在燧发枪外面。

帕拉贝鲁姆弹
乔治 · 鲁格为其自动装填手枪研制的 9×19 毫米枪弹。

前装枪
由膛口装填发射药和弹丸的枪械。

枪弹
使用包装纸包裹定量的火药装药和球形弹丸或弹头（前装枪）；通常指装有发射药、底火和弹头的金属壳（后装枪）。

枪纲系环
手枪或转轮枪握把上的金属环。射手可将绳子或带子系在金属环上以便随身佩带武器。

枪管隔热筒（片）
枪管外层护套，使射手的手与枪管隔离开来。

枪机
枪械中可完成上膛、击发、退壳等动作的机构。

枪榴弹发射具
固定在火枪或步枪枪口的杯状物或筒状物，能够装填榴弹或抛射体实施射击。

枪栓
采用栓动枪机的武器中闭锁弹膛的杆形枪机体。其主要用于装弹、退壳并放置击针。此外它也出现在于枪管后坐式和导气式自动装填武器之中。

枪托
长枪上抵住射手肩部的部分。

轻机枪
配用步枪口径弹药但不能持续射击的机枪。

清孔针
一种尖头金属工具。用于清理枪械火门中的残留火药。

全自动（枪械）
指保持扣动扳机状态时，可连续进弹和射击的枪械。

蛇形杆
通过中央枢轴连接到火绳枪侧面的 S 形金属杆，当扣动扳机时，蛇形杆夹住的阴燃火绳降低到药池上。

射弹
枪械配用的弹头、弹丸、榴弹或弹子（一组多枚小铅弹）。

射击选择
使部分枪械能够在半自动和自动射击模式之间切换使用的系统。通过一种选择器可以激活首选模式。

手炮
自 15 世纪初发展而来的一种小型、简陋、类似加农炮的火器，配装用于操控的木柄。亦称为火门枪。

手枪
使用单手进行单发、连发或半自动射击的轻武器。

栓动枪机
枪械装弹入膛的机构。采用这种枪机的枪械通过手柄手动拉动枪机，后膛打开，向后拉动拉机柄即可抛出空弹壳，然后再向前推进，使下一发弹进膛。

双动
转轮手枪的一种击发形式。可通过扣动扳机自动扳下击锤待击。

燧发机
一种枪械发火机构。使用燧石击打硬质钢表面产生的火花点燃引燃药。

燧石夹
燧发枪中放置燧石的夹具。

燧石
一块带锐边的石头。使用锐边击打硬质钢片能够产生火花。

膛口制退器
用于减少膛口跳动或摇晃的装置，亦可称作膛口制退防跳器。

膛线
枪炮膛内刻制的螺旋线，可使射弹旋转运动。

填片
一张纸、纸板或毡。用以确保装药能够留在枪弹或枪管内。

通条
用于擦拭枪管内残留物的一种金属装置。

通用机枪
可用作轻型或中型机枪的一种多用途机枪，安装在两脚架或三脚架上使用。

突击步枪
一种短枪管、便携式步枪。有半自动或全自动两种射击模式。配有大容量弹匣，可容纳短弹壳的中口径和小口径枪弹。

推弹杆
一种木质或金属杆。用于从膛口推弹垫和弹头或弹子入膛，一直推到与发射药相接触。

推拉式枪机
又称作泵动枪机。一种枪械机构，其中滑动套筒前后运动便可完成空弹壳抛壳、新弹药装填和待击等动作。

托拉达（枪）
一种印度火绳枪。使用生牛皮或金属线圈将枪管和枪托捆绑起来。

握脊
老式手枪式握把下端的隆起或突起。用于防止射手的手部滑动。

无托结构
击发机构置于枪托内的一种步枪结构类型。这样可使标准长度的枪管可置于相对较短的武器中。这种结构还可使弹匣置于扳机后面。

无烟火药
目前普遍使用的一种无烟发射药，由硝化纤维及其他化学成分混合而成。与黑火药不同，无烟火药不会暴露隐蔽的射手位置。

下护木
位于枪械枪管下方及扳机护圈前端的枪托的一部分。

下置杠杆
安装在枪管下方扳机护圈附近的杠杆，用于大多数采用杠杆式枪机的枪械开膛装弹。

线膛火枪
一种枪管内添加膛线以使枪弹旋转运动的火枪。

消声器
一种减小射弹的声响、枪口焰和后坐力的装置。亦可称为抑制器。

消焰器
能够减弱枪炮发射时产生的膛口焰的一种装置。

药池
火绳枪、簧轮擦火枪或燧发枪上放置引燃药的小容器。

野战炮
在战场上通过牵引方式伴随步兵和骑兵的一种野外火炮。在 18 和 19 世纪，野战炮发射实心弹丸、爆破弹和榴霰弹（由小弹丸制成）。现代野战炮发射炮弹。

液压气动反后坐装置
火炮的一种复进机。炮管下方的金属管部分填充液体。随着炮管发射时后坐，液体在炮管中获得反冲，压缩气体，用作天然弹簧使炮管返回至静止。

引燃药
使用发火机构点燃的少量优质黑火药，用以引燃枪管内的主装药（发射药）。

整体式转轮座
一种转轮手枪的形式。转轮置于由顶框和底框的枪框构成的矩形转轮座中，枪管尾部由固定式后膛和部分转轮座组成。

中心发火枪弹
底火装于弹壳底部中心底火窝内的定装枪弹。中心发火枪弹是最现代的金属枪弹。

中型机枪
一种配用步枪口径弹药且可持续射击的机枪。

重机枪
配用口径超过步枪弹（通常为 12.7 毫米枪弹）的机枪，通常从固定枪架发射。

转轮手枪
一种使用转轮装填弹药的枪械。

转轮
转轮手枪上的一个部件。使用通常与中央轴并行放置的多个独立弹膛装弹。

撞击式火帽
一种内装雷酸汞的盂形件。

自动装填（枪械）
一种使用后坐力或发射药爆炸产生的气体冲力来完成抛壳和推新弹入膛的武器。

阻铁
将扳机与击铁、击锤或撞针连接的击发机构中的钩状部分。

索 引

A

阿道夫·冯·奥德卡里克男爵　195
阿尔弗雷德·里德尔·冯·克罗巴查克　144
阿尔弗雷德·斯诺克索尔　151
阿方斯·夏赛波　111
阿格机枪　136
阿勒旺手枪　264
阿玛莱特公司　245
阿姆斯特朗
　12 磅后装线膛炮　134~135
　12 磅前装线膛炮　133
　17.72 英寸 100 吨火炮　132~133
　40 磅后装线膛炮　134
阿帕奇手枪　220
阿斯特拉 M901　174
埃德蒙·赫克勒　256
埃尔斯维克军械公司　228
艾伦·皮布尔斯上尉　195
艾萨克·牛顿　305
爱德华·梅纳德　81，103
爱切维利亚公司　174
安德鲁·多莱普　43，64
安德鲁·沙尔科　66
安妮女王手枪　46
安全部门　174，273
安舒茨 - 弥勒竖排双管霰弹枪　283
奥地利武器制造公司　290，291
奥拉奇奥·安东尼奥·阿尔贝盖提　67
奥利弗·温彻斯特　116，118~119，128
奥斯曼帝国枪械　78~79
奥托·舍尔拿威　290

B

巴尔干半岛米克莱燧发枪　79
巴尔特罗梅奥·伯莱塔　172，173
巴拉德步枪　114~115
巴祖卡火箭筒　238
　M1A1　238~239
扳机护圈　48
扳机连杆　74
半自动可见自动装填
邦特莱特色　95
棒状击锤胡椒盒式手枪　86
保罗·马里·欧仁·维埃耶　142
保罗·毛瑟　115，144，164~165，181
保险销　127
　“爆丸”击发枪　82~83
　“爆丸机构”　83
北约阿梅利机枪　259
贝克步枪　60~61
本杰明·格里芬　64
本杰明·霍利尔　112
本杰明·泰勒·亨利　112，116，118，225
泵动式　182，183，284
匕首手枪　301
笔手枪　301
闭膛待击　150
宾夕法尼亚步枪　57
伯顿自动步枪　244
伯恩赛德步枪公司　117
伯格曼
　MG 15n.A.　202~203
　MP18/1　206~207
　No.3　167
伯赫提耶
　卡宾枪（1907 年）　154~155
　M1916 卡宾枪　154~155
伯莱塔
　超轻型豪华版霰弹枪　282~283
　M1918 冲锋枪　172，173
　M1934　173，175
　M1938/42 冲锋枪　209
　M1951“准将”手枪　264
　M9　173
　M92FS　265
　SO 系列霰弹枪　173
　SO1 型　173
　SO5 型　173
　SO6 型　173
　S-686 型霰弹枪　173，282~283
　318 型　175
　418 型手枪　173
　686 ONYX PRO 霰弹枪　283
　89 打靶手枪　267
　9000S　271
伯奈利 M1 霰弹枪　285
勃朗宁
　勃朗宁自动步枪　176，181，185，194，244
　枪弹　178
　FN 勃朗宁 HP35　181
　GP35　174~175
　M1900 手枪　167，181
　M1911 手枪　178~179
　M1917 机枪　181，188，259
　M1918 轻机枪　181
　M2 HB　192~193，199
勃朗宁　95，119，167，168，176，178，180~181，183，188，192，194，225，258，285
勃朗宁闭锁系统　266，270
博尔斯登 20 毫米四联装高射炮　235
博尔夏特 C.93　166~167
博福斯 40 毫米高射炮　235
博克瑟上校　112
博克斯泰德射石炮　12
博蒙特 - 亚当斯转轮手枪　92
博伊斯 Mk.1 反坦克步枪　236~237
布杜克托拉达　74~75
布尔诺 M465　279
布莱克利 2.75 英寸前装线膛山地炮　132
布莱克利军械公司　132
布兰查德的“车床”　62
布朗·贝斯　52~53，64
布雷达
　M30 轻机枪　205
　M37　199
布利斯“H”机闩　213
布伦轻机枪　204~205
布伦瑞克步枪　96~97
布伦瑞克弹　98
步枪
　巴拉德步枪　114~115
　半自动和全自动步枪　214~215
　半自动详见自动装填
　贝克步枪　60~61
　宾夕法尼亚步枪　57
　伯顿自动步枪　244
　勃朗宁自动步枪　176，181，185，194，244
　博伊斯 Mk.1 反坦克步枪　236~237
　布尔诺 M465　279
　布伦瑞克步枪　96~97
　德拉贡诺夫 SVD　255
　德莱赛 M1862 击针步枪　115
　德莱赛击针步枪　81，108~109，164
　独子后装步枪　114~115
　恩菲尔德 L42A1 狙击步枪　252
　恩菲尔德 1853 型线膛火枪　99，100~101，102
　恩菲尔德 1913 型步枪　154~155
　恩菲尔德 1914 型步枪　119，154~155
　法玛斯 F1　245，250
　反坦克步枪　165，236~239
　弗格森步枪　98
　哈珀斯费里步枪　59
　赫卡忒 2 型狙击步枪　253
　亨利 M1860　116~117，118
　后膛装填　98
　惠特沃思步枪　102~103
　霍尔步枪　59
　吉布斯 - 法夸尔森步枪　224~225
　加挂 M203A2 枪榴弹发射具的 M16A1 步枪　293
加利尔突击步枪　247
加利尔 7.62 毫米步枪　254
精确射手步枪　254~255
竞技步枪　173
狙击步枪　99，252~255
狙击步枪（旋转后拉式）　252~253
柯尔特“帕特森”转轮步枪　122~123
柯尔特转轮步枪　116~117
克拉格步枪　63
克拉格 - 乔格森 M1888 步枪　144~145
肯塔基长步枪　57，96~97
拉蒂 L39 反坦克步枪　236~237
勒贝尔步枪　142，146~147，155
勒马转轮步枪　117
雷明顿 M700 Etron-X　278~279
雷明顿尼龙 66　280~281
李 - 恩菲尔德 Mk.1 步枪　148~149
李 - 恩菲尔德 MLE　151
李 - 恩菲尔德 No.4 Mk.1 步枪　156~157
李 - 恩菲尔德 No.4 步枪　151
李 - 恩菲尔德 No.5 Mk.1“丛林卡宾枪”步枪　151
李 - 恩菲尔德 SMLE Mk.3 步枪　151，154~155
李 - 梅特福德步枪　144~145，150
里格比毛瑟步枪　225
马提尼·亨利　113
曼利夏 M1895 步枪　148~149
毛瑟旋转后拉式步枪　225
毛瑟“娱乐”1895~1897 豪华版　148~149
毛瑟 Kar 98k　156~157，165
毛瑟 M1871　115，165
毛瑟 M1893　152~153
毛瑟 M1896　152~153
毛瑟 M1898　151，152~153，164，165，279
毛瑟 M71/84　144~145
毛瑟 1918T-Gewehr 反坦克步枪　165
蒙德拉贡 M1908　176~177
米克莱燧发枪　78~79
莫辛 - 纳甘 M91　146~147
欧洲猎枪　30~31
皮博迪 - 马提尼步枪　114~115，186
普林斯专利后装步枪　123
枪弹　308~309
儒格 M77，279
圣·艾蒂安自动装填步枪　176
施密特 - 鲁宾 M1889 步枪　146~147
手动弹仓步枪（1830~1880 年）　116~117
手动弹仓步枪（1880~1888 年）　144~145
手动弹仓步枪（1889~1893 年）　146~147
手动弹仓步枪（1896~1905 年）　152~153
手动弹仓步枪（1906~1916 年）　154~155
手动弹仓步枪（1917~1945 年）　156~157
狩猎步枪　278~281
狩猎步枪（旋转后拉式）　278~279
双管步枪　224
双管击锤式步枪　123
双管击发长步枪　97
斯潘塞　116~117
斯普林菲尔德 M1855　99，102~103
斯普林菲尔德 M1866 阿林“活门”式步枪　114~115
斯普林菲尔德 M1873“活门”式步枪　63
斯普林菲尔德 M1903　63，152~153
斯太尔 AUG　250~251，291
斯太尔 SSG-69　252，291
斯特林轻型自动步枪　242~243
斯特姆 - 儒格 No.1 步枪　281
斯通纳 63 型突击步枪　243
燧发步枪（1650~1760 年）　56~57
燧发步枪（1761~1830 年）　58~59
索罗通 S18-100 反坦克步枪　236~237
特种　160~161，292~293
突击步枪　176，241，243，244~245
托卡列夫 SVT40 步枪　177
瓦尔特 WA2000　255
维特利·维塔利 1880 型　117
温彻斯特 M100　281
温彻斯特 M1873　119，224~225
温彻斯特 M1876　116~117
温彻斯特 M1885　180
温彻斯特 M1886　180
温彻斯特 M1892　180
温彻斯特 M1894　119，280~281
温彻斯特 M1895　148~149，180
温彻斯特 M70　278~279
温彻斯特 M90　180
无后坐反坦克步枪　296~297
下击锤塔楼步枪　96~97
下置杠杆式　122~123
下置击锤击发步枪　122~123
旋转后拉式弹仓步枪　63
伊萨卡 M6 救生步枪　293
有坂九九式步枪　156~157
有坂三十年式步枪　152~153
运动步枪　122~123
运动长枪　28~29
装配米尔斯手榴弹发射具的 SMLE 步枪　160~161
装配榴弹发射具的李 - 恩菲尔德 No.4 步枪　160~161
装配枪榴弹发射具的 M59/66 突击步枪　292
装配铁丝剪的李 - 恩菲尔德 SMLE Mk.3 步枪　160~161
装配弯枪管的 StG44　214~215
自动装填　119，141，176~177
ADS 水陆两用步枪　268~269
AK47　244，245，248~249
AK47（改型）　246~247
AK74　246~247，261
AR7“探险家”阿玛莱特救生步枪　292
C14“森林狼”狙击步枪　253
FG42 自动步枪　214~215，259
FN FAL 原型枪　242
FN M1950　278
FN2000　251
Gew M1888 步枪　144~145
Gew43 步枪　177
HK G3　256，257
HK G3A3　243
HK G41　243，257
HK PSG-1　255
HK33　256，257
L1A1　242
L4 MOBAT　296~297
L85A1　242，250
L96A1 狙击步枪　253
M1 加兰德步枪　63，176~177
M16 突击步枪　245
M1841 密西西比步枪　103
M40 狙击步枪　252
PTRD 反坦克步枪　238~239
PzB 39 反坦克步枪　238
SA80　251，257
StG44　176~177，258
Vz58　247
1842 型炮兵卡宾枪　97
1851 型击发步枪　80~81
1853~1870 年　102~103
步枪弹　306

C

采用轨道安装的 12 英寸 Mk.1 榴弹炮　228
查尔斯·普莱斯　127
查尔维尔 1763/66 型火枪　55
查特武器公司“斗牛犬”警用型　262
拆卸式袖珍手枪　49
超远距离齐射瞄准具　145
冲锋枪　185，244
　伯格曼 MP18/1　206~207
　伯莱塔 M1918　172，173
　伯莱塔 M1938/42　209
　兰彻斯特冲锋枪　208~209
　美国冲锋枪（1920~1945 年）　210~213
　欧洲冲锋枪（1915~1938 年）　206~207
　欧洲冲锋枪（1939~1945 年）　208~209
　斯登 Mk.2 冲锋枪　208
　斯登 Mk.2（微声）冲锋枪　208~209
　斯捷奇金自动手枪　272，273
　斯太尔 MPi 81　274，291
　汤普森 M1　211
　汤普森 M1A1　211

汤普森 M1921　210，213
汤普森 M1928　212~213
汤普森 M1928A1　211
威尔冈冲锋枪　221
维拉尔 - 佩罗萨 M1918　206~207
乌兹冲锋枪　273
乌兹 9 毫米钢枪托冲锋枪　272~273
蝎子 VZ61 冲锋枪　273
蝎子 VZ83 冲锋枪　274
“忠诚者”冲锋枪　288~289
FN P90　275
HK MP5　256，257
HK MP5A5　257，292
HK MP7　274~275
MAC M-10　276~277
MAT 49 冲锋枪　272~273
MP38　206~207
M3“黄油枪”　210
M3A1 冲锋枪　210
PPSH-41 冲锋枪　208~209，244
UD42 冲锋枪　210~211
1946~1965 年　272~273
1966 年至今　274~277
刺刀　47，55，58，61，100~101，103，151

D

达恩旋转枪尾霰弹枪　282~283
达格　32
打靶射击　107，129，151，173，292
大卫 · 蒙特克里爵士　65
大卫 · 威廉　284
大宇 USAS-12 霰弹枪　285
大正十一年式轻机枪　204
带刺铁丝网　160　161
带两个转簧轮擦火机的长戟　34~35
带消声器的 VZ 27 手枪　221
带转轮擦火手枪的军叉　34~35
丹尼尔 · 贝尔德 · 韦森　128，129
丹尼尔 · 谢伊斯　63
单兵便携式反坦克武器
1930~1939 年　236~237
1940~1942 年　238~239
弹仓　113，116
管形弹仓　144，149，284
盒式弹仓　144，149，155，165
旋转弹仓　252
弹仓步枪　112，118
手动弹仓步枪　116~117
手动弹仓步枪（1880~1888 年）　144~145
手动弹仓步枪（1889~1893 年）　146~147
手动弹仓步枪（1894~1895 年）　148~149
手动弹仓步枪（1896~1905 年）　152~153
手动弹仓步枪（1906~1916 年）　154~155
手动弹仓步枪（1917~1945 年）　156~157
弹仓霰弹枪　180，181，284~285
弹鼓　209，210，212，213，285
蜗牛形弹鼓　207
弹夹　151，164
弹丸　306
弹丸模具　307
弹丸移除装置　101
弹匣　148，179
大容量弹匣　246
弧形弹匣　249
弹匣槽　139
弹药背带　25
导弹发射器　296
导气式　176，177，248，305
导气式机枪　188，194~195，199
德拉贡诺夫 SVD　255
德莱赛
击针步枪　81，108~109，164
MG13　200~201
M1862 击针步枪　115
德利尔卡宾枪　151，222~223
德利飞排放枪机枪　137
德萨鲁克斯上尉　142
德意志武器弹药制造公司　168，196
迪厄多内 · 赛夫　181
迪恩 - 哈丁陆军型转轮手枪　93
第二次世界大战　141，256

半自动和全自动步枪　214~215
步枪　156，164，165，176~177，242
冲锋枪　208~211
单兵便携式反坦克武器　238~239
反坦克炮　232~233
高射炮　234~235
火炮　228，229，230~231
机枪　192，194~195，198~199
间谍和秘密部队用枪支　222~223
手枪　170，175
特种枪　221
突击步枪　244
第乌之围　72
第一次世界大战　119，141，165，206，290，291
步枪　150，151，154~155，156，160~161，164，176
冲锋枪　172，173，206~207
单兵便携式反坦克武器　236
反坦克炮　232
高射炮　234
火炮　135，219，228~229，230
机枪　181，186，187，188~191，194，198~199，200~203
手枪　170
霰弹枪　182~183
转轮手枪　127，162，163
蒂姆 · 霍尔特　95
点火管　81
点火器　27
吊杆式起重机　67
独角兽炮　68
独子后装步枪　114~115
杜邦化工公司　281
锻铁　134

E

恩菲尔德
可见李 - 恩菲尔德
L42A1 狙击步枪　252
No.2 Mk.1　163
1853 型线膛火枪　99，100~101，102
1913 型步枪　154~155
1914 型步枪　119，154~155
恩菲尔德皇家轻武器厂　150，242，250，251

F

发烟弹　220
法国 PGM 公司　253
法国 1842 型炮兵卡宾枪　97
法国 6 磅野战炮　69
法玛斯 F1　245，250
帆布弹带　188，203
反坦克武器
单兵便携式反坦克武器（1930~1939 年）236~237
单兵便携式反坦克武器（1940~1942 年）238~239
反坦克步枪　165，236~239
反坦克炮　232~233
无后坐力反坦克武器　296~297
方向机手杆　139
菲利波 · 拉塔莱利　67
菲亚特 - 列维利 1914 型　199
费奥多尔 · 托卡列夫　177
费迪南 · 里特尔 · 冯 · 曼利夏　147，149，290
独立自动药池盖燧发机　23，27，30，38~39，40，78
弗格森步枪　98
弗兰基 SPAS12 霰弹枪　284
弗兰克 · 伯顿　244
弗朗茨 · 安德里亚斯 · 毛瑟　164
弗朗茨 · 沃内特　291
弗朗哥 · 伯莱塔　173
弗朗索瓦 - 马利 · 阿鲁埃　68
弗朗西斯科 · 西门兹 · 德泰克斯卡多　67
弗雷德里克 · 普林斯　123
符腾堡皇家兵工厂　164~165
福赛斯专利击发式运动枪　82~83
福斯韦里上校　168

附件盒　104
复进簧　178，277

G

改头换面的枪　300~301
钢　134
杠杆式　114，115，116，117，118，144，148，164
杠杆装填器　88
高标准制造公司　211
带消声器的高标准 B 型手枪　222
A 型打靶手枪　222
高低机　139
高射炮　232~235
格林卡宾枪　110~111
格林纳 - 马蒂尼警用霰弹枪　182~183
格洛克
格洛克 17　266
格洛克 19 第四代 9 毫米手枪　271
攻城战　18~19
攻城炮（1650~1780 年）　66~67
攻城炮（1781~1830 年）　68~69
火炮　132~135
古斯塔夫 · 斯维比留斯　211
光学瞄准镜　250，255，260
滚柱延迟后坐式枪机　256
郭留诺夫 SGM　195，196
国产武器　288~289
国友藤平重保　73
过渡型棒状击锤转轮手枪　92

H

哈德利　65
哈默里 162 运动手枪　292，293
哈珀斯费里
步枪　59
1805 型手枪　48
哈奇开斯　184，190
M1914　194~195，198
QF 3 磅舰炮　216
海军手枪　47
海勒姆 · 伯丹　112，113
海勒姆 · 马克沁　166，184，185，186，187
海因里希 · 富尔默　206
汉斯 · 鲁尔　33
壕沟潜望镜　189
合成材料　242，245，278，280
荷兰 M1873 陆军转轮手枪　126
盒式发火机构　46，47，48
贺拉斯 · 史密斯　128~129
赫尔格 · 帕姆克兰兹　137
赫卡式 2 型狙击步枪　253
赫克勒 - 科赫　165，256~257
G3　256，257
G3A3　243，257
G41　243，257
HK33　256，257
MP5　257
MP5A5　257，292
MP7　274~275
PSG-1　255
USP　270
VP70M　264，265
亨利 · 德林杰　125
亨利 · 古斯塔夫 · 德尔维涅　98
亨利 · 莫西　195
亨利 · 诺克　58
亨利 · 皮博迪　115
亨利 M1860　116~117，118
横针枪弹　112，120，306
横针设计　124
横针霰弹枪　120~121
红外　255
后膛闭锁手枪　168
后膛装填　14，15，44，64，81，86，112，304
步枪　98，108~109，114~115
回旋炮　16，70~71
火炮　134~135
卡宾枪　110~111

手枪　44，86，87
线膛野战炮　216，217
霰弹枪　120~121
野战炮　216~217
后坐系统　167
胡椒盒式手枪　86，92
化学点火　39，80，83
怀亚特 · 厄普　95
皇家黄铜铸造厂　66，68
皇家军械公司　257
黄铁矿　27
黄铁矿夹　26，27
簧轮擦火步枪　10~11
簧轮擦火机　11，26，27，28，30，32，37，38，39，303
簧轮擦火机与火绳机相结合的火枪　28~29
簧轮擦火卡宾枪　32~33
簧轮擦火手枪　32~33
组合武器　34~35
回旋炮　14，15，16，70~71
回转枪机　282
惠特沃斯
步枪　102~103
45 毫米后装舰炮　135
活塞　247，248
活塞管　249
火镰　38，39，40，80
火帽安装 / 摘除工具　307
火炮
反坦克炮　232~233
后装火炮　134~135
舰炮　16~17
美国内战　130~131
前装火炮　132~133
野战炮和攻城炮（1650~1780 年）　66~67
野战炮和攻城炮（1781~1830 年）　68~69
野战炮和舰炮　14~15
早期火炮　12~13
1839~1945 年　230~231
1885~1896 年　216~217
1897~1911 年　218~219
1914~1936 年　228~229
1946 年至今　298~299
火枪　20
奥地利 M1798 式　55
标准型　52，54
查尔维尔　55，62，63
长款陆战型燧发火枪　52~53
恩菲尔德 1853 型线膛火枪　99，100~101，102
法国 1777 型　55
海军型火枪　52~53
滑膛火枪　102
火绳机火枪　24~25，26，72
美国 1842 型火枪　97
铅制火枪弹　98
斯普林菲尔德 M1861 线膛火枪　62
斯普林菲尔德 M1863 II 型　63
燧发　39，52~55，96~97
线膛火枪　100
印度型火枪　54~55
M1795 I 型火枪　55
M1795 II 型火枪　54~55
1650~1769 年　52~53
1770~1830 年　54~55
1831~1852 年　96~97
1853~1870 年　102~103
1853 型火枪　102~103
火枪弹　98
火枪支架　24
火绳　26，38，302
火绳机　11，15，20，22~23，26，28，37，38，39，72，74，302
亚洲　72~77
早期火绳机枪械　22~23
火绳机火枪　24~25，26
火绳机手枪　74
火绳机转轮火枪　75
火绳夹　302
火绳枪　20~21
火药　11，12，134，142，146，302
火药瓶　25，91

火药燃气泄露 112
霍尔步枪 59
霍兰 - 霍兰
双管击锤式步枪 123
霰弹枪 120~121
运动步枪和霰弹枪 287

J

击针 108，109，164
机枪 85，112，143，184~185
阿格机枪 136
北约阿梅利机枪 259
伯格曼 MG 15n.A. 202~203
勃朗宁 M1917 181，188，259
勃朗宁 M1918 181
勃朗宁 M1919 192~193
勃朗宁 M2 HB 192~193，199
布雷达 M30 轻机枪 205
布雷达 M37 199
布伦轻机枪 204~205
大正十一年式轻机枪 204
导气式机枪 188，194~195，260
德莱赛 MG13 200~201
德利飞排放枪机枪 137
俄国马克沁 M1910 143，196~197
菲亚特 - 列维利 1914 型 199
郭留诺夫 SGM 195，196
哈奇开斯 M1914 194~195，198
加德纳机枪 137，184
加特林机枪 138~139，184
加特林“米尼冈”M134 260
捷格加廖夫 DShK1938 型 198~199
捷格加廖夫 RP46 258
柯尔特 - 勃朗宁 M1895“马铃薯挖掘机” 194
刘易斯 M1914 194
马克沁机枪 142，184，185，244
马克沁 - 诺登菲尔德 M1893 机枪 186~187
马克沁“帕拉贝鲁姆”MG14/17 202~203
马克沁早期型机枪 186
马克沁 MG08/15 202~203
马克沁 MG08/18 203
马克沁 M1904 188，196
马克沁 0.45 英寸加德纳 - 加特林机枪 187
马克沁 1 磅“砰砰”炮 186
麦德森中型轻机枪 200
毛瑟 -CETME 轻机枪 258~259
内盖夫轻型自动武器 261
诺登菲尔德 136~137，184
气冷 192，201，202，203
枪管后坐式（1966 年至今） 260~261
枪管后坐式机枪（1884~1895 年） 186~187
枪管后坐式机枪（1896~1917 年） 188~189
枪管后坐式机枪（1918~1945 年） 192~193
轻机枪（1902~1915 年） 200~201
轻机枪（1916~1925 年） 202~203
轻机枪（1926~1945 年） 204~205
轻机枪（1945~1965 年） 258~259
轻机枪（1966 年至今） 260~261
轻型便携式机枪 184
全自动 185
绍沙 M1915 201，204
施瓦茨劳斯 M07/12 197
水冷套筒 186，188，202
斯潘德 MG08/15 机载机枪 200~201
斯太尔 AUG 轻机枪 261
通用机枪 258，259，260，261
维克斯 - 伯赫提耶 0.303 英寸轻机枪 205
维克斯 - 马克沁 M1906“新轻型” 189，196~197
维克斯 M1908“轻量型”机枪 188~189
夏特罗 M1924/29 204
早期机枪 136~137
早期加特林机枪配用金属枪弹 136
重机枪（1900~1910 年） 196~197
重机枪（1911~1945 年） 198~199
DWM MG08 196，203
FN“米尼米”轻机枪 260
FN MAG 258，259
L7A2 轻机枪 259
L86A1 轻型支援武器 260~261
MG34 192
MG42 192，193，258，259
MG43 机枪 261
M60 轻机枪 258，259
PKM 通用机枪 260
RPK74 261
机匣 212，213，248，277
吉布斯 - 法夸尔森步枪 224~225
挤压式火绳机 72，74
加伯特 - 费尔法克斯“战神” 166~167
加德纳机枪 137，184
加挂 GP25 枪榴弹发射具的 AK74 突击步枪 292~293
加挂 M203A2 枪榴弹发射具的 M16A1 步枪 293
加利尔
突击步枪 247
7.62mm 步枪 254
加斯蒂纳 - 勒内特 86
加斯顿 · 格洛克 266
加特林机枪 138~139，184
加特林“米尼冈”M134 260
肩托 165，166，171，276
简易武器 288~289
舰炮 14~17，70~71，134~135，216
江波家族 73
捷格加廖夫
DShK1938 型 198~199
RP46 258
捷克斯洛伐克 221
戒指手枪 301
堺派 73
金属枪弹 112~113，115，124，128，136，142，144，164
手枪 124~125
转轮手枪 126~127
警用
半自动手枪 172
冲锋枪 273，274
狙击步枪 252
霰弹枪 182~183，284
转轮手枪 129，262
臼炮 66，70
科霍恩臼炮 66
青铜皇家臼炮 68
英国臼炮模型 67
英国 13 英寸臼炮 70
早期臼炮 13
13 英寸舰载青铜臼炮 67
狙击步枪 99
半自动 254~255
旋转后拉式 252~253
决斗手枪 48~49，82~83
军警转轮手枪 129
军事武器公司（MAC） 276

K

卡宾枪 27
伯赫提耶卡宾枪 154~155
伯赫提耶 M1916 卡宾枪 154~155
德利尔卡宾枪 151，222~223
斧头卡宾枪 56~57
格林卡宾枪 110~111
后装卡宾枪 110~111
卡利舍 - 特里后装卡宾枪 111
柯尔特 M4 卡宾枪 240~241
克罗巴查克宪兵队卡宾枪 144~145
茅茅卡宾枪 288~289
莫辛 - 纳甘 M1944 卡宾枪 156~157
配装折叠式枪托的 M1A1 卡宾枪 214~215
前装 110
轻龙骑兵燧发卡宾枪 57
斯潘塞 1865 型卡宾枪 117
斯太尔 M1893 骑兵卡宾枪 146~147
韦斯特利 · 理查兹“猴尾”卡宾枪 111
温彻斯特 M1866 卡宾枪 117，118，119
温彻斯特 M1894 运动卡宾枪 225
西蒙诺夫 SKS-45 卡宾枪 242
夏普斯卡宾枪 110~111
夏赛波卡宾枪 110~111
有坂四四式卡宾枪 156~157
早期 32~33
M1 卡宾枪 176~177，214，215
M1891 TS 骑兵卡宾枪 146~147
No.5 Mk.1“丛林卡宾枪” 151
1650~1760 年 56~57
1761~1830 年 58~59
1796 型重龙骑兵卡宾枪 59
1866 型卡宾枪 111
卡翅枪 20~21
卡尔 · 古斯塔夫无坐力炮 297
卡尔纳迪克托拉达火绳枪 72~73
卡拉什尼科夫
加挂 GP25 枪榴弹发射具的 AK74 突击步枪 292~293
AK47 244，245，248~249
AK74 246~247
卡利舍 - 特里后装卡宾枪 111
卡伦铁工厂 70
卡洛 · 伯莱塔 173
卡西米尔 · 勒福舍 112，120，121，124
开膛待击 277
柯尔特
“边境”双动转轮手枪 127
龙骑兵转轮手枪 95
“蟒蛇”转轮手枪 262
“帕特森”转轮步枪 122~123
全美 2000 270
“闪电”双动转轮手枪 126
“新兵役” 162
转轮步枪 116~117
M1895 机枪 181
M1902 168
M1911 95，173，178~179，267
M1911A1 95，168，169，265
M4 卡宾枪 240~241
1849 型袖珍转轮手枪 88~89
1851 型海军转轮手枪 88
1855 型袖珍转轮手枪 88~89
1861 型海军转轮手枪 90~91，95
1873 型单动陆军转轮手枪 126~127
2 型龙骑兵转轮手枪 88~89，95
柯尔特专利武器生产公司 94
科尔双动转轮手枪 93
科霍恩臼炮 66
可拆卸式枪榴弹发射具 53
克拉格步枪 63，153
克拉格 - 乔格森 M1888 步枪 144~145
克莱德 · 巴洛 210
克莱顿 · 摩尔 95
克莱默斯燧发喇叭枪 58
克劳德 · 艾蒂安 · 米涅 98，99
克里斯蒂安 · 夏普斯 87
克里斯多夫 · 斯潘塞 117
克虏伯
野战炮 217
L/12 榴弹炮 228~229
克罗巴查克宪兵队卡宾枪 144~145
肯塔基长枪 57，97
空仓挂机杆 178，179
库珀下置击锤手枪 87

L

拉蒂 L39 反坦克步枪 236~237
拉多姆 M1935 175
拉机柄 109
拉机柄 213，277
拉马尔 40
拉帕汉诺克手枪 46
拉斯特 - 加塞尔 M1898 162
拉扎里诺 · 科米纳佐 31
喇叭枪
克莱默斯燧发喇叭枪 58
手枪 47
双管喇叭枪 58
燧发喇叭枪 58~59，78，79
兰贝蒂 49
兰彻斯特冲锋枪 208~209
劳伦斯 165
劳伦斯 · 本内特 195
勒贝尔
M1886 142，146~147
1892 型 162
勒福舍横针转轮手枪 124
勒马
手枪 89
转轮步枪 117
勒佩奇 104
勒佩奇猎枪 104~105
雷明顿
边缘发火式双管德林杰手枪 125
尼龙 66 步枪 280~281
“翼主”泵动式霰弹枪 284~285
M700 Etron-X 278~279
M870 霰弹枪 284~285
1100 半自动霰弹枪 285
1875 型陆军转轮手枪 126
雷明顿武器公司 99，281
雷酸汞 39，80，81，82，90
类型 52
李 - 恩菲尔德 150~151，252，253
德利尔卡宾枪 151，222~223
装配米尔斯手榴弹发射具的 SMLE 步枪 160~161
装配榴弹发射具的李 - 恩菲尔德 No.4 步枪 160~161
装配铁丝剪的 SMLE（短管李 - 恩菲尔德弹匣式）
Mk.3 步枪 160~161
Mk.1 步枪 148~149，154
MLE 151
No.4 步枪 151
No.4 Mk.1 步枪 156~157
No.5 Mk.1“丛林卡宾枪”步枪 151
SMLE Mk.3 型步枪 150，151，154~155
李 - 梅特福德 Mk.1 步枪 144~145，150
里德 · 奈特 270
里格比毛瑟步枪 225
理查德 · 加特林 136，138
利奥波德 · 沃内特 290
连珠（弹仓）燧发枪 64
列奥纳多 · 达 · 芬奇 27
猎枪
欧洲猎枪 30~31，64~65
狩猎步枪（其他类型） 280~281
狩猎步枪（旋转后拉式） 278~279
双管霰弹枪 282~283
霰弹枪（弹仓霰弹枪和自动装填霰弹枪）284~285
运动步枪 122~123
运动枪和猎枪 224~225
刘易斯 · 道 220
刘易斯 · 施迈瑟 167，201
刘易斯 · 詹宁斯 118，128
刘易斯 M1914 194
榴弹
反坦克榴弹 161
米尔斯手榴弹 160
铸铁榴弹 53
GP25 榴弹 293
M79 40 毫米榴弹 294
榴弹发射器 294~295
榴弹炮 228，230，298
采用轨道安装的 Mk.1 型 12 英寸榴弹炮 228
克虏伯 L/12 榴弹炮 228~229
BL Mk.1 型 6 英寸 26CWT 榴弹炮 229
BL Mk.3 型 7.2 英寸榴弹炮 230~231
D20 牵引榴弹炮 298
L118 轻型火炮 299
M1A1 驮载榴弹炮 230
M109 榴弹炮 298
M1914/16 斯柯达重型野战炮 228
M1938 122 毫米榴弹炮 230~231
M777 榴弹炮 298~299
6 英寸榴弹炮 217
龙骑兵转轮手枪 88~89
鲁道夫 · 施密特 146
鲁格
带消声器的鲁格 P.08 手枪 221
鲁格 P.08 长枪管型手枪 170~171
炮兵 140~141，171
P.08“美国鹰” 168
P.08 9 毫米帕拉贝鲁姆型 168~169
路德维格 · 格里姆勒 243，256
路德维格 · 洛伊 166
罗昂街战斗 50~51
罗伯特 · 威尔逊 44

罗伯特 · 亚当斯　92，93
罗林 · 怀特　124，128
罗斯韦尔 · 李上校　62，63
螺纹弹丸移除装置　101
洛仑兹 · 哈罗德　33

M

马背上的射击　26~27
马克沁
　马克沁机枪　142，184，185，244
　“帕拉贝鲁姆”MG14/17　202~203
　早期型机枪　186
　MG08/15　202~203
　MG08/18　203
　M1904　188，196
　M1910　143，196~197
　0.45 英寸加德纳 - 加特林机枪　187
　1 磅“砰砰”炮　186
马克沁 - 诺登菲尔德 M1893 机枪　186~187
马来西亚青铜猎隼炮　17
马特 · 勃朗宁　180
马提尼 · 亨利 · 博克瑟　113
麦德森中型轻机枪　200
曼利夏　148，225
　可见斯太尔 - 曼利夏
　M1895 步枪　148~149
曼利夏 - 卡尔卡诺　146
曼纽尔 · 蒙德拉贡　176
芒斯蒙哥大炮　12~13
毛瑟
　旋转后拉式步枪　225
　“娱乐”1895~1897 豪华版步枪　148~149
　C.96　165，166
　Kar 98k　156~157，165
　M1871 步枪　115，165
　M1878“锯齿”　127，165
　M1893 步枪　152~153
　M1896 步枪　152~153
　M1898 步枪　151，152~153，164，165，279
　M71/84 步枪　144~145
　1918 T-Gewehr　165
毛瑟武器制造公司　115，153，225
毛瑟 -CETME 轻机枪　258~259
茅茅卡宾枪　288~289
美国击发式火枪　84~85
蒙德拉贡 M1908 步枪　176~177
弥勒公司　283
米尔斯手榴弹　160~161
米克莱燧发步枪　78~79
米克莱燧发机　44，65，78，79
米哈伊尔 · 卡拉什尼科夫　244，246，248，260
米凯莱 · 劳伦欧尼　64
米兰反坦克导弹发射器　296
米涅弹　98，99，306
米宁炮　16
米切姆 MGL Mk.1 榴弹发射器　295
秘密部队　221，222~223
秘密行动　220，221，276
密西西比步枪　103
明治　153
莫辛 - 纳甘
　M1944 卡宾枪　156~157
　M91 步枪　146~147
木槌　60

N

奈德 · 邦特莱　95
南部麒次郎　204
南部十四式　174
内盖夫　261
内森 · 斯塔尔　89
尼古拉斯 · 冯 · 德莱赛　108，112
尼古拉斯 · 勒贝尔　142
尼卡诺尔 · 肯德尔　122
尼龙　280，281
牛顿 · 贝克　94
纽黑文武器公司　116，119
诺登菲尔德机枪　136~137，184
诺登菲尔德　137，187
诺克排放枪　83

O

欧仁 · 勒福舍　124

P

排放枪　83，137
胖贝尔塔　228~229
抛壳口　178，249
炮弹　67，68，132，186，216，228，231，232，234，236，298
配十边形炮管的青铜小鹰炮　16~17
配装折叠式枪托的 M1A1 卡宾枪　214~215
皮埃尔 · 勒佩奇　104
皮埃特罗 · 安东尼奥 · 伯莱塔　172
皮埃特罗 · 伯莱塔公司　172，173，175
皮博迪 - 马提尼步枪　114~115，186
皮套手枪　32~33，42~45，49
迫击炮　228，230
　英国 3 英寸迫击炮　229
　英国 4.2 英寸迫击炮　231
　M36 50 毫米轻型迫击炮　229
迫击炮弹　229
普法战争　137
普林斯专利后装步枪　123
普鲁士国王腓特烈 · 威廉　55

Q

骑兵　26~27，38，129
骑兵卡宾枪
　斯太尔 M1893 骑兵卡宾枪　146~147
　M1891 TS 骑兵卡宾枪　146~147
前装　14，20，28，56，62，66，68，102
　步枪　110
　火枪　50~51
　卡宾枪　110
　前装火炮　132~133
　缺点　114
　向后装枪演变　113
前装线膛　132~133
堑壕战　190~191，200，206，210
枪弹
　北约制式枪弹　242，243
　边缘发火　112，124，125，128
　步枪弹　306，308~309
　定装　113，116，136，304
　短弹壳小口径枪弹　244，245
　恩菲尔德线膛火枪　100~101
　发烟弹　220
　横针枪弹　112，120，306
　黄铜枪弹　165
　击发式转轮手枪　91
　金属壳定装枪弹　80，81，85，112~113，128，304
　金属枪弹　112~113，115，124，128，136，142，144，164
　可完全燃烧的纸壳枪弹　110
　勒贝尔　142
　帕拉贝鲁姆弹　170，171
　手枪弹　307，309
　无烟枪弹　146，164
　霰弹　307
　信号弹　220
　早期枪弹　306~307
　纸包枪弹　61，112，306
　制式　242，243
　中心发火　112，113，119，120，124，136，162~163
　“自燃烧”纸制弹壳枪弹　108
　0.44 英寸 -40 温彻斯特枪弹　112
　0.45 英寸马提尼 · 亨利 · 博克瑟枪弹　113
　0.45 英寸 ACP 弹　178，212
　0.50 英寸勃朗宁机枪弹　99，252
　1900 年后　308~309
　1900 年前　306~307
　5.56 毫米北约枪弹　142
枪管
　短管　154
　铰接式枪管　120
　枪管组件　179，212，248，276
　弯枪管　215
枪管衬套　178，179
枪管箍　54
枪管后坐式机枪
　1884~1895 年　186~187
　1896~1917 年　188~191
　1918~1945 年　192~193
枪管锁定系统　192
枪机　213，248，277
枪机框　248
枪口塞　101
枪托
　可拆卸枪托　213
　可调式枪托　252
　折叠式枪托　215，284
枪焰护片　55
乔 · 曼顿　81
乔凡尼 · 巴蒂斯塔 · 弗朗西诺　33
乔纳森 · 勃朗宁　180
乔治 · 巴顿　173
乔治 · 布朗　147
乔治 · 鲁格　168，171
乔治 · 麦克劳德　99
乔治 · 斯科菲尔德　129
青铜半加农炮　17
青铜半蛇炮　17
青铜知更鸟炮　16
轻机枪　185，244
　1902~1915 年　200~201
　1916~1925 年　202~203
　1926~1945 年　204~205
　1945~1965 年　258~259
　1966 年至今　260~261
轻龙骑兵燧发卡宾枪　56~57
情报局　221
擎柄　48
球形圆头　32
权杖簧轮擦火手枪　34
全球定位系统　298
全自动　184，185
全自动步枪　214~215

R

让 · 勒佩奇　104
让 · 塞缪尔 · 保利　108，112
让 - 亚历山大 · 勒马　89
儒格
　GP-100　263
　M77　279
瑞典国王古斯塔夫 · 阿道夫　27

S

萨伯 · 博福斯　297
塞缪尔 · 柯尔特　62，88，90，93，94~95，122，128
塞缪尔 · 希尔顿 · 沃克　95
塞缪尔 - 查尔斯 · 史密斯　121
塞压冲　104
三管青铜炮　66
绍沙 M1915　201，204
蛇形杆　22，74
圣 · 艾蒂安自动装填步枪　176
施密特 - 鲁宾 M1889 步枪　146~147
施瓦茨劳斯 M07/12　197
史蒂文斯 M77E 霰弹枪　284~285
史密斯 - 韦森　124，128~129
　“蒂芙妮”马格努姆转轮手枪　262~263
　军警型　129，162~163
　“空气重量”　262
　斯科菲尔德转轮手枪　129
　“西格玛”　270
　M1 转轮手枪　128，129
　M1913　129
　M1917　163
　M2 转轮手枪　128，129
　M27 型转轮手枪　163
　M29 转轮手枪　129，263
　M3 转轮手枪　129
　M500 X 型转轮座　263
　No.3 俄国型转轮手枪　126
　0.357 英寸马格努姆　263
　0.38 英寸“安全无击锤”　129
　0.38 英寸警探型　262
手持枪
　1650 年前　20~21
手电筒枪　300
手工制造的武器 288
手炮　14~15，20，302
手枪　27，38
　阿勒旺手枪　264
　阿帕奇手枪　220
　阿斯特拉 M901　174
　安妮女王手枪　46
　半自动手枪详见自动装填手枪
　匕首手枪　301
　笔手枪　301
　伯格曼 No.3　167
　伯莱塔 M1934　173，175
　伯莱塔 M1951“准将”　264
　伯莱塔 M9　173
　伯莱塔 M92FS　265
　伯莱塔 318　175
　伯莱塔 418　173
　伯莱塔 89 打靶手枪　267
　伯莱塔 9000S　271
　勃朗宁 GP35　174~175
　博尔夏特 C.93　166~167
　拆卸式袖珍手枪　49
　带消声器的高标准 B 型手枪　222
　带消声器的韦伯利 - 斯科特手枪　221
　带消声器的 VZ 27 手枪　221
　弹仓手枪　128
　独子大口径手枪　220
　法国打靶手枪　86~87
　法国 1777 型手枪　46
　格洛克 17　266
　格洛克 19 第 4 代 9 毫米手枪　271
　过渡型　92~93
　哈默里 162 运动手枪　292，293
　海军手枪　47
　后膛闭锁　168
　后膛装填　44，86，87
　胡椒盒式手枪　86，92
　簧轮擦火　32~33
　火绳机手枪　74
　加伯特 - 费尔法克斯“战神”　166~167
　间谍和秘密部队　222~223
　戒指手枪　301
　金属枪弹　124
　决斗　48~49，82~83，107
　柯尔特全美 2000　270
　柯尔特 M1902　168
　柯尔特 M1911　95，173，178~179，267
　柯尔特 M1911A1　95，168，169，265
　库珀下置击锤手枪　87
　拉多姆 M1935 手枪　175
　拉帕汉诺克手枪　46
　喇叭口手枪　47
　勒马手枪　89
　雷明顿边缘发火式双管德林杰手枪　125
　列日手枪　45
　鲁格炮兵型　140~141
　鲁格 P.08 长枪管型手枪 ,170~171
　鲁格 P.08“美国鹰”　168
　鲁格 P.08 9 毫米帕拉贝鲁姆型　168~169
　马卡洛夫 PM 手枪　264，273
　毛瑟 C.96　165，166
　南部十四式　174
　南非手枪　289
　配装消声器的鲁格 P.08　221
　皮套手枪　32~33，42~45，49
　史密斯 - 韦森“西格玛”　270
　手枪弹　307，309
　手腕手枪　222
　双管　41，43，45
　双管横针手枪　125
　斯太尔 - 哈恩 M1911　169
　斯太尔 M1905　168，291
　斯太尔 M1912　290
　斯太尔 SPP　271，291
　四管突击连发手枪　46

塑料手枪　266
燧发　27，39，40~49，78，79
托卡列夫 TT M1933　174，264
瓦尔特 PPK　174
瓦尔特 P38　175
威尔洛德微声手枪　223
威尔逊手枪　44
韦伯利－福斯韦里　168
韦伯利－斯科特信号枪　220
韦伯利 M1910　169
西格·绍尔 P226　266，270~271
夏普斯后膛装填手枪　87
香烟打火机手枪　300
香烟手枪　223
新型陆战手枪　49
信号枪　220
星式 M 型　174
袖珍手枪　47，48~49
旋塞　45，46
烟斗手枪　223
一次性手枪　222
英国重龙骑兵手枪　45
早期手枪　32~33
撞击式火帽　82，83，86
自动手枪　181
自动装填手枪　141
自动装填手枪（1894~1900 年）　166~167
自动装填手枪（1901~1924 年）　168~171
自动装填手枪（1925~1945 年）　174~175
自动装填手枪（1946~1980 年）　264~265
自动装填手枪（1981~1990 年）　266~267
自动装填手枪（1991 年至今）　270~271
A 型打靶手枪　222
CZ75　265
EOKA 手枪　288
EOKA 霰弹手枪　288
FP-45“解放者”手枪　222
HK USP　270
IMI“杰里科”941 手枪　267
IMI“沙漠之鹰”手枪　266~267
LAR“灰熊”Mk.4 手枪　267
M1900 手枪　167，181
VP70M　264，265
1842 型海岸警卫队手枪　86
54 式手枪　264~265
67 式手枪　264
手腕手枪　222
狩猎　224~227
兽角火药筒　105
竖排双管枪　282
栓动　108，109，114，117，144，146，150，151，152，154，156，164，225，304
双扳机　279
双动转轮手枪　92，93，162
双管步枪　224
双管横针手枪　125
双管击锤式步枪　123
双管击发长步枪　97
双管无击锤霰弹枪　224~225
双管霰弹枪　282~283
水陆两用枪械　268~269
斯登
Mk.2 冲锋枪　208，239
Mk.2（微声）冲锋枪　208~209
斯蒂芬·多尔夫　181
斯捷奇金自动手枪　272，273
斯科菲尔德转轮手枪　129
斯帕金　208
斯潘德 MG08/15 机载机枪　200~201
斯潘塞
步枪　116~117
1865 型卡宾枪　117
斯普林菲尔德
“查尔维尔”型火枪　62，63
M1 加兰德步枪　63，176~177
M1795 I 型　55
M1795 II 型　54~55
M1855　99，102~103
M1861 线膛火枪　62
M1863 II 型　63，102~103
M1866 阿林“活门”式步枪　114~115
M1873“活门”式步枪　63
M1903 步枪　63，152~153
斯普林菲尔德兵工厂　55，62~63
斯塔尔陆军型手枪　89
斯太尔
AUG　250~251
AUG 轻机枪　261
MPi 81　274，291
M1893 骑兵卡宾枪　147
M1905　168，291
M1912　290
SPP　271，291
SSG-69 狙击步枪　252，291
斯太尔－哈恩 M1911　169
斯太尔－曼利夏公司　168，290~291
斯特林轻型自动步枪　242~243
斯特姆－儒格公司　263，279
斯特姆－儒格 No.1 步枪　281
斯通纳 63 型突击步枪　243
速燃火绳机　72，74
速燃火绳枪　22~23
速射炮　218
速射武器　136
塑料手枪　266
碎甲弹　297
燧发步枪
1650~1760 年　56~57
1761~1830 年　58~59
1831~1852 年　96~97
燧发回旋枪　71
燧发火枪　39
1650~1769 年　52~53
1770~1830 年　54~55
1831~1852 年　96~97
燧发机　11，23，27，28，37，38~39，85，303
缺陷　39，80
优点　39
燧发卡宾枪
1650~1760 年　56~57
1761~1830 年　58~59
燧发喇叭枪
1761~1830 年　58~59
奥斯曼帝国　78~79
燧发猎枪
欧洲猎枪　64~65
燧发手枪　27，39
早期　40~41
1650~1700 年　42~43
1701~1775 年　44~45
1776~1800 年　46~47
1801~1830 年　48~49
燧发霰弹枪
1650~1760 年　56~57
燧发转轮手枪　49，94
燧发转膛运动枪　56~57
燧石夹　38
索罗通 S18-100 反坦克步枪　236~237

T

塔楼步枪　96~97
抬枪　74~75
汤普森
M1　211
M1A1　211
M1921　210，213
M1928　212~213
M1928A1　211
套筒　178
特奥多尔·科赫　256
特奥多尔·斯考博　200
特别行动执行局　222，223
特种　160~161，292~293
特种和多用途武器　292~293
特种枪　220~221
特种作战反应小组　257
锑　91
条带火帽　81，103，110
铁丝剪　160~161
通用机枪　258，259，260，261
突击步枪　176，241，243，244~245
1947~1975 年　246~247
1976 年至今　250~251
图利奥·马伦戈尼　172
推弹杆　22，55，61，101，105
推拉柄　284
推拉式枪机　183
托卡列夫
SVT40 步枪　177
TT M1933　174，264
托拉达火绳枪　72~75
托马斯·班尼特　180，181
托马斯·布兰查德　62
托马斯·霍斯利　121
托马斯·卡德尔　45

W

瓦尔特
PPK 型　174
P38 型　175
WA2000　255
瓦尔特·亨特　118，128
弯枪管　214，215
望远式瞄准镜　279
威尔冈冲锋枪　221
威尔洛德微声手枪　223
威尔逊
伞枪　300~301
手杖枪　300~301
威尔逊·阿格　136
威廉·阿姆斯特朗　133，216
威廉·埃利斯·梅特福德　145，150
威廉·德利尔　222
威廉·哈丁　93
威廉·加德纳　137
威廉·毛瑟　165
威廉·儒格　281
微声武器　220~221，222~223，264~265，276~277
韦伯利
Mk.1 转轮手枪　125
M1910　169
韦伯利－福斯韦里　168
韦伯利－普莱斯 No.4 转轮手枪　127
韦伯利－斯科特　125，162
带消声器的韦伯利－斯科特手枪　221
信号枪　220
Mk.6　162
韦斯特利·理查兹　225
“猴尾”卡宾枪　111
双管无击锤霰弹枪　224~225
维克斯－伯赫提耶　0.303 英寸轻机枪　205
维克斯－马克沁 M1906“新轻型”　189，196~197
维克斯 M1908“轻量型”机枪　188~189
维拉尔·佩罗萨 M1918　206~207
维特利·维塔利 1880 型　117
尾座　70
温彻斯特
枪弹　112
M100　281
M1866 卡宾枪　117，118，119
M1873　119
M1876　116~117
M1885　180
M1886　180
M1887 杠杆式霰弹枪　181，182~183
M1892　180
M1894　119，225，280~281
M1895 步枪　148~149，180
M1897 泵动式霰弹枪　180，182~183
M50 霰弹枪　284
M70　278~279
M90　180
温彻斯特弹仓武器公司　118~119，180，183，244
温斯顿·丘吉尔　164，165
文德尔系统　41，97
沃尔特·提宾　53
沃克－柯尔特转轮手枪　95
握脊　48
乌戈·古萨里·伯莱塔　172~173
乌兹冲锋枪　273
乌兹 9 毫米钢枪托冲锋枪　272~273
污垢　142
无后坐力反坦克武器　296~297
无击锤霰弹枪　120，121
无托结构　245，250，255，291
无烟火药 142，150，184，186，308

X

西班牙特种材料技术研究中心　243，256
西格公司　266
西格－绍尔
P226 式 9 毫米手枪　266
P226 手枪　270~271
西蒙·沃德　165
西蒙诺夫 SKS-45 卡宾枪　242
下击锤塔楼步枪　96~97
下置杠杆式步枪　122~123
下置击锤击发步枪　122~123
夏普斯
后膛装填手枪　87
卡宾枪　110~111
夏赛波卡宾枪　110~111
夏特罗 M1924/29 轻机枪　204
霰弹
榴霰弹　68
铅弹和铁弹　132
实心弹　68
霰弹枪
安舒茨－弥勒竖排双管霰弹枪　283
伯莱塔超轻型豪华版霰弹枪　282~283
伯莱塔 SO 系列　173
伯莱塔 SO1　173
伯莱塔 SO5　173
伯莱塔 SO6　173
伯莱塔 S-686 型霰弹枪　173，282~283
伯莱塔 686 ONYX PRO 霰弹枪　283
伯奈利 M1 霰弹枪　285
达恩回转枪机霰弹枪　282~283
大宇 USAS-12 霰弹枪　285
弹仓霰弹枪和自动装填霰弹枪　284~285
弗兰基 SPAS12 霰弹枪　284
格林纳－马蒂尼警用霰弹枪　182~183
横针枪弹　120~121
后装霰弹枪　120~121
霍兰－霍兰猎枪　120~121，286~287
军用和警用霰弹枪　182~183
雷明顿“翼主”泵动式霰弹枪　284~285
雷明顿 M870 霰弹枪　284~285
雷明顿 1100 半自动霰弹枪　285
史蒂文斯 M77E 霰弹枪　284~285
双管霰弹枪　282~283
燧发双管霰弹枪　57，67
韦理双管无击锤霰弹枪　224~225
温彻斯特 M1887 杠杆式霰弹枪　181，182~183
温彻斯特 M1897 泵动式霰弹枪　180，182~183
温彻斯特 M50 霰弹枪　284
霰弹　307
1650~1760 年　56~57
香烟打火机手枪　300
香烟手枪　223
消声器　221，276，277
硝化棉　142
硝酸钾　26
谢尔盖·加夫里罗维奇·西蒙诺夫　242
新型陆战手枪　49
信号枪　220
星式 M 型　174
休·加伯特－费尔法克斯　169
袖珍手枪　47，48~49
袖珍转轮手枪　88~89
旋塞　45，46
旋塞手枪　45，46

Y

压弹夹　151，164，165
亚当斯 1851 型双动转轮手枪　92
亚历克斯·赛德尔　256
亚历山大·福赛斯　80，81，82

亚洲
奥斯曼帝国时期的枪械 78~79
枪械（1650~1780 年） 72~73
枪械（1781~1830 年） 74~77
烟斗手枪 223
延迟发火 184
药池 80
野战炮
法国 1897 式 75 毫米加农炮 218
法国 1897 式 75 毫米野战炮 218~219
FK 96 n.A. 77 毫米野战炮 219
M1896 野战炮 135
ZIS-3 M1942 野战 / 反坦克炮 232
15 磅 7 英担后装野战炮 216~217
1650 年前 14~15
1650~1780 年 66~67
1781~1830 年 68~69
18 磅 QF Mk.2 野战炮 218
1830~1880 年 132~135
1885~1896 年 216~217
1897~1911 年 218~219
2.75 英寸山地炮 218~219
液压气动反后坐装置 218，229
伊凡 · 彼尔姆杰科夫 65
伊里 · 瑟马克 247
伊萨卡 M6 救生步枪 293
依齐基尔 · 贝克 60
以利沙 · K. 罗特 88，94
以利沙 · 科利尔 49，94
以色列军事工业公司（IMI） 261，266
“杰里科”941 手枪 267
“沙漠之鹰” 266~267
引燃药 302
印度兵变 100
印度型火枪 54~55
印度 24 磅青铜炮 132
印度 6 磅炮 66~67
印多尔托拉达火绳枪 74~75
英国 ISTEC 公司 292
英国 13 英寸臼炮 70
英国 3 英寸迫击炮 229
英国 4.2 英寸迫击炮 231
英国 9 磅前装线膛野战炮 133
应时发火枪 26~27
尤金 · 斯通纳 244，270，292
有坂
九九式步枪 156~157
三十年式步枪 152~153
四四式卡宾枪 156~157
有坂成章 153
雨果 · 博尔夏特 164，166，168，169
远距离作战 143
约翰 · 埃文斯 49
约翰 · 达夫特 49
约翰 · 戴维斯 119
约翰 · 德林杰 181
约翰 · 迪恩 93
约翰 · 汉考克 · 霍尔 59
约翰 · 加兰德 176
约翰 · 里格比 225
约翰 · 汤普森 213
约翰 · 沃特斯 47
约翰 · 肖 64
约瑟夫 · 格里芬 64
约瑟夫 · 惠特沃思 98，102
约瑟夫 · 兰 93
约瑟夫 · 兰过渡型转轮手枪 93
约瑟夫 · 罗克 · 库珀 87
约瑟夫 · 蒙蒂格尼 137
约瑟夫 · 尼克尔 221
约瑟夫 · 沃内特 290，291
约书亚 · 肖 80，81
运动枪
后装霰弹枪 120~121
霍兰 - 霍兰 286~287
勒佩奇猎枪 104~105
欧洲猎枪 64~65
狩猎步枪 278~281
双管霰弹枪 282~283
燧发转膛运动枪 56
霰弹枪（弹仓霰弹枪和自动装填霰弹枪）
284~285
运动步枪 122~123
运动枪和猎枪 224~225
运动长枪 28~29
早期击发枪 82~83

Z

早期击发枪 82~83
早期燧发枪 40~41
早期燧发枪 40~41
詹姆斯 · 亨特 46
詹姆斯 · 科尔 93
詹姆斯 · 李 145，150~151
詹姆斯 · 沙利文 244
战略情报局 222
长款陆战型燧发火枪 52~53
照门 109，171，178
直拉式 147，149
指挥官德利飞 137
指节铜套 220
中国铜炮 69
中国西藏火绳叉子枪 72~73
中国 18 磅炮 69
中国 32 磅炮 132
中心发火转轮手枪 162~163
“忠诚者”冲锋枪 288~289
重机枪
1900~1910 年 196~197
1911~1945 年 198~199
重龙骑兵手枪 45
肘节式枪机 168
肘节组件 170~171
朱利亚德 48
朱塞佩 · 伯莱塔 172
转轮步枪 116~117
转轮手枪
宝贝骑兵转轮手枪 88
博蒙特 - 亚当斯 92
查特武器公司“斗牛犬”警用型 262
迪恩 - 哈丁陆军型 93
恩菲尔德 No.2 Mk.1 163
过渡型 92~93
荷兰 M1873 陆军转轮手枪 126
金属枪弹 126~127
柯尔特“边境”双动转轮手枪 127
柯尔特海军型转轮手枪 124~125
柯尔特龙骑兵转轮手枪 95
柯尔特“蟒蛇” 262
柯尔特“闪电”双动转轮手枪 126
柯尔特“新兵役” 162
柯尔特 1849 型袖珍转轮手枪 88~89
柯尔特 1851 型海军转轮手枪 88
柯尔特 1855 型袖珍转轮手枪 88~89
柯尔特 1861 型海军转轮手枪 90~91，95
柯尔特 1873 型单动陆军转轮手枪 126~127
柯尔特 2 型龙骑兵转轮手枪 88~89，95
科尔双动转轮手枪 93
拉斯特 - 加塞尔 M1898 162
勒贝尔 1892 型 162
勒福舍横针转轮手枪 124
雷明顿 1875 型陆军转轮手枪 126
毛瑟 M1878“锯齿” 127，165
儒格 GP-100 263
史密斯 - 韦森“蒂芙妮”马格努姆 262~263
史密斯 - 韦森军警型 129，162~163
史密斯 - 韦森“空气重量” 262
史密斯 - 韦森斯科菲尔德 129
史密斯 - 韦森 M1 128，129
史密斯 - 韦森 M1917 163
史密斯 - 韦森 M2 128，129
史密斯 - 韦森 M27 163
史密斯 - 韦森 M29 129，263
史密斯 - 韦森 M3 129
史密斯 - 韦森 M500 X 型转轮座 263
史密斯 - 韦森 No.3 俄国型 126
史密斯 - 韦森 0.357 英寸马格努姆 263
史密斯 - 韦森 0.38 警探型 262
史密斯 - 韦森 0.38 英寸“安全无击锤” 129
史密斯 - 韦森 1913 型转轮手枪 129
斯塔尔陆军型手枪 89
燧发转轮手枪 49，94
韦伯利 - 普莱斯 No.4 127
韦伯利 - 斯科特 Mk.6 162
韦伯利 Mk.1 125
沃克 - 柯尔特转轮手枪 95
现代转轮手枪 262~263
亚当斯 - 迪恩 92
亚当斯 1851 型双动转轮手枪 92
约瑟夫 · 兰过渡型 93
中心发火转轮手枪 162~163
转轮手枪的发展 80，81
撞击式火帽转轮手枪 88~93
M1879 帝国转轮手枪 127
装弹指示器 170
装配枪榴弹发射具的 M59/66 突击步枪 292
撞击式火帽 39，80~81，82，86，88，90，94，128，304，306
撞击式火帽分配器 105
撞击式火帽手枪 86~87
撞击式火帽转轮手枪 88~89，92~93
准星 139
子弹
高速子弹 99
米涅弹 98~99，306
铅弹 91
实心黄铜尖头弹 142
铸造子弹 307
子弹模具 91，104，307
自动装填步枪 176~177，214~215，242~243，254~255
自动装填手枪 112，141
1893~1900 年 166~167
1901~1924 年 168~171
1925~1945 年 174~175
1946~1980 年 264~265
1981~1990 年 266~267
1991 年至今 270~271
自动装填霰弹枪 284~285
自卫 174，220，275
走火 112，164
阻铁 170
组合斧 35
组合工具 101
组合武器
阿帕奇手枪 220
斧头卡宾枪 56~57
改头换面的枪 300~301
特种和多用途武器 292~293
特种用途步枪 160~161
组合斧 35
组合武器 34~35
组合长枪 23
作战霰弹枪 182~183

字母

ADS 水陆两用步枪 268~269
AGS-17“烈焰”榴弹发射器 294~295
AK47 244，245，248~249
（改型） 246~247
AK74 246~247，261
AR7“探险家”阿玛莱特救生步枪 292
Baltic 燧发枪 28~29
BL Mk.1 型 6 英寸 26CWT 榴弹炮 229
BL Mk.3 型 5.5 英寸中型炮 231
BL Mk.3 型 7.2 英寸榴弹炮 230~231
C.F. 阿肯巴克 128
CZ75 265
C14“森林狼”狙击步枪 253
DWM 可见德意志武器弹药制造公司
DWM MG08 机枪 196，203
D20 牵引榴弹炮 298
EOKA
手枪 288
霰弹手枪 288
F.B.E. 博蒙特 92
FG42 自动步枪 214~215，259
FK 96 n.A. 77 毫米野战炮 219
Flak36 高射炮 / 反坦克炮 232~233
Flak38 型 20 毫米高射炮 234
FN 公司 180，181
FN 勃朗宁 HP35 181
FN“米尼米”轻机枪 260
FN FAL 242，247
FN M1950 278
FN MAG 258，259
FN P90 冲锋枪 275
FN2000 无托步枪 251
FP-45“解放者”手枪 222
Gew98 详见毛瑟 M1898 步枪
G43 步枪 177
jazails 火枪 47
J. P. 绍尔 - 索恩公司 266
J. H. 怀汀 169
J. L. 洛克海德 284
LAR“灰熊”Mk.4 手枪 267
L1A1 242
L118 轻型火炮 299
L4 MOBAT（机动营反坦克炮） 296~297
L7A2 轻机枪 259
L85A1 242，250
L86A1 轻型支援武器 260~261
L96A1 狙击步枪 253
M. 德莱因斯 45
MAC M-10 冲锋枪 276~277
MAT 49 冲锋枪 272~273
MG34 机枪 192
MG42 机枪 192，193，258，259
MG43 轻机枪 261
MOBAT（机动营反坦克炮） 296~297
MP38 冲锋枪 206~207
M1 加兰德步枪 63，176~177
M1 卡宾枪 176~177，214，215
M1A1 巴祖卡火箭筒 238~239
M1A1 驮载榴弹炮 230
M1A1 1.54 千克火箭弹 239
M1A1 155 毫米火炮 231
M109 榴弹炮 298
M16 突击步枪 245
M1879 帝国转轮手枪 127
M1914/16 斯柯达重型野战炮 228
M1938 122 毫米榴弹炮 230~231
M3A1 冲锋枪 210
M36 50 毫米轻型迫击炮 229
M40 狙击步枪 252
M60 轻机枪 258，259
M777 榴弹炮 298~299
M79 榴弹发射器 294
Pak 36 反坦克炮 232
Pak 40 反坦克炮 232~233
PIAT 步兵反坦克发射器 237，238~239
PIAT1.36 千克迫击炮弹 238
PKM 通用机枪 260
PPSH-41 冲锋枪 208~209，244
PTRD 反坦克步枪 238~239
PzB 39 反坦克步枪 238
QF 可见速射炮
SA80 251，257
SMG 见冲锋枪
StG44 176~177，244，258
装配弯枪管 214~215
Tschinke 簧轮擦火枪 28~29
TT M1933 174
UD42 冲锋枪 210~211
RPG-7V 单兵火箭筒 294
RPK74 261
VZ 27 手枪 221
Vz58 247
WOMBAT（镁营反坦克武器） 296
ZIS-3 M1942 野战 / 反坦克炮 232

数字

13 英寸舰载青铜臼炮 67
15 磅 7 英担后装野战炮 216~217
1796 型重龙骑兵卡宾枪 59
18 磅 QF Mk.2 野战炮 218
1842 型海岸警卫队手枪 86
1853 型火枪 102~103
1897 式 75 毫米加农炮 218
1897 式 75 毫米野战炮 218~219
2.75 英寸山地炮 218~219
3 英寸线膛炮 130~131
4 磅回旋炮 70~71
40 磅后装线膛炮 134~135
54 式手枪 264~265
6 磅反坦克炮 232
67 式手枪 264

致 谢

Dorling Kindersley would like to thank the following for their help with making the book:

The Smithsonian Institution
David D Miller III
Associate Curator in the Armed Forces History division at the National Museum of American History, Kenneth E Behring Center, Smithsonian

Springfield Armory National Historic Site
Alex MacKenzie
Acting Chief of Resource Management

Richard Colton
Park Ranger/Interpreter, Historian, Historic Weapons Safety Officer

Down East Antiques
joesalter.com

Joe Salter
Joe Salter Jr
Peter Shirley
Jim Emo

The publisher would also like to thank: Rohan Sinha, Martyn Page, Ishani Nandi, Saloni Singh, Esha Banerjee, and Priyaneet Singh for editorial assistance; Jaypal Singh Chauhan for DTP assistance; Debra Wolter for proofreading; and Helen Peters for indexing.

The publisher would like to thank the following for their kind permission to reproduce their photographs:

(Key: a-above; b-below/bottom; c-centre; f-far; l-left; r-right; t-top)

Front Endpapers: **Corbis:** Philip James Corwin (lr). **1 Dorling Kindersley:** © The Board of Trustees of the Armouries (c). **2–3 Boxall and Edmiston gunmakers. 4 Dorling Kindersley:** Springfield Armory (br). **5 Alamy Images:** Interfoto (bl). **Dorling Kindersley:** Down East Antiques (br). **6 Alamy Images:** Stan Tess (bl). **Boxall and Edmiston gunmakers:** (br). **7 Alamy Images:** EN Field Sports (bl). **Dorling Kindersley:** © The Board of Trustees of the Armouries (br). **8 Dorling Kindersley:** Down East Antiques (ftl). **9 Dorling Kindersley:** Down East Antiques (ftr); Springfield Armory. **10–11 Dorling Kindersley:** Springfield Armory. **12 Dorling Kindersley:** Fort Nelson (c); Courtesy of the Royal Museum of the Armed Forces and of Military History, Brussels, Belgium (t). **12–34 Dorling Kindersley:** © The Board of Trustees of the Armouries (ftl). **13 Dorling Kindersley:** Fort Nelson (t); The Tank Museum (c, br). **13–35 Dorling Kindersley:** © The Board of Trustees of the Armouries (ftr). **14 Dorling Kindersley:** © The Board of Trustees of the Armouries (cla); The Combined Military Services Museum (CMSM) (b). **14–15 Dorling Kindersley:** © The Board of Trustees of the Armouries (c). **15 Dorling Kindersley:** Armé Museum, Stockholm, Sweden (t, ca); The Tank Museum (b). **16–17 Dorling Kindersley:** Fort Nelson (t, c, cb). **16 Dorling Kindersley:** Fort Nelson (cla, ca, bl). **17 Dorling Kindersley:** Fort Nelson (t, ca, b). **18–19 Getty Images:** Peeter Snayers. **20–21 Dorling Kindersley:** © The Board of Trustees of the Armouries (t, ca, c, b). **22–23 Dorling Kindersley:** © The Board of Trustees of the Armouries (t, c, b); The Combined Military Services Museum (CMSM) (ca). **23 Dorling Kindersley:** © The Board of Trustees of the Armouries (ca, cla, cb). **24–25 Dorling Kindersley:** © The Board of Trustees of the Armouries (ca). **24 Dorling Kindersley:** © The Board of Trustees of the Armouries (bl, br). **25 Dorling Kindersley:** © The Board of Trustees of the Armouries (b, t). **26–27 Getty Images:** (c). **26 Dorling Kindersley:** © The Board of Trustees of the Armouries (cla, tr). **27 Dorling Kindersley:** © The Board of Trustees of the Armouries (br). **Getty Images:** (cra). **28–29 Dorling Kindersley:** © The Board of Trustees of the Armouries (c, b, t). **29 Dorling Kindersley:** © The Board of Trustees of the Armouries (cb, br, ca). **30–31 Dorling Kindersley:** © The Board of Trustees of the Armouries (t, b, c). **31 Dorling Kindersley:** © The Board of Trustees of the Armouries (ca, bc, c). **32–33 Dorling Kindersley:** © The Board of Trustees of the Armouries (t, b). **32 Dorling Kindersley:** © The Board of Trustees of the Armouries (cla); Wallace Collection, London (cr). **33 Dorling Kindersley:** © The Board of Trustees of the Armouries (c); Warwick Castle, Warwick (ca). **34–35 Dorling Kindersley:** © The Board of Trustees of the Armouries (ca). **34 Dorling Kindersley:** © The Board of Trustees of the Armouries (cb). **35 Dorling Kindersley:** © The Board of Trustees of the Armouries (bc, br, crb). **36–37 Dorling Kindersley:** Down East Antiques. **38–39 Alamy Images:** North Wind Picture Archives. **38 Dorling Kindersley:** © The Board of Trustees of the Armouries (bl). **38–82 Dorling Kindersley:** © The Board of Trustees of the Armouries (ftl). **39 Dorling Kindersley:** Springfield Armory. **39–83 Dorling Kindersley:** © The Board of Trustees of the Armouries (ftr). **40–41 Dorling Kindersley:** © The Board of Trustees of the Armouries (t, b); The Combined Military Services Museum (CMSM) (c). **41 Dorling Kindersley:** The Combined Military Services Museum (CMSM) (ca). **42 Dorling Kindersley:** © The Board of Trustees of the Armouries (clb). **42–43 Dorling Kindersley:** © The Board of Trustees of the Armouries (c). **43 Dorling Kindersley:** © The Board of Trustees of the Armouries (t, b). **44 Dorling Kindersley:** © The Board of Trustees of the Armouries (cla, br); Warwick Castle, Warwick (tr). **44–45 Dorling Kindersley:** © The Board of Trustees of the Armouries (c). **45 Dorling Kindersley:** © The Board of Trustees of the Armouries (cla); Ross Simms and the Winchcombe Folk and Police Museum (clb); Judith Miller/Wallis and Wallis (b). **46 Dorling Kindersley:** © The Board of Trustees of the Armouries (tr, br); Springfield Armory (crb). **46–47 Dorling Kindersley:** © The Board of Trustees of the Armouries (c). **47 Dorling Kindersley:** © The Board of Trustees of the Armouries (t, cb, b). **48 Dorling Kindersley:** © The Board of Trustees of the Armouries (tr, cl). **48–49 Dorling Kindersley:** © The Board of Trustees of the Armouries (c). **49 Dorling Kindersley:** © The Board of Trustees of the Armouries (tl, cra, bl, br); David Edge (cla). **50–51 Getty Images:** Hippolyte Lecomte. **52–53 Dorling Kindersley:** © The Board of Trustees of the Armouries (t); Springfield Armory (c). **53 Dorling Kindersley:** Springfield Armory (cl). **54–55 Dorling Kindersley:** © The Board of Trustees of the Armouries (cb); Springfield Armory (t, ca, c). **54 Dorling Kindersley:** © The Board of Trustees of the Armouries (b). **55 Dorling Kindersley:** © The Board of Trustees of the Armouries (clb, cb); Springfield Armory (t). **56–57 Dorling Kindersley:** © The Board of Trustees of the Armouries (t, c, cb). **56 Dorling Kindersley:** © The Board of Trustees of the Armouries (ca, b). **57 Dorling Kindersley:** © The Board of Trustees of the Armouries (cla, b). **58–59 Dorling Kindersley:** © The Board of Trustees of the Armouries (t, cb); Springfield Armory (c). **59 Dorling Kindersley:** © The Board of Trustees of the Armouries (ca, b). **62 © Copyright James A. Langone 2013** (c). **courtesy of the National Park Service:** Springfield Armory NHS/Historic Photograph Collection (tr). **63 Dorling Kindersley:** © The Board of Trustees of the Armouries (tl, tr); Springfield Armory (tc). **Courtesy of the National Park Service:** Springfield Armory NHS/Historic Photograph Collection (b). **64–65 Dorling Kindersley:** © The Board of Trustees of the Armouries (t, ca, c). **64 Dorling Kindersley:** © The Board of Trustees of the Armouries (cra, cb). **65 Dorling Kindersley:** © The Board of Trustees of the Armouries (t, cra, cb, b). **66–67 Dorling Kindersley:** Fort Nelson (t, c). **66 Dorling Kindersley:** Fort Nelson (ca, cl, bl). **67 Dorling Kindersley:** Fort Nelson (ca). **Courtesy of the Royal Artillery Historical Trust:** (cr). **68 Dorling Kindersley:** © The Board of Trustees of the Armouries (tr); Fort Nelson (cl, bc). **68–69 Dorling Kindersley:** Fort Nelson (tl). **69 Dorling Kindersley:** © The Board of Trustees of the Armouries (tr); Fort Nelson (cr, b). **70–71 Dorling Kindersley:** Fort Nelson (c, t). **70 Dorling Kindersley:** Fort Nelson (bl). **71 Dorling Kindersley:** Fort Nelson (c). **72 Dorling Kindersley:** © The Board of Trustees of the Armouries (tl, clb). **74–75 Dorling Kindersley:** © The Board of Trustees of the Armouries (c, t, ca, b). **75 Dorling Kindersley:** © The Board of Trustees of the Armouries (c, cra, cb). **76–77 Corbis:** Stapleton Collection. **Dorling Kindersley:** © The Board of Trustees of the Armouries (t, ca, c, b). **77 Dorling Kindersley:** © The Board of Trustees of the Armouries (t, ca, bl). **78 Dorling Kindersley:** © The Board of Trustees of the Armouries (tr, ca, c). **78–79 Dorling Kindersley:** © The Board of Trustees of the Armouries (cb, b). **79 Dorling Kindersley:** © The Board of Trustees of the Armouries (tl, tr, c, clb). **80 Dorling Kindersley:** © The Board of Trustees of the Armouries (tr); Down East Antiques (bl). **80–81 The Bridgeman Art Library:** National Army Museum,London/Gibb, Robert (1845–1932) (b). **81 Dorling Kindersley:** Springfield Armory (br). **University Of Aberdeen:** Alexander John Forsyth, Belhelvie, Aberdeenshire, (cla). **www.historicalimagebank.com:** Military & Historical Image Bank (crb). **82 Dorling Kindersley:** © The Board of Trustees of the Armouries (t, cl). **82–83 Dorling Kindersley:** © The Board of Trustees of the Armouries (c). **83 Dorling Kindersley:** © The Board of Trustees of the Armouries (b). **Smithsonian Institution, Washington, DC, USA:** (ca, ca/Full View). **84–85 Dorling Kindersley:** Down East Antiques. **86–87 Dorling Kindersley:** © The Board of Trustees of the Armouries (t). **86 Dorling Kindersley:** © The Board of Trustees of the Armouries (c, bl). **86–138 Dorling Kindersley:** © The Board of Trustees of the Armouries (ftl). **87 Dorling Kindersley:** © The Board of Trustees of the Armouries (ca, c, bc). **87–139 Dorling Kindersley:** © The Board of Trustees of the Armouries (ftr). **88 Dorling Kindersley:** © The Board of Trustees of the Armouries (tr, cla). **88–89 Dorling Kindersley:** © The Board of Trustees of the Armouries (c). **89 Dorling Kindersley:** © The Board of Trustees of the Armouries (bl); Gettysburg National Military Park (t, br). **90–91 Dorling Kindersley:** © The Board of Trustees of the Armouries. **90 Dorling Kindersley:** © The Board of Trustees of the Armouries (br). **91 Dorling Kindersley:** © The Board of Trustees of the Armouries (t, cb, bl, br). **92 Dorling Kindersley:** © The Board of Trustees of the Armouries (tr, b). **92–93 Dorling Kindersley:** © The Board of Trustees of the Armouries (c). **93 Dorling Kindersley:** © The Board of Trustees of the Armouries (t, b). **94 Corbis:** Bettmann (bl). **Getty Images:** (tl). **95 Alamy Images:** AF archive (b). **Dorling Kindersley:** © The Board of Trustees of the Armouries (tl, tc, tr). **96 Dorling Kindersley:** Springfield Armory (t). **96–97 Dorling Kindersley:** © The Board of Trustees of the Armouries (ca);

Information on calibre (firearms)
Throughout this book, measurements are provided in imperial and metric, except in the case of calibre.

In the muzzle-loading era, the bore diameters, or calibres, of guns were often not standardized, so calibres are provided in both imperial and metric measurements for each weapon from this period. With the advent of the metallic cartridge, manufacturers provided specifications for calibre, which is expressed in either inches or millimetres only.

Calibres of shotgun are given by "bore", since this type of firearm is still identified using a form of measurement created in the 17th century, based on the number of balls which could be cast from a single pound of lead.

Springfield Armory (cb). **97 Dorling Kindersley:** © The Board of Trustees of the Armouries (c); Springfield Armory (t, crb, b). **98–99 Alamy Images:** Archive Images (b). **98 Dorling Kindersley:** © The Board of Trustees of the Armouries (clb, bl); Springfield Armory (tr). **99 Alamy Images:** Steven Milne (br). **Photoshot:** UPPA (cra). **100–101 Dorling Kindersley:** © The Board of Trustees of the Armouries (c, b). **100 Dorling Kindersley:** © The Board of Trustees of the Armouries (br, cla). **101 Dorling Kindersley:** © The Board of Trustees of the Armouries (tl, tr, cb, br, bl). **102–103 Dorling Kindersley:** © The Board of Trustees of the Armouries (ca, c). **102 Dorling Kindersley:** © The Board of Trustees of the Armouries (cb). **103 Dorling Kindersley:** © The Board of Trustees of the Armouries (t, b, cb). **104–105 Dorling Kindersley:** © The Board of Trustees of the Armouries. **104 Dorling Kindersley:** © The Board of Trustees of the Armouries (ca, bl, bc, br). **105 Dorling Kindersley:** © The Board of Trustees of the Armouries (ca, t, bl, cb). **106–107 Alamy Images:** INTERFOTO. **108 Dorling Kindersley:** Springfield Armory (t, ca, b). **109 Dorling Kindersley:** Springfield Armory (c, cr, clb, bl, br). **110–111 Dorling Kindersley:** © The Board of Trustees of the Armouries (t, c, b). **111 Dorling Kindersley:** © The Board of Trustees of the Armouries (ca, cb, bl). **112 Dorling Kindersley:** © The Board of Trustees of the Armouries (bl); Springfield Armory (tr); 95th Rifles and Re-enactment Living History Unit (cl). **112–113 The Bridgeman Art Library:** Art Gallery of New South Wales, Sydney, Australia (b). **113 Corbis:** Medford Historical Society Collection (cla). **Dorling Kindersley:** © The Board of Trustees of the Armouries (crb). **114–115 Dorling Kindersley:** © The Board of Trustees of the Armouries (c, b); Springfield Armory (ca). **115 Dorling Kindersley:** © The Board of Trustees of the Armouries (ca, cb); Springfield Armory (t). **116 Dorling Kindersley:** © The Board of Trustees of the Armouries (cla, cl). **116–117 Dorling Kindersley:** © The Board of Trustees of the Armouries (t, cb, b). **117 Dorling Kindersley:** © The Board of Trustees of the Armouries (cb); The Tank Museum (tr); The Combined Military Services Museum (CMSM) (b). **118–119 Getty Images:** De Agostini (b). **118 Dorling Kindersley:** © The Board of Trustees of the Armouries (ca). **Getty Images:** (tl). **119 Alamy Images:** Photos 12 (cr). **Dorling Kindersley:** © The Board of Trustees of the Armouries (tl, tr). **120–121 © The Board of Trustees of the Armouries:** © The Board of Trustees of the Armouries (b). **Dorling Kindersley:** © The Board of Trustees of the Armouries (t, ca, c). **121 Dorling Kindersley:** © The Board of Trustees of the Armouries (crb). **122–123 Dorling Kindersley:** © The Board of Trustees of the Armouries (tc, c, ca). **123 Dorling Kindersley:** © The Board of Trustees of the Armouries (t, b). **124–125 Dorling Kindersley:** © The Board of Trustees of the Armouries (t). **124 Dorling Kindersley:** Gettysburg National Military Park, PA (bl). **125 Dorling Kindersley:** © The Board of Trustees of the Armouries (bl); The Combined Military Services Museum (CMSM) (c, crb). **126 Dorling Kindersley:** © The Board of Trustees of the Armouries (tr, ca, cr, br); The Combined Military Services Museum (CMSM) (bl). **127 Dorling Kindersley:** © The Board of Trustees of the Armouries (t, cb, cla); The Combined Military Services Museum (CMSM) (br). **128 Getty Images:** (tl). **128–129 Getty Images:** Universal Images Group (b). **129 Dorling Kindersley:** © The Board of Trustees of the Armouries (tl, tc, tr). **Fairfax Media Management Pty Ltd.:** Wayne Taylor. **130–131 Corbis:** Bettmann. **132 Dorling Kindersley:** Fort Nelson (tr, c, br, bl). **133 Dorling Kindersley:** Fort Nelson (b); The Tank Museum (t). **134–135 Dorling Kindersley:** The Tank Museum (c). **134 Dorling Kindersley:** Fort Nelson (b). **135 Dorling Kindersley:** Fort Nelson (tr); The Tank Museum (b). **136 Dorling Kindersley:** Springfield Armory (tc, ftr, c). **136–137 Dorling Kindersley:** © The Board of Trustees of the Armouries (c). **137 Dorling Kindersley:** © The Board of Trustees of the Armouries (bl); Royal Artillery Historical Trust (tc); Courtesy of the Royal Artillery Historical Trust (bc). **138 Dorling Kindersley:** Courtesy of the Royal Artillery Historical Trust (bl). **140–141 Dorling Kindersley:** Down East Antiques. **142 Dorling Kindersley:** The Science Museum, London (clb). **Dreamstime.com:** Vladimir Tronin (tr). **Regis Dupont:** (br). **142–238 Dorling Kindersley:** © The Board of Trustees of the Armouries (ftl). **143 Corbis:** (b). **Dorling Kindersley:** The Tank Museum (tr). **143–239 Dorling Kindersley:** © The Board of Trustees of the Armouries (ftr). **144–145 Dorling Kindersley:** © The Board of Trustees of the Armouries (c, b); The Tank Museum (t). **144 Dorling Kindersley:** © The Board of Trustees of the Armouries (cla). **145 Dorling Kindersley:** © The Board of Trustees of the Armouries (ca, cb). **146–147 Dorling Kindersley:** © The Board of Trustees of the Armouries (t, c, b). **146 Dorling Kindersley:** © The Board of Trustees of the Armouries (cl). **147 Dorling Kindersley:** Courtesy of the Royal Artillery Historical Trust (ca); The Tank Museum (cb). **148–149 Dorling Kindersley:** © The Board of Trustees of the Armouries (t); The Combined Military Services Museum (CMSM) (cb). **149 Dorling Kindersley:** The Combined Military Services Museum (CMSM) (b). **150 Alamy Images:** PF-(wararchive) (b). **City of Cambridge Archives Photograph Collection:** (tr). **151 Dorling Kindersley:** Jean-Pierre Verney (tl); The Tank Museum (tr). **Getty Images:** John D McHugh (cr). **152–153 Dorling Kindersley:** © The Board of Trustees of the Armouries (t, ca, c, b). **153 Dorling Kindersley:** © The Board of Trustees of the Armouries (cla, cb). **154–cla Dorling Kindersley:** The Combined Military Services Museum (CMSM). **154–155 Dorling Kindersley:** © The Board of Trustees of the Armouries (cb, b); The Combined Military Services Museum (CMSM) (ca). **155 Dorling Kindersley:** © The Board of Trustees of the Armouries (c); The Combined Military Services Museum (CMSM) (t). **156–157 Dorling Kindersley:** © The Board of Trustees of the Armouries (t, ca, c, b); Imperial War Museum, Duxford (cb). **157 Dorling Kindersley:** © The Board of Trustees of the Armouries (cl). **158–159 Getty Images:** Time Life Pictures. **160–161 Dorling Kindersley:** © The Board of Trustees of the Armouries (c, b); Jean-Pierre Verney (t). **160 Dorling Kindersley:** © The Board of Trustees of the Armouries (c). **162–163 Dorling Kindersley:** © The Board of Trustees of the Armouries (c). **162 Dorling Kindersley:** © The Board of Trustees of the Armouries (tc, br, bc, tl); The Combined Military Services Museum (CMSM) (cl). **163 Dorling Kindersley:** © The Board of Trustees of the Armouries (tr, cra). **164 Alamy Images:** Interfoto (tl). **Dorling Kindersley:** © The Board of Trustees of the Armouries (cra). **Getty Images:** (bl). **165 Alamy Images:** AF archive (br). **Dorling Kindersley:** © The Board of Trustees of the Armouries (tl). **166–167 Dorling Kindersley:** © The Board of Trustees of the Armouries (t, c). **166 Dorling Kindersley:** © The Board of Trustees of the Armouries (ca). **167 Dorling Kindersley:** © The Board of Trustees of the Armouries (cra, br). **168 Dorling Kindersley:** © The Board of Trustees of the Armouries (tr, cl, bl); Springfield Armory (cla). **Smithsonian Institution, Washington, DC, USA:** (br). **169 Dorling Kindersley:** © The Board of Trustees of the Armouries (tl, tr, cra); The Tank Museum (c). **170 Dorling Kindersley:** Springfield Armory (ca, bc). **170–171 Dorling Kindersley:** Springfield Armory (c, b). **171 Dorling Kindersley:** Springfield Armory (tl, tc, cra, crb). **172 Corbis:** Sygma/Gianni Giansanti (bl). **Getty Images:** AFP (cr). **173 Dorling Kindersley:** © The Board of Trustees of the Armouries (tl, tc). **Getty Images:** (bl). **174 Dorling Kindersley:** © The Board of Trustees of the Armouries (cla, fcla, tr, bc, crb); H. Keith Melton, spyMuseum.org (cl). **174–175 Dorling Kindersley:** © The Board of Trustees of the Armouries (c). **175 Dorling Kindersley:** © The Board of Trustees of the Armouries (tl, cr, tr); The Combined Military Services Museum (CMSM) (br). **176–177 Dorling Kindersley:** © The Board of Trustees of the Armouries (t, b). **176 Dorling Kindersley:** © The Board of Trustees of the Armouries (c); Springfield Armory (ca). **177 Dorling Kindersley:** © The Board of Trustees of the Armouries (bl, c, cb). **178 Dorling Kindersley:** © The Board of Trustees of the Armouries (cl); Springfield Armory (bl, br, cb). **178–179 Dorling Kindersley:** Springfield Armory (ca, c). **179 Dorling Kindersley:** Springfield Armory (bl, br, tc, tr). **180 Ogden Union Station Collection:** (tl, c). **181 Alamy Images:** AF archive (b). **Dorling Kindersley:** © The Board of Trustees of the Armouries (tl, tc). **182–183 Dorling Kindersley:** © The Board of Trustees of the Armouries (c, b, t). **183 Dorling Kindersley:** © The Board of Trustees of the Armouries (clb). **184 Dorling Kindersley:** © The Board of Trustees of the Armouries (tr). **184–185 The Royal Green Jackets Museum:** (b). **185 Alamy Images:** Lordprice Collection (cra). **Dorling Kindersley:** © The Board of Trustees of the Armouries (crb); Springfield Armory (br). **186 Dorling Kindersley:** By kind permission of The Trustees of the Imperial War Museum, London (tr); © The Board of Trustees of the Armouries (cl, bl). **187 Dorling Kindersley:** © The Board of Trustees of the Armouries (t, b). **188 Dorling Kindersley:** © The Board of Trustees of the Armouries (r); Springfield Armory (cl, clb). **189 Dorling Kindersley:** © The Board of Trustees of the Armouries (bc). **190–191 Corbis:** Hulton-Deutsch Collection. **192 Dorling Kindersley:** Courtesy of the Royal Artillery Historical Trust (bl); The Combined Military Services Museum (CMSM) (t). **192–193 Dorling Kindersley:** © The Board of Trustees of the Armouries (b). **193 Dorling Kindersley:** © The Board of Trustees of the Armouries (tc). **194 Dorling Kindersley:** © The Board of Trustees of the Armouries (cb, b). **194–195 Dorling Kindersley:** © The Board of Trustees of the Armouries (c). **195 Dorling Kindersley:** © The Board of Trustees of the Armouries (t, br). **196 Alamy Images:** INTERFOTO (cl). **Dorling Kindersley:** © The Board of Trustees of the Armouries (tr). **196–197 Dorling Kindersley:** The Tank Museum (c). **197 Dorling Kindersley:** Jean-Pierre Verney (tc). **198 Dorling Kindersley:** © The Board of Trustees of the Armouries (tr). **198–199 Dorling Kindersley:** The Tank Museum (c). **199 Dorling Kindersley:** The Tank Museum (b). **200 Dorling Kindersley:** © The Board of Trustees of the Armouries (c). **200–201 Dorling Kindersley:** © The Board of Trustees of the Armouries (b). **© Royal Armouries:** (t). **201 Dorling Kindersley:** © The Board of Trustees of the Armouries (bl); The Tank Museum (c). **202–203 Dorling Kindersley:** © The Board of Trustees of the Armouries (c); The Tank Museum (t). **© Royal Armouries:** (b). **203 Dorling Kindersley:** © The Board of Trustees of the Armouries (cb, ca). **204–205 Dorling Kindersley:** © The Board of Trustees of the Armouries (b). **204 Dorling Kindersley:** © The Board of Trustees of the Armouries (cl); The Combined Military Services Museum (CMSM) (tr). **205 Dorling Kindersley:** © The Board of Trustees of the Armouries (t, br); The Tank Museum (c). **206–207 Dorling Kindersley:** © The Board of Trustees of the Armouries (t, c); The Combined Military Services Museum (CMSM) (b). **206 Dorling Kindersley:** © The Board of Trustees of the Armouries (crb); The Combined Military Services Museum (CMSM) (bc). **207 Dorling Kindersley:** © The Board of Trustees of the Armouries (tc). **208–209 Dorling Kindersley:** © The Board of Trustees of the Armouries (t, b); The Combined Military Services Museum (CMSM) (c).

208 Dorling Kindersley: The Combined Military Services Museum (CMSM) (bl). **209 Dorling Kindersley:** © The Board of Trustees of the Armouries (tr); The Combined Military Services Museum (CMSM) (cb). **210–211 Dorling Kindersley:** Springfield Armory (t); The Tank Museum (b). **210 Dorling Kindersley:** © The Board of Trustees of the Armouries (ca, cr, cl). **211 Dorling Kindersley:** Springfield Armory (ca, cl); The Tank Museum (br). **212–213 Dorling Kindersley:** Springfield Armory (ca). **212 Dorling Kindersley:** Springfield Armory (bl). **213 Dorling Kindersley:** Springfield Armory (c, cb, crb, cb/Bolt, br, bl, tl, tc). **214–215 Dorling Kindersley:** The Tank Museum (t, b). **215 Dorling Kindersley:** The Combined Military Services Museum (CMSM) (c); The Tank Museum (bc). **216 Dorling Kindersley:** Fort Nelson (tr, bl). **216–217 Dorling Kindersley:** Fort Nelson (b). **217 Dorling Kindersley:** Fort Nelson (tc); Royal Artillery Historical Trust (cr). **218–219 Dorling Kindersley:** Royal Artillery Historical Trust (tc, b). **218 Dorling Kindersley:** Royal Artillery Historical Trust (cb); The Tank Museum (cl, cla, bc). **219 Dorling Kindersley:** Fort Nelson (tr, cla). **220 Dorling Kindersley:** The Combined Military Services Museum (CMSM) (tr); Robin Wigington, Arbour Antiques, Ltd., Stratford-upon-Avon (tc); Jean-Pierre Verney (cb, crb, b). **220–221 Dorling Kindersley:** © The Board of Trustees of the Armouries (c). **221 Dorling Kindersley:** © The Board of Trustees of the Armouries (t, b); H. Keith Melton (cra). **222–223 Dorling Kindersley:** The Tank Museum (c). **222 Dorling Kindersley:** © The Board of Trustees of the Armouries (tr, b); H. Keith Melton (ca). **223 Dorling Kindersley:** H. Keith Melton (tc); Ministry of Defence Pattern Room, Nottingham (b). **224–225 Dorling Kindersley:** © The Board of Trustees of the Armouries (c, t); Wallace Collection, London (cb). **224 Dorling Kindersley:** © The Board of Trustees of the Armouries (c). **225 Dorling Kindersley:** © The Board of Trustees of the Armouries (clb, b, ca, ca/Mauser). **226–227 Corbis:** Bettmann. **228 Dorling Kindersley:** Fort Nelson (cl); Royal Museum of the Armed Forces and of Military History, Brussels, Belgium (b). **228–229 RMN:** Modèle réduit de la Grosse Bertha Echelle 1/5 de l'obusier de siège allemand de type M, modèle 1914 07567/RMN – Grand Palais/Marie Bruggeman/Paris – Musée de l'Armée (t). **229 Dorling Kindersley:** The Combined Military Services Museum (CMSM) (bl, bc); Fort Nelson (crb). **230 Dorling Kindersley:** Fort Nelson (tr, cl); Royal Artillery Historical Trust (bl). **230–231 Dorling Kindersley:** Fort Nelson (cla). **231 Dorling Kindersley:** Fort Nelson (bc); Royal Artillery Historical Trust (tr, tc, br). **232 Dorling Kindersley:** Fort Nelson (b); Royal Artillery Historical Trust (tr, c). **233 Dorling Kindersley:** © The Board of Trustees of the Armouries (b); Royal Artillery Historical Trust (t). **234 Dorling Kindersley:** The Combined Military Services Museum (CMSM) (b, t). **235 Dorling Kindersley:** © The Board of Trustees of the Armouries (tr); The Tank Museum (b). **236–237 Dorling Kindersley:** © The Board of Trustees of the Armouries (t); Ministry of Defence Pattern Room, Nottingham (b). **236 Dorling Kindersley:** © The Board of Trustees of the Armouries (c); Ministry of Defence Pattern Room, Nottingham (bl). **238–239 Dorling Kindersley:** © The Board of Trustees of the Armouries (t); Pitt Rivers Museum, University of Oxford (c). **238 Dorling Kindersley:** The Combined Military Services Museum (CMSM) (b); Pitt Rivers Museum, University of Oxford (clb). **239 Dorling Kindersley:** © The Board of Trustees of the Armouries (cb, b). **240–241 Dorling Kindersley:** Down East Antiques. **242–243 Dorling Kindersley:** © The Board of Trustees of the Armouries (c). **242 Dorling Kindersley:** © The Board of Trustees of the Armouries (bl, ca); The Combined Military Services Museum (CMSM) (tr). **242–300 Dorling Kindersley:** Down East Antiques (ftl). **243 Dorling Kindersley:** © The Board of Trustees of the Armouries (t, ca, b, crb). **243–301 Dorling Kindersley:** Down East Antiques (ftr). **244 Cody Firearms Museum:** (Original Winchester photograph from 1918–19) Rifle currently in the Cody Firearms Museum (bc). **Dorling Kindersley:** © The Board of Trustees of the Armouries (bl, c, c/left); Springfield Armory (tr). **Herb G Houze:** (br). **245 Dorling Kindersley:** The Tank Museum (br). **Press Association Images:** AP/Charles J. Ryan (t). **246–247 Dorling Kindersley:** © The Board of Trustees of the Armouries (t); The Tank Museum (c). **246 Dorling Kindersley:** The Tank Museum (bl). **247 Dorling Kindersley:** © The Board of Trustees of the Armouries (b); The Tank Museum (ca). **248–249 Dorling Kindersley:** Springfield Armory (t, cb). **248 Dorling Kindersley:** Springfield Armory (ca, c). **249 Dorling Kindersley:** Springfield Armory (bl, tr, bc). **250–251 Dorling Kindersley:** The Tank Museum (t). **250 Dorling Kindersley:** © The Board of Trustees of the Armouries (b); The Tank Museum (c). **251 Dorling Kindersley:** © The Board of Trustees of the Armouries (br); The Tank Museum (cb). **252 Dorling Kindersley:** © The Board of Trustees of the Armouries (tc, ca, cl). **252–253 Dorling Kindersley:** The Tank Museum (b). **253 Dorling Kindersley:** © The Board of Trustees of the Armouries (t); The Tank Museum (bl, ca). **254 Dorling Kindersley:** © The Board of Trustees of the Armouries (t, b). **255 Dorling Kindersley:** © The Board of Trustees of the Armouries (tr, c); Courtesy of the Ministry of Defence Pattern Room, Nottingham (b). **256 Heckler and Koch GMBH:** (tr, bl). **257 Alamy Images:** Mikael Karlsson (b). **Dorling Kindersley:** © The Board of Trustees of the Armouries (tc, tl, tr). **258 Dorling Kindersley:** © The Board of Trustees of the Armouries (tr, c). **258–259 Dorling Kindersley:** © The Board of Trustees of the Armouries (b). **259 Dorling Kindersley:** © The Board of Trustees of the Armouries (c); The Tank Museum (t). **260 Dorling Kindersley:** © The Board of Trustees of the Armouries (tc, c, b); The Tank Museum (cr). **261 Dorling Kindersley:** © The Board of Trustees of the Armouries (t, cra, c, b). **262 Dorling Kindersley:** © The Board of Trustees of the Armouries (cla, cl, bl, br); Down East Antiques (tr). **262–263 Dorling Kindersley:** Down East Antiques (c). **263 Dorling Kindersley:** © The Board of Trustees of the Armouries (cra, bl). **© Royal Armouries:** (tl). **264–265 Dorling Kindersley:** © The Board of Trustees of the Armouries (t). **264 Dorling Kindersley:** © The Board of Trustees of the Armouries (cl, bl, bc). **265 Dorling Kindersley:** © The Board of Trustees of the Armouries (tr, tl, bc); Down East Antiques (c). **266 Dorling Kindersley:** © The Board of Trustees of the Armouries (tc, c); The Tank Museum (bl). **267 Dorling Kindersley:** © The Board of Trustees of the Armouries (t, cra, br). **268–269 Corbis:** Stocktrek Images/Tom Weber. **270 Dorling Kindersley:** © The Board of Trustees of the Armouries (bl); Down East Antiques (cr). **271 Dorling Kindersley:** © The Board of Trustees of the Armouries (bl, cra, crb). **272–273 Dorling Kindersley:** © The Board of Trustees of the Armouries (t); The Tank Museum (b). **272 Dorling Kindersley:** The Tank Museum (bl). **273 Dorling Kindersley:** © The Board of Trustees of the Armouries (c, br); The Tank Museum (bc). **274 Dorling Kindersley:** © The Board of Trustees of the Armouries (tr, cla). **274–275 Dorling Kindersley:** © The Board of Trustees of the Armouries (b). **275 Dorling Kindersley:** © The Board of Trustees of the Armouries (t, br). **276 Dorling Kindersley:** Springfield Armory (cla, cl, bl). **276–277 Dorling Kindersley:** Springfield Armory (b). **277 Dorling Kindersley:** Springfield Armory (tl, tc, cla, c). **278–279 Dorling Kindersley:** © The Board of Trustees of the Armouries (b); Down East Antiques (t). **278 Dorling Kindersley:** Down East Antiques (c, cla). **279 Dorling Kindersley:** Down East Antiques (ca, c). **280–281 Dorling Kindersley:** Down East Antiques (ca, c, b). **281 Dorling Kindersley:** Down East Antiques (t, cl). **282–283 Dorling Kindersley:** © The Board of Trustees of the Armouries (t, cb); Down East Antiques (c). **283 Dorling Kindersley:** Down East Antiques (clb, ca, b). **284–285 Dorling Kindersley:** © The Board of Trustees of the Armouries (t, c). **284 Dorling Kindersley:** © The Board of Trustees of the Armouries (b); Down East Antiques (ca). **285 Dorling Kindersley:** © The Board of Trustees of the Armouries (t, ca, b); Down East Antiques (cb). **288–289 Dorling Kindersley:** © The Board of Trustees of the Armouries (t, c, b). **288 Dorling Kindersley:** © The Board of Trustees of the Armouries (cb, bl). **289 Dorling Kindersley:** © The Board of Trustees of the Armouries (cla). **290 STEYR MANNLICHER GMBH:** (tl, cr). **291 Dorling Kindersley:** © The Board of Trustees of the Armouries (tl, tc); The Tank Museum (tr). **Getty Images:** AFP (b). **292–293 Dorling Kindersley:** © The Board of Trustees of the Armouries (t, cb). **292 Dorling Kindersley:** © The Board of Trustees of the Armouries (c). **293 Dorling Kindersley:** © The Board of Trustees of the Armouries (t, bl, crb, br). **294 Dorling Kindersley:** © The Board of Trustees of the Armouries (cr, cl, b). **294–295 Dorling Kindersley:** © The Board of Trustees of the Armouries (c). **295 Dorling Kindersley:** © The Board of Trustees of the Armouries (ca, tl). **296 Alamy Images:** Stocktrek Images, Inc (ca). **Dorling Kindersley:** The Tank Museum (bl). **296–297 Dorling Kindersley:** The Tank Museum (b). **297 Dorling Kindersley:** The Tank Museum (br). **Courtesy of U.S. Army:** (ca). **298 Alamy Images:** Stocktrek Images, Inc (cla). **Dreamstime.com:** Meoita (cra). **298–299 Courtesy of U.S. Army:** (b). **299 Alamy Images:** Stocktrek Images, Inc (t); ZUMA Press, Inc. (br). **Courtesy of U.S. Army:** (cr). **300–301 Dorling Kindersley:** © The Board of Trustees of the Armouries (t, b). **300 Dorling Kindersley:** © The Board of Trustees of the Armouries (cra, cl). **301 Dorling Kindersley:** © The Board of Trustees of the Armouries (br, ca). **302 Dorling Kindersley:** The Combined Military Services Museum (CMSM) (bl). **Palmerston Forts Society:** (c). **302–320 Dorling Kindersley:** Down East Antiques (ftl). **303–319 Dorling Kindersley:** Down East Antiques (ftr). **306 Dorling Kindersley:** © The Board of Trustees of the Armouries (cl, cl/Belted Balls, bl, bl/opened, ca, cra, cr, c, cb, clb, bc, br); Down East Antiques. **307 Dorling Kindersley:** © The Board of Trustees of the Armouries (ca/Allen and Wheelock, c, cb/Theur, cb/.44in Smith and Wesson, cb, tr, tr/Bodeo, ca, cr, br/Wildfowl Cartridge, br); Down East Antiques (cl, clb, bl); (ca/.44in Henry); Springfield Armory (tl). **308 Dorling Kindersley:** © The Board of Trustees of the Armouries (cla, clb/7.62 × 54mm Russian (1891), bl, tr, cra/303 MKV, cr, cb, cb/7.92 × 33mm Kurtz (1938), br); (c, clb/7.92 × 57mm Mauser (1905)). **309 Dorling Kindersley:** © The Board of Trustees of the Armouries (cra/7.7 × 56mm Italian, tl, cla/7.62 × 51mm Nato, cla/.458in Winchester Magnum (1956), c, clb/7mm Remington Magnum rifle catridge, clb, bl, tc, tr/Parabellum, ca/Nambu, ca/.32 Long pistol cartridge, cr, cb/.32 Auto, cb/9 mm Mars, bc, cra/.45in ACP, crb/.357in Magnum rifle cartridge, crb/.44in Magnum rifle cartridge, br). *Back Endpapers:* **Corbis:** Philip James Corwin (lr).

All other images © Dorling Kindersley

For further information see: www.dkimages.com

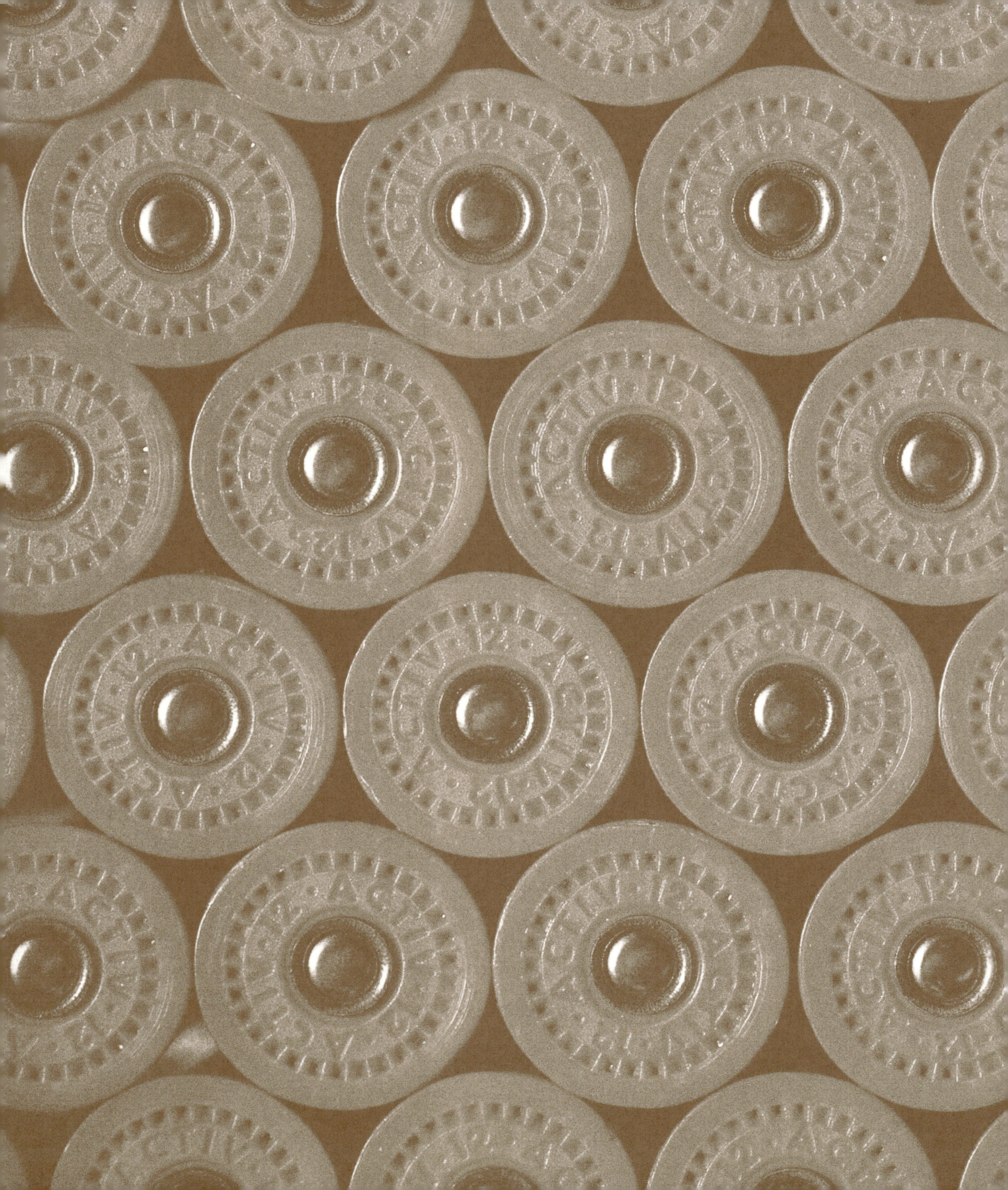
ACTIV · 12